国外优秀数学教材系列

复变函数及其应用

（翻译版·原书第 9 版）

［美］ 詹姆斯·沃德·布朗（James Ward Brown） 著
鲁埃尔 V. 丘吉尔（Ruel V. Churchill）

张继龙 李 升 陈宝琴 译

机械工业出版社

本书是一部经典的复变函数教材，已经有 70 多年的历史，被密歇根大学、美国加州理工学院、普渡大学等众多国际名校采用。全书共有 12 章，分别介绍了复数、解析函数、初等函数、积分、级数、留数和极点、留数的应用、初等函数的映射、共形映射、施瓦茨-克里斯托费尔映射、泊松型积分公式等内容。

　　本书一直致力于突出有着重要应用的理论部分，尤其介绍了留数和共形映射的应用，留数的应用包括用它来计算实数广义积分，求拉普拉斯逆变换和函数的零点。共形映射主要是解热传导和流体流动中产生的边值问题。本书对应原书第 9 版，新版本添加了很多例子，为了阐明刚刚学过的理论，将例子作为单独的一节紧随其后；另外还根据读者意见重新安排了章节内容，使得更加利于教学。此外在书后配有部分习题的辅导，方便读者自学。

　　本书可作为理工科专业学生的教材，也可作为相关科研工作者的参考书。

詹姆斯·沃德·布朗（James Ward Brown）密歇根大学迪尔本分校数学系荣誉教授. 取得哈佛大学理学学士学位和密歇根大学科学技术研究院数学硕士和博士学位. 他与丘吉尔博士合著了《傅里叶级数和边值问题》，目前刊印到第 9 版. 他曾获美国国家科学基金和密歇根大专院校董事会协会杰出教师奖，被列入世界名人录.

鲁埃尔 V. 丘吉尔（Ruel V. Churchill）密歇根大学数学系荣誉教授，从 1922 年开始在密歇根大学任教，1987 年去世，曾取得芝加哥大学理学学士学位和密歇根大学物理硕士学位以及密歇根大学数学博士学位. 他和布朗博士合著了《傅里叶级数和边值问题》，这是一部经典著作，大约起草于 75 年前. 他还编写了《运算数学》一书. 他曾在美国数学学会和其他数学协会或委员会担任过多种职务.

译 者 序

本书英文版已经有70多年的历史，是一部经典复变函数教材，被密歇根大学等众多国际名校采用。本书内容丰富，不仅包含复变函数的基本内容，还介绍了留数和共形映射的应用。全书行文流畅、语言简练、定理的证明通俗易懂。本书的定义定理等重要部分都使用黑体字，还配有大量的图形和例题加以说明，很适合初学者学习。译者多年从事复分析方向的研究，在翻译本书的时候受益匪浅，感觉本书内容非常流畅，结论水到渠成，特别适合数学、物理或工程专业修完"微积分"的高年级学生使用，同时也适合研究生自学。

本书英文第7版由北京师范大学邓冠铁教授等翻译，已经由机械工业出版社出版，是一部非常好的翻译教材。本书翻译英文第9版，如序言中所述，该版本较之前的第7版和第8版有了很大的变动，需要重新翻译，这是翻译本书的初衷。

本书前4章以及序言由张继龙翻译，第5~8章由陈宝琴翻译，第9~12章由李升翻译。译者们感谢高宗升教授给予的指导意见，感谢柴富杰在本书翻译过程中给予的帮助。在翻译过程中，译者忠实原著，同时兼顾中文语言习惯。

由于译者的水平有限，敬请读者批评指正。

张继龙
于北京航空航天大学

作 者 序

本版本包含很多新例子，有些例子来源于上一版本的习题．为了阐明刚刚学过的理论，通常我们将例子作为单独的一节紧随其后．

内容的清晰度用其他方式得到了加强．我们用粗体字使得定义更加容易识别．本书包含 15 个新图并对大量已有的图进行完善．当定理证明比较长的时候，我们把证明清晰地分成几个部分．例如，第 49 节在证明关于原函数存在和应用的三部分定理的时候，证明分成了三部分．第 51 节关于柯西-古萨定理的证明也一样．最后，本书配有《复变函数及其应用习题解答》．该书包含第 1 章到第 7 章部分习题的求解过程，其中包含了留数的题目．

为了适应尽可能多的读者，我们偶尔添加脚注，使读者可以参考微积分和高等微积分中关于结论的详细的证明和讨论．关于复变量著作的其他参考目录见附录 A，其中大部分是高等的．附录 B 给出了常用的区域映射图．

我们已经说过，本版本中的一些变动是由上一版本的使用者提出的．此外，在准备此版本的时候，很多人给予了关注和支持，尤其是麦格劳·希尔出版社的工作人员和我的妻子 Jacqueline Read Brown．

詹姆斯·沃德·布朗
James Ward Brown

前　言

　　本书是单复变函数理论及应用的一本教科书，供一学期使用．本书保持了之前版本的基本内容和风格，最初两版是由已故的 Ruel V. Churchill 独自编写而成．

　　本书有两个主要目标．第一个目标是发展那些在应用中表现突出的理论部分．第二个目标是介绍留数和共形映射的应用．留数的应用包括用它来计算实数反常积分，求拉普拉斯逆变换和函数的零点．共形映射可以用来解热传导和流体流动中产生的边值问题．作者的另一著作《傅里叶变换和边值问题》讲解了一种解偏微分方程边值问题的另一种经典方法，因此本书可以看作是该书的姊妹篇．

　　本书前 9 章在密歇根大学作为必修的课程已经有很多年了．后 3 章有一些变动主要是用来自学和参考．本书主要适用于数学．工程或物理专业的高年级学生．学习本书之前，应该至少完成三学期的微积分课程和一个学期的常微分方程课程的学习．如果想在本书中提前学习初等函数的映射，读者可以在完成第 3 章后直接跳到第 8 章学习初等函数，然后再回来学习第 4 章的积分．

　　我们介绍一些此版本的变动，其中一些变动是使用过本书的学生和教师提出的．首先移动了很多内容．例如，虽然在第 2 章仍然介绍调和函数，但是共轭调和函数挪到了第 9 章，因为第 9 章更需要共轭调和函数．另外，证明代数基本定理的一个重要不等式的推导从第 4 章移到了第 1 章，因为第 1 章介绍了与其密切相关的不等式．这样做的优点在于把这些不等式放在一起可以使读者关注这些不等式，而且使得代数基本定理的证明更加简明，不让读者分心．第 2 章对映射定义的介绍有所缩短，只强调了映射 $w = z^2$．这是上一版的读者提出的建议，因为他们觉得在第 2 章用这一个例子阐明映射的定义就足够了．最后，因为第 5 章学习的大多数泰勒级数和洛朗级数依赖于读者对 6 个麦克劳林级数的熟悉程度，我们把它们放在一起方便读者查询．另外，第 5 章在泰勒定理之后包含单独的一节，主要致力于涉及 $z - z_0$ 的负次幂的级数表达式．经验表明，这使得从泰勒级数到洛朗级数的转变显得很自然．

目　　录

第1章

复数

本章我们将概述复数系的代数和几何结构. 我们假设读者已经熟知实数的相关性质.

1. 和与积

复数可定义为有序实数对 (x,y). 就像实数 x 可以认为是实轴上的点一样, 复数也可以看作是复平面上的点, 其直角坐标分别是 x 和 y. 当实数 x 被看作实轴上的点 $(x,0)$ 时, 我们将之记作 $x=(x,0)$, 这样实数显然就是复数的子集. 形如 $(0,y)$ 的复数, 对应 y 轴上的点, 且在 $y\neq0$ 时称为纯虚数, 因此 y 轴也叫虚轴.

习惯上用 z 表示复数 (x,y), 即 (见图1)
$$z=(x,y). \tag{1}$$

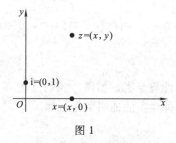

图 1

我们分别称实数 x 和 y 为 z 的实部和虚部, 记作
$$x=\mathrm{Re}z, \quad y=\mathrm{Im}z. \tag{2}$$
两个复数 z_1 和 z_2 相等是指它们有相同的实部和相同的虚部. 因此 $z_1=z_2$ 表示 z_1 和 z_2 对应复平面 (或 z 平面) 上的同一个点.

两个复数 $z_1=(x_1,y_1)$ 和 $z_2=(x_2,y_2)$ 的和 z_1+z_2 与乘积 z_1z_2 分别定义如下,
$$(x_1,y_1)+(x_2,y_2)=(x_1+x_2,y_1+y_2), \tag{3}$$
$$(x_1,y_1)(x_2,y_2)=(x_1x_2-y_1y_2,y_1x_2+x_1y_2). \tag{4}$$
注意到当限制 z_1, z_2 为实数时, 由方程 (3) 和方程 (4) 所定义的运算将变为一般的加法和乘法运算, 即

$$(x_1,0) + (x_2,0) = (x_1 + x_2,0),$$

$$(x_1,0)(x_2,0) = (x_1 x_2,0).$$

因此，复数系是实数系的一个自然推广.

任意复数 $z = (x,y)$ 可以写成 $z = (x,0) + (0,y)$，并且容易看到 $(0,1)(y,0) = (0,y)$. 因此，

$$z = (x,0) + (0,1)(y,0),$$

如果我们把实数看作是 x 或 $(x,0)$，并且用 i 表示纯虚数 $(0,1)$，如图 1 所示，则显然有

$$z = x + iy. \tag{5}$$

另外，应用约定 $z^2 = zz$，$z^3 = z^2 z$ 等，我们有

$$i^2 = (0,1)(0,1) = (-1,0),$$

或

$$i^2 = -1. \tag{6}$$

因为 $(x,y) = x + iy$，所以定义 (3) 和定义 (4) 就变成

$$(x_1 + iy_1) + (x_2 + iy_2) = (x_1 + x_2) + i(y_1 + y_2), \tag{7}$$

$$(x_1 + iy_1)(x_2 + iy_2) = (x_1 x_2 - y_1 y_2) + i(y_1 x_2 + x_1 y_2). \tag{8}$$

注意到上述两方程的右端可由把左端各项从形式上当成实数运算得来，其中遇到的 i^2 用 -1 代替. 另外，方程 (8) 告诉我们任何复数与零的乘积是零. 更确切地说，对任意复数 $z = x + iy$，有

$$z \cdot 0 = (x + iy)(0 + i0) = 0 + i0 = 0.$$

2. 基本代数性质

复数加法和乘法的各种性质与实数相同. 我们这里列出一些最基本的代数性质，并且证明其中的一部分. 其他性质的证明留为习题.

交换律

$$z_1 + z_2 = z_2 + z_1, \quad z_1 z_2 = z_2 z_1 \tag{1}$$

和结合律

$$(z_1 + z_2) + z_3 = z_1 + (z_2 + z_3), \quad (z_1 z_2) z_3 = z_1 (z_2 z_3) \tag{2}$$

容易从第 1 节中复数加法和乘法的定义以及实数也满足相同的运算规律得到. 同理，分配律

$$z(z_1 + z_2) = zz_1 + zz_2 \tag{3}$$

也成立.

---

* 在电气工程中，用字母 j 代替 i.

例　如果 $z_1 = (x_1, y_1)$，$z_2 = (x_2, y_2)$，则
$$z_1 + z_2 = (x_1 + x_2, y_1 + y_2) = (x_2 + x_1, y_2 + y_1) = z_2 + z_1.$$

由乘法交换律得 $iy = yi$. 因此，$z = x + yi$ 可写成 $z = x + iy$. 而因为结合律，和 $z_1 + z_2 + z_3$ 与积 $z_1 z_2 z_3$ 不用括号就可定义，这和实数的情况一样.

实数的加法单位元 $0 = (0, 0)$ 和乘法单位元 $1 = (1, 0)$ 同样适用于复数. 即对任意的复数 z，都有
$$z + 0 = z \text{ 和 } z \cdot 1 = z. \tag{4}$$
此外，0 和 1 是具有这种性质的唯一复数（见练习 8）.

对于每一个复数 $z = (x, y)$，存在一个加法逆元
$$-z = (-x, -y) \tag{5}$$
满足方程 $z + (-z) = 0$. 对于给定的复数 z，加法逆元唯一，这是因为方程
$$(x, y) + (u, v) = (0, 0)$$
意味着
$$u = -x \text{ 和 } v = -y.$$

对任意非零复数 $z = (x, y)$，存在复数 z^{-1}，使得 $zz^{-1} = 1$. 这个乘法逆元不像加法逆元那么明显. 为了得到它，我们找出实数 u 和 v，使得对上述的 x 和 y 有
$$(x, y)(u, v) = (1, 0).$$
根据第 1 节中两个复数的乘法定义式（4），u 和 v 一定满足线性方程组
$$xu - yv = 1, \quad yu + xv = 0.$$
通过简单计算，得到唯一解
$$u = \frac{x}{x^2 + y^2}, \quad v = \frac{-y}{x^2 + y^2}.$$
所以 $z = (x, y)$ 的乘法逆元是
$$z^{-1} = \left(\frac{x}{x^2 + y^2}, \frac{-y}{x^2 + y^2} \right) \quad (z \neq 0). \tag{6}$$
当 $z = 0$ 时，逆元没有定义. 事实上，$z = 0$ 意味着 $x^2 + y^2 = 0$，而这在式（6）中是不允许的.

练　习

1. 验证：

（a）$(\sqrt{2} - i) - i(1 - \sqrt{2}i) = -2i$;

（b）$(2, -3)(-2, 1) = (-1, 8)$;

（c）$(3, 1)(3, -1)\left(\dfrac{1}{5}, \dfrac{1}{10} \right) = (2, 1)$.

2. 证明：

（a）$\operatorname{Re}(iz) = -\operatorname{Im}z$;

（b）$\operatorname{Im}(iz) = \operatorname{Re}z$.

3. 证明：$(1 + z)^2 = 1 + 2z + z^2$.

4. 验证：两个复数 $z = 1 \pm i$ 都满足方程 $z^2 - 2z + 2 = 0$.

5. 证明：第 2 节开始给出的两个复数的乘法交换律.

6. 验证：第 2 节开始给出的

（a）加法结合律；

（b）分配律（3）.

7. 用加法结合律和分配律证明：

$$z(z_1 + z_2 + z_3) = zz_1 + zz_2 + zz_3.$$

8. (a) 记 $(x, y) + (u, v) = (x, y)$，并指出复数 $0 = (0, 0)$ 是满足此性质的唯一的加法单位元. (b) 同样，记 $(x, y)(u, v) = (x, y)$，并证明：$1 = (1, 0)$ 是满足此性质的唯一的乘法单位元.

9. 利用 $-1 = (-1, 0)$ 和 $z = (x, y)$ 证明：$(-1)z = -z$.

10. 利用 $i = (0, 1)$ 和 $y = (y, 0)$ 验证：$-(iy) = (-i)y$. 从而证明：复数 $z = x + iy$ 的加法逆元可以写为 $-z = -x - iy$.

11. 通过

$$(x, y)(x, y) + (x, y) + (1, 0) = (0, 0)$$

解关于 x 和 y 的线性方程组，然后，求解关于 $z = (x, y)$ 的方程 $z^2 + z + 1 = 0$.

提示：应用没有实数 x 满足上述方程这一事实证明 $y \neq 0$.

答案：$z = \left(-\dfrac{1}{2}, \pm\dfrac{\sqrt{3}}{2} \right)$.

3. 其他代数性质

本节，我们给出一些有关复数加法和乘法的其他代数性质，这些性质可以由第 2 节叙述的性质推出. 因为这些性质同样适用于实数，所以它们对复数是可以预计成立的，读者可直接跳到第 4 节而不会有太大障碍.

首先，根据乘法逆元的存在性我们可以证明：如果 z_1 和 z_2 的乘积是零，则 z_1 和 z_2 至少有一个是零. 因为假设 $z_1 z_2 = 0$ 且 $z_1 \neq 0$，则逆元 z_1^{-1} 存在. 根据任何复数乘以零等于零（第 1 节），我们有

$$z_2 = z_2 \cdot 1 = z_2(z_1 z_1^{-1}) = (z_1^{-1} z_1) z_2 = z_1^{-1}(z_1 z_2) = z_1^{-1} \cdot 0 = 0.$$

也就是说，如果 $z_1 z_2 = 0$，则 $z_1 = 0$ 或者 $z_2 = 0$，或者 z_1 和 z_2 都等于零. 此结论的另外一种表述是如果两个复数 z_1 和 z_2 都不是零，则它们的乘积 $z_1 z_2$ 也不是零.

减法和除法分别定义为加法和乘法的逆运算：

$$z_1 - z_2 = z_1 + (-z_2), \tag{1}$$

$$\frac{z_1}{z_2} = z_1 z_2^{-1} \quad (z_2 \neq 0). \tag{2}$$

因此，根据第 2 节中的式（5）和式（6），当 $z_1 = (x_1, y_1)$，$z_2 = (x_2, y_2)$ 时，我们有

$$z_1 - z_2 = (x_1, y_1) + (-x_2, -y_2) = (x_1 - x_2, y_1 - y_2) \tag{3}$$

和

$$\frac{z_1}{z_2} = (x_1, y_1)\left(\frac{x_2}{x_2^2 + y_2^2}, \frac{-y_2}{x_2^2 + y_2^2} \right) = \left(\frac{x_1 x_2 + y_1 y_2}{x_2^2 + y_2^2}, \frac{y_1 x_2 - x_1 y_2}{x_2^2 + y_2^2} \right) \quad (z_2 \neq 0). \tag{4}$$

应用 $z_1 = x_1 + iy_1$ 和 $z_2 = x_2 + iy_2$，我们可以把式（3）和式（4）分别改写为

$$z_1 - z_2 = (x_1 - x_2) + i(y_1 - y_2) \tag{5}$$

和

$$\frac{z_1}{z_2} = \frac{x_1 x_2 + y_1 y_2}{x_2^2 + y_2^2} + i\frac{y_1 x_2 - x_1 y_2}{x_2^2 + y_2^2} \quad (z_2 \neq 0). \tag{6}$$

式（6）不容易记忆，不过它可以通过以下途径得到，先写出（见练习 7）

$$\frac{z_1}{z_2} = \frac{(x_1 + iy_1)(x_2 - iy_2)}{(x_2 + iy_2)(x_2 - iy_2)}, \tag{7}$$

然后把右端分子和分母中的乘积分别乘出，最后利用性质得到

$$\frac{z_1 + z_2}{z_3} = (z_1 + z_2) z_3^{-1} = z_1 z_3^{-1} + z_2 z_3^{-1} = \frac{z_1}{z_3} + \frac{z_2}{z_3} \quad (z_3 \neq 0). \tag{8}$$

从式（7）出发的动机见第 5 节.

例　上述方法应用示例如下：

$$\frac{4 + i}{2 - 3i} = \frac{(4 + i)(2 + 3i)}{(2 - 3i)(2 + 3i)} = \frac{5 + 14i}{13} = \frac{5}{13} + \frac{14}{13}i.$$

涉及商的一些预期性质来自于关系式

$$\frac{1}{z_2} = z_2^{-1} \quad (z_2 \neq 0), \tag{9}$$

也就是当 $z_1 = 1$ 时的式（2）. 应用关系式（9），我们可以将式（2）写成如下形式

$$\frac{z_1}{z_2} = z_1\left(\frac{1}{z_2}\right) \quad (z_2 \neq 0). \tag{10}$$

另外，注意到（见练习 3）

$$(z_1 z_2)(z_1^{-1} z_2^{-1}) = (z_1 z_1^{-1})(z_2 z_2^{-1}) = 1 \quad (z_1 \neq 0, z_2 \neq 0),$$

所以我们有 $z_1^{-1} z_2^{-1} = (z_1 z_2)^{-1}$，从而可以由关系式（9）得到

$$\left(\frac{1}{z_1}\right)\left(\frac{1}{z_2}\right) = z_1^{-1} z_2^{-1} = (z_1 z_2)^{-1} = \frac{1}{z_1 z_2} \quad (z_1 \neq 0, z_2 \neq 0). \tag{11}$$

另一个将会在练习中出现的有用的性质是

$$\left(\frac{z_1}{z_3}\right)\left(\frac{z_2}{z_4}\right) = \frac{z_1 z_2}{z_3 z_4} \quad (z_3 \neq 0, z_4 \neq 0). \tag{12}$$

最后，我们指出涉及实数的二项式公式对复数仍然成立. 也即如果 z_1 和 z_2 是任意两个非零复数，则

$$(z_1 + z_2)^n = \sum_{k=0}^{n} \binom{n}{k} z_1^k z_2^{n-k} \quad (n = 1, 2, \cdots), \tag{13}$$

其中，

$$\binom{n}{k} = \frac{n!}{k!(n-k)!} \quad (k = 0, 1, 2, \cdots, n),$$

并且约定 $0! = 1$. 证明留为练习. 由于复数的加法满足交换律，二项式公式当然也可以写为

$$(z_1 + z_2)^n = \sum_{k=0}^{n} \binom{n}{k} z_1^{n-k} z_2^{k} \quad (n = 1, 2, \cdots). \tag{14}$$

练　习

1. 把下列各式化为实数：

(a) $\dfrac{1+2i}{3-4i} + \dfrac{2-i}{5i}$；

(b) $\dfrac{5i}{(1-i)(2-i)(3-i)}$；

(c) $(1-i)^4$.

答案　(a) $-2/5$；　　(b) $-1/2$；　　(c) -4.

2. 证明：

$$\frac{1}{1/z} = z \quad (z \neq 0).$$

3. 应用乘法结合律和交换律证明：

$$(z_1 z_2)(z_3 z_4) = (z_1 z_3)(z_2 z_4).$$

4. 证明：如果 $z_1 z_2 z_3 = 0$，则至少有一个因子为零.

提示：记 $(z_1 z_2) z_3 = 0$，并应用关于两个因子（第3节）的类似结论.

5. 通过第3节式(6)之后描述的方法，推导第3节关于商 z_1/z_2 的式(6).

6. 应用第3节式(10)和式(11)，推导等式

$$\left(\frac{z_1}{z_3}\right)\left(\frac{z_2}{z_4}\right) = \frac{z_1 z_2}{z_3 z_4} \quad (z_3 \neq 0, z_4 \neq 0).$$

7. 应用练习6中的等式推导消去律

$$\frac{z_1 z}{z_2 z} = \frac{z_1}{z_2} \quad (z_2 \neq 0, z \neq 0).$$

8. 应用数学归纳法验证第3节中二项式公式(13). 具体地说，当 $n = 1$ 时公式成立. 然后，假设当 $n = m$ 时，式(13)成立，这里 m 表示任何一个正整数，证明：当 $n = m + 1$ 时公式也成立.

提示：当 $n = m + 1$ 时，记

$$(z_1 + z_2)^{m+1} = (z_1 + z_2)(z_1 + z_2)^m = (z_2 + z_1) \sum_{k=0}^{m} \binom{m}{k} z_1^k z_2^{m-k} = \sum_{k=0}^{m} \binom{m}{k} z_1^k z_2^{m+1-k} + \sum_{k=0}^{m} \binom{m}{k} z_1^{k+1} z_2^{m-k},$$

然后在最后一个和式中用 $k-1$ 代替 k 得到

$$(z_1 + z_2)^{m+1} = z_2^{m+1} + \sum_{k=1}^{m} \left[\binom{m}{k} + \binom{m}{k-1} \right] z_1^k z_2^{m+1-k} + z_1^{m+1}.$$

最后，说明上式右端怎样变成

$$z_2^{m+1} + \sum_{k=1}^{m} \binom{m+1}{k} z_1^k z_2^{m+1-k} + z_1^{m+1} = \sum_{k=0}^{m+1} \binom{m+1}{k} z_1^k z_2^{m+1-k}.$$

4. 向量和模

由任何非零复数 $z = x + iy$ 联想到复平面中从原点到代表 z 的点 (x, y) 的有向线段或向量是很自然的. 事实上, 我们经常称 z 为点 z 或者向量 z. 在图 2 中, 数 $z = x + iy$ 和 $-2 + i$ 在图上同时表示点和向径.

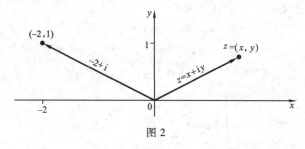

图 2

当 $z_1 = x_1 + iy_1$, $z_2 = x_2 + iy_2$ 时, 它们的和 $z_1 + z_2 = (x_1 + x_2) + i(y_1 + y_2)$ 对应点 $(x_1 + x_2, y_1 + y_2)$. 它也对应以此坐标为分量的向量. 因此 $z_1 + z_2$ 可以由图 3 中的向量表示得到.

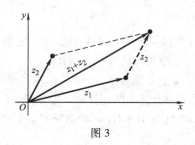

图 3

虽然两个复数 z_1 和 z_2 的乘积本身也表示一个向量, 并且它与 z_1 和 z_2 代表的向量位于同一个平面内. 但是, 很明显这个乘积既不是标量也不是普通向量分析中得到的向量乘积.

把实数的绝对值概念推广到复平面, 复数的向量表示将变得尤为有用. 复数 $z = x + iy$ 的模或绝对值定义为非负实数 $\sqrt{x^2 + y^2}$, 记作 $|z|$. 即

$$|z| = \sqrt{x^2 + y^2}. \tag{1}$$

从定义 (1) 还可以得到实数 $|z|$、$x = \mathrm{Re}z$ 和 $y = \mathrm{Im}z$ 满足方程

$$|z|^2 = (\mathrm{Re}z)^2 + (\mathrm{Im}z)^2. \tag{2}$$

所以

$$\mathrm{Re}z \leqslant |\mathrm{Re}z| \leqslant |z| \text{ 且 } \mathrm{Im}z \leqslant |\mathrm{Im}z| \leqslant |z|. \tag{3}$$

在几何上, 数 $|z|$ 是点 (x, y) 到原点的距离, 或者 z 的向径的长度. 当 $y = 0$ 时, 它就简化为实数系中通常意义下的绝对值. 注意不等式 $z_1 < z_2$ 是没有意义的, 除非 z_1 和 z_2 全是实数. 而 $|z_1| < |z_2|$ 则表示点 z_1 比点 z_2 更靠近原点.

例 1 因为 $|-3 + 2i| = \sqrt{13}$ 和 $|1 + 4i| = \sqrt{17}$, 我们知道 $-3 + 2i$ 比 $1 + 4i$ 更靠近

原点.

两个点 (x_1, y_1) 和 (x_2, y_2) 的距离是 $|z_1 - z_2|$. 这从图 4 中可以清楚看出，因为 $|z_1 - z_2|$ 是数

$$z_1 - z_2 = z_1 + (-z_2)$$

所表示的向量的长度，通过平移向径 $z_1 - z_2$，我们可以把 $z_1 - z_2$ 看作是从点 (x_2, y_2) 到点 (x_1, y_1) 的有向线段. 另外，从表达式

$$z_1 - z_2 = (x_1 - x_2) + i(y_1 - y_2)$$

和定义(1)可得

$$|z_1 - z_2| = \sqrt{(x_1 - x_2)^2 + (y_1 - y_2)^2}.$$

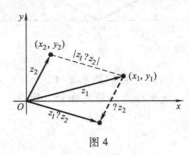

图 4

以 z_0 为圆心，R 为半径的圆周上的点对应的复数一定满足方程 $|z - z_0| = R$，反之亦然. 我们把这些点的集合简记为圆周 $|z - z_0| = R$.

例 2　方程 $|z - 1 + 3i| = 2$ 表示圆心在 $z_0 = (1, -3)$，半径为 $R = 2$ 的圆周.

下面的例 3 将说明，当直接计算有些冗长时，复分析中的几何推理是很有用的.

例 3　研究满足方程 $|z - 4i| + |z + 4i| = 10$ 的所有点 $z = (x, y)$ 的集合.

根据

$$|z - 4i| + |z - (-4i)| = 10$$

可以看出，它表示平面内满足到两个固定点 $F(0, 4)$ 和 $F'(0, -4)$ 的距离之和等于常数 10 的所有的点所组成的集合. 这当然是一个以 $F(0, 4)$ 和 $F'(0, -4)$ 为焦点的椭圆.

5. 三角不等式

现在我们回到三角不等式，它给出了两个复数 z_1 与 z_2 之和的模的一个上界，即

$$|z_1 + z_2| \leqslant |z_1| + |z_2|. \tag{1}$$

在第 4 节图 3 中，这个不等式在几何上的重要性是显然的，因为它说明了三角形一条边的长度小于或等于另外两条边的长度之和. 从图 3 还可以看出，当 0、z_1 和 z_2 共线时，不等式(1)取等号. 另外，严格的代数证明将在第 6 节练习 15 中给出.

三角不等式的一个直接结果是

$$|z_1 + z_2| \geqslant ||z_1| - |z_2||. \tag{2}$$

为了证明不等式(2)，我们记

$$|z_1| = |(z_1 + z_2) + (-z_2)| \leqslant |z_1 + z_2| + |-z_2|,$$

也就是

$$|z_1 + z_2| \geqslant |z_1| - |z_2|.\qquad(3)$$

当 $|z_1| \geqslant |z_2|$ 时,这就是不等式(2).如果 $|z_1| < |z_2|$,我们只需要把不等式(3)中的 z_1 和 z_2 互换就可以得到

$$|z_1 + z_2| \geqslant -(|z_1| - |z_2|),$$

这就是要证明的结果.当然,不等式(2)告诉我们,三角形一条边的长度大于或等于另外两条边长之差.

因为 $|-z_2| = |z_2|$,我们用 $-z_2$ 代替 z_2,不等式(1)和不等式(2)就可以写成

$$|z_1 - z_2| \leqslant |z_1| + |z_2| \text{ 和 } |z_1 - z_2| \geqslant \|z_1| - |z_2\|.$$

在实际的练习中,我们只需要应用不等式(1)和不等式(2).下面举例说明.

例 1 如果点 z 位于单位圆周 $|z| = 1$ 上,由不等式(1)和不等于(2)可得

$$|z - 2| = |z + (-2)| \leqslant |z| + |(-2)| = 1 + 2 = 3$$

以及

$$|z - 2| = |z + (-2)| \geqslant \|z| - |(-2)\| = |1 - 2| = 1.$$

由数学归纳法,三角不等式(1)可以推广到任意有限项的和,即

$$|z_1 + z_2 + \cdots + z_n| \leqslant |z_1| + |z_2| + \cdots + |z_n| \quad (n = 2, 3, \cdots).\qquad(4)$$

这里给出归纳法详细的证明.我们注意到当 $n = 2$ 时,不等式(4)恰好是不等式(1).另外,假设当 $n = m$ 时不等式(4)成立,则当 $n = m+1$ 时它也一定成立,这是因为由不等式(1)可得

$$|(z_1 + z_2 + \cdots + z_m) + z_{m+1}| \leqslant |z_1 + z_2 + \cdots + z_m| + |z_{m+1}| \leqslant (|z_1| + |z_2| + \cdots + |z_m|) + |z_{m+1}|.$$

例 2 设 z 表示位于圆周 $|z| = 2$ 上的任一复数,不等式(4)告诉我们

$$|3 + z + z^2| \leqslant 3 + |z| + |z^2|.$$

因为 $|z^2| = |z|^2$,所以根据练习 8 便得到

$$|3 + z + z^2| \leqslant 9.$$

例 3 如果 n 是一个正整数,并且 a_0, a_1, a_2, $\cdots$, a_n 是复数,其中 $a_n \neq 0$,则

$$P(z) = a_0 + a_1 z + a_2 z^2 + \cdots + a_n z^n\qquad(5)$$

是一个 n 次多项式.这里我们将证明对于某个正数 R,当 $|z| > R$ 时,倒数 $1/P(z)$ 满足不等式

$$\left| \frac{1}{P(z)} \right| < \frac{2}{|a_n| R^n}.\qquad(6)$$

从几何上说,上式告诉我们当 z 位于圆周 $|z| = R$ 外部时,倒数 $1/P(z)$ 的模有上界.多项式的这个重要性质将在后面的第 4 章第 58 节中用到.我们在这里证明它,是因为证明中用到了本节的不等式和练习 8 与练习 9 所得到的恒等式

$$|z_1 z_2| = |z_1\|z_2| \text{ 和 } |z^n| = |z|^n (n = 1, 2, \cdots).$$

我们首先记

$$w = \frac{a_0}{z^n} + \frac{a_1}{z^{n-1}} + \frac{a_2}{z^{n-2}} + \cdots + \frac{a_{n-1}}{z} \quad (z \neq 0),\qquad(7)$$

从而当 $z \neq 0$ 时,

$$P(z) = (a_n + w)z^n. \tag{8}$$

其次，我们在式(7)两端同时乘以 z^n，得

$$wz^n = a_0 + a_1 z + a_2 z^2 + \cdots + a_{n-1} z^{n-1}.$$

这样我们就有

$$|w\|z|^n \le |a_0| + |a_1\|z| + |a_2\|z|^2 + \cdots + |a_{n-1}\|z|^{n-1},$$

或者

$$|w| \le \frac{|a_0|}{|z|^n} + \frac{|a_1|}{|z|^{n-1}} + \frac{|a_2|}{|z|^{n-2}} + \cdots + \frac{|a_{n-1}|}{|z|}. \tag{9}$$

现在，我们可以找到足够大的正数 R，使得当 $|z| > R$ 时，式(9)右端的每一个分式都小于 $|a_n|/(2n)$. 这样当 $|z| > R$ 时就有

$$|w| < n\frac{|a_n|}{2n} = \frac{|a_n|}{2}.$$

从而，当 $|z| > R$ 时，

$$|a_n + w| \ge \|a_n| - |w\| > \frac{a_n}{2}.$$

并且，考虑式(8)便知，当 $|z| > R$ 时有

$$|P_n(z)| = |a_n + w\|z|^n > \frac{|a_n|}{2}|z|^n > \frac{|a_n|}{2}R^n. \tag{10}$$

由此可以立即得到式(6)成立.

练　习

1. 标出数 $z_1 + z_2$ 和 $z_1 - z_2$ 的向量位置，其中，

（a）$z_1 = 2i$，$z_2 = \frac{2}{3} - i$；

（b）$z_1 = (-\sqrt{3}, 1)$，$z_2 = (\sqrt{3}, 0)$；

（c）$z_1 = (-3, 1)$，$z_2 = (1, 4)$；

（d）$z_1 = x_1 + iy_1$，$z_2 = x_1 - iy_1$.

2. 证明：第4节中关于 $\mathrm{Re}z$、$\mathrm{Im}z$ 和 $|z|$ 的不等式(3).

3. 应用已经建立的关于模的性质证明：当 $|z_3| \ne |z_4|$ 时，有

$$\frac{\mathrm{Re}(z_1 + z_2)}{|z_3 + z_4|} \le \frac{|z_1| + |z_2|}{\|z_3| - |z_4\|}.$$

4. 证明：$\sqrt{2}|z| \ge |\mathrm{Re}z| + |\mathrm{Im}z|$.

提示：化简不等式为 $(|x| - |y|)^2 \ge 0$.

5. 在如下情况下，画出由条件确定的点的集合的草图：

（a）$|z - 1 + i| = 1$；

（b）$|z + i| \le 3$；

（c）$|z - 4i| \ge 4$.

6. 应用 $|z_1 - z_2|$ 表示两点 z_1 和 z_2 间的距离这一事实，在几何上说明 $|z - 1| = |z + i|$ 表示通过原点且斜率为 -1 的直线.

7. 对于足够大的 R，证明：当 $|z| > R$ 时，第 5 节例 3 中的多项式 $P(z)$ 满足不等式

$$|P(z)| < 2|a_n||z|^n.$$

提示：注意存在正数 R，使得当 $|z| > R$ 时，第 5 节不等式 (9) 的每一个分式的模小于 $|a_n|/n$.

8. 设两个复数 $z_1 = x_1 + iy_1$ 和 $z_2 = x_2 + iy_2$. 应用简单的代数来证明：$|(x_1 + iy_1)(x_2 + iy_2)|$ 与 $\sqrt{(x_1^2 + y_1^2)(x_2^2 + y_2^2)}$ 相等，并且指出等式

$$|z_1 z_2| = |z_1||z_2|$$

成立的原因.

9. 应用练习 8 最后的结论和数学归纳法证明：

$$|z^n| = |z|^n \quad (n = 1, 2, \cdots),$$

其中 z 是任一复数. 即首先注意到当 $n = 1$ 时上述等式显然成立，假设当 $n = m$ 时等式也成立，这里 m 是任意一个正整数，然后证明当 $n = m + 1$ 时等式也成立.

6. 共轭复数

一个复数 $z = x + iy$ 的共轭复数，或者简称共轭，定义为复数 $x - iy$，记为 $\bar{z}$，即

$$\bar{z} = x - iy. \tag{1}$$

由点 $(x, -y)$ 所表示的数 $\bar{z}$，是 z 所表示的点 (x, y) 关于实轴的对称点 (见图 5). 注意到对任意的 z，有

$$\bar{\bar{z}} = z \ \text{和} \ |\bar{z}| = |z|.$$

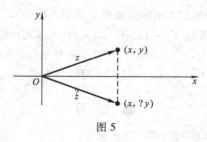

图 5

如果 $z_1 = x_1 + iy_1$，$z_2 = x_2 + iy_2$，那么

$$\overline{z_1 + z_2} = (x_1 + x_2) - i(y_1 + y_2) = (x_1 - iy_1) + (x_2 - iy_2).$$

所以和的共轭等于共轭的和，

$$\overline{z_1 + z_2} = \bar{z_1} + \bar{z_2}. \tag{2}$$

以类似的方式，容易证明

$$\overline{z_1 - z_2} = \bar{z_1} - \bar{z_2}, \tag{3}$$

$$\overline{z_1 z_2} = \bar{z_1}\, \bar{z_2} \tag{4}$$

以及

$$\overline{\left(\frac{z_1}{z_2}\right)} = \frac{\overline{z_1}}{\overline{z_2}} \quad (z_2 \neq 0). \tag{5}$$

复数 $z = x + iy$ 与它的共轭 $\bar{z} = x - iy$ 的和 $z + \bar{z}$ 是实数 $2x$，而差 $z - \bar{z}$ 则是纯虚数 $2iy$. 因此，

$$\mathrm{Re}z = \frac{z + \bar{z}}{2}, \quad \mathrm{Im}z = \frac{z - \bar{z}}{2i}. \tag{6}$$

关于复数 $z = x + iy$ 的共轭与它的模有一个重要恒等式，即

$$z\bar{z} = |z|^2, \tag{7}$$

其中每一边都等于 $x^2 + y^2$. 确定商 z_1/z_2 的一个推荐方法是应用第 3 节的式（7）. 也就是将 z_1/z_2 的分子、分母同时乘以 $\overline{z_2}$，从而使分母变成实数 $|z_2|^2$.

例 1 给出一个例子，

$$\frac{-1+3i}{2-i} = \frac{(-1+3i)(2+i)}{(2-i)(2+i)} = \frac{-5+5i}{|2-i|^2} = \frac{-5+5i}{5} = -1+i,$$

也可以参见第 3 节的例子.

从上述共轭复数的性质得到模的性质的时候，恒等式（7）特别有用. 我们提出下述两个性质（与第 5 节练习 8 比较）

$$|z_1 z_2| = |z_1||z_2| \tag{8}$$

和

$$\left|\frac{z_1}{z_2}\right| = \frac{|z_1|}{|z_2|} \quad (z_2 \neq 0). \tag{9}$$

性质（8）可由

$$|z_1 z_2|^2 = (z_1 z_2)\overline{(z_1 z_2)} = (z_1 z_2)(\overline{z_1}\,\overline{z_2}) = (z_1 \overline{z_1})(z_2 \overline{z_2}) = |z_1|^2 |z_2|^2 = (|z_1||z_2|)^2$$

与模是非负实数来证明. 用类似的方法也可以证明性质（9）.

例 2 性质（8）告诉我们 $|z^2| = |z|^2$ 和 $|z^3| = |z|^3$. 因此，如果点 z 位于以原点为圆心，2 为半径的圆内，则 $|z| < 2$，由第 5 节的广义的三角不等式（4）可得

$$|z^3 + 3z^2 - 2z + 1| \leqslant |z|^3 + 3|z|^2 + 2|z| + 1 < 25.$$

练　习

1. 利用第 6 节建立的共轭复数和模的性质证明：

(a) $\overline{\bar{z} + 3i} = z - 3i$；

(b) $\overline{iz} = -i\bar{z}$；

(c) $\overline{(2+i)^2} = 3 - 4i$；

(d) $|(2\bar{z}+5)(\sqrt{2}-i)| = \sqrt{3}\,|2z+5|$.

2. 画出由以下条件确定的点的集合：

(a) $\mathrm{Re}(\bar{z} - i) = 2$；

(b) $|2\bar{z} + i| = 4$.

3. 证明：第 6 节中关于共轭的性质（3）和性质（4）.

4. 应用第 6 节中关于共轭的性质（4）证明：

（a）$\overline{z_1 z_2 z_3} = \bar{z}_1 \, \bar{z}_2 \, \bar{z}_3$；

（b）$\overline{z^4} = \bar{z}^4$.

5. 证明：第 6 节中关于模的性质（9）.

6. 应用第 6 节中的结果证明：当 z_2 和 z_3 非零时，

（a）$\overline{\left(\dfrac{z_1}{z_2 z_3}\right)} = \dfrac{\bar{z}_1}{\bar{z}_2 \, \bar{z}_3}$；

（b）$\left| \dfrac{z_1}{z_2 z_3} \right| = \dfrac{|z_1|}{|z_2 \| z_3|}$.

7. 证明：$|\mathrm{Re}(2 + \bar{z} + z^3)| \leqslant 4$，其中 $|z| \leqslant 1$.

8. 在第 3 节中证明了如果 $z_1 z_2 = 0$，则 z_1 和 z_2 至少有一个是零. 试应用关于实数的类似结论和第 6 节中的恒等式（8）给出另一种证明.

9. 通过把 $z^4 - 4z^2 + 3$ 分解成两个二次因子之积，并且利用第 5 节中不等式（2），证明：如果 z 位于圆周 $|z| = 2$ 上，则

$$\left| \frac{1}{z^4 - 4z^2 + 3} \right| \leqslant \frac{1}{3}.$$

10. 证明：

（a）z 是实数当且仅当 $\bar{z} = z$；

（b）z 是实数或者纯虚数当且仅当 $\bar{z}^2 = z^2$.

11. 应用数学归纳法证明：当 $n = 2$，3，$\cdots$ 时，有

（a）$\overline{z_1 + z_2 + \cdots + z_n} = \bar{z}_1 + \bar{z}_2 + \cdots + \bar{z}_n$；

（b）$\overline{z_1 z_2 \cdots z_n} = \bar{z}_1 \bar{z}_2 \cdots \bar{z}_n$.

12. 设 a_0，a_1，a_2，$\cdots a_n (n \geqslant 1)$ 是实数，z 是任一复数. 应用练习 11 的结果证明：

$$a_0 + a_1 z + a_2 z^2 + \cdots + a_n z^n = a_0 + a_1 \bar{z} + a_2 \bar{z}^2 + \cdots + a_n \bar{z}^n.$$

13. 证明：以 z_0 为圆心，R 为半径的圆周方程 $|z - z_0| = R$ 可以写为

$$|z|^2 - 2\mathrm{Re}(z \overline{z_0}) + |z_0|^2 = R^2.$$

14. 应用第 6 节中关于 $\mathrm{Re}z$ 和 $\mathrm{Im}z$ 的表达式（6），证明：双曲线 $x^2 - y^2 = 1$ 可以写成 $z^2 + \bar{z}^2 = 2$.

15. 根据下面的步骤给出三角不等式（第 5 节）$|z_1 + z_2| \leqslant |z_1| + |z_2|$ 的一个代数推导.

（a）证明：

$$|z_1 + z_2|^2 = (z_1 + z_2)(\overline{z_1} + \overline{z_2}) = z_1 \overline{z_1} + (z_1 \overline{z_2} + \overline{z_1 \overline{z_2}}) + z_2 \overline{z_2}.$$

（b）指出为什么

$$z_1 \overline{z_2} + \overline{z_1 \overline{z_2}} = 2\mathrm{Re}(z_1 \overline{z_2}) \leqslant 2|z_1 \| z_2|.$$

（c）应用（a）和（b）的结论证明不等式

$$|z_1 + z_2|^2 \leqslant (|z_1| + |z_2|)^2,$$

并注意推导三角不等式的方法.

7. 指数形式

设 r 和 θ 是非零复数 $z = x + \mathrm{i}y$ 所对应的点 (x, y) 的极坐标. 因为 $x = r \cos\theta$ 和 $y =$

$r\sin\theta$，所以复数 z 可以写成极坐标形式

$$z = r(\cos\theta + i\sin\theta). \tag{1}$$

如果 $z = 0$，则坐标 θ 是没有定义的，所以当使用极坐标的时候，通常认为 $z \neq 0$.

在复分析中，非负实数 r 表示 z 的向径的长度，即 $r = |z|$. 实数 θ 表示角度，以弧度为单位，即当 z 被看作是向径时与正实轴的夹角（见图 6）. 在微积分中，θ 有无穷多个可能值，包括负值，它们相差 2π 的整数倍. 这些值由方程 $\tan\theta = y/x$ 来确定，其中包含点 z 的象限必须是指定的. θ 的每个值都称为 z 的辐角，这些值的集合用 $\arg z$ 来表示. $\arg z$ 的主值记作 $\mathrm{Arg}\,z$，是指唯一满足 $-\pi < \Theta \leqslant \pi$ 的值 Θ. 从而显然有

$$\arg z = \mathrm{Arg}\,z + 2n\pi \quad (n = 0, \pm 1, \pm 2, \cdots). \tag{2}$$

并且，当 z 是负实数时，$\mathrm{Arg}\,z$ 等于 π，而不是 $-\pi$.

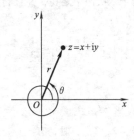

图 6

例 1 复数 $-1-i$，位于第三象限，对应辐角的主值是 $-3\pi/4$. 即

$$\mathrm{Arg}(-1-i) = -\frac{3\pi}{4}.$$

这里必须要强调，因为主值 Θ 的限制范围是 $-\pi < \Theta \leqslant \pi$，所以 $\mathrm{Arg}(-1-i) = 5\pi/4$ 是不对的.

根据式（2）得

$$\arg(-1-i) = -\frac{3\pi}{4} + 2n\pi \quad (n = 0, \pm 1, \pm 2, \cdots).$$

注意式（2）的右边的项 $\mathrm{Arg}\,z$ 可以由 $\arg z$ 的任何一个具体的值来代替，例如，我们可以将 $\arg(-1-i)$ 写成

$$\arg(-1-i) = \frac{5\pi}{4} + 2n\pi \quad (n = 0, \pm 1, \pm 2, \cdots).$$

符号 $e^{i\theta}$，或者 $\exp(i\theta)$，由欧拉公式定义为

$$e^{i\theta} = \cos\theta + i\sin\theta, \tag{3}$$

其中 θ 以弧度为单位. 因此，极坐标形式（1）可以写成更为简洁的指数形式

$$z = re^{i\theta}. \tag{4}$$

选择符号 $e^{i\theta}$ 的原因将在第 30 节详细介绍. 然而, 根据它在第 8 节的应用, 说明这是一个很自然的选择.

例 2　例 1 中的数 $-1-i$ 具有指数形式:

$$-1-i = \sqrt{2}\exp\left[i\left(-\frac{3\pi}{4}\right)\right]. \tag{5}$$

约定 $e^{-i\theta} = e^{i(-\theta)}$, 也可以将之写成 $-1-i = \sqrt{2}e^{-i3\pi/4}$. 当然, 表达式 (5) 只是 $-1-i$ 的指数形式的无穷多个表达式中的一个,

$$-1-i = \sqrt{2}\exp\left[i\left(-\frac{3\pi}{4}+2n\pi\right)\right] \quad (n = 0, \pm 1, \pm 2, \cdots). \tag{6}$$

注意到式 (4) 中的 $r=1$ 告诉我们, 数 $e^{i\theta}$ 位于圆心在原点的单位圆周上, 如图 7 所示. 不用通过欧拉公式, 值 $e^{i\theta}$ 就可以由图 7 马上得到. 例如, 在几何上显然有

$$e^{i\pi} = -1, e^{-i\pi/2} = -i, \text{和} \ e^{-i4\pi} = 1.$$

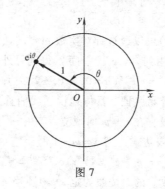

图 7

又注意到方程

$$z = Re^{i\theta} \quad (0 \leqslant \theta \leqslant 2\pi) \tag{7}$$

是圆周 $|z| = R$ 的参数表示, 其圆心在原点, 半径为 R. 当参数 θ 从 $\theta = 0$ 增长到 $\theta = 2\pi$ 时, 点 z 从正实轴出发沿着圆周按逆时针方向旋转一周. 更一般地, 圆心在 z_0, 半径是 R 的圆周 $|z - z_0| = R$ 的参数形式是

$$z = z_0 + Re^{i\theta} \quad (0 \leqslant \theta \leqslant 2\pi). \tag{8}$$

该参数方程可以通过向量运算的方法得到: 如果用 z 表示固定向量 z_0 与长度为 R, 倾斜角为 θ 的向量之和, 则当 θ 从 $\theta = 0$ 增长到 $\theta = 2\pi$ 时, 点 z 沿圆周 $|z - z_0| = R$ 按逆时针旋转一周. 如图 8 所示.

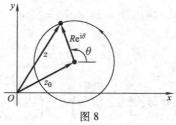

图 8

8. 指数形式的乘积与幂

由简单的三角学知识可知，$e^{i\theta}$ 具有我们熟知的微积分中指数函数的加和性：

$$e^{i\theta_1}e^{i\theta_2} = (\cos\theta_1 + i\sin\theta_1)(\cos\theta_2 + i\sin\theta_2)$$
$$= (\cos\theta_1\cos\theta_2 - \sin\theta_1\sin\theta_2) + i(\sin\theta_1\cos\theta_2 + \cos\theta_1\sin\theta_2)$$
$$= \cos(\theta_1 + \theta_2) + i\sin(\theta_1 + \theta_2) = e^{i(\theta_1+\theta_2)}.$$

于是，如果 $z_1 = r_1 e^{i\theta_1}$，$z_2 = r_2 e^{i\theta_2}$，那么乘积 $z_1 z_2$ 有指数形式

$$z_1 z_2 = r_1 e^{i\theta_1} r_2 e^{i\theta_2} = r_1 r_2 e^{i\theta_1} e^{i\theta_2} = (r_1 r_2)e^{i(\theta_1+\theta_2)}. \tag{1}$$

此外，

$$\frac{z_1}{z_2} = \frac{r_1 e^{i\theta_1}}{r_2 e^{i\theta_2}} = \frac{r_1}{r_2} \cdot \frac{e^{i\theta_1} e^{-i\theta_2}}{e^{i\theta_2} e^{-i\theta_2}} = \frac{r_1}{r_2} \cdot \frac{e^{i(\theta_1-\theta_2)}}{e^{i0}} = \frac{r_1}{r_2} e^{i(\theta_1-\theta_2)}. \tag{2}$$

注意由式(2)可以得到任何一个非零复数 $z = re^{i\theta}$ 的逆元：

$$z^{-1} = \frac{1}{z} = \frac{1}{r} \frac{e^{i0}}{e^{i\theta}} = \frac{1}{r} e^{i(0-\theta)} = \frac{1}{r} e^{-i\theta}. \tag{3}$$

当然，式(1)、式(2)和式(3)可以通过针对实数和 e^x 的通常的代数法则来记忆.

把实数法则从形式上应用到 $z = re^{i\theta}$ 上，可以得到另外一个重要结果：

$$z^n = r^n e^{in\theta} \quad (n = 0, \pm 1, \pm 2, \cdots). \tag{4}$$

对正整数 n，由数学归纳法容易验证. 具体地说，我们首先注意到当 $n=1$ 时，式(4)变成 $z = re^{i\theta}$. 其次，我们假设它在 $n = m$ 时成立，其中 m 是任意一个正整数. 根据两个非零复数指数形式的乘积表达式，当 $n = m+1$ 时，它也成立：

$$z^{m+1} = z^m z = r^m e^{im\theta} re^{i\theta} = (r^m r)e^{i(m\theta+\theta)} = r^{m+1} e^{i(m+1)\theta}.$$

从而式(4)对于正整数 n 是成立的. 按照约定 $z^0 = 1$，当 $n = 0$ 时它也成立. 另一方面，当 $n = -1, -2, \cdots$ 时，我们根据 z 的逆元的乘积定义 z^n，记

$$z^n = (z^{-1})^m \quad (m = -n = 1, 2, \cdots).$$

然后，因为式(4)对所有的正整数都成立，由 z^{-1} 的指数形式(3)可得

$$z^n = \left[\frac{1}{r} e^{i(-\theta)}\right]^m = \left(\frac{1}{r}\right)^m e^{im(-\theta)} = \left(\frac{1}{r}\right)^{-n} e^{i(-n)(-\theta)} = r^n e^{in\theta} \quad (n = -1, -2, \cdots).$$

现在，式(4)对所有整数次幂都成立了.

式(4)在求复数的幂时是有用的，即使当复数由直角坐标给出并且结果也要用直角坐标表达时.

例 1 为了把 $(-1+i)^7$ 写成直角坐标形式，我们先将 $(-1+i)^7$ 写为

$$(-1+i)^7 = (\sqrt{2}e^{i3\pi/4})^7 = 2^{7/2} e^{i21\pi/4} = (2^3 e^{i5\pi})(2^{1/2} e^{i\pi/4}).$$

因为

$$2^3 e^{i5\pi} = (8)(-1) = -8$$

和

$$2^{1/2} e^{i\pi/4} = \sqrt{2}\left(\cos\frac{\pi}{4} + i\sin\frac{\pi}{4}\right) = \sqrt{2}\left(\frac{1}{\sqrt{2}} + \frac{i}{\sqrt{2}}\right) = 1 + i,$$

这样我们就得到结论：$(-1+\mathrm{i})^7 = -8(1+\mathrm{i})$.

最后，我们注意到如果 $r = 1$，式(4)变成

$$(\mathrm{e}^{\mathrm{i}\theta})^n = \mathrm{e}^{\mathrm{i}n\theta} \quad (n = 0, \pm 1, \pm 2, \cdots). \tag{5}$$

将上式写成如下形式

$$(\cos\theta + \mathrm{i}\sin\theta)^n = \cos n\theta + \mathrm{i}\sin n\theta \quad (n = 0, \pm 1, \pm 2, \cdots), \tag{6}$$

就是我们熟知的棣莫弗公式. 下面的例子是其中一种特殊情况.

例 2 当 $n = 2$ 时，公式(6)告诉我们

$$(\cos\theta + \mathrm{i}\sin\theta)^2 = \cos 2\theta + \mathrm{i}\sin 2\theta,$$

或者

$$\cos^2\theta - \sin^2\theta + \mathrm{i}2\sin\theta\cos\theta = \cos 2\theta + \mathrm{i}\sin 2\theta.$$

由实部和虚部对应相等，我们得到熟悉的三角恒等式

$$\cos 2\theta = \cos^2\theta - \sin^2\theta, \sin 2\theta = 2\sin\theta\cos\theta.$$

(另见第 9 节练习 10 和练习 11).

9. 乘积与商的辐角

如果 $z_1 = r_1 \mathrm{e}^{\mathrm{i}\theta_1}$，$z_2 = r_2 \mathrm{e}^{\mathrm{i}\theta_2}$，用第 8 节中的表达式

$$z_1 z_2 = (r_1 r_2) \mathrm{e}^{\mathrm{i}(\theta_1 + \theta_2)} \tag{1}$$

可以得到一个关于辐角的重要恒等式：

$$\arg(z_1 z_2) = \arg z_1 + \arg z_2. \tag{2}$$

这个结果可以解释为：如果三个(多值)辐角中的两个已经确定，则存在第三个辐角的一个值使得等式成立. 为了验证等式(2)，我们首先令 θ_1 和 θ_2 分别表示 $\arg z_1$ 和 $\arg z_2$ 的任意值. 表达式(1)告诉我们 $\theta_1 + \theta_2$ 是 $\arg(z_1 z_2)$ 的一个值(见图 9). 另一方面，如果 $\arg(z_1 z_2)$ 和 $\arg z_1$ 的值被指定，则这些值对应于表达式

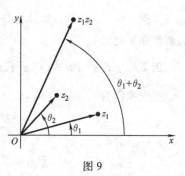

图 9

$$\arg(z_1 z_2) = (\theta_1 + \theta_2) + 2n\pi \quad (n = 0, \pm 1, \pm 2, \cdots)$$

和

$$\arg z_1 = \theta_1 + 2n_1\pi \quad (n_1 = 0, \pm 1, \pm 2, \cdots)$$

其中 n 和 n_1 是确定的.

因为

$$(\theta_1 + \theta_2) + 2n\pi = (\theta_1 + 2n_1\pi) + [\theta_2 + 2(n - n_1)\pi],$$

当值

$$\arg z_2 = \theta_2 + 2(n - n_1)\pi$$

被选定时，等式(2)显然成立. 注意到事实上等式(2)也可以写成

$$\arg(z_2 z_1) = \arg z_2 + \arg z_1,$$

这样，就可以验证 $\arg(z_1z_2)$ 和 $\arg z_2$ 的值被指定时的情况.

当 arg 用 Arg 代替时，等式(2)有时是成立的(见练习6). 但是，下面的例子说明这样做一般不行.

例1 当 $z_1 = -1$，$z_2 = i$ 时，

$$\text{Arg}(z_1z_2) = \text{Arg}(-i) = -\frac{\pi}{2}, \text{Arg}z_1 + \text{Arg}z_2 = \pi + \frac{\pi}{2} = \frac{3\pi}{2}.$$

然而，如果我们选取 $\arg z_1$ 和 $\arg z_2$ 为刚刚用过的值并且选取 $\arg(z_1z_2)$ 的值为

$$\text{Arg}(z_1z_2) + 2\pi = -\frac{\pi}{2} + 2\pi = \frac{3\pi}{2},$$

我们发现式(2)是成立的.

等式(2)告诉我们

$$\arg\left(\frac{z_1}{z_2}\right) = \arg(z_1 z_2^{-1}) = \arg z_1 + \arg(z_2^{-1}),$$

并且，由(第8节)

$$z_2^{-1} = \frac{1}{r_2}e^{-i\theta_2},$$

可以看出

$$\arg(z_2^{-1}) = -\arg z_2. \tag{3}$$

因此，

$$\arg\left(\frac{z_1}{z_2}\right) = \arg z_1 - \arg z_2. \tag{4}$$

当然，等式(3)可以解释为等式左、右两端值的集合相等. 而等式(4)和等式(2)的解释亦如此.

例2 为了说明等式(4)，我们用它来求复数 $z = \dfrac{i}{-1-i}$ 的主值 $\text{Arg}z$.

首先我们有

$$\arg z = \arg i - \arg(-1-i).$$

由于

$$\text{Arg}(i) = \frac{\pi}{2} \text{ 和 } \text{Arg}(-1-i) = -\frac{3\pi}{4},$$

$\arg z$ 的其中一个值是 $5\pi/4$. 但这并不是主值 Θ，因为主值必须位于区间 $-\pi < \Theta \leqslant \pi$ 内. 然而我们可以通过加上 2π 的某个整数倍（可能是负整数倍数）得到主值：

$$\text{Arg}\left(\frac{i}{-1-i}\right) = \frac{5\pi}{4} - 2\pi = -\frac{3\pi}{4}.$$

练　习

1. 找出下面复数的主值 $\text{Arg}z$.

(a) $z = \dfrac{-2}{1+\sqrt{3}i}$;

（b）$z = (\sqrt{3} - i)^6$.

答案：（a）$2\pi/3$；（b）π.

2. 证明：（a）$|e^{i\theta}| = 1$；（b）$\overline{e^{i\theta}} = e^{-i\theta}$.

3. 用数学归纳法证明：

$$e^{i\theta_1} e^{i\theta_2} \cdots e^{i\theta_n} = e^{i(\theta_1 + \theta_2 + \cdots + \theta_n)} \quad (n = 2, 3, \cdots).$$

4. 应用模 $|e^{i\theta} - 1|$ 表示点 $e^{i\theta}$ 和 1 之间的距离这一事实（见第 4 节），用几何方法找出 θ 在区间 $0 \leqslant \theta < 2\pi$ 上满足方程 $|e^{i\theta} - 1| = 2$ 的值.

答案：π.

5. 通过将左端每个因子写成指数形式，进行必要的计算，最后变回直角坐标形式的方法，证明：

（a）$i(1 - \sqrt{3}i)(\sqrt{3} + i) = 2(1 + \sqrt{3}i)$；

（b）$5i/(2 + i) = 1 + 2i$；

（c）$(\sqrt{3} + i)^6 = -64$；

（d）$(1 + \sqrt{3}i)^{-10} = 2^{-11}(-1 + \sqrt{3}i)$.

6. 证明：如果 $\operatorname{Re} z_1 > 0$ 和 $\operatorname{Re} z_2 > 0$，那么

$$\operatorname{Arg}(z_1 z_2) = \operatorname{Arg} z_1 + \operatorname{Arg} z_2,$$

这里用到主值.

7. 设 z 是一个非零复数且 n 是一个负整数（$n = -1, -2, \cdots$）. 另外，记 $z = re^{i\theta}$ 和 $m = -n = 1, 2, \cdots$，应用表达式

$$z^m = r^m e^{im\theta} \text{ 和 } z^{-1} = \left(\frac{1}{r}\right) e^{i(-\theta)},$$

验证 $(z^m)^{-1} = (z^{-1})^m$，从而第 7 节中的定义 $z^n = (z^{-1})^m$ 有另外一种写法 $z^n = (z^m)^{-1}$.

8. 证明：两个非零复数 z_1 和 z_2 有相同的模当且仅当存在复数 c_1 和 c_2，使得 $z_1 = c_1 c_2$ 和 $z_2 = c_1 \overline{c_2}$.

提示：注意

$$\exp\left(i\frac{\theta_1 + \theta_2}{2}\right)\exp\left(i\frac{\theta_1 - \theta_2}{2}\right) = \exp(i\theta_1)$$

和（见练习 2（b））

$$\exp\left(i\frac{\theta_1 + \theta_2}{2}\right)\overline{\exp\left(i\frac{\theta_1 - \theta_2}{2}\right)} = \exp(i\theta_2).$$

9. 证明：恒等式

$$1 + z + z^2 + \cdots + z^n = \frac{1 - z^{n+1}}{1 - z} \quad (z \neq 1),$$

并用它推导出拉格朗日三角恒等式：

$$1 + \cos\theta + \cos 2\theta + \cdots + \cos n\theta = \frac{1}{2} + \frac{\sin[(2n+1)\theta/2]}{2\sin(\theta/2)} \quad (0 < \theta < 2\pi).$$

提示：对于第一个恒等式，记 $S = 1 + z + z^2 + \cdots + z^n$，并且考察差 $S - zS$. 为了推导第二个恒等式，在第一个恒等式中令 $z = e^{i\theta}$.

10. 用棣莫弗公式（见第 8 节）推导出下列三角恒等式：

（a）$\cos 3\theta = \cos^3\theta - 3\cos\theta\sin^2\theta$；

（b）$\sin 3\theta = 3\cos^2\theta\sin\theta - \sin^3\theta$.

11.（a）用二项式公式（14）（见第 3 节）和棣莫弗公式（见第 8 节）导出

$$\cos n\theta + \mathrm{i}\sin n\theta = \sum_{k=0}^{n} \binom{n}{k} \cos^{n-k}\theta\,(\mathrm{i}\sin\theta)^k \qquad (n = 0, 1, 2, \cdots).$$

然后通过表达式

$$m = \begin{cases} n/2 & \text{如果 } n \text{ 是偶数}, \\ (n-1)/2 & \text{如果 } n \text{ 是奇数} \end{cases}$$

定义整数 m，并应用上面的和式证明（对比练习 10（a））：

$$\cos n\theta = \sum_{k=0}^{m} \binom{n}{2k} (-1)^k \cos^{n-2k}\theta \sin^{2k}\theta \quad (n = 0, 1, 2, \cdots).$$

（b）在（a）部分最后一个和式中令 $x = \cos\theta$，证明它将变成一个关于变量 x 的 n（$n = 0$, 1, 2, $\cdots$）次多项式 *

$$T_n(x) = \sum_{k=0}^{m} \binom{n}{2k} (-1)^k x^{n-2k} (1-x^2)^k.$$

10. 复数的根

现在考察点 $z = r\mathrm{e}^{\mathrm{i}\theta}$，该点位于圆心在原点，半径为 r 的圆周上（见图 10）. 当 θ 增大时，z 沿着圆周按逆时针方向旋转. 特别地，当 θ 增加 2π 时，回到起始点；当 θ 减少 2π 时也一样. 因此，从图 10 可以看出，两个非零复数 $z_1 = r_1\mathrm{e}^{\mathrm{i}\theta_1}$ 与 $z_2 = r_2\mathrm{e}^{\mathrm{i}\theta_2}$ 相等

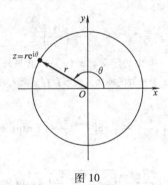

图 10

当且仅当

$$r_1 = r_2 \text{ 并且 } \theta_1 = \theta_2 + 2k\pi,$$

其中 k 是某个整数（$k = 0$, ± 1, ± 2, $\cdots$）.

这一结果，连同第 8 节中关于复数 $z = r\mathrm{e}^{\mathrm{i}\theta}$ 的整数次幂的表达式 $z^n = r^n\mathrm{e}^{\mathrm{i}n\theta}$，在求任一非零复数 $z_0 = r_0\mathrm{e}^{\mathrm{i}\theta_0}$ 的 n（$n = 2$, 3, $\cdots$）次方根的时候是很有用的. 此方法基于这样一个事实：z_0 的一个 n 次方根就是一个满足

$$z^n = z_0 \text{ 或者 } r^n\mathrm{e}^{\mathrm{i}n\theta} = r_0\mathrm{e}^{\mathrm{i}\theta_0}$$

的非零复数 $z = r\mathrm{e}^{\mathrm{i}\theta}$.

根据上面楷体字说明，我们有

---

* 这被称为切比雪夫多项式且在逼近论中很著名.

$$r^n = r_0 \text{ 且 } n\theta = \theta_0 + 2k\pi,$$

其中 $k = 0,\ \pm 1,\ \pm 2,\ \cdots$. 所以 $r = \sqrt[n]{r_0}$, 其中根号表示正实数 r_0 的唯一的正 n 次方根, 并且

$$\theta = \frac{\theta_0 + 2k\pi}{n} = \frac{\theta_0}{n} + \frac{2k\pi}{n} \quad (k = 0,\ \pm 1,\ \pm 2, \cdots).$$

于是, 复数

$$z = \sqrt[n]{r_0} \exp\left[\mathrm{i}\left(\frac{\theta_0}{n} + \frac{2k\pi}{n} \right) \right] \quad (k = 0,\ \pm 1,\ \pm 2, \cdots)$$

就是 z_0 的 n 次方根. 从这些根的指数形式我们可以马上看到它们全部落在圆心在原点的圆周 $|z| = \sqrt[n]{r_0}$ 上, 且以 θ_0/n 为起始辐角, 以 $2\pi/n$ 弧度等间距排列. 显然, 当 $k = 0,\ 1,\ 2,\ \cdots,\ n-1$ 时, 可以得到所有不同的根, 且当 k 取其他值时不会产生新的根. 我们用 $c_k (k = 0,\ 1,\ 2,\ \cdots,\ n-1)$ 表示这些不同的根并记为

$$c_k = \sqrt[n]{r_0} \exp\left[\mathrm{i}\left(\frac{\theta_0}{n} + \frac{2k\pi}{n} \right) \right] \quad (k = 0, 1, 2, \cdots, n-1). \tag{1}$$

(见图 11).

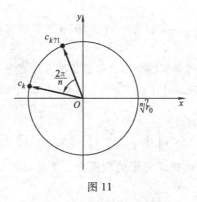

图 11

数 $\sqrt[n]{r_0}$ 是表示这 n 个根的每个向径的长度. 第一个根 c_0 的辐角是 θ_0/n, 并且当 $n = 2$ 时两个根位于圆周 $|z| = \sqrt[n]{r_0}$ 的一个直径的两个端点上, 第二个根是 $-c_0$. 当 $n \geqslant 3$ 时, 根位于上述圆的内接正 n 边形的顶点上. 我们将用 $z_0^{1/n}$ 表示 z_0 的 n 次方根的集合. 特别地, 如果 z_0 是正实数 r_0, 那么符号 $r_0^{1/n}$ 就表示全部的根, 而表达式 (1) 中的符号 $\sqrt[n]{r_0}$ 专指正实根. 当表达式 (1) 中 θ_0 的值是 $\arg z_0 (-\pi < \theta_0 \leqslant \pi)$ 的主值时, 就称 c_0 为主值根. 所以当 z_0 是正实数 r_0 时, 它的主值根就是 $\sqrt[n]{r_0}$.

注意到如果我们把关于 z_0 的根的表达式 (1) 写成

$$c_k = \sqrt[n]{r_0} \exp\left(\mathrm{i}\frac{\theta_0}{n} \right) \exp\left(\mathrm{i}\frac{2k\pi}{n} \right) \quad (k = 0, 1, 2, \cdots, n-1),$$

且记

$$\omega_n = \exp\left(\mathrm{i}\frac{2\pi}{n} \right), \tag{2}$$

那么由第8节中关于 $e^{i\theta}$ 的性质（5）得到

$$\omega_n^k = \exp\left(i\frac{2k\pi}{n}\right) \quad (k = 0, 1, 2, \cdots, n-1). \tag{3}$$

因此，

$$c_k = c_0 \omega_n^k \quad (k = 0, 1, 2, \cdots, n-1). \tag{4}$$

由于 ω_n 表示按逆时针旋转 $2\pi/n$ 弧度，这里的数 c_0 当然可以用 z_0 的任何一个特殊的 n 次方根代替.

最后，我们有一个方便的方法来记住表达式（1），那就是把 z_0 写成最一般的指数形式（对比第7节中例2）

$$z_0 = r_0 e^{i(\theta_0 + 2k\pi)} \quad (k = 0, \pm 1, \pm 2, \cdots). \tag{5}$$

从形式上应用涉及实数的分数次幂运算法则，并牢记恰有 n 个根：

$$c_k = \left[r_0 e^{i(\theta_0 + 2k\pi)}\right]^{1/n} = \sqrt[n]{r_0}\exp\left[\frac{i(\theta_0 + 2k\pi)}{n}\right] = \sqrt[n]{r_0}\exp\left[i\left(\frac{\theta_0}{n} + \frac{2k\pi}{n}\right)\right] \quad (k = 0, 1, 2, \cdots, n-1).$$

下节中的例子将有助于说明找出复数根的方法.

11. 例子

在下面的每一个例子中，我们将用到第10节的表达式（5）和紧随其后所叙述的方法.

例1 找出 $(-16)^{1/4}$ 的全部四个值，也就是数 -16 的所有四次方根. 只需记

$$-16 = 16\exp[i(\pi + 2k\pi)] \quad (k = 0, \pm 1, \pm 2, \cdots),$$

我们要找的根是

$$c_k = 2\exp\left[i\left(\frac{\pi}{4} + \frac{k\pi}{2}\right)\right] \quad (k = 0, 1, 2, 3). \tag{1}$$

它们位于圆 $|z| = 2$ 的一个内接正方形的顶点上，并且以 $\pi/2$ 弧度等间距分布，起始于主值根（见图12）

$$c_0 = 2\exp\left[i\left(\frac{\pi}{4}\right)\right] = 2\left(\cos\frac{\pi}{4} + i\sin\frac{\pi}{4}\right) = 2\left(\frac{1}{\sqrt{2}} + i\frac{1}{\sqrt{2}}\right) = \sqrt{2}(1+i).$$

不用进一步计算，就可以知道其他三个根分别是

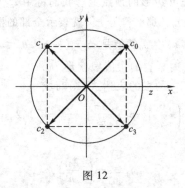

图12

$$c_1 = \sqrt{2}(-1+i), c_2 = \sqrt{2}(-1-i) \text{ 和 } c_3 = \sqrt{2}(1-i).$$

注意到第 10 节中的式(2)和式(4)，这些根可以写成

$$c_0, c_0\omega_4, c_0\omega_4^2, c_0\omega_4^3,$$

其中，$\omega_4 = \exp\left(i\frac{\pi}{2}\right)$.

例 2　为了确定 1 的 n 次方根，我们从

$$1 = 1\exp[i(0 + 2k\pi)] \quad (k = 0, \pm 1, \pm 2 \cdots)$$

开始，发现

$$1^{1/n} = \sqrt[n]{1}\exp\left[i\left(\frac{0}{n} + \frac{2k\pi}{n}\right)\right] = \exp\left(i\frac{2k\pi}{n}\right) \quad (k = 0, 1, 2, \cdots, n-1). \tag{2}$$

当 $n = 2$ 时，这些根当然就是 ± 1. 当 $n \geqslant 3$ 时，以这些根为顶点的正多边形内接于单位圆 $|z| = 1$，其中一个顶点对应于主值根 $z = 1(k = 0)$. 由第 10 节中的表达式(3)可知这些根可以简写为

$$1, \omega_n, \omega_n^2, \cdots, \omega_n^{n-1},$$

其中，

$$\omega_n = \exp\left(i\frac{2\pi}{n}\right).$$

当 $n = 3$、4 和 6 时，图 13 给出了根的分布情况. 注意 $\omega_n^n = 1$.

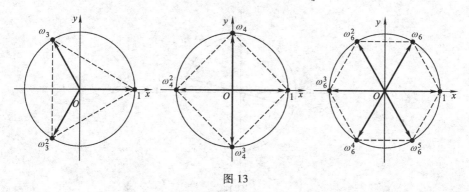

图 13

例 3　设 a 是任一正实数. 为了找到 $a + i$ 的两个平方根，我们首先记

$$A = |a + i| = \sqrt{a^2 + 1} \text{ 和 } \alpha = \text{Arg}(a + i).$$

因为

$$a + i = A\exp[i(\alpha + 2k\pi)] \quad (k = 0, \pm 1, \pm 2, \cdots),$$

所以要求的平方根是

$$c_k = \sqrt{A}\exp\left[i\left(\frac{\alpha}{2} + k\pi\right)\right] \quad (k = 0, 1). \tag{3}$$

由于 $e^{i\pi} = -1$，从而 $(a + i)^{1/2}$ 的两个值可以化简为

$$c_0 = \sqrt{A}e^{i\alpha/2} \text{ 和 } c_1 = -c_0 \tag{4}$$

欧拉公式告诉我们

$$c_0 = \sqrt{A}\left(\cos\frac{\alpha}{2} + i\sin\frac{\alpha}{2}\right). \tag{5}$$

因为 $a + i$ 位于实轴的上方，所以 $0 < \alpha < \pi$，从而

$$\cos\frac{\alpha}{2} > 0 \text{ 且 } \sin\frac{\alpha}{2} > 0.$$

因此，应用三角恒等式

$$\cos^2\frac{\alpha}{2} = \frac{1 + \cos\alpha}{2}, \quad \sin^2\frac{\alpha}{2} = \frac{1 - \cos\alpha}{2},$$

我们可以将式（5）写成如下形式

$$c_0 = \sqrt{A}\left(\sqrt{\frac{1 + \cos\alpha}{2}} + i\sqrt{\frac{1 - \cos\alpha}{2}}\right). \tag{6}$$

但是 $\cos\alpha = a/A$，所以有

$$\sqrt{\frac{1 \pm \cos\alpha}{2}} = \sqrt{\frac{1 \pm (a/A)}{2}} = \sqrt{\frac{A \pm a}{2A}}. \tag{7}$$

于是，从式（6）和式（7）以及关系式 $c_1 = -c_0$，就可以得到 $a + i (a > 0)$ 的两个平方根
（见图 14）是

$$\pm\frac{1}{\sqrt{2}}\left(\sqrt{A + a} + i\sqrt{A - a}\right). \tag{8}$$

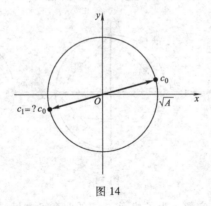

图 14

练　习

1. 求（a）$2i$；（b）$1 - \sqrt{3}i$ 的平方根并且把它们用直角坐标表示出来.

答案：（a）$\pm(1 + i)$；　（b）$\pm\dfrac{\sqrt{3} - i}{\sqrt{2}}$.

2. 找到 $-8i$ 的三个立方根 $c_k (k = 0, 1, 2)$，用直角坐标表示它们，并且指出为什么它们
如图 15 所示.

答案：$\pm\sqrt{3} - i$，$2i$.

3. 找到 $(-8 - 8\sqrt{3}i)^{1/4}$ 所有值的直角坐标，用某个正方形的顶点表示它们，并且指出主

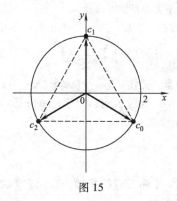

图 15

值根.

答案：$\pm(\sqrt{3}-i)$，$\pm(1+\sqrt{3}i)$.

4. 在下面每种情况下，找到所有根的直角坐标，用某个正多边形的顶点表示它们，并确定主值根.

（a）$(-1)^{1/3}$；

（b）$8^{1/6}$.

答案：（b）$\pm\sqrt{2}$，$\pm\dfrac{1+\sqrt{3}i}{\sqrt{2}}$，$\pm\dfrac{1-\sqrt{3}i}{\sqrt{2}}$.

5. 根据第 10 节，非零复数 z_0 的立方根可以写成 c_0，$c_0\omega_3$，$c_0\omega_3^2$，其中 c_0 是 z_0 的主值立方根，并且

$$\omega_3 = \exp\left(i\frac{2\pi}{3}\right) = \frac{-1+\sqrt{3}i}{2}.$$

证明：如果 $z_0 = -4\sqrt{2}+4\sqrt{2}i$，那么 $c_0 = \sqrt{2}(1+i)$，并且其他两个立方根用直角坐标形式给出是数

$$c_0\omega_3 = \frac{-(\sqrt{3}+1)+(\sqrt{3}-1)i}{\sqrt{2}}\text{和}\ c_0\omega_3^2 = \frac{(\sqrt{3}-1)-(\sqrt{3}+1)i}{\sqrt{2}}.$$

6. 找到多项式 z^4+4 的四个零点，其中一个是 $z_0 = \sqrt{2}e^{i\pi/4} = 1+i$. 然后用这些零点把 z^4+4 分解成实系数二次因子的乘积.

答案：$(z^2+2z+2)(z^2-2z+2)$.

7. 证明：如果 c 是 1 的除 1 以外的任一 n 次方根，那么

$$1 + c + c^2 + \cdots + c^{n-1} = 0.$$

提示：利用第 9 节练习 9 的第一个恒等式.

8.（a）当系数 a、b 与 c 是复数时，推导求解二次方程

$$az^2 + bz + c = 0 \quad (a \neq 0)$$

的常用公式.

特别地，通过在左端完全平方，推导求根公式

$$z = \frac{-b + (b^2-4ac)^{1/2}}{2a},$$

其中，当 $b^2 - 4ac \neq 0$ 时，两个平方根都要考虑到.

（b）应用(a)的结果找出方程 $z^2 + 2z + (1 - i) = 0$ 的根.

答案：（b）$\left(-1 + \dfrac{1}{\sqrt{2}} \right) + \dfrac{i}{\sqrt{2}}, \left(-1 - \dfrac{1}{\sqrt{2}} \right) - \dfrac{i}{\sqrt{2}}.$

9. 设 $z = re^{i\theta}$ 是一个非零复数，并且 n 是一个负整数 $(n = -1, -2, \cdots)$. 然后用等式 $z^{1/n} = (z^{-1})^{1/m}$ 定义 $z^{1/n}$，其中 $m = -n$. 通过说明 $(z^{1/m})^{-1}$ 和 $(z^{-1})^{1/m}$ 的 m 个值相同验证 $z^{1/n} = (z^{1/m})^{-1}$.（对比第9节练习7）.

12. 复平面中的区域

本节，我们考虑复数或 z 平面上点的集合，以及它们之间的联系. 我们的基本工具是给定点 z_0 的 ε 邻域的概念

$$|z - z_0| < \varepsilon. \tag{1}$$

该邻域包含以 z_0 为圆心，特定正数 ε 为半径的圆内所有的点，但不包括圆周上的点（见图16）. 在讨论中，当 ε 的值无关紧要时，集合(1)通常只称为一个邻域. 有时为了方便，我们称

$$0 < |z - z_0| < \varepsilon \tag{2}$$

为 z_0 的去心邻域或空心圆盘，它由 z_0 的 ε 邻域中除 z_0 之外的所有点 z 组成.

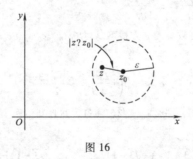

图 16

如果存在 z_0 的一个邻域只包含集合 S 的点，那么称 z_0 是集合 S 的一个内点；如果存在 z_0 的一个邻域不包含集合 S 的点，则称 z_0 是集合 S 的一个外点. 如果 z_0 既不是内点也不是外点，那么就称它为集合 S 的边界点. 因此，边界点具有这样的性质，它的每一个邻域既有集合 S 的点又有不属于 S 的点. 所有边界点的总和称为 S 的边界. 例如，圆周 $|z| = 1$ 是集合

$$|z| < 1 \text{ 和 } |z| \leqslant 1 \tag{3}$$

的边界.

如果一个集合不包含它的边界点，那么称这个集合是开集. 一个集合是开集当且仅当它的每个点都是它的内点，证明留为练习. 如果一个集合包含它所有的边界点，则称该集合是闭集；而集合 S 的闭包是一个闭集，它由 S 所有的点和 S 的边界组成. 注意式(3)中第一个集合是开集，第二个集合是第一个集合的闭包.

当然，有些集合既不是开集也不是闭集. 如果一个集合 S 不是开集，那么一定存

在它的一个边界点属于 S；而对于非闭集合 S，则一定存在它的一个边界点不属于 S. 注意空心圆盘 $0 < |z| \leqslant 1$ 既不是开集也不是闭集. 另一方面，全体复数的集合既是开集也是闭集，这是因为它没有边界点.

如果开集 S 的任意两个点 z_1 和 z_2 都可以由一条折线连接，并且这条折线由包含在 S 内的有限条线段首尾顺次相连组成，则称集合 S 是连通的. 开集 $|z| < 1$ 是连通的. 圆环 $1 < |z| < 2$ 是开集，并且它也是连通的(见图 17). 连通的非空开集称为开域. 注意任何一个邻域都是开域. 区域是指一个开域，或者开域加上它的一些或全部边界点.

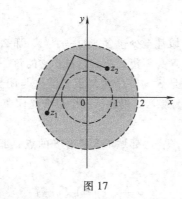

图 17

如果集合 S 的每一个点都在某个圆周 $|z| = R$ 里面，则称 S 有界；否则，就称 S 无界. 式(3)中的两个集合都是有界的，而半平面 $\mathrm{Re} z \geqslant 0$ 无界.

例 画出集合

$$\mathrm{Im}\left(\frac{1}{\bar{z}}\right) > 1 \tag{4}$$

的草图并确定它的上述性质.

首先，当 $z \neq 0$ 时，

$$\frac{1}{\bar{z}} = \frac{\bar{\bar{z}}}{\bar{z} z} = \frac{z}{|z|^2} = \frac{x - \mathrm{i}y}{x^2 + y^2} \quad (z = x + \mathrm{i}y).$$

不等式(4)则变成

$$\frac{-y}{x^2 + y^2} > 1,$$

或者

$$x^2 + y^2 + y < 0.$$

通过配成完全平方式，有

$$x^2 + \left(y^2 + y + \frac{1}{4}\right) < \frac{1}{4}.$$

所以不等式(4)表示圆心在点 $z = -\mathrm{i}/2$，半径为 $1/2$ 的圆周

$$(x - 0)^2 + \left(y + \frac{1}{2}\right)^2 = \left(\frac{1}{2}\right)^2$$

的内部(见图18).

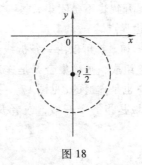

图 18

如果 z_0 的每一个去心邻域都至少包含 S 的一个点,那么称 z_0 是集合 S 的一个聚点或者极限点. 从而如果集合 S 是闭集,那么它包含它的每一个聚点. 这是因为如果聚点 z_0 不属于 S,那么它一定是 S 的一个边界点,但这与闭集包含它所有的边界点矛盾. 其逆命题也真,证明留为练习. 因此,一个集合是闭集当且仅当它包含自己所有的聚点.

显然,如果存在 z_0 的一个去心邻域不含集合 S 的点,那么 z_0 一定不是 S 的聚点. 注意原点是集合

$$z_n = \frac{i}{n} \quad (n = 1, 2, \cdots)$$

的唯一聚点.

练 习

1. 画出如下集合并说明哪些是开域:

(a) $|z - 2 + i| \leqslant 1$;

(b) $|2z + 3| > 4$;

(c) $\text{Im} z > 1$;

(d) $\text{Im} z = 1$;

(e) $0 \leqslant \arg z \leqslant \pi/4 (z \neq 0)$;

(f) $|z - 4| \geqslant |z|$.

答案:(b)和(c)是开域.

2. 练习1中哪些集合既不是开集也不是闭集?

答案:(e).

3. 练习1中哪些集合有界?

答案:(a).

4. 在下面各种情况下,画出集合的闭包:

(a) $-\pi < \arg z < \pi (z \neq 0)$;

(b) $|\text{Re} z| < |z|$;

(c) $\text{Re}\left(\frac{1}{z}\right) \leqslant \frac{1}{2}$;

(d) $\operatorname{Re}(z^2) > 0$.

5. 设 S 是由满足 $|z| < 1$ 或 $|z-2| < 1$ 的点 z 组成的开集. 说明 S 不是连通的.

6. 证明：集合 S 是开集当且仅当 S 的每个点都是内点.

7. 确定下面集合的聚点：

(a) $z_n = i^n (n = 1, 2, \cdots)$；

(b) $z_n = i^n / n (n = 1, 2, \cdots)$；

(c) $0 \leqslant \arg z < \pi/2 (z \neq 0)$；

(d) $z_n = (-1)^n (1 + i) \dfrac{n-1}{n} (n = 1, 2, \cdots)$.

答案：(a) 没有；(b) 0；(d) $\pm(1+i)$.

8. 证明：如果一个集合包含它的每一个聚点，那么它是闭集.

9. 证明：开域的任意一点 z_0 都是它的聚点.

10. 证明：有限点集 $z_1, z_2, \cdots, z_n$ 不可能有聚点.

第 2 章

解析函数

现在，我们考虑单复变量函数并建立一种关于它们的微分理论. 本章将主要介绍解析函数，它在复分析中起着核心作用.

13. 函数与映射

设 S 是一个复数集合. 定义在 S 上的函数 f 是一个法则，它将 S 中的每一个 z 对应一个复数 w. 数 w 称为 f 在 z 处的值，记为 $f(z)$，即 $w = f(z)$. 集合 S 被称为 f 的定义域. *

必须强调的是，定义域和对应法则是一个函数的两个要素. 当定义域没有被提及时，我们认为它是可以取到使函数有意义的最大集合. 另外，用符号来区分一个给定的函数和它的函数值并不是很方便.

例 1 如果 f 通过方程 $w = 1/z$ 定义在集合 $z \neq 0$ 上，那么我们认为 f 仅指函数 $w = 1/z$，或者仅指函数 $1/z$.

设 $u + iv$ 是函数 f 在 $z = x + iy$ 处的值，即 $u + iv = f(x + iy)$. 于是，因为实数 u 和 v 都依赖于实变量 x 和 y，所以 $f(z)$ 可以用一对关于实变量 x 和 y 的实值函数来表示，即

$$f(z) = u(x, y) + iv(x, y). \tag{1}$$

例 2 如果 $f(z) = z^2$，那么

$$f(x + iy) = (x + iy)^2 = x^2 - y^2 + i2xy.$$

因此，

$$u(x, y) = x^2 - y^2 \text{ 且 } v(x, y) = 2xy.$$

如果表达式 (1) 中的函数 v 的取值恒为零，那么 f 的值恒为实数. 此时称 f 是一个单复变量的实值函数.

例 3 实值函数

$$f(z) = |z|^2 = x^2 + y^2 + i0$$

在本章的后面将用来阐明一些重要的概念.

---

* 虽然定义域常常是开域（定义见第 12 节），但它也可以不是开域.

如果 n 是一个正整数，并且 a_0，a_1，a_2，$\cdots$，a_n 是复常数，其中 $a_n \neq 0$，则称函数

$$P(z) = a_0 + a_1 z + a_2 z^2 + \cdots + a_n z^n$$

是一个 n 次多项式．注意，这里的和是有限多项之和，并且定义域是整个 z 平面．多项式的商 $P(z)/Q(z)$ 称为有理函数，并且定义在每一个使得 $Q(z) \neq 0$ 的点 z 上．多项式和有理函数构成一类初等的并且重要的单复变量函数．

如果用极坐标 r 和 θ 代替 x 和 y，则有

$$u + \mathrm{i}v = f(r \mathrm{e}^{\mathrm{i}\theta}),$$

其中 $w = u + \mathrm{i}v$ 且 $z = r \mathrm{e}^{\mathrm{i}\theta}$．在这种情况下，记

$$f(z) = u(r,\theta) + \mathrm{i}v(r,\theta). \tag{2}$$

例 4　当 $z = r \mathrm{e}^{\mathrm{i}\theta}$ 时，考虑函数 $w = z^2$，有

$$w = (r \mathrm{e}^{\mathrm{i}\theta})^2 = r^2 \mathrm{e}^{\mathrm{i}2\theta} = r^2 \cos 2\theta + \mathrm{i}r^2 \sin 2\theta.$$

因此，

$$u(r,\theta) = r^2 \cos 2\theta \text{ 且 } v(r,\theta) = r^2 \sin 2\theta.$$

函数概念的推广是这样一个法则，它将定义域中的一个点 z 映射成多个值．就像实变量情况一样，这些多值函数在单复变函数论中会出现．当研究多值函数的时候，通常按某个系统化的方法在每一定义点取一个函数值，从而得到它的一个（单值）函数．

例 5　设 z 是任一非零复数．从第 10 节我们知道 $z^{1/2}$ 有两个值，即

$$z^{1/2} = \pm \sqrt{r} \exp\left(\mathrm{i}\frac{\Theta}{2} \right),$$

其中 $r = |z|$ 且 Θ（$-\pi < \Theta \leqslant \pi$）取主值 $\mathrm{Arg}\, z$．但是如果我们只取 $\pm\sqrt{r}$ 的正值并记

$$f(z) = \sqrt{r} \exp\left(\mathrm{i}\frac{\Theta}{2} \right) \quad (r > 0, -\pi < \Theta \leqslant \pi) \tag{3}$$

则（单值）函数（3）在 z 平面上不包含零的集合上有定义．因为零是它自己唯一的平方根，所以我们可以令 $f(0) = 0$．这样函数 f 在整个平面上都有定义．

单实变量的实值函数的性质通常可以通过函数图像展现．但是当 $w = f(z)$ 时，其中 z 和 w 是复数，没有方便的函数图像可用，这是因为数 z 和 w 位于平面上而不是在一条直线上．然而，我们可以通过对应点 $z = (x,y)$ 和 $w = (u,v)$ 来展示函数的一些信息，一般的方法就是分别在 z 平面和 w 平面中画出对应的点．

当我们用这个方式去考虑函数时，通常称之为映射或者变换．定义域 S 中的点 z 对应的象是点 $w = f(z)$，而 S 的子集 T 中所有点对应的象组成的集合称为 T 的象．整个定义域 S 的象称为 f 的值域．点 w 的原象是指定义域中所有以 w 为它们的象的 z 的集合．一个点的原象可以是一个点，多个点，甚至没有点．当然如果没有点，那么 w 不属于 f 的值域．

变换、旋转和反射等术语可以用来表达映射的几何特征．在这些情况下，为方便

起见，有时认为 z 平面和 w 平面是同一个平面. 例如，当 $z = x + iy$ 时，可以认为映射

$$w = z + 1 = (x+1) + iy$$

将每一个点 z 向右平移一个单位. 因为 $i = e^{i\pi/2}$，所以映射

$$w = iz = r\exp[i(\theta + \pi/2)]$$

将每一个非零点 $z = re^{i\theta}$ 的向径绕原点沿着逆时针方向旋转一个直角，映射

$$w = \bar{z} = x - iy$$

把每个点 $z = x + iy$ 映到它关于实轴的对称点.

通常，画出曲线或区域的象要比简单地展示单个点的象得到的信息更多. 在下节中，变换 $w = z^2$ 将说明这一点.

14. 映射 $w = z^2$

根据第 13 节例 2，映射 $w = z^2$ 可以看作是从 xy 平面到 uv 平面的变换

$$u = x^2 - y^2, v = 2xy. \tag{1}$$

映射的这种形式对于找到某些双曲线的象特别有用.

例如，容易证明双曲线

$$x^2 - y^2 = c_1 \quad (c_1 > 0) \tag{2}$$

的每一个分支以一对一的形式被映到垂线 $u = c_1$ 上. 下面验证这一点，首先注意当点 (x,y) 位于任一分支上时，我们从式(1)的第一个等式得到 $u = c_1$. 特别地，当点 (x, y) 位于右边分支时，式(1)的第二个等式告诉我们 $v = 2y\sqrt{y^2 + c_1}$. 从而右边分支的象的参数方程是

$$u = c_1, v = 2y\sqrt{y^2 + c_1} \quad (-\infty < y < +\infty).$$

显然，当点 (x,y) 在沿右边分支从下向上移动时，它的象沿着整条垂线向上移动(见图 19). 同样，由于参数方程

$$u = c_1, v = -2y\sqrt{y^2 + c_1} \quad (-\infty < y < +\infty)$$

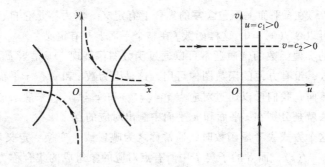

图 19　$w = z^2$

表示双曲线左边分支的象，当点 (x,y) 沿着该分支向下移动时，它的象也沿着整条垂线 $u = c_1$ 向上移动.

另一方面，双曲线

$$2xy = c_2 \quad (c_2 > 0) \tag{3}$$

的每一分支被变换成直线 $v = c_2$, 如图 19 所示. 下面验证这一点, 注意当点 (x,y) 位于任一分支时, 我们从式 (1) 中第二个等式得 $v = c_2$. 设点 (x, y) 位于第一象限的分支上, 由于 $y = c_2/(2x)$, 故由式 (1) 的第一个等式可知该分支的象有如下参数方程

$$u = x^2 - \frac{c_2^2}{4x^2}, v = c_2 \quad (0 < x < +\infty).$$

注意

$$\lim_{\substack{x \to 0 \\ x > 0}} u = -\infty \text{ 且 } \lim_{x \to +\infty} u = +\infty.$$

因为 u 是 x 的连续函数, 所以当点 (x,y) 沿双曲线 (3) 的上分支从上向下移动时, 它的象沿着整条水平线 $v = c_2$ 从左向右移动. 由于下分支的象有参数方程

$$u = \frac{c_2^2}{4y^2} - y^2, v = c_2 \quad (-\infty < y < 0),$$

并且因为

$$\lim_{y \to -\infty} u = -\infty \text{ 且 } \lim_{\substack{y \to 0 \\ y < 0}} u = +\infty,$$

所以当点沿着整个下分支从下向上移动时, 它的象也沿着整条直线 $v = c_2$ 从左向右移动 (见图 19).

我们现在说明怎样通过映射 $w = z^2$ 的式 (1) 来找到一些区域的象.

例 1 区域 $x > 0$, $y > 0$, $xy < 1$ 是由一族双曲线 $2xy = c$ 的上分支上所有的点组成, 其中 $0 < c < 2$ (见图 20). 我们刚才已经看到, 当点沿着其中一个分支向下移动时, 它的象在映射 $w = z^2$ 作用下沿着整条直线 $v = c$ 向右移动.

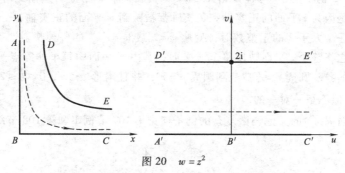

图 20 $w = z^2$

由于 c 的取值范围是从 0 到 2, 这样, 双曲线的上分支就填满了区域 $x > 0$, $y > 0$, $xy < 1$, 所以区域被映射到水平带形域 $0 < v < 2$.

由式 (1) 知道, z 平面中的点 $(0,y)$ 的象是 $(-y^2, 0)$. 因此当点 $(0,y)$ 沿着 y 轴向下移动到原点时, 它的象在 w 平面中沿着负 u 轴向右移动到原点. 同样, 由于点 $(x, 0)$ 的象是点 $(x^2, 0)$, 所以当点 $(x,0)$ 从原点出发沿着 x 轴向右移动时, 它的象也从原点出发沿着 u 轴向右移动. 双曲线 $xy = 1$ 的上分支的象自然是水平线 $v = 2$. 所以闭域 $x \geq 0$, $y \geq 0$, $xy \leq 1$ 被映射到闭带形域 $0 \leq v \leq 2$, 如图 20 所示.

下面的例子将说明怎样通过极坐标来分析映射.

例 2 当 $z = re^{i\theta}$ 时，映射 $w = z^2$ 变成

$$w = r^2 e^{i2\theta}. \tag{4}$$

显然，任一非零点 z 的象 $w = \rho e^{i\varphi}$ 可以通过把 z 的模 r 平方，辐角主值 θ 加倍得到，即

$$\rho = r^2 \text{ 且 } \varphi = 2\theta. \tag{5}$$

注意到圆周 $r = r_0$ 上的点 $z = r_0 e^{i\theta}$ 被变换成圆周 $\rho = r_0^2$ 上的点 $w = r_0^2 e^{i2\theta}$. 当第一个圆周上的点从正实轴出发按逆时针移动到正虚轴时，它的象在第二个圆周上从正实轴出发按逆时针移动到负实轴(见图 21). 所以，当 r_0 取遍所有正数时，z 平面和 w 平面中对应的曲线弧分别填满第一象限和上半平面. 因此映射 $w = z^2$ 将 z 平面的第一象限 $r \geq 0$，$0 \leq \theta \leq \pi/2$ 一对一地映到 w 平面的上半平面 $\rho \geq 0$，$0 \leq \varphi \leq \pi$，如图 21 所示. 点 $z = 0$ 当然被映到点 $w = 0$.

这个映射将第一象限映射为上半平面，也可以用图 21 中虚线所示的射线证明. 证明留为练习 7.

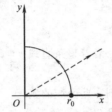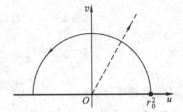

图 21 $w = z^2$

映射 $w = z^2$ 也将上半平面 $r \geq 0$，$0 \leq \theta \leq \pi$ 映成整个 w 平面. 然而此时映射不是一对一的，这是因为 z 平面的正实轴和负实轴都被映到 w 平面的正实轴.

当 n 是一个大于 2 的正整数时，变换 $w = z^n$ 或 $w = r^n e^{in\theta}$ 的各种映射性质与 $w = z^2$ 的性质类似. 它将整个 z 平面映成整个 w 平面，其中 w 平面中每个非零点是 z 平面中 n 个不同的点的象. 圆周 $r = r_0$ 被映到圆周 $\rho = r_0^n$，并且扇形 $r \leq r_0$，$0 \leq \theta \leq 2\pi/n$ 被映到圆盘 $\rho \leq r_0^n$，但不是一对一的.

涉及映射 $w = z^2$ 的其他稍微复杂的例子参见第 107 节例 1 和第 108 节练习 1 ~ 4.

练　　习

1. 给出下列函数的定义域：

(a) $f(z) = \dfrac{1}{z^2 + 1}$; (b) $f(z) = \mathrm{Arg}\left(\dfrac{1}{z}\right)$;

(c) $f(z) = \dfrac{z}{z + \bar{z}}$; (d) $f(z) = \dfrac{1}{1 - |z|^2}$.

答案：(a) $z \neq \pm i$；(b) $\mathrm{Re} z \neq 0$.

2. 在下列情况，把函数 $f(z)$ 写成 $f(z) = u(x, y) + iv(x, y)$ 的形式：

(a) $f(z) = z^3 + z + 1$; (b) $f(z) = \dfrac{\bar{z}^2}{z}$ $(z \neq 0)$.

提示：在（b）中，分子和分母同时乘以 $\bar{z}$.

答案：（a）$f(z) = (x^3 - 3xy^2 + x + 1) + \mathrm{i}(3x^2y - y^3 + y)$；（b）$f(z) = \dfrac{x^3 - 3xy^2}{x^2 + y^2} + \mathrm{i}\dfrac{y^3 - 3x^2y}{x^2 + y^2}$.

3. 设 $f(z) = x^2 - y^2 - 2y + \mathrm{i}(2x - 2xy)$，其中 $z = x + \mathrm{i}y$. 利用表达式（见第 6 节）

$$x = \frac{z + \bar{z}}{2} \text{ 和 } y = \frac{z - \bar{z}}{2\mathrm{i}}$$

把 $f(z)$ 用 z 表示，并化简.

答案：$f(z) = \bar{z}^2 + 2\mathrm{i}z$.

4. 把函数

$$f(z) = z + \frac{1}{z} \qquad (z \neq 0)$$

写成 $f(z) = u(r, \theta) + \mathrm{i}v(r, \theta)$ 的形式.

答案：$f(z) = \left(r + \dfrac{1}{r}\right)\cos\theta + \mathrm{i}\left(r - \dfrac{1}{r}\right)\sin\theta$.

5. 根据第 14 节中关于图 19 的讨论，在 z 平面中找到一个开域，使得该开域在变换 $w = z^2$ 作用下的象是 w 的正方形域，其边界是直线 $u = 1$，$u = 2$，$v = 1$ 和 $v = 2$.（见附录 B 中图 2）.

6. 找到并画出双曲线

$$x^2 - y^2 = c_1 (c_1 < 0) \text{ 和 } 2xy = c_2 (c_2 < 0)$$

在变换 $w = z^2$ 下的象，在图中标明相应的方向.

7. 正如图 21 中所示，利用图 21 中虚线所示的射线证明：变换 $w = z^2$ 把第一象限映到上半平面.

8. 画出扇形 $r \leqslant 1$，$0 \leqslant \theta \leqslant \pi/4$ 在如下变换作用下象的区域：（a）$w = z^2$；（b）$w = z^3$；（c）$w = z^4$.

9. 函数 $w = f(z) = u(x, y) + \mathrm{i}v(x, y)$ 的另外一种解释就是可以把它看作是 f 的定义域上的一个向量场. 函数对每一个有定义的点 z 指定一个向量，其分量是 $u(x, y)$ 和 $v(x, y)$. 用图表示下列函数代表的向量场：

（a）$w = \mathrm{i}z$；（b）$w = \dfrac{z}{|z|}$.

15. 极限

设函数 f 在 z_0 的某个去心邻域有定义. 当邻域内的点 z 趋向 z_0 时，$f(z)$ 以 w_0 为极限，或者

$$\lim_{z \to z_0} f(z) = w_0, \tag{1}$$

这是指如果我们选取点 z 足够接近 z_0 但不同于 z_0 时，点 $w = f(z)$ 可以与 w_0 任意接近. 下面我们用一种精确并且可应用的形式给出极限的定义.

式（1）是指对每一个正数 ε，存在一个正数 δ，使得当 $0 < |z - z_0| < \delta$ 时，有

$$|f(z) - w_0| < \varepsilon. \tag{2}$$

这个定义的几何意义是：对 w_0 的每一个 ε 邻

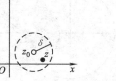

图 22

域$|w - w_0| < \varepsilon$，都存在z_0的一个去心δ邻域$0 < |z - z_0| < \delta$，使得其中的每一个点z的象都落在w_0的ε邻域内（见图22）．注意即使去心邻域$0 < |z - z_0| < \delta$中每一个点都考虑到，它们的象也不要求充满整个邻域$|w - w_0| < \varepsilon$．例如，如果f是常数函数w_0，那么z的象总是在邻域的中心．另外还要注意，一旦我们找到一个δ，那么它可以被任意一个比它小的正数代替，比如$\delta/2$．

下面关于极限唯一性的定理是本章的重点，它在第21节中尤其重要．

定理 如果函数$f(z)$在z_0处的极限存在，那么极限唯一．

为了证明这个定理，我们设

$$\lim_{z \to z_0} f(z) = w_0 \text{且} \lim_{z \to z_0} f(z) = w_1.$$

则对每一个正数ε，存在正数δ_0和δ_1使得

$$|f(z) - w_0| < \varepsilon, \text{其中} 0 < |z - z_0| < \delta_0,$$

且

$$|f(z) - w_1| < \varepsilon, \text{其中} 0 < |z - z_0| < \delta_1.$$

由于

$$w_1 - w_0 = [f(z) - w_0] + [w_1 - f(z)],$$

三角不等式告诉我们有

$$|w_1 - w_0| \leq |[f(z) - w_0] + [w_1 - f(z)]| = |f(z) - w_0| + |f(z) - w_1|.$$

所以当选取δ为任意一个比δ_0和δ_1都小的正数时，如果$0 < |z - z_0| < \delta$，我们有

$$|w_1 - w_0| < \varepsilon + \varepsilon < 2\varepsilon.$$

但是$|w_1 - w_0|$是一个非负常数，而ε可以任意小．因此，

$$w_1 - w_0 = 0 \text{或} w_1 = w_0.$$

定义（2）要求f在z_0的某个去心邻域内有定义．当z_0是f的定义域的内点时，这样的去心邻域当然总是存在．我们可以把极限的定义推广到z_0是定义域的边界点的情况，只要我们约定：当式（2）中的点z同时落在定义域和去心邻域时，不等式成立．

例1 证明：如果$f(z) = i\bar{z}/2$，并且$|z| < 1$，那么

$$\lim_{z \to 1} f(z) = \frac{i}{2}, \tag{3}$$

点1是f的定义域的边界点．注意当z在圆盘$|z| < 1$内时，

$$\left| f(z) - \frac{i}{2} \right| = \left| \frac{i\bar{z}}{2} - \frac{i}{2} \right| = \frac{|z - 1|}{2}.$$

因此，对任何一个这样的z和每一个正数ε（见图23），当$0 < |z - 1| < 2\varepsilon$时，有

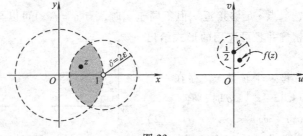

图23

$$\left| f(z) - \frac{i}{2} \right| < \varepsilon.$$

于是当 δ 等于 2ε 或者更小的正数时，不等式(2)就成立了.

如果极限(1)存在，那么符号 $z \to z_0$ 是指 z 以任意方式趋近于 z_0，而不是从某个特定的方向趋近于 z_0. 下面的例子将重点说明这一点.

例 2　如果

$$f(z) = \frac{z}{\bar{z}}, \tag{4}$$

则极限

$$\lim_{z \to 0} f(z) \tag{5}$$

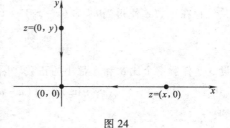

图 24

不存在. 因为如果极限存在，我们可以通过令点 $z = (x, y)$ 以任一方式趋近于原点找到它. 但是当 $z = (x, 0)$ 是实轴上的一个非零点时（见图 24），

$$f(z) = \frac{x + i0}{x - i0} = 1.$$

而当 $z = (0, y)$ 是虚轴上的一个非零点时，

$$f(z) = \frac{0 + iy}{0 - iy} = -1.$$

于是，让 z 沿实轴趋近于原点时，我们发现函数 $f(z)$ 的极限是 1. 另一方面，当 z 沿虚轴趋近于原点时，极限是 -1. 因为极限是唯一的，所以极限(5)一定不存在.

虽然定义(2)提供了一种判定给定的点 w_0 是不是极限的途径，但是它没有直接给出确定极限的方法. 下一节所给出的关于极限的定理，将使我们能够求得很多极限.

16. 关于极限的定理

通过建立单复变函数的极限和二元实变量实值函数的极限之间的关系，可以提高我们对极限的认识. 因为二元实变量实值函数的极限已经在微积分学中学过，我们可以自由地应用它们的定义和性质.

定理 1　设

$$f(z) = u(x, y) + iv(x, y) \quad (z = x + iy)$$

和

$$z_0 = x_0 + iy_0, w_0 = u_0 + iv_0.$$

如果

$$\lim_{(x, y) \to (x_0, y_0)} u(x, y) = u_0 \text{ 且 } \lim_{(x, y) \to (x_0, y_0)} v(x, y) = v_0, \tag{1}$$

则

$$\lim_{z \to z_0} f(z) = w_0, \tag{2}$$

反之，如果式（2）成立，则式（1）也成立．

为了证明定理1，我们首先假设极限（1）成立，从而推得极限（2）．极限（1）告诉我们对每一个正数 ε，存在正数 δ_1，使得当 $0 < \sqrt{(x-x_0)^2+(y-y_0)^2} < \delta_1$ 时，有

$$|u-u_0| < \frac{\varepsilon}{2}, \tag{3}$$

并且存在正数 δ_2 使得当 $0 < \sqrt{(x-x_0)^2+(y-y_0)^2} < \delta_2$ 时，有

$$|v-v_0| < \frac{\varepsilon}{2}. \tag{4}$$

设 δ 是任意一个比 δ_1 和 δ_2 都小的正数．因为

$$|(u+iv)-(u_0+iv_0)| = |(u-u_0)+i(v-v_0)| \leqslant |u-u_0|+|v-v_0|$$

和

$$\sqrt{(x-x_0)^2+(y-y_0)^2} = |(x-x_0)+i(y-y_0)| = |(x+iy)-(x_0+iy_0)|,$$

由式（3）和式（4）知道，当 $0 < |(x+iy)-(x_0+iy_0)| < \delta$ 时，有

$$|(u+iv)-(u_0+iv_0)| < \frac{\varepsilon}{2}+\frac{\varepsilon}{2} = \varepsilon.$$

即极限（2）成立．

现在假设极限（2）成立．由假设我们知道，对每一个正数 ε，存在正数 δ 使得当

$$0 < |(x+iy)-(x_0+iy_0)| < \delta \text{ 时}, \tag{5}$$

有

$$|(u+iv)-(u_0+iv_0)| < \varepsilon. \tag{6}$$

但是，

$$|u-u_0| \leqslant |(u-u_0)+i(v-v_0)| = |(u+iv)-(u_0+iv_0)|,$$
$$|v-v_0| \leqslant |(u-u_0)+i(v-v_0)| = |(u+iv)-(u_0+iv_0)|,$$

且

$$|(x+iy)-(x_0+iy_0)| = |(x-x_0)+i(y-y_0)| = \sqrt{(x-x_0)^2+(y-y_0)^2}.$$

因此，当 $0 < \sqrt{(x-x_0)^2+(y-y_0)^2} < \delta$ 时，由不等式（5）和不等式（6）可得

$$|u-u_0| < \varepsilon \text{ 且 } |v-v_0| < \varepsilon.$$

这样就得到了极限（1）．证毕．

定理2 假设

$$\lim_{z \to z_0} f(z) = w_0 \text{ 且 } \lim_{z \to z_0} F(z) = W_0. \tag{7}$$

则

$$\lim_{z \to z_0} [f(z)+F(z)] = w_0+W_0, \tag{8}$$

$$\lim_{z \to z_0} [f(z)F(z)] = w_0W_0, \tag{9}$$

并且如果 $W_0 \neq 0$，

$$\lim_{z \to z_0} \frac{f(z)}{F(z)} = \frac{w_0}{W_0}. \tag{10}$$

这个重要的定理可以通过应用单复变函数的极限定义直接证明. 但是, 如果我们借助于定理 1, 由关于二元实变量实值函数极限的定理, 几乎可以立即证明它.

例如, 为了证明性质 (9), 我们设

$$f(z) = u(x,y) + iv(x,y), F(z) = U(x,y) + iV(x,y),$$

$$z_0 = x_0 + iy_0, w_0 = u_0 + iv_0, W_0 = U_0 + iV_0.$$

然后, 根据假设 (7) 和定理 1, 当点 (x,y) 趋向点 (x_0,y_0) 时, 函数 u, v, U 和 V 的极限存在并且极限值分别是 u_0, v_0, U_0 和 V_0. 所以当点 (x,y) 趋向点 (x_0,y_0) 时, 乘积

$$f(z)F(z) = (uU - vV) + i(vU + uV)$$

的实部和虚部的极限分别是 $u_0U_0 - v_0V_0$ 和 $v_0U_0 + u_0V_0$. 因此, 再次根据定理 1, 当点 z 趋向点 z_0 时, $f(z)F(z)$ 的极限是

$$(u_0U_0 - v_0V_0) + i(v_0U_0 + u_0V_0),$$

并且它等于 w_0W_0. 于是性质 (9) 成立. 类似地可以证明性质 (8) 和性质 (10).

由第 15 节定义 (2), 容易得到

$$\lim_{z \to z_0} c = c \text{ 和 } \lim_{z \to z_0} z = z_0.$$

其中 z_0 和 c 是任意复数, 并且, 由性质 (9) 和数学归纳法, 可得

$$\lim_{z \to z_0} z^n = z_0^n \quad (n = 1, 2, \cdots),$$

所以, 根据性质 (8) 和性质 (9), 当点 z 趋向点 z_0 时, 多项式

$$P(z) = a_0 + a_1 z + a_2 z^2 + \cdots + a_n z^n$$

的极限是它在该点的值, 即

$$\lim_{z \to z_0} P(z) = P(z_0). \tag{11}$$

17. 涉及无穷远点的极限

有时候让复平面包含无穷远点 (记为 ∞), 并且使用涉及它的极限是很方便的. 包含无穷远点的复平面称为扩充复平面. 为了能从直观上看到无穷远点, 我们可以考虑通过球心位于原点的单位球的赤道的复平面 (见图 25). 每一个平面中的点 z 都对应球面上的一个点 P. 点 P 是通过 z 和北极 N 的直线与球面的交点. 这样, 球面上的每个点 P, 除了北极 N, 都对应平面中的唯一的一个点 z. 令球面上的点 N 对应无穷

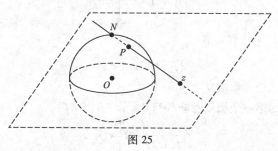

图 25

远点，我们就得到了球面上的点和扩充复平面上的点之间的一个一一对应关系. 这个球面被称为黎曼球面，而这个对应称为立体投影.

观察到，复平面上圆心位于原点的单位圆周的外部对应于包含赤道的上半球面（除去点 N）. 另外，对于每一个比较小的正数 ε，复平面上圆周 $|z| = 1/\varepsilon$ 外部的点对应球面上距离 N 比较近的点. 因此我们称集合 $|z| > 1/\varepsilon$ 为 ∞ 的一个邻域.

我们约定，每当提到点 z 的时候，是指 z 是有限点. 此后，当考虑无穷远点时，我们将特别指出.

这样当 z_0 或 w_0，或者它们两个被无穷远点代替时，我们很容易给出极限

$$\lim_{z \to z_0} f(z) = w_0$$

的表述. 在第 15 节中有关极限的定义中，我们只要用 ∞ 的邻域代替 z_0 和 w_0 的适当的邻域即可. 下面定理的证明将说明如何做到这一点.

定理 设 z_0 和 w_0 分别是 z 平面和 w 平面上的点.

$$\text{如果} \lim_{z \to z_0} \frac{1}{f(z)} = 0, \text{则} \lim_{z \to z_0} f(z) = \infty, \tag{1}$$

且

$$\text{如果} \lim_{z \to 0} f\left(\frac{1}{z}\right) = w_0, \text{则} \lim_{z \to \infty} f(z) = w_0. \tag{2}$$

此外，

$$\text{如果} \lim_{z \to 0} \frac{1}{f(1/z)} = 0, \text{则} \lim_{z \to \infty} f(z) = \infty. \tag{3}$$

下面证明该定理. 首先，我们假设式（1）的第一个极限成立. 则对每一个正数 ε，存在正数 δ 使得当 $0 < |z - z_0| < \delta$ 时，有

$$\left| \frac{1}{f(z)} - 0 \right| < \varepsilon.$$

即当 $0 < |z - z_0| < \delta$ 时，

$$|f(z)| > \frac{1}{\varepsilon}. \tag{4}$$

这样我们就得到了式（1）的第二个极限.

其次，假设式（2）的第一个极限成立. 即当 $0 < |z - 0| < \delta$ 时，

$$\left| f\left(\frac{1}{z}\right) - w_0 \right| < \varepsilon.$$

用 $1/z$ 代替 z，当 $|z| > \frac{1}{\delta}$ 时，有

$$|f(z) - w_0| < \varepsilon. \tag{5}$$

由此，式（2）的第二个极限成立.

最后，式（3）的第一个极限意味着当 $0 < |z - 0| < \delta$ 时，

$$\left| \frac{1}{f(1/z)} - 0 \right| < \varepsilon.$$

而在不等式中用 $1/z$ 代替 z 就可以得到，当 $|z| > \dfrac{1}{\delta}$ 时，有

$$|f(z)| > \frac{1}{\varepsilon}. \tag{6}$$

这当然就是式(3)的第二个极限的定义.

例 因为 $\lim\limits_{z \to -1} \dfrac{z+1}{iz+3} = 0$，所以 $\lim\limits_{z \to -1} \dfrac{iz+3}{z+1} = \infty$.

因为 $\lim\limits_{z \to 0} \dfrac{(2/z)+i}{(1/z)+1} = \lim\limits_{z \to 0} \dfrac{2+iz}{1+z} = 2$，所以 $\lim\limits_{z \to \infty} \dfrac{2z+i}{z+1} = 2$.

此外，由 $\lim\limits_{z \to 0} \dfrac{(1/z^2)+1}{(2/z^3)-1} = \lim\limits_{z \to 0} \dfrac{z+z^3}{2-z^3} = 0$ 可得 $\lim\limits_{z \to \infty} \dfrac{2z^3-1}{z^2+1} = \infty$.

18. 连续性

函数 f 在点 z_0 连续，如果下面三个条件都被满足：

$$\lim_{z \to z_0} f(z) \text{ 存在}, \tag{1}$$

$$f(z_0) \text{ 存在}, \tag{2}$$

$$\lim_{z \to z_0} f(z) = f(z_0). \tag{3}$$

因为在条件(3)中等式两端的量的存在性是必须满足的，所以条件(3)实际上包含条件(1)和条件(2). 条件(3)意味着对每一个正数 ε，存在正数 δ，使得当 $|z - z_0| < \delta$ 时，有

$$|f(z) - f(z_0)| < \varepsilon. \tag{4}$$

如果一个函数在区域 R 内的每一个点都连续，则称它在 R 内连续.

如果两个函数都在一个点连续，那么它们的和与积也在该点连续. 当分母不为零时，它们的商也在该点连续. 这些结论可由第 16 节中定理 2 直接得到. 又注意到由第 16 节极限(11)，我们可以得到多项式在整个平面内连续.

我们现在来考虑连续函数的两个预期的性质，它们的证明不那么直接. 我们的证明主要用到连续的定义(4)，而结论表述为如下几个定理.

定理 1 连续函数的复合函数也是连续的.

这个定理的精确描述包含在下面的定理证明中. 我们假设 $w = f(z)$ 在点 z_0 的一个邻域 $|z - z_0| < \delta$ 内有定义，并且令函数 $W = g(w)$ 的定义域包含上述邻域在 f 作用下的像（见第 13 节）. 则复合函数 $W = g[f(z)]$ 在邻域 $|z - z_0| < \delta$ 内所有点都有定义. 现在假设 f 在 z_0 连续并且 g 在 w 平面中的点 $f(z_0)$ 处连续. 由 w 在 $f(z_0)$ 连续可知，对每一个正数 ε，存在一个正数 γ 使得当 $|f(z) - f(z_0)| < \gamma$ 时，

$$|g(f(z)) - g(f(z_0))| < \varepsilon.$$

（见图26），但是 f 在 z_0 的连续性可以确保当邻域 $|z - z_0| < \delta$ 足够小时 $|f(z) - f(z_0)| < \gamma$ 成立. 因此，这就证明了复合函数 $g[f(z)]$ 的连续性.

定理 2 如果函数 $f(z)$ 在 z_0 连续并且 $f(z_0)$ 不等于零，则存在 z_0 的某个邻域使

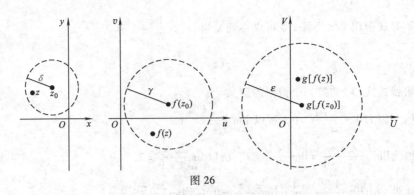

图 26

得 $f(z) \neq 0$.

事实上，假设 $f(z)$ 在 z_0 连续并且在该点的值不等于零，我们可以通过在式（4）中令 ε 等于正数 $|f(z_0)|/2$ 来证明定理 2. 则存在正数 δ 使得当 $|z-z_0| < \delta$ 时，有

$$|f(z) - f(z_0)| < \frac{|f(z_0)|}{2}.$$

所以，如果存在邻域 $|z-z_0| < \delta$ 中的一个点 z 使得 $f(z) = 0$，那么我们得到矛盾，即

$$|f(z_0)| < \frac{|f(z_0)|}{2},$$

因此定理得证.

函数

$$f(z) = u(x,y) + iv(x,y) \tag{5}$$

的连续性与它的分量函数 $u(x,y)$ 和 $v(x,y)$ 的连续性密切相关，正如下面的定理所述.

定理 3 如果表达式（5）中的分量函数 u 和 v 都在点 $z_0 = (x_0, y_0)$ 处连续，那么 f 也在点 z_0 连续. 反之，如果 f 在点 z_0 连续，则 u 和 v 也都在点 z_0 连续.

定理的证明可由第 16 节定理 1 关于 f 的极限与 u 和 v 极限的关系立即得到.

下面的定理是非常重要的，并且在随后的章节中经常用到，尤其是在应用中. 该定理的证明需要用到定理 3，在给出定理之前，我们先回顾第 12 节中区域的一些性质：区域 R 是闭的，如果它包含所有的边界点；R 是有界的，如果它位于某个以原点为圆心的圆内.

定理 4 如果函数 f 在有界闭区域 R 上连续，则存在非负实数 M 使得对 R 的所有的点都有

$$|f(z)| \leq M, \tag{6}$$

并且至少存在一个点 z 使等号成立.

为了证明上述定理，我们假设式（5）中的函数 f 是连续的，从而函数

$$\sqrt{[u(x,y)]^2 + [v(x,y)]^2}$$

在 R 上连续，所以它在 R 上取到最大值 M.* 于是不等式（6）成立，并且我们称 f 在

---

* 见，比如，A. E. Taylor 和 W. R. Mann，"高等微积分，"第 3 版，125-126 页和 529 页，1983.

R 上有界.

练　习

1. 用第 15 节中的极限定义(2)证明:

(a) $\lim\limits_{z \to z_0} \mathrm{Re}\, z = \mathrm{Re}\, z_0$; (b) $\lim\limits_{z \to z_0} \bar{z} = \bar{z}_0$; (c) $\lim\limits_{z \to 0} \dfrac{\bar{z}^2}{z} = 0$.

2. 设 a、b, 和 c 是复常数. 用第 15 节中的极限定义(2)证明:

(a) $\lim\limits_{z \to z_0} (az + b) = az_0 + b$; (b) $\lim\limits_{z \to z_0} (z^2 + c) = z_0^2 + c$;

(c) $\lim\limits_{z \to 1 - i} [\, x + i(2x + y)\,] = 1 + i$ $(z = x + iy)$.

3. 设 n 是正整数, 并设 $P(z)$ 和 $Q(z)$ 是多项式, 其中 $Q(z_0) \neq 0$. 用第 16 节定理 2 和随后的极限性质, 求下列极限.

(a) $\lim\limits_{z \to z_0} \dfrac{1}{z^n}$ $(z_0 \neq 0)$; (b) $\lim\limits_{z \to i} \dfrac{iz^3 - 1}{z + i}$; (c) $\lim\limits_{z \to z_0} \dfrac{P(z)}{Q(z)}$.

答案: (a) $1/z_0^n$; (b) 0; (c) $P(z_0)/Q(z_0)$.

4. 用数学归纳法和第 16 节中极限的性质(9), 证明: 当 n 是正整数 ($n = 1, 2, \cdots$) 时, 有

$$\lim_{z \to z_0} z^n = z_0^n.$$

5. 设 $f(z) = \left(\dfrac{z}{\bar{z}} \right)^2$, 证明: 当 z 在实轴和虚轴上, 并且不为零时, 即当 $z = (x, 0)$ 和 $z = (0, y)$ 时, $f(z)$ 的值为 1, 但是, 当 z 在直线 $y = x$ 上并且不为零时, 即当 $z = (x, x)$ 时, $f(z)$ 的值为 -1. 这说明当 z 趋近于零时, 函数 $f(z)$ 的极限不存在. (注意只考虑非零点 $z = (x, 0)$ 和 $z = (0, y)$ 是不够的, 正如第 15 节例 2 所述).

6. 分别用下面两种方法证明: 第 16 节定理 2 中的式(8):

(a) 用第 16 节定理 1 关于二元实变量实值函数的极限性质;

(b) 用第 15 节极限定义(2).

7. 用第 15 节极限定义(2)证明: 如果 $\lim\limits_{z \to z_0} f(z) = w_0$, 则 $\lim\limits_{z \to z_0} |f(z)| = |w_0|$.

提示: 注意到由第 5 节不等式(2)可得

$$\big|\, |f(z)| - |w_0| \,\big| \leqslant |f(z) - w_0|.$$

8. 记 $\Delta z = z - z_0$, 证明:

$\lim\limits_{z \to z_0} f(z) = w_0$ 当且仅当 $\lim\limits_{\Delta z \to 0} f(z_0 + \Delta z) = w_0$.

9. 证明: 如果 $\lim\limits_{z \to z_0} f(z) = 0$, 并且如果存在一个正数 M, 使得 $|g(z)| \leqslant M$ 对于 z_0 的某个邻域内所有的点 z 都成立, 则

$$\lim_{z \to z_0} f(z)g(z) = 0.$$

10. 用第 17 节中的定理证明:

(a) $\lim\limits_{z \to \infty} \dfrac{4z^2}{(z - 1)^2} = 4$; (b) $\lim\limits_{z \to 1} \dfrac{1}{(z - 1)^3} = \infty$; (c) $\lim\limits_{z \to \infty} \dfrac{z^2 + 1}{z - 1} = \infty$.

11. 设

$$T(z) = \frac{az + b}{cz + d} \quad (ad - bc \neq 0),$$

应用第 17 节中的定理证明：

（a）$\lim\limits_{z \to \infty} T(z) = \infty$，当 $c = 0$ 时；

（b）$\lim\limits_{z \to \infty} T(z) = \dfrac{a}{c}$ 且 $\lim\limits_{z \to -d/c} T(z) = \infty$，当 $c \neq 0$ 时．

12. 说明为什么涉及无穷远点的极限是唯一的．

13. 证明：集合 S 无界（见第 12 节）当且仅当无穷远点的每一个邻域都至少包含 S 的一个点．

19. 导数

设函数 f 的定义域包含 z_0 的一个邻域 $|z - z_0| < \varepsilon$．f 在 z_0 的导数定义为

$$f'(z_0) = \lim_{z \to z_0} \frac{f(z) - f(z_0)}{z - z_0}, \tag{1}$$

并且当 $f'(z_0)$ 存在时，我们称 f 在 z_0 可导．

在定义（1）中，用一个新的复变量

$$\Delta z = z - z_0 \quad (z \neq z_0)$$

来表示变量 z，我们可以把导数的定义写成

$$f'(z_0) = \lim_{\Delta z \to 0} \frac{f(z_0 + \Delta z) - f(z_0)}{\Delta z}. \tag{2}$$

因为 f 在 z_0 的某个邻域内都有定义，所以对于充分小的 $|\Delta z|$，$f(z_0 + \Delta z)$ 总是有定义的（见图 27）．

当讨论导数的定义式（2）时，我们常常省略 z_0 的下标，并引入数

$$\Delta w = f(z + \Delta z) - f(z)$$

来表示函数值 $w = f(z)$ 对应于自变量 Δz 的变化量．因此，如果我们把 $f'(z)$ 记作 $\mathrm{d}w/\mathrm{d}z$，那么式（2）就变成

$$\frac{\mathrm{d}w}{\mathrm{d}z} = \lim_{\Delta z \to 0} \frac{\Delta w}{\Delta z}. \tag{3}$$

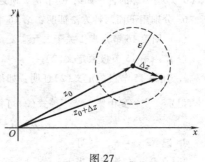

图 27

例 1 设 $f(z) = 1/z$．在每一个非零点 z，有

$$\lim_{\Delta z \to 0} \frac{\Delta w}{\Delta z} = \lim_{\Delta z \to 0} \left(\frac{1}{z + \Delta z} - \frac{1}{z} \right) \frac{1}{\Delta z} = \lim_{\Delta z \to 0} \frac{-1}{(z + \Delta z)z},$$

这里假设极限都存在．第 16 节中极限的性质告诉我们，当 $z \neq 0$ 时，有

$$\frac{\mathrm{d}w}{\mathrm{d}z} = -\frac{1}{z^2} \text{或者} f'(z) = -\frac{1}{z^2}.$$

例 2 如果 $f(z) = \bar{z}$，则

$$\frac{\Delta w}{\Delta z} = \frac{\overline{z + \Delta z} - \bar{z}}{\Delta z} = \frac{\bar{z} + \overline{\Delta z} - \bar{z}}{\Delta z} = \frac{\overline{\Delta z}}{\Delta z}. \tag{4}$$

如果 $\Delta w / \Delta z$ 的极限存在，那么我们可以通过在 Δz 平面中令点 $\Delta z = (\Delta x, \Delta y)$ 以任意方式趋向原点 $(0, 0)$ 来求得此极限. 特别地，当 Δz 从实轴上的点 $(\Delta x, 0)$ 沿水平方向趋向点 $(0, 0)$ 时（见图 28），

$$\overline{\Delta z} = \overline{\Delta x + i0} = \Delta x - i0 = \Delta x + i0 = \Delta z.$$

在这种情况下，式 (4) 告诉我们有

$$\frac{\Delta w}{\Delta z} = \frac{\Delta z}{\Delta z} = 1.$$

因此如果 $\Delta w / \Delta z$ 的极限存在，则它一定等于 1. 然而，当 Δz 从虚轴上的点 $(0, \Delta y)$ 沿垂直方向趋向点 $(0, 0)$ 时，有

$$\overline{\Delta z} = \overline{0 + i\Delta y} = 0 - i\Delta y = -(0 + i\Delta y) = -\Delta z,$$

我们从式 (4) 得

$$\frac{\Delta w}{\Delta z} = \frac{-\Delta z}{\Delta z} = -1.$$

故如果极限存在，它一定是 -1. 由于极限是唯一的（第 15 节），所以 dw/dz 在任何点都不存在.

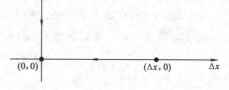

图 28

例 3　考虑实值函数 $f(z) = |z|^2$. 这里有

$$\frac{\Delta w}{\Delta z} = \frac{|z + \Delta z|^2 - |z|^2}{\Delta z} = \frac{(z + \Delta z)(\overline{z + \Delta z}) - z\bar{z}}{\Delta z}.$$

由于 $\overline{z + \Delta z} = \bar{z} + \overline{\Delta z}$，上式可变成

$$\frac{\Delta w}{\Delta z} = \bar{z} + \overline{\Delta z} + z\frac{\overline{\Delta z}}{\Delta z}. \tag{5}$$

按例 2 的方法，让 Δz 沿水平方向和垂直方向趋向原点，从而分别得到

$$\overline{\Delta z} = \Delta z \text{ 和} \overline{\Delta z} = -\Delta z,$$

所以当 $\Delta z = (\Delta x, 0)$ 时，有

$$\frac{\Delta w}{\Delta z} = \bar{z} + \Delta z + z,$$

而当 $\Delta z = (0, \Delta y)$ 时，有

$$\frac{\Delta w}{\Delta z} = \bar{z} - \Delta z - z.$$

因此当 Δz 趋向零时，如果极限 $\Delta w / \Delta z$ 存在，极限的唯一性告诉我们有

$$\bar{z} + z = \bar{z} - z,$$

或者 $z = 0$. 显然，如果 $z \neq 0$，则 dw/dz 不可能存在.

实际上，为了证明 dw/dz 在 $z = 0$ 存在，我们只要注意到当 $z = 0$ 时，式 (5) 可化简为

$$\frac{\Delta w}{\Delta z} = \overline{\Delta z}.$$

因此，$\mathrm{d}w/\mathrm{d}z$ 只在 $z = 0$ 存在，且其值为 0.

例 3 说明了以下三个事实，其中前两个可能感觉比较奇怪.

（a）函数 $f(z) = u(x, y) + iv(x, y)$ 可以只在某个点 $z = (x, y)$ 可导，但在点 z 的任一去心邻域内都不可导.

（b）由于当 $f(z) = |z|^2$ 时，$u(x, y) = x^2 + y^2$ 且 $v(x, y) = 0$，所以我们可以看到一个单复变量函数的实部和虚部可以在点 $z = (x, y)$ 处有任意阶连续偏导数，但函数本身在该点不可导.

（c）因为函数 $f(z) = |z|^2$ 的分量函数 $u(x, y) = x^2 + y^2$ 和 $v(x, y) = 0$ 在复平面内连续，所以下面这个事实很明显，即函数在一点的连续性并不能确保它在该点可导. 更确切地说，$f(z) = |z|^2$ 的分量函数 $u(x, y) = x^2 + y^2$ 和 $v(x, y) = 0$ 在每一个非零点 $z = (x, y)$ 连续但 $f'(z)$ 在该点不存在. 然而，函数可导能得到函数在该点的连续却是真的. 为了证明这一点，我们假设 $f'(z_0)$ 存在，则有

$$\lim_{z \to z_0} [f(z) - f(z_0)] = \lim_{z \to z_0} \frac{f(z) - f(z_0)}{z - z_0} \lim_{z \to z_0} (z - z_0) = f'(z_0) \cdot 0 = 0,$$

从上式可以得到

$$\lim_{z \to z_0} f(z) = f(z_0).$$

这正是 f 在 z_0 连续的定义（第 18 节）.

单复变量函数的导数的几何解释并不像它在实变量函数中那么容易. 我们将在第 9 章给出它的几何解释.

20. 导数的运算法则

当 z 被 x 代替时，第 19 节中导数的定义和微积分学中的导数定义在形式上是一样的. 因此用微积分学中相同的步骤，我们就可以用第 19 节中的定义推导出下面关于导数的基本运算法则. 在叙述这些法则时，根据符号的方便性，我们将选择

$$\frac{\mathrm{d}}{\mathrm{d}z} f(z) \text{ 或者 } f'(z).$$

设 c 是一个复常数，并设函数 f 在点 z 可导. 容易证明

$$\frac{\mathrm{d}}{\mathrm{d}z} c = 0, \frac{\mathrm{d}}{\mathrm{d}z} z = 1, \frac{\mathrm{d}}{\mathrm{d}z} [cf(z)] = cf'(z). \tag{1}$$

另外，如果 n 是一个正整数，那么

$$\frac{\mathrm{d}}{\mathrm{d}z} z^n = nz^{n-1}. \tag{2}$$

如果 $z \neq 0$，当 n 是一个负整数时，上式也成立.

如果两个函数 f 和 g 都在点 z 可导，则

$$\frac{\mathrm{d}}{\mathrm{d}z}[f(z) + g(z)] = f'(z) + g'(z), \tag{3}$$

$$\frac{\mathrm{d}}{\mathrm{d}z}[f(z)g(z)] = f(z)g'(z) + f'(z)g(z), \tag{4}$$

并且，当 $g(z) \neq 0$ 时，有

$$\frac{\mathrm{d}}{\mathrm{d}z}\left[\frac{f(z)}{g(z)}\right] = \frac{g(z)f'(z) - f(z)g'(z)}{[g(z)]^2}. \tag{5}$$

下面推导法则(4). 我们把乘积 $w = f(z)g(z)$ 的改变量写成如下表达式:

$$\Delta w = f(z + \Delta z)g(z + \Delta z) - f(z)g(z)$$
$$= f(z)[g(z + \Delta z) - g(z)] + [f(z + \Delta z) - f(z)]g(z + \Delta z).$$

于是,

$$\frac{\Delta w}{\Delta z} = f(z)\frac{g(z + \Delta z) - g(z)}{\Delta z} + \frac{f(z + \Delta z) - f(z)}{\Delta z}g(z + \Delta z).$$

令 Δz 趋向于零，我们就得到关于 $f(z)g(z)$ 的求导公式. 这里我们用到一个事实: 由于 $g'(z)$ 存在，所以 $g(z)$ 在点 z 连续. 因此当 Δz 趋向于零时，$g(z + \Delta z)$ 趋向于 $g(z)$ (见第 18 节练习 8).

复合函数求导的链式法则也是存在的. 设 f 在 z_0 可导并设 g 在点 $f(z_0)$ 可导. 则函数 $F(z) = g(f(z))$ 在 z_0 可导，且

$$f'(z_0) = g'(f(z_0))f'(z_0). \tag{6}$$

如果我们记 $w = f(z)$ 和 $W = g(w)$，则 $W = F(z)$，链式法则变成

$$\frac{\mathrm{d}W}{\mathrm{d}z} = \frac{\mathrm{d}W}{\mathrm{d}w}\frac{\mathrm{d}w}{\mathrm{d}z}.$$

例　为了求 $(1 - 4z^2)^3$ 的导数，可以记 $w = 1 - 4z^2$ 且 $W = w^3$. 则

$$\frac{\mathrm{d}}{\mathrm{d}z}(1 - 4z^2)^3 = 3w^2(-8z) = -24z(1 - 4z^2)^2.$$

为了推导链式法则(6)，我们选择一个点 z_0 使得 $f'(z_0)$ 存在. 记 $w_0 = f(z_0)$ 并假设 $g'(w_0)$ 也存在. 则存在 w_0 某个 ε 邻域 $|w - w_0| < \varepsilon$，使得我们可以在该 ε 邻域上定义一个函数 φ 满足 $\varphi(w_0) = 0$ 并且当 $w \neq w_0$ 时,

$$\varphi(w) = \frac{g(w) - g(w_0)}{w - w_0} - g'(w_0). \tag{7}$$

由导数的定义得

$$\lim_{w \to w_0} \varphi(w) = 0. \tag{8}$$

因此 φ 在 w_0 连续.

现在式(7)可写成如下形式

$$g(w) - g(w_0) = [g'(w_0) + \varphi(w)](w - w_0) \quad (|w - w_0| < \varepsilon), \tag{9}$$

上式在 $w = w_0$ 时仍然成立，由于 $f'(z_0)$ 存在，所以 f 在 z_0 连续，我们可以选择一个正数 δ 使得当 z 落在 z_0 的 δ 邻域 $|z - z_0| < \delta$ 内时，点 $f(z)$ 就落在 w_0 的 ε 邻域 $|w - w_0| < \varepsilon$ 内. 于是当 z 是邻域 $|z - z_0| < \delta$ 内的任意一点时，将方程(9)中的 w 换成 $f(z)$ 是没有

问题的. 由上述代换和 $w_0 = f(z_0)$，方程 (9) 变成

$$\frac{g(f(z)) - g(f(z_0))}{z - z_0} = \left[g'(f(z_0)) + \varphi(f(z)) \right] \frac{f(z) - f(z_0)}{z - z_0} \quad (0 < |z - z_0| < \delta),$$

$$(10)$$

其中我们必须规定 $z \neq z_0$ 以保证分母不为零. 正如前面所述，f 在 z_0 连续并且 φ 在点 $w_0 = f(z_0)$ 连续. 因此复合函数 $\varphi(f(z))$ 在 z_0 连续，并且由于 $\varphi(w_0) = 0$，所以

$$\lim_{z \to z_0} \varphi(f(z)) = 0.$$

所以当 z 趋向于 z_0 时，式 (10) 两端取极限就变成了式 (6).

练　习

1. 应用第 19 节定义 (3)，给出

$$\frac{\mathrm{d}w}{\mathrm{d}z} = 2z$$

在 $w = z^2$ 时的一个直接证明.

2. 应用第 20 节的结果求下列函数的导数：

(a) $f(z) = 3z^2 - 2z + 4$;　　(b) $f(z) = (2z^2 + \mathrm{i})^5$;

(c) $f(z) = \dfrac{z - 1}{2z + 1}$　$\left(z \neq -\dfrac{1}{2} \right)$;　(d) $f(z) = \dfrac{(1 + z^2)^4}{z^2}$　$(z \neq 0)$.

3. 应用第 20 节的结果证明：

(a) $n\,(n \geqslant 1)$ 次多项式

$$P(z) = a_0 + a_1 z + a_2 z^2 + \cdots + a_n z^n \quad (a_n \neq 0)$$

在每一点可导，导数为

$$P'(z) = a_1 + 2a_2 z + \cdots + na_n z^{n-1};$$

(b) (a) 部分中多项式 $P(z)$ 的系数可写成

$$a_0 = P(0), a_1 = \frac{P'(0)}{1!}, a_2 = \frac{P''(0)}{2!}, \cdots, a_n = \frac{P^{(n)}(0)}{n!}.$$

4. 设 $f(z_0) = g(z_0) = 0$ 并且 $f'(z_0)$ 和 $g'(z_0)$ 存在，其中 $g'(z_0) \neq 0$. 应用第 19 节的导数定义 (1) 证明：

$$\lim_{z \to z_0} \frac{f(z)}{g(z)} = \frac{f'(z_0)}{g'(z_0)}.$$

5. 推导第 20 节中关于两个函数和的导数公式 (3).

6. 分别用两个方法推导第 20 节关于 z^n 的导数公式 (2)，其中 n 是一个正整数.

(a) 数学归纳法与第 20 节中关于两个函数乘积的导数公式 (4);

(b) 第 19 节导数定义 (3) 与二项式公式（第 3 节）.

7. 当 n 是一个负整数（$n = -1, -2, \cdots$）时，证明：第 20 节关于 z^n 的导数公式 (2) 仍然成立，其中 $z \neq 0$.

提示：令 $m = -n$，并应用关于两个函数商的求导法则.

8. 应用第 19 节例 2 的方法证明下面函数的导数在任意点都不存在.

(a) $f(z) = \mathrm{Re}\,z$;　　(b) $f(z) = \mathrm{Im}\,z$.

9. 设函数 f 的定义为

$$f(z) = \begin{cases} \bar{z}^2/z & \text{当 } z \neq 0 \text{时}, \\ 0 & \text{当 } z = 0 \text{时}. \end{cases}$$

证明：如果 $z = 0$，则在 Δz 平面或者 $\Delta x \Delta y$ 平面中实轴和虚轴上的每一个非零点，$\Delta w/\Delta z = 1$. 然后证明在该平面内的直线 $\Delta y = \Delta x$ 上的每一非零点 $(\Delta x, \Delta x)$ 有 $\Delta w/\Delta z = -1$（见图 29）. 因此 $f'(0)$ 不存在. 注意在 Δz 平面内只考虑水平方向和垂直方向趋于原点是不足以得到此结论的.（对比 18 节练习 5 和第 19 节例 2）.

10. 应用第 3 节二项式公式（13）指明为什么每一函数

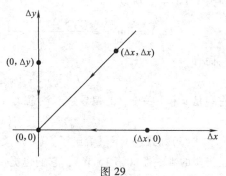

图 29

$$P_n(z) = \frac{1}{n! \, 2^n} \frac{\mathrm{d}^n}{\mathrm{d}z^n} (z^2 - 1)^n \quad (n = 0, 1, 2, \cdots)$$

都是一个 n 次多项式（第 13 节）*.（我们约定函数的零阶导数表示函数本身）.

21. 柯西-黎曼方程

设函数
$$f(z) = u(x, y) + iv(x, y) \qquad (1)$$

在点 $z_0 = (x_0, y_0)$ 可导，本节我们将得到两个关于分量函数 u 和 v 的一阶偏微分方程在 z_0 成立. 我们还将说明怎样用这些偏导数来表示 $f'(z_0)$.

首先假设 $f'(z_0)$ 存在，我们记
$$z_0 = x_0 + iy_0, \Delta z = \Delta x + i\Delta y,$$

且
$$\Delta w = f(z_0 + \Delta z) - f(z_0),$$

即
$$\Delta w = [u(x_0 + \Delta x, y_0 + \Delta y) + iv(x_0 + \Delta x, y_0 + \Delta y)] - [u(x_0, y_0) + iv(x_0, y_0)].$$

由上式得

$$\frac{\Delta w}{\Delta z} = \frac{u(x_0 + \Delta x, y_0 + \Delta y) - u(x_0 y_0)}{\Delta x + i\Delta y} + i \frac{v(x_0 + \Delta x, y_0 + \Delta y) - v(x_0 y_0)}{\Delta x + i\Delta y}. \qquad (2)$$

注意，当点 $(\Delta x, \Delta y)$ 以我们选择的任意方式趋向于点 $(0, 0)$ 时，等式（2）都成立.

水平逼近

特别地，设 $\Delta y = 0$ 并令点 $(\Delta x, 0)$ 沿水平方向趋向于点 $(0, 0)$. 由第 16 节定理 1 和式（2）得

$$f'(z_0) = \lim_{\Delta x \to 0} \frac{u(x_0 + \Delta x, y_0) - u(x_0 y_0)}{\Delta x} + i \lim_{\Delta x \to 0} \frac{v(x_0 + \Delta x, y_0) - v(x_0 y_0)}{\Delta x}.$$

也就是

---

* 这些多项式被称为勒让德多项式，它在应用数学中非常重要. 比如，见参考文献中作者的书（2012）的第 10 章.

$$f'(z_0) = u_x(x_0, y_0) + iv_x(x_0, y_0). \tag{3}$$

垂直逼近

我们可以在等式（2）中令 $\Delta x = 0$，并且选择垂直逼近方式. 在这种情况下，由第 16 节定理 1 和式（2）得

$$f'(z_0) = \lim_{\Delta y \to 0} \frac{u(x_0, y_0 + \Delta y) - u(x_0 y_0)}{i\Delta y} + i \lim_{\Delta y \to 0} \frac{v(x_0, y_0 + \Delta y) - v(x_0 y_0)}{i\Delta y},$$

因为 $1/i = -i$，所以

$$f'(z_0) = \lim_{\Delta y \to 0} \frac{v(x_0, y_0 + \Delta y) - v(x_0 y_0)}{\Delta y} - i \lim_{\Delta y \to 0} \frac{u(x_0, y_0 + \Delta y) - u(x_0 y_0)}{\Delta y}.$$

从而有

$$f'(z_0) = v_y(x_0, y_0) - iu_y(x_0, y_0), \tag{4}$$

右端是 u 和 v 关于 y 的偏导数. 注意式（4）也可写成如下形式

$$f'(z_0) = -i[u_y(x_0, y_0) + iv_y(x_0, y_0)]. \tag{5}$$

式（3）和式（4）不仅给出了 $f'(z_0)$ 关于分量函数 u 和 v 的偏导数表达式，而且根据极限的唯一性（第 15 节），它们也提供了 $f'(z_0)$ 存在的必要条件. 要得到这些必要条件，我们只要让式（3）和式（4）中的实部和虚部分别相等，从而得到 $f'(z_0)$ 存在需要

$$u_x(x_0, y_0) = v_y(x_0, y_0), u_y(x_0, y_0) = -v_x(x_0, y_0). \tag{6}$$

方程（6）叫作柯西-黎曼方程，如此命名是为了纪念法国数学家柯西（A. L. Cauchy）（1789-1857），他发现并应用了它们，同时也是为了纪念德国数学家黎曼（G. F. B. Riemann）（1826—1866），他以此为基本原理发展了单复变函数论.

我们总结上述结论如下.

定理 设

$$f(z) = u(x, y) + iv(x, y),$$

并且 $f'(z)$ 在点 $z_0 = x_0 + iy_0$ 存在. 则 u 和 v 的一阶偏导数在点 (x_0, y_0) 存在，并且它们在该点满足柯西-黎曼方程

$$u_x = v_y, u_y = -v_x. \tag{7}$$

此时，$f'(z_0)$ 可以写成

$$f'(z_0) = u_x + iv_x. \tag{8}$$

其中偏导数在点 (x_0, y_0) 取值.

22. 例子

在继续学习柯西-黎曼方程之前，我们首先说明它们的应用以便促进对它们的进一步讨论.

例 1 在第 20 节练习 1 中，我们证明了函数

$$f(z) = z^2 = x^2 - y^2 + i2xy$$

在每一点都可导并且 $f'(z) = 2z$. 下面验证柯西-黎曼方程在每一点都成立. 记

$$u(x,y) = x^2 - y^2 \text{和} v(x,y) = 2xy.$$

则

$$u_x = 2x = v_y, u_y = -2y = -v_x.$$

另外, 根据第 21 节的式(8)得

$$f'(z) = 2x + \mathrm{i}2y = 2(x + \mathrm{i}y) = 2z.$$

因为柯西-黎曼方程是函数 f 在点 z_0 可导的必要条件, 所以它们经常被用来判定 f 在哪些点不可导.

例 2 当 $f(z) = |z|^2$ 时, 我们有

$$u(x,y) = x^2 + y^2, v(x,y) = 0.$$

如果柯西-黎曼方程在点 (x,y) 成立, 则 $2x = 0$ 且 $2y = 0$, 即 $x = y = 0$. 从而, $f'(z)$ 在任何非零点都不存在, 正如我们已经从第 19 节例 3 中得到的一样. 注意定理不能保证 $f'(0)$ 的存在性. 然而, 下节中的定理可以做到这一点.

在例 2 中, 我们考察的函数 $f(z)$ 满足这样一个性质: 它的分量函数 $u(x,y)$ 和 $v(x,y)$ 在原点满足柯西-黎曼方程, 并且导数 $f'(0)$ 存在. 然而, 分量函数在原点满足柯西-黎曼方程而导数 $f'(0)$ 不存在的函数 $f(z)$ 是存在的. 下面的例子将说明这一点.

例 3 设函数 $f(z) = u(x,y) + \mathrm{i}v(x,y)$ 的定义如下,

$$f(z) = \begin{cases} \bar{z}^2/z & \text{当} z \neq 0 \text{时}, \\ 0 & \text{当} z = 0 \text{时}. \end{cases}$$

当点 $(x,y) \neq$ 点 $(0,0)$ 时, 它的实部和虚部分别是 (见第 14 节练习 2(b))

$$u(x,y) = \frac{x^3 - 3xy^2}{x^2 + y^2} \text{和} v(x,y) = \frac{y^3 - 3x^2y}{x^2 + y^2}.$$

另外, $u(0,0) = 0$ 且 $v(0,0) = 0$.

因为

$$u_x(0,0) = \lim_{\Delta x \to 0} \frac{u(0 + \Delta x, 0) - u(0,0)}{\Delta x} = \lim_{\Delta x \to 0} \frac{\Delta x}{\Delta x} = 1$$

和

$$v_y(0,0) = \lim_{\Delta y \to 0} \frac{v(0, 0 + \Delta y) - v(0,0)}{\Delta y} = \lim_{\Delta y \to 0} \frac{\Delta y}{\Delta y} = 1,$$

所以柯西-黎曼方程 $u_x = v_y$ 在 $z = 0$ 成立. 同样, 容易证明当 $z = 0$ 时, $u_y = 0 = -v_x$. 但是, 正如第 20 节练习 9 所证, $f'(0)$ 不存在.

23. 可微的充分条件

正如上节例 3 所示, 在一个点 $z_0 = (x_0, y_0)$ 满足柯西-黎曼方程并不能确保函数 $f(z)$ 在该点可导. 但是, 加上一些连续条件, 我们就可以得到下面一个很有用的定理.

定理 设函数

$$f(z) = u(x,y) + iv(x,y)$$

在 $z_0 = x_0 + iy_0$ 的某个 ε 邻域内有定义，并且满足

（a）函数 u 与 v 关于 x 与 y 的一阶偏导数在整个邻域内存在；

（b）这些偏导数在点 (x_0, y_0) 连续并且在点 (x_0, y_0) 满足柯西-黎曼方程

$$u_x = v_y, u_y = -v_x.$$

则 $f'(z_0)$ 存在，其值为

$$f'(z_0) = u_x + iv_x,$$

其中右端在点 (x_0, y_0) 取值.

为了证明上述定理，我们假设条件（a）和（b）满足，并令 $\Delta z = \Delta x + i\Delta y$，其中 $0 < |\Delta z| < \varepsilon$，又令

$$\Delta w = f(z_0 + \Delta z) - f(z_0).$$

于是，

$$\Delta w = \Delta u + i\Delta v, \tag{1}$$

其中，

$$\Delta u = u(x_0 + \Delta x, y_0 + \Delta y) - u(x_0, y_0),$$

且

$$\Delta v = v(x_0 + \Delta x, y_0 + \Delta y) - v(x_0, y_0).$$

由 u 和 v 的一阶偏导数在点 (x_0, y_0) 的连续性得[*]

$$\Delta u = u_x(x_0, y_0)\Delta x + u_y(x_0, y_0)\Delta y + \varepsilon_1\Delta x + \varepsilon_2\Delta y \tag{2}$$

和

$$\Delta v = v_x(x_0, y_0)\Delta x + v_y(x_0, y_0)\Delta y + \varepsilon_3\Delta x + \varepsilon_4\Delta y, \tag{3}$$

其中当点 $(\Delta x, \Delta y)$ 在 z 平面趋近于点 $(0, 0)$ 时，ε_1，ε_2，ε_3 和 ε_4 都趋近于零. 将式（2）和式（3）代入式（1）得

$$\Delta w = u_x(x_0, y_0)\Delta x + u_y(x_0, y_0)\Delta y + \varepsilon_1\Delta x + \varepsilon_2\Delta y + \tag{4}$$
$$i(v_x(x_0, y_0)\Delta x + v_y(x_0, y_0)\Delta y + \varepsilon_3\Delta x + \varepsilon_4\Delta y).$$

由假设柯西-黎曼方程在点 (x_0, y_0) 成立，式（4）中分别用 $-v_x(x_0, y_0)$ 和 $u_x(x_0, y_0)$ 代替 $u_y(x_0, y_0)$ 和 $v_y(x_0, y_0)$，然后在方程两端同时除以 $\Delta z = \Delta x + i\Delta y$，得

$$\frac{\Delta w}{\Delta z} = u_x(x_0, y_0) + iv_x(x_0, y_0) + (\varepsilon_1 + i\varepsilon_3)\frac{\Delta x}{\Delta z} + (\varepsilon_2 + i\varepsilon_4)\frac{\Delta y}{\Delta z}. \tag{5}$$

因为 $|\Delta x| \leqslant |\Delta z|$ 且 $|\Delta y| \leqslant |\Delta z|$，根据第4节不等式（3），有

$$\left|\frac{\Delta x}{\Delta z}\right| \leqslant 1 \text{ 和 } \left|\frac{\Delta y}{\Delta z}\right| \leqslant 1.$$

---

[*] 参见，例如，W. Kaplan，《高等微积分》第5版，pp. 86ff，2003.

因此,

$$\left| (\varepsilon_1 + i\varepsilon_3) \frac{\Delta x}{\Delta z} \right| \leq |\varepsilon_1 + i\varepsilon_3| \leq |\varepsilon_1| + |\varepsilon_3|,$$

并且

$$\left| (\varepsilon_2 + i\varepsilon_4) \frac{\Delta y}{\Delta z} \right| \leq |\varepsilon_2 + i\varepsilon_4| \leq |\varepsilon_2| + |\varepsilon_4|.$$

这就是说当 $\Delta z = \Delta x + i\Delta y$ 趋近于零时,式(5)右端最后两项趋近于零. 这样就得到了定理中 $f'(z_0)$ 的公式.

例 1 考虑函数

$$f(z) = e^x e^{iy} = e^x \cos y + i e^x \sin y,$$

其中 $z = x + iy$ 并且当计算 $\cos y$ 和 $\sin y$ 的时候,y 取弧度. 这里

$$u(x,y) = e^x \cos y, v(x,y) = e^x \sin y.$$

因为 $u_x = v_y$ 和 $u_y = -v_x$ 在每一点都成立,而且因为这些导数在每一点都连续,所以上述定理的条件在整个复平面上都满足. 因此 $f'(z)$ 处处存在,并且

$$f'(z) = u_x + iv_x = e^x \cos y + i e^x \sin y.$$

注意 $f'(z) = f(z)$ 对所有的 z 都成立.

例 2 设 $f(z) = |z|^2$,其分量函数是

$$u(x,y) = x^2 + y^2 \text{ 和 } v(x,y) = 0.$$

由定理知道 $f(z)$ 在 $z = 0$ 可导,事实上,$f'(0) = 0 + i0 = 0$. 我们从第 22 节例 2 知道这个函数在非零点不可导,这是由于柯西-黎曼方程在非零点不成立. (另见第 19 节例 3).

例 3 当应用本节定理计算函数在 z_0 的导数时,我们必须注意:在判断 $f'(z_0)$ 存在之前,不能使用定理中的 $f'(z)$ 的公式.

例如,考虑函数

$$f(z) = x^3 + i(1-y)^3.$$

这里

$$u(x,y) = x^3, v(x,y) = (1-y)^3,$$

说 $f(z)$ 在每一点都可导并且

$$f'(z) = u_x + iv_x = 3x^2 \tag{6}$$

是不对的.

为了证明这一点,我们注意到柯西-黎曼方程的第一个方程 $u_x = v_y$ 只有当

$$x^2 + (1-y)^2 = 0 \tag{7}$$

时才成立,而第二个方程 $u_y = -v_x$ 总是成立的. 而条件(7)告诉我们只有当 $x = 0$ 且 $y = 1$ 时 $f'(z)$ 才存在. 根据式(6),定理告诉我们只有当 $z = i$ 时,$f'(z)$ 才存在,此时 $f'(i) = 0$.

24. 极坐标

假设 $z_0 \neq 0$,本节我们将用极坐标变换

$$x = r\cos\theta, y = r\sin\theta \tag{1}$$

给出第 23 节的定理的极坐标形式.

当 $w = f(z)$ 时，$w = u + iv$ 的实部和虚部分别是关于变量 x 与 y 或者 r 与 θ 的函数，这取决于我们是令 $z = x + iy$ 还是 $z = re^{i\theta}$ $(z \neq 0)$. 假设 u 和 v 关于 x 和 y 的一阶偏导数在给定的非零点 z_0 的某个邻域内处处存在，并且在 z_0 连续. 又假设 u 和 v 关于 r 和 θ 的一阶偏导数也有类似的性质，则根据二元实值函数的微分链式法则，我们可以把它们写成关于 x 和 y 的函数. 更确切地说，因为

$$\frac{\partial u}{\partial r} = \frac{\partial u}{\partial x}\frac{\partial x}{\partial r} + \frac{\partial u}{\partial y}\frac{\partial y}{\partial r}, \frac{\partial u}{\partial \theta} = \frac{\partial u}{\partial x}\frac{\partial x}{\partial \theta} + \frac{\partial u}{\partial y}\frac{\partial y}{\partial \theta},$$

所以

$$u_r = u_x\cos\theta + u_y\sin\theta, u_\theta = -u_x r\sin\theta + u_y r\cos\theta. \tag{2}$$

同理，

$$v_r = v_x\cos\theta + v_y\sin\theta, v_\theta = -v_x r\sin\theta + v_y r\cos\theta. \tag{3}$$

如果 u 和 v 关于 x 和 y 的偏导数在点 z_0 处也满足柯西-黎曼方程

$$u_x = v_y, u_y = -v_x, \tag{4}$$

那么方程（3）变成

$$v_r = -u_y\cos\theta + u_x\sin\theta, v_\theta = u_y r\sin\theta + u_x r\cos\theta, \tag{5}$$

上述两式右端在 z_0 取值. 容易从式（2）和式（5）得到

$$ru_r = v_\theta, u_\theta = -rv_r \tag{6}$$

在 z_0 成立.

另一方面，如果式（6）在 z_0 成立，从练习 7 直接就可以得到式（4）在 z_0 成立. 因此，式（6）是柯西-黎曼方程（4）的等价形式.

根据式（6）和练习 8 中建立的 $f'(z_0)$ 的表达式，我们现在可以用 r 和 θ 将第 23 节中的定理重写为如下定理.

定理 设函数

$$f(z) = u(r, \theta) + iv(r, \theta)$$

在非零点 $z_0 = r_0\exp(i\theta_0)$ 的某个 ε 邻域内有定义，并满足

（a）函数 u 和 v 关于 r 和 θ 的一阶偏导数在上述邻域内处处存在；

（b）这些偏导数在点 (r_0, θ_0) 连续并且在点 (r_0, θ_0) 满足柯西-黎曼方程的极坐标形式

$$ru_r = v_\theta, u_\theta = -rv_r.$$

则 $f'(z_0)$ 存在，其值为

$$f'(z_0) = e^{-i\theta}(u_r + iv_r),$$

其中上式右端在点 (r_0, θ_0) 处取值.

例 1 如果

$$f(z) = \frac{1}{z^2} = \frac{1}{(re^{i\theta})^2} = \frac{1}{r^2}e^{-i2\theta} = \frac{1}{r^2}(\cos 2\theta - i\sin 2\theta),$$

其中 $z \neq 0$，那么分量函数为

$$u = \frac{\cos 2\theta}{r^2} \text{和} \ v = -\frac{\sin 2\theta}{r^2}.$$

因为

$$ru_r = -\frac{2\cos 2\theta}{r^2} = v_\theta, u_\theta = -\frac{2\sin 2\theta}{r^2} = -rv_r,$$

并且本节定理中的其他条件在每一非零点 $z = re^{i\theta}$ 都满足，则当 $z \neq 0$ 时 f 可导. 而且，根据定理，

$$f'(z) = e^{-i\theta}\left(-\frac{2\cos 2\theta}{r^3} + i\frac{2\sin 2\theta}{r^3}\right) = -2e^{-i\theta}\frac{e^{-i2\theta}}{r^3} = -\frac{2}{(re^{i\theta})^3} = -\frac{2}{z^3}.$$

例 2　定理可以用来证明平方根函数 $z^{1/2}$ 的任一分支

$$f(z) = \sqrt{r}e^{i\theta/2} \quad (r > 0, \alpha < \theta < \alpha + 2\pi)$$

在其定义域内处处可导. 这里

$$u(r,\theta) = \sqrt{r}\cos\frac{\theta}{2}, v(r,\theta) = \sqrt{r}\sin\frac{\theta}{2}.$$

由于

$$ru_r = \frac{\sqrt{r}}{2}\cos\frac{\theta}{2} = v_\theta, u_\theta = -\frac{\sqrt{r}}{2}\sin\frac{\theta}{2} = -rv_r,$$

并且因为定理中其他条件都满足，所以导数 $f'(z)$ 在 $f(z)$ 的定义域内处处存在. 定理同时告诉我们

$$f'(z) = e^{-i\theta}\left(\frac{1}{2\sqrt{r}}\cos\frac{\theta}{2} + i\frac{1}{2\sqrt{r}}\sin\frac{\theta}{2}\right),$$

并且上式可化简为

$$f'(z) = \frac{1}{2\sqrt{r}}e^{-i\theta}\left(\cos\frac{\theta}{2} + i\sin\frac{\theta}{2}\right) = \frac{1}{2\sqrt{r}e^{i\theta/2}} = \frac{1}{2f(z)}.$$

练　习

1. 应用第 21 节中的定理证明：下列函数的导数在任意点都不存在.

(a) $f(z) = \overline{z}$;　　　　　(b) $f(z) = z - \overline{z}$;

(c) $f(z) = 2x + ixy^2$;　　(d) $f(z) = e^x e^{-iy}$.

2. 应用第 23 节中的定理证明：下列函数的导数 $f'(z)$ 和二阶导数 $f''(z)$ 在每一点都存在，并求出 $f''(z)$.

(a) $f(z) = iz + 2$;　　　　(b) $f(z) = e^{-x}e^{-iy}$;

(c) $f(z) = z^3$;　　　　　　(d) $f(z) = \cos x\cosh y - i\sin x\sinh y$.

答案：(b) $f''(z) = f(z)$;　(d) $f''(z) = -f(z)$.

3. 应用第 21 节和 23 节中的结论，判断下列函数导数存在的点并求其值.

(a) $f(z) = 1/z$;　　(b) $f(z) = x^2 + iy^2$;　　(c) $f(z) = z\mathrm{Im}z$.

答案. (a) $f'(z) = -1/z^2$ $(z \neq 0)$;　　(b) $f'(x + ix) = 2x$;　　(c) $f'(0) = 0$.

4. 应用第 24 节中的定理证明下列函数在给出的区域内可导，并求其导数：

(a) $f(z) = 1/z^4$　　$(z \neq 0)$;

(b) $f(z) = e^{-\theta}\cos(\ln r) + ie^{-\theta}\sin(\ln r)$　　$(r > 0, 0 < \theta < 2\pi)$.

答案：(b) $f'(z) = if(z)/z$.

5. 从第 24 节方程(2)解出 u_x 和 u_y 的表达式

$$u_x = u_r\cos\theta - u_\theta\frac{\sin\theta}{r}, u_y = u_r\sin\theta + u_\theta\frac{\cos\theta}{r}.$$

然后应用上述两式和关于 v_x 与 v_y 的类似的式子，证明第 24 节中如果方程(6)在点 z_0 成立，则方程(4)在点 z_0 也成立. 于是这样就完成了第 24 节中柯西-黎曼方程的极坐标形式(6)的证明.

6. 设函数 $f(z) = u + iv$ 在任一非零点 $z_0 = r_0\exp(i\theta_0)$ 可导. 应用练习 5 中给出的 u_x 与 v_x 的表达式和第 24 节中柯西-黎曼方程的极坐标形式(6)，将第 23 节中的表达式

$$f'(z_0) = u_x + iv_x$$

改写成

$$f'(z_0) = e^{-i\theta}(u_r + iv_r),$$

其中 u_r 与 v_r 在点 (r_0, θ_0) 取值.

7. (a) 应用第 24 节中柯西-黎曼方程的极坐标形式(6)，推导出练习 6 中 $f'(z_0)$ 的另一等价形式

$$f'(z_0) = \frac{-i}{z_0}(u_\theta + iv_\theta).$$

(b) 应用 (a) 中给出的 $f'(z_0)$ 的表达式证明练习 3(a) 中的函数 $f(z) = 1/z(z \neq 0)$ 的导数是 $f'(z) = -1/z^2$.

8. (a) 回忆（第 6 节）如果 $z = x + iy$，则

$$x = \frac{z + \bar{z}}{2} \text{且} y = \frac{z - \bar{z}}{2i}.$$

在形式上借用微积分中二元实变量函数 $F(x, y)$ 的链式法则，推导

$$\frac{\partial F}{\partial \bar{z}} = \frac{\partial F}{\partial x}\frac{\partial x}{\partial \bar{z}} + \frac{\partial F}{\partial y}\frac{\partial y}{\partial \bar{z}} = \frac{1}{2}\left(\frac{\partial F}{\partial x} + i\frac{\partial F}{\partial y}\right).$$

(b) 定义算子

$$\frac{\partial}{\partial \bar{z}} = \frac{1}{2}\left(\frac{\partial}{\partial x} + i\frac{\partial}{\partial y}\right),$$

应用 (a) 中的提示证明如果函数 $f(z) = u(x, y) + iv(x, y)$ 的实部和虚部的一阶偏导数满足柯西-黎曼方程，即则

$$\frac{\partial f}{\partial \bar{z}} = \frac{1}{2}\left[(u_x - v_y) + i(v_x + u_y)\right] = 0.$$

这样就推导出了柯西-黎曼方程的复形式 $\partial f/\partial \bar{z} = 0$.

25. 解析函数的定义及性质

现在我们介绍解析函数的定义. 如果函数 f 在开集 S 内导数处处存在，则称它在

S 内解析. 如果 f 在点 z_0 的某个邻域内解析, 则称 f 在点 z_0 解析. *

注意, 如果函数 f 在点 z_0 解析, 则它必在 z_0 的某个邻域内的每一点都解析. 因此, 如果我们说一个函数在一个非开集合 S 内解析, 则意味着 f 在包含 S 的某个开集内解析.

整函数是指在整个复平面解析的函数.

例　函数 $f(z) = 1/z$ 在每一非零点都解析, 这是因为它的导数 $f'(z) = -1/z^2$ 在每一非零点都存在. 但是函数 $f(z) = |z|^2$ 处处不解析, 因为它的导数只在 $z = 0$ 存在而在它的任何去心邻域都不存在 (见第 19 节例 3). 最后, 由于多项式的导数在每一点都存在, 所以每一个多项式都是整函数.

显然, 函数在开域 D 内解析的一个必要但不充分条件是函数在 D 内连续 (见第 19 节最后楷体字的陈述). 满足柯西-黎曼方程也是必要但非充分条件. 在 D 内解析的充分条件由第 23 节和 24 节的定理给出.

其他有用的充分条件是第 20 节导数的运算法则. 两个函数可导, 则它们的和与积也可导. 因此, 如果两个函数在 D 内解析, 它们的和与积也在 D 内解析. 类似地, 它们的商在 D 内使得分母不为零的点处解析. 特别地, 两个多项式的商 $P(z)/Q(z)$ 在任何开域内解析, 只要满足在该开域内 $Q(z) \neq 0$.

由复合函数导数的链式法则, 我们知道两个解析函数的复合函数也是解析函数. 更确切地说, 假设函数 $f(z)$ 在开域 D 内解析并且 D 在变换 $w = f(z)$ 下的象 (见第 13 节) 包含在函数 $g(w)$ 定义域内, 则复合函数 $g(f(z))$ 在 D 内解析, 其导数为

$$\frac{\mathrm{d}}{\mathrm{d}z} g(f(z)) = g'(f(z)) f'(z).$$

解析函数的下述性质不但是我们所期望的, 而且具有特别重要的作用.

定理　如果在开域 D 内处处有 $f'(z) = 0$, 则 $f(z)$ 在 D 内一定为常数.

首先, 我们设 $f(z) = u(x,y) + iv(x,y)$. 假设在 D 内 $f'(z) = 0$, 那么就有 $u_x + iv_x = 0$, 并且由柯西-黎曼方程可知, $v_y - iu_y = 0$. 从而得

$$u_x = u_y = 0 \text{ 和 } v_x = v_y = 0$$

在 D 内每一点都成立.

其次, 我们证明 $u(x,y)$ 在任意线段 L 上是常数, 其中 L 起点为 P, 终点为 P', 并且整个 L 位于 D 内. 我们用 s 表示起点为 P, 沿 L 的一段向量的长度, 并且用 U 表示该向量方向的单位向量 (见图 30). 由微积分学我们知道方向导数 $\mathrm{d}u/\mathrm{d}s$ 可以写成如下点积

$$\frac{\mathrm{d}u}{\mathrm{d}s} = (\mathbf{grad}\,u) \cdot U \tag{1}$$

其中 $\mathbf{grad}\,u$ 是梯度向量

$$\mathbf{grad}\,u = u_x \mathbf{i} + u_y \mathbf{j}. \tag{2}$$

---

* 解析有时也用正则或全纯表示.

因为 u_x 和 u_y 在 D 内处处为零，**grad**u 在 L 上所有的点都是零向量．因此由式（1）知道沿 L 的方向导数 $\mathrm{d}u/\mathrm{d}s$ 等于零．这就意味着 u 在 L 上恒为常数．

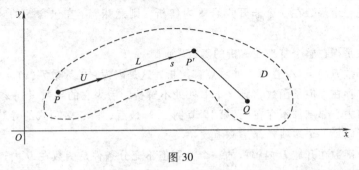

图 30

最后，因为总存在有限多个首尾相连的线段把 D 内的任意两点 P 和 Q 连接（第 12 节），所以 u 在 P 和 Q 的值一定相等．我们可以得出如下结论，在整个 D 内存在实数 a 使得 $u(x,y)=a$．类似地，$v(x,y)=b$，所以在 D 内每一点 $f(z)=a+bi$ 都成立．也就是 $f(z)=c$，其中 c 是一个常数且 $c=a+bi$．

如果函数 f 在点 z_0 不解析但是在 z_0 的每一邻域内都有解析的点，则称 z_0 为 f 的奇点．点 $z=0$ 显然是函数 $f(z)=1/z$ 的奇点．另一方面 $f(z)=|z|^2$ 没有奇点，因为它处处不解析．下面的章节中将看到，奇点在复分析的发展中起着重要的作用．

26. 其他例子

正如第 25 节所指出，用第 20 节关于微分的运算法则来判断一个函数 $f(z)$ 是不是解析函数，是一个常用的方法．

例 1 有理式

$$f(z)=\frac{z^2+3}{(z+1)(z^2+5)}$$

显然在整个 z 平面除了奇点 $z=-1$ 和 $z=\pm\sqrt{5}i$ 外解析．此函数的解析性取决于我们熟知的微分法则的存在性，在需要的时候我们可以应用它来给出 $f'(z)$ 的具体表达式．

当一个函数由分量函数 u 和 v 给出的时候，它的解析性可直接应用柯西-黎曼方程来判定．

例 2 如果 $f(z)=\sin x\cosh y+i\cos x\sinh y$，分量函数是

$$u(x,y)=\sin x\cosh y \text{ 和 } v(x,y)=\cos x\sinh y.$$

因为 $u_x=\cos x\cosh y=v_y$ 且 $u_y=\sin x\sinh y=-v_x$ 在每一点都成立，从第 23 节的定理显然知道 f 是整函数．实际上，根据该定理，

$$f'(z)=u_x+iv_x=\cos x\cosh y-i\sin x\sinh y. \tag{1}$$

把式（1）写成如下形式可直接得到 $f'(z)$ 也是整函数：

$$f'(z)=U(x,y)+iV(x,y),$$

其中，

$$U(x,y) = \cos x \cosh y \text{ 和 } V(x,y) = -\sin x \sinh y.$$

然后，

$$U_x = -\sin x \cosh y = V_y \text{ 和 } U_y = \cos x \sinh y = -V_x.$$

另外，

$$f''(z) = U_x + iV_x = -(\sin x \cosh y + i\cos x \sinh y) = -f(z).$$

下面两个例子有助于说明怎样通过柯西-黎曼方程得到解析函数的各种性质.

例 3　假设函数 $f(z) = u(x,y) + iv(x,y)$ 和它的共轭 $\overline{f(z)} = u(x,y) - iv(x,y)$ 在开域 D 内都解析，则 $f(z)$ 在整个 D 内一定恒为常数.

为了证明这一点，我们记 $\overline{f(z)} = U(x,y) + V(x,y)$，其中

$$U(x,y) = u(x,y), V(x,y) = -v(x,y). \tag{2}$$

根据 $f(z)$ 的解析性，柯西-黎曼方程

$$u_x = v_y, u_y = -v_x \tag{3}$$

在 D 内成立，且由 $\overline{f(z)}$ 在 D 内的解析性得

$$U_x = V_y, U_y = -V_x. \tag{4}$$

应用式(2)，方程(4)也可以写成

$$u_x = -v_y, u_y = v_x. \tag{5}$$

将式(3)和式(5)的第一个等式左、右两端分别相加，得 $u_x = 0$ 在 D 内成立. 类似地，将式(3)和式(5)的第二个等式左、右两端分别相减可得 $v_x = 0$. 根据第 21 节式(8)，有

$$f'(z) = u_x + iv_x = 0 + i0 = 0,$$

然后根据第 25 节的定理得 $f(z)$ 在 D 内恒为常数.

例 4　在例 3 中，我们考察了一个函数 f 在整个给定的开域 D 内解析. 更进一步假设模 $|f(z)|$ 在整个 D 内恒为常数，我们可以证明 $f(z)$ 在 D 内也是常数. 这一结论在随后的第 4 章将被用来证明一个重要的结果(第 59 节).

证明如下，首先设

$$|f(z)| = c \tag{6}$$

对于 D 内所有的 z 都成立，其中 c 是一个实数. 如果 $c = 0$，则 $f(z) = 0$ 在 D 内处处成立. 如果 $c \neq 0$，由复数的性质 $z\bar{z} = |z|^2$ 得

$$f(z)\overline{f(z)} = c^2 \neq 0,$$

因此 $f(z)$ 在 D 不取零. 所以

$$\overline{f(z)} = \frac{c^2}{f(z)}$$

对于 D 内所有的 z 都成立，从而 $\overline{f(z)}$ 在 D 内处处解析. 由上面例 3 的结论我们知道 $f(z)$ 在整个 D 内恒为常数.

练 习

1. 应用第 23 节中的定理证明下列各函数都是整函数：

（a）$f(z) = 3x + y + i(3y - x)$；　（b）$f(z) = \cosh x \cos y + i \sinh x \sin y$；

（c）$f(z) = e^{-y}\sin x - ie^{-y}\cos x$；　（d）$f(z) = (z^2 - 2)e^{-x}e^{-iy}$.

2. 应用第 21 节中的定理证明下列各函数处处不解析：

（a）$f(z) = xy + iy$；

（b）$f(z) = 2xy + i(x^2 - y^2)$；

（c）$f(z) = e^y e^{ix}$.

3. 说明两个整函数的复合函数仍然是整函数. 另外，证明两个整函数的线性组合 $c_1 f_1(z) + c_2 f_2(z)$ 也是整函数，其中 c_1 和 c_2 是两个复常数.

4. 确定下列各函数的奇点，并说明在其他的点函数为什么解析：

（a）$f(z) = \dfrac{2z + 1}{z(z^2 + 1)}$；　（b）$f(z) = \dfrac{z^3 + i}{z^2 - 3z + 2}$；

（c）$f(z) = \dfrac{z^2 + 1}{(z + 2)(z^2 + 2z + 2)}$.

答案：（a）$z = 0$，$\pm i$；（b）$z = 1$，2；（c）$z = -2$，$-1 \pm i$.

5. 在第 24 节例 2 中我们已经证明了函数

$$g(z) = \sqrt{r}\, e^{i\theta/2} \quad (r > 0, \ -\pi < \theta < \pi)$$

在其定义域内解析，其导数为

$$g'(z) = \frac{1}{2g(z)}.$$

据此证明复合函数 $G(z) = g(2z - 2 + i)$ 在半平面 $x > 1$ 内解析，其导数为

$$G'(z) = \frac{1}{g(2z - 2 + i)}.$$

提示：注意当 $x > 1$ 时，$\mathrm{Re}(2z - 2 + i) > 0$.

6. 用第 24 节中的结果验证函数

$$g(z) = \ln r + i\theta \quad (r > 0, 0 < \theta < 2\pi)$$

在所示定义域内解析，且导数 $g'(z) = 1/z$. 然后说明复合函数 $G(z) = g(z^2 + 1)$ 在第一象限 $x > 0$，$y > 0$ 内解析，其导数为

$$G'(z) = \frac{2z}{z^2 + 1}.$$

提示：注意当 $x > 0$，$y > 0$ 时，$\mathrm{Im}(z^2 + 1) > 0$.

7. 设函数 f 在开域 D 内解析. 证明如果 $f(z)$ 对于 D 内所有的 z 都取实值，则 $f(z)$ 在 D 内一定恒为常数.

27. 调和函数

如果一个二元实变量的实值函数 $H(x, y)$ 在 xy 平面内某个给定开域内具有连续的

一阶和二阶偏导数，并且满足偏微分方程

$$H_{xx}(x,y) + H_{yy}(x,y) = 0, \tag{1}$$

则称 $H(x,y)$ 在该开域内调和. 方程(1)被称为拉普拉斯方程.

调和函数在应用数学中起着重要的作用. 例如，位于 xy 平面中的薄片的温度函数 $T(x,y)$ 通常是调和的. 在不受其他因素影响的三维空间中的一个区域的内部，表示静电势的函数 $V(x,y)$ 如果只随 x 和 y 变化，则它是调和的.

例1　容易验证函数 $T(x,y) = e^{-y}\sin x$ 在 xy 平面的任何开域内调和，特别地，在半无限垂直带形域 $0 < x < \pi$，$y > 0$ 内调和. 再设在该带形域的边界上的值如图 31 所示. 更确切地说，函数满足下面所有条件

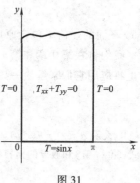

图 31

$$T_{xx}(x,y) + T_{yy}(x,y) = 0,$$
$$T(0,y) = 0, T(\pi,y) = 0,$$
$$T(x,0) = \sin x, \quad \lim_{y \to +\infty} T(x,y) = 0,$$

这些条件描述了 xy 平面中的均匀薄片中的稳定温度 $T(x,y)$，其中该薄片没有热源或者漏，并且除了边界上的条件外是隔热的.

应用单复变函数理论来找一些实际问题(比如例1中的温度或者其他问题)的解将在第 10 章和随后的一些章节中详细地说明.[*] 该理论依赖于下面的定理，此定理提供了调和函数的一个来源.

定理　如果函数 $f(z) = u(x,y) + iv(x,y)$ 在开域 D 内解析，则它的分量函数 u 和 v 在 D 内调和.

为了证明上述定理，我们需要第 4 章(第 57 节)证明的一个结论. 即如果一个单复变函数在一点解析，则它的实部和虚部在该点有任意阶连续偏导数.

假设 f 在 D 内解析，则在整个 D 内它的分量函数的一阶偏导数满足柯西-黎曼方程：

$$u_x = v_y, u_y = -v_x. \tag{2}$$

对上述方程两端关于 x 同时求导，我们有

$$u_{xx} = v_{yx}, u_{yx} = -v_{xx}. \tag{3}$$

同样，关于 y 同时求导得

$$u_{xy} = v_{yy}, u_{yy} = -v_{xy}. \tag{4}$$

现在，根据高等微积分中的一个定理，[†] u 和 v 的偏导数的连续性可以保证 $u_{yx} = u_{xy}$ 和 $v_{yx} = v_{xy}$. 则由式(3)和式(4)可得

$$u_{xx} + u_{yy} = 0, v_{xx} + v_{yy} = 0.$$

即 u 和 v 在 D 内调和.

[*] 另一重要方法见本书作者的著作《傅里叶级数和边值问题》第 8 版，2012.

[†] 见，例如，A. E. Taylor 和 W. R. Mann，《高等微积分》第 3 版，pp. 199-201，1983.

例2 第 26 节练习 1(c)证明了函数 $f(z) = e^{-y}\sin x - ie^{-y}\cos x$ 是整函数. 因此它的实部，也就是例 1 中的温度函数 $T(x,y) = e^{-y}\sin x$，在 xy 平面的每一个开域内调和.

例3 因为函数 $f(z) = 1/z^2$ 在每一个非零点 z 解析并且

$$\frac{1}{z^2} = \frac{1}{z^2} \cdot \frac{\bar{z}^2}{\bar{z}^2} = \frac{\bar{z}^2}{(z\bar{z})^2} = \frac{\bar{z}^2}{|z^2|^2} = \frac{(x^2 - y^2) - i2xy}{(x^2 + y^2)^2},$$

所以函数

$$u(x,y) = x^2 - y^2/(x^2 + y^2)^2 \text{和} v(x,y) = -2xy/(x^2 + y^2)^2$$

在 xy 平面的任何不包含原点的开域内调和.

我们将在第 9 章和第 10 章进一步讨论涉及单复变函数理论的调和函数，在那两章里将应用它们来解决一些物理问题，正如本节的例 1 一样.

练　习

1. 设函数 $f(z) = u(r,\theta) + iv(r,\theta)$ 在不包含原点的开域 D 内解析. 用柯西-黎曼方程极坐标形式（第 24 节）和假设的偏导数连续性，证明在整个 D 内函数 $u(r,\theta)$ 满足偏微分方程

$$r^2 u_{rr}(r,\theta) + ru_r(r,\theta) + u_{\theta\theta}(r,\theta) = 0,$$

此方程为拉普拉斯方程的极坐标形式. 证明函数 $v(r,\theta)$ 也满足同样的方程.

2. 设函数 $f(z) = u(x,y) + iv(x,y)$ 在开域 D 内解析，考察水平曲线族 $u(x,y) = c_1$ 和 $v(x,y) = c_2$，其中 c_1 和 c_2 是任意实常数. 证明这两族曲线相互正交. 更确切地说，证明如果 D 内的一点 $z_0 = (x_0, y_0)$ 是两个特别曲线 $u(x,y) = c_1$ 与 $v(x,y) = c_2$ 的交点并且 $f'(z_0) \neq 0$，则这两个曲线在点 (x_0, y_0) 的切线相互垂直.

提示：注意由方程 $u(x,y) = c_1$ 和 $v(x,y) = c_2$ 可以得到

$$\frac{\partial u}{\partial x} + \frac{\partial u}{\partial y}\frac{dy}{dx} = 0 \text{和} \frac{\partial v}{\partial x} + \frac{\partial v}{\partial y}\frac{dy}{dx} = 0.$$

3. 当 $f(z) = z^2$ 时，证明它的分量函数的水平曲线族 $u(x,y) = c_1$ 和 $v(x,y) = c_2$ 是图 32 所示的双曲线. 注意练习 2 所描述的两族曲线的正交性，观察到曲线 $u(x,y) = 0$ 与 $v(x,y) = 0$ 在原点相交但不正交，指出为什么这一事实与练习 2 的结论不矛盾?

4. 当 $f(z) = 1/z$ 时，画出分量函数 u 和 v 水平曲线族的草图，并且注意练习 2 中所描述的正交性.

5. 用极坐标形式完成练习 4.

6. 当 $f(z) = \dfrac{z-1}{z+1}$ 时，画出分量函数 u 和 v 水平曲线族的草图，并且注意练习 2 中的结论在这里怎样阐述.

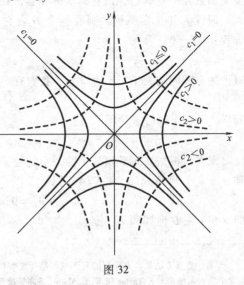

图 32

28. 唯一确定的解析函数

我们用接下来的两节结束本章，这两节主要是研究解析函数在 D 的子集或者在位于 D 内线段上的取值是怎样影响它在整个开域 D 内的取值的. 虽然这两节具有很大的理论意义，但是它对于后续章节中解析函数的发展并不重要. 因此读者可以跳过这两节直接阅读第 3 章，当需要的时候再回来查阅.

引理 假设

（a）函数 f 在开域 D 内解析；

（b）在 D 的某个子域内或 D 内的一个线段上，$f(z)$ 都取零值，则在 D 内 $f(z) \equiv 0$，也就是 $f(z)$ 在 D 内恒为零.

为了证明这个引理，我们假设 f 满足引理中的条件并且在包含 z_0 的一个子域内或者线段上恒有 $f(z) = 0$. 因为 D 是一个连通的开集（第 12 节），所以存在位于 D 内的折线 L（它是由有限个线段首尾相连组成的）连接 z_0 和 D 内其他任意一点 P. 我们用 d 表示 L 上的点到 D 的边界的最短距离，除非 D 是整个平面. 在这种情况下，d 可取任意正数. 然后我们可以在 L 上找到有限个点

$$z_0, z_1, z_2, \cdots, z_{n-1}, z_n,$$

其中 z_n 就是点 P（见图 33），并且相邻的两个点的距离满足

$$|z_k - z_{k-1}| < d \quad (k = 1, 2, \cdots, n).$$

最后，我们以每个 z_k 为中心，d 为半径构造邻域列

$$N_0, N_1, N_2, \cdots, N_{n-1}, N_n.$$

注意这些邻域都包含在 D 内且邻域 $N_k (k = 1, 2, \cdots, n)$ 的中心 z_k 位于前一个邻域 N_{k-1} 内.

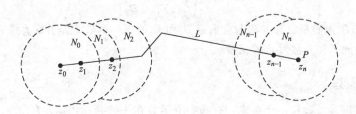

图 33

现在，我们需要用到第 6 章证明的一个结论，即第 82 节定理 3：因为 f 在 N_0 解析并且在包含 z_0 的一个开域内或者线段上恒有 $f(z) = 0$，所以在 N_0 内 $f(z) \equiv 0$. 由于 z_1 位于 N_0 内，所以再次使用该定理可得 $f(z) \equiv 0$ 在 N_1 内也成立；继续下去，我们得到 $f(z) \equiv 0$ 在 N_n 内成立. 因为 N_n 以 P 为中心且 P 是 D 内任意一点，所以在 D 内恒有 $f(z) \equiv 0$. 这就完成了引理的证明.

假设两个函数 f 和 g 在开域 D 内解析并且对于某个子域或者 D 内一个线段上的每一点 z 都有 $f(z) = g(z)$，则差

$$h(z) = f(z) - g(z)$$

也在 D 内解析，并且在上述子域上或者线段上恒有 $h(z) = 0$. 根据上面的引理，$h(z) \equiv 0$ 在 D 内恒成立，也就是在 D 内每一点都有 $f(z) = g(z)$. 于是我们就得到了下面这一重要定理.

定理 开域 D 内的解析函数由 D 的子域或者 D 内线段上的值所唯一确定.

可以证明一个更一般的结论，该结论有时被称为一致性准则. 即如果两个函数 f 和 g 在开域 D 内解析并且在以 z_0 为极限点的 D 的子集上满足 $f(z) = g(z)$，其中 z_0 在 D 内，则在 D 内 $f(z) = g(z)$ 恒成立. * 然而，这个推广并不经常用.

刚刚证明的定理在学习解析函数定义域的延拓问题的时候十分有用. 更确切地说，给定两个开域 D_1 和 D_2，考察它们的交集 $D_1 \cap D_2$，即包含 D_1 和 D_2 所有公共点的集合. 如果 D_1 和 D_2 有公共点（见图 34）并且函数 f_1 在 D_1 内解析，则存在一个在 D_2 内解析的函数 f_2，使得对每一个 $D_1 \cap D_2$ 内的点 z 满足 $f_2(z) = f_1(z)$. 如果这样，我们称 f_2 是 f_1 在开域 D_2 的解析延拓.

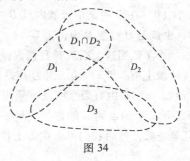

图 34

如果解析延拓存在，则根据上述定理，它是唯一的. 也就是在 D_2 内解析并且在开域 $D_1 \cap D_2$ 上与 $f_1(z)$ 取值相同的函数不会超过一个. 然而，如果又存在 f_2 从区域 D_2 到开域 D_3 的解析延拓 f_3，并且 D_3 与 D_1 有交集，如图 34 所示，并不一定有 $f_3(z) = f_1(z)$ 对 $D_1 \cap D_3$ 内的每一个点 z 成立，第 29 节练习 2 将说明这一点.

如果 f_2 是 f_1 从开域 D_1 到解析开域 D_2 的解析延拓，则函数

$$F(z) = \begin{cases} f_1(z), z \in D_1, \\ f_2(z), z \in D_2 \end{cases}$$

在并集 $D_1 \cup D_2$ 内解析，该并集包含所有 D_1 和 D_2 的点. 函数 F 是 f_1 或 f_2 到 $D_1 \cup D_2$ 的解析延拓. 因此 f_1 和 f_2 称为 F 的元素.

29. 反射原理

本节定理涉及这样一个事实：有些解析函数在一些开域内满足 $f(\bar{z}) = \overline{f(z)}$，而有些解析函数则没有这个性质. 例如，我们发现当 D 是复平面时，函数 $z + 1$ 和 z^2 具有上述性质，但 $z + i$ 和 iz^2 不具有上述性质. 下面的定理通常被称为反射原理，它提供了一个判断 $f(\bar{z}) = \overline{f(z)}$ 的方法.

定理 设开域 D 包含一段 x 轴并且关于 x 轴对称，设函数 f 在 D 内解析. 则

$$\overline{f(z)} = f(\bar{z}) \tag{1}$$

对开域内每一点 z 都成立当且仅当 $f(x)$ 是实数，其中 x 位于那段 x 轴上.

---

* 见，例如，附录 B 中，Boas 的著作第 56-57 页，Silverman 的著作第 142-144 页，或者 Markushevich 的著作第 1 卷第 369-370 页.

下面证明该定理. 首先，我们假设对于那段轴上的每一点 x，$f(x)$ 都是实数. 一旦我们证明了函数

$$F(z) = \overline{f(\bar{z})} \tag{2}$$

在 D 内解析，我们将用它来得到式(1). 为了得到 $F(z)$ 的解析性，我们记

$$f(z) = u(x,y) + \mathrm{i}v(x,y), F(z) = U(x,y) + \mathrm{i}V(x,y).$$

根据式(2)和

$$\overline{f(\bar{z})} = u(x,-y) - \mathrm{i}v(x,-y), \tag{3}$$

可得 $F(z)$ 和 $f(z)$ 的分量函数满足方程

$$U(x,y) = u(x,t), V(x,y) = -v(x,t), \tag{4}$$

其中 $t = -y$. 现在，因为 $f(x+\mathrm{i}t)$ 是关于 $x + \mathrm{i}t$ 的解析函数，所以函数 $u(x,t)$ 和 $v(x,t)$ 的一阶偏导数在 D 内连续并且满足柯西-黎曼方程*

$$u_x = v_t, u_t = -v_x. \tag{5}$$

此外，由方程(4)得

$$U_x = u_x, V_y = -v_t \frac{\mathrm{d}t}{\mathrm{d}y} = v_t.$$

从上述两式和式(5)中的第一个等式得 $U_x = V_y$. 类似地，

$$U_y = u_t \frac{\mathrm{d}t}{\mathrm{d}y} = -u_t, V_x = -v_x,$$

并且式(5)中的第二个式子告诉我们 $U_y = -V_x$. 因为已经证明了 $U(x,y)$ 和 $V(x,y)$ 的一阶偏导数满足柯西-黎曼方程并且这些偏导数连续，所以 $F(z)$ 在 D 内解析. 另外，由于 $f(x)$ 在该段实轴上取实数，所以在该段实轴上 $v(x,0) = 0$. 由式(4)得

$$F(x) = U(x,0) + \mathrm{i}V(x,0) = u(x,0) - \mathrm{i}v(x,0) = u(x,0).$$

即在上述实轴段上有

$$F(z) = f(z) \tag{6}$$

成立. 根据第 28 节的定理，式(6)实际上在整个 D 内成立. 由函数 $F(z)$ 的定义式(2)得

$$\overline{f(\bar{z})} = f(z), \tag{7}$$

这和式(1)相同.

为了证明另一方面，我们假设式(1)成立并且注意到式(3)，则式(1)的等价形式式(7)可以写成

$$u(x,-y) - \mathrm{i}v(x,-y) = u(x,y) + \mathrm{i}v(x,y).$$

特别地，如果 D 内的点 $(x,0)$ 在实轴上，则

$$u(x,0) - \mathrm{i}v(x,0) = u(x,0) + \mathrm{i}v(x,0).$$

通过对比虚部得 $v(x,0) = 0$. 因此 $f(x)$ 在 D 内的实轴上取实数.

例　由定理之前的叙述，我们注意到

---

* 见第 26 节定理 1 下面的一段.

$$\overline{z+1} = \bar{z}+1 \text{和} \overline{z^2} = \bar{z}^2$$

对所有有限的 z 都成立. 当然, 定理告诉我们这是对的, 因为当 x 是实数时, $x+1$ 和 x^2 都是实数. 我们也注意到 $z+i$ 和 iz^2 在平面内没有反射性质, 并且我们现在知道这是由于当 x 是实数时 $x+i$ 和 ix^2 都不是实数.

练　习

1. 用第 28 节的定理证明: 如果 $f(z)$ 在开域 D 内解析并且不是常数, 则它在 D 内的任何邻域内都不能是常数.

提示: 假设 $f(z)$ 在 D 内某个邻域内恒等于常数 w_0.

2. 设函数

$$f_1(z) = \sqrt{r}e^{i\theta/2} \quad (r>0, 0<\theta<\pi),$$

参考第 24 节例 2 指出为什么

$$f_2(z) = \sqrt{r}e^{i\theta/2} \quad \left(r>0, \frac{\pi}{2}<\theta<2\pi\right)$$

是 f_1 穿过负实轴到下半平面的解析延拓. 然后证明函数

$$f_3(z) = \sqrt{r}e^{i\theta/2} \quad \left(r>0, \pi<\theta<\frac{5\pi}{2}\right)$$

是 f_2 穿过正实轴到第一象限的解析延拓, 但是 $f_3(z) = -f_1(z)$.

3. 说明为什么函数

$$f_4(z) = \sqrt{r}e^{i\theta/2} \quad (r>0, -\pi<\theta<\pi)$$

是练习 2 中函数 $f_1(z)$ 穿过正实轴到下半平面的解析延拓.

4. 我们从第 23 节例 1 知道函数

$$f(z) = e^x\cos y + ie^x\sin y$$

在有限平面内处处可导. 指出怎样从反射原理 (第 29 节) 推导出

$$\overline{f(z)} = f(\bar{z})$$

对每一个 z 都成立. 然后直接验证上式.

5. 证明: 如果反射原理 (第 29 节) 中的条件 "$f(x)$ 是实数" 用 "$f(x)$ 是纯虚数" 代替, 则反射原理中的式 (1) 应该变成

$$\overline{f(z)} = -f(\bar{z}).$$

第 3 章

初等函数

本章我们将考虑在微积分中学过的各种初等函数，并定义相应的单复变量函数. 具体地说，我们定义关于单复变量 z 的解析函数，使之当 $z = x + \mathrm{i}0$ 时简化为微积分中的初等函数. 我们从定义复指数函数开始，然后再应用它来构建其他的复初等函数.

30. 指数函数

指数函数可以定义如下

$$e^{z} = e^{x}e^{\mathrm{i}y} \qquad (z = x + \mathrm{i}y), \tag{1}$$

此定义中应用了欧拉公式(见第 7 节)

$$e^{\mathrm{i}y} = \cos y + \mathrm{i}\sin y, \tag{2}$$

其中的 y 取弧度值.

由此定义我们可以看出，当 $y = 0$ 时，e^{z} 就成了微积分中通常意义下的指数函数. 另外，根据微积分中的习惯，我们经常将 e^{z} 记作 $\exp z$.

注意，由于当 $x = 1/n\,(n = 2,\ 3,\ \cdots)$ 时，e^{x} 的值为 e 的正 n 次方根 $\sqrt[n]{e}$，所以 式(1)告诉我们，当 $z = 1/n\,(n = 2,\ 3,\ \cdots)$ 时复指数函数 e^{z} 的值也为 $\sqrt[n]{e}$. 相对于我们所约定的(第 10 节)"通常将 $e^{1/n}$ 看作 e 的所有 n 次方根的集合"来说，这是一个例外情况.

另外还请注意，如果将定义(1)写成

$$e^{z} = \rho e^{\mathrm{i}\varphi},$$

其中 $\rho = e^{x}$，$\varphi = y$，那么显然有

$$|e^{z}| = e^{x}, \arg(e^{z}) = y + 2n\pi\,(n = 0,\ \pm 1,\ \pm 2, \cdots). \tag{3}$$

由于 e^{x} 恒不为零，所以对任意的复数 z 都有

$$e^{z} \neq 0 \tag{4}$$

成立. 除了性质(4)之外，还有 e^{x} 的一些其他性质对 e^{z} 依然成立，接下来我们给出其中的几个.

根据定义(1)，$e^{x}e^{\mathrm{i}y} = e^{x + \mathrm{i}y}$. 这与微积分中指数函数的加和性质

$$e^{x_{1}}e^{x_{2}} = e^{x_{1} + x_{2}}$$

是一致的. 此性质在复分析中可推广为

$$e^{z_1} e^{z_2} = e^{z_1 + z_2} \qquad (5)$$

可以很容易地证明. 为此, 我们记

$$z_1 = x_1 + iy_1 \text{ 和 } z_2 = x_2 + iy_2,$$

于是就有了

$$e^{z_1} e^{z_2} = (e^{x_1} e^{iy_1})(e^{x_2} e^{iy_2}) = (e^{x_1} e^{x_2})(e^{iy_1} e^{iy_2}).$$

因为 x_1 和 x_2 都是实数, 并且从第 8 节我们知道

$$e^{iy_1} e^{iy_2} = e^{i(y_1 + y_2)}.$$

这样就得到

$$e^{z_1} e^{z_2} = e^{(x_1 + x_2)} e^{i(y_1 + y_2)}.$$

另外, 由于

$$(x_1 + x_2) + i(y_1 + y_2) = (x_1 + iy_1) + (x_2 + iy_2) = z_1 + z_2,$$

所以前面最后一个方程的右端就变成了 $e^{z_1 + z_2}$. 性质(5)得证.

观察如何由性质(5)得到 $e^{z_1 - z_2} e^{z_2} = e^{z_1}$, 或者

$$\frac{e^{z_1}}{e^{z_2}} = e^{z_1 - z_2}. \qquad (6)$$

由此并考虑 $e^0 = 1$, 便得到 $1/e^z = e^{-z}$.

还有很多根据微积分中的相关知识可以预想到的关于 e^z 的重要性质. 例如, 根据第 23 节的例 1, 得

$$\frac{\mathrm{d}}{\mathrm{d}z} e^z = e^z \qquad (7)$$

在 z 平面上处处成立. 注意到 e^z 在 z 平面上所有点的可微性便知 e^z 是整函数(第 25 节).

然而 e^z 的有些性质是不能根据微积分中的相关知识而猜测出来的. 例如, 因为

$$e^{z + 2\pi i} = e^z e^{2\pi i} \text{ 以及 } e^{2\pi i} = 1,$$

所以 e^z 是一个以 $2\pi i$ 为纯虚数周期的周期函数:

$$e^{z + 2\pi i} = e^z. \qquad (8)$$

e^z 的另一个 e^x 所没有的性质是: e^x 是恒正的, 但 e^z 却可以取到负值. 例如, 我们可以回想第 6 节中的 $e^{i\pi} = -1$. 事实上,

$$e^{i(2n+1)\pi} = e^{i2n\pi + i\pi} = e^{i2n\pi} e^{i\pi} = (1)(-1) = -1 \qquad (n = 0, \pm 1, \pm 2, \cdots).$$

甚至, 对于任意给定的非零复数都存在不止一个复数 z, 使 e^z 等于该非零复数. 这个性质将在下节的对数函数中给予证明, 现在我们先通过下面的例子来说明一下.

例 为了找出满足

$$e^z = 1 + \sqrt{3}i \qquad (9)$$

的数 $z = x + iy$, 我们将式(9)写成

$$e^x e^{iy} = 2e^{i\pi/3}.$$

然后, 考虑第 10 节开头处楷体字部分关于两个指数形式的非零复数相等的陈述, 便得到

$$e^x = 2 \text{ 和 } y = \frac{\pi}{3} + 2n\pi \quad (n = 0, \pm 1, \pm 2, \cdots).$$

由于 $\ln(e^x) = x$, 所以

$$x = \ln 2, y = \frac{\pi}{3} + 2n\pi \quad (n = 0, \pm 1, \pm 2, \cdots).$$

从而得到

$$z = \ln 2 + \left(2n + \frac{1}{3}\right)\pi i \qquad (n = 0, \pm 1, \pm 2, \cdots). \tag{10}$$

练　习

1. 证明:

(a) $\exp(2 \pm 3\pi i) = -e^2$;

(b) $\exp\left(\dfrac{2 + \pi i}{4}\right) = \sqrt{\dfrac{e}{2}}(1 + i)$;

(c) $\exp(z + \pi i) = -\exp z$.

2. 说明为什么 $f(z) = 2z^2 - 3 - ze^z + e^{-z}$ 是整函数.

3. 应用柯西-黎曼方程和第 21 节的定理证明: 函数 $f(z) = \exp \bar{z}$ 在任意点都不解析.

4. 用两种方法来证明 $f(z) = \exp(z^2)$ 是整函数, 然后求出它的导数.
答案: $f'(z) = 2z\exp(z^2)$.

5. 将 $|\exp(2z + i)|$ 和 $|\exp(iz^2)|$ 写成关于 x 和 y 的形式. 然后证明:
$$|\exp(2z + i) + \exp(iz^2)| \leq e^{2x} + e^{-2xy}.$$

6. 证明: $|\exp(z^2)| \leq \exp(|z|^2)$.

7. 证明: $|\exp(-2z)| < 1$ 当且仅当 $\mathrm{Re}\, z > 0$.

8. 求出所有满足下列条件的 z.

(a) $e^z = -2$;

(b) $e^z = 1 + i$;

(c) $\exp(2z - 1) = 1$.

答案: (a) $z = \ln 2 + (2n + 1)\pi i \quad (n = 0, \pm 1, \pm 2, \cdots)$;

(b) $z = \dfrac{1}{2}\ln 2 + \left(2n + \dfrac{1}{4}\right)\pi i \ (n = 0, \pm 1, \pm 2, \cdots)$;

(c) $z = \dfrac{1}{2} + n\pi i \quad (n = 0, \pm 1, \pm 2, \cdots)$.

9. 证明: $\overline{\exp(iz)} = \exp(i\bar{z})$ 当且仅当 $z = n\pi (n = 0, \pm 1, \pm 2, \cdots)$. (参考第 29 节练习 4).

10. (a) 证明: 如果 e^z 是实数, 则 $\mathrm{Im}\, z = n\pi (n = 0, \pm 1, \pm 2, \cdots)$.

(b) 如果 e^z 是纯虚数, 那么 z 应该满足什么条件?

11. 描述当 (a) x 趋于 $-\infty$; (b) y 趋于 ∞ 时 $e^z = e^x e^{iy}$ 的变化趋势.

12. 将 $\mathrm{Re}(e^{1/z})$ 写成关于 x 和 y 的形式. 为什么该函数在任何不包含原点的开域内调和?

13. 设函数 $f(z) = u(x, y) + iv(x, y)$ 在开域 D 内解析, 说明为什么函数
$$U(x, y) = e^{u(x,y)}\cos v(x, y), \quad V(x, y) = e^{u(x,y)}\sin v(x, y)$$
在 D 内调和.

14. 按下面的步骤证明恒等式

$$(e^z)^n = e^{nz} \quad (n = 0, \pm 1, \pm 2, \cdots).$$

(a) 使用数学归纳法证明恒等式在 $n = 0, 1, 2, \cdots$ 时成立；

(b) 对于负整数 n，首先回顾第 8 节中的当 $z \neq 0$ 时

$$z^n = (z^{-1})^m \quad (m = -n = 1, 2, \cdots).$$

并记 $(e^z)^n = (1/e^z)^m$. 最后应用（a）的结论，结合指数函数的性质 $1/e^z = e^{-z}$（第 30 节）证明所要的恒等式.

31. 对数函数

我们定义对数函数是为了求解如下关于 w 的方程：

$$e^w = z, \tag{1}$$

其中 z 是非零复数. 为此，我们注意到当 z 和 w 分别写成 $z = re^{i\Theta}$ ($-\pi < \Theta \leqslant \pi$) 和 $w = u + iv$ 时，方程 (1) 变为

$$e^u e^{iv} = re^{i\Theta}.$$

根据第 10 节开头楷体部分关于以指数形式表示的两个非零复数相等的陈述，我们知道

$$e^u = r \text{ 和 } v = \Theta + 2n\pi,$$

其中 n 是任意整数. 由于方程 $e^u = r$ 等价于 $u = \ln r$，所以方程 (1) 成立当且仅当 w 取下列值中的一个，

$$w = \ln r + i(\Theta + 2n\pi) \quad (n = 0, \pm 1, \pm 2, \cdots).$$

因此，如果我们记

$$\log z = \ln r + i(\Theta + 2n\pi) \quad (n = 0, \pm 1, \pm 2, \cdots), \tag{2}$$

则由方程 (1) 可知

$$e^{\log z} = z \quad (z \neq 0), \tag{3}$$

因为当 $z = x > 0$ 时等式 (2) 可变为

$$\log x = \ln x + 2n\pi i \quad (n = 0, \pm 1, \pm 2, \cdots),$$

以及等式 (3) 可变为微积分中熟知的恒等式

$$e^{\ln x} = x \quad (x > 0), \tag{4}$$

所以这就提示我们可以将式 (2) 作为非零复变量 $z = re^{i\theta}$ 的（多值）对数函数的定义.

应该强调的是，将等式 (3) 左边的指数函数和对数函数的次序调换之后就得不到 z 了. 更确切地说，由于式 (2) 可以写成

$$\log z = \ln|z| + i \arg z,$$

又因为当 $z = x + iy$ 时有（第 30 节）

$$|e^z| = e^x \text{ 以及 } \arg(e^z) = y + 2n\pi \quad (n = 0, \pm 1, \pm 2, \cdots),$$

于是，

$$\log(e^z) = \ln|e^z| + i \arg(e^z) = \ln(e^x) + i(y + 2n\pi) = (x + iy) + 2n\pi i \quad (n = 0, \pm 1, \pm 2, \cdots).$$

即

$$\log(e^z) = z + 2n\pi i \quad (n = 0, \pm 1, \pm 2, \cdots). \tag{5}$$

在式(2)中令 $n = 0$ 所得到的值称为 $\log z$ 的主值, 将之记为 $\text{Log} z$. 因此,

$$\text{Log} z = \ln r + i\Theta. \tag{6}$$

注意, 当 $z \neq 0$ 时, $\text{Log} z$ 是有定义的, 且是单值的, 另外还有

$$\log z = \text{Log} z + 2n\pi i \quad (n = 0, \pm 1, \pm 2, \cdots). \tag{7}$$

当 z 是一个正实数时, 由此可以导出微积分中通常的对数. 为此, 只要将 z 写成 $z = x$ ($x > 0$), 然后式(6)就变成了 $\text{Log} z = \ln x$.

32. 例子

本节中, 我们用例子说明第 31 节的内容.

例 1　如果 $z = -1 - \sqrt{3}i$, 则 $r = 2$, $\Theta = -2\pi/3$. 因此,

$$\log(-1 - \sqrt{3}i) = \ln 2 + i\left(-\frac{2\pi}{3} + 2n\pi\right) = \ln 2 + 2\left(n - \frac{1}{3}\right)\pi i \quad (n = 0, \pm 1, \pm 2, \cdots).$$

例 2　由第 31 节的式(2), 我们可以得到

$$\log 1 = \ln 1 + i(0 + 2n\pi) = 2n\pi i \quad (n = 0, \pm 1, \pm 2, \cdots).$$

而且, 不出所料(和微积分中一样)有

$$\text{Log} 1 = 0.$$

下一个例子提醒我们: 虽然在微积分中不能对负实数求对数值, 但是现在可以了.

例 3　注意到

$$\log(-1) = \ln 1 + i(\pi + 2n\pi) = (2n + 1)\pi i \quad (n = 0, \pm 1, \pm 2, \cdots),$$

故而 $\text{Log}(-1) = \pi i$.

我们在尝试着将微积分中关于 $\ln x$ 的常见性质推广到 $\log z$ 和 $\text{Log} z$ 时一定要特别小心.

例 4　恒等式

$$\text{Log}\left[(1 + i)^2\right] = 2\text{Log}(1 + i) \tag{1}$$

是成立的, 这是因为

$$\text{Log}\left[(1 + i)^2\right] = \text{Log}(2i) = \ln 2 + i\frac{\pi}{2},$$

而

$$2\text{Log}(1 + i) = 2\left(\ln\sqrt{2} + i\frac{\pi}{4}\right) = \ln 2 + i\frac{\pi}{2}.$$

然而,

$$\text{Log}\left[(-1 + i)^2\right] \neq 2\text{Log}(-1 + i). \tag{2}$$

这是因为

$$\text{Log}\left[(-1 + i)^2\right] = \text{Log}(-2i) = \ln 2 - i\frac{\pi}{2},$$

而

$$2\mathrm{Log}(-1+\mathrm{i}) = 2\left(\ln\sqrt{2} + \mathrm{i}\frac{3\pi}{4}\right) = \ln 2 + \mathrm{i}\frac{3\pi}{2}.$$

虽然式(1)正是我们所期望的，但是式(2)却不再是等式了.

例5 在第33节练习5中将证明等式

$$\log(\mathrm{i})^{1/2} = \frac{1}{2}\log\mathrm{i}, \tag{3}$$

其意义是左端的值集与右端的值集相等. 然而

$$\log(\mathrm{i}^2) \neq 2\log\mathrm{i}. \tag{4}$$

这是因为，根据例3，

$$\ln(\mathrm{i}^2) = \log(-1) = (2n+1)\pi\mathrm{i} \quad (n = 0, \pm 1, \pm 2, \cdots).$$

而

$$2\log(\mathrm{i}) = 2\left[\ln 1 + \mathrm{i}\left(\frac{\pi}{2} + 2n\pi\right)\right] = (4n+1)\pi\mathrm{i} \quad (n = 0, \pm 1, \pm 2, \cdots).$$

比较式(3)和式(4)，我们发现微积分中所熟知的关于对数的性质在复分析中有时候成立，但并不总是成立.

33. 对数函数的分支和导数

如果 $z = r\mathrm{e}^{\mathrm{i}\theta}$ 是一个非零复数，则其辐角 θ 可以取 $\theta = \Theta + 2n\pi$ ($n = 0, \pm 1, \pm 2, \cdots$) 中的任意一个值，其中 $\Theta = \mathrm{Arg}z$ 为辐角主值. 因此第31节多值对数函数的定义

$$\log z = \ln r + \mathrm{i}(\Theta + 2n\pi) \quad (n = 0, \pm 1, \pm 2, \cdots)$$

就可以写成

$$\log z = \ln r + \mathrm{i}\theta. \tag{1}$$

如果我们用 α 表示任意实数，并且限制式(1)中 θ 的值，从而使 $\alpha < \theta < \alpha + 2\pi$，则函数

$$\log z = \ln r + \mathrm{i}\theta \quad (r > 0, \alpha < \theta < \alpha + 2\pi), \tag{2}$$

以及它的实部和虚部

$$u(r,\theta) = \ln r \text{ 和 } v(r,\theta) = \theta \tag{3}$$

在所述的区域上都是单值并且连续的（见图35）. 注意，如果将函数(2)定义在射线 $\theta = \alpha$ 上，那么它在此射线上就不连续了. 因为如果 z 是此射线上的一点，则存在一些点在任意靠近 z 时使得 v 趋于 α，也存在一些点在任意靠近 z 时使得 v 趋于 $\alpha + 2\pi$.

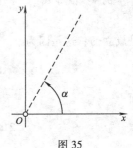

图35

函数(2)在区域 $r > 0$, $\alpha < \theta < \alpha + 2\pi$ 内不但是连续的，而且是处处解析的. 这是因为它的实部和虚部的一阶偏导数连续，并且满足极坐标形式下的柯西-黎曼方程（第24节）

$$ru_r = v_\theta, u_\theta = -rv_r.$$

而且，根据第24节所述，存在

$$\frac{d}{dz}\log z = e^{-i\theta}(u_r + iv_r) = e^{-i\theta}\left(\frac{1}{r} + i0\right) = \frac{1}{re^{i\theta}}.$$

即

$$\frac{d}{dz}\log z = \frac{1}{z} \quad (|z|>0, \alpha<\arg z<\alpha+2\pi). \tag{4}$$

特别地，

$$\frac{d}{dz}\text{Log}z = \frac{1}{z} \quad (|z|>0, -\pi<\text{Arg}z<\pi). \tag{5}$$

多值函数 f 的一个分支，指的是任意一个满足"在某开域解析并且在其中任意一点 z 处的值取为 f 在 z 点的所有值中的一个"的单值函数 $F(z)$. 当然，对 F 解析性的要求是为了防止它随机地取 f 的值. 注意到对任意固定的 α，单值函数(2)是多值函数(1)的一个分支. 函数

$$\text{Log}z = \ln r + i\Theta \quad (r>0, -\pi<\Theta<\pi) \tag{6}$$

称为主值支.

一条支割线是一条直线或曲线的一部分，引入它之后我们就能确定多值函数 f 的单值分支 F. F 的支割线上的点是 F 的奇点(第 25 节)，所有支割线的公共点称为支点. 原点和射线 $\theta=\alpha$ 就组成了对数函数的分支(2)的支割线. 主值支(6)的支割线由原点和射线 $\Theta=\pi$ 所构成. 其中原点显然是多值对数函数的一个支点.

在第 32 节例 5 中我们看到 $\log(i^2)$ 与 $2\log i$ 的值集不同. 下面的例子将表明如果取定对数函数的某个特定分支，那么它们的值也是可以相等的. 当然，这种情况下 $\log(i^2)$ 与 $2\log i$ 都只表示一个值.

例 取定的对数函数的分支为

$$\log z = \ln r + i\theta \quad \left(r>0, \frac{\pi}{4}<\theta<\frac{9\pi}{4}\right)$$

为了证明

$$\log(i^2) = 2\log i, \tag{7}$$

我们先将 $\log(i^2)$ 写为

$$\log(i^2) = \log(-1) = \ln 1 + \pi i = \pi i,$$

然后注意到

$$2\log i = 2\left(\ln 1 + i\frac{\pi}{2}\right) = \pi i$$

就证明了结论.

将等式(7)与练习 4 中因为取了 $\log z$ 的不同分支而得到的结论 $\log(i^2) \neq 2\log i$ 进行比较将会很有趣.

在第 34 节，我们将考虑其他一些有关对数函数的恒等式，其中有时可能要根据对它们的解释来添加一些限制条件. 跳到第 35 节的读者可以在需要的时候直接查阅第 34 节的结论.

练 习

1. 证明：

（a）$\text{Log}(-ei) = 1 - \dfrac{\pi}{2}i$；

（b）$\text{Log}(1-i) = \dfrac{1}{2}\ln 2 - \dfrac{\pi}{4}i$.

2. 证明：

（a）$\log e = 1 + 2n\pi i \quad (n = 0, \pm 1, \pm 2, \cdots)$；

（b）$\log i = \left(2n + \dfrac{1}{2}\right)\pi i \quad (n = 0, \pm 1, \pm 2, \cdots)$；

（c）$\log(-1 + \sqrt{3}i) = \ln 2 + 2\left(n + \dfrac{1}{3}\right)\pi i \quad (n = 0, \pm 1, \pm 2, \cdots)$.

3. 证明：

$$\text{Log}(i^3) \neq 3\,\text{Log}\,i.$$

4. 证明：当取分支

$$\log z = \ln r + i\theta \left(r > 0, \dfrac{3\pi}{4} < \theta < \dfrac{11\pi}{4}\right)$$

时，$\log(i^2) \neq 2\log i$. （与第33节的例子比较）.

5. （a）首先证明 i 的两个平方根分别是 $e^{i\pi/4}$ 和 $e^{i5\pi/4}$. 然后再证明

$$\log(e^{i\pi/4}) = \left(2n + \dfrac{1}{4}\right)\pi i \quad (n = 0, \pm 1, \pm 2, \cdots)$$

以及

$$\log(e^{i5\pi/4}) = \left[(2n+1) + \dfrac{1}{4}\right]\pi i \quad (n = 0, \pm 1, \pm 2, \cdots).$$

最后得到如下结论：

$$\log(i^{1/2}) = \left(n + \dfrac{1}{4}\right)\pi i \quad (n = 0, \pm 1, \pm 2, \cdots).$$

（b）证明如第32节例5的结论所述

$$\log(i^{1/2}) = \dfrac{1}{2}\log i,$$

其中可以先求出等式右端的值集，再与（a）所得到的结果进行比较.

6. 假定对数函数的分支 $\log z = \ln r + i\theta (r > 0, \alpha < \theta < \alpha + 2\pi)$ 在所给定的区域内处处解析，应用链式法则对恒等式（第31节）

$$e^{\log z} = z \quad (|z| > 0, \alpha < \arg z < \alpha + 2\pi)$$

的两边进行微分，进而求出所给分支的导数.

7. 证明对数函数的分支（第33节）

$$\log z = \ln r + i\theta (r > 0, \alpha < \theta < \alpha + 2\pi)$$

在直角坐标系中可以写成

$$\log z = \dfrac{1}{2}\ln(x^2 + y^2) + i\tan^{-1}\left(\dfrac{y}{x}\right).$$

然后应用第23节的定理证明所给的分支在其定义域上解析，并且在其上有

$$\frac{\mathrm{d}}{\mathrm{d}z}\log z = \frac{1}{z}.$$

8. 求出方程 $\log z = \mathrm{i}\pi/2$ 的全部根.

答案：$z = \mathrm{i}$.

9. 假设 $z = x + \mathrm{i}y$ 位于水平带形域 $\alpha < y < \alpha + 2\pi$ 内. 证明：如果取对数函数的分支为 $\log z = \ln r + \mathrm{i}\theta (r > 0, \alpha < \theta < \alpha + 2\pi)$，则 $\log(\mathrm{e}^z) = z$.（与第 31 节中的式(5)进行比较）.

10. 证明：

（a）函数 $f(z) = \mathrm{Log}(z - \mathrm{i})$ 在除射线 $y = 1 (x \leqslant 0)$ 外的区域上处处解析；

（b）函数

$$f(z) = \frac{\mathrm{Log}(z + 4)}{z^2 + \mathrm{i}}$$

在除点 $\pm (1 - \mathrm{i})/\sqrt{2}$ 和实轴上 $x \leqslant -4$ 这一部分外的区域上处处解析.

11. 运用两种方法证明：函数 $\ln(x^2 + y^2)$ 在任意不含原点的开域上调和.

12. 证明：

$$\mathrm{Re}[\log(z - 1)] = \frac{1}{2}\ln[(x - 1)^2 + y^2] \quad (z \neq 1).$$

为何此函数在 $z \neq 1$ 时满足拉普拉斯方程?

34. 一些涉及对数的恒等式

若 z_1 和 z_2 表示任意两个非零复数，则容易证明：

$$\log(z_1 z_2) = \log z_1 + \log z_2. \tag{1}$$

对上面这个关于多值函数的恒等式，我们将会以与第 9 节中所述的（关于辐角的）恒等式

$$\arg(z_1 z_2) = \arg z_1 + \arg z_2 \tag{2}$$

相同的方式进行解释. 也即是如果三个对数值中的两个已经确定，则存在第三个对数的一个值使得式(1)成立.

基于式(2)，我们可以用下述方式来证明式(1). 因为 $|z_1 z_2| = |z_1||z_2|$，并且它们的模都是正实数，所以由微积分中关于对数的知识可知

$$\ln|z_1 z_2| = \ln|z_1| + \ln|z_2|.$$

由此并利用式(2)可以得到

$$\ln|z_1 z_2| + \mathrm{i}\arg(z_1 z_2) = (\ln|z_1| + \mathrm{i}\arg z_1) + (\ln|z_2| + \mathrm{i}\arg z_2). \tag{3}$$

最后，由前面对式(1)和式(2)的解释方式可知，式(3)等价于式(1).

例 1　为了阐明等式(1)，我们取 $z_1 = z_2 = -1$. 回顾第 32 节中的例 2 和例 3 可知

$$\log 1 = 2n\pi\mathrm{i}, \log(-1) = (2n + 1)\pi\mathrm{i},$$

其中 $n = 0, \pm 1, \pm 2, \cdots$.

注意到 $z_1 z_2 = 1$ 并且取如下对数值

$$\log(z_1 z_2) = 0, \log z_1 = \pi\mathrm{i},$$

我们发现，当选取 $\log z_2 = -\pi\mathrm{i}$ 时，等式(1)是成立的.

然而，如果当 $z_1 = z_2 = -1$ 时我们取对数主值，那么

$$\text{Log}(z_1 z_2) = 0, \text{Log} z_1 + \text{Log} z_2 = 2\pi i.$$

因此，如果三个数值都使用对数主值，式(1)并不总成立. 然而，在我们的下一个例子中可以看到，如果对非零复数 z_1 和 z_2 加上一定的限制条件，那么等式(1)中的所有项都可以替换为主值.

例2 设 z_1 和 z_2 是位于虚轴右侧的非零复数，那么

$$\text{Re} z_1 > 0, \ \text{Re} z_2 > 0.$$

因此，

$$z_1 = r_1 \exp(i\Theta_1), \ z_2 = r_2 \exp(i\Theta_2),$$

其中，

$$-\frac{\pi}{2} < \Theta_1 < \frac{\pi}{2}, \ -\frac{\pi}{2} < \Theta_2 < \frac{\pi}{2}.$$

现在注意到 $-\pi < \Theta_1 + \Theta_2 < \pi$ 是很重要的，因为这意味着

$$\text{Arg}(z_1 z_2) = \Theta_1 + \Theta_2.$$

这样就有

$$\text{Log}(z_1 z_2) = \ln \mid z_1 z_2 \mid + i\text{Arg}(z_1 z_2) = \ln r_1 r_2 + i(\Theta_1 + \Theta_2)$$
$$= (\ln r_1 + i\Theta_1) + (\ln r_2 + i\Theta_2).$$

也即是

$$\text{Log}(z_1 z_2) = \text{Log} z_1 + \text{Log} z_2.$$

（将此结果与第9节练习6的结果进行比较）.

下述等式

$$\log\left(\frac{z_1}{z_2}\right) = \log z_1 - \log z_2, \tag{4}$$

可以用与等式(1)相同的方式进行解释，其证明留作练习.

这里介绍关于 $\log z$ 的其他两个性质，在第35节我们会对它们特别感兴趣. 若 z 是一个非零复数，则

$$z^n = e^{n\log z} \quad (n = 0 \pm 1, \pm 2, \cdots) \tag{5}$$

对 $\log z$ 的任意取值都是成立的. 当 $n = 1$ 时，此恒等式自然简化为第31节的式(3). 等式(5)是不难证明的，实际上只要将 z 写成 $z = re^{i\theta}$，然后注意到式(5)的两边都会变成 $r^n e^{in\theta}$ 就行了.

当 $z \neq 0$ 时，下式也是成立的，

$$z^{1/n} = \exp\left(\frac{1}{n}\log z\right) \quad (n = 1, 2, \cdots). \tag{6}$$

上式的右端有 n 个相互判别的值，而这些值就是 z 的 n 次方根. 为了证明这个恒等式，我们将 z 写成 $z = r\exp(i\Theta)$，其中 Θ 是辐角 $\arg z$ 的主值. 那么，由第31节的 $\log z$ 的定义(2)可得

$$\exp\left(\frac{1}{n}\log z\right) = \exp\left[\frac{1}{n}\ln r + \frac{i(\Theta + 2k\pi)}{n}\right],$$

其中 $k = 0$，± 1，± 2，$\cdots$ 这样就有

$$\exp\left(\frac{1}{n}\log z\right) = \sqrt[n]{r}\exp\left[i\left(\frac{\Theta}{n} + \frac{2k\pi}{n}\right)\right] \quad (k = 0, \pm 1, \pm 2, \cdots). \tag{7}$$

因为 $\exp(i2k\pi/n)$ 只有当 $k = 0, 1, \cdots, n-1$ 时才有相互判别的值，所以式（7）的右端只有 n 个值. 实际上，式（7）右端也是 z 的 n 次方根的一种表示形式（第 10 节），因此可以写成 $z^{1/n}$. 这样就证明了性质（6）. 事实上，当 n 为负整数时该等式也是成立的（见练习 4）.

练 习

1. 证明：对任意两个非零复数 z_1 和 z_2 有

$$\text{Log}(z_1 z_2) = \text{Log} z_1 + \text{Log} z_2 + 2N\pi i,$$

其中 N 是 0，± 1 中的某个值（比较第 34 节例 2）.

2. 分别用下列方法证明第 34 节中关于 $\log(z_1/z_2)$ 的式（4）：

（a）应用第 9 节中的结论 $\arg(z_1/z_2) = \arg z_1 - \arg z_2$；

（b）首先在"$\log(1/z)$ 和 $-\log z$ 有相同的值集"这一意义下证明 $\log(1/z) = -\log z (z \neq 0)$，然后应用第 34 节中关于 $\log(z_1 z_2)$ 的式（1）.

3. 分别选择适当的非零复数 z_1，z_2，验证当 $\log$ 被替换为 Log 时，第 34 节中关于 $\log(z_1/z_2)$ 的式（4）不一定成立.

4. 证明：当 n 是负整数时，第 34 节的性质（6）仍成立. 证明时可以记 $z^{1/n} = (z^{1/m})^{-1}$（$m = -n$），其中 n 是负整数 $n = -1$，-2，$\cdots$ 中的任意一个值（见第 11 节练习 9）. 然后应用已知的对于正整数已经成立的性质（6）.

5. 设 z 表示任意非零复数，记 $z = re^{i\Theta} (-\pi < \Theta \leqslant \pi)$，再令 n 表示任意固定的正整数（$n = 1, 2, \cdots$）. 证明：$\log(z^{1/n})$ 的所有值由下式给出，

$$\log(z^{1/n}) = \frac{1}{n}\ln r + i\frac{\Theta + 2(pn + k)\pi}{n},$$

其中 $p = 0$，± 1，± 2，$\cdots$，$k = 0, 1, 2, \cdots, n-1$. 然后将 $\frac{1}{n}\log z$ 写成

$$\frac{1}{n}\log z = \frac{1}{n}\ln r + i\frac{\Theta + 2q\pi}{n},$$

其中 $q = 0$，± 1，± 2，$\cdots$，继而证明 $\log(z^{1/n})$ 与 $(1/n)\log z$ 有相同的值集. 这样就证明了 $\log(z^{1/n}) = (1/n)\log z$. 其意义就是对应于等式左边的 $\log(z^{1/n})$ 的一个值，右端可以适当选择 $\log z$ 的一个值使等式成立，反之亦然.（第 33 节练习 5 的结果是这里的特殊情况）.

提示：应用下面这个事实，正整数 n 除一个整数所得到的余数只能是 0 到 $n-1$ 之间的整数（包含 0 和 $n-1$）. 也就是说当一个正整数 n 被指定后，任意整数 q 都可以写为 $q = pn + k$，其中 p 是一个整数，k 是 $k = 0, 1, 2, \cdots, n-1$ 中的一个值.

35. 幂函数

当 $z \neq 0$ 并且指数 c 是任意复数时，幂函数 z^c 由下述方程所定义

$$z^c = e^{c\log z}. \tag{1}$$

由于对数函数 $\log z$ 的缘故，z^c 通常是多值的，这将会在下一节加以说明．式（1）为 z^c 提供了一个一致的定义，因为当 $c = n(n = 0, \pm 1, \pm 2, \cdots)$ 以及 $c = 1/n(n = \pm 1, \pm 2, \cdots)$ 时我们已知此式是成立的（见第32节）．事实上，定义（1）正是由 c 的这些特殊取值的情况引申出来的．

这里，我们提两个可以想得到的有关幂函数 z^c 的性质．

其中第一个性质可以由指数函数的表达式 $1/e^z = e^{-z}$（第30节）推出．也就是

$$\frac{1}{z^c} = \frac{1}{\exp(c\log z)} = \exp(-c\log z) = z^{-c}.$$

另一个性质是有关 z^c 的微分法则的．如果取定对数函数的下述特定分支（第33节）

$$\log z = \ln r + i\theta \quad (r > 0, \alpha < \theta < \alpha + 2\pi),$$

那么 $\log z$ 在给定的区域内就是单值解析的．当对数函数的这一分支被取定后，函数（1）在同一区域内也是单值解析的．z^c 的这一分支的导数可以由如下方式求出．首先由链式法则得到

$$\frac{\mathrm{d}}{\mathrm{d}z}z^c = \frac{\mathrm{d}}{\mathrm{d}z}\exp(c\log z) = \frac{c}{z}\exp(c\log z).$$

然后应用恒等式 $z = \exp(\log z)$（第31节）便导出结果：

$$\frac{\mathrm{d}}{\mathrm{d}z}z^c = c\frac{\exp(c\log z)}{\exp(\log z)} = c\exp[(c-1)\log z],$$

或者

$$\frac{\mathrm{d}}{\mathrm{d}z}z^c = cz^{c-1} \quad (|z| > 0, \alpha < \arg z < \alpha + 2\pi). \tag{2}$$

当定义（1）中的 $\log z$ 被替换成 $\mathrm{Log}\,z$ 时，z^c 就取得主值

$$\mathrm{P. V.}\ z^c = e^{c\mathrm{Log}\,z}. \tag{3}$$

等式（3）也用来定义函数 z^c 在区域 $|z| > 0$，$-\pi < \mathrm{Arg}\,z < \pi$ 上的主值支．

根据定义（1），以 c 为底的指数函数可以写成

$$c^z = e^{z\log c}. \tag{4}$$

其中 c 是任一非零复常数．注意，根据定义（4），虽然一般意义下 e^z 是多值的，但是对 e^z 通常的解释还是对数函数取主值的情况．这是因为 $\log e$ 的主值等于 1．

当 $\log c$ 被指定为某一个值时，c^z 就是一个关于 z 的整函数．事实上，

$$\frac{\mathrm{d}}{\mathrm{d}z}c^z = \frac{\mathrm{d}}{\mathrm{d}z}e^{z\log c} = e^{z\log c}\log c,$$

这也就证明了

$$\frac{\mathrm{d}}{\mathrm{d}z}c^z = c^z\log c. \tag{5}$$

36. 例子

本节的例子是为了说明第35节所讲述的内容的．

例 1　考虑幂函数

$$i^i = e^{i\log i}.$$

因为

$$\log i = \ln 1 + i\left(\frac{\pi}{2} + 2n\pi\right) = \left(2n + \frac{1}{2}\right)\pi i \qquad (n = 0, \pm 1, \pm 2, \cdots),$$

所以我们得出

$$i^i = \exp\left[i\left(2n + \frac{1}{2}\right)\pi i\right] = \exp\left[-\left(2n + \frac{1}{2}\right)\pi\right] \qquad (n = 0, \pm 1, \pm 2, \cdots)$$

以及

$$\text{P. V. } (i)^i = \exp\left(-\frac{\pi}{2}\right).$$

注意，i^i 的所有值都是实数.

例 2　因为

$$\log(-1) = \ln 1 + i(\pi + 2n\pi) = (2n + 1)\pi i \qquad (n = 0, \pm 1, \pm 2, \cdots),$$

所以容易看出

$$(-1)^{1/\pi} = \exp\left[\frac{1}{\pi}\log(-1)\right] = \exp[(2n + 1)i] \qquad (n = 0, \pm 1, \pm 2, \cdots).$$

例 3　$z^{2/3}$ 的主值支可写为

$$\exp\left(\frac{2}{3}\text{Log} z\right) = \exp\left(\frac{2}{3}\ln r + \frac{2}{3}i\Theta\right) = \sqrt[3]{r^2}\exp\left(i\frac{2\Theta}{3}\right).$$

也就是

$$\text{P. V. } z^{2/3} = \sqrt[3]{r^2}\cos\frac{2\Theta}{3} + i\sqrt[3]{r^2}\sin\frac{2\Theta}{3}.$$

由第 24 节的定理可以直接看出此函数在区域 $r > 0$，$-\pi < \Theta < \pi$ 内是解析的.

虽然在微积分中熟知的有关指数的定理常常能推广到复分析，但是当涉及某些特定的数值时还会出现例外情况.

例 4　考虑非零复数

$$z_1 = 1 + i, \ z_2 = 1 - i \ \text{和} \ z_3 = -1 - i.$$

当我们取幂函数的主值时有

$$(z_1 z_2)^i = 2^i = e^{i\text{Log} 2} = e^{i(\ln 2 + i0)} = e^{i\ln 2},$$

以及

$$z_1^i = e^{i\text{Log}(1 + i)} = e^{i(\ln\sqrt{2} + i\pi/4)} = e^{-\pi/4}e^{i(\ln 2)/2},$$
$$z_2^i = e^{i\text{Log}(1 - i)} = e^{i(\ln\sqrt{2} - i\pi/4)} = e^{\pi/4}e^{i(\ln 2)/2}.$$

因此得到

$$(z_1 z_2)^i = z_1^i z_2^i, \tag{1}$$

这个结果可能正是我们所期望的.

然而，如果仍然使用主值，我们就会看到

$$(z_2 z_3)^i = (-2)^i = e^{i\text{Log}(-2)} = e^{i(\ln 2 + i\pi)} = e^{-\pi}e^{i\ln 2}$$

和

$$z_3^i = e^{i\text{Log}(-1-i)} = e^{i(\ln\sqrt{2} - i3\pi/4)} = e^{3\pi/4}e^{i(\ln 2)/2}.$$

因此，

$$(z_2 z_3)^i = [e^{\pi/4}e^{i(\ln 2)/2}][e^{3\pi/4}e^{i(\ln 2)/2}]e^{-2\pi},$$

或者

$$(z_2 z_3)^i = z_2^i z_3^i e^{-2\pi}. \tag{2}$$

练　习

1. 证明：

(a) $(1+i)^i = \exp\left(-\dfrac{\pi}{4} + 2n\pi\right)\exp\left(i\dfrac{\ln 2}{2}\right)$ $(n = 0, \pm 1, \pm 2, \cdots)$;

(b) $\dfrac{1}{i^{2i}} = \exp[(4n+1)\pi]$ $(n = 0, \pm 1, \pm 2, \cdots)$.

2. 求出下列各式的主值：

(a) $(-i)^i$;

(b) $\left[\dfrac{e}{2}(-1 - \sqrt{3}i)\right]^{3\pi i}$;

(c) $(1 - i)^{4i}$.

答案：(a) $\exp(\pi/2)$; (b) $-\exp(2\pi^2)$; (c) $e^{\pi}[\cos(2\ln 2) + i\sin(2\ln 2)]$.

3. 运用第35节 z^c 的定义(1)证明：$(-1 + \sqrt{3}i)^{3/2} = \pm 2\sqrt{2}$.

4. 证明：练习3中的结果可以通过将左端写成如下形式得到，

(a) $(-1 + \sqrt{3}i)^{3/2} = [(-1 + \sqrt{3}i)^{1/2}]^3$，其中要首先求出 $-1 + \sqrt{3}i$ 的平方根；

(b) $(-1 + \sqrt{3}i)^{3/2} = [(-1 + \sqrt{3}i)^3]^{1/2}$，其中要首先求出 $-1 + \sqrt{3}i$ 的立方.

5. 对于任意一个非零复数 z_0，证明：由第10节所定义的主值 n 次方根与第35节式(3)所定义的 $z_0^{1/n}$ 的主值是相同的.

6. 证明：若 $z \neq 0$，且 a 是一个实数，则 $|z^a| = \exp(a\ln|z|) = |z|^a$，其中 $|z|^a$ 取主值.

7. 设 $c = a + bi$ 是一个固定复数，且 $c \neq 0, \pm 1, \pm 2, \cdots$. 注意到 i^c 是多值的，请问对常数 c 应该附加什么条件才能使 $|i^c|$ 的所有值都相等？

答案：c 是实数.

8. 设 c、c_1、c_2 和 z 表示复数，其中 $z \neq 0$. 证明：如果下列各式中的幂函数都是取主值的话，那么就有

(a) $z^{c_1} z^{c_2} = z^{c_1 + c_2}$; (b) $\dfrac{z^{c_1}}{z^{c_2}} = z^{c_1 - c_2}$; (c) $(z^c)^n = z^{cn}$ $(n = 1, 2, \cdots)$.

9. 假设 $f'(z)$ 存在，请叙述 $c^{f(z)}$ 的导数公式.

37. 三角函数 $\sin z$ 和 $\cos z$

欧拉公式(第7节)告诉我们，对任意实数 x 有

$$e^{ix} = \cos x + i\sin x \text{ 和 } e^{-ix} = \cos x - i\sin x.$$

从而可以得到

$$e^{ix} - e^{-ix} = 2i\sin x \text{ 和 } e^{ix} + e^{-ix} = 2\cos x.$$

即

$$\sin x = \frac{e^{ix} - e^{-ix}}{2i} \text{ 和 } \cos x = \frac{e^{ix} + e^{-ix}}{2}.$$

因此，自然地可以用如下方式定义一个复变量 z 的正弦和余弦函数，即

$$\sin z = \frac{e^{iz} - e^{-iz}}{2i} \text{ 和 } \cos z = \frac{e^{iz} + e^{-iz}}{2}. \tag{1}$$

由于这些函数都是整函数 e^{iz} 和 e^{-iz} 的线性组合（第 26 节练习 3），所以它们也都是整函数．因为已知指数函数的导数公式

$$\frac{d}{dz}e^{iz} = ie^{iz} \text{ 和 } \frac{d}{dz}e^{-iz} = -ie^{-iz},$$

所以由式（1）我们便可求得

$$\frac{d}{dz}\sin z = \cos z \text{ 和 } \frac{d}{dz}\cos z = -\sin z. \tag{2}$$

从定义（1）容易看出，正弦和余弦函数依然分别是奇函数和偶函数，即

$$\sin(-z) = -\sin z, \cos(-z) = \cos z. \tag{3}$$

另外还有

$$e^{iz} = \cos z + i\sin z. \tag{4}$$

当然，当 z 为实数时，这就是欧拉公式（第 7 节）．

三角学中的各种恒等式都可以推广过来．例如（见第 38 节练习 2 和练习 3），

$$\sin(z_1 + z_2) = \sin z_1 \cos z_2 + \cos z_1 \sin z_2, \tag{5}$$

$$\cos(z_1 + z_2) = \cos z_1 \cos z_2 - \sin z_1 \sin z_2. \tag{6}$$

由此，不难得到

$$\sin 2z = 2\sin z \cos z, \cos 2z = \cos^2 z - \sin^2 z, \tag{7}$$

$$\sin\left(z + \frac{\pi}{2}\right) = \cos z, \sin\left(z - \frac{\pi}{2}\right) = -\cos z, \tag{8}$$

以及（第 38 节练习 4(a)）

$$\sin^2 z + \cos^2 z = 1. \tag{9}$$

$\sin z$ 和 $\cos z$ 的周期性也是很显然的，即

$$\sin(z + 2\pi) = \sin z, \sin(z + \pi) = -\sin z, \tag{10}$$

$$\cos(z + 2\pi) = \cos z, \cos(z + \pi) = -\cos z. \tag{11}$$

如果 y 是任意实数，则由定义（1）以及微积分中的双曲函数：

$$\sinh y = \frac{e^y - e^{-y}}{2} \text{ 和 } \cosh y = \frac{e^y + e^{-y}}{2}$$

可以得到

$$\sin(iy) = i\sinh y \text{ 和 } \cos(iy) = \cosh y. \tag{12}$$

另外，$\sin z$ 和 $\cos z$ 的实部和虚部都可以由这些双曲函数表示出来，即

$$\sin z = \sin x \cosh y + i \cos x \sinh y, \tag{13}$$

$$\cos z = \cos x \cosh y - i \sin x \sinh y, \tag{14}$$

其中 $z = x + iy$. 为了得到式（13）和式（14），我们在式（5）和式（6）中取

$$z_1 = x \ \text{和} \ z_2 = iy,$$

然后再应用式（12）即可. 注意到一旦式（13）已经得出，那么式（14）也可以马上由下述已知的事实（第 21 节）所得到：如果函数

$$f(z) = u(x,y) + iv(x,y)$$

的导函数在点 $z = (x, y)$ 处存在，则

$$f'(z) = u_x(x,y) + iv_x(x,y).$$

应用式（13）和式（14）可以证明（第 38 节练习 7）

$$|\sin z|^2 = \sin^2 x + \sinh^2 y, \tag{15}$$

$$|\cos z|^2 = \cos^2 x + \sinh^2 y. \tag{16}$$

由于当 y 趋于无穷时 $\sinh y$ 也趋于无穷，所以显然由上述两个方程可知 $\sin z$ 和 $\cos z$ 在复平面上是无界的. 然而对所有的实数 x，$\sin x$ 和 $\cos x$ 的绝对值都不会超过 1（见第 18 节末尾有界函数的定义）.

38. 三角函数的零点和奇点

函数 $f(z)$ 的一个零点指的是满足 $f(z_0) = 0$ 的复数 z_0. 对于一个单实变量函数来说，当定义域扩大的时候，它可能会有更多的零点.

例 定义在实轴上的函数 $f(x) = x^2 + 1$ 没有零点. 但是定义在复平面上的函数 $f(z) = z^2 + 1$ 却有两个零点 $z = \pm i$.

现在考虑第 37 节所引入的正弦函数 $f(z) = \sin z$. 因为当 z 是实数时，$\sin z$ 就变成了微积分中通常的正弦函数 $\sin x$，所以我们知道实数

$$z = n\pi \quad (n = 0, \pm 1, \pm 2, \cdots)$$

都是 $\sin z$ 的零点. 有人可能会问，在整个平面上它还有没有其他零点？当然对于余弦函数也有同样的问题.

定理 $\sin z$ 和 $\cos z$ 在复平面上的零点分别与 $\sin x$ 和 $\cos x$ 在实轴上的零点相同. 也即是

$$\sin z = 0 \ \text{当且仅当} \ z = n\pi (n = 0, \pm 1, \pm 2, \cdots)$$

以及

$$\cos z = 0 \ \text{当且仅当} \ z = \frac{\pi}{2} + n\pi (n = 0, \pm 1, \pm 2, \cdots).$$

为了证明此定理，我们首先考虑正弦函数并假设 $\sin z = 0$. 因为当 z 是实数时，$\sin z$ 就变成了微积分中通常的正弦函数，所以我们知道实数 $z = n\pi (n = 0, \pm 1, \pm 2, \cdots)$ 都是 $\sin z$ 的零点. 为了证明除此之外 $\sin z$ 没有其他的零点，我们假设 $\sin z = 0$ 并注意到由第 37 节式（15）可得

$$\sin^2 x + \sinh^2 y = 0.$$

上面两个平方项的和意味着

$$\sin x = 0 \text{ 并且 } \sinh y = 0.$$

于是显然有 $x = n\pi (n = 0, \pm 1, \pm 2, \cdots)$ 并且 $y = 0$. 因此 $\sin z$ 的零点如定理所述.

至于余弦函数, 第 37 节的式 (8) 中的第二个恒等式告诉我们

$$\cos z = -\sin\left(z - \frac{\pi}{2}\right),$$

由此可知 $\cos z$ 的零点也如定理所述.

其他四个三角函数可以由正弦和余弦函数以所预期的表示方式来定义, 即

$$\tan z = \frac{\sin z}{\cos z}, \cot z = \frac{\cos z}{\sin z}, \tag{1}$$

$$\sec z = \frac{1}{\cos z}, \csc z = \frac{1}{\sin z}. \tag{2}$$

注意到 $\tan z$ 和 $\sec z$ 的定义商式除了在奇点 (第 25 节)

$$z = \frac{\pi}{2} + n\pi \quad (n = 0, \pm 1, \pm 2, \cdots)$$

外是处处解析的, 而这些奇点就是 $\cos z$ 的零点. 同样, $\sin z$ 的零点就是 $\cot z$ 和 $\csc z$ 的奇点, 即

$$z = n\pi \quad (n = 0, \pm 1, \pm 2, \cdots).$$

通过对式 (1) 和式 (2) 的右端进行微分, 我们便得到早已预料到的求导公式

$$\frac{\mathrm{d}}{\mathrm{d}z}\tan z = \sec^2 z, \frac{\mathrm{d}}{\mathrm{d}z}\cot z = -\csc^2 z, \tag{3}$$

$$\frac{\mathrm{d}}{\mathrm{d}z}\sec z = \sec z \tan z, \frac{\mathrm{d}}{\mathrm{d}z}\csc z = -\csc z \cot z. \tag{4}$$

式 (1) 和式 (2) 所定义的每个三角函数的周期性都很容易由第 37 节式 (10) 和式 (11) 所导出. 例如,

$$\tan(z + \pi) = \tan z. \tag{5}$$

变换 $w = \sin z$ 的映射性质在以后的应用中特别重要. 这些性质将在第 104 节和 105 节 (第 8 章) 进行讨论, 现在我们已经学习了充分多的准备知识, 所以希望马上就学习其中一些性质的读者可以直接跳到那里去.

练　习

1. 给出第 37 节式 (2) 关于 $\sin z$ 和 $\cos z$ 的导数的推导细节.

2. (a) 首先应用第 37 节的式 (4) 证明

$$e^{iz_1} e^{iz_2} = \cos z_1 \cos z_2 - \sin z_1 \sin z_2 + i(\sin z_1 \cos z_2 + \cos z_1 \sin z_2).$$

然后再运用第 37 节的式 (3) 证明

$$e^{-iz_1} e^{-iz_2} = \cos z_1 \cos z_2 - \sin z_1 \sin z_2 - i(\sin z_1 \cos z_2 + \cos z_1 \sin z_2).$$

(b) 应用 (a) 的结果和

$$\sin(z_1 + z_2) = \frac{1}{2i}[e^{i(z_1+z_2)} - e^{-i(z_1+z_2)}] = \frac{1}{2i}(e^{iz_1}e^{iz_2} - e^{-iz_1}e^{-iz_2})$$

证明第37节的下述恒等式

$$\sin(z_1 + z_2) = \sin z_1 \cos z_2 + \cos z_1 \sin z_2.$$

3. 根据练习2(b)的最终结果

$$\sin(z + z_2) = \sin z \cos z_2 + \cos z \sin z_2.$$

两边分别对 z 微分，继而令 $z = z_1$，推导出第37节中所述的恒等式：

$$\cos(z_1 + z_2) = \cos z_1 \cos z_2 - \sin z_1 \sin z_2.$$

4. 应用

(a)第37节的式(6)和式(3)；

(b)第28节的引理以及已知的整函数

$$f(z) = \sin^2 z + \cos^2 z - 1$$

在 x 轴上恒为零来证明第37节中的恒等式(9).

5. 应用第37节的恒等式(9)证明：

(a) $1 + \tan^2 z = \sec^2 z$；

(b) $1 + \cot^2 z = \csc^2 z$.

6. 推导第38节中的求导公式(3)和公式(4).

7. 在第37节中，应用式(13)和式(14)导出关于 $|\sin z|^2$ 和 $|\cos z|^2$ 的式(15)和式(16).

提示：回顾恒等式 $\sin^2 x + \cos^2 x = 1$ 和 $\cosh^2 y - \sinh^2 y = 1$.

8. 指出如何根据第37节中关于 $|\sin z|^2$ 和 $|\cos z|^2$ 的式(15)和式(16)导出

(a) $|\sin z| \geq |\sin x|$；

(b) $|\cos z| \geq |\cos x|$.

9. 运用第37节中关于 $|\sin z|^2$ 和 $|\cos z|^2$ 的式(15)和式(16)，证明：

(a) $|\sinh y| \leq |\sin z| \leq \cosh y$；

(b) $|\sinh y| \leq |\cos z| \leq \cosh y$.

10. (a)应用第37节中 $\sin z$ 和 $\cos z$ 的定义式(1)证明：

$$2\sin(z_1 + z_2)\sin(z_1 - z_2) = \cos 2z_2 - \cos 2z_1.$$

(b)应用(a)的结论证明：如果 $\cos z_1 = \cos z_2$，那么 $z_1 + z_2$ 和 $z_1 - z_2$ 中至少有一个是 2π 的整数倍.

11. 应用第21节的柯西-黎曼方程和定理证明：$\sin \bar{z}$ 和 $\cos \bar{z}$ 关于 z 在任意点都不解析.

12. 应用第29节的反射原理证明：对所有的 z 都有

(a) $\overline{\sin z} = \sin \bar{z}$；

(b) $\overline{\cos z} = \cos \bar{z}$.

13. 运用第37节的式(13)和式(14)，给出练习12中的结论(恒等式)的直接证明.

14. 证明：

(a) $\overline{\cos(iz)} = \cos(i\bar{z})$　对所有的 z 都成立；

(b) $\overline{\sin(iz)} = \sin(i\bar{z})$，当且仅当 $z = n\pi i (n = 0, \pm 1, \pm 2, \cdots)$.

15. 令 $\sin z$ 和 $\cosh 4$ 的实部和虚部分别相等，求出方程 $\sin z = \cosh 4$ 的所有根.

答案：$\left(\dfrac{\pi}{2} + 2n\pi\right) \pm 4i$　$(n = 0, \pm 1, \pm 2, \cdots)$.

16. 运用第 37 节的式(14)证明：方程 $\cos z = 2$ 的根为

$$z = 2n\pi + i\cosh^{-1}2 \quad (n = 0, \pm 1, \pm 2, \cdots).$$

然后再将它们表示成下述形式

$$z = 2n\pi \pm i\ln(2 + \sqrt{3}) \quad (n = 0, \pm 1, \pm 2, \cdots).$$

39. 双曲函数

单复变量 z 的双曲正弦和双曲余弦函数按照实变量的形式进行定义，即

$$\sinh z = \frac{e^z - e^{-z}}{2}, \quad \cosh z = \frac{e^z + e^{-z}}{2}. \tag{1}$$

因为 e^z 和 e^{-z} 都是整函数，所以由定义(1)可知 $\sinh z$ 和 $\cosh z$ 也都是整函数. 而且，

$$\frac{d}{dz}\sinh z = \cosh z, \frac{d}{dz}\cosh z = \sinh z. \tag{2}$$

由定义(1)中出现的指数函数的形式以及第 37 节中关于 $\sin z$ 和 $\cos z$ 的定义

$$\sin z = \frac{e^{iz} - e^{-iz}}{2i}, \cos z = \frac{e^{iz} + e^{-iz}}{2}$$

可知双曲正弦函数与双曲余弦函数与相应的三角函数有很紧密的关系，即

$$-i\sinh(iz) = \sin z, \cosh(iz) = \cos z, \tag{3}$$

$$-i\sin(iz) = \sinh z, \cos(iz) = \cosh z. \tag{4}$$

注意考虑如何由式(4)以及 $\sin z$ 和 $\cos z$ 的周期性推出 $\sinh z$ 和 $\cosh z$ 是以 $2\pi i$ 为周期的周期函数.

下面列出一些最常用的涉及双曲正弦和双曲余弦函数的恒等式，

$$\sinh(-z) = -\sinh z, \cosh(-z) = \cosh z, \tag{5}$$

$$\cosh^2 z - \sinh^2 z = 1, \tag{6}$$

$$\sinh(z_1 + z_2) = \sinh z_1 \cosh z_2 + \cosh z_1 \sinh z_2, \tag{7}$$

$$\cosh(z_1 + z_2) = \cosh z_1 \cosh z_2 + \sinh z_1 \sinh z_2 \tag{8}$$

以及

$$\sinh z = \sinh x \cos y + i\cosh x \sin y, \tag{9}$$

$$\cosh z = \cosh x \cos y + i\sinh x \sin y, \tag{10}$$

$$|\sinh z|^2 = \sinh^2 x + \sin^2 y, \tag{11}$$

$$|\cosh z|^2 = \sinh^2 x + \cos^2 y, \tag{12}$$

其中 $z = x + iy$. 虽然这些恒等式都可以由定义(1)直接得到，但是运用式(3)和式(4)以及相关的三角函数恒等式来导出通常会更加容易.

例 1　为了说明所提示的证明方法，让我们来证明恒等式(6). 首先考虑第 37 节的关系式

$$\sin^2 z + \cos^2 z = 1. \tag{13}$$

再应用关系式(3)替换式(13)中的 $\sin z$ 和 $\cos z$ 便得到

$$-\sinh^2(iz) + \cosh^2(iz) = 1.$$

然后将上式中的 z 替换为 $-iz$，我们便得到式(6).

例2　让我们用关系式(4)中的第二个式子来证明式(12). 首先将 $|\cosh z|^2$ 写成

$$|\cosh z|^2 = |\cos(iz)|^2 = |\cos(-y+ix)|^2. \tag{14}$$

现在由第37节的式(16)已经知道

$$|\cos(x+iy)|^2 = \cos^2 x + \sinh^2 y,$$

并且这就告诉我们

$$|\cos(-y+ix)|^2 = \cos^2 y + \sinh^2 x. \tag{15}$$

结合式(14)和式(15)便得到关系式(12).

我们现在转到 $\sinh z$ 和 $\cosh z$ 的零点问题. 我们将结果呈现为定理的形式，这一方面是为了强调它在之后章节中的重要性，另一方面也便于与第38节关于 $\sin z$ 和 $\cos z$ 的零点的定理进行简单比较. 事实上这个定理可以马上由关系式(4)以及上一节的定理来推出.

定理　$\sinh z$ 和 $\cosh z$ 在复平面上的零点全部落在虚轴上. 具体来说是

$$\sinh z = 0 \text{ 当且仅当 } z = n\pi i \quad (n = 0, \pm 1, \pm 2, \cdots)$$

以及

$$\cosh z = 0 \text{ 当且仅当 } z = \left(\frac{\pi}{2} + n\pi\right)i \quad (n = 0, \pm 1, \pm 2, \cdots).$$

z 的双曲正切函数用下述方程来定义，

$$\tanh z = \frac{\sinh z}{\cosh z}, \tag{16}$$

并且它在任意满足 $\cosh z \neq 0$ 的开域内解析. 函数 $\coth z$，$\operatorname{sech} z$ 和 $\operatorname{csch} z$ 分别是 $\tanh z$，$\cosh z$ 和 $\sinh z$ 的倒数. 下列求导公式与微积分中相应的一元实函数的求导公式形式上是相同的，可以直接证明得到

$$\frac{d}{dz}\tanh z = \operatorname{sech}^2 z, \frac{d}{dz}\coth z = -\operatorname{csch}^2 z, \tag{17}$$

$$\frac{d}{dz}\operatorname{sech} z = -\operatorname{sech} z \tanh z, \frac{d}{dz}\operatorname{csch} z = -\operatorname{csch} z \coth z. \tag{18}$$

练　习

1. 证明：第39节中式(2)所述的 $\sinh z$ 和 $\cosh z$ 的导数公式.

2. 运用下列方法证明：$\sinh 2z = 2\sinh z \cosh z$,

(a) 第39节中关于 $\sinh z$ 和 $\cosh z$ 的定义(1)；

(b) 第37节中的恒等式 $\sin 2z = 2\sin z \cos z$ 和第39节中的关系式(3).

3. 说明如何由第37节的式(9)和式(6)分别导出第39节的式(6)和式(8).

4. 设 $\sinh z = \sinh(x+iy)$ 以及 $\cosh z = \cosh(x+iy)$，说明如何由第39节的式(7)和式(8)分别导出式(9)和式(10).

5. 推导第39节中关于 $|\sinh z|^2$ 的式(11).

6. 运用

（a）第 39 节的式（12）；

（b）第 38 节练习 9(b) 所得到的不等式 $|\sinh y| \leqslant |\cos z| \leqslant \cosh y$

来证明：$|\sinh x| \leqslant |\cosh z| \leqslant \cosh x$.

7. 证明：

（a）$\sinh(z + \pi i) = -\sinh z$；

（b）$\cosh(z + \pi i) = \cosh z$；

（c）$\tanh(z + \pi i) = \tanh z$.

8. 给出第 39 节有关 $\sinh z$ 和 $\cosh z$ 的零点如定理所述的详细证明.

9. 运用练习 8 的结果，找出双曲正切函数的所有零点和奇点.

10. 证明：$\tanh z = -i \tan(iz)$.

提示：应用第 39 节的恒等式（4）.

11. 推导第 39 节的求导公式（17）.

12. 应用第 29 节的反射原理来证明下列等式对所有的 z 都成立，

（a）$\overline{\sinh z} = \sinh \bar{z}$；

（b）$\overline{\cosh z} = \cosh \bar{z}$.

13. 应用练习 12 的结果证明在 $\cosh z \neq 0$ 处有 $\overline{\tanh z} = \tanh \bar{z}$ 成立.

14. 首先承认下述恒等式在其中的 z 替换成实变量 x 后仍是成立的，然后应用第 28 节的引理证明下述恒等式：

（a）$\cosh^2 z - \sinh^2 z = 1$；

（b）$\sinh z + \cosh z = e^z$.

（对比第 38 节的练习 4(b).）

15. 为什么 $\sinh(e^z)$ 是整函数？将此函数的实部写成关于 x 与 y 的函数，然后解释为什么它处处调和.

16. 应用 39 节的式（9）或式（10），按照第 38 节练习 15 的方法求出下列方程的全部根.

（a）$\sinh z = i$；

（b）$\cosh z = \dfrac{1}{2}$.

答案：（a）$z = \left(2n + \dfrac{1}{2}\right)\pi i$　$(n = 0, \pm 1, \pm 2, \cdots)$；

（b）$z = \left(2n \pm \dfrac{1}{3}\right)\pi i$　$(n = 0, \pm 1, \pm 2, \cdots)$.

17. 求出方程 $\cosh z = -2$ 的全部根（对比第 38 节的练习 16）.

答案：$z = \pm \ln(2 + \sqrt{3}) + (2n + 1)\pi i$　$(n = 0, \pm 1, \pm 2, \cdots)$.

40. 反三角函数与反双曲函数

反三角函数与反双曲函数可以用对数函数来描述.

为了定义反正弦函数 $\arcsin z$，当 $z = \sin w$ 时我们记

$$w = \arcsin z.$$

也即是当

$$z = \frac{e^{iw} - e^{-iw}}{2i}$$

时 $w = \sin^{-1} z$.

如果我们把此方程写成如下关于 e^{iw} 的二次方程的形式

$$(e^{iw})^2 - 2iz(e^{iw}) - 1 = 0,$$

然后解出 e^{iw}（见第 11 节练习 8(a)）就得到

$$e^{iw} = iz + (1 - z^2)^{1/2}, \tag{1}$$

其中 $(1 - z^2)^{1/2}$ 自然是关于 z 的 2 值函数. 方程(1)两边同时取对数并由 $w = \arcsin z$，我们便得到表达式

$$\arcsin z = -i\log[iz + (1 - z^2)^{1/2}]. \tag{2}$$

下面的例子强调了，事实上 $\arcsin z$ 是一个多值函数，并且在每一点 z 处都是无穷多值的.

例 式(2)告诉我们

$$\arcsin(-i) = -i\log(1 \pm \sqrt{2}).$$

然而，

$$\log(1 + \sqrt{2}) = \ln(1 + \sqrt{2}) + 2n\pi i \quad (n = 0, \pm 1, \pm 2, \cdots),$$

并且

$$\log(1 - \sqrt{2}) = \ln(\sqrt{2} - 1) + (2n + 1)\pi i \quad (n = 0, \pm 1, \pm 2, \cdots).$$

由于

$$\ln(\sqrt{2} - 1) = \ln\frac{1}{1 + \sqrt{2}} = -\ln(1 + \sqrt{2}),$$

从而

$$(-1)^n \ln(1 + \sqrt{2}) + n\pi i \quad (n = 0, \pm 1, \pm 2, \cdots)$$

构成了 $\log(1 \pm \sqrt{2})$ 的值集. 因此，在直角坐标的形式下得到

$$\arcsin(-i) = n\pi + i(-1)^{n+1}\ln(1 + \sqrt{2}) \quad (n = 0, \pm 1, \pm 2, \cdots).$$

读者可以应用推导关于 $\arcsin z$ 的式(2)的方法证明

$$\arccos z = -i\log[z + i(1 - z^2)^{1/2}] \tag{3}$$

以及

$$\arctan z = \frac{i}{2}\log\frac{i + z}{i - z}. \tag{4}$$

函数 $\arccos z$ 和 $\arctan z$ 当然也是多值的. 当平方根和对数函数的分支都被取定时，这三个反函数都会变成单值解析的，这是因为此时它们都是由解析函数复合所得.

这三个函数的导数可以很容易地从对数函数的相关表达式得出. 前两个函数的导数依赖于平方根的取值，即

$$\frac{d}{dz}\arcsin z = \frac{1}{(1 - z^2)^{1/2}}, \tag{5}$$

$$\frac{\mathrm{d}}{\mathrm{d}z}\operatorname{arccos}z = \frac{-1}{(1-z^2)^{1/2}}. \tag{6}$$

然而，最后一个函数的导数

$$\frac{\mathrm{d}}{\mathrm{d}z}\operatorname{arctan}z = \frac{1}{1+z^2} \tag{7}$$

却跟单值分支的选择无关.

反双曲函数可以用相应的方式来处理. 其结果就是

$$\operatorname{arcsinh}z = \log\left[z + (z^2+1)^{1/2}\right], \tag{8}$$

$$\operatorname{arccosh}z = \log\left[z + (z^2-1)^{1/2}\right] \tag{9}$$

以及

$$\operatorname{arctanh}z = \frac{1}{2}\log\frac{1+z}{1-z}. \tag{10}$$

最后我们指出，所有这些反函数的一般的替代符号分别是 arcsin$z$，等等.

练　习

1. 求出下列各式的值：

(a) $\arctan(2\mathrm{i})$；

(b) $\arctan(1+\mathrm{i})$；

(c) $\operatorname{arccosh}(-1)$；

(d) $\operatorname{arctanh}0$.

答案：(a) $\left(n+\dfrac{1}{2}\right)\pi + \dfrac{\mathrm{i}}{2}\ln 3$　$(n=0,\ \pm 1,\ \pm 2,\ \cdots)$；

(d) $n\pi\mathrm{i}$　$(n=0,\ \pm 1,\ \pm 2,\ \cdots)$.

2. 运用下面提示的方法解关于 z 的方程 $\sin z = 2$：

(a) 令方程两边的实部和虚部分别相等；

(b) 使用第 40 节中关于 arcsin$z$ 的表达式(2).

答案：$z = \left(2n+\dfrac{1}{2}\right)\pi \pm \mathrm{i}\ln(2+\sqrt{3})$　$(n=0,\ \pm 1,\ \pm 2,\ \cdots)$.

3. 解关于 z 的方程 $\cos z = \sqrt{2}$.

4. 推导第 40 节中关于 arcsin$z$ 的导数公式(5).

5. 推导第 40 节中关于 arctan$z$ 的表达式(4).

6. 推导第 40 节中关于 arctan$z$ 的导数公式(7).

7. 推导第 40 节中关于 arccosh$z$ 的表达式(9).

第4章

积分

积分在单复变函数的研究中是极为重要的. 将在本章展开的积分理论向来以严谨和优雅著称. 其中的定理一般都是简洁而深刻的, 并且很多证明也很简短.

41. 函数 $w(t)$ 的导数

为了能以相当简洁的方式引入 $f(z)$ 的积分, 我们首先需要考虑关于单实变量 t 的复值函数 w 的导数. 我们记

$$w(t) = u(t) + iv(t), \tag{1}$$

其中 u 和 v 都是关于 t 的实值函数. 假如 u' 和 v' 在某一点 t 处都存在, 那么函数(1)在 t 处的导数

$$w'(t) \text{ 或} \frac{\mathrm{d}}{\mathrm{d}t} w(t)$$

定义为

$$w'(t) = u'(t) + iv'(t). \tag{2}$$

微积分中所学过的很多其他公式, 比如和式与乘积的导数等对关于 t 的复值函数都可以像实值函数一样运用, 并且其证明往往可以基于微积分中相应的公式进行.

例 1 假设式(1)中的函数 $u(t)$ 和 $v(t)$ 都在 t 可微, 那么让我们来证明

$$\frac{\mathrm{d}}{\mathrm{d}t} [w(t)]^2 = 2w(t) w'(t). \tag{3}$$

为此, 首先将 $w(t)$ 写成

$$[w(t)]^2 = (u + iv)^2 = u^2 - v^2 + i2uv.$$

于是,

$$\begin{aligned}
\frac{\mathrm{d}}{\mathrm{d}t} [w(t)]^2 &= (u^2 - v^2)' + i(2uv)' \\
&= 2uu' - 2vv' + i2(u'v + uv') \\
&= 2(u + iv)(u' + iv').
\end{aligned}$$

从而我们便得到式(3).

例 2 另外一个我们将来可能会经常使用(并且根据微积分的知识也可以猜测到)

的微分公式是

$$\frac{\mathrm{d}}{\mathrm{d}t}\mathrm{e}^{z_0 t} = z_0 \mathrm{e}^{z_0 t},\qquad(4)$$

其中 $z_0 = x_0 + \mathrm{i}y_0$. 为了证明它，我们将 $\mathrm{e}^{z_0 t}$ 写成

$$\mathrm{e}^{z_0 t} = \mathrm{e}^{x_0 t}\mathrm{e}^{\mathrm{i}y_0 t} = \mathrm{e}^{x_0 t}\cos y_0 t + \mathrm{i}\mathrm{e}^{x_0 t}\sin y_0 t,$$

然后考虑定义(2)就可以看到

$$\frac{\mathrm{d}}{\mathrm{d}t}\mathrm{e}^{z_0 t} = (\mathrm{e}^{x_0 t}\cos y_0 t)' + \mathrm{i}(\mathrm{e}^{x_0 t}\sin y_0 t)'.$$

运用微积分中熟悉的公式和一些简单的代数知识，我们就可以得到下述表达式

$$\frac{\mathrm{d}}{\mathrm{d}t}\mathrm{e}^{z_0 t} = (x_0 + \mathrm{i}y_0)(\mathrm{e}^{x_0 t}\cos y_0 t + \mathrm{i}\mathrm{e}^{x_0 t}\sin y_0 t),$$

或者

$$\frac{\mathrm{d}}{\mathrm{d}t}\mathrm{e}^{z_0 t} = (x_0 + \mathrm{i}y_0)\mathrm{e}^{x_0 t}\mathrm{e}^{\mathrm{i}y_0 t}.$$

这与式(4)是相同的.

虽然微积分中的很多公式都可以推广到式(1)所定义的这类复值函数，但是并非微积分中的所有公式都可以进行这样的推广. 我们用下面的例子来说明这种情况.

例3 假设 $w(t)$ 在区间 $a \le t \le b$ 上连续，即它的实部 $u(t)$ 和虚部 $v(t)$ 都在该区间上连续. 即使当 $a < t < b$ 时 $w'(t)$ 存在，微分中值定理也是不能应用的. 确切地讲就是在区间 $a < t < b$ 内未必存在一点 c 使得

$$w'(c) = \frac{w(b) - w(a)}{b - a}.\qquad(5)$$

为了看清这种情况，我们考虑区间 $0 \le t \le 2\pi$ 上的函数 $w(t) = \mathrm{e}^{\mathrm{i}t}$. 对于这个函数，我们有 $|w'(t)| = |\mathrm{i}\mathrm{e}^{\mathrm{i}t}| = 1$(见例2). 这也就意味着等式(5)左端的导数 $w'(c)$ 恒不为零. 对等式(5)右端的商式有

$$\frac{w(b) - w(a)}{b - a} = \frac{w(2\pi) - w(0)}{2\pi - 0} = \frac{\mathrm{e}^{\mathrm{i}2\pi} - \mathrm{e}^{\mathrm{i}0}}{2\pi} = \frac{1 - 1}{2\pi} = 0.$$

因此，不存在数 c 使得等式(5)成立.

42. 函数 $w(t)$ 的定积分

设 $w(t)$ 是一个单实变量复值函数，并且写为

$$w(t) = u(t) + \mathrm{i}v(t),\qquad(1)$$

其中 u 和 v 是实值的，如果 $\int_a^b u(t)\mathrm{d}t$ 和 $\int_a^b v(t)\mathrm{d}t$ 都存在，那么 $w(t)$ 在区间 $a \le t \le b$ 上的定积分就被定义为

$$\int_a^b w(t)\mathrm{d}t = \int_a^b u(t)\mathrm{d}t + \mathrm{i}\int_a^b v(t)\mathrm{d}t.\qquad(2)$$

这样也就有

$$\mathrm{Re}\int_a^b w(t)\,\mathrm{d}t = \int_a^b \mathrm{Re}[w(t)]\,\mathrm{d}t \text{ 以及 } \mathrm{Im}\int_a^b w(t)\,\mathrm{d}t = \int_a^b \mathrm{Im}[w(t)]\,\mathrm{d}t. \tag{3}$$

例 1 定义(2)的一个例子.

$$\int_0^{\pi/4} \mathrm{e}^{\mathrm{i}t}\,\mathrm{d}t = \int_0^{\pi/4}(\cos t + \mathrm{i}\sin t)\,\mathrm{d}t = \int_0^{\pi/4}\cos t\,\mathrm{d}t + \mathrm{i}\int_0^{\pi/4}\sin t\,\mathrm{d}t$$

$$= \sin t \Big|_0^{\pi/4} + \mathrm{i}(-\cos t)\Big|_0^{\pi/4} = \frac{1}{\sqrt 2} + \mathrm{i}\left(-\frac{1}{\sqrt 2}+1\right).$$

$w(t)$ 在无界区间上的广义积分以类似的方式来定义（见练习 2(d)）.

如果 u 和 v 在区间 $a \leqslant t \leqslant b$ 上是分段连续的，那么它们在式(2)中的积分就一定是存在的. 这样的函数在上述区间内除了可能的有限个点之外是处处连续的，并且即使它在这些例外点处不连续，也会具有单边极限. 当然，在 a 处我们只要求它有右极限，在 b 处只要求它有左极限，当 u 和 v 都是分段连续的时候，我们也说函数 w 是分段连续的.

诸如"一个复常数与函数 $w(t)$ 的乘积的积分""有限个函数的和的积分""交换积分上、下限"等可以想到的一些积分法则在这里都依然是正确的. 这些法则以及下述性质

$$\int_a^b w(t)\,\mathrm{d}t = \int_a^c w(t)\,\mathrm{d}t + \int_c^b w(t)\,\mathrm{d}t$$

都可以运用微积分中的相应结果来简单地证明.

此外，涉及原函数的微积分基本定理，也可以推广到式(2)所定义的积分类型. 具体来说，假设函数

$$w(t) = u(t) + \mathrm{i}v(t) \text{ 和 } W(t) = U(t) + \mathrm{i}V(t)$$

在区间当 $a \leqslant t \leqslant b$ 上连续. 如果当 $a \leqslant t \leqslant b$ 时 $W'(t) = w(t)$，则 $U'(t) = u(t)$，$V'(t) = v(t)$. 因此，由定义(2)可知

$$\int_a^b w(t)\,\mathrm{d}t = U(t)\Big|_a^b + \mathrm{i}V(t)\Big|_a^b = [U(b)+\mathrm{i}V(b)] - [U(a)+\mathrm{i}V(a)].$$

即

$$\int_a^b w(t)\,\mathrm{d}t = W(b) - W(a) = W(t)\Big|_a^b. \tag{4}$$

现在我们就有了计算例 1 中 $\mathrm{e}^{\mathrm{i}t}$ 的积分的另外一种方法.

例 2 由（见 41 节例 2）

$$\frac{\mathrm{d}}{\mathrm{d}t}\left(\frac{\mathrm{e}^{\mathrm{i}t}}{\mathrm{i}}\right) = \frac{1}{\mathrm{i}}\frac{\mathrm{d}}{\mathrm{d}t}\mathrm{e}^{\mathrm{i}t} = \frac{1}{\mathrm{i}}\mathrm{i}\mathrm{e}^{\mathrm{i}t} = \mathrm{e}^{\mathrm{i}t}$$

可知

$$\int_0^{\pi/4}\mathrm{e}^{\mathrm{i}t}\,\mathrm{d}t = \frac{\mathrm{e}^{\mathrm{i}t}}{\mathrm{i}}\Big|_0^{\pi/4} = \frac{\mathrm{e}^{\mathrm{i}\pi/4}}{\mathrm{i}} - \frac{1}{\mathrm{i}} = \frac{1}{\mathrm{i}}\left(\cos\frac{\pi}{4}+\mathrm{i}\sin\frac{\pi}{4}-1\right)$$

$$= \frac{1}{\mathrm{i}}\left(\frac{1}{\sqrt 2}+\frac{\mathrm{i}}{\sqrt 2}-1\right) = \frac{1}{\sqrt 2} + \frac{1}{\mathrm{i}}\left(\frac{1}{\sqrt 2}-1\right).$$

又由于 $1/\mathrm{i} = -\mathrm{i}$，所以

$$\int_0^{\pi/4} e^{it} dt = \frac{1}{\sqrt{2}} + i\left(1 - \frac{1}{\sqrt{2}}\right).$$

回忆 41 节例 3，看微积分中关于导数的中值定理对复值函数 $w(t)$ 是怎么失效的．本节最后一个例子说明积分中值定理也不能推广到复值函数．因此，在复分析里应用微积分中的法则时一定要特别小心．

例 3　设 $w(t)$ 是定义在区间 $a \leqslant t \leqslant b$ 上的连续复值函数．为了说明在区间 $a < t < b$ 内未必存在点 c 使

$$\int_a^b w(t) dt = w(c)(b-a), \tag{5}$$

我们取 $a = 0$，$b = 2\pi$，然后应用与第 41 节例 3 相同的函数 $w(t) = e^{it}(0 \leqslant t \leqslant 2\pi)$．容易看出

$$\int_a^b w(t) dt = \int_0^{2\pi} e^{it} dt = \frac{e^{it}}{i}\Big|_0^{2\pi} = 0.$$

然而，对任意满足 $0 < c < 2\pi$ 的复数 c 都有

$$|w(c)(b-a)| = |e^{ic}|2\pi = 2\pi,$$

于是我们发现等式（5）的左端等于零但右端却不是零．

练　习

1. 设

$$w(t) = u(t) + iv(t)$$

是一个关于实变量 t 的复值函数，并且 $w'(t)$ 存在．运用微积分中的相关法则推导复值函数 $w(t)$ 的下列法则

(a) $\dfrac{d}{dt}[z_0 w(t)] = z_0 w'(t)$，其中 $z_0 = x_0 + iy_0$ 是一个复常数；

(b) $\dfrac{d}{dt}w(-t) = -w'(-t)$，其中 $w'(-t)$ 表示 $w(t)$ 在 $-t$ 处的关于 t 的导数．

提示：在(a)中，说明所要证明的恒等式的两边都可以写成

$$(x_0 u' - y_0 v') + i(y_0 u' + x_0 v').$$

2. 求下列积分的值：

(a) $\int_0^1 (1+it)^2 dt$;　(b) $\int_1^2 \left(\frac{1}{t} - i\right)^2 dt$;

(c) $\int_0^{\pi/6} e^{i2t} dt$;　(d) $\int_0^{+\infty} e^{-zt} dt$　（$\text{Re} z > 0$）.

答案：(a) $\dfrac{2}{3} + i$;　(b) $-\dfrac{1}{2} - i\ln 4$;　(c) $\dfrac{\sqrt{3}}{4} + \dfrac{i}{4}$;　(d) $\dfrac{1}{z}$.

3. 证明：如果 m 和 n 是整数，那么

$$\int_0^{2\pi} e^{im\theta} e^{-in\theta} d\theta = \begin{cases} 0 & \text{当 } m \neq n \text{ 时}, \\ 2\pi & \text{当 } m = n \text{ 时}. \end{cases}$$

4. 由 42 节关于单实变量复值函数定积分的定义(2)知

$$\int_0^\pi e^{(1+i)x} \mathrm{d}x = \int_0^\pi e^x \cos x \mathrm{d}x + i \int_0^\pi e^x \sin x \mathrm{d}x.$$

先直接计算左端的积分值，再运用所得积分值的实部和虚部来求得上式右端的两个积分.

答案：$-(1 + e^\pi)/2, (1 + e^\pi)/2$.

5. 设 $w(t) = u(t) + iv(t)$ 表示一个定义在区间 $-a \leqslant t \leqslant a$ 上的连续复值函数.

（a）假设 $w(t)$ 是偶函数，也就是在给定的区间内对任意的 t 都有 $w(-t) = w(t)$. 证明：

$$\int_{-a}^a w(t) \mathrm{d}t = 2 \int_0^a w(t) \mathrm{d}t.$$

（b）证明：如果 $w(t)$ 是奇函数，也就是在给定的区间内对任意的 t 都有 $w(-t) = -w(t)$，那么

$$\int_{-a}^a w(t) \mathrm{d}t = 0.$$

提示：对关于 t 的实值函数，此练习的结论的几何意义很显然，所以我们在证明中就可以运用相应的关于实值函数的积分性质.

43. 围线

单复变量复值函数的积分定义在复平面内的曲线上，而不只是定义在实轴上的区间上. 本节我们将介绍几类研究这些积分所要用的曲线.

称复平面内的一个点集 $z = (x, y)$ 为一条弧，如果

$$x = x(t), y = y(t) \quad (a \leqslant t \leqslant b), \tag{1}$$

其中 $x(t)$ 和 $y(t)$ 是关于实参变量 t 的连续函数. 此定义构建了一个从区间 $a \leqslant t \leqslant b$ 到 xy（或 z）平面的连续映射，并且象点随着 t 值的增长可以定向. 用方程

$$z = z(t) \quad (a \leqslant t \leqslant b) \tag{2}$$

来表示此点集 C 是比较方便的，其中，

$$z(t) = x(t) + iy(t). \tag{3}$$

如果弧 C 不自交，就称之为一条简单弧，或者若尔当弧*. 也就是说如果 $t_1 \neq t_2$ 就有 $z(t_1) \neq z(t_2)$，那么弧 C 就是简单弧. 如果除了 $z(b) = z(a)$ 之外，弧 C 是简单的，那么我们就称之为一条简单闭曲线，或者一条若尔当曲线. 如果（当 t 增加时）这条曲线是逆时针方向的，我们就称它是正向的.

有些特别的弧的几何特征常常使得在式（2）中关于参数 t 需要用不同的表达式. 事实上，下述例子就说明了这种情况.

例 1 方程

$$z = \begin{cases} x + ix & \text{当 } 0 \leqslant x \leqslant 1 \text{ 时,} \\ x + i & \text{当 } 1 \leqslant x \leqslant 2 \text{ 时} \end{cases} \tag{4}$$

所定义的折线（第 12 节）由从 0 到 $1+i$ 的线段和从 $1+i$ 到 $2+i$ 的线段连接而成（见图 36），这是一条简单弧.

---

* 以数学家 C. Jordan（1838—1922）来命名.

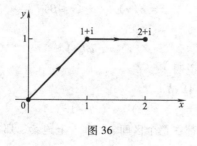

图 36

例 2　以原点为圆心的单位圆周

$$z = e^{i\theta} \quad (0 \leqslant \theta \leqslant 2\pi) \tag{5}$$

是一条简单闭曲线，并且以逆时针方向为正向．当然，以 z_0 为圆心，R 为半径的圆周（见第 7 节）

$$z = z_0 + Re^{i\theta} \quad (0 \leqslant \theta \leqslant 2\pi) \tag{6}$$

也是一条简单闭曲线．

下面两个例子说明相同的点集可以形成不同的弧．

例 3　弧

$$z = e^{-i\theta} \quad (0 \leqslant \theta \leqslant 2\pi) \tag{7}$$

与式 (5) 所定义的弧是不同的．虽然它们所表示的点集是相同的，但是这里的圆周是沿顺时针方向绕行的．

例 4　弧

$$z = e^{i2\theta} \quad (0 \leqslant \theta \leqslant 2\pi) \tag{8}$$

上的点集与弧 (5) 和弧 (7) 所确定的点集是相同的．但是弧 (8) 与弧 (5) 和弧 (7) 都不同，因为这里的弧沿着圆周绕行了两次．

任意给定的弧 C 所使用的参数表达式当然也不是唯一的．事实上，将参数所在的区间变为任意的其他区间都是可能的．具体来说，假设

$$t = \varphi(\tau) \quad (\alpha \leqslant \tau \leqslant \beta), \tag{9}$$

其中 φ 是一个将区间 $\alpha \leqslant \tau \leqslant \beta$ 映到式 (2) 中的区间 $a \leqslant t \leqslant b$ 上的实值函数（见图 37）．我们假设 φ 连续并且具有连续的导数，还假设对每个 τ 都有 $\varphi'(\tau) > 0$，这就确保了 t 是关于 τ 的增函数．这样式 (2) 就可以通过式 (9) 变换成

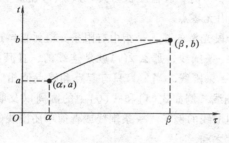

图 37　$t = \varphi(\tau)$

$$z = Z(\tau) \quad (\alpha \leqslant \tau \leqslant \beta), \tag{10}$$

其中，

$$Z(\tau) = z[\varphi(\tau)]. \tag{11}$$

这将在练习 3 中用例子来说明.

如果函数（3）的导数（41 节）

$$z'(t) = x'(t) + iy'(t) \tag{12}$$

的实部 $x'(t)$ 和虚部 $y'(t)$ 都在整个区间 $a \leqslant t \leqslant b$ 上连续，那么就称式（3）所表示的弧 C 为可微弧，并且实值函数

$$|z'(t)| = \sqrt{[x'(t)]^2 + [y'(t)]^2}$$

在区间 $a \leqslant t \leqslant b$ 上是可积的. 事实上，根据微积分中的弧长定义可知弧 C 的长度等于

$$L = \int_a^b |z'(t)| \, dt. \tag{13}$$

就像大家所期望的那样，值 L 在弧 C 的不同表达式的变换下是保持不变的. 更确切地说，在式（9）所表示的变量变换下，表达式（13）具有下述形式（见练习 1（b））

$$L = \int_\alpha^\beta |z'(\varphi(\tau))| \varphi'(\tau) \, d\tau.$$

因此，如果用式（10）来表示弧 C，那么应用其导数（练习 4）

$$Z'(\tau) = z'(\varphi(\tau)) \varphi'(\tau) \tag{14}$$

我们可以将式（13）写成

$$L = \int_\alpha^\beta |Z'(\tau)| \, d\tau.$$

从而如果使用式（10）表示弧 C，那么我们仍可以得到相同的弧长.

如果等式（2）表示一个可微弧并且在 $a < t < b$ 内处处有 $z'(t) \neq 0$ 成立，那么对于开区间 $a < t < b$ 内的所有 t，单位切向量

$$T = \frac{z'(t)}{|z'(t)|}$$

就是有明确定义的，并且向量的倾角就等于 $\arg z'(t)$. 另外，向量 T 会随着参数 t 在整个区间 $a < t < b$ 上的变动而连续不断地转动. 当 $z(t)$ 被看作是向径时，T 的这种表达方式就是我们在微积分中所学过的形式. 我们称这样的弧是光滑的. 以后在提到一条光滑弧 $z = z(t) (a \leqslant t \leqslant b)$ 时，我们就认为其导数 $z'(t)$ 在整个闭区间 $a \leqslant t \leqslant b$ 上连续并且在开区间 $a < t < b$ 内无零点.

一条围线，或者分段光滑的弧，是指由有限条光滑弧首尾连接而成的一条弧. 因此，如果等式（2）表示一条围线，那么 $z(t)$ 就是连续的，且其导数 $z'(t)$ 是分段连续的. 例如折线（4）就是一条围线. 当 $z(t)$ 只有起点和终点值相等时，就称它所表示的围线 C 为一条简单闭围线. 例如式（5）和式（6）中的圆周以及取定了方向的三角形和矩形的边界就是简单闭围线的例子. 一条围线或者简单闭围线的长度是指组成这条围线的各个光滑弧的长度之和.

任何简单闭曲线或简单闭围线 C 上的点都构成了两个不相交开域的边界点，其

中一个是弧 C 的内部，是有界的，另一个是弧 C 的外部，是无界的. 这就是著名的若尔当曲线定理，它在几何意义上是显然的，但是证明却并不容易 *. 现在我们先承认这条定理，这会为以后的学习带来方便.

练　习

1. 证明：如果 $w(t) = u(t) + iv(t)$ 在区间 $a \leqslant t \leqslant b$ 上连续，那么

（a）$\displaystyle\int_{-b}^{-a} w(-t)\,\mathrm{d}t = \int_a^b w(\tau)\,\mathrm{d}\tau$；

（b）$\displaystyle\int_a^b w(t)\,\mathrm{d}t = \int_\alpha^\beta w(\varphi(\tau))\varphi'(\tau)\,\mathrm{d}\tau$，其中 $\varphi(\tau)$ 是第 43 节式（9）中的函数.

提示：注意到这些恒等式对于 t 的实值函数是成立的便可得到结论.

2. 设 C 表示逆时针方向的圆周 $|z| = 2$ 的右半圆周，注意到

$$z = z(\theta) = 2\mathrm{e}^{i\theta} \quad \left(-\frac{\pi}{2} \leqslant \theta \leqslant \frac{\pi}{2}\right)$$

和

$$z = Z(y) = \sqrt{4 - y^2} + iy \quad (-2 \leqslant y \leqslant 2)$$

是 C 的两种不同的参数表示. 证明：$Z(y) = z(\varphi(y))$，其中

$$\varphi(y) = \arctan\frac{y}{\sqrt{4 - y^2}} \quad \left(-\frac{\pi}{2} < \arctan t < \frac{\pi}{2}\right).$$

另外，再证明 φ 就像 43 节式（9）所要求的那样，导数是正的.

3. 推导出图 37 中的 τt 平面上穿过点 (α, a) 和 (β, b) 的直线方程. 然后由它找出能被应用于第 43 节式（9）的线性函数 $\varphi(\tau)$，使之能用来将第 43 节的表达式（2）变换成表达式（10）.

答案：$\varphi(\tau) = \dfrac{b - a}{\beta - \alpha}\tau + \dfrac{a\beta - b\alpha}{\beta - \alpha}$.

4. 证明：第 43 节中关于 $Z(\tau) = z(\varphi(\tau))$ 的导数的式（14）.

提示：将 $Z(\tau)$ 写为 $Z(\tau) = x(\varphi(\tau)) + iy(\varphi(\tau))$ 并应用实值函数的链式法则.

5. 假设函数 $f(z)$ 在一条光滑弧 $z = z(t)$ $(a \leqslant t \leqslant b)$ 上的某一点 $z_0 = z(t_0)$ 处解析. 证明：如果 $w(t) = f(z(t))$，那么当 $t = t_0$ 时，

$$w'(t) = f'(z(t))z'(t).$$

提示：分别将 $f(z)$ 和 $z(t)$ 写成 $f(z) = u(x, y) + iv(x, y)$ 和 $z(t) = x(t) + iy(t)$，使得

$$w(t) = u(x(t), y(t)) + iv(x(t), y(t)).$$

然后应用微积分中关于二元函数的链式法则得到

$$w' = (u_x x' + u_y y') + i(v_x x' + v_y y'),$$

最后应用柯西-黎曼方程.

6. 设 $y(x)$ 是由

$$y(x) = \begin{cases} x^3 \sin(\pi/x) & \text{当 } 0 < x \leqslant 1 \text{ 时,} \\ 0 & \text{当 } x = 0 \text{ 时} \end{cases}$$

---

* 参看附录 A 中所列的 Newman 的书的 pp. 115-116 或者 Thron 的书的第 13 节. 关于 C 是一条简单多边形的边界的特殊情况可见附录 A 中所列 Hille 的著作的第 1 卷 pp. 281-285.

所定义的区间 $0 \leqslant x \leqslant 1$ 上的实值函数,

（a）证明：方程

$$z = x + iy(x) \quad (0 \leqslant x \leqslant 1)$$

表示的是与实轴相交于点 $z = 1/n (n = 1, 2, \cdots)$ 和 $z = 0$ 的弧 C, 如图 38 所示.

（b）证明：（a）中的弧 C 是光滑弧.

提示：为了说明 $y(x)$ 在 $x = 0$ 处的连续性, 只要注意当 $x > 0$ 时有

$$0 \leqslant \left| x^3 \sin\left(\frac{\pi}{x}\right) \right| \leqslant x^3.$$

类似地, 可以求出 $y'(0)$ 以及证明 $y'(x)$ 在 $x = 0$ 处连续.

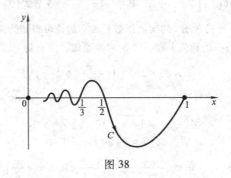

图 38

44. 围线积分

我们现在转到关于复变量 z 的复值函数 f 的积分. 此积分根据 $f(z)$ 在复平面上给定的从点 $z = z_1$ 到点 $z = z_2$ 的围线 C 上的取值来定义. 因此它是线积分. 并且一般来说, 积分值既取决于围线 C 也取决于函数 f. 这种积分被写为

$$\int_C f(z)\,\mathrm{d}z \text{ 或 } \int_{z_1}^{z_2} f(z)\,\mathrm{d}z.$$

当积分值与两个固定端点之间的围线选择无关的时候, 我们常常使用后一种表示方法. 虽然积分可以直接被定义为一个和式的极限*, 但我们还是决定按照第 42 节所介绍的定积分的方式来定义它.

在微积分中, 定积分可以解释为面积, 也可以解释为其他有意义的东西. 但是, 除了一些特殊的情况外, 并没有对应的辅助性的几何或者物理的解释适用于复平面上的定积分.

设方程

$$z = z(t) \quad (a \leqslant t \leqslant b) \tag{1}$$

表示一条从点 $z_1 = z(a)$ 到点 $z_2 = z(b)$ 的围线 C. 假设 $f(z(t))$ 在区间 $a \leqslant t \leqslant b$ 上分段连续（第 42 节）, 这时我们也把函数 $f(z)$ 看作是在围线 C 上分段连续的函数. 这样就可以从参数 t 的角度来定义 f 沿 C 的线积分, 或称围线积分如下,

---

* 例如, 可参看附录 A 所列的 Markushevich 的著作的第 1 卷的 pp. 245.

$$\int_C f(z)\,\mathrm{d}z = \int_a^b f(z(t))z'(t)\,\mathrm{d}t. \tag{2}$$

注意，由于 C 是一条围线，所以 $z'(t)$ 在区间 $a \le t \le b$ 上也是分段连续的，这就保证了积分(2)的存在.

如果积分围线进行第 43 节式(11)那种类型的变换，那么积分值是保持不变的. 此性质可以由类似于第 43 节证明弧长不变性时所使用的方法来得到.

我们这里给出一些能想到的有关围线积分的重要性质. 首先如果给定一条围线 C，那么我们规定 $-C$ 表示与 C 所构成的点集相同但是方向相反的那条围线(见图 39). 注意，如果围线 C 的表达式为式(1)，那么 $-C$ 的表达式就是

$$z = z(-t) \quad (-b \le t \le -a). \tag{3}$$

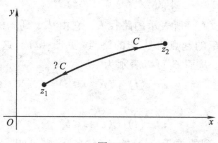

图 39

另外，如果 C_1 表示一条从 z_1 到 z_2 的围线，而 C_2 表示一条从 z_2 到 z_3 的围线，那么我们就称这两条围线顺次连接所得到的围线为它们的和，并记作 $C = C_1 + C_2$(见图 40). 如果两条围线 C_1 与 C_2 有相同的终点，那么 C_1 与 $-C_2$ 的和就是有确切定义的，我们用 $C = C_1 - C_2$ 来表示它.

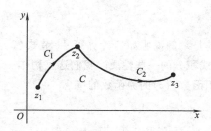

图 40　$C = C_1 + C_2$

在陈述围线积分的性质时，我们总假设所有涉及的函数 $f(z)$ 和 $g(z)$ 在所讨论的任意围线上都是分段连续的.

第一个性质就是

$$\int_C z_0 f(z)\,\mathrm{d}z = z_0 \int_C f(z)\,\mathrm{d}z, \tag{4}$$

其中 z_0 是任意一个复常数. 这个性质可以由定义(2)和第 42 节所提到的关于复值函数 $w(t)$ 的积分性质来导出. 同样的原因，我们还能得到如下性质，

$$\int_C [f(z) + g(z)] \, dz = \int_C f(z) \, dz + \int_C g(z) \, dz. \tag{5}$$

利用式（3）并考虑第 42 节练习 1(b)可以得出

$$\int_{-C} f(z) \, dz = \int_{-b}^{-a} f(z(-t)) \frac{d}{dt} z(-t) \, dt = -\int_{-b}^{-a} f(z(-t)) z'(-t) \, dt,$$

其中 $z'(-t)$ 表示 $z(t)$ 在 $-t$ 处关于 t 的导数. 在上式最后一个积分中进行变量代换 $\tau = -t$，然后由第 43 节练习 1(a)便得到

$$\int_{-C} f(z) \, dz = -\int_a^b f(z(\tau)) z'(\tau) \, d\tau,$$

我们也可以将其写为

$$\int_{-C} f(z) \, dz = -\int_C f(z) \, dz. \tag{6}$$

最后我们考虑一条式（1）所表示的路径 C，它由从 z_1 到 z_2 的 C_1 和从 z_2 到 z_3 的 C_2 两条围线顺次连接而成，C_2 的起点恰是 C_1 的终点（见图 40）. 这样在区间 $a < t < b$ 内存在一点 c 使得 $z(c) = z_2$. 从而 C_1 可以表示为

$$z = z(t) \quad (a \le t \le c),$$

C_2 可以表示为

$$z = z(t) \quad (c \le t \le b).$$

另外，根据 42 节已注意到的关于 $w(t)$ 的一个积分法则可知

$$\int_a^b f[z(t)] z'(t) \, dt = \int_a^c f[z(t)] z'(t) \, dt + \int_c^b f[z(t)] z'(t) \, dt.$$

于是显然有

$$\int_C f(z) \, dz = \int_{C_1} f(z) \, dz + \int_{C_2} f(z) \, dz. \tag{7}$$

45. 一些例子

本节和下一节的目的是举例说明如何计算第 44 节式（2）所定义的围线积分以及有关第 44 节所提到的围线积分的一些性质. 我们这里稍作一下停顿，等到第 48 节再继续讨论围线积分的被积函数 $f(z)$ 的原函数的概念.

例 1 求积分值

$$\int_{C_1} \frac{dz}{z},$$

其中 C_1 是圆周 $|z| = 1$ 上从 $z = 1$ 到 $z = -1$ 的上半部分（见图 41）

$$z = e^{i\theta} \quad (0 \le \theta \le \pi).$$

根据第 44 节的定义（2），我们有

$$\int_{C_1} \frac{dz}{z} = \int_0^\pi \frac{1}{e^{i\theta}} i e^{i\theta} \, d\theta = i \int_0^\pi d\theta = \pi i. \tag{1}$$

现在我们来计算积分

$$\int_{C_2} \frac{dz}{z},$$

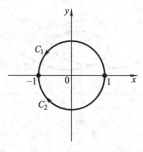

图 41　$C = C_1 - C_2$

其中 C_2 同样如图 41 所示，为同一个圆周 $|z| = 1$ 上从 $z = 1$ 到 $z = -1$ 的下半部分.
为计算此积分，我们使用 $-C_2$ 的参数表达式

$$z = e^{i\theta} \quad (\pi \leqslant \theta \leqslant 2\pi).$$

于是，

$$\int_{C_2} \frac{dz}{z} = -\int_{-C_2} \frac{dz}{z} = -\int_{\pi}^{2\pi} \frac{1}{e^{i\theta}} i e^{i\theta} d\theta = -i \int_{\pi}^{2\pi} d\theta = -\pi i , \tag{2}$$

注意积分(1)和积分(2)的值是不同的. 同时注意，如果 C 表示闭曲线 $C = C_1 -$
C_2，那么

$$\int_C \frac{dz}{z} = \int_{C_1} \frac{dz}{z} - \int_{C_2} \frac{dz}{z} = \pi i - (-\pi i) = 2\pi i. \tag{3}$$

例 2　我们首先令 C（见图 42）表示任意一条从固定点 z_1 到固定点 z_2 的光滑弧
（第 43 节）

$$z = z(t) \quad (a \leqslant t \leqslant b),$$

为了计算积分

$$\int_C z dz = \int_a^b z(t) z'(t) dt$$

的值，我们注意到由第 41 节的例 1 可知

$$\frac{d}{dt} \frac{[z(t)]^2}{2} = z(t) z'(t).$$

又因为 $z(a) = z_1$ 以及 $z(b) = z_2$，所以我们便得到

$$\int_C z dz = \frac{[z(t)]^2}{2} \Big|_a^b = \frac{[z(b)]^2 - [z(a)]^2}{2} = \frac{z_2^2 - z_1^2}{2}.$$

因为此积分值仅仅依赖于弧 C 的端点而和弧的选择无关，所以我们可以将上式写为

$$\int_{z_1}^{z_2} z dz = \frac{z_2^2 - z_1^2}{2}. \tag{4}$$

由于一条围线 C 是由有限条光滑弧 $C_k (k = 1, 2, \cdots, n)$ 首尾顺次连接而成的，
所以式(4)对不一定光滑的围线也是成立的. 确切地说，假设每个 C_k 都是从 z_k 延伸到
z_{k+1}，那么

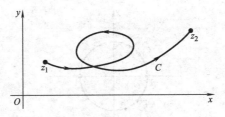

图 42

$$\int_C z \mathrm{d}z = \sum_{k=1}^{n} \int_{C_k} z \mathrm{d}z = \sum_{k=1}^{n} \int_{z_k}^{z_{k+1}} z \mathrm{d}z = \sum_{k=1}^{n} \frac{z_{k+1}^2 - z_k^2}{2} = \frac{z_{n+1}^2 - z_1^2}{2}, \tag{5}$$

其中最后的和是简缩结果，z_1 和 z_{n+1} 分别是 C 的起点和终点.

如果 $f(z)$ 以 $f(z) = u(x, y) + iv(x, y)$ 这种形式被给出，其中 $z = x + iy$，那么我们有时候就可以将变量 x 和 y 中的一个看作是参变量来使用第 44 节的定义(2).

例 3 首先我们设 C_1 表示图 43 所示的折线 OAB，然后计算积分

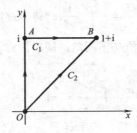

图 43　$C = C_1 - C_2$

$$I_1 = \int_{C_1} f(z) \mathrm{d}z = \int_{OA} f(z) \mathrm{d}z + \int_{AB} f(z) \mathrm{d}z, \tag{6}$$

其中

$$f(z) = y - x - i3x^2 \quad (z = x + iy).$$

C_1 的分支 OA 可以用参数表示为 $z = 0 + iy (0 \leqslant y \leqslant 1)$，并且由于在线段 OA 上 $x = 0$，所以随参数 y 变动的 f 依照方程 $f(z) = y (0 \leqslant y \leqslant 1)$ 来取值. 因此，

$$\int_{OA} f(z) \mathrm{d}z = \int_0^1 y \mathrm{i} \mathrm{d}y = \mathrm{i} \int_0^1 y \mathrm{d}y = \frac{\mathrm{i}}{2}.$$

分支 AB 上的点是 $z = x + \mathrm{i} (0 \leqslant x \leqslant 1)$，又因为在此线段上 $y = 1$，所以

$$\int_{AB} f(z) \mathrm{d}z = \int_0^1 (1 - x - \mathrm{i}3x^2) \cdot 1 \mathrm{d}x = \int_0^1 (1 - x) \mathrm{d}x - 3\mathrm{i} \int_0^1 x^2 \mathrm{d}x = \frac{1}{2} - \mathrm{i}.$$

由等式(6)，我们便得到

$$I_1 = \frac{1 - \mathrm{i}}{2}. \tag{7}$$

如果 C_2 表示图 43 所示的直线 $y = x$ 上的线段 OB，其参数表达式为 $z = x + \mathrm{i}x (0 \leqslant x \leqslant 1)$. 由于在 OB 上 $y = x$，所以我们得到

$$I_2 = \int_{C_2} f(z)\,\mathrm{d}z = \int_0^1 -\mathrm{i}3x^2(1+\mathrm{i})\,\mathrm{d}x = 3(1-\mathrm{i})\int_0^1 x^2\,\mathrm{d}x = 1-\mathrm{i}.$$

显然,虽然 C_1 和 C_2 这两条路径有相同的起点和终点,但是 $f(z)$ 沿此两条路径的积分值并不相同.

考察 $f(z)$ 沿简单闭围线 $OABO$,或者说 $C_1 - C_2$ 的积分为何等于非零值

$$I_1 - I_2 = \frac{-1+\mathrm{i}}{2}.$$

这三个例子说明了有关围线积分的如下重要事实:

(a)对于一个给定的函数来说,从一个固定点到另一个固定点的围线积分可能和所选择的路径无关(例2),但是并不是所有的情况都是如此(例1和例3);

(b)一个给定的函数沿着一条闭围线的积分可能等于零(例2),但也并不是所有的情况都是如此(例1和例3).

判断一个围线积分何时与路径的选取无关或者何时沿着一条闭围线的积分等于零的问题将会在第48节,第50节和第52节进行讨论.

46. 涉及支割线的例子

围线积分的积分路径可以包含被积函数的支割线上的点. 我们用下面的两个例子来说明这种情况.

例1 令 C 表示半圆周路径

$$z = 3\mathrm{e}^{\mathrm{i}\theta} \quad (0 \leqslant \theta \leqslant \pi),$$

其起点和终点分别是 $z=3$ 和 $z=-3$(见图44). 虽然多值函数 $z^{1/2}$ 的分支

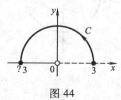

图 44

$$f(z) = z^{1/2} = \exp\left(\frac{1}{2}\log z\right) \quad (|z|>0,\ 0<\arg z<2\pi)$$

在围线 C 的起点 $z=3$ 处没有定义,但是由于被积函数在 C 上分段连续,所以积分

$$I = \int_C z^{1/2}\,\mathrm{d}z \tag{1}$$

是存在的. 为了看出这一点,我们首先注意到当 $z(\theta)=3\mathrm{e}^{\mathrm{i}\theta}$ 时,

$$f(z(\theta)) = \exp\left[\frac{1}{2}(\ln 3 + \mathrm{i}\theta)\right] = \sqrt{3}\,\mathrm{e}^{\mathrm{i}\theta/2}.$$

因此,函数

$$f(z(\theta))z'(\theta) = \sqrt{3}\,\mathrm{e}^{\mathrm{i}\theta/2}3\mathrm{i}\mathrm{e}^{\mathrm{i}\theta} = 3\sqrt{3}\,\mathrm{i}\mathrm{e}^{\mathrm{i}3\theta/2} = -3\sqrt{3}\sin\frac{3\theta}{2} + \mathrm{i}3\sqrt{3}\cos\frac{3\theta}{2} \quad (0<\theta\leqslant\pi)$$

的实部和虚部在 $\theta = 0$ 处的右极限存在，这两个极限值分别是 0 和 $i3\sqrt{3}$. 这样也就意味着当我们将 $f(z(\theta))z'(\theta)$ 在 $\theta = 0$ 处的值定义为 $i3\sqrt{3}$ 时，它在闭区间 $0 \leqslant \theta \leqslant \pi$ 上就是连续的. 从而，

$$I = 3\sqrt{3}i \int_0^{\pi} e^{i\frac{3}{2}\theta} d\theta.$$

因为

$$\int_0^{\pi} e^{i\frac{3}{2}\theta} d\theta = \frac{2}{3i} e^{i\frac{3}{2}\theta} \Big|_0^{\pi} = -\frac{2}{3i}(1 + i),$$

所以我们就得到积分(1)的值

$$I = -2\sqrt{3}(1 + i). \tag{2}$$

例 2　使用幂函数 z^{-1+i} 的主值支

$$f(z) = z^{-1+i} = \exp\left[(-1+i)\text{Log}z\right] \quad (|z| > 0, \ -\pi < \text{Arg}z < \pi)$$

来计算积分

$$I = \int_C z^{-1+i} dz, \tag{3}$$

其中 C 是正向单位圆周（见图 45）

$$z = e^{i\theta} \quad (-\pi \leqslant \theta \leqslant \pi).$$

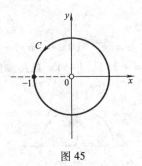

图 45

当 $z(\theta) = e^{i\theta}$ 时容易看到

$$f(z(\theta))\ z'(\theta) = e^{(-1+i)(\ln 1 + i\theta)} i e^{i\theta} = i e^{-\theta}. \tag{4}$$

由于函数(4)在 $-\pi < \theta < \pi$ 上是分段连续的，所以积分(3)存在. 事实上，

$$I = i \int_{-\pi}^{\pi} e^{-\theta} d\theta = i\left(-|e^{-\theta}\right)_{-\pi}^{\pi} = i(-e^{-\pi} + e^{\pi}),$$

或者

$$I = i2 \frac{-e^{-\pi} + e^{\pi}}{2} = i2\sinh\pi.$$

练　习

对练习 1~8 中给定的函数 f 和围线 C，应用 C 或其分支的参数表示来计算积分 $\int_C f(z)\,dz$.

1. $f(z) = (z+2)/z, \ C$ 为

(a)半圆周 $z = 2e^{i\theta}(0 \leqslant \theta \leqslant \pi)$;

(b)半圆周 $z = 2e^{i\theta}(\pi \leqslant \theta \leqslant 2\pi)$;

(c)圆周 $z = 2e^{i\theta}(0 \leqslant \theta \leqslant 2\pi)$.

答案: (a) $-4 + 2\pi i$; (b) $4 + 2\pi i$; (c) $4\pi i$.

2. $f(z) = z - 1$, C 为从 $z = 0$ 到 $z = 2$ 由

(a)半圆周 $z = 1 + e^{i\theta}(\pi \leqslant \theta \leqslant 2\pi)$;

(b)实轴上的线段 $z = x(0 \leqslant x \leqslant 2)$

两部分所组成的弧.

答案: (a)0; (b)0.

3. $f(z) = \pi\exp(\pi\bar{z})$, C 是以点 0, 1, $1 + i$ 和 i 为顶点的正方形的边界,方向为逆时针方向.

答案: $4(e^\pi - 1)$.

4. $f(z)$ 由表达式

$$f(z) = \begin{cases} 1 & \text{当 } y < 0 \text{ 时}, \\ 4y & \text{当 } y > 0 \text{ 时} \end{cases}$$

所定义,C 是沿着曲线 $y = x^3$ 从 $z = -1 - i$ 到 $z = 1 + i$ 的一段弧.

答案: $2 + 3i$.

5. $f(z) = 1$, C 是 z 平面上从任意固定点 z_1 到任意固定点 z_2 的任意围线.

答案: $z_2 - z_1$.

6. $f(z)$ 是幂函数 z^i 的主值支

$$z^i = \exp(i\text{Log}z) \quad (|z| > 0, \ -\pi < \text{Arg}z < \pi),$$

C 是半圆周 $z = e^{i\theta}(0 \leqslant \theta \leqslant \pi)$.

答案: $-\dfrac{1 + e^{-\pi}}{2}(1 - i)$.

7. $f(z)$ 是幂函数 z^{-1-2i} 的主值支

$$z^{-1-2i} = \exp[(-1 - 2i)\text{Log}z] \quad (|z| > 0, \ 0 < \text{Arg}z < \pi),$$

C 是围线

$$z = e^{i\theta} \quad \left(0 \leqslant \theta \leqslant \frac{\pi}{2}\right).$$

答案: $i\dfrac{e^\pi - 1}{2}$.

8. 设 $f(z)$ 是幂函数 z^{a-1} 的主值支

$$z^{a-1} = \exp[(a - 1)\text{Log}z] \quad (|z| > 0, \ -\pi < \text{Arg}z < \pi),$$

其中 a 表示任意非零实数,C 是以原点为圆心,R 为半径的正向圆周.

答案: $i\dfrac{2R^a}{a}\sin a\pi$,其中 R^a 取为正值.

9. 设 C 表示正向单位圆周 $|z| = 1$.

(a)证明:如果函数 $f(z)$ 表示函数 $z^{-3/4}$ 的主值支

$$z^{-3/4} = \exp\left[\left(-\frac{3}{4}\right)\text{Log}z\right] \quad (|z| > 0, \ -\pi < \text{Arg}z < \pi),$$

则

$$\int_C f(z)\,dz = 4\sqrt{2}\,i.$$

(b)证明：如果函数 $g(z)$ 表示(a)中同一个函数的如下分支：

$$z^{-3/4} = \exp\left[\left(-\frac{3}{4}\right)\log z\right] \quad (\,|z| > 0,\ 0 < \arg z < 2\pi),$$

则

$$\int_C g(z)\,dz = -4 + 4i.$$

这一个练习说明，一般情况下幂函数的积分值是依赖于其分支的选择的.

10. 在 42 节练习 3 的辅助下，计算积分

$$\int_C z^m\,\bar{z}^n\,dz,$$

其中 m 和 n 是整数，C 是单位圆周 $|z| = 1$，取逆时针方向.

11. 设 C 表示图 46 所示的半圆周. 分别使用 C 的如下参数表达式来计算 $f(z) = \bar{z}$ 沿 C 的积分（见 43 节练习 2）：

(a) $z = 2e^{i\theta}$ $\left(-\dfrac{\pi}{2} \leqslant \theta \leqslant \dfrac{\pi}{2}\right)$；　(b) $z = \sqrt{4 - y^2} + iy$ $(-2 \leqslant y \leqslant 2)$.

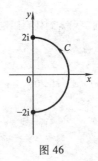

图 46

答案：$4\pi i$.

12. (a)假设函数 $f(z)$ 在一光滑弧 C：$z = z(t)$ $(a \leqslant t \leqslant b)$ 上连续，也即是 $f(z(t))$ 在区间 $a \leqslant t \leqslant b$ 上连续. 证明：如果 $\varphi(\tau)$ $(\alpha \leqslant \tau \leqslant \beta)$ 是第 43 节所描述的函数，那么

$$\int_a^b f(z(t)) z'(t)\,dt = \int_\alpha^\beta f(Z(\tau)) Z'(\tau)\,d\tau,$$

其中 $Z(\tau) = z(\varphi(\tau))$.

(b)说明为何在 C 为任意一条围线，$f(z)$ 在 C 上分段连续时，(a)中所得到的恒等式仍成立. 从而证明当 C 的参数表示替换为 $z = Z(\tau)$ $(\alpha \leqslant \tau \leqslant \beta)$ 时，$f(z)$ 沿 C 的积分值是不变的.

提示：在(a)中应用 43 节练习 1(b)的结论，然后再参考那一节的式(14).

13. 设 C_0 表示以 z_0 为圆心，R 为半径的圆周，使用 C_0 的如下参数表达式

$$z = z_0 + Re^{i\theta}\,(-\pi \leqslant \theta \leqslant \pi)$$

来证明

$$\int_{C_0} (z - z_0)^{n-1}\,dz = \begin{cases} 0 & n = \pm 1,\ \pm 2,\cdots, \\ 2\pi i & n = 0. \end{cases}$$

（令 $z_0 = 0$，然后将其结果与练习 8 中 a 为非零整数时的结果进行比较）．

47. 围线积分的模的上界

我们现在转到一个在各种应用中都非常重要的有关围线积分的不等式．此不等式将以定理的形式给出．为此我们先给出一个与第 41 节和第 42 节所碰到过如 $w(t)$ 那种类型的函数有关的必要的引理．

引理　如果 $w(t)$ 是一个在区间 $a \leqslant t \leqslant b$ 上分段连续的复值函数，那么

$$\left| \int_a^b w(t)\,\mathrm{d}t \right| \leqslant \int_a^b |w(t)|\,\mathrm{d}t. \tag{1}$$

当左边的积分值为零时，此不等式显然成立．因此在证明过程中我们假设左边的积分值为一不为零的复数并记之为

$$\int_a^b w(t)\,\mathrm{d}t = r_0 \mathrm{e}^{\mathrm{i}\theta_0}. \tag{2}$$

解出其中的 r_0，我们得到

$$r_0 = \int_a^b \mathrm{e}^{-\mathrm{i}\theta_0} w(t)\,\mathrm{d}t. \tag{3}$$

等式的左端是一个实数，因此右端也应该是一个实数．由于一个实数的实部还是它本身，所以可得到

$$r_0 = \mathrm{Re} \int_a^b \mathrm{e}^{-\mathrm{i}\theta_0} w(t)\,\mathrm{d}t.$$

从而，应用第 42 节性质（3）中的第一个恒等式就可以得到

$$r_0 = \int_a^b \mathrm{Re}\left[\mathrm{e}^{-\mathrm{i}\theta_0} w(t) \right]\,\mathrm{d}t. \tag{4}$$

另外，由于

$$\mathrm{Re}\left[\mathrm{e}^{-\mathrm{i}\theta_0} w(t) \right] \leqslant \left| \mathrm{e}^{-\mathrm{i}\theta_0} w(t) \right| = \left| \mathrm{e}^{-\mathrm{i}\theta_0} \right| |w(t)| = |w(t)|,$$

因此结合式（4）便知

$$r_0 \leqslant \int_a^b |w(t)|\,\mathrm{d}t.$$

最后，由式（2）可知 r_0 就是不等式（1）的左端，至此就完成了引理的证明．

定理　设 C 表示一条长度为 L 的围线，并且 $f(z)$ 在 C 上分段连续．如果 M 是一个非负实数，并且对 C 上所有的点 z 满足

$$|f(z)| \leqslant M, \tag{5}$$

那么

$$\left| \int_C f(z)\,\mathrm{d}z \right| \leqslant ML. \tag{6}$$

为了得到不等式（6），我们假设不等式（5）成立并设

$$z = z(t) \quad (a \leqslant t \leqslant b)$$

是 C 的一种参数表示．根据上面的引理我们有

$$\left| \int_C f(z)\,\mathrm{d}z \right| = \left| \int_a^b f[z(t)]z'(t)\,\mathrm{d}t \right| \leqslant \int_a^b |f[z(t)]z'(t)|\,\mathrm{d}t.$$

因为当 $a \leqslant t \leqslant b$ 时，除可能的有限个点外，有

$$|f(z(t))z'(t)| = |f(z(t))||z'(t)| \leqslant M|z'(t)|,$$

所以

$$\left| \int_C f(z)\,\mathrm{d}z \right| \leqslant M \int_a^b |z'(t)|\,\mathrm{d}t.$$

由于上面不等式右端的积分表示 C 的长度 L（见 43 节），所以这就证明了不等式（6）. 当然，如果式（5）是严格的不等式，那最后得到的不等式也是严格的.

注意，由于 C 是一条围线并且 f 在 C 上分段连续，所以满足不等式（5）的数 M 总是存在的. 这是因为当 f 在 C 上连续时，实值函数 $|f(z(t))|$ 在闭区间 $a \leqslant t \leqslant b$ 上也是连续的，而连续函数在闭区间上总能取到最大值 M^*. 因此，当 f 在 C 上连续时，$|f(z)|$ 就总能在它上面取到最大值. 而当 f 在 C 上分段连续时，结果也是一样的.

例 1 设 C 是圆周 $|z| = 2$ 落在第一象限中的从 $z = 2$ 到 $z = 2i$ 的一段弧（见图 47）. 应用不等式（6）可以证明

$$\left| \int_C \frac{z-2}{z^4+1}\,\mathrm{d}z \right| \leqslant \frac{4\pi}{15}. \tag{7}$$

首先注意到，如果 z 是 C 上的一个点，那么就有 $|z| = 2$，从而

$$|z-2| = |z+(-2)| \leqslant |z| + |-2| = 4,$$

并且

$$|z^4+1| \geqslant ||z|^4-1| = 15.$$

因此，当 z 在 C 上时，

$$\left| \frac{z-2}{z^4+1} \right| = \frac{|z-2|}{|z^4+1|} \leqslant \frac{4}{15}.$$

记 $M = 4/15$，并注意到 $L = \pi$ 正是弧 C 的长度，我们就可以应用不等式（6）得到不等式（7）了.

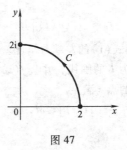

图 47

例 2 设 C_R 表示从 $z = R$ 到 $z = -R$ 的半圆周路径

$$z = Re^{i\theta} \quad (0 \leqslant \theta \leqslant \pi),$$

其中 $R > 3$（见图 48）. 不必计算积分值，我们就可以轻易地证明

---

* 例如，可参看 A. E. Taylor 和 W. R. Mann 合著的 "Advanced Calculus", 3d ed., pp. 86-90, 1983.

$$\lim_{R\to+\infty}\int_{C_R}\frac{(z+1)\,\mathrm{d}z}{(z^2+4)(z^2+9)}=0.\qquad(8)$$

为此，我们注意到如果 z 是 C_R 上的一个点，那么

$$|z+1|\leqslant|z|+1=R+1,$$
$$|z^2+4|\geqslant||z|^2-4|=R^2-4,$$

并且

$$|z^2+9|\geqslant||z^2|-9|=R^2-9.$$

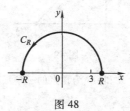

图 48

这也就意味着，如果 z 在 C_R 上并且 $f(z)$ 是积分(8)中的被积函数，那么就有

$$|f(z)|=\left|\frac{z+1}{(z^2+4)(z^2+9)}\right|=\frac{|z+1|}{|z^2+4||z^2+9|}\leqslant\frac{R+1}{(R^2-4)(R^2-9)}=M_R,$$

其中 M_R 可以看作是 $|f(z)|$ 在 C_R 上的一个上界. 由于半圆周的长度等于 πR，所以由本节的定理以及

$$M_R=\frac{R+1}{(R^2-4)(R^2-9)}\text{和}L=\pi R$$

便得到

$$\left|\int_{C_R}\frac{(z+1)\,\mathrm{d}z}{(z^2+4)(z^2+9)}\right|\leqslant M_R L,\qquad(9)$$

其中

$$M_R L=\frac{\pi(R^2+R)}{(R^2-4)(R^2-9)}\cdot\frac{\frac{1}{R^4}}{\frac{1}{R^4}}=\frac{\pi\left(\frac{1}{R^2}+\frac{1}{R^3}\right)}{\left(1-\frac{4}{R^2}\right)\left(1-\frac{9}{R^2}\right)}.$$

这就说明当 $R\to+\infty$ 时 $M_R L\to0$，于是由式(9)便得到极限(8).

练　习

1. 不计算积分直接证明：

（a）$\left|\int_C\frac{z+4}{z^3-1}\mathrm{d}z\right|\leqslant\frac{6\pi}{7}$；

（b）$\left|\int_C\frac{\mathrm{d}z}{z^2-1}\right|\leqslant\frac{\pi}{3}$.

其中 C 是第 47 节例 1 中的那条弧.

2. 设 C 表示从 $z=\mathrm{i}$ 到 $z=1$ 的直线段（见图49）. 不计算积分直接证明

$$\left| \int_C \frac{\mathrm{d}z}{z^4} \right| \le 4\sqrt{2}.$$

提示：注意，在线段上的所有点里面，中点与原点的距离是最近的，其距离是 $d = \sqrt{2}/2$.

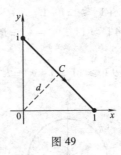

图 49

3. 证明：如果 C 表示以点 0，$3i$ 和 -4 为顶点的三角形的边界，取逆时针方向（见图 50），那么

$$\left| \int_C (e^z - \bar{z})\,\mathrm{d}z \right| \le 60.$$

提示：注意，当 $z = x + iy$ 时，$|e^z - \bar{z}| \le e^x + \sqrt{x^2 + y^2}$.

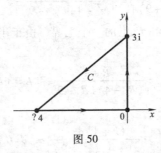

图 50

4. 设 C_R 表示圆周 $|z| = R(R > 2)$ 的上半部分，取逆时针方向. 证明：

$$\left| \int_{C_R} \frac{2z^2 - 1}{z^4 + 5z^2 + 4}\mathrm{d}z \right| \le \frac{\pi R(2R^2 + 1)}{(R^2 - 1)(R^2 - 4)}.$$

然后右端分子、分母同时除以 R^4，证明当 R 趋于无穷时积分值趋于零. （与第47节例2比较）.

5. 设 C_R 为圆周 $|z| = R(R > 1)$，取逆时针方向. 证明：

$$\left| \int_{C_R} \frac{\mathrm{Log}z}{z^2}\mathrm{d}z \right| < 2\pi\left(\frac{\pi + \ln R}{R} \right),$$

然后应用洛必达法则证明当 R 趋于无穷时积分值趋于零.

6. 设 C_ρ 表示圆周 $|z| = \rho(0 < \rho < 1)$，取逆时针方向，假设 $f(z)$ 在圆盘 $|z| \le 1$ 内解析. 证明：如果 $z^{-1/2}$ 表示 z 的幂函数的任意分支，那么存在一个与 ρ 无关的非负常数 M，使得

$$\left| \int_{C_\rho} z^{-1/2} f(z)\,\mathrm{d}z \right| \le 2\pi M \sqrt{\rho}.$$

然后证明当 ρ 趋于 0 时，此积分值也趋于 0.

提示：注意，因为 $f(z)$ 在圆盘 $|z| \le 1$ 上是解析的，因此是连续的，进而知道它在该圆盘上有界（见第18节）.

7. 应用第 47 节的不等式(1)证明：函数 *

$$P_n(x) = \frac{1}{\pi} \int_0^{\pi} \left(x + \mathrm{i}\sqrt{1-x^2}\cos\theta \right)^n \mathrm{d}\theta \quad (n = 0,1,2,\cdots)$$

对区间 $-1 \leqslant x \leqslant 1$ 上所有的 x 值满足 $|P_n(x)| \leqslant 1$.

8. 设 C_N 表示由直线

$$x = \pm \left(N + \frac{1}{2} \right)\pi \text{ 和 } y = \pm \left(N + \frac{1}{2} \right)\pi$$

所构成的正方形的边界，其中 N 是正整数，C_N 的方向为逆时针方向.

(a)在第 38 节练习 8(a)和练习 9(a)所得到的不等式

$$|\sin z| \geqslant |\sin x| \text{ 和 } |\sin z| \geqslant |\sinh y|$$

的辅助下证明：在该正方形的竖直边上 $|\sin z| \geqslant 1$，在水平边上 $|\sin z| > \sinh(\pi/2)$. 从而证明存在一个与 N 无关的正常数 A，使对围线 C_N 上的所有点 z 都有 $|\sin z| \geqslant A$ 成立.

(b)应用(a)的结果证明：

$$\left| \int_{C_N} \frac{\mathrm{d}z}{z^2 \sin z} \right| \leqslant \frac{16}{(2N+1)\pi A},$$

从而可知当 N 趋于无穷时积分值趋于零.

48. 原函数

虽然在一般情况下 $f(z)$ 从一个固定点 z_1 到另一个固定点 z_2 的围线积分与路径的选择有关，但是确实也有一些函数从 z_1 到 z_2 的积分与路径的选择无关.

第 45 节结尾处的叙述(a)和(b)提醒我们，事实上沿路径的积分值有时候等于零，但并不总是等于零. 下面的定理可用来确定何时积分与路径无关，或者说何时沿闭路径的积分为零.

此定理相当于微积分基本定理的推广，用它可以简化许多围线积分的计算. 此推广包含了开域 D 上的连续函数 $f(z)$ 的原函数(对 D 上的所有 z 满足 $F'(z) = f(z)$ 的函数 $F(z)$) 的概念. 注意，原函数必须是解析函数. 另外还要注意，函数 $f(z)$ 的原函数除了相差一个常数外是唯一的. 这是因为任意两个原函数的差 $F(z) - G(z)$ 的导数等于零，而根据 25 节的定理，如果一个函数在开域 D 上的导数处处为零，那么它在该开域上就恒为常数.

定理 假设函数 $f(z)$ 在开域 D 上连续，则下列论述相互等价：

(a)$f(z)$ 在 D 内有原函数 $F(z)$；

(b)$f(z)$ 沿着从固定点 z_1 到固定点 z_2 且含在 D 内的任意路径的积分都相同，也即

$$\int_{z_1}^{z_2} f(z)\,\mathrm{d}z = F(z) \bigg|_{z_1}^{z_2} = F(z_2) - F(z_1),$$

其中 $F(z)$ 就是(a)中所述的原函数；

---

* 这些函数实际上是关于 x 的多项式. 它们就是著名的勒让德多项式，并且在应用数学中具有重要的作用. 例如，可以参考附录 A 中所列出的本书作者的著作(2012). 在练习 7 中所用的 $P_n(X)$ 的表达式有时被称为拉普拉斯第一积分形式.

$(c) f(z)$ 沿着含在 D 内的任意闭围线的积分都为零.

应该强调的是，此定理并不是说对一个给定的函数 $f(z)$ 而言此三条论述中总有某一条是成立的. 它只是说这三条论述要么同时成立，要么同时不成立. 下一节我们将证明此定理，希望继续学习有关积分理论的其他重要方面内容的读者可以先跳过该定理的证明. 我们现在先引入几个例子以说明此定理是如何应用的.

例 1　连续函数 $f(z) = e^{\pi z}$ 在复平面上有原函数 $F(z) = e^{\pi z}/\pi$. 因此，

$$\int_i^{i/2} e^{\pi z} dz = \frac{e^{\pi z}}{\pi} \bigg|_i^{i/2} = \frac{1}{\pi}(e^{i\pi/2} - e^{i\pi}) = \frac{1}{\pi}(i + 1) = \frac{1}{\pi}(1 + i).$$

例 2　除原点外处处连续的函数 $f(z) = 1/z^2$ 在除去原点的复平面区域 $|z| > 0$ 内有原函数 $F(z) = -1/z$. 因此，

$$\int_C \frac{dz}{z^2} = 0,$$

其中 C 是正向单位圆周 $z = e^{i\theta}(-\pi \le \theta \le \pi)$.

注意，函数 $f(z) = 1/z$ 沿相同圆周的积分是不能用类似方法进行计算的. 因为，虽然 $\log z$ 的任意分支 $F(z)$ 的导数都是 $1/z$(33 节)，但是 $F(z)$ 沿着它的支割线是不可导的，甚至是没有定义的. 特别地，如果从原点出发的射线 $\theta = \alpha$ 被定义为支割线，那么 $F'(z)$ 在该射线与圆周 C 相交的地方是不存在的(见图 51). 因此 C 不含在满足 $F'(z) = 1/z$ 的任何开域内，从而我们不能直接使用原函数. 然而接下来的例 3 将说明如何使用两个不同的原函数的组合来计算 $f(z) = 1/z$ 沿 C 的积分.

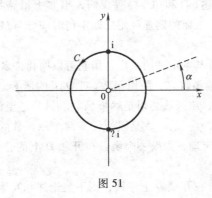

图 51

例 3　设 C_1 表示图 51 所示的圆周 C 的右半部分

$$z = e^{i\theta} \quad \left(-\frac{\pi}{2} \le \theta \le \frac{\pi}{2}\right).$$

我们用对数函数的主值支

$$\text{Log} z = \ln r + i\Theta \quad (r > 0, \ -\pi < \Theta < \pi)$$

作为函数 $1/z$ 的原函数来计算 $1/z$ 沿 C_1 的积分(见图 52)

$$\int_{C_1} \frac{dz}{z} = \int_{-i}^i \frac{dz}{z} = \text{Log} z \bigg|_{-i}^i = \text{Log}(i) - \text{Log}(-i) = \left(\ln 1 + i\frac{\pi}{2}\right) - \left(\ln 1 - i\frac{\pi}{2}\right) = \pi i.$$

接下来，设 C_2 表示同一个圆周 C 的左半部分

$$z = \mathrm{e}^{\mathrm{i}\theta} \quad \left(\frac{\pi}{2} \leqslant \theta \leqslant \frac{3\pi}{2}\right),$$

考虑对数函数的如下分支(见图 53)

$$\log z = \ln r + \mathrm{i}\theta \quad (r > 0,\ 0 < \theta < 2\pi).$$

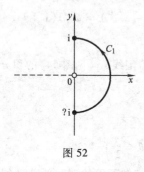

图 52

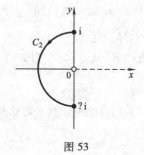

图 53

我们就有

$$\int_{C_2} \frac{\mathrm{d}z}{z} = \int_{\mathrm{i}}^{-\mathrm{i}} \frac{\mathrm{d}z}{z} = \log z \bigg|_{\mathrm{i}}^{-\mathrm{i}} = \log(-\mathrm{i}) - \log(\mathrm{i}) = \left(\ln 1 + \mathrm{i}\frac{3\pi}{2}\right) - \left(\ln 1 + \mathrm{i}\frac{\pi}{2}\right) = \pi\mathrm{i}.$$

这样就可以得到 $1/z$ 沿整个圆周 $C = C_1 + C_2$ 的积分值

$$\int_C \frac{\mathrm{d}z}{z} = \int_{C_1} \frac{\mathrm{d}z}{z} + \int_{C_2} \frac{\mathrm{d}z}{z} = \pi\mathrm{i} + \pi\mathrm{i} = 2\pi\mathrm{i}.$$

例 4 让我们使用原函数计算积分

$$\int_{C_1} z^{1/2} \mathrm{d}z, \tag{1}$$

其中被积函数是平方根函数的如下分支

$$f(z) = z^{1/2} = \exp\left(\frac{1}{2}\log z\right) = \sqrt{r}\,\mathrm{e}^{\mathrm{i}\theta/2} \quad (r > 0,\ 0 < \theta < 2\pi), \tag{2}$$

C_1 是从 $z = -3$ 到 $z = 3$ 且在 x 轴上方的任意不含端点的围线(见图 54).

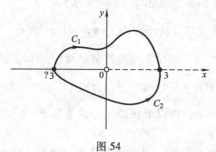

图 54

虽然此被积函数在 C_1 上分段连续，从而可知积分存在，但是 $z^{1/2}$ 的分支(2)在射线 $\theta = 0$ 上，特别地，在点 $z = 3$ 处无定义. 但是被积函数的另一个分支

$$f_1(z) = \sqrt{r}\,\mathrm{e}^{\mathrm{i}\theta/2} \quad \left(r > 0,\ -\frac{\pi}{2} < \theta < \frac{3\pi}{2}\right)$$

是在整个 C_1 上有定义且处处连续的. $f_1(z)$ 在 C_1 上除 $z = 3$ 之外的所有点的取值与我们的被积函数 (2) 是一致的，因此被积函数可以用 $f_1(z)$ 来代替. 因为

$$F_1(z) = \frac{2}{3}z^{3/2} = \frac{2}{3}r\sqrt{r}\,e^{i3\theta/2} \quad \left(r > 0, \ -\frac{\pi}{2} < \theta < \frac{3\pi}{2}\right)$$

是 $f_1(z)$ 的一个原函数，所以可以得到

$$\int_{C_1} z^{1/2}\,dz = \int_{-3}^{3} f_1(z)\,dz = F_1(z)\,\Big|_{-3}^{3} = 2\sqrt{3}\,(e^{i0} - e^{i3\pi/2}) = 2\sqrt{3}\,(1 + i).$$

（与第 46 节例 1 比较）.

函数 (2) 沿从 $z = -3$ 到 $z = 3$ 且在 x 轴下方的任意围线 C_2（见图 54）的积分

$$\int_{C_2} z^{1/2}\,dz$$

可以用类似的方法来计算. 对这种情况，我们可以用分支

$$f_2(z) = \sqrt{r}\,e^{i\theta/2} \quad \left(r > 0, \ \frac{\pi}{2} < \theta < \frac{5\pi}{2}\right)$$

来代替原来的被积函数，此分支在 $z = -3$ 以及 C_2 的实轴下面的那一部分上的取值是与原被积函数一致的. 这样我们就可以使用 $f_2(z)$ 的一个原函数来计算积分 (3). 具体的计算细节留为练习.

49. 定理的证明

为了证明第 48 节所述的定理，只要证明 (a) 蕴含 (b)，(b) 蕴含 (c)，以及 (c) 蕴含 (a) 就可以了. 因此就像第 48 节所指出的那样，这三者要么同时成立，要么同时不成立.

（a）蕴含（b）

我们首先假设 (a) 成立，或者说 $f(z)$ 在所考虑的开域 D 上有原函数 $F(z)$. 为了说明 (b) 也成立，我们需要证明积分值与含在 D 内的路径的选择无关以及微积分基本定理可以推广应用于 $F(z)$. 如果 C 是一条从点 z_1 到点 z_2 且含于 D 内的光滑弧，其参数表示是 $z = z(t)\,(a \le t \le b)$，那么由第 43 节练习 5 可知

$$\frac{\mathrm{d}}{\mathrm{d}t}F\,(z(t)) = F'\,(z(t))\,z'(t) = f\,(z(t))z'(t) \quad (a \le t \le b).$$

由于微积分基本定理可以推广到单实变量复值函数（见第 42 节），所以

$$\int_C f(z)\,\mathrm{d}z = \int_a^b f(z(t))z'(t)\,dt = F(z(t))\,\Big|_a^b = F(z(b)) - F[z(a)].$$

又因为 $z(b) = z_2$ 和 $z(a) = z_1$，所以此围线积分的值等于

$$F(z_2) - F(z_1),$$

并且显然此积分值与围线 C 无关，只要 C 是从点 z_1 到点 z_2 且含于 D 内的围线. 这也就是说，当 C 是光滑弧时我们有

$$\int_{z_1}^{z_2} f(z)\,\mathrm{d}z = F(z_2) - F(z_1) = F(z)\,\Big|_{z_1}^{z_2}. \tag{1}$$

当 C 是含于 D 内的任意不一定为光滑的围线时，式 (1) 也是成立的. 这是因为如果 C

由有限条分别从点 z_k 到 z_{k+1} 的光滑弧 $C_k(k=1, 2, \cdots, n)$ 所构成，那么

$$\int_C f(z)\,\mathrm{d}z = \sum_{k=1}^n \int_{C_k} f(z)\,\mathrm{d}z = \sum_{k=1}^n \int_{z_k}^{z_{k+1}} f(z)\,\mathrm{d}z = \sum_{k=1}^n \big[\,F(z_{k+1}) - F(z_k)\,\big].$$

由于上式最后的和可以简写为 $F(z_{n+1}) - F(z_1)$，所以最后可以得到

$$\int_C f(z)\,\mathrm{d}z = F(z_{n+1}) - F(z_1).$$

（与第 45 节例 2 比较）这样我们就证明了（a）蕴含（b）.

（b）蕴含（c）

为了看出（b）蕴含（c），我们现在证明如果积分与路径无关，那么沿含在 D 内的任意闭围线的函数 $f(z)$ 的积分都为零. 为此，设 z_1 和 z_2 表示含在 D 内的任意闭围线 C 上的两点，这样我们就得到两条分别以 z_1 和 z_2 为公共起点和终点的路径 C_1 和 C_2，使 $C = C_1 - C_2$（见图 55）. 假设在 D 内积分与路径的选择无关，那么就有

$$\int_{C_1} f(z)\,\mathrm{d}z = \int_{C_2} f(z)\,\mathrm{d}z, \tag{2}$$

或者记作

$$\int_{C_1} f(z)\,\mathrm{d}z + \int_{-C_2} f(z)\,\mathrm{d}z = 0. \tag{3}$$

也就是说，$f(z)$ 沿闭围线 $C = C_1 - C_2$ 的积分为零.

（c）蕴含（a）

剩下的就是要证明如果在 D 内 $f(z)$ 沿任意闭围线的积分总为零，那么 $f(z)$ 在 D 上有原函数. 假设 $f(z)$ 沿任意闭围线的积分总为零，我们先来证明在 D 内积分与路径无关. 设 C_1 和 C_2 表示含在 D 内的从点 z_1 到点 z_2 的任意两条围线. 由于在 D 内 $f(z)$ 沿任意闭围线的积分为零，所以式（3）成立（见图 55），从而式（2）成立. 这说明积分与路径无关，我们就可以在 D 上定义函数

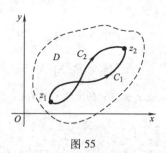

图 55

$$F(z) = \int_{z_0}^z f(s)\,\mathrm{d}s.$$

只要我们证明 $F'(z) = f(z)$ 在 D 内处处成立，就完成了定理的证明. 为此，设 $z + \Delta z$ 是不同于 z 且在 z 的充分小的含于 D 的邻域内的任意一点. 那么

$$F(z + \Delta z) - F(z) = \int_{z_0}^{z+\Delta z} f(s)\,\mathrm{d}s - \int_{z_0}^z f(s)\,\mathrm{d}s = \int_z^{z+\Delta z} f(s)\,\mathrm{d}s,$$

其中的积分路径可以选择直线段（见图 56）. 因为

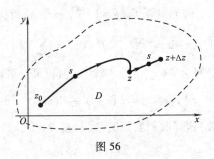

图 56

$$\int_z^{z+\Delta z} \mathrm{d}s = \Delta z,$$

（见第 46 节练习 5），所以可以得到

$$f(z) = \frac{1}{\Delta z} \int_z^{z+\Delta z} f(z)\,\mathrm{d}s,$$

从而有

$$\frac{F(z+\Delta z) - F(z)}{\Delta z} - f(z) = \frac{1}{\Delta z} \int_z^{z+\Delta z} [f(s) - f(z)]\,\mathrm{d}s.$$

由于 f 在点 z 连续，所以对任意的正数 ε，都存在一个正数 δ 使得只要 $|s-z| < \delta$ 就有

$$|f(s) - f(z)| < \varepsilon.$$

因此，只要点 $z+\Delta z$ 充分接近 z，使得 $|\Delta z| < \delta$，那么就有

$$\left| \frac{F(z+\Delta z) - F(z)}{\Delta z} - f(z) \right| < \frac{1}{|\Delta z|} \varepsilon |\Delta z| = \varepsilon,$$

即

$$\lim_{\Delta z \to 0} \frac{F(z+\Delta z) - F(z)}{\Delta z} = f(z),$$

或者

$$F'(z) = f(z).$$

练　习

1. 用原函数证明：对所有从点 z_1 到点 z_2 的围线 C 都有

$$\int_C z^n \mathrm{d}z = \frac{1}{n+1}(z_2^{n+1} - z_1^{n+1}) \quad (n = 0,1,2,\cdots).$$

2. 通过找出被积函数的原函数，计算下列积分. 其中积分路径是连接积分上、下限的任意围线.

(a) $\displaystyle\int_0^{1+i} z^2\,\mathrm{d}z$；

(b) $\displaystyle\int_0^{\pi+2i} \cos\left(\frac{z}{2}\right)\mathrm{d}z$；

(c) $\displaystyle\int_1^3 (z-2)^3\,\mathrm{d}z$.

答案：(a) $\dfrac{2}{3}(-1+i)$； (b) $e+(1/e)$； (c) 0.

3. 应用第 48 节的定理证明：
$$\int_{C_0} (z-z_0)^{n-1} dz = 0 \quad (n = \pm 1, \pm 2, \cdots).$$
其中 C_0 是不经过点 z_0 的任意闭围线.（对比 46 节的练习题 13）.

4. 找出第 48 节例 4 中的函数 $z^{1/2}$ 的分支 $f_2(z)$ 的一个原函数 $F_2(z)$，证明：积分（3）的值为 $2\sqrt{3}(-1+i)$. 注意，那个例子中的函数（2）沿闭围线 $C_2 - C_1$ 的积分值为 $-4\sqrt{3}$.

5. 证明：
$$\int_{-1}^{1} z^i dz = \frac{1+e^{-\pi}}{2}(1-i),$$
其中被积函数表示 z^i 的主值支
$$z^i = \exp(i\operatorname{Log}z) \quad (|z| > 0, \ -\pi < \operatorname{Arg}z < \pi),$$
积分路径是从 $z = -1$ 到 $z = 1$ 且在实轴上方的不含端点的任意围线.（对比第 46 节练习 6）.

提示：使用同一幂函数的分支
$$z^i = \exp(i\log z) \quad \left(|z| > 0, \ -\frac{\pi}{2} < \arg z < \frac{3\pi}{2}\right)$$
的原函数.

50. 柯西 – 古萨定理

在第 48 节我们看到，如果一个函数 f 在开域 D 上有原函数，那么它沿 D 内任意闭围线的积分都为零. 本节我们将介绍一个定理，它给出了保证一个函数沿简单闭围线（见第 43 节）的积分等于零的其他条件. 这条定理在单复变函数论中具有核心的地位，有关它在一些特殊区域上的推广形式将在 52 节和 53 节给出.

设 C 表示一条正向（逆时针方向）的简单闭围线 $z = z(t)$ $(a \le t \le b)$，并且假设函数 f 在 C 的内部以及 C 上的每一点都解析. 根据第 44 节所述可知
$$\int_C f(z)\,dz = \int_a^b f(z(t))z'(t)\,dt, \tag{1}$$
并且如果
$$f(z) = u(x, y) + iv(x, y), \ z(t) = x(t) + iy(t),$$
那么式（1）中的被积函数 $f(z(t))z'(t)$ 就是关于变量 t 的函数
$$u(x(t), y(t)) + iv(x(t), y(t)) \ \text{和} \ x'(t) + iy'(t)$$
的乘积. 因此，
$$\int_C f(z)\,dz = \int_a^b (ux' - vy')\,dt + i\int_a^b (vx' + uy')\,dt. \tag{2}$$
然后依据二元实变量实值函数的线积分可知
$$\int_C f(z)\,dz = \int_C u\,dx - v\,dy + i\int_C v\,dx + u\,dy. \tag{3}$$
注意，式（3）可以通过把左边的 $f(z)$ 和 dz 分别替换为二项式
$$u + iv \ \text{和} \ dx + idy,$$

然后将乘积展开得到. 当然，当 C 是任意围线，而不必是光滑的简单闭围线，并且 $(f(z(t)))$ 只在它上面分段连续时，式(3)也是成立的.

下面回忆微积分中的相关结果，以使我们能够将式(3)右端的线积分表达成二重积分. 假设两个实值函数 $P(x, y)$ 和 $Q(x, y)$ 以及它们的一阶偏导数都在由简单闭围线 C 及其内部所构成的闭域 R 上连续. 那么格林定理表明，

$$\int_C P\mathrm{d}x + Q\mathrm{d}y = \iint_R (Q_x - P_y)\mathrm{d}A.$$

由于 f 在 R 上解析，所以在其上连续. 因此函数 u 和 v 都在 R 上连续. 同样，如果 f 的导数 f' 在 R 上连续，那么 u 和 v 的一阶偏导数也其上连续. 从而利用格林定理就可以将式(3)写为

$$\int_C f(z)\mathrm{d}z = \iint_R (-v_x - u_y)\mathrm{d}A + \mathrm{i}\iint_R (u_x - v_y)\mathrm{d}A. \tag{4}$$

但是，由柯西-黎曼方程

$$u_x = v_y, \quad u_y = -v_x$$

可知，这两个二重积分的被积函数在 R 上都为零. 因此，当 f 在 R 上解析且 f' 在其上连续时，有

$$\int_C f(z)\mathrm{d}z = 0. \tag{5}$$

此结果是由柯西在 19 世纪前期所得到的.

注意到，一旦证明了此积分值等于零，那么 C 的方向便不再重要了. 也就是说，当 C 被取定为顺时针方向时，式(5)依然是成立的，这是因为

$$\int_C f(z)\mathrm{d}z = -\int_{-C} f(z)\mathrm{d}z = 0.$$

例 如果 C 是任意一条简单闭围线，那么不论沿什么方向，都有

$$\int_C \sin(z^2)\mathrm{d}z = 0.$$

这是因为复合函数 $f(z) = \sin(z^2)$ 处处解析，它的导数 $f'(z) = 2z\cos(z^2)$ 处处连续.

古萨[*]首次证明了 f' 连续这个条件是可以去掉的. 这个条件的去掉是相当重要的，例如，它将能使我们证明一个解析函数 f 的导数 f' 还是解析的，而 f' 的连续性不再是其中的前提条件，而是自然的推论. 我们现在叙述柯西结论的改进形式，即柯西-古萨定理.

定理 如果函数 f 在一条简单闭围线 C 及其内部的所有点处都解析，那么

$$\int_C f(z)\mathrm{d}z = 0.$$

定理的证明将在下一节给出，特别地，到时我们会假设 C 是正向的. 希望直接接受此定理而不想了解其证明过程的读者可以直接跳到第 52 节.

---

[*] E. Goutsat (1858—1936)，可音译成古萨.

51. 定理的证明

由于柯西-古萨定理的证明过程很长，因此我们把整个证明分成三个部分．建议读者在继续阅读下一个证明部分之前先理解并掌握好前面的每一部分．

一个预备引理

首先，我们先给出一个在证明柯西-古萨定理时需要用到的引理．在此引理中，我们将正向的简单闭围线 C 及其内部的点所构成的区域 R 分割成子区域．为此，分别画出平行于实轴和虚轴的等间隔直线簇，并且使相邻竖直线间的距离与相邻水平线间的距离相等．这样我们就得到了有限个闭正方形子区域，并且，R 中的每一点都至少处在一个这样的子区域中，同时每个子区域都含有 R 中的点．以后我们将这些正方形子区域简称为正方形，并且要时刻注意我们所说的正方形是包括边界及其内部所有点的．如果某一个正方形中含有 R 以外的点，那我们就将那些点去掉，而将剩下的部分称为残缺正方形．这样我们就用有限个正方形和残缺正方形覆盖了区域 R（见图 57），并且我们对下述引理的证明就由此覆盖开始．

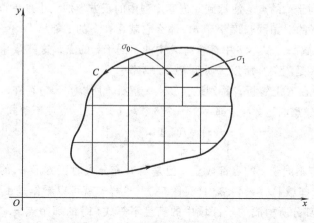

图 57

引理　设 f 在由正向的简单闭围线 C 及其内部的点所构成的闭区域 R 上解析．那么对任意正数 ε，区域 R 都可以被有限个正方形和残缺正方形（标记为 $j = 1, 2, \cdots, n$）所覆盖，并且在每个正方形或残缺正方形中都存在一点 z_j 使不等式

$$\left| \frac{f(z) - f(z_j)}{z - z_j} - f'(z_j) \right| < \varepsilon \tag{1}$$

对该正方形或残缺正方形中的所有不同于 z_j 的点都成立．

在开始证明此引理之前，我们考虑一下这样一种可能性：在陈述引理之前所构造的覆盖中，有一些正方形或残缺正方形，其中不存在点 z_j 使不等式（1）对该正方形或残缺正方形中的其他所有点 z 都成立．如果这样的子区域是个正方形，我们就用直线段连接对边中点构造出四个更小的正方形（见图 57）．如果这样的子区域是残缺正方形，我们就用同样的方法处理它所处的那个完整正方形，然后将位于 R 外面的部分去掉．如果在这些小子区域中仍然存在一些子区域，使得其中不存在点 z_j 使不等式 (1) 对该子区域中的其他所有点 z 都成立，我们就继续构造更小的正方形或残缺正方形．如此继续，经过有限步骤之后，区域 R 就会被有限个正方形和残缺正方形所覆盖，并且它们能使引理成立．

为了证明这些，我们先假设对其中一个原始子区域经过有限次分割之后，仍有一些小子区域不含有所需的点 z_j，然后再导出矛盾．如果此子区域为正方形，我们就用 σ_0 来表示它；如果此子区域是残缺正方形，我们就用 σ_0 表示它所在的那个完整正方形．在分割 σ_0 所得到的四个小正方形中，至少有一个含有 R 中的点，但是其中不存在合适的点 z_j 的小正方形，记作 σ_1．然后我们分割 σ_1 并按此方式继续下去．其中可能会在分割某个 $\sigma_{k-1}(k=1, 2, \cdots)$ 之后，得到不止一个可以选来继续构造的小正方形．这时候，我们将位于最下、最右的那一个选作 σ_k．

运用这种方式我们可以构造出一个无穷嵌套的正方形序列

$$\sigma_0, \ \sigma_1, \ \sigma_2, \ \cdots, \ \sigma_{k-1}, \ \sigma_k, \ \cdots, \tag{2}$$

容易证明 (53 节练习 9) 存在点 z_0 属于每一个 σ_k，并且此序列中的每个正方形都含有 R 中的不同于 z_0 的点．注意到此嵌套序列中的正方形的大小是单调递减的，并且只要其中正方形的对角线长度小于 δ，那么它就含在 z_0 的 δ 邻域 $|z-z_0| < \delta$ 中．因此 z_0 的每一个 δ 邻域 $|z-z_0| < \delta$ 中都含有 R 中的不同于 z_0 的点，这就意味着 z_0 是 R 的一个聚点．由于 R 是闭集，所以 z_0 属于 R(见 12 节)．

由于函数 f 在 R 上解析，特别地，在点 z_0 解析，所以 $f'(z_0)$ 存在．根据导数的定义 (19 节)，对任意的正数 ε，都存在一个 δ 邻域 $|z-z_0| < \delta$ 使不等式

$$\left| \frac{f(z)-f(z_0)}{z-z_0} - f'(z_0) \right| < \varepsilon$$

对该邻域内所有不同于 z_0 的点都成立．但是当 K 充分大时正方形 σ_K 的对角线会小于 δ，从而 σ_K 含于邻域 $|z-z_0| < \delta$ 内(见图 58)．这样 z_0 就可以看作是由正方形 σ_K 或者正方形 σ_K 的一部分所构成的子区域中的满足不等式 (1) 的那个点 z_j．由于这与序列 (2) 的生成方式相违背，所以我们就不需要再对 σ_K 进行分割了．这样我们得到了一个矛盾，于是也就完成了引理的证明．

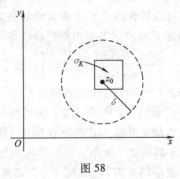

图 58

积分的模的一个上界

继续假设 f 在由正向的简单闭围线 C 及其内部的点所构成的闭区域 R 上解析，我们现在开始证明柯西-古萨定理，即

$$\int_C f(z)\,\mathrm{d}z = 0. \tag{3}$$

任意给定一个正数 ε，我们考虑引理所述的关于 R 的覆盖. 在第 j 个正方形或残缺正方形上定义函数 $\delta_j(z)$，使 $\delta_j(z_j)=0$，并且

$$\delta_j(z) = \frac{f(z)-f(z_j)}{z-z_j} - f'(z_j),\quad z \neq z_j, \tag{4}$$

其中 z_j 是不等式(1)中的固定点. 根据不等式(1)，可知对 $\delta_j(z)$ 所定义的子区域上的所有点 z 都有

$$|\delta_j(z)| < \varepsilon \tag{5}$$

成立. 另外，由于 $f(z)$ 在该子区域上连续并且

$$\lim_{z \to z_j} \delta_j(z) = f'(z_j) - f'(z_j) = 0,$$

所以 $\delta_j(z)$ 在整个子区域上连续.

接下来，我们设 $C_j(j=1,2,\cdots,n)$ 表示覆盖 R 的正方形或残缺正方形的正向边界. 根据 $\delta_j(z)$ 的定义，f 在 C_j 上的点 z 处的值可以写成

$$f(z) = f(z_j) - z_j f'(z_j) + f'(z_j)z + (z-z_j)\delta_j(z),$$

这就意味着

$$\int_{C_j} f(z)\,\mathrm{d}z = [f(z_j) - z_j f'(z_j)]\int_{C_j}\mathrm{d}z + f'(z_j)\int_{C_j} z\,\mathrm{d}z + \int_{C_j}(z-z_j)\delta_j(z)\,\mathrm{d}z. \tag{6}$$

然而由于常数函数 1 和 z 在有限平面上处处有原函数，所以

$$\int_{C_j}\mathrm{d}z = 0 \text{ 和}\int_{C_j} z\,\mathrm{d}z = 0,$$

这样式(6)就简化为

$$\int_{C_j} f(z)\,\mathrm{d}z = \int_{C_j}(z-z_j)\delta_j(z)\,\mathrm{d}z \quad (j=1,2,\cdots,n). \tag{7}$$

式(7)左端的 n 个积分的和可以写成

$$\sum_{j=1}^{n}\int_{C_j} f(z)\,\mathrm{d}z = \int_C f(z)\,\mathrm{d}z,$$

这是因为 f 沿一个子区域的边界线段的某方向积分时，也会沿相邻子区域的同一条边界线段的相反方向积分(见图59)，这样沿着毗邻子区域的共同边界的两个积分就会相互抵消. 最后只有沿着弧 C 的那一部分积分得以保留. 因此，由式(7)可得

$$\int_C f(z)\,\mathrm{d}z = \sum_{j=1}^{n}\int_{C_j}(z-z_j)\delta_j(z)\,\mathrm{d}z,$$

从而

$$\left|\int_C f(z)\,\mathrm{d}z\right| \leqslant \sum_{j=1}^{n}\left|\int_{C_j}(z-z_j)\delta_j(z)\,\mathrm{d}z\right|. \tag{8}$$

结论

我们现在应用 47 节的定理来找出不等式（8）右边的每个模的上界。为此，首先忆起每个 C_j 要么是完整正方形，要么是残缺正方形。无论哪一种情况，我们都令 s_j 表示 C_j 所在的正方形的边长。由于在第 j 个积分中，变量 z 和点 z_j 都在正方形上，所以

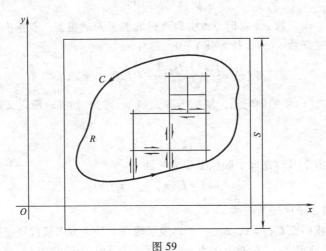

图 59

$$|z - z_j| \leqslant \sqrt{2} s_j.$$

然后由不等式（5）可知不等式（8）右端的每个被积函数都满足

$$|(z - z_j)\delta_j(z)| = |z - z_j||\delta_j(z)| < \sqrt{2} s_j \varepsilon. \tag{9}$$

至于路径 C_j，如果它是正方形的边界，那么它的长度就等于 $4s_j$。此时，我们用 A_j 表示该正方形的面积，这样就有

$$\left|\int_{C_j}(z - z_j)\delta_j(z)\,\mathrm{d}z\right| < \sqrt{2} s_j \varepsilon 4 s_j = 4\sqrt{2} A_j \varepsilon. \tag{10}$$

如果 C_j 是一个残缺正方形的边界，那么它的长度不会超过 $4s_j + L_j$，其中 L_j 是 C_j 与 C 重合部分的长度。仍用 A_j 表示整个小正方形的面积，我们就得到

$$\left|\int_{C_j}(z - z_j)\delta_j(z)\,\mathrm{d}z\right| < \sqrt{2} s_j \varepsilon(4 s_j + L_j) < 4\sqrt{2} A_j \varepsilon + \sqrt{2} S L_j \varepsilon, \tag{11}$$

其中 S 表示能包住围线 C 以及所有原来用于覆盖 R 的小正方形（见图 59）的正方形的边长。注意到所有 A_j 的和不会超过 S^2。

若用 L 表示围线 C 的长度，那么由不等式（8），不等式（10）以及不等式（11）可以得到

$$\left|\int_C f(z)\,\mathrm{d}z\right| < (4\sqrt{2} S^2 + \sqrt{2} SL)\varepsilon.$$

由于正数 ε 是任意的，所以我们可以使上面最后一个不等式的右端任意小。而不等式的左端与 ε 无关，因此必等于零，从而便得到式（3）。这样就完成了柯西-古萨定理的证明。

52. 单连通区域

一个单连通区域 D 指的是含于其内的每一条简单闭围线所包住的区域都只含有 D 中的点的那类区域. 一条简单闭围线及其内部的所有点所组成的点集就是一个单连通区域. 但是, 两个同心圆之间的环域不是单连通的. 非单连通区域将在下一节进行讨论.

当柯西-古萨定理(见第 50 节)应用在单连通区域时, 其中的闭围线不必是简单的. 更确切地说, 其中的围线可以自交. 下述定理就考虑了这种可能性.

定理　如果函数 f 在一个单连通区域 D 内解析, 那么对含于 D 内的任意闭围线 C 都有

$$\int_C f(z)\,\mathrm{d}z = 0 . \tag{1}$$

如果 C 是简单闭围线或者只自交了有限次的闭围线, 那么证明是简单的. 因为如果 C 含于 D 内且是简单的, 那么函数 f 在 C 及其内部的所有点处都解析, 这样柯西-古萨定理就可以保证式(1)成立. 此外, 如果 C 是自交了有限次的闭围线, 那么就可以认为它由有限条简单闭围线所组成, 这种情况在图 60 中进行了解释, 其中的两个简单闭围线 C_1 和 C_2 组成了 C. 由于不管 C_1 和 C_2 的定向如何, 沿着它们的积分值都为零, 所以根据柯西-古萨定理可得

$$\int_C f(z)\,\mathrm{d}z = \int_{C_1} f(z)\,\mathrm{d}z + \int_{C_2} f(z)\,\mathrm{d}z = 0 .$$

如果闭围线有无限多个自交点, 那么证明就会变得很微妙. 第 53 节练习 5 说明了有一种方法在某些特殊情况下可以证明此定理在闭围线有无限多个自交点时依然是可以应用的[*].

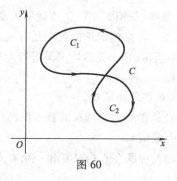

图 60

例　若 C 表示含于开圆盘 $|z| < 2$ (见图 61)内的任意闭围线, 则

$$\int_C \frac{\sin z}{(z^2 + 9)^5}\mathrm{d}z = 0 .$$

---

[*] 此定理涉及的更一般的可求长路径时的证明可以参看附录 A 所列 Markushevich 的书的第 1 卷的 63-65 节.

这是因为此圆盘是一个单连通区域，并且被积函数的两个奇点 $z = \pm 3i$ 都在该圆盘之外.

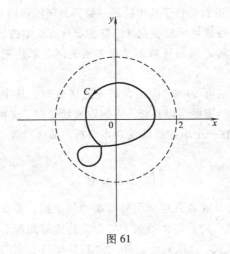

图 61

推论1 在单连通区域 D 上解析的函数 f 在 D 内必处处有原函数.

我们现在证明此推论. 首先注意到如果 f 在 D 上解析，那么它就在 D 上连续. 由于式(1)对推论所假设的函数以及 D 内任意闭围线 C 成立，所以根据第48节的定理可知 f 在 D 内处处有原函数.

推论2 整函数总有原函数.

此推论可以由推论1得出，并且，事实上有限复平面就是一个单连通区域.

53. 多连通区域

如果一个区域不是单连通的(见第52节)，那就称为多连通的. 下述定理是柯西-古萨定理在多连通区域上的推广. 虽然定理的叙述是有关 n 个围线 $C_k(k = 1, 2, \cdots, n)$ 的，但是我们将在图62中所示的 $n = 2$ 的情况下进行定理的证明.

定理 假设

(a) C 是一条逆时针方向的简单闭围线；

(b) $C_k(k = 1, 2, \cdots, n)$ 是在 C 内部的顺时针方向的简单闭围线，它们互不相交且它们的内部没有公共点(见图62).

如果函数 f 在所有这些围线以及由既在 C 内又在每一个 C_k 外的所有点组成的多连通区域上解析，那么

$$\int_C f(z)\,\mathrm{d}z + \sum_{k=1}^{n} \int_{C_k} f(z)\,\mathrm{d}z = 0. \tag{1}$$

注意到在式(1)中，每一条积分路径的定向都使得多连通区域位于该路径的左侧.

为了证明该定理，我们引入由有限条直线段首尾相连所组成的折线 L_1，使之连接外围线 C 和内围线 C_1. 然后我们继续引入折线 L_2，使之连接 C_1 和 C_2，如此继续，

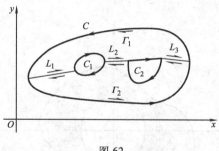

图 62

最后引入折线 L_{n+1}，使之连接 C_n 和 C. 如图 62 中的单向箭头所示，我们得到两条简单闭围线 Γ_1 和 Γ_2，其中每一条都由折线 L_k 或 $-L_k$ 以及 C 和 C_k 的一部分所组成. 围线的定向使得它们所包住的点全在它们的左侧. 从而可以在 Γ_1 和 Γ_2 上对 f 应用柯西-古萨定理，f 在两条闭围线上的积分之和等于零. 由于在每一条 L_k 上沿着相反方向的积分都抵消了，所以最后只剩下沿 C 和 C_k 的积分，这样我们就得到了式(1).

推论 设 C_1 和 C_2 都表示正向的简单闭围线，其中 C_1 在 C_2 的内部(见图 63). 如果函数 f 在由此两条闭围线以及它们之间的所有点所组成的闭区域上解析，那么

$$\int_{C_2} f(z)\, dz = \int_{C_1} f(z)\, dz. \tag{2}$$

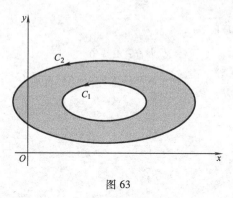

图 63

此推论就是著名的路径变形原理. 它告诉我们，如果 C_1 可以经由 f 的解析区域连续地变形为 C_2，那么 f 在 C_1 上的积分值保持不变. 为证明此推论，我们只要将等式(2)写成

$$\int_{C_2} f(z)\, dz + \int_{-C_1} f(z)\, dz = 0,$$

并应用前述定理就行了.

例 如果 C 是任意一条包含原点的正向简单闭围线，那么应用推论可以证明

$$\int_C \frac{dz}{z} = 2\pi i.$$

具体来说，我们构造一个圆心在原点，半径充分小以至整个圆周都含在 C 内的正向

圆周 C_0（见图 64）. 因为（见 46 节练习 13）

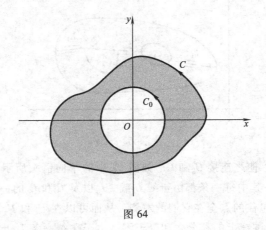

图 64

$$\int_{C_0} \frac{\mathrm{d}z}{z} = 2\pi\mathrm{i},$$

并且除了点 $z=0$ 外 $1/z$ 处处解析，所以马上可以得到所要的结果.

注意，也可以使 C_0 的半径充分大，以至 C 完全含在 C_0 内.

练　习

1. 应用柯西-古萨定理证明：

$$\int_C f(z)\,\mathrm{d}z = 0,$$

其中围线 C 指单位圆周 $|z|=1$，方向可以取任意方向. $f(z)$ 分别为

(a) $f(z) = \dfrac{z^2}{z+3}$；

(b) $f(z) = z\mathrm{e}^{-z}$；

(c) $f(z) = \dfrac{1}{z^2+2z+2}$；

(d) $f(z) = \mathrm{sech}\, z$；

(e) $f(z) = \tan z$；

(f) $f(z) = \mathrm{Log}(z+2)$.

2. 设 C_1 表示由直线 $x = \pm 1$，$y = \pm 1$ 所围成的正方形的正向边界，C_2 表示正向圆周 $|z| = 4$（见图 65）. 应用第 53 节的推论说明为什么当

(a) $f(z) = \dfrac{1}{3z^2+1}$；

(b) $f(z) = \dfrac{z+2}{\sin(z/2)}$；

(c) $f(z) = \dfrac{z}{1-\mathrm{e}^z}$

时，都有

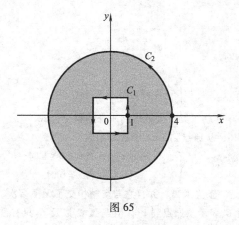

图 65

$$\int_{C_1} f(z)\,\mathrm{d}z = \int_{C_2} f(z)\,\mathrm{d}z.$$

3. 根据第 46 节练习 13，如果 C_0 表示正向圆周 $|z - z_0| = R$，那么

$$\int_{C_0} (z - z_0)^{n-1}\mathrm{d}z = \begin{cases} 0 & \text{当 } n = \pm 1,\ \pm 2,\cdots \text{ 时,} \\ 2\pi\mathrm{i} & \text{当 } n = 0 \text{ 时.} \end{cases}$$

应用这个结果以及第 53 节的推论证明：如果 C 是矩形 $0 \leqslant x \leqslant 3$，$0 \leqslant y \leqslant 2$ 的正向边界，那么

$$\int_C (z - 2 - \mathrm{i})^{n-1}\mathrm{d}z = \begin{cases} 0 & \text{当 } n = \pm 1,\ \pm 2,\cdots \text{ 时,} \\ 2\pi\mathrm{i} & \text{当 } n = 0 \text{ 时.} \end{cases}$$

4. 应用下述方法导出积分公式

$$\int_0^{+\infty} \mathrm{e}^{-x^2}\cos 2bx\,\mathrm{d}x = \frac{\sqrt{\pi}}{2}\mathrm{e}^{-b^2} \quad (b > 0).$$

（a）证明：e^{-z^2} 沿着图 66 中的矩形的上、下水平边的积分之和可以写成

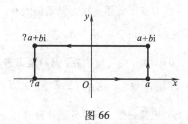

图 66

$$2\int_0^a \mathrm{e}^{-x^2}\mathrm{d}x - 2\mathrm{e}^{b^2}\int_0^a \mathrm{e}^{-x^2}\cos 2bx\,\mathrm{d}x,$$

沿着左、右竖直边的积分之和可以写成

$$\mathrm{i}\mathrm{e}^{-a^2}\int_0^b \mathrm{e}^{y^2}\mathrm{e}^{-\mathrm{i}2ay}\mathrm{d}y - \mathrm{i}\mathrm{e}^{-a^2}\int_0^b \mathrm{e}^{y^2}\mathrm{e}^{\mathrm{i}2ay}\mathrm{d}y.$$

从而，应用柯西-古萨定理证明：

$$\int_0^a \mathrm{e}^{-x^2}\cos 2bx\,\mathrm{d}x = \mathrm{e}^{-b^2}\int_0^a \mathrm{e}^{-x^2}\mathrm{d}x + \mathrm{e}^{-(a^2+b^2)}\int_0^b \mathrm{e}^{y^2}\sin 2ay\,\mathrm{d}y.$$

（b）应用[*]

$$\int_0^{+\infty} e^{-x^2} dx = \frac{\sqrt{\pi}}{2},$$

并注意到

$$\left| \int_0^b e^{y^2} \sin 2ay dy \right| \leqslant \int_0^b e^{y^2} dy,$$

在（a）的最后一个公式中令 a 趋于无穷大就得到所求的积分公式.

5. 根据第43节练习6，从原点到 $z = 1$ 沿着由函数

$$y(x) = \begin{cases} x^3 \sin (\pi/x) & \text{当 } 0 < x \leqslant 1 \text{ 时}, \\ 0 & \text{当 } x = 0 \text{ 时} \end{cases}$$

所确定的曲线的路径 C_1 是一条光滑弧，并且它与实轴相交了无限多次. 设 C_2 表示实轴上从 $z = 1$ 到原点的直线段，再设 C_3 表示从原点到 $z = 1$ 且与弧 C_1 以及 C_2 只有公共端点的任意不自交的光滑弧（见图67）. 应用柯西-古萨定理证明：如果函数 f 是整函数，那么

$$\int_{C_1} f(z) dz = \int_{C_3} f(z) dz \text{ 且 } \int_{C_2} f(z) dz = -\int_{C_3} f(z) dz.$$

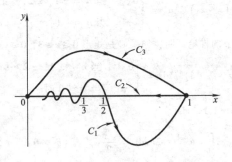

图 67

此外，虽然闭围线 $C = C_1 + C_2$ 自交了无限多次，但是仍然有

$$\int_C f(z) dz = 0.$$

6. 设 C 表示半圆 $0 \leqslant r \leqslant 1$，$0 \leqslant \theta \leqslant \pi$ 的正向边界，$f(z)$ 是由多值函数 $z^{1/2}$ 的分支

$$f(z) = \sqrt{r} e^{i\theta/2} \quad \left(r > 0, \ -\frac{\pi}{2} < \theta < \frac{3\pi}{2} \right)$$

以及 $f(0) = 0$ 所定义于此半圆上的连续函数. 通过分别计算 $f(z)$ 在组成 C 的半圆周和两条半径上的积分来证明：

$$\int_C f(z) dz = 0.$$

为什么这里不能应用柯西-古萨定理？

---

[*] 求此积分的常用方法是将此积分的平方写成 $\int_0^{+\infty} e^{-x^2} dx \int_0^{+\infty} e^{-y^2} dy = \int_0^{+\infty} \int_0^{+\infty} e^{-(x^2+y^2)} dx dy$，然后变成极坐标形式后计算此重积分. 具体细节可参看 A. E. Taylor 和 W. R. Mann 合著的《Advanced Calculus》，3d ed.，pp. 680-681，1983.

7. 证明：如果 C 是一条正向的简单闭围线，那么 C 所包住的区域的面积可以写为

$$\frac{1}{2\mathrm{i}}\int_C \bar{z}\mathrm{d}z.$$

提示：注意，虽然 $f(z)=\bar{z}$ 处处不解析（见第 19 节例 2），但是在这里可以应用第 50 节的式（4）.

8. 区间套. 按如下方式生成一个无穷的闭区间序列 $a_n \leqslant x \leqslant b_n$（$n=0,1,2,\cdots$）：区间 $a_1 \leqslant x \leqslant b_1$ 要么是第一个区间 $a_0 \leqslant x \leqslant b_0$ 的左半区间，要么是它的右半区间；区间 $a_2 \leqslant x \leqslant b_2$ 是区间 $a_1 \leqslant x \leqslant b_1$ 的左半区间或右半区间，如此继续下去. 证明存在一个点 x_0 为所有闭区间 $a_n \leqslant x \leqslant b_n$ 的公共点.

提示：注意，由于这些区间的左端点满足 $a_0 \leqslant a_n \leqslant a_{n+1} < b_0$，所以这便给出了一个有界非减的数列，因此当 n 趋于无穷大时它们有极限 A. 证明：端点 b_n 也有一个极限 B. 然后证明 $A=B$，并且将之写为 $x_0 = A = B$.

9. 正方形套. 一个正方形 σ_0：$a_0 \leqslant x \leqslant b_0$，$c_0 \leqslant y \leqslant d_0$ 被平行于坐标轴的线段分为四个全等的小正方形. 依照一定的法则选择其中一个小正方形 σ_1：$a_1 \leqslant x \leqslant b_1$，$c_1 \leqslant y \leqslant d_1$. 然后再将 σ_1 分为四个全等的小正方形，再从中选择一个小正方形，记为 σ_2，如此继续下去（见第 49 节）. 证明：存在一点 (x_0, y_0) 为无穷闭正方形序列 σ_0，σ_1，σ_2，$\cdots$ 的公共点.

提示：分别对闭区间套 $a_n \leqslant x \leqslant b_n$ 和 $c_n \leqslant y \leqslant d_n$（$n=0,1,2,\cdots$）应用练习 8 的结果.

54. 柯西积分公式

现在我们给出单复变函数论的另一个基本结果.

定理　设 f 在一条正向的简单闭围线 C 及其内部的所有点上解析. 如果 z_0 是 C 内的任意一点，那么

$$f(z_0) = \frac{1}{2\pi\mathrm{i}}\int_C \frac{f(z)\,\mathrm{d}z}{z-z_0}. \tag{1}$$

表达式（1）被称为柯西积分公式. 它告诉我们，如果函数 f 在一条简单闭围线 C 及其内部解析，那么 f 在 C 内的值完全由 f 在 C 上的值所确定.

下面证明这个定理. 首先设 C_ρ 表示正向圆周 $|z-z_0|=\rho$，其中 ρ 充分小使得 C_ρ 含在 C 内（见图 68）. 因为商式 $f(z)/(z-z_0)$ 在 C_ρ 和 C 以及它们之间的区域内的所有点上解析，所以由路径变形原理（见第 53 节）可得

$$\int_C \frac{f(z)\,\mathrm{d}z}{z-z_0} = \int_{C_\rho} \frac{f(z)\,\mathrm{d}z}{z-z_0}.$$

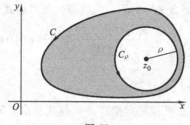

图 68

这样就有

$$\int_c \frac{f(z)\,\mathrm{d}z}{z - z_0} - f(z_0) \int_{C_\rho} \frac{\mathrm{d}z}{z - z_0} = \int_{C_\rho} \frac{f(z) - f(z_0)}{z - z_0}\mathrm{d}z. \tag{2}$$

而已知（见第 46 节练习 13）

$$\int_{C_\rho} \frac{\mathrm{d}z}{z - z_0} = 2\pi\mathrm{i},$$

因此式（2）可变为

$$\int_c \frac{f(z)\,\mathrm{d}z}{z - z_0} - 2\pi\mathrm{i}f(z_0) = \int_{C_\rho} \frac{f(z) - f(z_0)}{z - z_0}\mathrm{d}z. \tag{3}$$

事实上，由于 f 在 z_0 处解析从而连续，所以对任意的无论多么小的正数 ε，都存在一个正数 δ，使得只要 $|z - z_0| < \delta$ 就有

$$|f(z) - f(z_0)| < \varepsilon. \tag{4}$$

让圆 C_ρ 的半径 ρ 小于前述的 δ。由于当 z 在 C_ρ 上时 $|z - z_0| = \rho < \delta$，所以当 z 在 C_ρ 上时式（4）中的第一个不等式成立，并且第 47 节中有关围线积分的模的上界的定理告诉我们

$$\left| \int_{C_\rho} \frac{f(z) - f(z_0)}{z - z_0}\mathrm{d}z \right| < \frac{\varepsilon}{\rho} 2\pi\rho = 2\pi\varepsilon.$$

然后应用式（3）便得到

$$\left| \int_c \frac{f(z)\,\mathrm{d}z}{z - z_0} - 2\pi\mathrm{i}f(z_0) \right| < 2\pi\varepsilon.$$

由于此不等式的左边是一个小于任意小正数的非负常数，因此，

$$\int_c \frac{f(z)\,\mathrm{d}z}{z - z_0} - 2\pi\mathrm{i}f(z_0) = 0.$$

从而可知等式（1）成立，定理得证。

如果将柯西积分公式写成

$$\int_c \frac{f(z)\,\mathrm{d}z}{z - z_0} = 2\pi\mathrm{i}f(z_0), \tag{5}$$

那么就可以用它来计算沿简单闭围线的积分。

例 设 C 表示正向单位圆周 $|z| = 1$。由于函数

$$f(z) = \frac{\cos z}{z^2 + 9}$$

在 C 及其内部解析，并且原点 $z_0 = 0$ 在 C 的内部，所以由式（5）可知

$$\int_c \frac{\cos z\,\mathrm{d}z}{z(z^2 + 9)} = \int_c \frac{\cos z / (z^2 + 9)}{z - 0}\mathrm{d}z = 2\pi\mathrm{i}f(0) = \frac{2\pi\mathrm{i}}{9}.$$

55. 柯西积分公式的推广

第 54 节的柯西积分公式可以进行推广，从而其给出 f 在 z_0 处的导数 $f^{(n)}(z_0)$ 的积分表示。

定理 设 f 在一条正向的简单闭围线 C 及其内部的所有点上解析。如果 z_0 是 C 内

的任意一点，那么

$$f^{(n)}(z_0) = \frac{n!}{2\pi i} \int_C \frac{f(z)\,dz}{(z-z_0)^{n+1}} \quad (n = 0,1,2,\cdots). \tag{1}$$

如果约定

$$f^{(0)}(z_0) = f(z_0) \text{ 和 } 0! = 1,$$

那么此定理就包括了柯西积分公式

$$f(z_0) = \frac{1}{2\pi i} \int_C \frac{f(z)\,dz}{z-z_0}. \tag{2}$$

式(1)的证明将在 56 节给出.

如果将式(1)写成

$$\int_C \frac{f(z)\,dz}{(z-z_0)^{n+1}} = \frac{2\pi i}{n!} f^{(n)}(z_0) \quad (n = 0,1,2,\cdots) \tag{3}$$

这种形式，那么当 f 在正向的简单闭围线 C 及其内部解析并且 z_0 是 C 内部的任意一点时，就可以用它来计算定积分. 其中 $n = 0$ 时的情况已经在第 54 节举例说明了.

例 1 如果 C 是正向单位圆周 $|z| = 1$ 并且

$$f(z) = \exp(2z),$$

那么

$$\int_C \frac{\exp(2z)\,dz}{z^4} = \int_C \frac{f(z)\,dz}{(z-0)^{3+1}} = \frac{2\pi i}{3!} f'''(0) = \frac{8\pi i}{3}.$$

例 2 设 z_0 是一条正向简单闭围线 C 内的任意一点. 当 $f(z) = 1$ 时，由式(3)可得

$$\int_C \frac{dz}{z-z_0} = 2\pi i$$

和

$$\int_C \frac{dz}{(z-z_0)^{n+1}} = 0 \quad (n = 1,2,\cdots).$$

(比较第 46 节练习 13).

将式(1)的写法做一个小小的变动将会比较有用. 也就是说，如果 s 表示 C 上的点，z 是 C 内部的点，那么

$$f^{(n)}(z) = \frac{n!}{2\pi i} \int_C \frac{f(s)\,ds}{(s-z)^{n+1}} \quad (n = 0,1,2,\cdots), \tag{4}$$

其中 $f^{(0)}(z) = f(z)$，$0! = 1$. 下面的例子将说明如何应用式(4)的如下改写形式

$$\int_C \frac{f(s)\,ds}{(s-z)^{n+1}} = \frac{2\pi i}{n!} f^{(n)}(z) \quad (n = 0,1,2,\cdots). \tag{5}$$

此外，式(5)还包括了如下的特殊情况，

$$\int_C \frac{f(s)\,ds}{s-z} = 2\pi i f(z). \tag{6}$$

例 3 如果 n 是一个非负整数，$f(z) = (z^2 - 1)^n$，那么式(4)就会变成

$$\frac{\mathrm{d}^n}{\mathrm{d}z^n}(z^2-1)^n = \frac{n!}{2\pi\mathrm{i}}\int_C \frac{(s^2-1)^n\mathrm{d}s}{(s-z)^{n+1}} \quad (n=0,1,2,\cdots), \tag{7}$$

其中 C 是一条含有点 z 的简单闭围线．应用式(7)可以将勒让德多项式 *

$$P_n(z) = \frac{1}{n!2^n}\frac{\mathrm{d}^n}{\mathrm{d}z^n}(z^2-1)^n \quad (n=0,1,2,\cdots) \tag{8}$$

写成

$$P_n(z) = \frac{1}{2^{n+1}\pi\mathrm{i}}\int_C \frac{(s^2-1)^n\mathrm{d}s}{(s-z)^{n+1}} \quad (n=0,1,2,\cdots). \tag{9}$$

因为

$$\frac{(s^2-1)^n}{(s-1)^{n+1}} = \frac{(s-1)^n(s+1)^n}{(s-1)^{n+1}} = \frac{(s+1)^n}{s-1},$$

所以式(9)就可以变为

$$P_n(1) = \frac{1}{2^{n+1}\pi\mathrm{i}}\int_C \frac{(s+1)^n\mathrm{d}s}{s-1} \quad (n=0,1,2,\cdots),$$

进而如果在式(6)中取 $f(s)=(s+1)^n$，$z=1$，就可以得到下列值：

$$P_n(1) = \frac{1}{2^{n+1}\pi\mathrm{i}}2\pi\mathrm{i}(1+1)^n = 1 \quad (n=0,1,2,\cdots).$$

用类似的方法也可以求得 $P_n(-1)=(-1)^n (n=0,1,2,\cdots)$（57节练习8）．

最后，来看一看式(4)是如何得到的．如果 s 表示 C 上的点，z 是 C 内部的点，那么柯西积分公式就是

$$f(z) = \frac{1}{2\pi\mathrm{i}}\int_C \frac{f(s)\mathrm{d}s}{s-z}. \tag{10}$$

不考虑严密性而形式地在积分号下对 z 求导，我们得到

$$f'(z) = \frac{1}{2\pi\mathrm{i}}\int_C f(s)\frac{\partial}{\partial z}(s-z)^{-1}\mathrm{d}s,$$

或者

$$f'(z) = \frac{1}{2\pi\mathrm{i}}\int_C \frac{f(s)\mathrm{d}s}{(s-z)^2}.$$

类似地，可以得到

$$f''(z) = \frac{(2)(1)}{2\pi\mathrm{i}}\int_C \frac{f(s)\mathrm{d}s}{(s-z)^{2+1}}$$

和

$$f'''(z) = \frac{(3)(2)(1)}{2\pi\mathrm{i}}\int_C \frac{f(s)\mathrm{d}s}{(s-z)^{3+1}}.$$

这三种特殊情况提示我们，将会在第 56 节证明的式(4)应该是正确的．因此如果有读者愿意接受式(4)而不追究其证明过程的话，那就可以直接跳到第 57 节．

---

* 见第 20 节练习 10 的脚注．

56. 推广的柯西积分公式的证明

我们现在来证明第 55 节所介绍的柯西积分公式的推广形式. 特别地, 考虑在一条正向的简单闭围线 C 及其内部解析的函数 f, 再设 z 是 C 内部的任意一点. 首先我们将柯西积分公式写成第 55 节式 (10) 的形式:

$$f(z) = \frac{1}{2\pi i}\int_C \frac{f(s)\,ds}{s - z}. \tag{1}$$

为了证明 $f(z)$ 存在并且第 55 节的表达式

$$f'(z) = \frac{1}{2\pi i}\int_C \frac{f(s)\,ds}{(s - z)^2} \tag{2}$$

成立, 我们用 d 来表示 z 和 C 上的点 s 之间的最小距离并假设 $0 < |\Delta z| < d$ (见图 69). 这样由式 (1) 得到

$$\frac{f(z + \Delta z) - f(z)}{\Delta z} = \frac{1}{2\pi i}\int_C \left(\frac{1}{s - z - \Delta z} - \frac{1}{s - z}\right)\frac{f(s)}{\Delta z}\,ds.$$

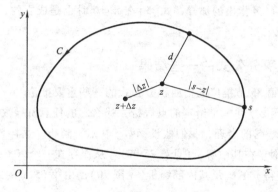

图 69

从而, 显然有

$$\frac{f(z + \Delta z) - f(z)}{\Delta z} = \frac{1}{2\pi i}\int_C \frac{f(s)\,ds}{(s - z - \Delta z)(s - z)}.$$

而

$$\frac{1}{(s - z - \Delta z)(s - z)} = \frac{1}{(s - z)^2} + \frac{\Delta z}{(s - z - \Delta z)(s - z)^2},$$

这就意味着

$$\frac{f(z + \Delta z) - f(z)}{\Delta z} - \frac{1}{2\pi i}\int_C \frac{f(s)\,ds}{(s - z)^2} = \frac{1}{2\pi i}\int_C \frac{\Delta z f(s)\,ds}{(s - z - \Delta z)(s - z)^2}. \tag{3}$$

接下来, 我们用 M 表示 $|f(s)|$ 在 C 上的最大值, 并且注意到由于 $|s - z| \geq d$ 和 $|\Delta z| < d$, 所以

$$|s - z - \Delta z| = |(s - z) - \Delta z| \geq \big||s - z| - |\Delta z|\big| \geq d - |\Delta z| > 0.$$

因此,

$$\left| \int_C \frac{\Delta z f(s)\,\mathrm{d}s}{(s - z - \Delta z)(s - z)^2} \right| \leqslant \frac{|\Delta z| M}{(d - |\Delta z|)d^2} L,$$

其中 L 是 C 的长度. 令 Δz 趋于零, 由此不等式可知式(3)的右端也趋于零. 因而,

$$\lim_{\Delta z \to 0} \frac{f(z + \Delta z) - f(z)}{\Delta z} - \frac{1}{2\pi i} \int_C \frac{f(s)\,\mathrm{d}s}{(s - z)^2} = 0,$$

这样我们就得到了所期望的关于 $f'(z)$ 的表达式.

同样的方法可以用来提出并证明表达式

$$f''(z) = \frac{1}{\pi i} \int_C \frac{f(s)\,\mathrm{d}s}{(s - z)^3}. \tag{4}$$

具体的推导细节留给读者, 证明梗概会在第 57 节练习 9 给出. 此外, 运用数学归纳法还可以得到公式

$$f^{(n)}(z) = \frac{n!}{2\pi i} \int_C \frac{f(s)\,\mathrm{d}s}{(s - z)^{n+1}} \quad (n = 1, 2, \cdots). \tag{5}$$

关于它的证明要比 $n = 1$ 和 $n = 2$ 时的情况复杂得多, 有兴趣的读者可以参考其他著作 [*]. 就像第 55 节已经指出的那样, 式(5)在 $n = 0$ 时也是成立的, 并且这时它刚好就简化为柯西积分公式.

57. 推广的柯西积分公式的一些结果

现在我们转到第 55 节推广的柯西积分公式的一些重要推论.

定理 1 如果函数 f 在一个给定的点解析, 那么它的任意阶导数也在该点解析.

为了证明这个著名的定理, 我们假设函数 f 在点 z_0 解析. 这样就必然存在 z_0 的一个邻域 $|z - z_0| < \varepsilon$ 使 f 在其中解析(见第 25 节). 从而存在一个以 z_0 为圆心, $\varepsilon/2$ 为半径的正向圆周 C_0 使得 f 在 C_0 及其内部解析(见图 70). 由第 55 节的式(4)我们知道对 C_0 内的任意一点 z 有

$$f''(z) = \frac{1}{\pi i} \int_{C_0} \frac{f(s)\,\mathrm{d}s}{(s - z)^3}$$

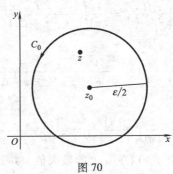

图 70

---

[*] 例如, 可见附录 A 中所列 Markushevich 的著作的第 1 卷 pp. 299-301.

成立，并且 $f''(z)$ 在整个邻域 $|z - z_0| < \varepsilon/2$ 内的存在性说明了 f' 在 z_0 点解析. 我们可以对解析函数 f' 应用相同的讨论方法，进而得出其导数 f'' 是解析的，如此继续. 这样就证明了定理 1.

由此定理可知，如果函数

$$f(z) = u(x, y) + iv(x, y)$$

在点 $z = (x, y)$ 处解析，那么 f' 在此点的可微性就保证了 f' 在此点的连续性（见第 19 节）. 然后，由（见第 21 节）

$$f'(z) = u_x + iv_x = v_y - iu_y$$

可知 u 和 v 的一阶偏导数在此点也是连续的. 此外，由于 f'' 在 z 处解析，从而其也连续，并且

$$f''(z) = u_{xx} + iv_{xx} = v_{yx} - iu_{yx},$$

如此继续，我们就得到了在讲述调和函数的第 27 节中已经用过的一个结论.

推论　如果函数 $f(z) = u(x, y) + iv(x, y)$ 在点 $z = (x, y)$ 解析，那么它的实部和虚部函数 u 和 v 在此点都有任意阶的偏导数.

下面这个由 E. 莫若拉（1856—1909）所给出的定理，其证明基于定理 1 所述的解析函数的导数还是解析的这一结论.

定理 2　设 f 在开域 D 上连续. 如果对 D 内的每一条闭围线 C 都有

$$\int_C f(z)\,\mathrm{d}z = 0 , \tag{1}$$

那么 f 在 D 上解析.

关于在 D 上连续的函数，我们曾经在第 52 节得到了柯西-古萨定理在单连通区域上的推广形式，而当 D 是单连通区域时，我们这里就得到了那个定理的逆定理.

为了证明定理 2，我们注意到当定理的假设条件成立时，第 48 节的定理就保证了 f 在 D 上有原函数，也就是说存在一个解析函数 F，使得在 D 内的每一点都有 $F'(z) = f(z)$. 由于 f 是 F 的导数，所以由定理 1 马上可得 f 在 D 内解析.

这里的最后一个定理将是下一节内容的基础.

定理 3　假设函数 f 在以 z_0 为圆心，R 为半径的正向圆周 C_R 及其内部解析（见图 71）. 如果 M_R 表示 $|f(z)|$ 在 C_R 上的最大值，那么

$$|f^{(n)}(z_0)| \leqslant \frac{n! M_R}{R^n} \quad (n = 1, 2, \cdots). \tag{2}$$

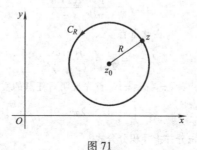

图 71

不等式（2）称为柯西不等式，它是第 55 节定理中的表达式

$$f^{(n)}(z_0) = \frac{n!}{2\pi i}\int_{C_R} \frac{f(z)\,\mathrm{d}z}{(z - z_0)^{n+1}} \quad (n = 1,2,\cdots)$$

在 n 为正整数时的一个直接推论. 我们只要应用第 47 节关于围线积分的模的上界的定理就可得到

$$\left|f^{(n)}(z_0)\right| \leqslant \frac{n!}{2\pi} \cdot \frac{M_R}{R^{n+1}} 2\pi R \quad (n = 1,2,\cdots),$$

其中 M_R 如定理 3 中所述. 当然，这个不等式与式（2）是相同的.

练 习

1. 设 C 表示由直线 $x = \pm 2$ 和 $y = \pm 2$ 所围成的正方形的正向边界. 计算下列积分：

（a）$\displaystyle\int_C \frac{\mathrm{e}^{-z}\mathrm{d}z}{z - (\pi i/2)}$ ； （b）$\displaystyle\int_C \frac{\cos z}{z(z^2 + 8)}\mathrm{d}z$ ； （c）$\displaystyle\int_C \frac{z\mathrm{d}z}{2z + 1}$ ；

（d）$\displaystyle\int_C \frac{\cosh z}{z^4}\mathrm{d}z$ ； （e）$\displaystyle\int_C \frac{\tan(z/2)}{(z - x_0)^2}\mathrm{d}z \quad (-2 < x_0 < 2)$.

答案：（a）2π ； （b）$\pi i/4$ ； （c）$-\pi i/2$ ； （d）0 ； （e）$i\pi\sec^2(x_0/2)$.

2. 求 $g(z)$ 沿正向圆周 $|z - i| = 2$ 的积分，其中，

（a）$g(z) = \dfrac{1}{z^2 + 4}$ ； （b）$g(z) = \dfrac{1}{(z^2 + 4)^2}$.

答案：（a）$\pi/2$ ； （b）$\pi/16$.

3. 设 C 是正向圆周 $|z| = 3$. 证明：如果

$$g(z) = \int_C \frac{2s^2 - s - 2}{s - z}\mathrm{d}s \quad (|z| \neq 3),$$

那么 $g(2) = 8\pi i$. 请问，当 $|z| > 3$ 时 $g(z)$ 的值是多少？

4. 设 C 是 z 平面上的正向简单闭围线，设

$$g(z) = \int_C \frac{s^3 + 2s}{(s - z)^3}\mathrm{d}s.$$

证明：当 z 在 C 内部时 $g(z) = 6\pi i z$，z 在 C 外部时 $g(z) = 0$.

5. 证明：如果 f 在简单闭围线 C 及其内部解析，且 z_0 不在 C 上，那么

$$\int_C \frac{f'(z)\,\mathrm{d}z}{z - z_0} = \int_C \frac{f(z)\,\mathrm{d}z}{(z - z_0)^2}.$$

6. 设 f 表示一个在简单闭围线 C 上连续的函数. 按照第 56 节所使用的方法证明函数

$$g(z) = \frac{1}{2\pi i}\int_C \frac{f(s)\,\mathrm{d}s}{s - z}$$

在 C 内部的每一点 z 处解析，并且在此点有

$$g'(z) = \frac{1}{2\pi i}\int_C \frac{f(s)\,\mathrm{d}s}{(s - z)^2}.$$

7. 设 C 为单位圆周 $z = \mathrm{e}^{i\theta}(-\pi \leqslant \theta \leqslant \pi)$. 首先证明对任意的实常数 a 有

$$\int_C \frac{\mathrm{e}^{az}}{z}\mathrm{d}z = 2\pi i.$$

然后将此积分写成关于 θ 的积分并推导积分公式

$$\int_0^\pi e^{a\cos\theta}\cos(a\sin\theta)\,d\theta = \pi.$$

8. 证明：$P_n(-1) = (-1)^n (n=0,1,2,\cdots)$，其中 $P_n(z)$ 是第 55 节例 3 中的勒让德多项式.

提示：注意 $\dfrac{(s^2-1)^n}{(s+1)^{n+1}} = \dfrac{(s-1)^n}{s+1}$.

9. 按照下述步骤证明：第 56 节中的表达式

$$f''(z) = \frac{1}{\pi i}\int_C \frac{f(s)\,ds}{(s-z)^3}.$$

(a)运用第 56 节关于 $f'(z)$ 的表达式(2)证明

$$\frac{f'(z+\Delta z)-f'(z)}{\Delta z} - \frac{1}{\pi i}\int_C \frac{f(s)\,ds}{(s-z)^3} = \frac{1}{2\pi i}\int_C \frac{3(s-z)\Delta z - 2(\Delta z)^2}{(s-z-\Delta z)^2 (s-z)^3}f(s)\,ds.$$

(b)设 D 和 d 分别表示点 z 和 C 上的点之间的最大和最小距离. 再设 M 为 $|f(s)|$ 在 C 上的最大值，L 为 C 的长度. 运用三角不等式并参考第 56 节关于 $f'(z)$ 的表达式(2)的推导过程，证明当 $0 < |\Delta z| < d$ 时，(a)中表达式右端的积分值的模不超过

$$\frac{(3D|\Delta z| + 2|\Delta z|^2)M}{(d-|\Delta z|)^2 d^3}L.$$

(c)应用(a)和(b)中的结果得到所要的关于 $f''(z)$ 的表达式.

10. 设 f 是一个整函数，且对所有的 z 满足 $|f(z)| \leqslant A|z|$，其中 A 是一个固定正常数. 证明 $f(z) = a_1 z$，其中 a_1 是一个复常数.

提示：运用柯西不等式(见第 57 节)证明此函数的二阶导数 $f''(z)$ 在平面上处处为零. 注意，柯西不等式中的 M_R 不超过 $A(|z_0|+R)$.

58. 刘维尔定理与代数基本定理

第 57 节定理 3 中的柯西不等式可以用来证明非常数整函数在复平面上必是无界的. 我们这一节的第一个定理就是著名的刘维尔定理，下面我们用稍微不同的方式来叙述这个结果.

定理 1　如果函数 f 是复平面上的有界整函数，那么它必是复平面上的常数函数.

为了证明此定理，首先我们假设 f 满足定理所述的条件. 注意到由于 f 是整函数，所以对任意选择的 z_0 和 R 都可以应用第 57 节的定理 3. 特别地，定理中的柯西不等式(2)告诉我们，当 $n=1$ 时有

$$|f'(z_0)| \leqslant \frac{M_R}{R}. \tag{1}$$

此外，由 f 的有界性可知，存在一个非负常数 M 使得 $|f(z)| \leqslant M$ 对所有的点 z 都成立. 又由于不等式(1)中的常数 M_R 一般不超过 M，所以我们得到

$$|f'(z_0)| \leqslant \frac{M}{R}, \tag{2}$$

其中 R 可以任意大. 现在，不等式(2)中的常数 M 是与 R 无关的. 因此，如果要让此不等式对任意大的 R 都成立，那就只有 $f'(z_0) = 0$. 由于 z_0 的选择是任意的，所以 $f'(z) = 0$ 在复平面上处处成立. 最后根据第 25 节的定理可知 f 是一个常数函数.

下述定理称为代数学基本定理，它可以由刘维尔定理轻易推得.

定理2 任意的 $n(n\geqslant1)$ 次多项式

$$P(z)=a_0+a_1z+a_2z^2+\cdots+a_nz^n \quad (a_n\neq0)$$

必至少有一个零点. 也就是说，存在至少一个点 z_0 使得 $P(z_0)=0$.

我们用反证法证明此定理. 假设对任意的 z，$P(z)$ 都不等于零，那么商式 $1/P(z)$ 显然是整函数，并且还在复平面上有界. 为了证明它的有界性，我们首先想到第5节的式(6). 即存在一个正数 R 使得当 $|z|>R$ 时有

$$\left|\frac{1}{P(z)}\right|<\frac{2}{|a_n||R^n|}.$$

因此 $1/P(z)$ 在圆盘 $|z|\leqslant R$ 的外部区域是有界的. 而 $1/P(z)$ 在闭圆盘 $|z|\leqslant R$ 内连续就意味着 $1/P(z)$ 在此闭圆盘上也有界（见第18节）. 因此，$1/P(z)$ 在整个平面上有界.

至此，由刘维尔定理可知 $1/P(z)$ 是常数函数，从而推得 $P(z)$ 是常数函数. 但是 $P(z)$ 显然不是常数，这样我们就得到了矛盾[*].

代数学基本定理告诉我们，任意一个 $n(n\geqslant1)$ 次多项式 $P(z)$ 都可以表示成线性因子的乘积，即

$$P(z)=c(z-z_1)(z-z_2)\cdots(z-z_n), \tag{3}$$

其中 c 和 $z_k(k=1,2,\cdots,n)$ 都是复常数. 更确切地说，此定理保证了 $P(z)$ 有一个零点 z_1. 然后根据第59节的练习8可知

$$P(z)=(z-z_1)Q_1(z),$$

其中 $Q_1(z)$ 是一个 $n-1$ 次的多项式. 对 $Q_1(z)$ 进行相同的讨论，就会找到 z_2 使得

$$P(z)=(z-z_1)(z-z_2)Q_2(z),$$

其中 $Q_2(z)$ 是一个 $n-2$ 次的多项式. 如此继续下去就会得到表达式(3). 当然，式(3)中的同一个 z_k 可能出现不止一次，但是显然 $P(z)$ 至多有 n 个相互判别的零点.

59. 最大模原理

本节，我们将导出一个有关解析函数的最大模的重要结果. 首先给出一个必要的引理.

引理 假设 f 在邻域 $|z-z_0|<\varepsilon$ 内解析，且对此邻域内的所有点 z 满足 $|f(z)|\leqslant|f(z_0)|$. 那么 $f(z)$ 在此邻域内恒等于常数 $f(z_0)$.

为证明该引理，我们假设 f 满足所述条件，再设 z_1 是所述邻域内异于 z_0 的任意一点. 记 z_1 与 z_0 之间的距离为 ρ. 如果 C_ρ 表示以 z_0 为圆心且穿过 z_1 的正向圆周 $|z-z_0|=\rho$（见图72），那么由柯西积分公式可知

$$f(z_0)=\frac{1}{2\pi i}\int_{C_\rho}\frac{f(z)\,dz}{z-z_0}, \tag{1}$$

---

[*] 一个运用柯西-古萨定理对此基本定理的有趣证明可见 R. P. Boas, Jr., *Amer. Math. Monthly*, Vol. 71, No. 2, p. 180, 1964.

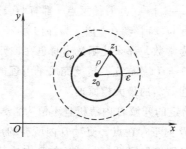

图 72

再应用 C_ρ 的参数表示

$$z = z_0 + \rho e^{i\theta} \quad (0 \leqslant \theta \leqslant 2\pi)$$

可以将式(1)写为

$$f(z_0) = \frac{1}{2\pi} \int_0^{2\pi} f(z_0 + \rho e^{i\theta}) \, \mathrm{d}\theta. \tag{2}$$

由式(2)可以看出，如果一个函数在一个给定的闭圆盘上解析，那么它在圆心的值就等于在圆周上的值的算术平均值. 这个结果被称为高斯均值定理.

由式(2)我们可以得到不等式

$$|f(z_0)| \leqslant \frac{1}{2\pi} \int_0^{2\pi} |f(z_0 + \rho e^{i\theta})| \, \mathrm{d}\theta. \tag{3}$$

另外，因为

$$|f(z_0 + \rho e^{i\theta})| \leqslant |f(z_0)| \quad (0 \leqslant \theta \leqslant 2\pi), \tag{4}$$

所以有

$$\int_0^{2\pi} |f(z_0 + \rho e^{i\theta})| \, \mathrm{d}\theta \leqslant \int_0^{2\pi} |f(z_0)| \, \mathrm{d}\theta = 2\pi |f(z_0)|.$$

从而可知

$$|f(z_0)| \geqslant \frac{1}{2\pi} \int_0^{2\pi} |f(z_0 + \rho e^{i\theta})| \, \mathrm{d}\theta. \tag{5}$$

现在由不等式(3)和式(5)显然可得

$$|f(z_0)| = \frac{1}{2\pi} \int_0^{2\pi} |f(z_0 + \rho e^{i\theta})| \, \mathrm{d}\theta,$$

或者

$$\int_0^{2\pi} \left[|f(z_0)| - |f(z_0 + \rho e^{i\theta})| \right] \mathrm{d}\theta = 0.$$

上面最后一个积分的被积函数关于变量 θ 是连续的. 再由条件(4)可知它在整个区间 $0 \leqslant \theta \leqslant 2\pi$ 上大于等于零. 因为积分值等于零，所以被积函数必恒等于零. 也就是

$$|f(z_0 + \rho e^{i\theta})| = |f(z_0)| \quad (0 \leqslant \theta \leqslant 2\pi). \tag{6}$$

这就证明了对圆周 $|z - z_0| = \rho$ 上的所有点 z 都有 $|f(z)| = |f(z_0)|$.

最后由于 z_1 是去心邻域 $0 < |z - z_0| < \varepsilon$ 内的任意一点，所以我们知道，事实上只

要 $0 < \rho < \varepsilon$，那么对圆周 $|z - z_0| = \rho$ 上的任意点 z 都有 $|f(z)| = |f(z_0)|$ 成立。因此在整个邻域 $|z - z_0| < \varepsilon$ 上都有 $|f(z)| = |f(z_0)|$。另外由第 26 节例 4 我们知道如果一个解析函数的模在某开域恒为常数，那么此函数本身也在该开域恒为常数。因此对所述邻域内的所有点 z 都有 $f(z) = f(z_0)$ 成立，这就完成了引理的证明。

此引理可用来证明下述著名的最大模原理。

定理 如果函数 f 在给定的开域 D 内解析且不恒为常数，那么 $|f(z)|$ 在 D 内取不到最大值。也就是说，在 D 内不存在点 z_0 使对 D 内所有的点 z 都有 $|f(z)| \leqslant |f(z_0)|$。

给定 f 在 D 内解析，我们将先假设 $|f(z)|$ 能在 D 内的某些点 z_0 取到最大值，然后由此证明其在 D 上必恒为常数，这样就证明了该定理。

这里的证明所采用的方法与第 28 节引理的证明方法类似。我们画一条含在 D 内的折线 L 使之从点 z_0 延伸到 D 内的任意点 P。另外，用 d 表示 L 上的点和 D 的边界之间的最短距离。如果 D 是整个平面，那么 d 可以是任意正数。接下来我们注意到，沿着折线 L 存在一个有限点列

$$z_0, z_1, z_2, \cdots, z_{n-1}, z_n$$

使得 z_n 恰好就是点 P，并且满足

$$|z_k - z_{k-1}| < d \quad (k = 1, 2, \cdots, n).$$

由此便形成一个有限邻域序列（见图 73）

$$N_0, N_1, N_2, \cdots, N_{n-1}, N_n,$$

其中每个 N_k 都以 z_k 为圆心，d 为半径，并且 $N_k (k = 1, 2, \cdots, n)$ 的圆心在 N_{k-1} 内。我们知道这些邻域都含在 D 内，并且 f 在每一个邻域内都解析。

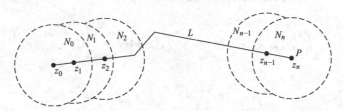

图 73

由假设 $|f(z)|$ 在 z_0 处取得 D 内的最大值，当然 z_0 也是 N_0 内的最大值点。因此，根据前述引理，$f(z)$ 在 N_0 内恒为常数 $f(z_0)$。特别地，$f(z_1) = f(z_0)$。这也就意味着对 N_1 内的每一点 z 都有 $|f(z)| \leqslant |f(z_1)|$ 成立，于是可以在 N_1 内再次应用引理，得到

$$f(z) = f(z_1) = f(z_0),$$

其中 z 是 N_1 内的点。由于 z_2 在 N_1 内，所以 $f(z_2) = f(z_0)$。因此对 N_2 内的任意一点 z 都有 $|f(z)| \leqslant |f(z_2)|$ 成立，这样就可以在 N_2 内再次应用引理，得到

$$f(z) = f(z_2) = f(z_0),$$

其中 z 是 N_2 内的点。如此继续下去，我们最终会到达邻域 N_n 并得到 $f(z_n) = f(z_0)$。

忆起 z_n 与点 P 重合，而 P 是 D 内与 z_0 相异的任意一点，所以对 D 内的每一点 z 都有 $f(z) = f(z_0)$ 成立。至此我们已经证明了 $f(z)$ 在 D 上恒为常数，于是定理得证。

如果函数 f 在一个有界闭域 R 内部解析且在整个闭域上连续，那么函数的模 $|f(z)|$ 能在 R 上取得最大值(见第 18 节). 即存在一个非负常数 M 使 R 上的所有点 z 都满足 $|f(z)| \leqslant M$，并且在 R 上至少存在一点使其取得等号. 如果 f 是常数函数，那么显然对 R 内的所有点 z 都有 $|f(z)| = M$. 然而，如果 $f(z)$ 不恒为常数，那么根据刚刚证明的定理可知对 R 内部的所有点 z 都有 $|f(z)| \neq M$. 这样我们就得到了该定理的一个重要推论.

推论 假设非常数函数 f 在一个有界闭域 R 上连续且在其内部解析. 那么能够且只能够在 R 的边界上取到 $|f(z)|$ 在 R 上的最大值.

如果将推论中的函数 f 写成 $f(z) = u(x,y) + iv(x,y)$，那么实部函数 $u(x,y)$ 在 R 上调和(见第 27 节)且在 R 上也能取到最大值，并且可假定最大值在 R 的边界上而非内部取到. 这是因为复合函数 $g(z) = \exp(f(z))$ 在 R 上解析且在内部不恒为常数. 因此它的模 $|g(z)| = \exp(u(x,y))$ 在 R 上连续，从而它在 R 上的最大值必在边界上取得. 考虑到指数函数的单调递增性质，可知 $u(x,y)$ 的最大值也在边界上取到.

$|f(z)|$ 和 $u(x,y)$ 的最小值的性质将在练习中讨论.

例 考虑定义在以

$$z = 0, z = 2 \text{ 和 } z = i$$

为顶点的闭三角形区域 R 上的函数 $f(z) = (z+1)^2$. 可以使用简单的几何讨论来确定 $|f(z)|$ 在 R 上的最大值点和最小值点. 具体来说，可以将 $|f(z)|$ 看作是 -1 和 R 上的任意点 z 之间的距离的平方，即

$$d^2 = |f(z)| = |z - (-1)|^2.$$

由图 74 可以看出，d 的最大值和最小值，从而 $|f(z)|$ 的最大值和最小值分别在边界点 $z = 2$ 和 $z = 0$ 处取得.

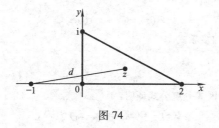

图 74

练 习

1. 假设 $f(z)$ 为整函数，并且调和函数 $u(x,y) = \mathrm{Re}[f(z)]$ 有上界 u_0，也即是 $u(x,y) \leqslant u_0$ 对 xy 平面上的所有点 (x,y) 都成立. 证明：$u(x,y)$ 一定是平面上的常数函数.

提示：对函数 $g(z) = \exp(f(z))$ 应用刘维尔定理(见第 58 节).

2. 设函数 f 在闭域 R 上连续，在 R 内部解析且不恒为常数. 假设在 R 上 $f(z) \neq 0$，证明，$|f(z)|$ 在 R 上有最小值且最小值在 R 的边界上而非内部取到. 可以对函数 $g(z) = 1/f(z)$ 应用相应的最大模原理(见第 59 节)来证明此命题.

3. 用函数 $f(z) = z$ 来证明：为了得到练习 2 的结果，条件 $f(z) \neq 0$ 是必要的. 也即是证明：当 $|f(z)|$ 的最小值为零时，它就可以在内部取到.

4. 设 R 表示矩形域 $0 \leq x \leq \pi$，$0 \leq y \leq 1$（见图 75）. 证明：整函数 $f(z) = \sin z$ 的模在 R 的边界点 $z = \pi/2 + i$ 处取得最大值.

提示：注意 $|f(z)|^2 = \sin^2 x + \sinh^2 y$（见第 37 节），然后找出 $\sin^2 x$ 和 $\sinh^2 y$ 在 R 上的最大值点.

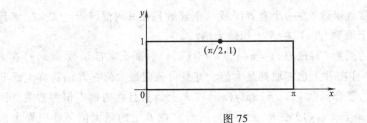

图 75

5. 设函数 $f(z) = u(x, y) + iv(x, y)$ 在闭域 R 上连续，在 R 内部解析且不恒为常数. 证明：实部 $u(x, y)$ 在 R 上有最小值且最小值只能在 R 的边界上而非内部取到（见练习 2）.

6. 设 $f(z) = e^z$，R 是矩形域 $0 \leq x \leq 1$，$0 \leq y \leq \pi$. 求出实部 $u(x, y) = \mathrm{Re}[f(z)]$ 在 R 上的最大值点和最小值点以说明第 59 节和练习 5 的结论.

答案：$z = 1$，$z = 1 + \pi i$.

7. 设函数 $f(z) = u(x, y) + iv(x, y)$ 在有界闭域 R 上连续，在 R 内部解析且不恒为常数. 证明：虚部 $v(x, y)$ 在 R 上有最大值和最小值且它们都只能在 R 的边界上而非内部取到.

提示：将第 59 节和练习 5 的结果运用于函数 $g(z) = -if(z)$.

8. 设 z_0 是 $n(n \geq 1)$ 次多项式

$$P(z) = a_0 + a_1 z + a_2 z^2 + \cdots + a_n z^n \quad (a_n \neq 0)$$

的一个零点. 按下述方法证明：

$$P(z) = (z - z_0) Q(z),$$

其中 $Q(z)$ 是一个 $n-1$ 次的多项式.

（a）验证：

$$z^k - z_0^k = (z - z_0)(z^{k-1} + z^{k-2} z_0 + \cdots + z z_0^{k-2} + z_0^{k-1}) \quad (k = 2, \ 3, \ \cdots).$$

（b）应用（a）中得到的因式分解公式证明：

$$P(z) - P(z_0) = (z - z_0) Q(z),$$

其中 $Q(z)$ 是一个 $n-1$ 次的多项式，进而推出所要的结果.

第5章

级数

本章主要探讨解析函数的级数展开式. 本章介绍了级数展开式的存在性定理, 并且给出了级数展开的一些技巧.

60. 序列的收敛性

我们称无穷复数序列 $z_1, z_2, \cdots, z_n, \cdots$ 具有极限 z, 如果对于任意正数 ε, 存在一正整数 n_0, 使得当 $n > n_0$ 时, 有

$$\left| z_n - z \right| < \varepsilon. \tag{1}$$

其几何意义是, 对于充分大的 n, 点 z_n 落在 z 的任意给定的 ε 邻域里(见图 76). 由于我们可选取任意小的 ε, 故随着下标的增大, z_n 可以任意接近 z. 注意到, 所需 n_0 的值通常都由 ε 决定.

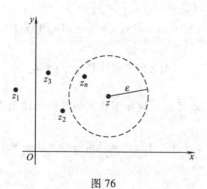

图 76

一个序列至多只有一个极限. 即若极限 z 存在, 则 z 是唯一的 (第 61 节练习 5). 若序列极限 z 存在, 则称序列收敛于 z, 且记

$$\lim_{n \to +\infty} z_n = z. \tag{2}$$

若序列极限不存在, 则称序列发散.

定理 设 $z_n = x_n + \mathrm{i} y_n \, (n = 1, 2, \cdots)$ 且 $z = x + \mathrm{i} y$, 则有

$$\lim_{n \to +\infty} z_n = z \tag{3}$$

当且仅当

$$\lim_{n \to +\infty} x_n = x \text{ 且 } \lim_{n \to +\infty} y_n = y. \tag{4}$$

要证明定理，首先我们假设条件(4)成立，并且由此证明式(3)成立。根据条件 (4)，对任意正数 ε，存在正整数 n_1 和 n_2，使得当 $n > n_1$ 时，有

$$|x_n - x| < \frac{\varepsilon}{2},$$

且当 $n > n_2$ 时，有

$$|y_n - y| < \frac{\varepsilon}{2}.$$

因此，若 n_0 为两个整数 n_1 和 n_2 中较大的一个，则当 $n > n_0$ 时，有

$$|x_n - x| < \frac{\varepsilon}{2} \text{ 且 } |y_n - y| < \frac{\varepsilon}{2}.$$

由于

$$|(x_n + iy_n) - (x + iy)| = |(x_n - x) + i(y_n - y)| \leqslant |x_n - x| + |y_n - y|,$$

于是，当 $n > n_0$ 时，有

$$|z_n - z| < \frac{\varepsilon}{2} + \frac{\varepsilon}{2} = \varepsilon.$$

故而，式(3)成立。

反之，若从条件(3)着手可知，对任意正数 ε，存在一正整数 n_0 使得当 $n > n_0$ 时，有

$$|(x_n + iy_n) - (x + iy)| < \varepsilon.$$

而 $\qquad |x_n - x| \leqslant |(x_n - x) + i(y_n - y)| = |(x_n + iy_n) - (x + iy)|$

且 $\qquad |y_n - y| \leqslant |(x_n - x) + i(y_n - y)| = |(x_n + iy_n) - (x + iy)|.$

这表明当 $n > n_0$ 时，有

$$|x_n - x| < \varepsilon \text{ 且 } |y_n - y| < \varepsilon.$$

即式(4)成立。

应该注意的是，由定理可知，只要下式右边的两个极限都存在或者左边的极限存在，则有

$$\lim_{n \to +\infty} (x_n + iy_n) = \lim_{n \to +\infty} x_n + i \lim_{n \to +\infty} y_n.$$

例1 序列

$$z_n = -1 + i\frac{(-1)^n}{n^2} \quad (n = 1, 2, \cdots)$$

收敛于 -1，这是因为

$$\lim_{n \to +\infty} \left[-1 + i\frac{(-1)^n}{n^2} \right] = \lim_{n \to +\infty} (-1) + i \lim_{n \to +\infty} \frac{(-1)^n}{n^2} = -1 + i \cdot 0 = -1.$$

另外，也可运用定义(1)得到该结果。确切地说，当 $n > \frac{1}{\sqrt{\varepsilon}}$ 时，有

$$|z_n - (-1)| = \left| i\frac{(-1)^n}{n^2} \right| = \frac{1}{n^2} < \varepsilon.$$

下面的例子表明,若将上述定理应用于极坐标上,必须谨慎处理.

例 2 考虑例 1 中的同一序列

$$z_n = -1 + i\frac{(-1)^n}{n^2} \quad (n = 1, 2, \cdots).$$

若使用极坐标

$$r_n = |z_n| \text{ 和 } \Theta_n = \text{Arg} z_n \quad (n = 1, 2, \cdots),$$

其中 $\text{Arg} z_n$ 表示 z_n 的主辐角($-\pi < \Theta_n \leqslant \pi$),则可得

$$\lim_{n \to +\infty} r_n = \lim_{n \to +\infty} \sqrt{1 + \frac{1}{n^4}} = 1,$$

然而

$$\lim_{n \to +\infty} \Theta_{2n} = \pi \text{ 且 } \lim_{n \to +\infty} \Theta_{2n-1} = -\pi \quad (n = 1, 2, \cdots).$$

显然,当 n 趋于无穷时,Θ_n 的极限不存在(见第 61 节练习 2).

61. 级数的收敛性

我们称复无穷级数

$$\sum_{n=1}^{+\infty} z_n = z_1 + z_2 + \cdots + z_n + \cdots \tag{1}$$

收敛于和 S,若其部分和序列

$$S_N = \sum_{n=1}^{N} z_n = z_1 + z_2 + \cdots + z_N \quad (N = 1, 2, \cdots) \tag{2}$$

收敛于 S,且记

$$\sum_{n=1}^{+\infty} z_n = S.$$

注意到,由于一个序列至多只有一个极限,故级数的和至多只有一个. 若级数不收敛,则称级数发散.

定理 设 $z_n = x_n + iy_n (n = 1, 2, \cdots)$ 且 $S = X + iY$,则

$$\sum_{n=1}^{+\infty} z_n = S \tag{3}$$

当且仅当

$$\sum_{n=1}^{+\infty} x_n = X \text{ 且 } \sum_{n=1}^{+\infty} y_n = Y. \tag{4}$$

当然,定理告诉我们,只要下式右边的两个级数或左边的级数收敛,则有

$$\sum_{n=1}^{+\infty} (x_n + iy_n) = \sum_{n=1}^{+\infty} x_n + i\sum_{n=1}^{+\infty} y_n.$$

要证明上述定理,首先我们记部分和(2)为

$$S_N = X_N + iY_N, \tag{5}$$

其中,

$$X_N = \sum_{n=1}^{N} x_n \text{ 且 } Y_N = \sum_{n=1}^{N} y_n.$$

现在，若式(3)成立，当且仅当

$$\lim_{N \to +\infty} S_N = S, \tag{6}$$

并且，由关系式(5)以及第60节中关于序列的定理可知，极限(6)成立当且仅当

$$\lim_{N \to +\infty} X_N = X \text{ 且 } \lim_{N \to +\infty} Y_N = Y. \tag{7}$$

因此，极限(7)表明式(3)成立，反之亦然. 由于 X_N 和 Y_N 是级数(4)的部分和，故而，至此定理得证.

这个定理在将微积分中关于级数的一系列常见的性质推广到复级数方面具有重要作用. 为了表明如何实现上述推广，这里我们介绍两个这样的性质，作为定理的推论.

推论1 若复级数收敛，则当 n 趋于无穷时，级数的第 n 项收敛于0.

假设级数(1)收敛，由定理可知，若

$$z_n = x_n + iy_n \quad (n = 1, 2, \cdots),$$

则级数

$$\sum_{n=1}^{+\infty} x_n \text{ 和 } \sum_{n=1}^{+\infty} y_n \tag{8}$$

都收敛. 此外，由微积分可知，当 n 趋于无穷时，收敛的实级数的第 n 项趋于0. 因此，由第60节的定理可知，

$$\lim_{n \to +\infty} z_n = \lim_{n \to +\infty} x_n + i \lim_{n \to +\infty} y_n = 0 + 0 \cdot i = 0,$$

故推论1证毕.

由推论1可知，收敛级数的一般项是有界的. 即若级数(1)收敛，则存在一正数 M，使得对每个正整数 n，都有 $|z_n| \leqslant M$（见练习9）.

与微积分相对应，复级数还具有另一个重要性质. 我们称级数(1)是绝对收敛的，若一般项为 $\sqrt{x_n^2 + y_n^2}$ 的实级数

$$\sum_{n=1}^{+\infty} |z_n| = \sum_{n=1}^{+\infty} \sqrt{x_n^2 + y_n^2} \quad (z_n = x_n + iy_n)$$

收敛.

推论2 绝对收敛的复级数必然收敛.

要证明推论2，我们先假设级数(1)绝对收敛. 由于

$$|x_n| \leqslant \sqrt{x_n^2 + y_n^2} \text{ 且 } |y_n| \leqslant \sqrt{x_n^2 + y_n^2},$$

故由微积分中的比较判别法可知，两个级数

$$\sum_{n=1}^{+\infty} |x_n| \text{ 和 } \sum_{n=1}^{+\infty} |y_n|$$

必然收敛. 此外，由于绝对收敛的实级数本身必然收敛，故而式(8)中的级数都收敛. 于是，由本节定理可知，级数(1)收敛. 推论2证毕.

在证明级数的和为一确定常数 S 这一结论时，先定义级数去掉前 N 项之后的余

项 ρ_N，往往比较方便. 利用部分和(2)，有

$$\rho_N = S - S_N. \tag{9}$$

因此 $S = S_N + \rho_N$，并且，由于 $|S_N - S| = |\rho_N - 0|$，故级数收敛于一个常数 S 当且仅当余项序列趋于零. 在研究幂级数时，我们经常会用到这个结果. 幂级数是指具有如下形式的级数，

$$\sum_{n=0}^{+\infty} a_n (z - z_0)^n = a_0 + a_1 (z - z_0) + a_2 (z - z_0)^2 + \cdots + a_n (z - z_0)^n + \cdots,$$

其中 z_0 和系数 a_n 都是复常数，z 可能为包含 z_0 的给定区域中的任意一点. 对于这类涉及一个变量 z 的级数，我们将用 $S(z)$，$S_N(z)$ 和 $\rho_N(z)$ 分别表示级数的和，部分和与余项.

例 利用余项，易证当 $|z| < 1$ 时，有

$$\sum_{n=0}^{+\infty} z^n = \frac{1}{1-z}. \tag{10}$$

我们只要回想一下下面的性质(第 9 节练习 9)

$$1 + z + z^2 + \cdots + z^n = \frac{1 - z^{n+1}}{1 - z} \quad (z \neq 1),$$

即可将部分和

$$S_N(z) = \sum_{n=0}^{N-1} z^n = 1 + z + z^2 + \cdots + z^{N-1} \quad (z \neq 1)$$

写成

$$S_N(z) = \frac{1 - z^N}{1 - z}.$$

若

$$S(z) = \frac{1}{1-z},$$

则

$$\rho_N(z) = S(z) - S_N(z) = \frac{z^N}{1 - z} \quad (z \neq 1).$$

因此，

$$|\rho_N(z)| = \frac{|z|^N}{|1 - z|},$$

并且，由上式显然可知，当 $|z| < 1$ 时，余项 $\rho_N(z)$ 趋于 0，而当 $|z| \geq 1$ 时，则不趋于 0. 这就得到了求和公式(10).

练 习

1. 利用第 60 节式(1)，即序列极限的定义，证明：

$$\lim_{n \to +\infty} \left(\frac{1}{n^2} + i \right) = i.$$

2. 设 Θ_n $(n = 1, 2, \cdots)$ 表示下列复数的主辐角

$$z_n = 1 + i\frac{(-1)^n}{n^2} \quad (n = 1, 2, \cdots),$$

证明：

$$\lim_{n \to +\infty} \Theta_n = 0.$$

（与第60节例2比较）.

3. 利用不等式（见第5节）$||z_n| - |z|| \leqslant |z_n - z|$，证明：若 $\lim\limits_{n \to +\infty} z_n = z$，则

$$\lim_{n \to +\infty} |z_n| = |z|.$$

4. 在第61节的求和公式(10)中，记 $z = re^{i\theta}$，其中 $0 < r < 1$. 再利用第61节中的定理，证明：当 $0 < r < 1$ 时，有

$$\sum_{n=1}^{+\infty} r^n\cos n\theta = \frac{r\cos\theta - r^2}{1 - 2r\cos\theta + r^2} \text{ 和 } \sum_{n=1}^{+\infty} r^n\sin n\theta = \frac{r\sin\theta}{1 - 2r\cos\theta + r^2}.$$

（注意到，当 $r = 0$ 时，上式仍然成立）.

5. 利用实数序列的相应结果，证明：收敛的复数序列的极限是唯一的.

6. 证明：若 $\sum\limits_{n=1}^{+\infty} z_n = S$，则

$$\sum_{n=1}^{+\infty} \bar{z}_n = \bar{S}.$$

7. 设 c 为任意复数，证明：若 $\sum\limits_{n=1}^{+\infty} z_n = S$，则

$$\sum_{n=1}^{+\infty} cz_n = cS.$$

8. 通过回顾实级数的相应结论，参照第61节的定理，证明：若 $\sum\limits_{n=1}^{+\infty} z_n = S$ 且 $\sum\limits_{n=1}^{+\infty} w_n = T$，则

$$\sum_{n=1}^{+\infty} (z_n + w_n) = S + T.$$

9. 假设序列 $z_n(n = 1, 2, \cdots)$ 收敛于数 z. 证明：存在一正数 M，使得对所有的 n，不等式 $|z_n| \leqslant M$ 成立. 试通过如下两种方法分别完成上述证明.

(a) 注意到，存在一正整数 n_0，使得当 $n > n_0$ 时，有

$$|z_n| = |z + (z_n - z)| < |z| + 1.$$

(b) 记 $z_n = x_n + iy_n$，回顾实序列的相关定理可知，x_n 和 $y_n(n = 1, 2, \cdots)$ 收敛表明对于某正数 M_1 和 M_2，有 $|x_n| \leqslant M_1$ 且 $|y_n| \leqslant M_2(n = 1, 2, \cdots)$.

62. 泰勒级数

现在我们学习泰勒定理，这是本章最重要的结论之一.

定理 设函数 f 在以 z_0 为圆心且半径为 R_0 的圆盘 $|z - z_0| < R_0$ 内处处解析（见图77），则 $f(z)$ 可展成幂级数

$$f(z) = \sum_{n=0}^{+\infty} a_n(z - z_0)^n \quad (|z - z_0| < R_0), \tag{1}$$

其中，

$$a_n = \frac{f^{(n)}(z_0)}{n!} \quad (n = 0,\ 1,\ 2,\ \cdots). \tag{2}$$

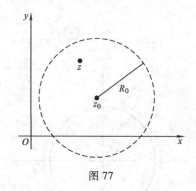

图 77

即当点 z 落在给定的开圆盘时，级数(1)收敛于 $f(z)$.

这是 $f(z)$ 关于点 z_0 的泰勒级数展开式. 它是微积分中大家非常熟悉的泰勒级数，同样适用于单复变函数. 我们约定

$$f^{(0)}(z_0) = f(z_0) \text{ 和 } 0! = 1,$$

于是，级数(1)可以写成

$$f(z) = f(z_0) + \frac{f'(z_0)}{1!}(z - z_0) + \frac{f''(z_0)}{2!}(z - z_0)^2 + \cdots \quad (|z - z_0| < R_0). \tag{3}$$

任意一个在点 z_0 处解析的函数必定具有关于 z_0 的泰勒级数. 这是因为若 f 在点 z_0 处解析，则在该点的某一邻域 $|z - z_0| < \varepsilon$ 处处解析(第 25 节)，而 ε 可以选取泰勒定理中所述的 R_0 的值. 此外，若 f 为整函数，则可选取 R_0 充分大，即当 $|z - z_0| < +\infty$ 时，定理仍然成立. 于是，级数在有限平面上的每一点 z 处收敛于 $f(z)$.

若已知 f 在以 z_0 为圆心的圆周内部处处解析，则保证了其在 z_0 处的泰勒级数在该圆周内部的每一点 z 处都收敛于 $f(z)$，此时，甚至已不需要验证级数的收敛性. 事实上，根据泰勒定理，在以 z_0 为圆心，以 z_0 和使得 f 不解析的最近的点 z_1 之间的距离为半径的圆周的内部，级数收敛于 $f(z)$. 在第 71 节中，我们将看到这实际上是以 z_0 为圆心，且使得级数在其内部所有的点 z 处都收敛于 $f(z)$ 的最大圆周.

下一节，首先我们将在 $z_0 = 0$ 的情况下证明泰勒定理. 此时，假设 f 在圆盘 $|z| < R_0$ 内处处解析. 级数(1)就变成了麦克劳林级数：

$$f(z) = \sum_{n=0}^{+\infty} \frac{f^{(n)}(0)}{n!} z^n \quad (|z| < R_0). \tag{4}$$

当 z_0 不为零时，定理的证明可利用前一情况直接得到. 希望跳过泰勒定理的证明的读者可以直接转至第 64 节的例题.

63. 泰勒定理的证明

正如第 62 节最后所指出的，证明可分为两个部分.

当 $z_0 = 0$ 时的情况

为了推导出第 62 节展开式（4），首先，记 $|z| = r$，且设 C_0 为正向圆周 $|z| = r_0$，其中 $r < r_0 < R_0$（见图 78）. 由于 f 在圆周 C_0 及其内部解析，且点 z 落在 C_0 内部，故适用柯西积分公式

$$f(z) = \frac{1}{2\pi i} \int_{C_0} \frac{f(s)\,ds}{s - z}. \tag{1}$$

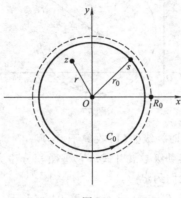

图 78

此处，被积函数的因式 $1/(s - z)$ 可以写成如下形式：

$$\frac{1}{s - z} = \frac{1}{s} \cdot \frac{1}{1 - (z/s)}, \tag{2}$$

且由第 56 节的例子可知，当 z 为除了 1 外的任意复数时，有

$$\frac{1}{1 - z} = \sum_{n=0}^{N-1} z^n + \frac{z^N}{1 - z}. \tag{3}$$

将式（3）中的 z 替换为 z/s，则式（2）可以改写为

$$\frac{1}{s - z} = \sum_{n=0}^{N-1} \frac{1}{s^{n+1}} z^n + z^N \frac{1}{(s - z) s^N}. \tag{4}$$

将该等式两边乘以 $f(s)$，再分别沿着 C_0 对 s 进行积分，得到

$$\int_{C_0} \frac{f(s)\,ds}{s - z} = \sum_{n=0}^{N-1} \int_{C_0} \frac{f(s)\,ds}{s^{n+1}} z^n + z^N \int_{C_0} \frac{f(s)\,ds}{(s - z) s^N}.$$

根据式（1）以及如下事实（第 55 节）

$$\frac{1}{2\pi i} \int_{C_0} \frac{f(s)\,ds}{s^{n+1}} = \frac{f^{(n)}(0)}{n!} \quad (n = 0, 1, 2, \cdots)$$

可知，将等式两边乘以 $1/(2\pi i)$ 之后，等式就简化为

$$f(z) = \sum_{n=0}^{N-1} \frac{f^{(n)}(0)}{n!} z^n + \rho_N(z), \tag{5}$$

其中，

$$\rho_N(z) = \frac{z^N}{2\pi i} \int_{C_0} \frac{f(s)\,ds}{(s - z) s^N}. \tag{6}$$

现在，要证明第 62 节的展开式（4）成立，只要证明

$$\lim_{N \to +\infty} \rho_N(z) = 0. \tag{7}$$

由于已知 $|z| = r$ 且 C_0 的半径为 r_0，其中 $r_0 > r$，于是，若 s 为 C_0 上一点，则

$$|s - z| \geq \| |s| - |z| \| = r_0 - r.$$

因此，若 M 表示 $|f(s)|$ 在 C_0 上的最大值，则有

$$|\rho_N(z)| \leq \frac{r^N}{2\pi} \cdot \frac{M}{(r_0 - r)r_0^N} \cdot 2\pi r_0 = \frac{Mr_0}{r_0 - r}\left(\frac{r}{r_0}\right)^N.$$

又由于 $(r/r_0) < 1$，故极限（7）显然成立.

当 $z_0 \neq 0$ 时的情况

当圆盘以任意一点 z_0 为圆心，且半径为 R_0 时，为了证明定理，先假设当 $|z - z_0| < R_0$ 时，f 解析，并且注意到，当 $|(z + z_0) - z_0| < R_0$ 时，复合函数 $f(z + z_0)$ 必定解析. 当然，前面的不等式即为 $|z| < R_0$，若记 $g(z) = f(z + z_0)$，则 g 在圆盘 $|z| < R_0$ 内的解析性保证了其麦克劳林级数展开式的存在性：

$$g(z) = \sum_{n=0}^{+\infty} \frac{g^{(n)}(0)}{n!} z^n \quad (|z| < R_0).$$

即

$$f(z + z_0) = \sum_{n=0}^{+\infty} \frac{f^{(n)}(z_0)}{n!} z^n \quad (|z| < R_0).$$

将等式中的 z 替换为 $z - z_0$，条件仍然成立，即可得到第 62 节所求的泰勒级数展开式（1）.

64. 例子

在第 72 节中，我们会发现函数 $f(z)$ 在给定点 z_0 处的泰勒级数展开式是唯一的. 确切地说，我们将证明若对某个以 z_0 为圆心的圆周内部所有的点 z 都满足

$$f(z) = \sum_{n=0}^{+\infty} a_n (z - z_0)^n,$$

则不管那些常数是怎么得到的，该幂级数必定为 f 在 z_0 处的泰勒级数. 这就使得我们通常可以通过更加简便的方式，而不是直接通过泰勒定理中的公式 $a_n = f^{(n)}(z_0)/n!$ 求出泰勒级数中的系数 a_n.

本节主要推导以下 6 个麦克劳林级数展开式，其中 $z_0 = 0$，并且将举例说明如何利用它们去求一些相关的展开式：

$$\frac{1}{1-z} = \sum_{n=0}^{+\infty} z^n = 1 + z + z^2 + \cdots \quad (|z| < 1), \tag{1}$$

$$e^z = \sum_{n=0}^{+\infty} \frac{z^n}{n!} = 1 + \frac{z}{1!} + \frac{z^2}{2!} + \cdots \quad (|z| < +\infty), \tag{2}$$

$$\sin z = \sum_{n=0}^{+\infty} (-1)^n \frac{z^{2n+1}}{(2n+1)!} = z - \frac{z^3}{3!} + \frac{z^5}{5!} - \cdots \quad (|z| < +\infty), \tag{3}$$

$$\cos z = \sum_{n=0}^{+\infty} (-1)^n \frac{z^{2n}}{(2n)!} = 1 - \frac{z^2}{2!} + \frac{z^4}{4!} - \cdots \quad (|z| < +\infty), \tag{4}$$

$$\sinh z = \sum_{n=0}^{+\infty} \frac{z^{2n+1}}{(2n+1)!} = z + \frac{z^3}{3!} + \frac{z^5}{5!} + \cdots \quad (|z| < +\infty), \tag{5}$$

$$\cosh z = \sum_{n=0}^{+\infty} \frac{z^{2n}}{(2n)!} = 1 + \frac{z^2}{2!} + \frac{z^4}{4!} + \cdots \quad (|z| < +\infty). \tag{6}$$

我们将这些结果全部列出以便以后随时参考. 然而，由于这些展开式与大家熟悉的微积分中的展开式的区别仅仅在于用 z 替换了 x，读者应该很容易记住它们.

这里，除了列出展开式(1)至展开式(6)外，我们还在例 1 至例 6 中给出它们的推导，同时还给出了一些其他的级数，这些级数可以通过例题直接得到. 读者需要记住的是：

（a）求出具体级数之前，可以先确定收敛域；

（b）求出所求级数的合理方法可能有多种.

例 1 当然，早在第 61 节中，我们就得到了展开式(1)，那时我们并没有利用泰勒定理. 为了说明如何利用泰勒定理，首先，我们注意到点 $z = 1$ 为函数

$$f(z) = \frac{1}{1-z}$$

在有限平面上的唯一奇点. 故当 $|z| < 1$ 时，所求的麦克劳林级数收敛于 $f(z)$.

$f(z)$ 的导数为

$$f^{(n)}(z) = \frac{n!}{(1-z)^{n+1}} \quad (n = 1, 2, \cdots).$$

因此，若约定 $f^{(0)}(z) = f(z)$ 且 $0! = 1$，则 $f^{(n)}(0) = n!$，其中 $n = 0, 1, 2, \cdots$，进而，记

$$f(z) = \sum_{n=0}^{+\infty} \frac{f^{(n)}(0)}{n!} z^n = \sum_{n=0}^{+\infty} z^n,$$

我们就得到了级数展开式(1).

若将等式(1)中的 z 替换为 $-z$，条件依然成立，并且注意到，当 $|z| < 1$ 时，有 $|-z| < 1$，可得

$$\frac{1}{1+z} = \sum_{n=0}^{+\infty} (-1)^n z^n \quad (|z| < 1).$$

另一方面，若将等式(1)中的变量 z 替换为 $1 - z$，可得泰勒级数展开式

$$\frac{1}{z} = \sum_{n=0}^{+\infty} (-1)^n (z-1)^n \quad (|z-1| < 1).$$

由展开式(1)的相关条件可知，此时条件仍然成立，这是因为 $|1-z| < 1$ 等同于 $|z-1| < 1$.

作为展开式(1)的另外一个应用，下面我们求出函数

$$f(z) = \frac{1}{1-z}$$

在 $z_0 = \mathrm{i}$ 处的泰勒级数展开式. 由于 z_0 和奇点 $z = 1$ 之间的距离为 $|1-\mathrm{i}| = \sqrt{2}$, 而满足条件的范围为 $|z-\mathrm{i}| < \sqrt{2}$（见图 79）. 为了展成关于 $z-\mathrm{i}$ 的幂级数, 首先记

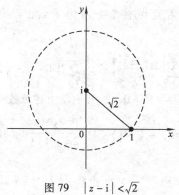

图 79　$|z-\mathrm{i}| < \sqrt{2}$

$$\frac{1}{1-z} = \frac{1}{(1-\mathrm{i})-(z-\mathrm{i})} = \frac{1}{1-\mathrm{i}} \cdot \frac{1}{1-\left(\dfrac{z-\mathrm{i}}{1-\mathrm{i}}\right)}.$$

由于当 $|z-\mathrm{i}| < \sqrt{2}$ 时, 有

$$\left|\frac{z-\mathrm{i}}{1-\mathrm{i}}\right| = \frac{|z-\mathrm{i}|}{|1-\mathrm{i}|} = \frac{|z-\mathrm{i}|}{\sqrt{2}} < 1,$$

于是, 由展开式（1）可知

$$\frac{1}{1-\left(\dfrac{z-\mathrm{i}}{1-\mathrm{i}}\right)} = \sum_{n=0}^{+\infty}\left(\frac{z-\mathrm{i}}{1-\mathrm{i}}\right)^n \quad (|z-\mathrm{i}| < \sqrt{2}),$$

进而得到泰勒级数展开式

$$\frac{1}{1-z} = \frac{1}{1-\mathrm{i}}\sum_{n=0}^{+\infty}\left(\frac{z-\mathrm{i}}{1-\mathrm{i}}\right)^n = \sum_{n=0}^{+\infty}\frac{(z-\mathrm{i})^n}{(1-\mathrm{i})^{n+1}} \quad (|z-\mathrm{i}| < \sqrt{2}).$$

例 2　由于函数 $f(z) = \mathrm{e}^z$ 为整函数, 故其在所有的点 z 处都具有麦克劳林级数展开式. 这里, $f^{(n)}(z) = \mathrm{e}^z(n = 0, 1, 2, \cdots)$, 并且由于 $f^{(n)}(0) = 1(n = 0, 1, 2, \cdots)$, 可得展开式（2）. 注意到, 若 $z = x + \mathrm{i}0$, 则展开式变为

$$\mathrm{e}^x = \sum_{n=0}^{+\infty}\frac{x^n}{n!} \quad (-\infty < x < +\infty).$$

整函数 $z^3 \mathrm{e}^{2z}$ 也可展成麦克劳林级数. 最简单的方法就是将展开式（2）中的 z 替换为 $2z$, 再将所得等式乘以 z^3:

$$z^3 \mathrm{e}^{2z} = \sum_{n=0}^{+\infty}\frac{2^n}{n!}z^{n+3} \quad (|z| < +\infty).$$

最后, 若此时再将 n 替换为 $n-3$, 则可得

$$z^3 \mathrm{e}^{2z} = \sum_{n=3}^{+\infty}\frac{2^{n-3}}{(n-3)!}z^n \quad (|z| < +\infty).$$

例3 我们可以利用展开式(2)和如下定义（第37节）

$$\sin z = \frac{e^{iz} - e^{-iz}}{2i}$$

求出整函数 $f(z) = \sin z$ 的麦克劳林级数. 为了给出具体过程，我们参照展开式(1)，记

$$\sin z = \frac{1}{2i}\left[\sum_{n=0}^{+\infty} \frac{(iz)^n}{n!} - \sum_{n=0}^{+\infty} \frac{(-iz)^n}{n!}\right] = \frac{1}{2i}\sum_{n=0}^{+\infty}[1-(-1)^n]\frac{i^n z^n}{n!} \quad (|z| < +\infty).$$

然而，当 n 为偶数时，$1-(-1)^n = 0$，故我们将上述级数中的 n 替换为 $2n+1$：

$$\sin z = \frac{1}{2i}\sum_{n=0}^{+\infty}[1-(-1)^{2n+1}]\frac{i^{2n+1}z^{2n+1}}{(2n+1)!} \quad (|z| < +\infty).$$

由于

$$1-(-1)^{2n+1} = 2 \text{ 和 } i^{2n+1} = (i^2)^n i = (-1)^n i,$$

故而之前的等式就简化为展开式(3).

例4 利用逐项微分（这将在第71节中给予证明），我们对式(3)的两边分别求微分，记

$$\cos z = \sum_{n=0}^{+\infty} \frac{(-1)^n}{(2n+1)!}\frac{d}{dz}z^{2n+1} = \sum_{n=0}^{+\infty}(-1)^n\frac{2n+1}{(2n+1)!}z^{2n} = \sum_{n=0}^{+\infty}(-1)^n\frac{z^{2n}}{(2n)!} \quad (|z| < +\infty).$$

这就证明了展开式(4).

例5 由于第39节中指出了 $\sinh z = -i\sin(iz)$，故我们只需利用式(3)，即 $\sin z$ 的展开式，记

$$\sinh z = -i\sum_{n=0}^{+\infty}(-1)^n\frac{(iz)^{2n+1}}{(2n+1)!} \quad (|z| < +\infty),$$

即得到

$$\sinh z = \sum_{n=0}^{+\infty}\frac{z^{2n+1}}{(2n+1)!} \quad (|z| < +\infty).$$

例6 由第39节可知，$\cosh z = \cos(iz)$，故而由式(4)，即 $\cos z$ 的麦克劳林级数可知

$$\cosh z = \sum_{n=0}^{+\infty}(-1)^n\frac{(iz)^{2n}}{(2n)!} \quad (|z| < +\infty),$$

于是，我们得到麦克劳林级数展开式

$$\cosh z = \sum_{n=0}^{+\infty}\frac{z^{2n}}{(2n)!} \quad (|z| < +\infty).$$

注意到，比如说，$\cosh z$ 关于点 $z_0 = -2\pi i$ 的泰勒级数是通过将上述等式两边的变量 z 替换为 $z+2\pi i$，再利用第39节中的结论，即对所有的 z，有 $\cosh(z+2\pi i) = \cosh z$，从而得到：

$$\cosh z = \sum_{n=0}^{+\infty}\frac{(z+2\pi i)^{2n}}{(2n)!} \quad (|z| < +\infty).$$

65. $(z-z_0)$ 的负次幂

若函数 f 在点 z_0 处不解析，则在该点处不适用泰勒定理. 然而，$f(z)$ 的同时包含 $(z-z_0)$ 的正次幂和负次幂的级数展开式往往是可能出现的. 这类级数非常重要，我们将在下一节中讨论. 这类级数通常可以通过利用第 64 节开头所列出的六个麦克劳林级数之中的一个或多个得到. 这里，为了让读者熟悉包含 $(z-z_0)$ 负次幂的级数，在探讨相关的一般性定理之前，我们先给出几个例子.

例 1 利用常用的麦克劳林级数

$$e^z = 1 + \frac{z}{1!} + \frac{z^2}{2!} + \frac{z^3}{3!} + \frac{z^4}{4!} + \cdots \quad (|z| < +\infty),$$

可知当 $0 < |z| < +\infty$ 时，有

$$\frac{e^{-z}}{z^2} = \frac{1}{z^2}\left(1 - \frac{z}{1!} + \frac{z^2}{2!} - \frac{z^3}{3!} + \frac{z^4}{4!} - \cdots\right) = \frac{1}{z^2} - \frac{1}{z} + \frac{1}{2!} - \frac{z}{3!} + \frac{z^2}{4!} - \cdots.$$

例 2 由麦克劳林级数

$$\cosh z = \sum_{n=0}^{+\infty} \frac{z^{2n}}{(2n)!} \quad (|z| < +\infty)$$

可知，当 $0 < |z| < +\infty$ 时，有

$$z^3 \cosh\left(\frac{1}{z}\right) = z^3 \sum_{n=0}^{+\infty} \frac{1}{(2n)! z^{2n}} = \sum_{n=0}^{+\infty} \frac{1}{(2n)! z^{2n-3}}.$$

注意到，当 n 为 0 或 1 时，有 $2n - 3 < 0$，而当 $n \geq 2$ 时，有 $2n - 3 > 0$. 因此，上述展开式可改写为

$$z^3 \cosh\left(\frac{1}{z}\right) = z^3 + \frac{z}{2} + \sum_{n=2}^{+\infty} \frac{1}{(2n)! z^{2n-3}} \quad (0 < |z| < +\infty).$$

为了在下一节中对此类展开式给出一个标准的形式，我们将级数中的 n 替换为 $n+1$，得到

$$z^3 \cos\left(\frac{1}{z}\right) = \frac{z}{2} + z^3 + \sum_{n=1}^{+\infty} \frac{1}{(2n+2)!} \cdot \frac{1}{z^{2n-1}} \quad (0 < |z| < +\infty).$$

例 3 下面的这个例子中，我们将函数

$$f(z) = \frac{1 + 2z^2}{z^3 + z^5} = \frac{1}{z^3} \cdot \frac{2(1 + z^2) - 1}{1 + z^2} = \frac{1}{z^3}\left(2 - \frac{1}{1 + z^2}\right)$$

展成关于 z 的幂级数. 由于 $f(z)$ 在点 $z = 0$ 处不解析，故不能展成麦克劳林级数. 然而，我们知道

$$\frac{1}{1 - z} = 1 + z + z^2 + z^3 + z^4 + \cdots \quad (|z| < 1),$$

并且，将等式两边的 z 替换为 $-z^2$ 后，可得

$$\frac{1}{1 + z^2} = 1 - z^2 + z^4 - z^6 + z^8 - \cdots \quad (|z| < 1).$$

因此，当 $0 < |z| < 1$ 时，有

$$f(z) = \frac{1}{z^3}(2 - 1 + z^2 - z^4 + z^6 - z^8 + \cdots) = \frac{1}{z^3} + \frac{1}{z} - z + z^3 - z^5 + \cdots.$$

我们将诸如 $1/z^3$ 和 $1/z$ 这样的项称为 z 的负次幂，这是因为它们分别可以写成 z^{-3} 和 z^{-1} 的形式。正如本节开始所提到的，涉及 $(z - z_0)$ 的负次幂的展开式定理将会在下一节中进行探讨。

读者可能会注意到，在例 1 和例 3 中所得到的级数中，先出现的是负次幂，而在例 2 中，先出现的却是正次幂。对以后的应用而言，先出现的是正次幂还是负次幂通常并不重要。此外，当 $z_0 = 0$ 时，这三个例子都包含了 $(z - z_0)$ 的幂。然而，最后给出的这个例子涉及的 z_0 则是非零的。

例 4　这里，我们试将函数

$$\frac{e^z}{(z + 1)^2}$$

展成关于 $(z + 1)$ 的幂级数。我们从下面的麦克劳林级数出发，

$$e^z = \sum_{n=0}^{+\infty} \frac{z^n}{n!} \quad (|z| < +\infty),$$

将 z 替换为 $(z + 1)$：

$$e^{z+1} = \sum_{n=0}^{+\infty} \frac{(z + 1)^n}{n!} \quad (|z + 1| < +\infty).$$

等式两边都除以 $e(z + 1)^2$，得到

$$\frac{e^z}{(z + 1)^2} = \sum_{n=0}^{+\infty} \frac{(z + 1)^{n-2}}{n! \, e}.$$

因此，

$$\frac{e^z}{(z + 1)^2} = \frac{1}{e}\left[\frac{1}{(z + 1)^2} + \frac{1}{z + 1} + \sum_{n=2}^{+\infty} \frac{(z + 1)^{n-2}}{n!} \right] \quad (0 < |z + 1| < +\infty),$$

这等同于

$$\frac{e^z}{(z + 1)^2} = \frac{1}{e}\left[\sum_{n=0}^{+\infty} \frac{(z + 1)^n}{(n + 2)!} + \frac{1}{z + 1} + \frac{1}{(z + 1)^2} \right] \quad (0 < |z + 1| < +\infty).$$

练　习[*]

1. 试求麦克劳林级数展开式

$$z\cosh(z^2) = \sum_{n=0}^{+\infty} \frac{z^{4n+1}}{(2n)!} \quad (|z| < +\infty).$$

2. 通过如下方法，求出函数 $f(z) = e^z$ 的泰勒级数

$$e^z = e \sum_{n=0}^{+\infty} \frac{(z - 1)^n}{n!} \quad (|z - 1| < +\infty),$$

---

[*] 在本节及之后关于级数展开式的练习中，建议读者尽可能利用第 64 节中的展开式 (1) 至展开式 (6)。

(a)利用 $f^{(n)}(1)(n=0,1,2,\cdots)$；　(b)利用 $e^z=e^{z-1}e$.

3. 试求下面函数的麦克劳林级数展开式

$$f(z)=\frac{z}{z^4+4}=\frac{z}{4}\cdot\frac{1}{1+(z^4/4)}.$$

答案：$f(z)=\sum_{n=0}^{+\infty}\frac{(-1)^n}{2^{2n+2}}z^{4n+1}$　$(|z|<\sqrt{2})$.

4. 利用下面性质(见第 37 节)

$$\cos z=-\sin\left(z-\frac{\pi}{2}\right)$$

将 $\cos z$ 展成关于点 $z_0=\pi/2$ 的泰勒级数.

5. 利用第 39 节练习 7(a)所证性质 $\sinh(z+\pi i)=-\sinh z$，以及 $\sinh z$ 为以 $2\pi i$ 为周期的周期函数的事实，求出 $\sinh z$ 关于点 $z_0=\pi i$ 的泰勒级数.

答案：$-\sum_{n=0}^{+\infty}\frac{(z-\pi i)^{2n+1}}{(2n+1)!}$　$(|z-\pi i|<+\infty)$.

6. 使得函数 $\tanh z$ 的麦克劳林级数收敛于 $\tanh z$ 的最大的圆周是什么？写出该级数的前两个非零项.

7. 证明：若 $f(z)=\sin z$，则

$$f^{(2n)}(0)=0\text{ 且 }f^{(2n+1)}(0)=(-1)^n\quad(n=0,1,2,\cdots).$$

这样就给出了第 64 节式(3)，即 $\sin z$ 的麦克劳林级数的另一种推导方法.

8. 通过下列方式重新推导第 64 节式(4)，即函数 $f(z)=\cos z$ 的麦克劳林级数：

(a)利用第 37 节中的定义

$$\cos z=\frac{e^{iz}+e^{-iz}}{2}$$

以及第 64 节式(2)，即 e^z 的麦克劳林级数；

(b)证明

$$f^{(2n)}(0)=(-1)^n\text{ 且 }f^{(2n+1)}(0)=0\quad(n=0,1,2,\cdots).$$

9. 利用第 64 节式(3)，即 $\sin z$ 的展式，写出函数

$$f(z)=\sin(z^2)$$

的麦克劳林级数，并指出由此如何得到

$$f^{(4n)}(0)=0\text{ 且 }f^{(2n+1)}(0)=0\quad(n=0,1,2,\cdots).$$

10. 推导下列展开式

(a)$\dfrac{\sinh z}{z^2}=\dfrac{1}{z}+\sum_{n=0}^{+\infty}\dfrac{z^{2n+1}}{(2n+3)!}$　$(0<|z|<+\infty)$；

(b)$\dfrac{\sin(z^2)}{z^4}=\dfrac{1}{z^2}-\dfrac{z^2}{3!}+\dfrac{z^6}{5!}-\dfrac{z^{10}}{7!}+\cdots$　$(0<|z|<+\infty)$.

11. 证明：当 $0<|z|<4$ 时，有

$$\frac{1}{4z-z^2}=\frac{1}{4z}+\sum_{n=0}^{+\infty}\frac{z^n}{4^{n+2}}.$$

66. 洛朗级数

下面，我们讲述洛朗定理. 有了这个定理，当函数 $f(z)$ 在 z_0 处不解析时，我们能

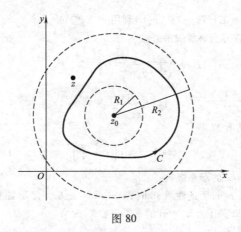

图 80

够将其展成包含$(z-z_0)$的正次幂和负次幂的级数.

定理 假设函数f在以z_0为圆心的圆环域$R_1 < |z-z_0| < R_2$内处处解析, 设C为围绕点z_0的任意简单正向闭围线, 且落在该圆环域中(见图80), 则对于圆环域中的每一点, $f(z)$的级数展开式为

$$f(z) = \sum_{n=0}^{+\infty} a_n (z-z_0)^n + \sum_{n=1}^{+\infty} \frac{b_n}{(z-z_0)^n} \quad (R_1 < |z-z_0| < R_2), \tag{1}$$

其中

$$a_n = \frac{1}{2\pi i} \int_C \frac{f(z)\,dz}{(z-z_0)^{n+1}} \quad (n = 0, 1, 2, \cdots) \tag{2}$$

且

$$b_n = \frac{1}{2\pi i} \int_C \frac{f(z)\,dz}{(z-z_0)^{-n+1}} \quad (n = 1, 2, \cdots). \tag{3}$$

注意到, 将展开式(1)的第二个级数的n替换为$-n$, 就能将级数改写成

$$\sum_{n=-\infty}^{-1} \frac{b_{-n}}{(z-z_0)^{-n}},$$

其中

$$b_{-n} = \frac{1}{2\pi i} \int_C \frac{f(z)\,dz}{(z-z_0)^{n+1}} \quad (n = -1, -2, \cdots).$$

因此,

$$f(z) = \sum_{n=-\infty}^{-1} b_{-n} (z-z_0)^n + \sum_{n=0}^{+\infty} a_n (z-z_0)^n \quad (R_1 < |z-z_0| < R_2).$$

若令

$$c_n = \begin{cases} b_{-n} & \text{当 } n \leqslant -1 \text{ 时}, \\ a_n & \text{当 } n \geqslant 0 \text{ 时}, \end{cases}$$

则有

$$f(z) = \sum_{n=-\infty}^{+\infty} c_n (z - z_0)^n \quad (R_1 < |z - z_0| < R_2), \tag{4}$$

其中

$$c_n = \frac{1}{2\pi i} \int_C \frac{f(z)\,\mathrm{d}z}{(z - z_0)^{n+1}} \quad (n = 0, \pm 1, \pm 2, \cdots). \tag{5}$$

无论 $f(z)$ 的展开式写成式(1)还是式(4)的形式，都称其为 $f(z)$ 的洛朗级数.

我们看到，式(3)中的被积函数可以写成 $f(z)(z - z_0)^{n-1}$. 于是，当 f 在圆盘 $|z - z_0| < R_2$ 内处处解析时，被积函数显然也是解析的. 因此，系数 b_n 都为 0. 又由于（第 55 节）

$$\frac{1}{2\pi i} \int_C \frac{f(z)\,\mathrm{d}z}{(z - z_0)^{n+1}} = \frac{f^{(n)}(z_0)}{n!} \quad (n = 0, 1, 2, \cdots),$$

故展开式(1)就简化为关于 z_0 的泰勒级数.

然而，若 f 在 z_0 处不解析但在圆盘 $|z - z_0| < R_2$ 内除 z_0 外处处解析，则可令选取的半径 R_1 任意小. 此时，展开式(1)在去心圆盘 $0 < |z - z_0| < R_2$ 内仍然成立. 同理，若 f 在圆周 $|z - z_0| = R_1$ 外部的有限平面上的每一点处解析，则展开式在 $R_1 < |z - z_0| < +\infty$ 内仍然成立. 注意到，若 f 在有限平面上除点 z_0 外处处解析，则在每个解析点处，或当 $0 < |z - z_0| < +\infty$ 时，级数(1)成立.

首先，我们证明当 $z_0 = 0$，即圆环以原点为圆心时，洛朗定理成立. 而当 z_0 为任意常数时，定理的证明类似可得. 与泰勒定理的证明一样，只想简单了解定理的读者可以直接跳过整个证明过程.

67. 洛朗定理的证明

与泰勒定理的证明一样，定理的证明分为两个部分，首先是当 $z_0 = 0$ 时的情况，其次是当 z_0 为有限平面上任意非零的点时的情况.

当 $z_0 = 0$ 时的情况

首先，选取一闭圆环域 $r_1 \leqslant |z| \leqslant r_2$，使之落在区域 $R_1 < |z| < R_2$ 内，并使得点 z 和围线 C 都落在该圆环域的内部（见图 81）. 设 C_1 和 C_2 分别表示圆周 $|z| = r_1$ 和 $|z| = r_2$，取正方向. 注意到，f 在 C_1 和 C_2 以及它们之间的圆环域上解析.

其次，构造一个以点 z 为圆心的充分小的正向圆周 γ，使之包含在圆环域 $r_1 \leqslant |z| \leqslant r_2$ 的内部，如图 81 所示. 将柯西-古萨定理推广到多连通区域的情况，可知，解析函数沿着多连通区域的定向边界的积分（第 53 节）

$$\int_{C_2} \frac{f(s)\,\mathrm{d}s}{s - z} - \int_{C_1} \frac{f(s)\,\mathrm{d}s}{s - z} - \int_{\gamma} \frac{f(s)\,\mathrm{d}s}{s - z} = 0.$$

然而，根据柯西积分公式（第 54 节），此处的第三个积分值为 $2\pi i f(z)$. 因此，

$$f(z) = \frac{1}{2\pi i} \int_{C_2} \frac{f(s)\,\mathrm{d}s}{s - z} + \frac{1}{2\pi i} \int_{C_1} \frac{f(s)\,\mathrm{d}s}{z - s}. \tag{1}$$

这里，上式第一个积分的被积函数的因子 $1/(s - z)$ 与第 63 节泰勒定理的证明中

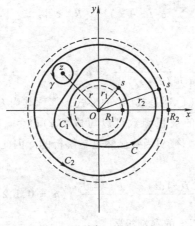

图 81

的式(1)相同，我们需要用到该节用过的一个展开式

$$\frac{1}{s-z} = \sum_{n=0}^{N-1} \frac{1}{s^{n+1}} z^n + z^N \frac{1}{(s-z)s^N}. \tag{2}$$

至于第二个积分中的因子 $1/(z-s)$，将式(2)中的 s 和 z 交换，即得

$$\frac{1}{z-s} = \sum_{n=0}^{N-1} \frac{1}{s^{-n}} \cdot \frac{1}{z^{n+1}} + \frac{1}{z^N} \cdot \frac{s^N}{z-s}.$$

若将等式中的和式指标 n 替换为 $n-1$，则展开式具有如下形式，

$$\frac{1}{z-s} = \sum_{n=1}^{N} \frac{1}{s^{-n+1}} \cdot \frac{1}{z^n} + \frac{1}{z^N} \cdot \frac{s^N}{z-s}, \tag{3}$$

我们将在下面的证明中使用这个结果.

将式(2)和式(3)的两边乘以 $f(s)/(2\pi i)$，再对所得等式的两边分别沿着 C_2 和 C_1 对 s 进行积分，由式(1)可得

$$f(z) = \sum_{n=0}^{N-1} a_n z^n + \rho_N(z) + \sum_{n=1}^{N} \frac{b_n}{z^n} + \sigma_N(z), \tag{4}$$

其中 $a_n(n=0,1,2,\cdots,N-1)$ 和 $b_n(n=1,2,\cdots,N)$ 由如下等式得到，

$$a_n = \frac{1}{2\pi i}\int_{C_2} \frac{f(s)\,ds}{s^{n+1}}, \quad b_n = \frac{1}{2\pi i}\int_{C_1} \frac{f(s)\,ds}{s^{-n+1}}, \tag{5}$$

并且

$$\rho_N(z) = \frac{z^N}{2\pi i}\int_{C_2} \frac{f(s)\,ds}{(s-z)s^N}, \quad \sigma_N(z) = \frac{1}{2\pi i z^N}\int_{C_1} \frac{s^N f(s)\,ds}{z-s}.$$

当 N 趋于 $+\infty$ 时，只要

$$\lim_{N\to+\infty} \rho_N(z) = 0 \,\text{且}\, \lim_{N\to+\infty} \sigma_N(z) = 0, \tag{6}$$

式(4)在区域 $R_1 < |z| < R_2$ 内显然就具有洛朗级数的形式. 利用第 63 节泰勒定理的证明中所用过的方法, 即可得到上述极限. 记 $|z| = r$, 则 $r_1 < r < r_2$, 且设 M 为 $|f(s)|$ 在 C_1 和 C_2 上的最大值. 同时, 注意到, 若 s 为 C_2 上的点, 则有 $|s - z| \geq r_2 - r$, 而若 s 在 C_1 上, 则有 $|z - s| \geq r - r_1$. 这样就可以得到

$$|\rho_N(z)| \leq \frac{Mr_2}{r_2 - r}\left(\frac{r}{r_2}\right)^N \text{ 且 } |\sigma_N(z)| \leq \frac{Mr_1}{r - r_1}\left(\frac{r_1}{r}\right)^N.$$

由于 $(r/r_2) < 1$ 且 $(r_1/r) < 1$, 则当 N 趋于无穷时, $\rho_N(z)$ 和 $\sigma_N(z)$ 显然都趋于 0.

最后, 我们只要回顾一下第 53 节的推论就可以知道, 本节积分(5)所取的围线也可替换为围线 C. 由于若用 z 来替代积分变量 s, 则系数 a_n 和 b_n 的表达式(5)就与第 66 节中当 $z_0 = 0$ 时的表达式(2)和式(3)相同, 这就完成了当 $z_0 = 0$ 时洛朗定理的证明.

当 $z_0 \neq 0$ 时的情况

为了将定理的证明推广到一般情况, 即 z_0 为有限平面上任意一点的情况, 我们先设 f 为满足定理条件的函数, 并且, 正如在泰勒定理的证明中所做的那样, 记 $g(z) = f(z + z_0)$. 由于 $f(z)$ 在圆环域 $R_1 < |z - z_0| < R_2$ 内解析, 故当 $R_1 < |(z + z_0) - z_0| < R_2$ 时, 函数 $f(z + z_0)$ 解析. 即 g 在以原点为圆心的圆环域 $R_1 < |z| < R_2$ 内解析. 此时, 定理中所述的简单闭围线 C 的参数方程为 $z = z(t)$ $(a \leq t \leq b)$, 其中

$$R_1 < |z(t) - z_0| < R_2 \tag{7}$$

对于区间 $a \leq t \leq b$ 中所有的 t 成立. 于是, 若 Γ 表示路径

$$z = z(t) - z_0 \quad (a \leq t \leq b), \tag{8}$$

则根据不等式(7), Γ 不仅是简单闭围线, 而且落在区域 $R_1 < |z| < R_2$ 中. 因此, $g(z)$ 具有洛朗级数展开式

$$g(z) = \sum_{n=0}^{+\infty} a_n z^n + \sum_{n=1}^{+\infty} \frac{b_n}{z^n} \quad (R_1 < |z| < R_2), \tag{9}$$

其中

$$a_n = \frac{1}{2\pi i}\int_\Gamma \frac{g(z)\,\mathrm{d}z}{z^{n+1}} \quad (n = 0, 1, 2, \cdots), \tag{10}$$

$$b_n = \frac{1}{2\pi i}\int_\Gamma \frac{g(z)\,\mathrm{d}z}{z^{-n+1}} \quad (n = 1, 2, \cdots). \tag{11}$$

若将等式(9)中的 $g(z)$ 替换为 $f(z + z_0)$, 再将所得等式中的 z 替换为 $z - z_0$, 此时, 在条件范围 $R_1 < |z| < R_2$ 内结论仍然成立, 这就得到了第 66 节中的展开式(1). 此外, 系数 a_n 的表达式(10)与第 66 节的表达式(2)相同, 这是因为

$$\int_\Gamma \frac{g(z)\,\mathrm{d}z}{z^{n+1}} = \int_a^b \frac{f(z(t))z'(t)}{[z(t) - z_0]^{n+1}}\mathrm{d}t = \int_C \frac{f(z)\,\mathrm{d}z}{(z - z_0)^{n+1}}.$$

同理, 系数 b_n 的表达式(11)也与第 66 节表达式(3)相同.

68. 例子

洛朗级数的系数通常并非直接通过利用洛朗定理中的积分表达式求出的(第 66

节）．这在第 65 节中已经举例说明了，当时所给出的级数实际上就是洛朗级数．建议读者回顾一下第 65 节，以及该节的练习 10 和练习 11，以便看看在每种情况下，如何由洛朗定理找出使得级数在其内部成立的去心平面或去心圆盘．另外，我们通常假定读者熟知第 64 节的麦克劳林级数展开式（1）至展开式（6），这是因为我们在求洛朗级数时经常需要用到它们．与泰勒级数的情况一样，我们把洛朗级数的唯一性的证明推迟到第 72 节．

例 1 函数

$$f(z) = \frac{1}{z(1+z^2)} = \frac{1}{z} \cdot \frac{1}{1+z^2}$$

以点 $z = 0$ 和点 $z = \pm i$ 为奇点．现在求在去心圆盘 $0 < |z| < 1$ 内 $f(z)$ 的洛朗级数展开式（见图 82）．

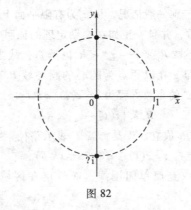

图 82

由于当 $|z| < 1$ 时，有 $|-z^2| < 1$，故可将麦克劳林级数展开式

$$\frac{1}{1-z} = \sum_{n=0}^{+\infty} z^n \quad (|z| < 1) \tag{1}$$

中的 z 替换为 $-z^2$．于是，可得

$$\frac{1}{1+z^2} = \sum_{n=0}^{+\infty} (-1)^n z^{2n} \quad (|z| < 1),$$

故而

$$f(z) = \frac{1}{z} \sum_{n=0}^{+\infty} (-1)^n z^{2n} = \sum_{n=0}^{+\infty} (-1)^n z^{2n-1} \quad (0 < |z| < 1),$$

即

$$f(z) = \frac{1}{z} + \sum_{n=1}^{+\infty} (-1)^n z^{2n-1} \quad (0 < |z| < 1).$$

将 n 替换为 $n+1$，得到

$$f(z) = \frac{1}{z} + \sum_{n=0}^{+\infty} (-1)^{n+1} z^{2n+1} \quad (0 < |z| < 1).$$

于是，标准形式为

$$f(z) = \sum_{n=0}^{+\infty} (-1)^{n+1} z^{2n+1} + \frac{1}{z} \quad (0 < |z| < 1). \tag{2}$$

（另可参阅练习 3）.

例 2 函数

$$f(z) = \frac{z+1}{z-1}$$

以 $z = 1$ 为奇点，且在区域（见图 83）

$$D_1: |z| < 1 \text{ 和 } D_2: 1 < |z| < +\infty$$

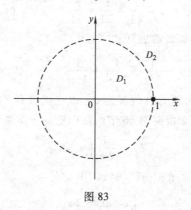

图 83

内解析. 在这些区域中，$f(z)$ 都可展成关于 z 的幂级数. 这两个级数都可以通过对例 1 所用的展开式（1）中的 z 进行适当的替换得到.

首先，观察区域 D_1，注意到，所求级数为麦克劳林级数. 为了利用级数（1），记

$$f(z) = -(z+1)\frac{1}{1-z} = -z\frac{1}{1-z} - \frac{1}{1-z}.$$

于是，

$$f(z) = -z \sum_{n=0}^{+\infty} z^n - \sum_{n=0}^{+\infty} z^n = -\sum_{n=0}^{+\infty} z^{n+1} - \sum_{n=0}^{+\infty} z^n \quad (|z| < 1).$$

将上式最右边两个级数中的第一个的 n 替换为 $n-1$，就得到所求的麦克劳林级数

$$f(z) = -\sum_{n=1}^{+\infty} z^n - \sum_{n=0}^{+\infty} z^n = -1 - 2\sum_{n=1}^{+\infty} z^n \quad (|z| < 1). \tag{3}$$

在无界区域 D_2 上，$f(z)$ 的展开式就是洛朗级数. 当 z 为 D_2 内的点时，有 $|1/z| < 1$，这表明利用级数（1）可记

$$f(z) = \frac{1 + \dfrac{1}{z}}{1 - \dfrac{1}{z}} = \left(1 + \frac{1}{z}\right)\frac{1}{1 - \dfrac{1}{z}} = \left(1 + \frac{1}{z}\right)\sum_{n=0}^{+\infty} \frac{1}{z^n}$$

$$= \sum_{n=0}^{+\infty} \frac{1}{z^n} + \sum_{n=0}^{+\infty} \frac{1}{z^{n+1}} \quad (1 < |z| < +\infty).$$

将上式中的最后一个级数的 n 替换为 $n-1$，得到

$$f(z) = \sum_{n=0}^{+\infty} \frac{1}{z^n} + \sum_{n=1}^{+\infty} \frac{1}{z^n} \quad (1 < |z| < +\infty),$$

这样，就得到了洛朗级数

$$f(z) = 1 + 2\sum_{n=1}^{+\infty} \frac{1}{z^n} \quad (1 < |z| < +\infty). \tag{4}$$

例3 将麦克劳林级数展开式

$$e^z = \sum_{n=0}^{+\infty} \frac{z^n}{n!} = 1 + \frac{z}{1!} + \frac{z^2}{2!} + \frac{z^3}{3!} + \cdots \quad (|z| < +\infty)$$

中的 z 替换为 $1/z$，得到洛朗级数展开式

$$e^{1/z} = \sum_{n=0}^{+\infty} \frac{1}{n!z^n} = 1 + \frac{1}{1!z} + \frac{1}{2!z^2} + \frac{1}{3!z^3} + \cdots \quad (0 < |z| < +\infty).$$

注意到，由于 z 的正次幂的系数都为 0，故这里没有 z 的正次幂出现. 同时，我们看到，$1/z$ 的系数为 1，而根据第 66 节的洛朗定理，该系数为常数

$$b_1 = \frac{1}{2\pi i}\int_C e^{1/z}dz,$$

其中 C 为任意围绕原点的简单正向闭围线. 由于 $b_1 = 1$，故

$$\int_C e^{1/z}dz = 2\pi i.$$

这种计算某些沿着简单闭围线的积分的方法，我们将会在第 6 章中进一步详细地阐述，并在第 7 章中广泛地应用.

例4 函数 $f(z) = 1/(z-i)^2$ 已具有洛朗级数的形式，其中 $z_0 = i$. 即

$$\frac{1}{(z-i)^2} = \sum_{n=-\infty}^{+\infty} c_n(z-i)^n \quad (0 < |z-i| < +\infty),$$

其中 $c_{-2} = 1$，且所有其他的系数都为 0. 对于洛朗级数的系数，由第 66 节的表达式 (5) 可知

$$c_n = \frac{1}{2\pi i}\int_C \frac{dz}{(z-i)^{n+3}} \quad (n = 0, \pm1, \pm2, \cdots),$$

这里对于 C 的选取，比如说，可选取 C 为关于点 $z_0 = i$ 的任意正向圆周 $|z-i| = R$. 因此（与第 46 节练习 13 比较），

$$\int_C \frac{dz}{(z-i)^{n+3}} = \begin{cases} 0 & \text{当 } n \neq -2 \text{ 时,} \\ 2\pi i & \text{当 } n = -2 \text{ 时.} \end{cases}$$

练　习

1. 试求函数

$$f(z) = z^2\sin\left(\frac{1}{z^2}\right)$$

在区域 $0 < |z| < +\infty$ 内的洛朗级数展开式.

答案：$1 + \sum\limits_{n=1}^{+\infty} \dfrac{(-1)^n}{(2n+1)!} \cdot \dfrac{1}{z^{4n}}$.

2. 当 $1 < |z| < +\infty$ 时，将函数

$$f(z) = \frac{1}{1+z} = \frac{1}{z} \cdot \frac{1}{1+(1/z)}$$

写成关于 z 的负次幂的展开式.

答案：$\sum\limits_{n=1}^{+\infty} \dfrac{(-1)^{n+1}}{z^n}$.

3. 当 $1 < |z| < +\infty$ 时，求出第 68 节例 1 中的函数 $f(z)$ 的洛朗级数展开式.

答案：$\sum\limits_{n=1}^{+\infty} \dfrac{(-1)^{n+1}}{z^{2n+1}}$.

4. 给出函数

$$f(z) = \frac{1}{z^2(1-z)}$$

表示成 z 的幂的两个洛朗级数展开式，并且指出这些展开式成立的区域.

答案：$\sum\limits_{n=0}^{+\infty} z^n + \dfrac{1}{z} + \dfrac{1}{z^2}$　$(0 < |z| < 1)$;　　　$-\sum\limits_{n=3}^{+\infty} \dfrac{1}{z^n}$　$(1 < |z| < +\infty)$.

5. 函数

$$f(z) = \frac{-1}{(z-1)(z-2)} = \frac{1}{z-1} - \frac{1}{z-2}$$

以点 $z=1$ 和点 $z=2$ 为奇点，且在区域（见图 84）

$$D_1: |z| < 1, \quad D_2: 1 < |z| < 2, \quad D_3: 2 < |z| < +\infty$$

内解析. 分别求出 $f(z)$ 在这些区域中的关于 z 的幂级数展开式.

答案：在 D_1 中，$\sum\limits_{n=0}^{+\infty}(2^{-n-1}-1)z^n$；在 D_2 中，$\sum\limits_{n=0}^{+\infty} \dfrac{z^n}{2^{n+1}} + \sum\limits_{n=1}^{+\infty} \dfrac{1}{z^n}$；在 D_3 中，$\sum\limits_{n=1}^{+\infty} \dfrac{1-2^{n-1}}{z^n}$.

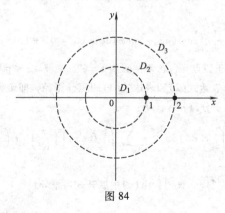

图 84

6. 证明：当 $0 < |z-1| < 2$ 时，有

$$\frac{z}{(z-1)(z-3)} = -3 \sum_{n=0}^{+\infty} \frac{(z-1)^n}{2^{n+2}} - \frac{1}{2(z-1)}.$$

7. (a) 设 a 为实数，满足 $-1 < a < 1$，试推导洛朗级数展开式

$$\frac{a}{z-a} = \sum_{n=1}^{+\infty} \frac{a^n}{z^n} \quad (|a| < |z| < +\infty).$$

(b) 将 (a) 中所得等式的 z 记为 $z = e^{i\theta}$，由所得等式两边的实部以及虚部分别相等，推导出和式

$$\sum_{n=1}^{+\infty} a^n \cos n\theta = \frac{a\cos\theta - a^2}{1 - 2a\cos\theta + a^2} \quad \text{和} \quad \sum_{n=1}^{+\infty} a^n \sin n\theta = \frac{a\sin\theta}{1 - 2a\cos\theta + a^2},$$

其中 $-1 < a < 1$.（与第 61 节练习 4 比较）.

8. 假设级数

$$\sum_{n=-\infty}^{+\infty} x[n] z^{-n}$$

在某圆环域 $R_1 < |z| < R_2$ 内收敛于解析函数 $X(z)$. $X(z)$ 就称为 $x[n] (n = 0, \pm 1, \pm 2, \cdots)$ 的 z-变换.* 利用第 66 节表达式 (5)，即洛朗级数的系数表达式，证明：若该圆环域包含单位圆周 $|z| = 1$，则 z-变换 $X(z)$ 的逆变换可以写成

$$x[n] = \frac{1}{2\pi} \int_{-\pi}^{\pi} X(e^{i\theta}) e^{in\theta} d\theta \quad (n = 0, \pm 1, \pm 2, \cdots).$$

9. (a) 设 z 为任意复数，且 C 表示 w 平面上的单位圆周

$$w = e^{i\varphi} \quad (-\pi \leqslant \varphi \leqslant \pi).$$

改进第 66 节表达式 (5)，即洛朗级数的系数表达式，使之适用于 w 平面上关于原点的级数，利用该表达式中所取围线证明：

$$\exp\left[\frac{z}{2}\left(w - \frac{1}{w}\right)\right] = \sum_{n=-\infty}^{+\infty} J_n(z) w^n \quad (0 < |w| < +\infty),$$

其中，

$$J_n(z) = \frac{1}{2\pi} \int_{-\pi}^{\pi} \exp[-i(n\varphi - z\sin\varphi)] d\varphi \quad (n = 0, \pm 1, \pm 2, \cdots).$$

(b) 利用第 42 节练习 5，关于单实变量的复值奇函数和偶函数的定积分，证明：(a) 中的系数可以写成**

$$J_n(z) = \frac{1}{\pi} \int_0^{\pi} \cos(n\varphi - z\sin\varphi) d\varphi \quad (n = 0, \pm 1, \pm 2, \cdots).$$

10. (a) 设 $f(z)$ 为在关于原点且包含单位圆周 $z = e^{i\varphi} (-\pi \leqslant \varphi \leqslant \pi)$ 的某圆环域内解析的函数. 选取该圆周为第 66 节表达式 (2) 和表达式 (3) 的积分路径，即函数展成关于 z 的洛朗级数时系数 a_n 和 b_n 的表达式的积分路径，证明：

$$f(z) = \frac{1}{2\pi} \int_{-\pi}^{\pi} f(e^{i\varphi}) d\varphi + \frac{1}{2\pi} \sum_{n=1}^{+\infty} \int_{-\pi}^{\pi} f(e^{i\varphi}) \left[\left(\frac{z}{e^{i\varphi}}\right)^n + \left(\frac{e^{i\varphi}}{z}\right)^n\right] d\varphi,$$

其中 z 为圆环域中的任意一点.

(b) 记 $u(\theta) = \text{Re}\left[f(e^{i\theta})\right]$，证明：由 (a) 中展开式可推导出

---

* z-变换源于离散线性系统的研究. 例如，可参考附录 A 中 Oppenheim, Schafer 和 Buck 的著作.

** 这些系数 $J_n(z)$ 称为第一类贝塞尔函数. 它们在应用数学的某些领域中发挥了突出的作用. 例如，可参考本书作者所著《傅里叶级数和边值问题》第 8 版，第 9 章，2012.

$$u(\theta) = \frac{1}{2\pi} \int_{-\pi}^{\pi} u(\varphi)\,\mathrm{d}\varphi + \frac{1}{\pi} \sum_{n=1}^{+\infty} \int_{-\pi}^{\pi} u(\varphi) \cos[n(\theta - \varphi)]\,\mathrm{d}\varphi.$$

上式为实值函数 $u(\theta)$ 在区间 $-\pi \leqslant \theta \leqslant \pi$ 上的傅里叶级数展开式的形式之一. 为了把 $u(\theta)$ 表示成傅里叶级数, 这里我们加强了对 $u(\theta)$ 的限制, 这种限制对本题来说并不是必要的.*

69. 幂级数的绝对收敛和一致收敛

本节以及之后的三节主要研究幂级数的多种性质. 希望对这几节的定理和推论只进行简单了解的读者可以直接跳过证明, 学习第 73 节的内容.

我们回顾一下第 61 节的内容, 若复级数的一般项的绝对值所形成的级数收敛, 则原级数绝对收敛. 下述定理探讨幂级数的绝对收敛性.

定理 1　若当 $z = z_1 (z_1 \neq z_0)$ 时, 幂级数

$$\sum_{n=0}^{+\infty} a_n (z - z_0)^n \tag{1}$$

收敛, 则幂级数在开圆盘 $|z - z_0| < R_1$ 内每一点 z 处绝对收敛, 其中 $R_1 = |z_1 - z_0|$ (见图 85).

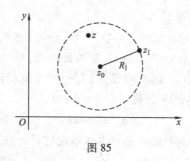

图 85

证明之前, 先假设级数

$$\sum_{n=0}^{+\infty} a_n (z_1 - z_0)^n \quad (z_1 \neq z_0)$$

收敛. 故一般项 $a_n(z_1 - z_0)^n$ 有界, 即对于某个正数 M, 有 (见第 61 节)

$$|a_n (z_1 - z_0)^n| \leqslant M \quad (n = 0, 1, 2, \cdots).$$

若 $|z - z_0| < R_1$ 并且记

$$\rho = \frac{|z - z_0|}{|z_1 - z_0|},$$

则有

$$|a_n (z - z_0)^n| = |a_n (z_1 - z_0)^n| \left(\frac{|z - z_0|}{|z_1 - z_0|} \right)^n \leqslant M\rho^n \quad (n = 0, 1, 2, \cdots).$$

这里, 级数

---

* 其他的充分条件, 见练习 9 脚注中所引用书籍的第 12 节和第 13 节.

$$\sum_{n=0}^{+\infty} M\rho^n$$

为等比级数，且由于 $\rho < 1$，故而级数收敛. 因此，由实级数的比较判别法，可知

$$\sum_{n=0}^{+\infty} \left| a_n (z - z_0)^n \right|$$

在开圆盘 $|z - z_0| < R_1$ 内收敛. 证毕.

这个定理告诉我们，只要幂级数(1)在除 z_0 外的某点处收敛，则以 z_0 为圆心的某圆周内部所有的点所组成的集合为幂级数的收敛域. 以 z_0 为圆心且使得级数(1)在其内部每点处都收敛的最大圆周称为级数(1)的收敛圆周. 由定理可知，级数在该圆周外的任意点 z_2 处不收敛. 事实上，若级数在该点处收敛，则在以 z_0 为圆心并且过 z_2 的圆周内部处处收敛. 于是，前一圆周就不可能是收敛圆周了.

下面的定理需要用到新的术语，我们先进行定义. 设幂级数(1)的收敛圆周为 $|z - z_0| = R$，设 $S(z)$ 和 $S_N(z)$ 分别表示该级数的和函数与部分和函数：

$$S(z) = \sum_{n=0}^{+\infty} a_n (z - z_0)^n, S_N(z) = \sum_{n=0}^{N-1} a_n (z - z_0)^n \quad (|z - z_0| < R).$$

于是，将余项函数写成（见第61节）

$$\rho_N(z) = S(z) - S_N(z) \quad (|z - z_0| < R). \tag{2}$$

由于当 $|z - z_0| < R$ 时，对任意给定的 z，幂级数收敛，故当 N 趋于无穷时，对于这样的 z，余项 $\rho_N(z)$ 趋于零. 根据第60节式(1)，即序列极限的定义，可知这意味着对于每个正数 ε，存在正整数 N_ε，使得当 $N > N_\varepsilon$ 时，

$$\left| \rho_N(z) \right| < \varepsilon. \tag{3}$$

当 N_ε 的选取仅与 ε 相关，而与收敛圆周内部指定区域所选取的点 z 无关时，则称级数在指定区域内一致收敛.

定理2 若 z_1 为幂级数

$$\sum_{n=0}^{+\infty} a_n (z - z_0)^n \tag{4}$$

的收敛圆周 $|z - z_0| = R$ 内部的一点，则该级数必定在闭圆盘 $|z - z_0| \leqslant R_1$ 内一致收敛，其中 $R_1 = |z_1 - z_0|$（见图86）.

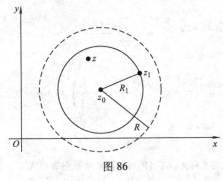

图 86

定理的证明主要是利用定理 1 得到的. 由于点 z_1 落在级数(4)的收敛圆周内部, 故存在这样的一些点, 这些点落在圆周内部且与 z_0 的距离大于 z_1 与 z_0 的距离, 而级数在这些点处都收敛. 因此, 由定理 1 可知

$$\sum_{n=0}^{+\infty} \left| a_n (z_1 - z_0)^n \right| \tag{5}$$

收敛. 设 m 和 N 为正整数, 其中 $m > N$, 级数(4)和级数(5)的余项可以分别记为

$$\rho_N(z) = \lim_{m \to +\infty} \sum_{n=N}^{m} a_n (z - z_0)^n \tag{6}$$

和

$$\sigma_N = \lim_{m \to +\infty} \sum_{n=N}^{m} \left| a_n (z_1 - z_0)^n \right|. \tag{7}$$

现在, 根据第 61 节练习 3, 有

$$\left| \rho_N(z) \right| = \lim_{m \to +\infty} \left| \sum_{n=N}^{m} a_n (z - z_0)^n \right|,$$

并且, 当 $|z - z_0| \leqslant |z_1 - z_0|$ 时, 有

$$\left| \sum_{n=N}^{m} a_n (z - z_0)^n \right| \leqslant \sum_{n=N}^{m} \left| a_n \right| \left| z - z_0 \right|^n \leqslant \sum_{n=N}^{m} \left| a_n \right| \left| z_1 - z_0 \right|^n = \sum_{n=N}^{m} \left| a_n (z_1 - z_0)^n \right|.$$

因此, 当 $|z - z_0| \leqslant R_1$ 时, 有

$$\left| \rho_N(z) \right| \leqslant \sigma_N. \tag{8}$$

由于 σ_N 为收敛级数的余项, 故当 N 趋于无穷时, σ_N 趋于零. 即对于每个正数 ε, 存在整数 N_ε 使得当 $N > N_\varepsilon$ 时, 有

$$\sigma_N < \varepsilon. \tag{9}$$

于是, 由条件(8)和条件(9)可知, 条件(3)对于圆盘 $|z - z_0| \leqslant R_1$ 内所有的点 z 都成立, 而 N_ε 的选取与 z 的选取无关. 因此, 级数(4)在该圆盘内一致收敛.

70. 幂级数的和函数的连续性

在前一节中, 我们已经对一致收敛进行了探讨. 下述定理是关于一致收敛性的一个重要结论.

定理　幂级数

$$\sum_{n=0}^{+\infty} a_n (z - z_0)^n \tag{1}$$

在其收敛圆周 $|z - z_0| = R$ 内部每一点处表示一个连续函数 $S(z)$.

该定理的另一种表述是: 若 $S(z)$ 表示级数(1)在收敛圆周 $|z - z_0| = R$ 内的和, 并且若 z_1 为圆周内部的一点, 则对于每一个正数 ε, 存在一个正数 δ 使得当 $|z - z_1| < \delta$ 时, 有 (见第 18 节式(4), 连续的定义)

$$\left| S(z) - S(z_1) \right| < \varepsilon. \tag{2}$$

这里, 我们选取正数 δ 充分小使得 z 落在 $S(z)$ 的定义域 $|z - z_0| < R$ 内部(见图 87).

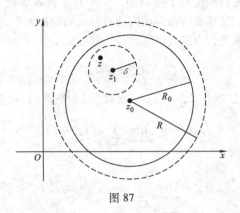

图 87

要证明定理，首先设 $S_N(z)$ 表示级数(1)的前 N 项和，将余项函数记为
$$\rho_N(z) = S(z) - S_N(z) \quad (\,|z - z_0| < R).$$
于是，由
$$S(z) = S_N(z) + \rho_N(z) \quad (\,|z - z_0| < R)$$
可得
$$|S(z) - S(z_1)| = |S_N(z) - S_N(z_1) + \rho_N(z) - \rho_N(z_1)|,$$
或者
$$|S(z) - S(z_1)| \leqslant |S_N(z) - S_N(z_1)| + |\rho_N(z)| + |\rho_N(z_1)|. \tag{3}$$
若 z 为落在某闭圆盘 $|z - z_0| \leqslant R_0$ 内的任意一点，其中该圆盘的半径 R_0 大于 $|z_1 - z_0|$ 而小于级数(1)的收敛圆周的半径 R（见图 87），则由第 69 节定理 2 中关于一致收敛的表述可知，存在一正整数 N_ε 使得当 $N > N_\varepsilon$ 时，有
$$|\rho_N(z)| < \frac{\varepsilon}{3}. \tag{4}$$
特别地，若 z_1 的邻域 $|z - z_1| < \delta$ 充分小且包含在圆盘 $|z - z_0| \leqslant R_0$ 的内部，则条件 (4)对于该邻域内的每一点 z 都成立.

这里，部分和 $S_N(z)$ 为多项式，故对于每个 N，$S_N(z)$ 在点 z_1 处连续. 特别地，当 $N = N_\varepsilon + 1$ 时，我们选取 δ 充分小使得当 $|z - z_1| < \delta$ 时，有
$$|S_N(z) - S_N(z_1)| < \frac{\varepsilon}{3}. \tag{5}$$
在不等式(3)中，记 $N = N_\varepsilon + 1$，且利用当 $N = N_\varepsilon + 1$ 时，式(4)和式(5)成立的事实，我们可知当 $|z - z_1| < \delta$ 时，有
$$|S(z) - S(z_1)| < \frac{\varepsilon}{3} + \frac{\varepsilon}{3} + \frac{\varepsilon}{3}.$$
这就得到式(2)，定理得证.

通过记 $w = 1/(z - z_0)$，我们可以对前一节中的两个定理和上述定理进行相应改变以便将它们应用到形如

$$\sum_{n=1}^{+\infty} \frac{b_n}{(z - z_0)^n} \tag{6}$$

的级数中去.

例如，若级数(6)在点 $z_1 (z_1 \neq z_0)$ 处收敛，则级数

$$\sum_{n=1}^{+\infty} b_n w^n$$

必定绝对收敛于一个连续函数，其中

$$|w| < \frac{1}{|z_1 - z_0|}. \tag{7}$$

因此，由于不等式(7)等同于 $|z - z_0| > |z_1 - z_0|$，故级数(6)在圆周 $|z - z_0| = R_1$ 的外部区域必定绝对收敛于一个连续函数，其中 $R_1 = |z_1 - z_0|$. 再者，若洛朗级数展开式

$$f(z) = \sum_{n=0}^{+\infty} a_n (z - z_0)^n + \sum_{n=1}^{+\infty} \frac{b_n}{(z - z_0)^n}$$

在圆环域 $R_1 < |z - z_0| < R_2$ 内成立，则对于与该圆环域同心并且落在其内部的任意闭圆环域，上式右边的两个级数在其内部都一致收敛.

71. 幂级数的积分与求导

我们刚刚知道了幂级数

$$S(z) = \sum_{n=0}^{+\infty} a_n (z - z_0)^n \tag{1}$$

在其收敛圆周的内部每一点处表示一个连续函数. 本节中，我们将证明 $S(z)$ 在该圆周的内部解析. 我们的证明依赖于下述定理，该定理本身是很有趣的.

定理 1 设 C 为幂级数(1)的收敛圆周内部的任一围线，$g(z)$ 为在 C 上连续的任一函数. 由幂级数的每一项乘以 $g(z)$ 所得到的新级数在 C 上可以逐项积分，即

$$\int_C g(z) S(z) \, \mathrm{d}z = \sum_{n=0}^{+\infty} a_n \int_C g(z) \, (z - z_0)^n \mathrm{d}z. \tag{2}$$

要证明这个定理，首先注意到，由于 $g(z)$ 与幂级数的和 $S(z)$ 都在 C 上连续，故而乘积

$$g(z) S(z) = \sum_{n=0}^{N-1} a_n g(z) \, (z - z_0)^n + g(z) \rho_N(z)$$

在 C 上可积，其中 $\rho_N(z)$ 为给定级数去掉前 N 项之后的余项. 这里，有限和的各项也在围线 C 上连续，故它们在 C 上也是可积的. 因此，$g(z) \rho_N(z)$ 可积，且

$$\int_C g(z) S(z) \, \mathrm{d}z = \sum_{n=0}^{N-1} a_n \int_C g(z) \, (z - z_0)^n \mathrm{d}z + \int_C g(z) \rho_N(z) \, \mathrm{d}z. \tag{3}$$

现在，设 M 表示 $|g(z)|$ 在 C 上的最大值，L 表示 C 的长度. 由给定幂级数的一致收敛性(第 69 节)可知，对于每一个正数 ε，存在一正整数 N_ε，使得对于 C 上所有的点 z，当 $N > N_\varepsilon$ 时，有

$$|\rho_N(z)| < \varepsilon.$$

由于 N_ε 的选取与 z 无关，故可知当 $N > N_\varepsilon$ 时，有

$$\left| \int_C g(z)\rho_N(z)\,\mathrm{d}z \right| < M\varepsilon L,$$

即

$$\lim_{N \to +\infty} \int_C g(z)\rho_N(z)\,\mathrm{d}z = 0.$$

因此，由等式（3）可得

$$\int_C g(z)S(z)\,\mathrm{d}z = \lim_{N \to +\infty} \sum_{n=0}^{N-1} a_n \int_C g(z)(z-z_0)^n\,\mathrm{d}z.$$

上式即等同于等式（2），定理 1 证毕.

若在以幂级数（1）的收敛圆周为边界的开圆盘内的每一点 z 处，有 $|g(z)| = 1$，则由 $(z-z_0)^n$ 为整函数，其中 $n = 0, 1, 2, \cdots$，可知

$$\int_C g(z)(z-z_0)^n\,\mathrm{d}z = \int_C (z-z_0)^n\,\mathrm{d}z = 0 \quad (n = 0,1,2,\cdots)$$

对于落在该区域内的每一条闭围线 C 成立. 于是，由等式（2）可知

$$\int_C S(z)\,\mathrm{d}z = 0$$

对于每一条这样的围线成立，并且，由莫累拉定理（第 57 节）可知，函数 $S(z)$ 在区域内处处解析. 我们将这个结果作为一个推论.

推论 幂级数（1）的和 $S(z)$ 在级数的收敛圆周内部的每一点 z 处解析.

这个推论在确立函数的解析性和计算极限方面很有用.

例 1 为了说明这一点，下面证明由下式所定义的函数

$$f(z) = \begin{cases} (\sin z)/z & z \neq 0, \\ 1 & z = 0 \end{cases}$$

为整函数. 由于麦克劳林级数展开式

$$\sin z = \sum_{n=0}^{+\infty} (-1)^n \frac{z^{2n+1}}{(2n+1)!} \tag{4}$$

对每一个 z 都成立，故当 $z \neq 0$ 时，将等式（4）的两边除以 z 得到

$$\sum_{n=0}^{+\infty} (-1)^n \frac{z^{2n}}{(2n+1)!} = 1 - \frac{z^2}{3!} + \frac{z^4}{5!} - \cdots, \tag{5}$$

该级数收敛于 $f(z)$. 另外，当 $z = 0$ 时，级数（5）显然收敛于 $f(z)$. 因此，对于所有的 z，$f(z)$ 可展成收敛级数（5），故 f 为整函数.

注意到，由于当 $z \neq 0$ 时，有 $(\sin z)/z = f(z)$，并且 f 在 $z = 0$ 处连续，故而

$$\lim_{z \to 0} \frac{\sin z}{z} = \lim_{z \to 0} f(z) = f(0) = 1.$$

这个是我们已知的结论，因为该极限是 $\sin z$ 在 $z = 0$ 处的导数的定义，即

$$\lim_{z \to 0} \frac{\sin z}{z} = \lim_{z \to 0} \frac{\sin z - \sin 0}{z - 0} = \cos 0 = 1.$$

在第 62 节中，我们知道，在以 z_0 为圆心并且过使得 f 不解析的最近的点 z_1 的圆周的内部每一点 z 处，函数 f 在点 z_0 处的泰勒级数收敛于 $f(z)$. 现在，由定理 1 的推论可知，不存在关于 z_0 的更大的圆周，使得在其内部的每一点 z 处，泰勒级数收敛于 $f(z)$. 因为若存在这样一个圆周，则 f 必定在 z_1 处解析，然而，f 在 z_1 处并不解析.

现在，我们给出定理 1 的一个同类结论.

定理 2 幂级数(1)可以逐项求导. 即在级数的收敛圆周内部的每一点 z 处，有

$$S'(z) = \sum_{n=1}^{+\infty} n a_n (z - z_0)^{n-1}. \tag{6}$$

为证明此定理，首先设 z 为级数(1)的收敛圆周内部的任意一点. 再设 C 为围绕 z 且落在该圆周内部的某一正向简单闭围线. 最后，在 C 上每一点 s 上定义函数

$$g(s) = \frac{1}{2\pi i} \cdot \frac{1}{(s-z)^2}. \tag{7}$$

由于 $g(s)$ 在 C 上连续，故由定理 1 可知

$$\int_C g(s) S(s) \, ds = \sum_{n=0}^{+\infty} a_n \int_C g(s)(s-z_0)^n ds. \tag{8}$$

现在，已知 $S(z)$ 在 C 上及其内部解析，利用第 55 节导数的积分表达式，可得到

$$\int_C g(s) S(s) \, ds = \frac{1}{2\pi i} \int_C \frac{S(s) \, ds}{(s-z)^2} = S'(z).$$

此外，

$$\int_C g(s)(s-z_0)^n ds = \frac{1}{2\pi i} \int_C \frac{(s-z_0)^n}{(s-z)^2} ds = \frac{d}{dz}(z-z_0)^n \quad (n = 0,1,2,\cdots).$$

因此，等式(8)可简化为

$$S'(z) = \sum_{n=0}^{+\infty} a_n \frac{d}{dz}(z-z_0)^n,$$

而上式等同于等式(6). 证毕.

例 2 在第 64 节例 1 中，我们看到

$$\frac{1}{z} = \sum_{n=0}^{+\infty} (-1)^n (z-1)^n \quad (|z-1| < 1).$$

对方程两边求导，得到

$$-\frac{1}{z^2} = \sum_{n=1}^{+\infty} (-1)^n n (z-1)^{n-1} \quad (|z-1| < 1),$$

或者

$$\frac{1}{z^2} = \sum_{n=0}^{+\infty} (-1)^n (n+1)(z-1)^n \quad (|z-1| < 1).$$

72. 级数展开式的唯一性

在前面的第 64 节和 68 节中，我们已分别学习了泰勒级数和洛朗级数展开式，由第 71 节的定理 1 容易得到其唯一性. 首先，我们考虑泰勒级数展开式的唯一性.

定理 1 若级数

$$\sum_{n=0}^{+\infty} a_n (z - z_0)^n \tag{1}$$

在某圆周 $|z - z_0| = R$ 内部所有的点处都收敛于 $f(z)$，则该级数为 f 关于 $z - z_0$ 的幂的泰勒级数展开式.

为证明定理，利用求和指标 m，将级数展开式

$$f(z) = \sum_{n=0}^{+\infty} a_n (z - z_0)^n \quad (|z - z_0| < R) \tag{2}$$

写成定理中假设的形式

$$f(z) = \sum_{m=0}^{+\infty} a_m (z - z_0)^m \quad (|z - z_0| < R).$$

于是，利用第 71 节定理 1，我们可记

$$\int_C g(z) f(z)\,\mathrm{d}z = \sum_{m=0}^{+\infty} a_m \int_C g(z)(z - z_0)^m \mathrm{d}z, \tag{3}$$

其中 $g(z)$ 为函数

$$g(z) = \frac{1}{2\pi\mathrm{i}} \cdot \frac{1}{(z - z_0)^{n+1}} \quad (n = 0,\ 1,\ 2,\ \cdots) \tag{4}$$

中的任意一个，并且 C 为某个以 z_0 为圆心且半径小于 R 的圆周.

根据第 55 节式 (3)，即柯西积分公式的推广（也可参见第 71 节推论），可知

$$\int_C g(z) f(z)\,\mathrm{d}z = \frac{1}{2\pi\mathrm{i}} \int_C \frac{f(z)\,\mathrm{d}z}{(z - z_0)^{n+1}} = \frac{f^{(n)}(z_0)}{n!}, \tag{5}$$

并且，由于（见第 46 节练习 13）

$$\int_C g(z)(z - z_0)^m \mathrm{d}z = \frac{1}{2\pi\mathrm{i}} \int_C \frac{\mathrm{d}z}{(z - z_0)^{n-m+1}} = \begin{cases} 0 & m \neq n, \\ 1 & m = n, \end{cases} \tag{6}$$

显然，

$$\sum_{m=0}^{+\infty} a_m \int_C g(z)(z - z_0)^m \mathrm{d}z = a_n. \tag{7}$$

由等式 (5) 和式 (7)，等式 (3) 可简化为

$$\frac{f^{(n)}(z_0)}{n!} = a_n.$$

实际上，这就证明了级数 (2) 为 f 关于点 z_0 的泰勒级数.

我们需要注意的是，由定理 1 可以得到：若级数 (1) 在 z_0 的某一邻域内处处收敛于零，则系数 a_n 必定全为零.

这里，第二个定理是关于洛朗级数展开式的唯一性的.

定理 2 若级数

$$\sum_{n=-\infty}^{+\infty} c_n (z - z_0)^n = \sum_{n=0}^{+\infty} a_n (z - z_0)^n + \sum_{n=1}^{+\infty} \frac{b_n}{(z - z_0)^n} \tag{8}$$

在关于 z_0 的某圆环域内所有的点处都收敛于 $f(z)$，则该级数为 f 在该圆环域内关于

$z - z_0$ 的幂的洛朗级数展开式.

该定理的证明方法与定理 1 的证明方法类似. 由定理的假设可知, 存在一关于 z_0 的环域, 使得

$$f(z) = \sum_{n = -\infty}^{+\infty} c_n (z - z_0)^n$$

在其内的每一点 z 处成立. 设 $g(z)$ 仍如等式 (4) 所定义的, 只是允许 n 取负整数. 同时, 设 C 为以 z_0 为圆心且包围圆环域的任意圆周, 取正向. 然后, 利用求和指标 m, 将第 71 节定理 1 作用于同时包含 $z - z_0$ 的非负次幂与负次幂的级数 (练习 10), 记

$$\int_C g(z) f(z) \, dz = \sum_{m = -\infty}^{+\infty} c_m \int_C g(z) (z - z_0)^m \, dz,$$

或

$$\frac{1}{2\pi i} \int_C \frac{f(z) \, dz}{(z - z_0)^{n+1}} = \sum_{m = -\infty}^{+\infty} c_m \int_C g(z) (z - z_0)^m \, dz. \tag{9}$$

由于当整数 m 和 n 都可取负数时, 等式 (6) 也成立, 故而等式 (9) 可简化为

$$\frac{1}{2\pi i} \int_C \frac{f(z) \, dz}{(z - z_0)^{n+1}} = c_n \quad (n = 0, \pm 1, \pm 2, \cdots),$$

而这就得到了第 66 节表达式 (5), 即 f 在圆环域内的洛朗级数展开式的系数 c_n 的表达式.

练　习

1. 对下面的麦克劳林级数展开式求导,

$$\frac{1}{1 - z} = \sum_{n = 0}^{+\infty} z^n \quad (|z| < 1),$$

得到展式

$$\frac{1}{(1 - z)^2} = \sum_{n = 0}^{+\infty} (n + 1) z^n \quad (|z| < 1)$$

和

$$\frac{2}{(1 - z)^3} = \sum_{n = 0}^{+\infty} (n + 1)(n + 2) z^n \quad (|z| < 1).$$

2. 用 $1/(1 - z)$ 替换下面展开式中的 z, 即练习 1 中所得的展式

$$\frac{1}{(1 - z)^2} = \sum_{n = 0}^{+\infty} (n + 1) z^n \quad (|z| < 1),$$

推导出洛朗级数展开式

$$\frac{1}{z^2} = \sum_{n = 2}^{+\infty} \frac{(-1)^n (n - 1)}{(z - 1)^n} \quad (1 < |z - 1| < +\infty).$$

(可与第 71 节例 2 比较).

3. 求出函数

$$\frac{1}{z} = \frac{1}{2 + (z - 2)} = \frac{1}{2} \cdot \frac{1}{1 + (z - 2)/2}$$

在点 $z_0 = 2$ 处的泰勒级数. 再通过对级数逐项求导，证明：

$$\frac{1}{z^2} = \frac{1}{4} \sum_{n=0}^{+\infty} (-1)^n (n+1) \left(\frac{z-2}{2}\right)^n \quad (\,|\,z-2\,|\,<2).$$

4. 证明由下式所定义的函数 f

$$f(z) = \begin{cases} (1-\cos z)/z^2 & z \neq 0, \\ 1/2 & z = 0 \end{cases}$$

为整函数. （见第71节例1）.

5. 证明：若

$$f(z) = \begin{cases} \dfrac{\cos z}{z^2 - (\pi/2)^2} & z \neq \pm \pi/2, \\[3mm] -\dfrac{1}{\pi} & z = \pm \pi/2. \end{cases}$$

则 f 为整函数.

6. 在 w 平面上，对泰勒级数展开式（见第64节例1）

$$\frac{1}{w} = \sum_{n=0}^{+\infty} (-1)^n (w-1)^n \quad (\,|\,w-1\,|\,<1)$$

沿着收敛圆周内部从 $w = 1$ 到 $w = z$ 的一段曲线进行积分，得到展开式

$$\mathrm{Log}\, z = \sum_{n=1}^{+\infty} \frac{(-1)^{n+1}}{n} (z-1)^n \quad (\,|\,z-1\,|\,<1).$$

7. 利用练习6的结论，证明：若

$$f(z) = \frac{\mathrm{Log}\, z}{z-1},$$

其中 $z \neq 1$ 且 $f(1) = 1$，则 f 在区域

$$0 < |\,z\,| < +\infty,\ -\pi < \mathrm{Arg}\, z < \pi$$

上处处解析.

8. 证明：若 f 在 z_0 处解析且 $f(z_0) = f'(z_0) = \cdots = f^{(m)}(z_0) = 0$，则由下式所定义的函数 g

$$g(z) = \begin{cases} \dfrac{f(z)}{(z-z_0)^{m+1}} & z \neq z_0, \\[3mm] \dfrac{f^{(m+1)}(z_0)}{(m+1)!} & z = z_0 \end{cases}$$

在 z_0 处解析.

9. 设函数 $f(z)$ 在某圆周 $|\,z-z_0\,| = R$ 内部的幂级数展开式为

$$f(z) = \sum_{n=0}^{+\infty} a_n (z-z_0)^n.$$

利用第71节定理2，即级数逐项求导定理，以及数学归纳法证明：

$$f^{(n)}(z) = \sum_{k=0}^{+\infty} \frac{(n+k)!}{k!} a_{n+k} (z-z_0)^k \quad (n = 0, 1, 2, \cdots),$$

其中 $|\,z-z_0\,| < R$. 再令 $z = z_0$，证明系数 $a_n (n = 0, 1, 2, \cdots)$ 即为 f 关于 z_0 的泰勒级数的系数. 这样也就给出了第72节定理1的另一种证明.

10. 考虑两个级数

$$S_1(z) = \sum_{n=0}^{+\infty} a_n (z-z_0)^n \text{ 和 } S_2(z) = \sum_{n=1}^{+\infty} \frac{b_n}{(z-z_0)^n},$$

它们在以 z_0 为圆心的某圆环域中收敛. 设 C 为落在该圆环域内的任一围线，$g(z)$ 为在 C 上连续的函数. 由第 71 节定理 1 的证明可知

$$\int_C g(z) S_1(z) \mathrm{d}z = \sum_{n=0}^{+\infty} a_n \int_C g(z)(z-z_0)^n \mathrm{d}z,$$

修改之，可以证明

$$\int_C g(z) S_2(z) \mathrm{d}z = \sum_{n=1}^{+\infty} b_n \int_C \frac{g(z)}{(z-z_0)^n} \mathrm{d}z.$$

由上面结果可知，若

$$S(z) = \sum_{n=-\infty}^{+\infty} c_n (z-z_0)^n = \sum_{n=0}^{+\infty} a_n (z-z_0)^n + \sum_{n=1}^{+\infty} \frac{b_n}{(z-z_0)^n},$$

则

$$\int_C g(z) S(z) \mathrm{d}z = \sum_{n=-\infty}^{+\infty} c_n \int_C g(z)(z-z_0)^n \mathrm{d}z.$$

11. 证明：函数

$$f_2(z) = \frac{1}{z^2+1} \quad (z \neq \pm \mathrm{i})$$

为函数

$$f_1(z) = \sum_{n=0}^{+\infty} (-1)^n z^{2n} \quad (|z| < 1)$$

的解析延拓（第 28 节），即延拓到 z 平面上除了 $z = \pm \mathrm{i}$ 外所有的点组成的区域上.

12. 证明：函数 $f_2(z) = 1/z^2 (z \neq 0)$ 为函数

$$f_1(z) = \sum_{n=0}^{+\infty} (n+1)(z+1)^n \quad (|z+1| < 1)$$

的解析延拓（第 28 节），即延拓到 z 平面上除了 $z=0$ 外所有的点组成的区域上.

73. 幂级数的乘法和除法

设幂级数

$$\sum_{n=0}^{+\infty} a_n (z-z_0)^n \text{ 和 } \sum_{n=0}^{+\infty} b_n (z-z_0)^n \tag{1}$$

在某圆周 $|z-z_0| = R$ 内都收敛. 于是，其和函数 $f(z)$ 与 $g(z)$ 分别在圆盘 $|z-z_0| < R$ 内部解析（第 71 节），而这两个和式的乘积在圆盘内具有泰勒级数展开式

$$f(z)g(z) = \sum_{n=0}^{+\infty} c_n (z-z_0)^n \quad (|z-z_0| < R). \tag{2}$$

由第 72 节定理 1 可知，级数（1）本身即为泰勒级数. 因此，级数（2）中的前三个系数可由下式给出

$$c_0 = f(z_0) g(z_0) = a_0 b_0,$$

$$c_1 = \frac{f(z_0) g'(z_0) + f'(z_0) g(z_0)}{1!} = a_0 b_1 + a_1 b_0,$$

以及

$$c_2 = \frac{f(z_0)g''(z_0) + 2f'(z_0)g'(z_0) + f''(z_0)g(z_0)}{2!} = a_0 b_2 + a_1 b_1 + a_2 b_0.$$

而根据莱布尼茨法则（练习 7），即求两个可微函数乘积的 n 阶导数的法则，

$$[f(z)g(z)]^{(n)} = \sum_{k=0}^{n} \binom{n}{k} f^{(k)}(z) g^{(n-k)}(z) \quad (n = 1, 2, \cdots), \tag{3}$$

其中，

$$\binom{n}{k} = \frac{n!}{k!(n-k)!} \quad (k = 0, 1, 2, \cdots, n),$$

容易得到任意系数 c_n 的一般形式. 通常，$f^{(0)}(z) = f(z)$ 且 $0! = 1$. 显然，

$$c_n = \sum_{k=0}^{n} \frac{f^{(k)}(z_0)}{k!} \cdot \frac{g^{(n-k)}(z_0)}{(n-k)!} = \sum_{k=0}^{n} a_k b_{n-k},$$

故而展开式（2）可写成

$$f(z)g(z) = a_0 b_0 + (a_0 b_1 + a_1 b_0)(z - z_0) + (a_0 b_2 + a_1 b_1 + a_2 b_0)(z - z_0)^2 + \cdots +$$

$$\left(\sum_{k=0}^{n} a_k b_{n-k} \right)(z - z_0)^n + \cdots \quad (|z - z_0| < R). \tag{4}$$

将式（1）中的两个级数逐项相乘且合并 $z - z_0$ 的同阶项，也可得到与级数（4）相同的级数，我们称其为两个给定级数的柯西乘积.

例 1 函数

$$f(z) = \frac{\sinh z}{1 + z}$$

以 $z = -1$ 为奇点，故而其麦克劳林级数展开式在开圆盘 $|z| < 1$ 内成立. 级数的前四个非零项可以很容易地通过记

$$(\sinh z)\left(\frac{1}{1+z}\right) = \left(z + \frac{1}{6}z^3 + \frac{1}{120}z^5 + \cdots\right)(1 - z + z^2 - z^3 + \cdots)$$

且将两个级数逐项相乘得到. 为了更加准确地表示，我们可以先将第一个级数的每一项乘以 1，然后将该级数的每一项再乘以 $-z$，等等. 建议利用下面的系统方法，其中 z 的相同幂次按垂直方向排列以便将它们的系数直接相加，

$$z \quad\quad + \frac{1}{6}z^3 \quad\quad + \frac{1}{120}z^5 + \cdots$$

$$-z^2 \quad\quad - \frac{1}{6}z^4 \quad\quad - \frac{1}{120}z^6 - \cdots$$

$$z^3 \quad\quad + \frac{1}{6}z^5 \quad\quad + \cdots$$

$$-z^4 \quad\quad + \frac{1}{6}z^6 \quad\quad - \cdots$$

$$\vdots$$

所求得的结果，若仅写出前四个非零项，则为

$$\frac{\sinh z}{1+z} = z - z^2 + \frac{7}{6}z^3 - \frac{7}{6}z^4 + \cdots \quad (\,|z|<1\,). \tag{5}$$

接下来，设 $f(z)$ 和 $g(z)$ 为式(1)中级数的和，且当 $|z-z_0|<R$ 时，$g(z)\neq0$. 由于商 $f(z)/g(z)$ 在圆盘 $|z-z_0|<R$ 上处处解析，故其具有泰勒级数展开式

$$\frac{f(z)}{g(z)} = \sum_{n=0}^{+\infty} d_n\,(z-z_0)^n \quad (\,|z-z_0|<R\,), \tag{6}$$

其中系数 d_n 可以通过对 $f(z)/g(z)$ 连续求导并计算导数在 $z=z_0$ 处的值得到. 该结果与直接将式(1)中的第一个级数除以第二个级数得到的级数相同. 由于在实践中，通常只需要用到前面的几项，故这个方法并不难.

例 2　正如第 39 节所指出的，整函数 $\sinh z$ 的零点为 $z=n\pi i\,(\,n=0,\ \pm1,\ \pm2,\ \cdots)$. 故而倒数

$$\frac{1}{\sinh z} = \frac{1}{z+\dfrac{z^3}{3!}+\dfrac{z^5}{5!}+\cdots},$$

也可记为

$$\frac{1}{\sinh z} = \frac{1}{z}\left(\frac{1}{1+\dfrac{z^2}{3!}+\dfrac{z^4}{5!}+\cdots}\right), \tag{7}$$

在去心圆盘 $0<|z|<\pi$ 内具有洛朗级数展开式. 这里，括号内的函数的幂级数展开式可以通过 1 除以分母中的级数得到，表示如下：

$$
\begin{array}{r}
1-\dfrac{1}{3!}z^2+\left[\dfrac{1}{(3!)^2}-\dfrac{1}{5!}\right]z^4+\cdots \\[2mm]
1+\dfrac{1}{3!}z^2+\dfrac{1}{5!}z^4+\cdots\,\overline{\big)\,1} \\[2mm]
\underline{1+\dfrac{1}{3!}z^2+\dfrac{1}{5!}z^4+\cdots} \\[2mm]
-\dfrac{1}{3!}z^2-\dfrac{1}{5!}z^4+\cdots \\[2mm]
\underline{-\dfrac{1}{3!}z^2-\dfrac{1}{(3!)^2}z^4-\cdots} \\[2mm]
\left[\dfrac{1}{(3!)^2}-\dfrac{1}{5!}\right]z^4+\cdots \\[2mm]
\underline{\left[\dfrac{1}{(3!)^2}-\dfrac{1}{5!}\right]z^4+\cdots} \\[2mm]
\vdots
\end{array}
$$

这就表明

$$\frac{1}{1+\dfrac{z^2}{3!}+\dfrac{z^4}{5!}+\cdots} = 1-\frac{1}{3!}z^2+\left[\frac{1}{(3!)^2}-\frac{1}{5!}\right]z^4+\cdots \quad (\,|z|<\pi\,),$$

或

$$\frac{1}{1 + \dfrac{z^2}{3!} + \dfrac{z^4}{5!} + \cdots} = 1 - \frac{1}{6}z^2 + \frac{7}{360}z^4 + \cdots \quad (|z| < \pi). \tag{8}$$

于是，根据等式(7)，得到

$$\frac{1}{\sinh z} = \frac{1}{z} - \frac{1}{6}z + \frac{7}{360}z^3 + \cdots \quad (0 < |z| < \pi). \tag{9}$$

虽然我们仅给出该洛朗级数的前三个非零项，但是其他任意的项当然也可以通过连续施以除法得到.

练 习

1. 利用级数相乘，证明：

$$\frac{e^z}{z(z^2 + 1)} = \frac{1}{z} + 1 - \frac{1}{2}z - \frac{5}{6}z^2 + \cdots \quad (0 < |z| < 1).$$

2. 将两个麦克劳林级数逐项相乘，证明：

(a)　$e^z \sin z = z + z^2 + \dfrac{1}{3}z^3 + \cdots \quad (|z| < +\infty)$;

(b)　$\dfrac{e^z}{1 + z} = 1 + \dfrac{1}{2}z^2 - \dfrac{1}{3}z^3 + \cdots \quad (|z| < 1)$.

3. 通过将 $\csc z$ 写成 $\csc z = 1/\sin z$ 并利用除法，证明：

$$\csc z = \frac{1}{z} + \frac{1}{3!}z + \left[\frac{1}{(3!)^2} - \frac{1}{5!}\right]z^3 + \cdots \quad (0 < |z| < \pi).$$

4. 利用除法求洛朗级数展开式

$$\frac{1}{e^z - 1} = \frac{1}{z} - \frac{1}{2} + \frac{1}{12}z - \frac{1}{720}z^3 + \cdots \quad (0 < |z| < 2\pi).$$

5. 应注意的是，展开式

$$\frac{1}{z^2 \sinh z} = \frac{1}{z^3} - \frac{1}{6} \cdot \frac{1}{z} + \frac{7}{360}z + \cdots \quad (0 < |z| < \pi)$$

为第73节洛朗级数(8)的一个直接结果. 利用第68节例4所使用的方法，证明：

$$\int_C \frac{dz}{z^2 \sinh z} = -\frac{\pi i}{3},$$

其中 C 为正向单位圆周 $|z| = 1$.

6. 试通过下面的步骤求得第73节例2中的等式(8). 这也是除了直接的除法外的另一种求解方法.

(a)记

$$\frac{1}{1 + z^2/3! + z^4/5! + \cdots} = d_0 + d_1 z + d_2 z^2 + d_3 z^3 + d_4 z^4 + \cdots,$$

其中等式右边的幂级数的系数可由等式

$$1 = \left(1 + \frac{1}{3!}z^2 + \frac{1}{5!}z^4 + \cdots\right)(d_0 + d_1 z + d_2 z^2 + d_3 z^3 + d_4 z^4 + \cdots)$$

中的两个级数相乘所决定. 通过施加乘法证明：

$$(d_0 - 1) + d_1 z + \left(d_2 + \frac{1}{3!} d_0\right) z^2 + \left(d_3 + \frac{1}{3!} d_1\right) z^3 + \left(d_4 + \frac{1}{3!} d_2 + \frac{1}{5!} d_0\right) z^4 + \cdots = 0,$$

其中 $|z| < \pi$.

（b）通过令（a）中的上一个级数的系数为 0，求出 d_0，d_1，d_2，d_3 和 d_4 的值. 有了这些值，（a）中的第一个等式就变成了第 73 节的等式（8）.

7. 利用数学归纳法确立莱布尼茨法则（第 73 节）

$$(fg)^{(n)} = \sum_{k=0}^{n} \binom{n}{k} f^{(k)} g^{(n-k)} \quad (n = 1, 2, \cdots),$$

该法则可用于求两个可微函数 $f(z)$ 和 $g(z)$ 的乘积的 n 阶导数.

提示：注意到，当 $n = 1$ 时，该法则成立. 再假设当 $n = m$ 时，该法则成立，其中 m 为任意正整数，证明：

$$(fg)^{(m+1)} = (fg')^{(m)} + (f'g)^{(m)} = fg^{(m+1)} + \sum_{k=1}^{m} \left[\binom{m}{k} + \binom{m}{k-1}\right] f^{(k)} g^{(m+1-k)} + f^{(m+1)} g.$$

最后，利用第 3 节练习 8 中所使用的等式

$$\binom{m}{k} + \binom{m}{k-1} = \binom{m+1}{k}$$

证明

$$(fg)^{(m+1)} = fg^{(m+1)} + \sum_{k=1}^{m} \binom{m+1}{k} f^{(k)} g^{(m+1-k)} + f^{(m+1)} g = \sum_{k=0}^{m+1} \binom{m+1}{k} f^{(k)} g^{(m+1-k)}.$$

8. 设 $f(z)$ 为整函数，且可由如下形式的级数表出，

$$f(z) = z + a_2 z^2 + a_3 z^3 + \cdots \quad (|z| < +\infty).$$

（a）通过对复合函数 $g(z) = f(f(z))$ 连续求导，求出 $g(z)$ 的麦克劳林级数的前三个非零项，从而证明：

$$f(f(z)) = z + 2a_2 z^2 + 2(a_2^2 + a_3) z^3 + \cdots \quad (|z| < +\infty).$$

（b）通过记

$$f(f(z)) = f(z) + a_2 [f(z)]^2 + a_3 [f(z)]^3 + \cdots,$$

并将上式右边的 $f(z)$ 替换成其级数展开式，再合并 z 的相同幂次的系数，从形式上得到（a）中的结果.

（c）对函数 $f(z) = \sin z$ 运用（a）中的结论，证明：

$$\sin(\sin z) = z - \frac{1}{3} z^3 + \cdots \quad (|z| < +\infty).$$

9. 欧拉数为如下麦克劳林级数展开式中的数 $E_n (n = 0, 1, 2, \cdots)$，

$$\frac{1}{\cosh z} = \sum_{n=0}^{+\infty} \frac{E_n}{n!} z^n \quad (|z| < \pi/2).$$

指出在指定圆盘中，展开式为何成立且有

$$E_{2n+1} = 0 \quad (n = 0, 1, 2, \cdots).$$

再证明：

$$E_0 = 1, E_2 = -1, E_4 = 5 \text{和} E_6 = -61.$$

第6章

留数和极点

柯西-古萨定理(第50节)指出，若函数在简单闭围线 C 及其内部处处解析，则函数沿该围线的积分为 0. 本章中，我们将看到，若函数在围线 C 内部有限多个点处不解析，则对于每个点，都存在一个具体的数(即留数)与之对应. 利用这些点处的留数可以得到函数的积分值. 本章给出留数定理，而下一章将说明其在应用数学某些领域中的应用.

74. 孤立奇点

回顾第25节，若函数 f 在点 z_0 的某个邻域内处处可导，则称函数 f 在点 z_0 处解析. 若函数 f 在点 z_0 处不解析，但在 z_0 的任意一个邻域内都存在解析点，则称 z_0 为函数 f 的奇点.

在本章中，留数定理主要处理下述类型的特殊奇点. 若 f 在 z_0 的某个去心邻域 $0 < |z - z_0| < \varepsilon$ 内处处解析，则称奇点 z_0 为孤立奇点.

例1 函数

$$\frac{z-1}{z^5(z^2+9)}$$

具有三个孤立奇点，分别是 $z=0$ 以及 $z=\pm 3\mathrm{i}$. 事实上，有理函数的奇点，或者说是两个多项式的商的奇点，总是孤立奇点. 这是因为分母中的多项式只有有限个零点(第58节).

例2 原点 $z=0$ 是对数函数的主值支(见第33节)

$$F(z) = \mathrm{Log}z = \ln r + \mathrm{i}\Theta \quad (r>0, \ -\pi < \Theta < \pi)$$

的奇点. 然而，因为它的每个去心 ε 邻域都包含负实轴上的点(见图88)，并且主值支在该处甚至是没有定义的，所以它并不是孤立奇点. 同理，对数函数的任一分支

$$f(z) = \mathrm{log}z = \ln r + \mathrm{i}\theta \quad (r>0, \ \alpha < \theta < \alpha+2\pi)$$

都有类似结果.

例3 函数

$$f(z) = \frac{1}{\sin(\pi/z)}$$

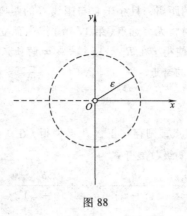

图 88

在原点 $z=0$ 处的导数显然不存在. 当 $z=1/n(n=\pm1,\ \pm2,\ \cdots)$ 时, $\sin(\pi/z)=0$, 故 f 在点 $z=1/n(n=\pm1,\ \pm2,\ \cdots)$ 处的导数也不存在. 由于 f 在实轴外的区域处处可导, 故在点

$$z=0 \text{和} z=1/n \quad (n=\pm1,\ \pm2,\ \cdots) \tag{1}$$

的任意邻域内存在 f 的解析点, 因此式(1)中的点都是 f 的奇点.

奇点 $z=0$ 不是孤立的, 因为原点的每个去心 ε 邻域都包含函数的其他奇点. 更准确地说, 对固定正数 ε, 如果正整数 m 满足 $m>1/\varepsilon$, 则 $0<1/m<\varepsilon$, 这意味着点 $z=1/m$ 落在去心 ε 邻域 $0<|z|<\varepsilon$ 中.

事实上, 余下的点 $z=1/n(n=\pm1,\ \pm2,\ \cdots)$ 都是孤立奇点. 为了得到这一点, 设 m 表示任意固定的正整数, 并且注意到, f 在点 $z=1/m$ 的去心邻域内解析, 该邻域的半径是

$$\varepsilon=\frac{1}{m}-\frac{1}{m+1}=\frac{1}{m(m+1)}.$$

(见图 89) 类似地可以得到 m 是负整数的情况.

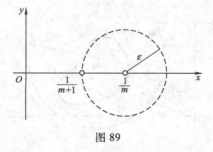

图 89

本章中, 重要的是要记住: 若函数在简单闭围线 C 内除了有限多个奇点

$$z_1,z_2,\cdots,z_n$$

外处处解析, 则这些点必为孤立奇点, 此时可选取它们的去心邻域充分小, 使得该邻域在 C 的内部. 为了看出这一点, 考虑任意一个点 z_k. 则所需的去心邻域只要满足半

径 ε 为小于 z_k 到其他奇点的距离，且小于它与围线 C 的距离的任意正数即可.

最后，我们指出，有时将无穷远点（第 17 节）作为孤立奇点来考虑是很方便的. 具体地说，若存在正数 R_1 使得 f 在 $R_1 < |z| < +\infty$ 解析，则称 f 以 $z_0 = \infty$ 为孤立奇点. 第 77 节中将用到这样的奇点.

75. 留数

若 z_0 为函数 f 的孤立奇点，则存在正数 R_2，使得 f 在 $0 < |z - z_0| < R_2$ 中的每一点 z 处解析. 因此，$f(z)$ 的洛朗级数展开式为

$$f(z) = \sum_{n=0}^{+\infty} a_n (z - z_0)^n + \frac{b_1}{z - z_0} + \frac{b_2}{(z - z_0)^2} + \cdots + \frac{b_n}{(z - z_0)^n} + \cdots \quad (0 < |z - z_0| < R_2),$$

(1)

其中系数 a_n 和 b_n 可以用积分表示（第 66 节）. 特别地，

$$b_n = \frac{1}{2\pi i} \int_C \frac{f(z)\,dz}{(z - z_0)^{-n+1}} \quad (n = 1, 2, \cdots),$$

其中 C 为关于 z_0 的任意一条正向简单闭围线，该围线落在去心圆盘 $0 < |z - z_0| < R_2$ 中（见图 90）. 若 $n = 1$，则 b_n 的表达式满足

$$b_1 = \frac{1}{2\pi i} \int_C f(z)\,dz$$

$$\int_C f(z)\,dz = 2\pi i b_1. \tag{2}$$

复数 b_1，即展开式（1）中的 $1/(z - z_0)$ 的系数称为 f 在孤立奇点 z_0 处的留数，通常记为 $b_1 = \operatorname*{Res}_{z = z_0} f(z)$.

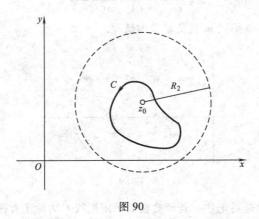

图 90

于是，等式（2）变成

$$\int_C f(z)\,dz = 2\pi i \operatorname*{Res}_{z = z_0} f(z). \tag{3}$$

当函数 f 和点 z_0 都明确时，有时我们也简单地用 B 表示留数.

等式(3)给出了计算某些沿着简单闭围线的积分的有力方法.

例 1　考虑积分

$$\int_C \frac{e^z - 1}{z^4} dz, \tag{4}$$

其中 C 为一正向单位圆周 $|z| = 1$（见图 91）. 由于被积函数在有限的平面上除点 $z = 0$ 外处处解析，故当 $0 < |z| < +\infty$ 时，其具有洛朗级数展开式. 因此，由等式(3)可知，式(4)的积分值为被积函数在 $z = 0$ 处的留数的 $2\pi i$ 倍.

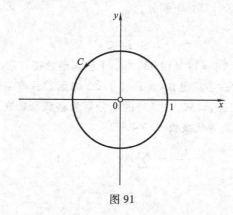

图 91

为了确定留数，我们回顾一下（第 64 节）麦克劳林级数展开式

$$e^z = \sum_{n=0}^{+\infty} \frac{z^n}{n!} \quad (\,|z| < +\infty\,),$$

利用上式可得

$$\frac{e^z - 1}{z^5} = \frac{1}{z^5} \sum_{n=1}^{+\infty} \frac{z^n}{n!} = \sum_{n=1}^{+\infty} \frac{z^{n-5}}{n!} \quad (0 < |z| < +\infty).$$

当 $n - 5 = -1$，即 $n = 4$ 时，上面的最后一个级数出现了 $1/z$ 的系数. 因此，

$$\operatorname*{Res}_{z=0} \frac{e^z - 1}{z^5} = \frac{1}{4!} = \frac{1}{24},$$

进而有

$$\int_C \frac{e^z - 1}{z^4} dz = 2\pi i \left(\frac{1}{24} \right) = \frac{\pi i}{12}.$$

例 2　证明：

$$\int_C \cosh\left(\frac{1}{z^2} \right) dz = 0, \tag{5}$$

其中 C 为与例 1 相同的正向圆周 $|z| = 1$. 由于 $\cosh z$ 是整函数，且 $1/z^2$ 在除原点外的点处处解析，故复合函数 $\cosh(1/z^2)$ 在除原点外的点处处解析. 孤立奇点 $z = 0$ 在 C 的内部，在此可以利用例 1 中的图 91. 由麦克劳林展开式（第 64 节）

$$\cosh z = 1 + \frac{z^2}{2!} + \frac{z^4}{4!} + \frac{z^6}{6!} + \cdots \quad (\,|\,z\,| < +\infty\,),$$

可以得到下面的函数的洛朗级数展开式

$$\cosh\left(\frac{1}{z}\right) = 1 + \frac{1}{2!} \cdot \frac{1}{z^2} + \frac{1}{4!} \cdot \frac{1}{z^4} + \frac{1}{6!} \cdot \frac{1}{z^6} + \cdots \quad (\,0 < |\,z\,| < +\infty\,).$$

因此，被积函数在孤立奇点 $z = 0$ 处的留数为 $0(b_1 = 0)$. 由此可得式（5）的积分值.

这个例子表明，函数在简单闭围线 C 及其内部的解析性是其沿着围线 C 的积分值为零的充分条件，而不是必要条件.

例 3 留数也可用于计算如下积分，

$$\int_C \frac{\mathrm{d}z}{z\,(z-2)^5},\tag{6}$$

其中 C 为正向圆周 $|\,z-2\,| = 1$（见图 92）. 由于被积函数在有限的平面上除点 $z = 0$ 和 $z = 2$ 外处处解析，故在去心圆盘 $0 < |\,z-2\,| < 2$ 内函数具有洛朗级数展开式，如图 92 所示. 因此，由等式（3）可知，式（6）的积分值为被积函数在 $z = 2$ 处的留数的 $2\pi\mathrm{i}$ 倍. 这提示我们使用以下等比级数（第 64 节）

$$\frac{1}{1-z} = \sum_{n=0}^{+\infty} z^n \quad (\,|\,z\,| < 1\,)$$

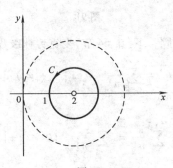

图 92

去求留数. 由于

$$\frac{1}{z\,(z-2)^5} = \frac{1}{(z-2)^5} \cdot \frac{1}{2+(z-2)} = \frac{1}{2\,(z-2)^5} \cdot \frac{1}{1-\left(-\dfrac{z-2}{2}\right)},$$

故利用上述等比级数可得

$$\frac{1}{z\,(z-2)^5} = \frac{1}{2\,(z-2)^5} \sum_{n=0}^{+\infty} \left(-\frac{z-2}{2}\right)^n = \sum_{n=0}^{+\infty} \frac{(-1)^n}{2^{n+1}} (z-2)^{n-5} \quad (\,0 < |\,z-2\,| < 2\,).$$

上述洛朗级数展开式可以写成式（1）的形式，而 $1/(z-2)$ 的系数就是所求留数，即 $1/32$. 因此，

$$\int_C \frac{\mathrm{d}z}{z\,(z-2)^5} = 2\pi\mathrm{i}\left(\frac{1}{32}\right) = \frac{\pi\mathrm{i}}{16}.$$

76. 柯西留数定理

若函数 f 在简单闭围线 C 内部除了有限多个奇点外处处解析，则这些奇点必为孤立奇点（第 74 节）. 下面的柯西留数定理，精确地描述了这样一个事实：若 f 在围线 C 上解析，并且 C 是正向的，则 f 沿 C 的积分值为 f 在 C 内部各奇点处的留数之和的 $2\pi\mathrm{i}$ 倍.

定理 设 C 为简单闭围线，取正向. 若函数 f 在围线 C 及其内部除了 C 内有限多个奇点 $z_k(k=1,2,\cdots,n)$ 外处处解析（见图 93），则

$$\int_C f(z)\,\mathrm{d}z = 2\pi\mathrm{i}\sum_{k=1}^{n}\operatorname*{Res}_{z=z_k}f(z). \tag{1}$$

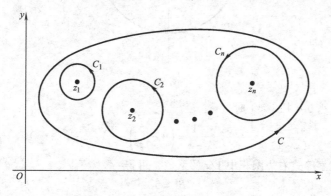

图 93

为了证明定理，设点 $z_k(k=1,2,\cdots,n)$ 为正向圆周 C_k 的圆心，这些圆周落在 C 的内部并且充分小，使得其中任意两个圆周都没有公共点. 圆周 C_k 和简单闭围线 C 共同组成了一个 f 在其上处处解析的闭域的边界，其内部是由位于 C 内部且位于每个 C_k 外部的点组成的多连通区域. 将柯西-古萨定理应用于这样的区域上（第 53 节），可得

$$\int_C f(z)\,\mathrm{d}z - \sum_{k=1}^{n}\int_{C_k}f(z)\,\mathrm{d}z = 0.$$

由（第 75 节）

$$\int_{C_k}f(z)\,\mathrm{d}z = 2\pi\mathrm{i}\operatorname*{Res}_{z=z_k}f(z) \quad (k=1,2,\cdots,n)$$

就得到了等式（1），定理证毕.

例 利用定理计算积分

$$\int_C \frac{4z-5}{z(z-1)}\,\mathrm{d}z \tag{2}$$

其中 C 为圆周 $|z|=2$，取逆时针方向（见图 94）. 被积函数具有两个孤立奇点 $z=0$ 和 $z=1$，且都位于 C 的内部. 利用麦克劳林展开式（第 64 节）

$$\frac{1}{1-z} = 1+z+z^2+\cdots \quad (|z|<1)$$

可以得到函数在 $z = 0$ 处的留数 B_1 以及 $z = 1$ 处的留数 B_2.

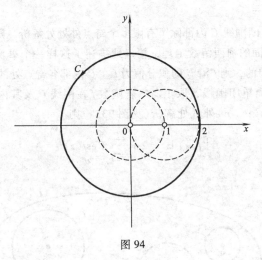

图 94

注意到，当 $0 < |z| < 1$ 时，

$$\frac{4z-5}{z(z-1)} = \frac{4z-5}{z} \cdot \frac{-1}{1-z} = \left(4 - \frac{5}{z}\right)(-1 - z - z^2 - \cdots).$$

于是，通过观察等式右边乘积中 $1/z$ 的系数，可得

$$B_1 = 5. \tag{3}$$

同样，当 $0 < |z-1| < 1$ 时，因为

$$\frac{4z-5}{z(z-1)} = \frac{4(z-1)-1}{z-1} \cdot \frac{1}{1+(z-1)} = \left(4 - \frac{1}{z-1}\right)[1 - (z-1) + (z-1)^2 - \cdots],$$

所以

$$B_2 = -1. \tag{4}$$

因此，

$$\int_C \frac{4z-5}{z(z-1)}dz = 2\pi i(B_1 + B_2) = 8\pi i. \tag{5}$$

在本例中，若将式（2）中的被积函数写成部分和的方式：

$$\frac{4z-5}{z(z-1)} = \frac{5}{z} + \frac{-1}{z-1},$$

问题实际上会更简单. 由于当 $0 < |z| < 1$ 时，$5/z$ 已经是洛朗级数了，而当 $0 < |z-1| < 1$ 时，$-1/(z-1)$ 也是洛朗级数，故可知式（5）成立.

77. 无穷远点处的留数

设函数 f 在有限平面上除了有限多个奇点外处处解析，且这些奇点落在一正向简单闭围线 C 内. 又设 R_1 为一足够大的正数，使得 C 落在圆周 $|z| = R_1$ 的内部（见图 95）. 显然，函数 f 在区域 $R_1 < |z| < +\infty$ 上处处解析，并且正如第74节最后所提到的那样，无穷远点为 f 的孤立奇点.

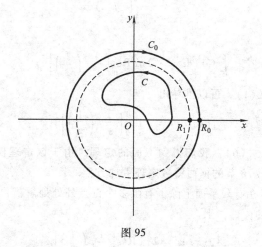

图 95

现在设 C_0 为圆周 $|z| = R_0$，取顺时针方向，其中 $R_0 > R_1$. f 在无穷远点的留数通过下面的等式来定义，

$$\int_{C_0} f(z)\,\mathrm{d}z = 2\pi\mathrm{i}\,\mathop{\mathrm{Res}}_{z=\infty} f(z). \tag{1}$$

注意到，正如第 75 节等式(3)中的有限平面上的奇点总是位于围线的左边，无穷远点也总是位于圆周 C_0 的左边. 由于 f 在以 C 和 C_0 为边界的闭域内处处解析，故由路径变形原则(第 53 节)可知

$$\int_C f(z)\,\mathrm{d}z = \int_{-C_0} f(z)\,\mathrm{d}z = -\int_{C_0} f(z)\,\mathrm{d}z.$$

于是，由定义(1)可知

$$\int_C f(z)\,\mathrm{d}z = -2\pi\mathrm{i}\,\mathop{\mathrm{Res}}_{z=\infty} f(z). \tag{2}$$

为了确定留数，先写出函数的洛朗级数(见第 66 节)

$$f(z) = \sum_{n=-\infty}^{+\infty} c_n z^n \quad (R_1 < |z| < +\infty), \tag{3}$$

其中

$$c_n = \frac{1}{2\pi\mathrm{i}}\int_{-C_0} \frac{f(z)\,\mathrm{d}z}{z^{n+1}} \quad (n = 0,\ \pm 1,\ \pm 2,\cdots). \tag{4}$$

将展开式(3)中的 z 替换为 $1/z$，再将得到的等式两边乘以 $1/z^2$，可得

$$\frac{1}{z^2} f\left(\frac{1}{z}\right) = \sum_{n=-\infty}^{+\infty} \frac{c_n}{z^{n+2}} = \sum_{n=-\infty}^{+\infty} \frac{c_{n-2}}{z^n} \quad \left(0 < |z| < \frac{1}{R_1}\right),$$

并且，

$$c_{-1} = \mathop{\mathrm{Res}}_{z=0}\left[\frac{1}{z^2} f\left(\frac{1}{z}\right)\right].$$

当 $n = -1$ 时，由等式(4)可得

$$c_{-1} = \frac{1}{2\pi i} \int_{-C_0} f(z) \, dz$$

或

$$\int_{C_0} f(z) \, dz = -2\pi i \operatorname*{Res}_{z=0} \left[\frac{1}{z^2} f\left(\frac{1}{z} \right) \right]. \tag{5}$$

注意到上式以及定义（1），可以推导出

$$\operatorname*{Res}_{z=\infty} f(z) = -\operatorname*{Res}_{z=0} \left[\frac{1}{z^2} f\left(\frac{1}{z} \right) \right]. \tag{6}$$

现在，联立式（2）和式（6），我们得到下面的定理. 由于该定理仅仅涉及一个留数，故运用起来有时比第 76 节的柯西留数定理更加方便.

定理 若函数 f 在有限平面上除了有限多个奇点外处处解析，且这些奇点落在一正向简单闭围线 C 的内部，则

$$\int_C f(z) \, dz = 2\pi i \operatorname*{Res}_{z=0} \left[\frac{1}{z^2} f\left(\frac{1}{z} \right) \right]. \tag{7}$$

例 易知函数

$$f(z) = \frac{z^3(1-3z)}{(1+z)(1+2z^4)}$$

的奇点都包含在以原点为圆心，半径为 3 的正向圆周 C 内. 为应用本节的留数定理，记

$$\frac{1}{z^2} f\left(\frac{1}{z} \right) = \frac{1}{z} \cdot \frac{z-3}{(z+1)(z^4+2)}. \tag{8}$$

由于函数

$$\frac{z-3}{(z+1)(z^4+2)}$$

在原点处解析，故其在原点处具有麦克劳林级数展开式，并且其首项系数是非零的数 $-3/2$. 于是根据表达式（8）可知，在某个去心圆盘 $0 < |z| < R_0$ 内的所有的点都满足

$$\frac{1}{z^2} f\left(\frac{1}{z} \right) = \frac{1}{z} \left(-\frac{3}{2} + a_1 z + a_2 z^2 + a_3 z^3 + \cdots \right) = -\frac{3}{2} \cdot \frac{1}{z} + a_1 + a_2 z + a_3 z^2 + \cdots,$$

由此易得

$$\operatorname*{Res}_{z=0} \left[\frac{1}{z^2} f\left(\frac{1}{z} \right) \right] = -\frac{3}{2},$$

进而有

$$\int_C \frac{z^3(1-3z)}{(1+z)(1+2z^4)} \, dz = 2\pi i \left(-\frac{3}{2} \right) = -3\pi i. \tag{9}$$

练 习

1. 求出下列函数在 $z = 0$ 处的留数：

(a) $\dfrac{1}{z+z^2}$;　　(b) $z\cos\left(\dfrac{1}{z}\right)$;　　(c) $\dfrac{z-\sin z}{z}$;　　(d) $\dfrac{\cot z}{z^4}$;　　(e) $\dfrac{\sinh z}{z^4(1-z^2)}$.

答案：(a) 1;　　(b) $-1/2$;　　(c) 0;　　(d) $-1/45$;　　(e) 7/6.

2. 应用柯西留数定理(第 76 节)，计算下列函数沿圆周 $|z|=3$ 正向的积分值：

(a) $\dfrac{\exp(-z)}{z^2}$;　　(b) $\dfrac{\exp(-z)}{(z-1)^2}$;　　(c) $z^2\exp\left(\dfrac{1}{z}\right)$;　　(d) $\dfrac{z+1}{z^2-2z}$.

答案：(a) $-2\pi i$;　　(b) $-2\pi i/e$;　　(c) $\pi i/3$;　　(d) $2\pi i$.

3. 在第 76 节中，利用了两个留数计算积分

$$\int_C \frac{4z-5}{z(z-1)}dz,$$

其中 C 为圆周 $|z|=2$，取逆时针方向．试利用本节的留数定理，仅求一个留数，以此再次计算该积分．

4. 应用第 77 节中仅涉及一个留数的定理，计算下列函数沿圆周 $|z|=2$ 正向的积分值：

(a) $\dfrac{z^5}{1-z^3}$;　　(b) $\dfrac{1}{1+z^2}$;　　(c) $\dfrac{1}{z}$.

答案：(a) $-2\pi i$;　　(b) 0;　　(c) $2\pi i$.

5. 设 C 为圆周 $|z|=1$，取逆时针方向，通过如下步骤证明：

$$\int_C \exp\left(z+\frac{1}{z}\right)dz = 2\pi i\sum_{n=0}^{+\infty}\frac{1}{n!(n+1)!}.$$

(a) 利用 e^z 的麦克劳林级数，并参照第 71 节定理 1 逐项积分的方法（该定理表明逐项积分的合理性），将上述积分写成

$$\sum_{n=0}^{+\infty}\frac{1}{n!}\int_C z^n\exp\left(\frac{1}{z}\right)dz.$$

(b) 应用第 76 节的定理，通过计算步骤(a)中的积分得到所求的结论．

6. 设函数 f 在有限平面上除了有限多个奇点 $z_1,z_2,\cdots,z_n$ 外处处解析．证明：

$$\operatorname*{Res}_{z=z_1}f(z)+\operatorname*{Res}_{z=z_2}f(z)+\cdots+\operatorname*{Res}_{z=z_n}f(z)+\operatorname*{Res}_{z=\infty}f(z)=0.$$

7. 设多项式

$$P(z)=a_0+a_1z+a_2z^2+\cdots+a_nz^n \quad (a_n\neq0)$$

和

$$Q(z)=b_0+b_1z+b_2z^2+\cdots+b_mz^m \quad (b_m\neq0)$$

的次数满足 $m\geqslant n+2$．利用第 77 节定理，证明：若 $Q(z)$ 的所有零点都落在简单闭围线 C 的内部，则

$$\int_C \frac{P(z)}{Q(z)}dz = 0.$$

（比较练习 4(b)）．

78. 三种类型的孤立奇点

在第 75 节中，我们知道，留数定理的建立是基于这样一个事实，即若 f 以 z_0 作为其孤立奇点，则 $f(z)$ 在去心圆盘 $0<|z-z_0|<R_2$ 中具有洛朗级数展开式

$$f(z) = \sum_{n=0}^{+\infty} a_n (z - z_0)^n + \frac{b_1}{z - z_0} + \frac{b_2}{(z - z_0)^2} + \cdots + \frac{b_n}{(z - z_0)^n} + \cdots. \qquad (1)$$

级数中关于 $z - z_0$ 的负次幂的部分

$$\frac{b_1}{z - z_0} + \frac{b_2}{(z - z_0)^2} + \cdots + \frac{b_n}{(z - z_0)^n} + \cdots \qquad (2)$$

称为 f 在 z_0 处的主要部分. 现在利用函数的主要部分来区分孤立奇点 z_0 的三种特殊类型. 这种分类有助于在后面的章节中推广应用留数理论.

这里有两种极端的情况, 一种是主要部分(2)的所有项的系数都是零, 另一种是主要部分有无穷多项的系数都不是零.

可去奇点

若每个 b_n 都为零, 即

$$f(z) = \sum_{n=0}^{+\infty} a_n (z - z_0)^n = a_0 + a_1 (z - z_0) + a_2 (z - z_0)^2 + \cdots \quad (0 < |z - z_0| < R_2),$$

$$\qquad (3)$$

则称 z_0 为可去奇点. 注意到, 函数在可去奇点处的留数总是零. 若补充定义, 或通过重新定义 f 在 z_0 处的函数值使得 $f(z_0) = a_0$, 则展开式(3)在整个圆盘 $|z - z_0| < R_2$ 上成立. 因为一个幂级数在其收敛圆周的内部表示一个解析函数(第71节), 由此可知, 定义了 z_0 处的函数值 a_0 后, f 在 z_0 处解析. 因此, 奇点 z_0 是可去的.

本性奇点

若主要部分式(2)的有无穷多项的系数 b_n 是非零的, 则 z_0 称为 f 的本性奇点.

m 阶极点

若 f 在 z_0 处的主要部分包含至少一个非零的项, 并且项数有限, 则存在正整数 m ($m \geq 1$), 满足

$$b_m \neq 0 \text{ 且 } b_{m+1} = b_{m+2} = \cdots = 0.$$

即展开式(1)具有如下形式

$$f(z) = \sum_{n=0}^{+\infty} a_n (z - z_0)^n + \frac{b_1}{z - z_0} + \frac{b_2}{(z - z_0)^2} + \cdots + \frac{b_m}{(z - z_0)^m} \quad (0 < |z - z_0| < R_2),$$

$$\qquad (4)$$

其中 $b_m \neq 0$. 这种情况下, 称孤立奇点 z_0 为函数的 m 阶极点.[*] 当极点的阶数 $m = 1$ 时, 通常称为简单极点.

在下一节中, 我们给出三种类型的奇点的例子. 在本章余下的几节, 将深入研究这三种类型的奇点. 其中的重点是有效地确定奇点的类型并求出其留数.

本章的最后一节(第84节)将给出三个定理, 表明函数在这三类奇点处的性质有本质的区别.

---

[*] 极点这一术语可参看附录A中列出的 A. D. Wunsch 的书 (2005) 第348~349页, 或者 R. P. Boas 的书 (2010) 第62页. 本书的第84节也会加以说明.

79. 例子

本节举例说明上一节(第78节)所描述的三类奇点.

例1 点 $z_0 = 0$ 为函数

$$f(z) = \frac{1 - \cosh z}{z^2} \tag{1}$$

的可去奇点. 这是因为

$$f(z) = \frac{1}{z^2}\left[1 - \left(1 + \frac{z^2}{2!} + \frac{z^4}{4!} + \frac{z^6}{6!} + \cdots\right)\right] = -\frac{1}{2!} - \frac{z^2}{4!} - \frac{z^4}{6!} - \cdots \quad (0 < |z| < +\infty).$$

若定义 $f(0) = -1/2$, 则 f 为整函数.

例2 回顾第68节例3,

$$e^{1/z} = \sum_{n=0}^{+\infty} \frac{1}{n!} \cdot \frac{1}{z^n} = 1 + \frac{1}{1!} \cdot \frac{1}{z} + \frac{1}{2!} \cdot \frac{1}{z^2} + \cdots \quad (0 < |z| < +\infty). \tag{2}$$

由此可知, $z_0 = 0$ 为 $e^{1/z}$ 的本性奇点, 其中留数 b_1 为 1.

该例子可用于说明一个重要的定理, 即皮卡定理. 该定理考虑函数在本性奇点附近的特性, 并且指出, 在本性奇点的任一邻域内, 函数可以取任意有限值无穷多次, 至多有一个例外值. *

容易看出, 函数 $e^{1/z}$ 在原点的每个邻域内取到 -1 无穷多次. 更确切地说, 当

$$z = (2n+1)\pi i \quad (n = 0, \pm 1, \pm 2, \cdots)$$

时, $e^z = -1$(第30节), 故当

$$z = \frac{1}{(2n+1)\pi i} \cdot \frac{i}{i} = -\frac{i}{(2n+1)\pi} \quad (n = 0, \pm 1, \pm 2, \cdots)$$

时, $e^{1/z} = -1$. 由此可知, 当 n 充分大时, 存在无穷多个这样的点落在任意给定的原点的 ε 邻域内. 显然原点就是函数 $e^{1/z}$ 在皮卡定理中所说的例外值.

例3 由展开式

$$f(z) = \frac{1}{z^2(1-z)} = \frac{1}{z^2}(1 + z + z^2 + z^3 + z^4 + \cdots) = \frac{1}{z^2} + \frac{1}{z} + 1 + z + z^2 + \cdots \quad (0 < |z| < 1) \tag{3}$$

可知, 原点为 f 的阶数为 $m = 2$ 的极点, 且

$$\operatorname*{Res}_{z=0} f(z) = 1.$$

由极限

$$\lim_{z \to 0} \frac{1}{f(z)} = \lim_{z \to 0}\left[z^2(1-z)\right] = 0$$

可知(第17节)

$$\lim_{z \to 0} f(z) = +\infty. \tag{4}$$

---

* 皮卡定理的证明可参考附录A中 Markushevich 的书第Ⅲ卷第51节.

在第 84 节将证明这样的极限仅在极点处取得.

例 4 注意到，函数

$$f(z) = \frac{z^2 + z - 2}{z + 1} = \frac{z(z+1) - 2}{z + 1} = z - \frac{2}{z+1} = -1 + (z+1) - \frac{2}{z+1} \quad (0 < |z+1| < +\infty)$$

以 $z_0 = -1$ 作为其简单极点. 该点处的留数为 -2. 又由于

$$\lim_{z \to -1} \frac{1}{f(z)} = \lim_{z \to -1} \frac{z+1}{z^2 + z - 2} = \frac{0}{-2} = 0,$$

我们得到

$$\lim_{z \to -1} f(z) = +\infty. \tag{5}$$

（比较例 3 中的式（4））.

本章的余下几节，将更加深入地探讨关于上述三种孤立奇点的相关理论，重点是确定极点并求出相应的留数的有效方法.

练 习

1. 分别写出下列函数在孤立奇点的主要部分，并确定该奇点的类型：

(a) $z \exp\left(\frac{1}{z}\right)$; (b) $\frac{z^2}{1+z}$; (c) $\frac{\sin z}{z}$; (d) $\frac{\cos z}{z}$; (e) $\frac{1}{(2-z)^3}$.

2. 证明：下列各函数的奇点为极点，并确定该极点的阶数 m 以及相应留数 B.

(a) $\frac{1 - \cosh z}{z^3}$; (b) $\frac{1 - \exp(2z)}{z^4}$; (c) $\frac{\exp(2z)}{(z-1)^2}$.

答案：(a) $m = 1, B = -1/2$; (b) $m = 3, B = -4/3$; (c) $m = 2, B = 2e^2$.

3. 设函数 f 在 z_0 处解析，并且令 $g(z) = f(z)/(z - z_0)$. 证明：

(a) 若 $f(z_0) \neq 0$，则 z_0 为 g 的简单极点，且留数为 $f(z_0)$;

(b) 若 $f(z_0) = 0$，则 z_0 为 g 的可去奇点.

提示：如第 62 节指出的，由于 $f(z)$ 在 z_0 处解析，故 $f(z)$ 关于 z_0 具有泰勒级数. 本题中的两个问题都可以从写出这个级数的一些项来着手.

4. 将函数

$$f(z) = \frac{8a^3 z^2}{(z^2 + a^2)^3} \quad (a > 0)$$

写成

$$f(z) = \frac{\varphi(z)}{(z - ai)^3}, \quad \text{其中 } \varphi(z) = \frac{8a^3 z^2}{(z + ai)^3}.$$

指出 $\varphi(z)$ 在 $z = ai$ 处具有泰勒级数展开式的原因，并利用其证明 f 在该点处的主要部分为

$$\frac{\varphi''(ai)/2}{z - ai} + \frac{\varphi'(ai)}{(z - ai)^2} + \frac{\varphi(ai)}{(z - ai)^3} = -\frac{i/2}{z - ai} - \frac{a/2}{(z - ai)^2} - \frac{a^2 i}{(z - ai)^3}.$$

80. 极点处的留数

若函数 f 以 z_0 为孤立奇点，则判别 z_0 是否为极点并求出其留数的基本方法是写出

相应的洛朗级数, 并观察 $1/(z-z_0)$ 的系数. 下面定理给出了极点的其中一种刻画, 并给出了便于求出函数在极点处的留数的方法.

定理　设 z_0 为函数 f 的孤立奇点, 则以下结论等价:

(a) 函数 f 的孤立奇点 z_0 为 $m(m=1, 2, \cdots)$ 阶极点;

(b) $f(z)$ 可写成如下形式

$$f(z) = \frac{\varphi(z)}{(z-z_0)^m},$$

其中 $\varphi(z)$ 在 z_0 处非零且解析. 此外, 如果 (a) 和 (b) 成立, 那么,

$$\operatorname*{Res}_{z=z_0} f(z) = \varphi(z_0), \quad m = 1,$$

而

$$\operatorname*{Res}_{z=z_0} f(z) = \frac{\varphi^{(m-1)}(z_0)}{(m-1)!}, \quad m = 2, 3, \cdots.$$

注意到上述两个表达式不需要单独列出. 这是由于如果约定 $\varphi^{(0)}(z_0) = \varphi(z_0)$ 且 $0! = 1$, 那么当 $m=1$ 时, 第二个表达式退化为第一个表达式.

为了证明定理, 首先假设结论 (a) 成立. 此时, $f(z)$ 在去心圆盘 $0 < |z-z_0| < R_2$ 内具有洛朗级数展开式

$$f(z) = \sum_{n=0}^{+\infty} a_n (z-z_0)^n + \frac{b_1}{z-z_0} + \frac{b_2}{(z-z_0)^2} + \cdots + \frac{b_{m-1}}{(z-z_0)^{m-1}} + \frac{b_m}{(z-z_0)^m} \quad (b_m \neq 0).$$

定义函数 $\varphi(z)$ 如下,

$$\varphi(z) = \begin{cases} (z-z_0)^m f(z) & \text{当 } z \neq z_0 \text{ 时,} \\ b_m & \text{当 } z = z_0 \text{ 时.} \end{cases}$$

显然, $\varphi(z)$ 在整个圆盘 $|z-z_0| < R_2$ 上具有幂级数展开式

$$\varphi(z) = b_m + b_{m-1}(z-z_0) + \cdots + b_2 (z-z_0)^{m-2} + b_1 (z-z_0)^{m-1} + \sum_{n=0}^{+\infty} a_n (z-z_0)^{m+n}.$$

因此, $\varphi(z)$ 在圆盘内解析 (第 71 节), 特别地, 在 z_0 处解析. 由于 $\varphi(z_0) = b_m \neq 0$, 故得到结论 (b) 所给的 $f(z)$ 的表达式.

另一方面, 假设结论 (b) 成立. 回顾第 62 节可知, 由于 $\varphi(z)$ 在 z_0 处解析, 故其在 z_0 的某邻域 $|z-z_0| < \varepsilon$ 内具有泰勒级数展开式

$$\varphi(z) = \varphi(z_0) + \frac{\varphi'(z_0)}{1!}(z-z_0) + \frac{\varphi''(z_0)}{2!}(z-z_0)^2 + \cdots + \frac{\varphi^{(m-1)}(z_0)}{(m-1)!}(z-z_0)^{m-1} +$$

$$\sum_{n=m}^{+\infty} \frac{\varphi^{(n)}(z_0)}{n!}(z-z_0)^n.$$

由结论 (b) 中的商可知

$$f(z) = \frac{\varphi(z_0)}{(z-z_0)^m} + \frac{\varphi'(z_0)/1!}{(z-z_0)^{m-1}} + \frac{\varphi''(z_0)/2!}{(z-z_0)^{m-2}} + \cdots + \frac{\varphi^{(m-1)}(z_0)/(m-1)!}{z-z_0} +$$

$$\sum_{n=m}^{+\infty} \frac{\varphi^{(n)}(z_0)}{n!}(z-z_0)^{n-m},$$

其中 $0 < |z - z_0| < \varepsilon$. 由洛朗级数展开式以及 $\varphi(z_0) \neq 0$ 可知，z_0 的确为 $f(z)$ 的 m 阶极点. 当然，由 $1/(z - z_0)$ 的系数可知，$f(z)$ 在 z_0 处的留数如定理中所述. 定理证毕.

81. 例子

下面的例子用以说明第 80 节的定理的应用.

例 1 函数

$$f(z) = \frac{z + 4}{z^2 + 1}$$

以 $z = i$ 为其孤立奇点，且 $f(z)$ 可写成

$$f(z) = \frac{\varphi(z)}{z - i}, \quad \text{其中 } \varphi(z) = \frac{z + 4}{z + i}.$$

由于 $\varphi(z)$ 在 $z = i$ 处解析且 $\varphi(i) \neq 0$，故该点为函数 f 的简单极点，且该点处的留数为

$$B_1 = \varphi(i) = \frac{i + 4}{2i} \cdot \frac{i}{i} = \frac{-1 + 4i}{-2} = \frac{1}{2} - 2i.$$

另外，点 $z = -i$ 也是 f 的简单极点，且留数为

$$B_2 = \frac{1}{2} + 2i.$$

例 2 若

$$f(z) = \frac{z^3 + 2z}{(z - i)^3},$$

则

$$f(z) = \frac{\varphi(z)}{(z - i)^3}, \quad \text{其中 } \varphi(z) = z^3 + 2z.$$

函数 $\varphi(z)$ 为整函数且 $\varphi(i) = i \neq 0$. 因此，f 以 $z = i$ 作为 3 阶极点，且留数为

$$B = \frac{\varphi''(i)}{2!} = \frac{6i}{2!} = 3i.$$

当然，若涉及多值函数的分支，也可以运用该定理.

例 3 设

$$f(z) = \frac{(\log z)^3}{z^2 + 1},$$

这里利用了对数函数的分支

$$\log z = \ln r + i\theta \quad (r > 0, \; 0 < \theta < 2\pi).$$

为了求出函数 f 在奇点 $z = i$ 处的留数，记

$$f(z) = \frac{\varphi(z)}{z - i}, \quad \text{其中 } \varphi(z) = \frac{(\log z)^3}{z + i}.$$

显然，函数 $\varphi(z)$ 在 $z = i$ 处解析. 又由于

$$\varphi(i) = \frac{(\log i)^3}{2i} = \frac{(\ln 1 + i\pi/2)^3}{2i} = -\frac{\pi^3}{16} \neq 0,$$

故 $z = i$ 为 f 的简单极点，留数为

$$B = \varphi(\mathrm{i}) = -\frac{\pi^3}{16}.$$

虽然第 80 节的定理非常有用，但是有时直接利用洛朗级数，对判别一个孤立奇点是否为某一阶数的极点也非常有效．

例 4 例如，若要求出函数

$$f(z) = \frac{1 - \cos z}{z^3}$$

在奇点 $z = 0$ 处的留数，将函数写成如下形式，

$$f(z) = \frac{\varphi(z)}{z^3}, \ \text{其中} \ \varphi(z) = 1 - \cos z,$$

并应用第 80 节中的定理（当 $m = 3$ 时）．但由于此时不满足 $\varphi(0) \neq 0$，该定理并不适用．在这种情况下，求留数最简单的方法是写出洛朗级数的一些项：

$$f(z) = \frac{1}{z^3}\left[1 - \left(1 - \frac{z^2}{2!} + \frac{z^4}{4!} - \frac{z^6}{6!} + \cdots \right) \right] = \frac{1}{z^3}\left(\frac{z^2}{2!} - \frac{z^4}{4!} + \frac{z^6}{6!} - \cdots \right)$$

$$= \frac{1}{2!} \cdot \frac{1}{z} - \frac{z}{4!} + \frac{z^3}{6!} - \cdots \quad (0 < |z| < +\infty).$$

这表明 $z = 0$ 为 $f(z)$ 的简单极点，而不是 3 阶极点，并且 $z = 0$ 处的留数 $B = 1/2$．

例 5 由于 $z^2 \sinh z$ 为整函数，且其零点为（第 39 节）

$$z = n\pi\mathrm{i} \quad (n = 0, \ \pm 1, \ \pm 2, \cdots),$$

显然，点 $z = 0$ 为函数

$$f(z) = \frac{1}{z^2 \sinh z}$$

的孤立奇点．此时，若记

$$f(z) = \frac{\varphi(z)}{z^2}, \ \text{其中} \ \varphi(z) = \frac{1}{\sinh z},$$

且应用第 80 节中的定理（$m = 2$），将得不到结果．这是因为函数 $\varphi(z)$ 在 $z = 0$ 没有意义．事实上，由第 73 节练习 5 给出的洛朗级数

$$\frac{1}{z^2 \sinh z} = \frac{1}{z^3} - \frac{1}{6} \cdot \frac{1}{z} + \frac{7}{360} z + \cdots \quad (0 < |z| < \pi)$$

马上可以得到所求的留数为 $B = -1/6$．且点 $z = 0$ 为 3 阶极点，而非 2 阶极点．

练　习

1. 证明：下列各函数的奇点为极点．确定各个极点的阶数 m，求出相应的留数 B．

（a）$\dfrac{z + 1}{z^2 + 9}$；　（b）$\dfrac{z^2 + 2}{z - 1}$；　（c）$\left(\dfrac{z}{2z + 1} \right)^3$；　（d）$\dfrac{e^z}{z^2 + \pi^2}$．

答案：（a）$m = 1, B = (3 \pm \mathrm{i})/6$；　（b）$m = 1, B = 3$；　（c）$m = 3, B = -3/16$；　（d）$m = 1, B = \pm \mathrm{i}/2\pi$．

2. 证明：

(a) $\operatorname*{Res}_{z=-1}\dfrac{z^{1/4}}{z+1}=\dfrac{1+\mathrm{i}}{\sqrt{2}}$ ($|z|>0$, $0<\arg z<2\pi$);

(b) $\operatorname*{Res}_{z=\mathrm{i}}\dfrac{\mathrm{Log}z}{(z^2+1)^2}=\dfrac{\pi+2\mathrm{i}}{8}$;

(c) $\operatorname*{Res}_{z=\mathrm{i}}\dfrac{z^{1/2}}{(z^2+1)^2}=\dfrac{1-\mathrm{i}}{8\sqrt{2}}$ ($|z|>0$, $0<\arg z<2\pi$).

3. 确定下列函数的各个极点的阶数 m, 并求出奇点 $z=0$ 相应的留数 B.

(a) $\dfrac{\sinh z}{z^4}$; (b) $\dfrac{1}{z(\mathrm{e}^z-1)}$.

答案: (a) $m=3$, $B=\dfrac{1}{6}$; (b) $m=2$, $B=-\dfrac{1}{2}$.

4. 求出积分

$$\int_C \frac{3z^3+2}{(z-1)(z^2+9)}\mathrm{d}z$$

沿着下列圆周的积分值, 其中圆周取逆时针方向.

(a) $|z-2|=2$; (b) $|z|=4$.

答案: (a) $\pi\mathrm{i}$; (b) $6\pi\mathrm{i}$.

5. 求出积分

$$\int_C \frac{\mathrm{d}z}{z^3(z+4)}$$

沿着下列圆周的积分值, 其中圆周取逆时针方向.

(a) $|z|=2$; (b) $|z+2|=3$.

答案: (a) $\pi\mathrm{i}/32$; (b) 0.

6. 计算积分

$$\int_C \frac{\cosh\pi z}{z(z^2+1)}\mathrm{d}z$$

其中 C 为圆周 $|z|=2$, 取正向.

答案: $4\pi\mathrm{i}$.

7. 利用第 77 节仅涉及一个留数的定理, 计算 $f(z)$ 沿着正向圆周 $|z|=3$ 的积分:

(a) $f(z)=\dfrac{(3z+2)^2}{z(z-1)(2z+5)}$; (b) $f(z)=\dfrac{z^3\mathrm{e}^{1/z}}{1+z^3}$.

答案: (a) $9\pi\mathrm{i}$; (b) $2\pi\mathrm{i}$.

8. 设 z_0 为函数 f 的孤立奇点, 并设

$$f(z)=\frac{\varphi(z)}{(z-z_0)^m},$$

其中 m 为正整数, 且 $\varphi(z)$ 在 z_0 处非零解析. 对函数 $\varphi(z)$ 运用第 55 节柯西积分公式的推广形式 (3), 证明: 如第 80 节定理所述,

$$\operatorname*{Res}_{z=z_0}f(z)=\frac{\varphi^{(m-1)}(z_0)}{(m-1)!}.$$

提示: 由于存在一邻域 $|z-z_0|<\varepsilon$, 使得 $\varphi(z)$ 在该邻域处处解析(见第 25 节), 故在推

广的柯西积分公式中, 围线可取正向圆周 $|z-z_0|=\varepsilon/2$.

82. 解析函数的零点

函数的零点和极点是紧密相关的. 事实上, 在下一节中, 我们将会看到极点是如何源于零点的. 然而, 我们还需要一些关于解析函数的零点的预备知识.

设函数 f 在点 z_0 处解析. 由第 57 节可知, 在 z_0 处, f 的各阶导数 $f^{(n)}(z)$($n=1$, 2, $\cdots$)存在. 若 $f(z_0)=0$, 且存在正整数 m 使得

$$f(z_0)=f'(z_0)=f''(z_0)=\cdots=f^{(m-1)}(z_0)=0 \text{ 且 } f^{(m)}(z_0)\neq 0, \tag{1}$$

则称 f 在 z_0 处具有 m 阶零点. 我们规定, 当 $m=1$ 时, $f^{(0)}(z_0)=f(z_0)$. 这里的第一个定理给出了 m 阶零点的其中一种有用的刻画.

定理 1　设函数 f 在 z_0 处解析. 以下结论等价:

(a)点 z_0 为函数 f 的 m 阶零点;

(b)存在函数 g, 在 z_0 处解析且 $g(z_0)\neq 0$, 使得

$$f(z)=(z-z_0)^m g(z).$$

定理的证明分为两个部分. 首先需要由结论(a)推出结论(b), 然后再由结论(b)推出结论(a). 这两部分都利用了一个事实(第 62 节), 即若函数在 z_0 处解析, 则函数在 z_0 的一邻域 $|z-z_0|<\varepsilon$ 内可以展成由 $z-z_0$ 的幂表示的泰勒级数.

$(a)\Rightarrow(b)$

首先通过假设 f 以 z_0 为其 m 阶零点, 以便证明结论(b)成立. 由 f 在 z_0 处的解析性以及条件(1)成立可知, 函数在某一邻域 $|z-z_0|<\varepsilon$ 内具有泰勒级数展开式

$$f(z)=\sum_{n=m}^{+\infty}\frac{f^{(n)}(z_0)}{n!}(z-z_0)^n=(z-z_0)^m$$

$$\left[\frac{f^{(m)}(z_0)}{m!}+\frac{f^{(m+1)}(z_0)}{(m+1)!}(z-z_0)+\frac{f^{(m+2)}(z_0)}{(m+2)!}(z-z_0)^2+\cdots\right].$$

因此, $f(z)$ 具有结论(b)所示的形式, 其中,

$$g(z)=\frac{f^{(m)}(z_0)}{m!}+\frac{f^{(m+1)}(z_0)}{(m+1)!}(z-z_0)+\frac{f^{(m+2)}(z_0)}{(m+2)!}(z-z_0)^2+\cdots \quad (|z-z_0|<\varepsilon).$$

当 $|z-z_0|<\varepsilon$ 时, 上面的级数的收敛性确保了 g 在该邻域内解析, 特别地, 在点 z_0 处解析(第 71 节). 此外,

$$g(z_0)=\frac{f^{(m)}(z_0)}{m!}\neq 0.$$

这就完成了第一部分的证明.

$(b)\Rightarrow(a)$

设 $f(z)$ 具有结论(b)所示的形式. 注意到, 由于 $g(z)$ 在 z_0 处解析, 故其在 z_0 的某一邻域 $|z-z_0|<\varepsilon$ 内具有泰勒级数展开式

$$g(z) = g(z_0) + \frac{g'(z_0)}{1!}(z-z_0) + \frac{g''(z_0)}{2!}(z-z_0)^2 + \cdots.$$

于是，当 $|z-z_0| < \varepsilon$ 时，结论(b)所示的形式可化为

$$f(z) = g(z_0)(z-z_0)^m + \frac{g'(z_0)}{1!}(z-z_0)^{m+1} + \frac{g''(z_0)}{2!}(z-z_0)^{m+2} + \cdots.$$

上式实际上是 $f(z)$ 的泰勒级数展开式，所以由第72节定理1可知，条件(1)成立．特别地，

$$f^{(m)}(z_0) = m!\, g(z_0) \neq 0.$$

因此，z_0 为 f 的 m 阶零点．定理证毕．

例 多项式 $f(z) = z^3 - 1$ 以 $z_0 = 1$ 为 $m = 1$ 阶零点，这是由于

$$f(z) = (z-1)g(z),$$

其中 $g(z) = z^2 + z + 1$，且 f 和 g 为整函数，满足 $g(1) = 3 \neq 0$．需要指出，由 f 为整函数且满足

$$f(1) = 0 \text{ 和 } f'(1) = 3 \neq 0$$

也可得到 $z_0 = 1$ 为 f 的 $m = 1$ 阶零点．

下面的定理表明，当解析函数 $f(z)$ 不恒为零时，其零点是孤立的．也就是说，如果 z_0 是这样的函数 $f(z)$ 的零点，则在 z_0 的某去心邻域 $0 < |z-z_0| < \varepsilon$ 内，$f(z)$ 不等于 0（与第74节孤立奇点的定义比较）．

定理2 给定函数 f 和点 z_0，设

(a) f 在 z_0 处解析；

(b) $f(z_0) = 0$，而 $f(z)$ 在 z_0 的任一邻域内不恒为零，

则在 z_0 的某去心邻域 $0 < |z-z_0| < \varepsilon$ 内，有 $f(z) \neq 0$．

为了证明定理，设 f 满足定理所述，注意到 f 的各阶导数在 z_0 处不全为零．否则，f 关于 z_0 的泰勒级数的系数全都为零，这意味着 $f(z)$ 在 z_0 的某邻域内恒为零．因此，由本章开头关于 m 阶零点的定义显然可知，f 必定以 z_0 作为一个有限 m 阶零点．由定理1可知，

$$f(z) = (z-z_0)^m g(z), \tag{2}$$

其中 $g(z)$ 在 z_0 处非零解析．

由此可知，g 在 z_0 处不仅非零而且连续．于是，存在某个邻域 $|z-z_0| < \varepsilon$，使得在该邻域内，等式(2)成立且 $g(z) \neq 0$（见第18节）．因此，在去心邻域 $0 < |z-z_0| < \varepsilon$ 内，有 $f(z) \neq 0$．定理证毕．

本节最后一个定理涉及了零点不全为孤立零点的函数，这在之前的第28节曾有所提及．该定理与上面的定理2形成了有趣的对比．

定理3 给定函数 f 和点 z_0，设

(a) f 在 z_0 的一邻域 N_0 内处处解析；

(b) 包含 z_0 的开域 D 或线段 L 上的每一点 z，满足 $f(z) = 0$（见图96），

则在 N_0 内，有 $f(z) \equiv 0$，即 $f(z)$ 在 N_0 内恒为零．

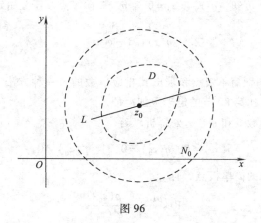

图 96

下面证明定理. 首先, 注意到在所述条件下, $f(z) \equiv 0$ 在 z_0 的某邻域 N 内成立. 否则, 由定理 2 可知, 存在 z_0 的去心邻域, 使得在该邻域内 $f(z) \neq 0$, 而这与在包含 z_0 的开域 D 或线段 L 上处处满足 $f(z) = 0$ 的条件相矛盾. 由于在邻域 N 内, $f(z) \equiv 0$ 成立, 故而可知 $f(z)$ 关于 z_0 的泰勒级数的所有系数

$$a_n = \frac{f^{(n)}(z_0)}{n!} \quad (n = 0, 1, 2, \cdots)$$

必定为零. 由于在邻域 N_0 内, 该泰勒级数也表示 $f(z)$, 故而 $f(z) \equiv 0$ 在 N_0 内成立. 定理证毕.

83. 零点和极点

下面定理建立了 m 阶零点和 m 阶极点之间的联系.

定理 1　设

(a) 两函数 p 和 q 在 z_0 处解析;

(b) $p(z_0) \neq 0$ 而 q 以 z_0 为 m 阶零点,

则它们的商 $p(z) \div q(z)$ 以 z_0 为 m 阶极点.

证明比较简单. 设 p 和 q 满足定理所述. 由于 q 以 z_0 为 m 阶零点, 故由第 82 节定理 2 可知, 存在 z_0 的一去心邻域, 使得在该邻域内满足 $q(z) \neq 0$, 因此, z_0 为商 $p(z)/q(z)$ 的孤立奇点. 此外, 由第 82 节定理 1 可知

$$q(z) = (z - z_0)^m g(z),$$

其中 g 在 z_0 处非零解析. 于是, 商可写成如下形式,

$$\frac{p(z)}{q(z)} = \frac{\varphi(z)}{(z - z_0)^m}, \text{ 其中 } \varphi(z) = \frac{p(z)}{g(z)}. \tag{1}$$

由于 $\varphi(z)$ 在 z_0 处非零解析, 故而由第 80 节定理可知, z_0 为 $p(z)/q(z)$ 的 m 阶极点.

例 1　两函数

$$p(z) = 1 \text{ 和 } q(z) = 1 - \cos z$$

为整函数. 由练习2可知，$q(z)$ 以 $z_0 = 0$ 为 $m = 2$ 阶零点. 于是由定理1可知，商

$$\frac{p(z)}{q(z)} = \frac{1}{1 - \cos z}$$

以该点为2阶极点.

定理1给出了判别简单极点和求出其相应留数的另一种方法. 有时，这一方法，即下方所述定理2，比第80节的定理更加简便.

定理2 设两函数 p 和 q 在 z_0 处解析. 若

$$p(z_0) \neq 0, \quad q(z_0) = 0, \quad \text{且 } q'(z_0) \neq 0,$$

则 z_0 为商 $p(z)/q(z)$ 的简单极点，且

$$\operatorname{Res}_{z = z_0} \frac{p(z)}{q(z)} = \frac{p(z_0)}{q'(z_0)}. \tag{2}$$

为了证明定理，设 p 和 q 如定理所述，注意到，由 q 的条件可知，点 z_0 为其 $m = 1$ 阶零点. 根据第82节定理1，可知

$$q(z) = (z - z_0) g(z), \tag{3}$$

其中 $g(z)$ 在 z_0 处非零解析. 此外，由本节定理1可知，z_0 为 $p(z)/q(z)$ 的简单极点，并且该定理的证明中 $p(z)/q(z)$ 的表达式(1)变成了

$$\frac{p(z)}{q(z)} = \frac{\varphi(z)}{z - z_0}, \quad \text{其中 } \varphi(z) = \frac{p(z)}{g(z)}.$$

由于 $\varphi(z)$ 在 z_0 处非零解析，故由第80节定理可知

$$\operatorname{Res}_{z = z_0} \frac{p(z)}{q(z)} = \frac{p(z_0)}{g(z_0)}. \tag{4}$$

而通过对等式(3)两边求导并令 $z = z_0$ 可知 $g(z_0) = q'(z_0)$. 因此，表达式(4)具有式(2)的形式.

例2 考虑函数

$$f(z) = \cot z = \frac{\cos z}{\sin z},$$

它是整函数 $p(z) = \cos z$ 和 $q(z) = \sin z$ 的商. 它的奇点产生于 q 的零点，或是

$$z = n\pi \quad (n = 0, \ \pm 1, \ \pm 2, \ \cdots).$$

由于

$$p(n\pi) = (-1)^n \neq 0, \quad q(n\pi) = 0 \quad \text{且 } q'(n\pi) = (-1)^n \neq 0,$$

故 f 的每个奇点 $z = n\pi$ 都为简单极点，且留数

$$B_n = \frac{p(n\pi)}{q'(n\pi)} = \frac{(-1)^n}{(-1)^n} = 1.$$

例3 通过引入

$$p(z) = z - \sinh z \text{ 且 } q(z) = z^2 \sinh z,$$

可容易地求得函数

$$f(z) = \frac{z - \sinh z}{z^2 \sinh z}$$

在 $\sinh z$（见第 39 节）的零点 $z = \pi i$ 处的留数. 由于

$$p(\pi i) = \pi i \neq 0, \quad q(\pi i) = 0 \text{ 且 } q'(\pi i) = \pi^2 \neq 0,$$

由定理 2 可知 $z = \pi i$ 为 f 的简单极点，且该点处的留数为

$$B = \frac{p(\pi i)}{q'(\pi i)} = \frac{\pi i}{\pi^2} = \frac{i}{\pi}.$$

例 4　由于点

$$z_0 = \sqrt{2} e^{i\pi/4} = 1 + i$$

为多项式 $z^4 + 4$（见第 11 节练习 6）的零点，故该点也是函数

$$f(z) = \frac{z}{z^4 + 4}$$

的孤立奇点. 记 $p(z) = z$ 且 $q(z) = z^4 + 4$，有

$$p(z_0) = z_0 \neq 0, \quad q(z_0) = 0 \text{ 且 } q'(z_0) = 4z_0^3 \neq 0,$$

于是，由定理 2 可知，z_0 为 f 的简单极点. 此外，该点处的留数为

$$B_0 = \frac{p(z_0)}{q'(z_0)} = \frac{z_0}{4z_0^3} = \frac{1}{4z_0^2} = \frac{1}{8i} = -\frac{i}{8}.$$

虽然也可以利用第 80 节的方法求留数，但计算通常较为复杂.

高阶极点处的留数也具有与式（2）类似的公式，但通常公式更长，且不利于运用.

练　习

1. 证明：点 $z = 0$ 为函数

$$f(z) = \csc z = \frac{1}{\sin z}$$

的简单极点，并利用第 83 节定理 2 的方法证明函数在该处的留数为 1.（与第 73 节练习 3 比较，当时留数由 $\csc z$ 的洛朗级数得到）.

2. 由第 82 节的条件（1）证明：函数

$$q(z) = 1 - \cos z$$

在点 $z_0 = 0$ 处具有 $m = 2$ 阶零点.

3. 证明：

（a）$\operatorname*{Res}_{z = \pi i} \dfrac{\sinh z}{2z^2 \cosh z} = -\dfrac{4}{\pi^2}$;

（b）$\operatorname*{Res}_{z = \pi i} \dfrac{\exp(zt)}{\sinh z} + \operatorname*{Res}_{z = -\pi i} \dfrac{\exp(zt)}{\sinh z} = -2\cos(\pi t)$.

4. 证明：

(a) $\operatorname*{Res}_{z=z_n}(z\sec z)=(-1)^{n+1}z_n$，其中 $z_n=\dfrac{\pi}{2}+n\pi(n=0,\ \pm1,\ \pm2,\ \cdots)$；

(b) $\operatorname*{Res}_{z=z_n}(\tanh z)=1$，其中 $z_n=\left(\dfrac{\pi}{2}+n\pi\right)\mathrm{i}(n=0,\ \pm1,\ \pm2,\cdots)$.

5. 设 C 表示正向圆周 $|z|=2$，计算积分

(a) $\displaystyle\int_C \tan z\ \mathrm{d}z$ (b) $\displaystyle\int_C \dfrac{\mathrm{d}z}{\sinh 2z}$.

答案：(a) $-4\pi\mathrm{i}$；   (b) $-\pi\mathrm{i}$.

6. 设 C_N 表示正方形的正向边界，该正方形的边界落在直线

$$x=\pm\left(N+\frac{1}{2}\right)\pi \text{ 和 } y=\pm\left(N+\frac{1}{2}\right)\pi$$

上，其中 N 为正整数. 证明：

$$\int_{C_N}\frac{\mathrm{d}z}{z^2\sin z}=2\pi\mathrm{i}\left[\frac{1}{6}+2\sum_{n=1}^{N}\frac{(-1)^n}{n^2\pi^2}\right].$$

再利用当 N 趋于无穷时，积分值趋于零的结论(第 47 节练习 8)，指出如何得到

$$\sum_{n=1}^{+\infty}\frac{(-1)^{n+1}}{n^2}=\frac{\pi^2}{12}.$$

7. 证明：

$$\int_C\frac{\mathrm{d}z}{(z^2-1)^2+3}=\frac{\pi}{2\sqrt{2}},$$

其中 C 为矩形的正向边界，该矩形的边界落在直线 $x=\pm2$，$y=0$ 和 $y=1$ 上.

提示：注意到，多项式 $q(z)=(z^2-1)^2+3$ 的四个零点为 $1\pm\sqrt{3}\mathrm{i}$ 的平方根，证明其倒数 $1/q(z)$ 在 C 上及其内部除了点

$$z_0=\frac{\sqrt{3}+\mathrm{i}}{\sqrt{2}} \text{ 和 } -\overline{z_0}=\frac{-\sqrt{3}+\mathrm{i}}{\sqrt{2}}$$

外处处解析，再应用第 83 节定理 2.

8. 考虑函数

$$f(z)=\frac{1}{[q(z)]^2},$$

其中 q 在 z_0 处解析，$q(z_0)=0$ 且 $q'(z_0)\neq0$. 证明：z_0 为函数 f 的 $m=2$ 阶极点，且留数为

$$B_0=-\frac{q''(z_0)}{[q'(z_0)]^3}.$$

提示：注意到，z_0 为函数 q 的 $m=1$ 阶零点，所以

$$q(z)=(z-z_0)g(z),$$

其中 $g(z)$ 在 z_0 处非零解析. 记

$$f(z)=\frac{\varphi(z)}{(z-z_0)^2}, \text{其中 } \varphi(z)=\frac{1}{[g(z)]^2}.$$

于是，通过证明

$$q'(z_0)=g(z_0) \text{ 和 } q''(z_0)=2g'(z_0)$$

可以得到留数的所需形式 $B_0=\varphi'(z_0)$.

9. 利用练习 7 的结论，求出下列函数在 $z = 0$ 处的留数.

(a)$f(z) = \csc^2 z$;　(b) $f(z) = \dfrac{1}{(z + z^2)^2}$.

答案：(a)0;　(b) -2.

10. 设 p 和 q 表示在 z_0 处解析的函数，其中 $p(z_0) \neq 0$ 且 $q(z_0) = 0$. 证明：若商 $p(z)/q(z)$ 以 z_0 为 m 阶极点，则 z_0 为 q 的 m 阶零点(对比第 83 节定理 1).

提示：注意到，根据第 80 节的定理，记

$$\frac{p(z)}{q(z)} = \frac{\varphi(z)}{(z - z_0)^m},$$

其中 $\varphi(z)$ 在 z_0 处非零解析. 然后再求解 $q(z)$.

11. 回顾第 12 节，若 z_0 的每个去心邻域都至少包含集合 S 的一个点，则点 z_0 为 S 的聚点. 波尔查诺-维尔斯特拉斯定理的一种表述如下：一个落在闭域 R 中的无穷点集在 R 中至少具有一个聚点.[*] 利用该定理以及第 82 节定理 2，证明：若区域 R 是由简单闭围线 C 及其内部的所有点组成的，函数 f 在一个区域 R 上除了 C 内可能的极点外处处解析，并且若 f 落在 R 内的所有零点都落在 C 的内部，且其阶数有限，则这些零点的个数必定有限.

12. 设 R 表示一个包含简单闭围线 C 及其内部的所有点的区域. 利用波尔查诺-维尔斯特拉斯定理(见练习 11)以及极点必为孤立奇点的事实，证明：若 f 在区域 R 上除了 C 内的极点外处处解析，则这些极点的个数必定有限.

84. 函数在孤立奇点附近的性质

函数 f 在孤立奇点 z_0 附近的性质变化取决于 z_0 是否为极点、可去奇点还是本性奇点. 本节中，我们对这些性质的差异进一步探讨. 由于这里的结果将不再用于本书的其他章节，故希望能更快接触留数定理的应用的读者可以直接跳到第 7 章.

可去奇点

我们首先给出两个关于可去奇点的定理.

定理 1　设 z_0 为函数 f 的可去奇点，则 f 在 z_0 的某去心邻域 $0 < |z - z_0| < \varepsilon$ 内解析且有界.

定理的证明是简单的. 只要对 $f(z_0)$ 重新定义，使得 f 在圆盘 $|z - z_0| < R_2$ 内解析. 于是，f 在任一闭圆盘 $|z - z_0| \leqslant \varepsilon$ 内连续，其中 $\varepsilon < R_2$. 因此，由第 18 节定理 4 可知，f 在该圆盘内有界. 这表明 f 在去心邻域 $0 < |z - z_0| < \varepsilon$ 内不仅解析，而且必定有界.

下面的定理，即黎曼定理，与定理 1 密切相关.

定理 2　设函数 f 在 z_0 的某去心邻域 $0 < |z - z_0| < \varepsilon$ 内解析且有界. 若 f 在 z_0 处不解析，则 z_0 为其可去奇点.

为了证明定理，首先假设 f 在 z_0 处不解析. 因此，点 z_0 必定为 f 的孤立奇点，且在去心邻域 $0 < |z - z_0| < \varepsilon$ 内 $f(z)$ 可展成洛朗级数

---

[*] 可参考，A. E. Taylor 和 W. R. Mann.，《高等微积分》，第 3 版，第 517 及 521 页，1983.

$$f(z) = \sum_{n=0}^{+\infty} a_n (z - z_0)^n + \sum_{n=1}^{+\infty} \frac{b_n}{(z - z_0)^n}. \tag{1}$$

若 C 表示正向圆周 $|z - z_0| = \rho$，其中 $\rho < \varepsilon$（见图 97），则由第 66 节可知展开式 (1) 中的系数 b_n 可写成如下形式，

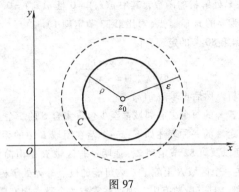

图 97

$$b_n = \frac{1}{2\pi i} \int_C \frac{f(z)\,dz}{(z - z_0)^{-n+1}} \quad (n = 1, 2, \cdots). \tag{2}$$

现在，由 f 的有界性条件可知，存在正数 M，使得 $|f(z)| \leqslant M$，在 $0 < |z - z_0| < \varepsilon$ 内成立．于是，由表达式 (2) 可知

$$|b_n| \leqslant \frac{1}{2\pi} \cdot \frac{M}{\rho^{-n+1}} 2\pi\rho = M\rho^n \quad (n = 1, 2, \cdots).$$

由于系数 b_n 为常数，且 ρ 可以取任意小，故在洛朗级数 (1) 中 $b_n = 0 (n = 1, 2, \cdots)$．因此，$z_0$ 为 f 的可去奇点．定理 2 证毕．

本性奇点

由第 79 节例 2 可知，函数在本性奇点附近的性质是很不规律的．下面的定理是关于这些性质的，该定理与前面章节中的皮卡定理有关，通常称为卡索拉蒂-维尔斯特拉斯定理．它指出，在本性奇点的任一去心邻域内，函数可以取任意接近于预先给定的任何数值．

定理 3 设 z_0 为函数 f 的本性奇点，w_0 为任意复数，则对任意的正数 ε，在 z_0 的任一去心邻域 $0 < |z - z_0| < \delta$ 内，存在某个点 z，使得不等式

$$|f(z) - w_0| < \varepsilon \tag{3}$$

成立（见图 98）．

证明可利用反证法．由于 z_0 为 f 的孤立奇点，故存在去心邻域 $0 < |z - z_0| < \delta$，使得 f 在该邻域处处解析．假设该邻域内的任意点 z 都不满足条件 (3) 即当 $0 < |z - z_0| < \delta$ 时，有 $|f(z) - w_0| \geqslant \varepsilon$．于是，函数

$$g(z) = \frac{1}{f(z) - w_0} \quad (0 < |z - z_0| < \delta) \tag{4}$$

在其定义域内有界且解析．因此，由定理 2 可知，z_0 为 g 的可去奇点．进而可以定义

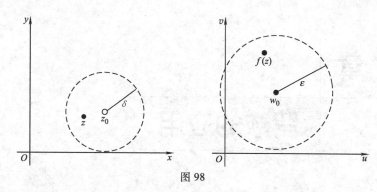

图 98

g 在 z_0 处的函数值，使得 g 在 z_0 处解析.

若 $g(z_0) \neq 0$，则当 $0 < |z - z_0| < \delta$ 时，函数 $f(z)$ 可以写成如下形式，

$$f(z) = \frac{1}{g(z)} + w_0, \tag{5}$$

并且只要定义

$$f(z_0) = \frac{1}{g(z_0)} + w_0,$$

则该函数在 z_0 处解析. 这表明 z_0 为 f 的可去奇点，而不是本性奇点，得到矛盾.

若 $g(z_0) = 0$，则由于 $g(z)$ 在邻域 $|z - z_0| < \delta$ 内不恒为零，函数 g 必定以 z_0 为有限 m 阶零点（第 82 节）. 于是，由等式（5）可知，f 以 z_0 为 m 阶极点（见第 83 节定理 1）. 因此，我们又得到矛盾. 定理 3 证毕.

m 阶极点

下面的定理表明 f 在可去奇点和本性奇点附近的性质与在极点附近的性质有着根本的区别.*

定理 4　若 z_0 为函数 f 的极点，则

$$\lim_{z \to z_0} f(z) = \infty. \tag{6}$$

为了验证极限（6），假设 f 以 z_0 为其 m 阶极点. 利用第 80 节的定理，可知

$$f(z) = \frac{\varphi(z)}{(z - z_0)^m},$$

其中 $\varphi(z)$ 在 z_0 处非零且解析. 由于

$$\lim_{z \to z_0} \frac{1}{f(z)} = \lim_{z \to z_0} \frac{(z - z_0)^m}{\varphi(z)} = \frac{\lim\limits_{z \to z_0} (z - z_0)^m}{\lim\limits_{z \to z_0} \varphi(z)} = \frac{0}{\varphi(z_0)} = 0,$$

故由第 17 节中涉及无穷远点的极限的定理可知，极限（6）成立.

---

* 如第 78 节脚注引用的书所指出的，该定理表明当 z 趋于 z_0 时，函数值的模 $|f(z)|$ 趋于无穷. 这从非数学的意义上描述了极点的存在性.

第7章

留数的应用

在第6章，我们引入了留数理论. 本章将给出它的一些重要应用，包括利用留数计算在实分析和应用数学中常见的几类定积分和广义积分，重点关注应用留数讨论函数的零点分布以及通过留数的求和找出函数的拉普拉斯逆变换的方法.

85. 广义积分的计算

在微积分中，连续函数 $f(x)$ 在半无限区间 $0 \leqslant x < +\infty$ 上的广义积分定义如下，

$$\int_0^{+\infty} f(x)\,\mathrm{d}x = \lim_{R \to +\infty} \int_0^R f(x)\,\mathrm{d}x. \tag{1}$$

当上式右边的极限存在时，我们就说该广义积分收敛于此极限. 如果 $f(x)$ 处处连续，那么我们将它在无限区间 $-\infty < x < +\infty$ 上的广义积分记为

$$\int_{-\infty}^{+\infty} f(x)\,\mathrm{d}x = \lim_{R_1 \to +\infty} \int_{-R_1}^0 f(x)\,\mathrm{d}x + \lim_{R_2 \to +\infty} \int_0^{R_2} f(x)\,\mathrm{d}x. \tag{2}$$

当上式两个极限都存在时，我们就说积分(2)收敛于这两个极限之和. 与积分(2)相关的还有另一个常用的值，即积分(2)的柯西主值(P. V.). 当下式右边的极限存在时，则积分(2)的柯西主值就是

$$\text{P. V.} \int_{-\infty}^{+\infty} f(x)\,\mathrm{d}x = \lim_{R \to +\infty} \int_{-R}^R f(x)\,\mathrm{d}x. \tag{3}$$

当积分(2)收敛时，它的柯西主值(3)存在，且等于积分(2)的收敛值. 这是因为

$$\lim_{R \to +\infty} \int_{-R}^R f(x)\,\mathrm{d}x = \lim_{R \to +\infty} \left[\int_{-R}^0 f(x)\,\mathrm{d}x + \int_0^R f(x)\,\mathrm{d}x \right] = \lim_{R \to +\infty} \int_{-R}^0 f(x)\,\mathrm{d}x + \lim_{R \to +\infty} \int_0^R f(x)\,\mathrm{d}x,$$

且最后两个极限与方程(2)右边的两个极限相同.

但是，当积分(2)的柯西主值存在时，积分(2)不一定收敛，见下面的例子。

例 注意到，一方面

$$\text{P. V.} \int_{-\infty}^{+\infty} x\,\mathrm{d}x = \lim_{R \to +\infty} \int_{-R}^R x\,\mathrm{d}x = \lim_{R \to +\infty} \left[\frac{x^2}{2} \right]_{-R}^R = \lim_{R \to +\infty} 0 = 0. \tag{4}$$

另一方面，

$$\int_{-\infty}^{+\infty} x\,\mathrm{d}x = \lim_{R_1 \to +\infty} \int_{-R_1}^0 x\,\mathrm{d}x + \lim_{R_2 \to +\infty} \int_0^{R_2} x\,\mathrm{d}x$$

$$= \lim_{R_1 \to +\infty} \left[\frac{x^2}{2} \right]_{-R_1}^{0} + \lim_{R_2 \to +\infty} \left[\frac{x^2}{2} \right]_{0}^{R_2}$$

$$= - \lim_{R_1 \to +\infty} \frac{R_1^2}{2} + \lim_{R_2 \to +\infty} \frac{R_2^2}{2}, \tag{5}$$

由于上式最后两个极限不存在, 所以积分(5)也不存在.

下面考虑 $f(x)$ $(-\infty < x < +\infty)$ 为偶函数, 即对任意 x, 有

$$f(-x) = f(x)$$

的情况. 假设 $f(x)$ 的柯西主值(3)存在. 由函数 $y = f(x)$ 的图像关于 y 轴对称可知

$$\int_{-R_1}^{0} f(x)\, \mathrm{d}x = \frac{1}{2} \int_{-R_1}^{R_1} f(x)\, \mathrm{d}x$$

且

$$\int_{0}^{R_2} f(x)\, \mathrm{d}x = \frac{1}{2} \int_{-R_2}^{R_2} f(x)\, \mathrm{d}x.$$

因此,

$$\int_{-R_1}^{0} f(x)\, \mathrm{d}x + \int_{0}^{R_2} f(x)\, \mathrm{d}x = \frac{1}{2} \int_{-R_1}^{R_1} f(x)\, \mathrm{d}x + \frac{1}{2} \int_{-R_2}^{R_2} f(x)\, \mathrm{d}x.$$

令上式两边 R_1 和 R_2 趋于 $+\infty$, 则由右边的极限存在可知, 左边的极限也存在. 事实上,

$$\int_{-\infty}^{+\infty} f(x)\, \mathrm{d}x = \mathrm{P.\,V.} \int_{-\infty}^{+\infty} f(x)\, \mathrm{d}x. \tag{6}$$

并且, 因为

$$\int_{0}^{R} f(x)\, \mathrm{d}x = \frac{1}{2} \int_{-R}^{R} f(x)\, \mathrm{d}x,$$

所以, 我们有

$$\int_{0}^{+\infty} f(x)\, \mathrm{d}x = \frac{1}{2} \left[\mathrm{P.\,V.} \int_{-\infty}^{+\infty} f(x)\, \mathrm{d}x \right]. \tag{7}$$

下面我们介绍一个关于留数求和的方法, 例子见下一节. 该方法经常用于计算有理函数 $f(x) = p(x)/q(x)$ 确定的广义积分, 其中, $p(x)$ 和 $q(x)$ 为实系数多项式且无公共零点. 如无特别声明, 均假定 $q(z)$ 无实零点, 但在上半平面至少有一个零点.

该方法首先要确定多项式 $q(z)$ 在上半平面的所有零点. 注意到 $q(z)$ 的零点个数是有限的(见第 58 节). 下面分别记 $q(z)$ 的零点为 z_1, z_2, $\cdots$, z_n, 其中, n 小于或等于 $q(z)$ 的次数. 接下来, 我们将对

$$f(z) = \frac{p(z)}{q(z)} \tag{8}$$

沿着图 99 所示的半圆域的正向边界求积分.

事实上, 我们考虑的简单闭曲线是由在实轴上从 $z = -R$ 到 $z = R$ 的线段以及 $|z| = R$ 的上半圆周所组成的, 取逆时针方向. 这里应该理解的是, 要求 R 充分大, 从而使得 z_1, z_2, $\cdots$, z_n 均落在闭路径的内部.

注意到, 在实轴上, $z = x$ $(-R \leqslant x \leqslant R)$, 再由第 76 节的柯西留数定理可得

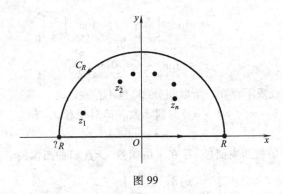

图 99

$$\int_{-R}^{R} f(x)\,\mathrm{d}x + \int_{C_R} f(z)\,\mathrm{d}z = 2\pi\mathrm{i}\sum_{k=1}^{n}\operatorname*{Res}_{z=z_k} f(z)$$

或

$$\int_{-R}^{R} f(x)\,\mathrm{d}x = 2\pi\mathrm{i}\sum_{k=1}^{n}\operatorname*{Res}_{z=z_k} f(z) - \int_{C_R} f(z)\,\mathrm{d}z. \tag{9}$$

如果

$$\lim_{R\to+\infty}\int_{C_R} f(z)\,\mathrm{d}z = 0,$$

则由式(3)和式(9)可得

$$\mathrm{P.\,V.}\int_{-\infty}^{+\infty} f(x)\,\mathrm{d}x = 2\pi\mathrm{i}\sum_{k=1}^{n}\operatorname*{Res}_{z=z_k} f(z). \tag{10}$$

当 $f(x)$ 为偶函数时，由式(6)和式(7)可得

$$\int_{-\infty}^{+\infty} f(x)\,\mathrm{d}x = 2\pi\mathrm{i}\sum_{k=1}^{n}\operatorname*{Res}_{z=z_k} f(z) \tag{11}$$

和

$$\int_{0}^{+\infty} f(x)\,\mathrm{d}x = \pi\mathrm{i}\sum_{k=1}^{n}\operatorname*{Res}_{z=z_k} f(z). \tag{12}$$

86. 计算广义积分的例子

下面给出例子，详细说明上一节介绍的计算广义积分的方法的具体应用.

为计算广义积分

$$\int_{0}^{+\infty}\frac{1}{x^6+1}\,\mathrm{d}x,$$

首先要注意到函数

$$f(z) = \frac{1}{z^6+1}$$

仅在 z^6+1 的零点处有孤立奇点，且奇点均为 -1 的 6 次方根，在奇点外处处解析.

由第 10 节可知，-1 的 6 次方根为

$$c_k = \exp\left[\mathrm{i}\left(\frac{\pi}{6}+\frac{2k\pi}{6}\right)\right] \qquad (k=0,1,2,\cdots,5),$$

它们均都不在实轴上. 前三个根

$$c_0 = e^{i\pi/6}, c_1 = i \text{ 和 } c_2 = e^{i5\pi/6}$$

落在上半平面，其他三个落在下半平面（见图 100）. 以实轴上的线段 $-R \leqslant x \leqslant R$ 以及 $|z| = R$ 上从 $z = R$ 到 $z = -R$ 的上半圆周 C_R 为边界围成了一个半圆域. 当 $R > 1$ 时，点 c_k $(k = 0, 1, 2)$ 落在该半圆域内. 对 $f(z)$ 沿该半圆域的围线的逆时针方向积分，可得

$$\int_{-R}^{R} f(x)\,dx + \int_{C_R} f(z)\,dz = 2\pi i(B_0 + B_1 + B_2), \tag{1}$$

其中，B_k 为 $f(z)$ 在 c_k 处的留数（$k = 0, 1, 2$）.

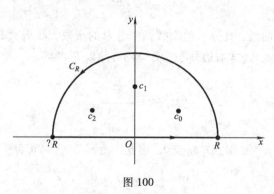

图 100

由第 83 节定理 2 可知，点 c_k 是 f 的简单极点，并且

$$B_k = \operatorname*{Res}_{z = c_k} \frac{1}{z^6 + 1} = \frac{1}{6c_k^5} \cdot \frac{c_k}{c_k} = \frac{1}{6c_k^3} = -\frac{c_k}{6} \qquad (k = 0, 1, 2).$$

因此，

$$B_0 + B_1 + B_2 = -\frac{1}{6}(c_0 + c_1 + c_2). \tag{2}$$

把根 $c_2 = e^{i5\pi/6}$ 看作单位圆周 $|z| = 1$ 上的点，则可将 c_2 写成 $c_2 = -e^{-i\pi/6}$. 再由第 37 节中 $\sin z$ 的定义可知

$$e^{i\pi/6} - e^{-i\pi/6} = 2i\sin\frac{\pi}{6} = i.$$

结合等式（2）可知

$$B_0 + B_1 + B_2 = -\frac{1}{6}(e^{i\pi/6} + i - e^{-i\pi/6}) = -\frac{i}{3}.$$

方程（1）可化为

$$\int_{-R}^{R} f(x)\,dx = \frac{2\pi}{3} - \int_{C_R} f(z)\,dz. \tag{3}$$

上式当 R 大于 1 时成立.

下面，我们证明当 R 趋于 $+\infty$ 时，方程（3）右边的积分趋于 0. 为此，要注意当 $R > 1$ 时，

$$|z^6 + 1| \geqslant \left| |z|^6 - 1 \right| = R^6 - 1.$$

所以，对 C_R 上的任意一点 z，

$$|f(z)| = \frac{|1|}{|z^6 + 1|} \leqslant M_R, \text{其中 } M_R = \frac{1}{R^6 - 1},$$

这表明，

$$\left| \int_{C_R} f(z) \, dz \right| \leqslant M_R \pi R, \tag{4}$$

其中，πR 为半圆周 C_R 的长度（见第 47 节）. 由于数

$$M_R \pi R = \frac{\pi R}{R^6 - 1}$$

为关于 R 的多项式的商，且分子的次数低于分母的次数，故当 R 趋于 $+\infty$ 时，其值趋于 0. 更精确地说，上式右边分子、分母同时除以 R^6 可得

$$M_R \pi R = \frac{\dfrac{\pi}{R^5}}{1 - \dfrac{1}{R^6}},$$

显然，当 R 趋于 $+\infty$ 时，$M_R \pi R$ 趋于 0. 因此，由不等式（4）可得

$$\lim_{R \to +\infty} \int_{C_R} f(z) \, dz = 0.$$

现在，由等式（3）可得

$$\lim_{R \to +\infty} \int_{-R}^{R} \frac{1}{x^6 + 1} dx = \frac{2\pi}{3}$$

或

$$\text{P. V.} \int_{-R}^{R} \frac{1}{x^6 + 1} dx = \frac{2\pi}{3}.$$

由于该积分的被积函数为偶函数，由第 85 节式（7）可得

$$\int_{0}^{+\infty} \frac{1}{x^6 + 1} dx = \frac{\pi}{3}. \tag{5}$$

练　习

利用留数计算以下 1~6 题的广义积分.

1. $\displaystyle\int_{0}^{+\infty} \frac{dx}{x^2 + 1} = \frac{\pi}{2}$.

2. $\displaystyle\int_{0}^{+\infty} \frac{dx}{(x^2 + 1)^2} = \frac{\pi}{4}$.

3. $\displaystyle\int_{0}^{+\infty} \frac{dx}{x^4 + 1} = \frac{\pi}{2\sqrt{2}}$.

4. $\displaystyle\int_{0}^{+\infty} \frac{x^2 dx}{x^6 + 1} = \frac{\pi}{6}$.

5. $\displaystyle\int_0^{+\infty} \frac{x^2\,\mathrm{d}x}{(x^2+1)(x^2+4)} = \frac{\pi}{6}.$

6. $\displaystyle\int_0^{+\infty} \frac{x^2\,\mathrm{d}x}{(x^2+9)(x^2+4)^2} = \frac{\pi}{200}.$

利用留数计算以下 7 和 8 题的广义积分的柯西主值.

7. $\displaystyle\int_{-\infty}^{+\infty} \frac{\mathrm{d}x}{x^2+2x+2}.$

8. $\displaystyle\int_{-\infty}^{+\infty} \frac{x\,\mathrm{d}x}{(x^2+1)(x^2+2x+2)}.$

答案: $-\dfrac{\pi}{5}.$

9. 利用留数和图 101 给出的围线 ($R>1$) 计算广义积分

$$\int_0^{+\infty} \frac{\mathrm{d}x}{x^3+1} = \frac{2\pi}{3\sqrt{3}}.$$

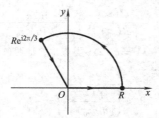

图 101

10. 设 m 和 n 为整数, $0 \leqslant m < n$. 按以下步骤计算广义积分

$$\int_0^{+\infty} \frac{x^{2m}}{x^{2n}+1}\mathrm{d}x = \frac{\pi}{2n}\csc\left(\frac{2m+1}{2n}\pi\right).$$

(a) 证明函数 $z^{2n}+1$ 在上半平面的零点为

$$c_k = \exp\left[\mathrm{i}\,\frac{(2k+1)\pi}{2n}\right] \qquad (k=0,1,2,\cdots,n-1),$$

且它在 x 轴上无零点.

(b) 应用第 83 节定理 2 证明

$$\mathop{\mathrm{Res}}_{z=c_i} \frac{z^{2m}}{z^{2n}+1} = -\frac{1}{2n}e^{\mathrm{i}(2k+1)\alpha} \qquad (k=0,1,2,\cdots,n-1),$$

其中 c_k 为 (a) 中所确定的零点, 且

$$\alpha = \frac{2m+1}{2n}\pi.$$

然后利用求和公式

$$\sum_{k=0}^{n-1} z^k = \frac{1-z^n}{1-z} \qquad (z \neq 1)$$

(见第 9 节练习 9) 推导出表达式

$$2\pi\mathrm{i}\sum_{k=0}^{n-1} \mathop{\mathrm{Res}}_{z=c_i} \frac{z^{2m}}{z^{2n}+1} = \frac{\pi}{n\sin\alpha}.$$

（c）利用（b）中的最后结果完成题目所要求的广义积分的计算.

11. 在利用射频加热进行钢的表面硬化的理论中 *，出现了下面的积分公式，

$$\int_0^{+\infty} \frac{dx}{[(x^2-a)^2+1]^2} = \frac{\pi}{8\sqrt{2}A^3}[(2a^2+3)\sqrt{A+a}+a\sqrt{A-a}],$$

其中 a 为任意正数，$A=\sqrt{a^2+1}$. 依照以下步骤给出它的推导过程.

（a）指出

$$q(z)=(z^2-a)^2+1$$

的四个零点为 $a\pm i$ 的平方根. 然后，由

$$z_0=\frac{1}{\sqrt{2}}(\sqrt{A+a}+i\sqrt{A-a})$$

和 $-z_0$ 为 $a+i$ 的平方根（第11节的例3），证明 $\pm\bar{z_0}$ 为 $a-i$ 的平方根，从而得到 $q(z)$ 在上半平面 $\mathrm{Im}z\geqslant0$ 上的根恰好为 z_0 和 $-\bar{z_0}$.

（b）利用第83节练习8的方法，并注意到 $z_0^2=a+i$，证明（a）中的 z_0 为函数 $f(z)=1/[q(z)]^2$ 的2阶极点，且 $f(z)$ 在 z_0 处的留数 B_1 可记为

$$B_1=-\frac{q''(z_0)}{[q'(z_0)]^3}=\frac{a-i(2a^2+3)}{16A^2z_0}.$$

注意到 $q'(-\bar{z})=-\overline{q'(z)}$ 和 $q''(-\bar{z})=\overline{q''(z)}$，类似地，证明（a）中的 $-\bar{z_0}$ 为函数 $f(z)$ 的2阶极点，且 $f(z)$ 在 $-\bar{z_0}$ 处的留数 B_2 为

$$B_2=\overline{\left\{\frac{q''(z_0)}{[q'(z_0)]^3}\right\}}=-\overline{B_1}.$$

接着得到这两个留数的和为

$$B_1+B_2=\frac{1}{8A^2i}\mathrm{Im}\left[\frac{-a+i(2a^2+3)}{z_0}\right].$$

（c）由（a）的结果，证明当 $|z|=R$ 时，$|q(z)|\geqslant(R-|z_0|)^4$，其中 $R>|z_0|$. 最后，结合（b）中最后的结果完成本题中的广义积分的计算.

87. 傅里叶分析中的广义积分

留数理论在计算形如

$$\int_{-\infty}^{+\infty}f(x)\sin ax\,dx \text{ 或} \int_{-\infty}^{+\infty}f(x)\cos ax\,dx \tag{1}$$

且收敛的广义积分中非常有用，这里 a 为正数. 跟第85节一样，假设 $f(x)=p(x)/q(x)$，$p(x)$ 和 $q(x)$ 为实系数多项式且无公因式，且 $q(x)$ 在实轴上无零点，但在上半平面至少有一个零点. 式（1）的积分在傅里叶积分理论和应用的研究中出现.**

在第85节介绍并在第86节应用的方法不能在本节直接应用. 其原因在于（见第39节）

$$|\sin az|^2=\sin^2 ax+\sinh^2 ay$$

---

* 见附录A，Brown，Hoyler 和 Bierwirth 的书，pp. 359-364.
** 见作者著作《Fourier Series and Boundary Value Problems》第8版，第6章，2012.

和

$$|\cos az|^2 = \cos^2 ax + \sinh^2 ay.$$

更确切地说，因为

$$\sinh ay = \frac{e^{ay} - e^{-ay}}{2},$$

模 $|\sin az|$ 和模 $|\cos az|$ 在 y 趋于无穷时，增长性与 e^{ay} 相似. 下面例子所用方法的改变主要基于以下的事实：

$$\int_{-R}^{R} f(x) \cos ax dx + i \int_{-R}^{R} f(x) \sin ax dx = \int_{-R}^{R} f(x) e^{iax} dx,$$

以及模

$$|e^{iaz}| = |e^{ia(x+iy)}| = |e^{-ay} e^{iax}| = e^{-ay}$$

在上半平面 $y \geq 0$ 有界.

例　证明：

$$\int_0^{+\infty} \frac{\cos 2x}{(x^2+4)^2} dx = \frac{5\pi}{32 e^4}. \tag{2}$$

引入辅助函数

$$f(z) = \frac{1}{(z^2+4)^2}, \tag{3}$$

并注意到 $f(z) e^{i2z}$ 在实轴上以及上半平面内，除 $z = 2i$ 外处处解析. 奇点 $z = 2i$ 落在图 102 所示的由实轴上的线段 $-R \leq x \leq R$ 和圆 $|z| = R(R > 2)$ 的上半圆周 C_R 所围成的区域内.

对函数 $f(z) e^{i2z}$ 沿图 102 所示的路径 C_R 进行积分，可得

$$\int_{-R}^{R} \frac{e^{i2x}}{(x^2+4)^2} dx = 2\pi i B - \int_{C_R} f(z) e^{i2z} dz, \tag{4}$$

其中，

$$B = \operatorname*{Res}_{z=2i} [f(z) e^{i2z}].$$

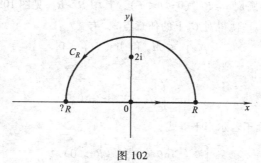

图 102

由于

$$f(z) = \frac{\varphi(z)}{(z-2i)^2}, \text{其中 } \varphi(z) = \frac{e^{i2z}}{(z+2i)^2},$$

显然点 $z = 2\mathrm{i}$ 为 $f(z)\,\mathrm{e}^{\mathrm{i}2z}$ 的 $m = 2$ 阶极点，且直接可以得到

$$B = \varphi'(2\mathrm{i}) = \frac{5}{32\mathrm{e}^4\mathrm{i}}.$$

比较式(4)左、右两边的实部可得

$$\int_{-R}^{R} \frac{\cos 2x}{(x^2 + 4)^2}\mathrm{d}x = \frac{5\pi}{16\mathrm{e}^4} - \mathrm{Re}\int_{C_R} f(z)\,\mathrm{e}^{\mathrm{i}2z}\mathrm{d}z. \tag{5}$$

当 z 在 C_R 上时，

$$|f(z)| \leqslant M_R，其中\ M_R = \frac{1}{(R^2 - 4)^2},$$

且 $|\mathrm{e}^{\mathrm{i}2z}| = \mathrm{e}^{-2y} \leqslant 1$. 因此，由复数的性质 $|\mathrm{Re}\,z| \leqslant |z|$，可知

$$\left|\mathrm{Re}\int_{C_R} f(z)\,\mathrm{e}^{\mathrm{i}2z}\mathrm{d}z\right| \leqslant \left|\int_{C_R} f(z)\,\mathrm{e}^{\mathrm{i}2z}\mathrm{d}z\right| \leqslant M_R\pi R. \tag{6}$$

因为当 R 趋于 $+\infty$ 时，

$$M_R\pi R = \frac{\pi R}{(R^2 - 4)^2}\cdot\frac{\dfrac{1}{R^4}}{\dfrac{1}{R^4}} = \frac{\dfrac{\pi}{R^3}}{\left(1 - \dfrac{4}{R^2}\right)^2}$$

趋于 0，结合式(6)，在式(5)中令 R 趋于 $+\infty$，即得结论(2)的等价形式

$$\mathrm{P.\,V.}\int_{-\infty}^{+\infty} \frac{\cos 2x}{(x^2 + 4)^2}\mathrm{d}x = \frac{5\pi}{16\mathrm{e}^4}.$$

88. 若尔当引理

在计算第 87 节所出现的积分时，有时可能需要使用以下的若尔当（Jordan）引理.[*]

定理 假设

(a)函数 $f(z)$ 在上半平面 $y \geqslant 0$ 除去圆周 $|z| = R_0$ 外的区域内处处解析；

(b)C_R 表示上半圆周 $z = R\mathrm{e}^{\mathrm{i}\theta}(0 \leqslant \theta \leqslant \pi)$，其中 $R > R_0$（见图 103）；

(c)存在正数 M_R，使得对 C_R 上的任意点 z，有

$$|f(z)| \leqslant M_R\ 和\ \lim_{R \to +\infty} M_R = 0.$$

则对任意正数 a，使得

$$\lim_{R \to +\infty}\int_{C_R} f(z)\,\mathrm{e}^{\mathrm{i}az}\mathrm{d}z = 0.$$

定理的证明依赖于若尔当不等式：

$$\int_0^{\pi} \mathrm{e}^{-R\sin\theta}\mathrm{d}\theta < \frac{\pi}{R}\quad (R > 0). \tag{1}$$

为证明式(1)，首先观察函数

---

[*] 见第 43 节第一个脚注.

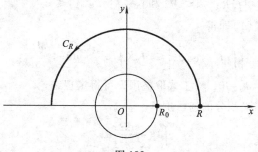

图 103

$$y = \sin\theta \text{ 和 } y = \frac{2\theta}{\pi}$$

的图像(见图 104), 可知当 $0 \leqslant \theta \leqslant \frac{\pi}{2}$ 时,

$$\sin\theta \geqslant \frac{2\theta}{\pi}.$$

由于 $R > 0$, 当 $0 \leqslant \theta \leqslant \frac{\pi}{2}$ 时,

$$\mathrm{e}^{-R\sin\theta} \leqslant \mathrm{e}^{-2R\theta/\pi}.$$

进而有

$$\int_0^{\pi/2} \mathrm{e}^{-R\sin\theta} \mathrm{d}\theta \leqslant \int_0^{\pi/2} \mathrm{e}^{-2R\theta/\pi} \mathrm{d}\theta = \frac{\pi}{2R}(1 - \mathrm{e}^{-R}) \quad (R > 0).$$

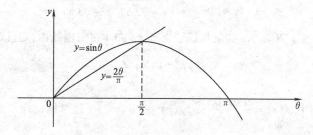

图 104

这就给出了

$$\int_0^{\pi/2} \mathrm{e}^{-R\sin\theta} \mathrm{d}\theta \leqslant \frac{\pi}{2R} \quad (R > 0). \tag{2}$$

因为 $y = \sin\theta$ 的图像在积分区间 $0 \leqslant \theta \leqslant \pi$ 上关于直线 $\theta = \pi/2$ 对称, 所以式(2)是式(1)的另一种形式. 若尔当不等式至此证明完毕.

下面给出定理的证明. 假设定理的条件(a)、(b)、(c)成立, 并记

$$\int_{C_R} f(z) \mathrm{e}^{iaz} \mathrm{d}z = \int_0^\pi f(R\mathrm{e}^{i\theta}) \exp(iaR\mathrm{e}^{i\theta}) R i \mathrm{e}^{i\theta} \mathrm{d}\theta.$$

由

$$|f(Re^{i\theta})| \le M_R \ \text{和} \ |\exp(iaRe^{i\theta})| \le e^{-aR\sin\theta},$$

并结合若尔当不等式(1)即得

$$\left| \int_{C_R} f(z) e^{iaz} dz \right| \le M_R R \int_0^{\pi} e^{-aR\sin\theta} d\theta < \frac{M_R \pi}{a}.$$

因为当 $R \to +\infty$ 时，$M_R \to 0$，对上式取极限，可得定理结论.

例　计算下面广义积分的柯西主值，

$$\int_0^{+\infty} \frac{x\sin 2x}{x^2 + 3} dx. \tag{3}$$

一般情况下，积分的存在性实际上可以通过求出它的值来确定. 与第 87 节类似，我们将使用如图 105 所示的闭半圆周.

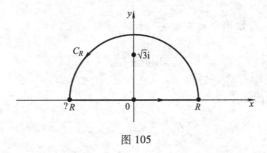

图 105

记

$$f(z) = \frac{z}{z^2 + 3} = \frac{z}{(z - \sqrt{3}\ i)(z + \sqrt{3}\ i)},$$

并假设在图 105 中，$R > \sqrt{3}$. 这就保证了奇点 $z = \sqrt{3}\ i$ 在闭围线内，且该奇点是函数

$$f(z) e^{i2z} = \frac{\varphi(z)}{z - \sqrt{3}\ i}$$

的简单极点，其中 $\varphi(z) = \dfrac{z\exp(i2z)}{z + \sqrt{3}\ i}$. $\varphi(z)$ 在点 $z = \sqrt{3}\ i$ 处解析，且

$$\varphi(\sqrt{3}\ i) = \frac{1}{2} \exp(-2\sqrt{3}) \ne 0.$$

另一奇点 $z = -\sqrt{3}\ i$ 在围线外.

函数在点 $z = \sqrt{3}\ i$ 处的留数为

$$B = \varphi(\sqrt{3}\ i) = \frac{1}{2} \exp(-2\sqrt{3}).$$

由柯西留数定理，可得

$$\int_{-R}^{R} \frac{x e^{i2x}}{x^2 + 3} dx = i\pi \exp(-2\sqrt{3}) - \int_{C_R} f(z) e^{i2z} dz, \tag{4}$$

其中 C_R 是图 105 中所示的闭半圆周. 比较上式的虚部可得

$$\int_{-R}^{R} \frac{x\sin 2x}{x^2 + 3}\mathrm{d}x = \pi\exp(-2\sqrt{3}) - \mathrm{Im}\int_{C_R} f(z)\,\mathrm{e}^{\mathrm{i}2z}\mathrm{d}z. \tag{5}$$

由复数的性质 $|\mathrm{Im}z| \leqslant |z|$，可知

$$\left|\mathrm{Im}\int_{C_R} f(z)\,\mathrm{e}^{\mathrm{i}2z}\mathrm{d}z\right| \leqslant \left|\int_{C_R} f(z)\,\mathrm{e}^{\mathrm{i}2z}\mathrm{d}z\right|, \tag{6}$$

故当 z 在 C_R 上时，

$$|f(z)| \leqslant M_R, \quad \text{其中} \quad M_R = \frac{R}{R^2 - 3},$$

且 $|\mathrm{e}^{\mathrm{i}2z}| = \mathrm{e}^{-2y} \leqslant 1$。

　　按照第 87 节的方法，我们并不能得到当 R 趋于 ∞ 时，不等式 (6) 的右边趋于零的结论，这是因为当 R 趋于无穷时，

$$M_R\pi R = \frac{\pi R^2}{R^2 - 3} = \frac{\pi}{1 - \dfrac{3}{R^2}}$$

不趋于零，无法判断式(6)右边是否趋于零，也就无法判断它的左边是否趋于零。然而，由本节开始给出的定理可以得到所求的极限：

$$\lim_{R\to +\infty}\int_{C_R} f(z)\,\mathrm{e}^{\mathrm{i}2z}\mathrm{d}z = 0.$$

这是由于当 $R \to +\infty$ 时，

$$M_R = \frac{\dfrac{1}{R}}{1 - \dfrac{3}{R^2}}\to 0.$$

因此，由式(6)可知，当 R 趋于无穷时，它的左边趋于零。最后，由于式(5)的左边的被积函数是偶函数，我们得到

$$\int_{-\infty}^{+\infty} \frac{x\sin 2x}{x^2 + 3}\mathrm{d}x = \pi\exp(-2\sqrt{3})$$

或

$$\int_{0}^{+\infty} \frac{x\sin 2x}{x^2 + 3}\mathrm{d}x = \frac{\pi}{2}\exp(-2\sqrt{3}).$$

练　习

利用留数推导练习 1~5 中的广义积分。

1. $\displaystyle\int_{-\infty}^{+\infty} \frac{\cos x\,\mathrm{d}x}{(x^2 + a^2)(x^2 + b^2)} = \frac{\pi}{a^2 - b^2}\left(\frac{\mathrm{e}^{-b}}{b} - \frac{\mathrm{e}^{-a}}{a}\right)$　$(a > b > 0)$。

2. $\displaystyle\int_{0}^{+\infty} \frac{\cos ax}{x^2 + 1}\mathrm{d}x = \frac{\pi}{2}\mathrm{e}^{-a}$　$(a > 0)$。

3. $\displaystyle\int_{0}^{+\infty} \frac{\cos ax}{(x^2 + b^2)^2}\mathrm{d}x = \frac{\pi}{4b^3}(1 + ab)\mathrm{e}^{-ab}$　$(a > 0, b > 0)$。

4. $\displaystyle\int_{-\infty}^{+\infty} \frac{x\sin ax}{x^4 + 4}\mathrm{d}x = \frac{\pi}{2}\mathrm{e}^{-a}\sin a$　$(a > 0)$。

5. $\displaystyle\int_{-\infty}^{+\infty}\frac{x^3\sin ax}{x^4+4}\mathrm{d}x = \pi e^{-a}\cos a \quad (a>0).$

利用留数计算练习 6 和练习 7.

6. $\displaystyle\int_{-\infty}^{+\infty}\frac{x\sin x\mathrm{d}x}{(x^2+1)(x^2+4)}.$

7. $\displaystyle\int_{0}^{+\infty}\frac{x^3\sin x\mathrm{d}x}{(x^2+1)(x^2+9)}.$

利用留数计算练习 8～11 中的广义积分的柯西主值.

8. $\displaystyle\int_{-\infty}^{+\infty}\frac{\sin x\mathrm{d}x}{x^2+4x+5}.$

答案：$-\dfrac{\pi}{e}\sin 2.$

9. $\displaystyle\int_{-\infty}^{+\infty}\frac{x\sin x\mathrm{d}x}{x^2+2x+2}.$

答案：$\dfrac{\pi}{e}(\sin 1+\cos 1).$

10. $\displaystyle\int_{-\infty}^{+\infty}\frac{(x+1)\cos x}{x^2+4x+5}\mathrm{d}x.$

答案：$\dfrac{\pi}{e}(\sin 2-\cos 2).$

11. $\displaystyle\int_{-\infty}^{+\infty}\frac{\cos x\mathrm{d}x}{(x+a)^2+b^2}\quad(b>0).$

12. 下面的菲涅耳（Fresnel）积分是衍射理论中的一个重要积分，按步骤给出具体计算过程.

$$\int_{0}^{+\infty}\cos(x^2)\,\mathrm{d}x = \int_{0}^{+\infty}\sin(x^2)\,\mathrm{d}x = \frac{1}{2}\sqrt{\frac{\pi}{2}}.$$

（a）对函数 $\exp(\mathrm{i}z^2)$ 沿着扇形 $0\leqslant r\leqslant R,\ 0\leqslant\theta\leqslant\pi/4$ 的边界的正方向（见图 106）进行积分，并利用柯西-古萨定理证明：

$$\int_{0}^{R}\cos(x^2)\,\mathrm{d}x = \frac{1}{\sqrt{2}}\int_{0}^{R}e^{-r^2}\,\mathrm{d}r - \mathrm{Re}\int_{C_R}e^{\mathrm{i}z^2}\,\mathrm{d}z$$

和

$$\int_{0}^{R}\sin(x^2)\,\mathrm{d}x = \frac{1}{\sqrt{2}}\int_{0}^{R}e^{-r^2}\,\mathrm{d}r - \mathrm{Im}\int_{C_R}e^{\mathrm{i}z^2}\,\mathrm{d}z,$$

其中 C_R 为曲线弧 $z=Re^{\mathrm{i}\theta}(0\leqslant\theta\leqslant\pi/4).$

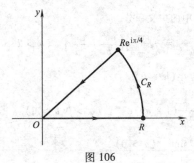

图 106

(b)证明以下不等式

$$\left| \int_{C_R} e^{iz^2} dz \right| \leqslant \frac{R}{2} \int_0^{\pi/2} e^{-R^2 \sin\varphi} d\varphi ,$$

然后借助第 88 节若尔当不等式的形式(2),证明:当 R 趋于无穷时,该积分沿着(a)中的曲线弧 C_R 的积分值趋于零.

(c)利用(a)和(b)中的结果,结合已知的积分公式 *

$$\int_0^{+\infty} e^{-x^2} dx = \frac{\sqrt{\pi}}{2} ,$$

得到最后的结果.

89. 缩进路径

以下两节中将介绍缩进路径的应用. 首先给出一个本节例子所需使用的重要极限.

定理 设

(a)函数 $f(z)$ 在实轴上有一个简单极点 $z = x_0$,在该点处的留数为 B_0,在 $0 < |z - x_0| < R_2$(见图 107)内有洛朗展开式;

(b) C_ρ 为圆周 $|z - x_0| = \rho$ 的上半部分沿顺时针方向的弧,其中 $\rho < R_2$. 则

$$\lim_{\rho \to 0} \int_{C_\rho} f(z) dz = - B_0 \pi i.$$

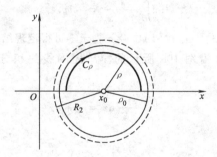

图 107

假设条件(a)和条件(b)成立. 将条件(a)中所述的洛朗级数写成

$$f(z) = g(z) + \frac{B_0}{z - x_0} \quad (0 < |z - x_0| < R_2),$$

其中,

$$g(z) = \sum_{n=0}^{+\infty} a_n (z - x_0)^n \quad (|z - x_0| < R_2).$$

因此,

---

* 见第 53 节练习 4 的脚注.

$$\int_{C_\rho} f(z)\,\mathrm{d}z = \int_{C_\rho} g(z)\,\mathrm{d}z + B_0 \int_{C_\rho} \frac{\mathrm{d}z}{z - x_0}. \tag{1}$$

由第 70 节的定理可知，当 $|z - x_0| < R_2$ 时，$g(z)$ 连续. 选取 ρ_0 满足 $\rho < \rho_0 < R_2$（见图 107），则由第 18 节的有关结果，$g(z)$ 在圆盘 $|z - x_0| \leqslant \rho_0$ 有界，即存在非负常数 M，使得当 $|z - x_0| \leqslant \rho_0$ 时，

$$|g(z)| \leqslant M.$$

再由路径 C_ρ 的长度为 $L = \pi\rho$ 可得

$$\left| \int_{C_\rho} g(z)\,\mathrm{d}z \right| \leqslant ML = M\pi\rho.$$

因此，

$$\lim_{\rho \to 0} \int_{C_\rho} g(z)\,\mathrm{d}z = 0. \tag{2}$$

由于半圆周 $-C_\rho$ 可以表示为

$$z = x_0 + \rho e^{i\theta} \quad (0 \leqslant \theta \leqslant \pi),$$

故式(1)右边的第二个积分满足

$$\int_{C_\rho} \frac{\mathrm{d}z}{z - x_0} = - \int_{-C_\rho} \frac{\mathrm{d}z}{z - x_0} = - \int_0^\pi \frac{1}{\rho e^{i\theta}} \rho i e^{i\theta}\,\mathrm{d}\theta = -i \int_0^\pi \mathrm{d}\theta = -i\pi.$$

所以，

$$\lim_{\rho \to 0} \int_{C_\rho} \frac{\mathrm{d}z}{z - x_0} = -i\pi. \tag{3}$$

至此，结合式(2)和式(3)，在式(1)中令 ρ 趋于零可得定理结论成立.

例 通过计算 e^{iz}/z 沿图 108 所示的简单闭围线的积分，推导以下狄利克雷（Dirichlet）积分公式 [*]

$$\int_0^{+\infty} \frac{\sin x}{x}\,\mathrm{d}x = \frac{\pi}{2} \tag{4}$$

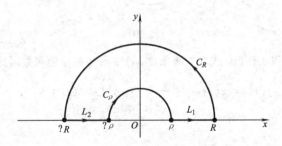

图 108

---

[*] 狄利克雷积分在应用数学，特别是傅里叶积分理论中十分重要. 见作者的著作《Fouier Series and Boundary Value Problems》第 8 版. 163-165，2012，该书中使用了完全不同的方法对狄利克雷积分进行计算.

在图 108 中，ρ 和 R 为正实数，$\rho < R$，L_1 和 L_2 分别表示在实轴上的积分区间 $\rho \leqslant x \leqslant R$ 和 $-R \leqslant x \leqslant -\rho$，半圆弧 C_ρ 和 C_R 如图 108 所示，在此引入半圆周 C_ρ 是为了求积分时绕开 $\mathrm{e}^{\mathrm{i}z}/z$ 的奇点 $z = 0$.

由柯西-古萨定理可知

$$\int_{L_1} \frac{\mathrm{e}^{\mathrm{i}z}}{z}\mathrm{d}z + \int_{C_R} \frac{\mathrm{e}^{\mathrm{i}z}}{z}\mathrm{d}z + \int_{L_2} \frac{\mathrm{e}^{\mathrm{i}z}}{z}\mathrm{d}z + \int_{C_\rho} \frac{\mathrm{e}^{\mathrm{i}z}}{z}\mathrm{d}z = 0,$$

或等价于

$$\int_{L_1} \frac{\mathrm{e}^{\mathrm{i}z}}{z}\mathrm{d}z + \int_{L_2} \frac{\mathrm{e}^{\mathrm{i}z}}{z}\mathrm{d}z = -\int_{C_\rho} \frac{\mathrm{e}^{\mathrm{i}z}}{z}\mathrm{d}z - \int_{C_R} \frac{\mathrm{e}^{\mathrm{i}z}}{z}\mathrm{d}z. \tag{5}$$

由于 L_1 和 $-L_2$ 的参数表达式分别为

$$z = r\mathrm{e}^{\mathrm{i}0} = r \quad (\rho \leqslant r \leqslant R) \text{ 和 } z = r\mathrm{e}^{\mathrm{i}\pi} = -r \quad (\rho \leqslant r \leqslant R), \tag{6}$$

式（5）的左边可以写成

$$\int_{L_1} \frac{\mathrm{e}^{\mathrm{i}z}}{z}\mathrm{d}z - \int_{-L_2} \frac{\mathrm{e}^{\mathrm{i}z}}{z}\mathrm{d}z = \int_{\rho}^{R} \frac{\mathrm{e}^{\mathrm{i}r}}{r}\mathrm{d}r - \int_{\rho}^{R} \frac{\mathrm{e}^{-\mathrm{i}r}}{r}\mathrm{d}r = \int_{\rho}^{R} \frac{\mathrm{e}^{\mathrm{i}r} - \mathrm{e}^{-\mathrm{i}r}}{r}\mathrm{d}r = 2\mathrm{i}\int_{\rho}^{R} \frac{\mathrm{e}^{\mathrm{i}r} - \mathrm{e}^{-\mathrm{i}r}}{2\mathrm{i}r}\mathrm{d}r = 2\mathrm{i}\int_{\rho}^{R} \frac{\sin r}{r}\mathrm{d}r.$$

因此，

$$2\mathrm{i}\int_{\rho}^{R} \frac{\sin r}{r}\mathrm{d}r = -\int_{C_\rho} \frac{\mathrm{e}^{\mathrm{i}z}}{z}\mathrm{d}z - \int_{C_R} \frac{\mathrm{e}^{\mathrm{i}z}}{z}\mathrm{d}z. \tag{7}$$

现在，由洛朗级数

$$\frac{\mathrm{e}^{\mathrm{i}z}}{z} = \frac{1}{z}\left[1 + \frac{(\mathrm{i}z)}{1!} + \frac{(\mathrm{i}z)^2}{2!} + \frac{(\mathrm{i}z)^3}{3!} + \cdots \right] = \frac{1}{z} + \frac{\mathrm{i}}{1!} + \frac{\mathrm{i}^2}{2!}z + \frac{\mathrm{i}^3}{3!}z^2 + \cdots \quad (0 < |z| < +\infty),$$

易知 $\mathrm{e}^{\mathrm{i}z}/z$ 在原点处有一个简单极点，留数为 1. 由本节开始给出的定理，得到

$$\lim_{\rho \to 0} \int_{C_\rho} \frac{\mathrm{e}^{\mathrm{i}z}}{z}\mathrm{d}z = -\pi\mathrm{i}.$$

又由于当 z 为 C_R 上的点时，

$$\left| \frac{1}{z} \right| = \frac{1}{|z|} = \frac{1}{R}.$$

由第 88 节给出的若尔当引理可得

$$\lim_{R \to +\infty} \int_{C_R} \frac{\mathrm{e}^{\mathrm{i}z}}{z}\mathrm{d}z = 0.$$

最后，在式（7）中令 ρ 趋于零，再令 R 趋于 $+\infty$，就可以得到

$$2\mathrm{i}\int_{0}^{+\infty} \frac{\sin r}{r}\mathrm{d}r = \pi\mathrm{i},$$

即式（4）.

90. 绕分支点的缩进路径

本节例子中使用的缩进路径与第 89 节中的相同，不同之处是本节涉及的是分支点（第 33 节），而上一节的是孤立奇点.

例　计算积分公式

$$\int_0^{+\infty} \frac{x^a}{(x^2+1)^2} dx = \frac{(1-a)\pi}{4\cos(a\pi/2)} \quad (-1 < a < 3),\tag{1}$$

其中，a 满足当 $x > 0$ 时，$x^a = \exp(a\ln x)$. 为此，考虑函数

$$f(z) = \frac{z^a}{(z^2+1)^2} = \frac{\exp(a\log z)}{(z^2+1)^2} \quad \left(|z| > 0, -\frac{\pi}{2} < \arg z < \frac{3\pi}{2}\right),$$

取沿原点与负虚轴切割平面所得的分支. 积分路径如图 109 所示，其中 $\rho < 1 < R$，积分沿箭头所示的方向，空心的圆点和虚线表示支割线.

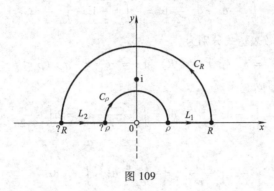

图 109

由柯西留数定理，我们得到

$$\int_{L_1} f(z)\,dz + \int_{L_2} f(z)\,dz = 2\pi i \operatorname*{Res}_{z=i} f(z) - \int_{C_\rho} f(z)\,dz - \int_{C_R} f(z)\,dz.\tag{2}$$

L_1 和 $-L_2$ 的参数表达式分别为

$$z = re^{i0} = r \quad (\rho \leqslant r \leqslant R), z = re^{i\pi} = -r \quad (\rho \leqslant r \leqslant R),$$

所以式（2）可以写成

$$
\begin{aligned}
\int_{L_1} f(z)\,dz - \int_{-L_2} f(z)\,dz &= \int_\rho^R \frac{\exp[a(\ln r + i0)]}{(r^2+1)^2} dr + \int_\rho^R \frac{\exp[a(\ln r + i\pi)]}{(r^2+1)^2} dr \\
&= \int_\rho^R \frac{r^a}{(r^2+1)^2} dr + e^{ia\pi} \int_\rho^R \frac{r^a}{(r^2+1)^2} dr.
\end{aligned}
$$

因此，

$$\int_{L_1} f(z)\,dz + \int_{L_2} f(z)\,dz = (1 + e^{ia\pi}) \int_\rho^R \frac{r^a}{(r^2+1)^2} dr,\tag{3}$$

且由于点 $z = i$ 为 $f(z)$ 的 $m = 2$ 阶极点，故

$$\operatorname*{Res}_{z=i} f(z) = \varphi'(i), \text{其中 } \varphi(z) = \frac{z^a}{(z+i)^2}.\tag{4}$$

直接求导可得

$$\varphi'(z) = e^{(a-1)\log z}\left[\frac{(a-2)z + ai}{(z+i)^3}\right],$$

所以，

$$\operatorname*{Res}_{z=i} f(z) = - \mathrm{i} e^{ia\pi/2} \left(\frac{1-a}{4} \right). \tag{5}$$

将式(3)和式(5)代入式(2)可得

$$(1 + e^{ia\pi}) \int_{\rho}^{R} \frac{r^a}{(r^2+1)^2} \mathrm{d}r = \frac{\pi(1-a)}{2} e^{ia\pi/2} - \int_{C_\rho} f(z)\,\mathrm{d}z - \int_{C_R} f(z)\,\mathrm{d}z. \tag{6}$$

下面只要证明

$$\lim_{\rho \to 0} \int_{C_\rho} f(z)\,\mathrm{d}z = 0 \ \text{和} \ \lim_{R \to +\infty} \int_{C_R} f(z)\,\mathrm{d}z = 0, \tag{7}$$

在式(6)中，令 ρ 和 R 分别趋于 0 和 $+\infty$，即得

$$\int_0^{+\infty} \frac{r^a}{(r^2+1)^2}\mathrm{d}r = \frac{\pi(1-a)}{2} \cdot \frac{e^{ia\pi/2}}{1+e^{ia\pi}} \cdot \frac{e^{-ia\pi/2}}{e^{-ia\pi/2}} = \frac{\pi(1-a)}{4} \cdot \frac{2}{e^{ia\pi/2} + e^{-ia\pi/2}} = \frac{(1-a)\pi}{4\cos(a\pi/2)}.$$

也就是式(1).

极限(7)的计算过程如下. 首先，注意到在图 109 中，当 $z = re^{i\theta}$ 时，$|z^\alpha| = r^\alpha$，且当 z 为 C_ρ 上的点时，

$$|z^2 + 1| \geqslant \|z\|^2 - 1| = 1 - \rho^2,$$

当 z 为 C_R 上的点时，

$$|z^2 + 1| \geqslant \|z\|^2 - 1| = R^2 - 1.$$

因此，

$$\left| \int_{C_\rho} \frac{z^a}{(z^2+1)^2} \mathrm{d}z \right| \leqslant \frac{\rho^a}{(1-\rho^2)^2} \pi\rho = \frac{\pi\rho^{a+1}}{(1-\rho^2)^2},$$

由于 $a+1 > 0$，由洛必达法则可知当 ρ 趋于 0 时，ρ^{a+1} 趋于 0，故式(7)中的第一个极限成立. 类似地，记

$$\left| \int_{C_R} \frac{z^a}{(z^2+1)^2} \mathrm{d}z \right| \leqslant \frac{R^a}{(R^2-1)^2} \pi R = \frac{\pi R^{a+1}}{(R^2-1)^2} \cdot \frac{\frac{1}{R^4}}{\frac{1}{R^4}} = \frac{\pi \frac{1}{R^{3-a}}}{\left(1 - \frac{1}{R^2}\right)^2},$$

由于 $3 - a > 0$，当 R 趋于 $+\infty$ 时，$1/R^{3-a}$ 趋于 0，故式(7)中的第二个极限也成立.

91. 沿着支割线的积分

当被积函数 $f(z)$ 的积分路径通过支割线时，可以应用柯西留数定理计算相应的广义积分.

例 设 $x > 0$，$0 < a < 1$，用 x^{-a} 表示 x 的指定次幂的主值，即 x^{-a} 为正实数 $\exp(-a\ln x)$. 下面计算广义实积分

$$\int_0^{+\infty} \frac{x^{-a}}{x+1}\mathrm{d}x \quad (0 < a < 1). \tag{1}$$

这个积分在伽马（gamma）函数[*]的研究中有着重要作用. 注意到积分(1)的积分上

---

[*] 见附录 A 中所引用的 Lebedev 的书，p. 4.

限为正无穷，且被积函数有一个无穷间断点 $x = 0$. 由于被积函数在 $x = 0$ 的邻域内与 x^{-a} 性质相似，而当 x 趋于无穷时与 x^{-a-1} 相似，故易知当 $0 < a < 1$ 时，积分（1）收敛. 然而，该积分的收敛性判断包含在其计算中，在此并不需要单独给出证明.

令 C_ρ 和 C_R 分别表示 $|z| = \rho$ 和 $|z| = R$，其中 $\rho < 1 < R$，方向如图 110 所示. 对多值函数 $z^{-a}/(z+1)$ 以 $\arg z = 0$ 为支割线的分支

$$f(z) = \frac{z^{-a}}{z+1} \qquad (|z| > 0, 0 < \arg z < 2\pi) \tag{2}$$

沿图 110 所示的简单闭围线进行积分. 具体的积分路径如下：在 $f(z)$ 的支割线上方，从 ρ 出发到 R，接着沿 C_R 旋转一周回到 R，然后在支割线下方回到 ρ，最后沿 C_ρ 旋转一周回到 ρ.

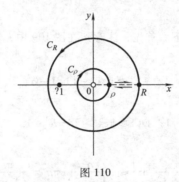

图 110

现在积分路径所形成的环缺的缺口的上沿和下沿满足 $\theta = 0$ 和 $\theta = 2\pi$. 由于

$$f(z) = \frac{\exp(-a\log z)}{z+1} = \frac{\exp[-a(\ln r + \mathrm{i}\theta)]}{r\mathrm{e}^{\mathrm{i}\theta} + 1},$$

其中 $z = r\mathrm{e}^{\mathrm{i}\theta}$，故在缺口的上沿，有

$$f(z) = \frac{\exp[-a(\ln r + \mathrm{i}0)]}{r+1} = \frac{r^{-a}}{r+1},$$

其中 $z = r\mathrm{e}^{\mathrm{i}0}$，而在缺口的下沿，有

$$f(z) = \frac{\exp[-a(\ln r + \mathrm{i}2\pi)]}{r+1} = \frac{r^{-a}\mathrm{e}^{-\mathrm{i}2a\pi}}{r+1},$$

其中 $z = r\mathrm{e}^{\mathrm{i}2\pi}$. 因此，由留数定理可得

$$\int_\rho^R \frac{r^{-a}}{r+1}\mathrm{d}r + \int_{C_R} f(z)\,\mathrm{d}z - \int_\rho^R \frac{r^{-a}\mathrm{e}^{-\mathrm{i}2a\pi}}{r+1}\mathrm{d}r + \int_{C_\rho} f(z)\,\mathrm{d}z = 2\pi\mathrm{i}\operatorname*{Res}_{z=-1} f(z). \tag{3}$$

必须指出，由于 $f(z)$ 在涉及支割线上不解析，甚至没有定义，故式（3）的推导只是形式上的. 然而，等式（3）是成立的，并且是完全可以得到证明的，具体依据可参考本节的练习 6.

注意到函数

$$\varphi(z) = z^{-a} = \exp(-a\log z) = \exp[-a(\ln r + \mathrm{i}\theta)] \qquad (r > 0, 0 < \theta < 2\pi)$$

在 $z = -1$ 处解析且

$$\varphi(-1) = \exp[-a(\ln 1 + i\pi)] = e^{-ia\pi} \neq 0.$$

这表明 $z = -1$ 为函数(2)的简单极点,进而得到式(3)中的留数

$$\operatorname*{Res}_{z=-1} f(z) = e^{-ia\pi}.$$

因此式(3)可化为

$$(1 - e^{-i2a\pi}) \int_{\rho}^{R} \frac{r^{-a}}{r+1} dr = 2\pi i e^{-ia\pi} - \int_{C_{\rho}} f(z) dz - \int_{C_{R}} f(z) dz. \tag{4}$$

由式(2)中 $f(z)$ 的定义,有

$$\left| \int_{C_{\rho}} f(z) dz \right| \leqslant \frac{\rho^{-a}}{1-\rho} 2\pi\rho = \frac{2\pi}{1-\rho} \rho^{1-a}$$

和

$$\left| \int_{C_{R}} f(z) dz \right| \leqslant \frac{R^{-a}}{R-1} 2\pi R = \frac{2\pi R}{R-1} \cdot \frac{1}{R^{a}}.$$

由于 $0 < a < 1$,故当 ρ 和 R 分别趋于 0 和 $+\infty$ 时,这两个积分均趋于 0. 在式(4)中令 ρ 和 R 分别趋于 0 和 $+\infty$ 可得

$$(1 - e^{-i2a\pi}) \int_{0}^{+\infty} \frac{r^{-a}}{r+1} dr = 2\pi i e^{-ia\pi},$$

或者

$$\int_{0}^{+\infty} \frac{r^{-a}}{r+1} dr = 2\pi i \frac{e^{-ia\pi}}{1 - e^{-i2a\pi}} \cdot \frac{e^{ia\pi}}{e^{ia\pi}} = \pi \frac{2i}{e^{ia\pi} - e^{-ia\pi}}.$$

将上式的积分变量 r 换成 x,并考虑表达式

$$\sin a\pi = \frac{e^{ia\pi} - e^{-ia\pi}}{2i},$$

即可得到所求结论:

$$\int_{0}^{+\infty} \frac{x^{-a}}{x+1} dx = \frac{\pi}{\sin a\pi} \quad (0 < a < 1). \tag{5}$$

练　习

1. 利用函数 $f(z) = (e^{iaz} - e^{ibz})/z^2$,并考虑图 108 中(见第 89 节)所示的路径推导积分公式

$$\int_{0}^{+\infty} \frac{\cos(ax) - \cos(bx)}{x^2} dx = \frac{\pi}{2}(b-a) \quad (a \geqslant 0, b \geqslant 0).$$

然后,利用三角恒等式 $1 - \cos(2x) = 2\sin^2 x$ 推导公式

$$\int_{0}^{+\infty} \frac{\sin^2 x}{x^2} dx = \frac{\pi}{2}.$$

2. 考虑函数

$$f(z) = \frac{z^{-1/2}}{z^2 + 1} = \frac{e^{(-1/2)\log z}}{z^2 + 1} \quad \left(|z| > 0, -\frac{\pi}{2} < \arg z < \frac{3\pi}{2} \right),$$

沿着图 109 中所示的缩进路径(第 90 节)进行积分,推导积分公式

$$\int_{0}^{+\infty} \frac{dx}{\sqrt{x}(x^2 + 1)} = \frac{\pi}{\sqrt{2}}.$$

3. 考虑多值函数 $z^{-1/2}/(z^2+1)$ 的分支

$$f(z) = \frac{z^{-1/2}}{z^2+1} = \frac{e^{(-1/2)\log z}}{z^2+1} \quad (|z| > 0, 0 < \arg z < 2\pi)$$

沿着图 110(第 91 节)中所示的闭围线进行积分，推导出练习 2 所得的积分公式.

4. 考虑函数

$$f(z) = \frac{z^{1/3}}{(z+a)(z+b)} = \frac{e^{(1/3)\log z}}{(z+a)(z+b)} \quad (|z| > 0, 0 < \arg z < 2\pi)$$

沿第 91 节图 110 中所示的闭围线进行积分，其中 $\rho < b < a < R$，导出公式

$$\int_0^{+\infty} \frac{3\sqrt{x}}{(x+a)(x+b)} dx = \frac{2\pi}{\sqrt{3}} \cdot \frac{3\sqrt[3]{a} - 3\sqrt[3]{b}}{a-b} \quad (a > b > 0).$$

5. 贝塔(beta)函数是一类关于两个实变量的函数，具有以下形式，

$$B(p,q) = \int_0^1 t^{p-1}(1-t)^{q-1} dt \quad (p > 0, q > 0).$$

利用变换 $t = 1/(x+1)$ 和在第 91 节的例子中的结果证明：

$$B(p, 1-p) = \frac{\pi}{\sin(p\pi)} \quad (0 < p < 1).$$

6. 考虑在图 111 中所示的两个简单闭围线. 它们可以通过分割图 110(第 91 节)中的由圆周 C_ρ 和 C_R 构成的圆环得到，其中有向边界 L 和 $-L$ 均在射线 $\arg z = \theta_0$ 上，$\pi < \theta_0 < 3\pi/2$，而 Γ_ρ 和 γ_ρ 可构成 C_ρ，Γ_R 和 γ_R 可构成 C_R.

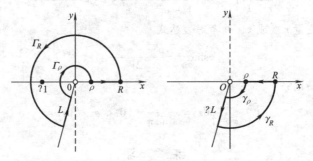

图 111

(a)利用柯西留数定理，证明：多值函数 $z^{-a}/(z+1)$ 的分支

$$f_1(z) = \frac{z^{-a}}{z+1} \quad \left(|z| > 0, -\frac{\pi}{2} < \arg z < \frac{3\pi}{2}\right)$$

沿着图 111 左边所示的闭围线的积分

$$\int_\rho^R \frac{r^{-a}}{r+1} dr + \int_{\Gamma_R} f_1(z) dz + \int_L f_1(z) dz + \int_{\Gamma_\rho} f_1(z) dz = 2\pi i \operatorname*{Res}_{z=-1} f_1(z).$$

(b)利用柯西-古萨定理，证明：多值函数 $z^{-a}/(z+1)$ 的分支

$$f_2(z) = \frac{z^{-a}}{z+1} \quad \left(|z| > 0, \frac{\pi}{2} < \arg z < \frac{5\pi}{2}\right)$$

沿着图 111 右边所示的闭围线的积分

$$-\int_\rho^R \frac{r^{-a} e^{-i2a\pi}}{r+1} dr + \int_{\gamma_\rho} f_2(z) dz - \int_L f_2(z) dz + \int_{\gamma_R} f_2(z) dz = 0.$$

(c)指出在(a)和(b)部分的后三个式子中 $z^{-a}/(z+1)$ 的分支 $f_1(z)$ 和 $f_2(z)$ 可以代替为分支

$$f(z) = \frac{z^{-a}}{z+1} \quad (|z|>0, 0<\arg z<2\pi).$$

然后,将这两行中对应的边的积分加起来,就可以推导出第 91 节的等式(3). 那时,我们只是从形式上得到该结果而已.

92. 涉及正弦和余弦的定积分

留数还可以应用于以下类型的定积分的计算,

$$\int_0^{2\pi} F(\sin\theta, \cos\theta)\, d\theta. \tag{1}$$

式(1)中的积分变量 θ 的变化范围从 0 到 2π,因此可以把 θ 看作以原点为圆心且方向为正方向的圆周 C 上的点 z 的辐角. 令其半径为 1,可用参数表达式

$$z = e^{i\theta} \quad (0 \leqslant \theta \leqslant 2\pi) \tag{2}$$

描述圆周 C(见图 112).

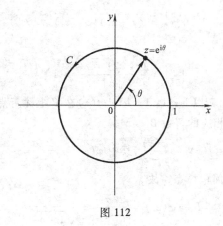

图 112

利用第 41 节式(4)可得

$$\frac{dz}{d\theta} = i e^{i\theta} = iz.$$

又考虑到第 37 节所给的结果

$$\sin\theta = \frac{e^{i\theta} - e^{-i\theta}}{2i} \text{ 和 } \cos\theta = \frac{e^{i\theta} + e^{-i\theta}}{2},$$

可得

$$\sin\theta = \frac{z - z^{-1}}{2i}, \cos\theta = \frac{z + z^{-1}}{2}, d\theta = \frac{dz}{iz}. \tag{3}$$

这表明积分(1)等价于关于 z 的一个函数沿圆周 C 的积分

$$\int_C F\left(\frac{z - z^{-1}}{2i}, \frac{z + z^{-1}}{2}\right) \frac{dz}{iz}. \tag{4}$$

根据第 44 节的表达式（2），原来的积分（1）只不过是积分（4）的参数形式．当积分（4）中的被积函数为 z 的有理函数时，只要该有理函数的极点都确定且极点都不在 C 上时，利用柯西留数定理可以计算积分值．

例 1 试证明：

$$\int_0^{2\pi} \frac{\mathrm{d}\theta}{1 + a\sin\theta} = \frac{2\pi}{\sqrt{1 - a^2}} \qquad (-1 < a < 1). \tag{5}$$

当 $a = 0$ 时，结论显然成立，在此可不进行讨论．将表达式（3）代入这个积分，则积分可化为

$$\int_C \frac{2/a}{z^2 + (2i/a)z - 1} \mathrm{d}z, \tag{6}$$

其中 C 为取正方向的单位圆周 $|z| = 1$．对被积函数的分母求根，可得其根为纯虚数，

$$z_1 = \left(\frac{-1 + \sqrt{1 - a^2}}{a}\right)i, \quad z_2 = \left(\frac{-1 - \sqrt{1 - a^2}}{a}\right)i.$$

若用 $f(z)$ 表示积分（6）的被积函数，则

$$f(z) = \frac{2/a}{(z - z_1)(z - z_2)}.$$

注意到 $|a| < 1$，有

$$|z_2| = \frac{1 + \sqrt{1 - a^2}}{|a|} > 1.$$

又因为 $|z_1 z_2| = 1$，所以 $|z_1| < 1$．因此 $f(z)$ 在 C 上无奇点，且在 C 的内部有唯一的奇点 z_1．下面计算相应的留数 B_1．记

$$f(z) = \frac{\varphi(z)}{z - z_1}, \text{其中} \varphi(z) = \frac{2/a}{z - z_2}.$$

这表明 z_1 为 $f(z)$ 的简单极点，故

$$B_1 = \varphi(z_1) = \frac{2/a}{z_1 - z_2} = \frac{1}{i\sqrt{1 - a^2}}.$$

因此，

$$\int_C \frac{2/a}{z^2 + (2i/a)z - 1} \mathrm{d}z = 2\pi i B_1 = \frac{2\pi}{\sqrt{1 - a^2}},$$

这就得到积分公式（5）．

以上的方法适用于正弦函数和余弦函数的变量为 θ 的整数倍的情况．例如，应用变换（2）可得

$$\cos 2\theta = \frac{e^{i2\theta} + e^{-i2\theta}}{2} = \frac{(e^{i\theta})^2 + (e^{i\theta})^{-2}}{2} = \frac{z^2 + z^{-2}}{2}. \tag{7}$$

例 2 证明：

$$\int_0^\pi \frac{\cos 2\theta \mathrm{d}\theta}{1 - 2a\cos\theta + a^2} = \frac{a^2\pi}{1 - a^2} \qquad (-1 < a < 1). \tag{8}$$

当 $a = 0$ 时，结论显然成立，在此和例 1 一样不进行讨论．因为

$$\cos(2\pi - \theta) = \cos\theta \text{ 和 } \cos2(2\pi - \theta) = \cos2\theta,$$

所以被积函数关于直线 $\theta = \pi$ 对称. 再结合式(3)和式(7)可得

$$\int_0^\pi \frac{\cos2\theta d\theta}{1 - 2a\cos\theta + a^2} = \frac{1}{2}\int_0^{2\pi} \frac{\cos2\theta d\theta}{1 - 2a\cos\theta + a^2} = \frac{i}{4}\int_C \frac{z^4 + 1}{(z - a)(az - 1)z^2}dz,$$

其中 C 为图112中所示的正向圆周. 因此,

$$\int_0^\pi \frac{\cos2\theta d\theta}{1 - 2a\cos\theta + a^2} = \frac{i}{4}2\pi i(B_1 + B_2), \tag{9}$$

其中 B_1 和 B_2 分别为函数

$$f(z) = \frac{z^4 + 1}{(z - a)(az - 1)z^2}$$

在点 a 和 0 处的留数. 由 $|a| < 1$ 可知, 奇点 $z = 1/a$ 在圆周 C 的外部.

类似地, 记

$$f(z) = \frac{\varphi(z)}{z - a}, \text{其中 } \varphi(z) = \frac{z^4 + 1}{(az - 1)z^2},$$

易得

$$B_1 = \varphi(a) = \frac{a^4 + 1}{(a^2 - 1)a^2}. \tag{10}$$

记

$$f(z) = \frac{\varphi(z)}{z^2}, \text{其中 } \varphi(z) = \frac{z^4 + 1}{(z - a)(az - 1)},$$

再直接求导可得

$$B_2 = \varphi'(0) = \frac{a^2 + 1}{a^2}. \tag{11}$$

最后, 将留数(10)和留数(11)代入式(9)就得到式(8).

练　习

利用留数计算练习 $1 \sim 6$ 给出的定积分.

1. $\int_0^{2\pi} \dfrac{d\theta}{5 + 4\sin\theta} = \dfrac{2\pi}{3}$.

2. $\int_{-\pi}^{\pi} \dfrac{d\theta}{1 + \sin^2\theta} = \sqrt{2}\pi$.

3. $\int_0^{2\pi} \dfrac{\cos^2 3\theta d\theta}{5 - 4\cos2\theta} = \dfrac{3\pi}{8}$.

4. $\int_0^{2\pi} \dfrac{d\theta}{1 + a\cos\theta} = \dfrac{2\pi}{\sqrt{1 - a^2}}$ $\quad(-1 < a < 1)$.

5. $\int_0^{\pi} \dfrac{d\theta}{(a + \cos\theta)^2} = \dfrac{a\pi}{(\sqrt{a^2 - 1})^3}$ $\quad(a > 1)$.

6. $\int_0^{\pi} \sin^{2n}\theta d\theta = \dfrac{(2n)!}{2^{2n}(n!)^2}\pi$ $\quad(n = 1, 2, \cdots)$.

93. 辐角原理

若函数 f 在开域 D 内除去极点外处处解析，则称 f 在 D 内亚纯. 下面假设 f 在正方向的简单闭围线 C 的内部亚纯，在 C 上解析且不取零值. 在映射 $w = f(z)$ 下围线 C 在 w 平面上的象 Γ 也是闭围线，但不一定是简单闭围线（见图 113）. 当 z 沿 C 的正方向运动时，它的象 w 在 Γ 上沿一个特定的方向运动，这个方向就是 Γ 的方向. 注意到 f 在 C 上无零点，故围线 Γ 在 w 平面上不经过原点.

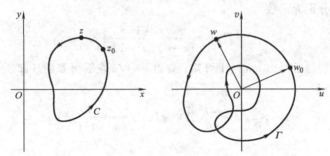

图 113

设 w_0 和 w 在 Γ 上，其中 w_0 为定点，φ_0 为 w_0 的一个辐角. 当点 w 从 w_0 开始，在 Γ 上沿由映射 $w = f(z)$ 所确定的方向运动时，令 $\arg w$ 从 φ_0 开始连续变化，则当 w 经过一次运动回到起点 w_0 时，$\arg w$ 取得 w_0 的一个特定的辐角，记为 φ_1. 因此，点 w 在 Γ 上沿一个特定方向运动一周的辐角改变量为 $\varphi_1 - \varphi_0$. 显然，该改变量的大小与 w_0 的选取无关. 因为 $w = f(z)$，所以 $\varphi_1 - \varphi_0$ 事实上就是 $f(z)$ 关于点 z 在 C 上从点 z_0 开始沿正方向运动一周后的辐角改变量，在此记为

$$\Delta_C \arg f(z) = \varphi_1 - \varphi_0.$$

显然 $\Delta_C \arg f(z)$ 为 2π 的整数倍，且整数

$$\frac{1}{2\pi}\Delta_C \arg f(z)$$

表示点 w 在 w 平面上环绕原点的次数. 因此有时称这个整数为 Γ 关于原点 $w = 0$ 的环绕数，当 Γ 绕原点以逆时针方向旋转时，其值为正数，反之为负数. 当 Γ 不环绕原点时，其值总等于 0. 这个结果的证明留给读者（见第 94 节练习 3）. 环绕数由 f 在 C 内的零点数和极点数决定. 由第 83 节练习 12 可知，极点数是有限的. 类似地，由于 $f(z)$ 在 C 内不恒为 0，易知 f 的零点数是有限的且每个零点均为有限阶（第 94 节练习 4）. 下面假设 f 在 C 内有 Z 个零点和 P 个极点. 若 z_0 为 f 的 m_0 阶零点，则可认为 f 在 z_0 处有 m_0 个零点，若 z_0 为 f 的 m_p 阶极点，则认为 f 在 z_0 处有 m_p 个极点. 下面的辐角原理指出环绕数等于 $Z - P$.

定理 设 C 为正向简单闭围线且

（a）$f(z)$ 在 C 的内部亚纯；

（b）$f(z)$ 在 C 上解析且不取零值；

（c）考虑阶数，Z 和 P 分别表示 $f(z)$ 在 C 内的零点数和极点数，则

$$\frac{1}{2\pi}\Delta_C \mathrm{arg} f(z) = Z - P.$$

为证明定理，下面用不同的方法计算 $f'(z)/f(z)$ 沿围线 C 的积分．首先，令 $z = z(t)(a \leqslant t \leqslant b)$ 为围线 C 的参数表达式，则有

$$\int_C \frac{f'(z)}{f(z)}\mathrm{d}z = \int_a^b \frac{f'(z(t))z'(t)}{f(z(t))}\mathrm{d}t. \tag{1}$$

由于在映射 $w = f(z)$ 下，C 在平面 w 上的象 Γ 不经过平面 w 的原点，故 C 上的任意一点 $z = z(t)$ 的象都能表示为指数形式，即 $w = \rho(t)\exp[\mathrm{i}\varphi(t)]$，从而

$$f(z(t)) = \rho(t)\mathrm{e}^{\mathrm{i}\varphi(t)} \quad (a \leqslant t \leqslant b). \tag{2}$$

且在围线 Γ 上的任意光滑曲线弧上，有（见第 43 节练习 5）

$$f'(z(t))z'(t) = \frac{\mathrm{d}}{\mathrm{d}t}f(z(t)) = \frac{\mathrm{d}}{\mathrm{d}t}[\rho(t)\mathrm{e}^{\mathrm{i}\varphi(t)}] = \rho'(t)\mathrm{e}^{\mathrm{i}\varphi(t)} + \mathrm{i}\rho(t)\mathrm{e}^{\mathrm{i}\varphi(t)}\varphi'(t). \tag{3}$$

由于 $\rho'(t)$ 和 $\varphi'(t)$ 在 $a \leqslant t \leqslant b$ 上分段光滑，结合式（2）和式（3），可把式（1）改写为

$$\int_C \frac{f'(z)}{f(z)}\mathrm{d}z = \int_a^b \frac{\rho'(t)}{\rho(t)}\mathrm{d}t + \mathrm{i}\int_a^b \varphi'(t)\mathrm{d}t = \ln\rho(t)\,\Big|_a^b + \mathrm{i}\varphi(t)\,\Big|_a^b.$$

又因为

$$\rho(b) = \rho(a) \text{ 和 } \varphi(b) - \varphi(a) = \Delta_C \mathrm{arg} f(z),$$

所以，

$$\int_C \frac{f'(z)}{f(z)}\mathrm{d}z = \mathrm{i}\Delta_C \mathrm{arg} f(z). \tag{4}$$

另一种计算积分（4）的方法需要使用柯西留数定理．注意到 $f'(z)/f(z)$ 在围线 C 上及其内部除去 f 的零点和极点外解析．若点 z_0 为 f 的 m_0 阶零点，则有（第 82 节）

$$f(z) = (z - z_0)^{m_0} g(z), \tag{5}$$

其中 $g(z)$ 解析且在点 z_0 处不为 0．因此，

$$f'(z_0) = m_0 (z - z_0)^{m_0 - 1} g(z) + (z - z_0)^{m_0} g'(z)$$

或者

$$\frac{f'(z)}{f(z)} = \frac{m_0}{z - z_0} + \frac{g'(z)}{g(z)}. \tag{6}$$

由于 $g'(z)/g(z)$ 在点 z_0 处解析，故在该点处可进行泰勒级数展开．由式（6）可知 $f'(z)/f(z)$ 有一个简单极点 z_0，留数为 m_0．另一方面，若 f 以点 z_0 为 m_p 阶极点，则由第 80 节中的定理可知

$$f(z) = (z - z_0)^{-m_p} \varphi(z), \tag{7}$$

其中 $\varphi(z)$ 解析且在点 z_0 处不为 0．由于式（7）与式（5）形式相同，只要将式（5）中的正整数 m_0 换为 $-m_p$，就可以由式（6）得知 $f'(z)/f(z)$ 以点 z_0 为简单极点，留数为 $-m_p$．应用留数定理可得

$$\int_C \frac{f'(z)}{f(z)}\mathrm{d}z = 2\pi\mathrm{i}(Z - P). \tag{8}$$

结合式(4)和式(8)即证定理结论.

例 函数

$$f(z) = \frac{z^3 + 2}{z} = z^2 + \frac{2}{z}$$

的零点都是 -2 的根，均在圆周 $|z| = 1$ 外，它在有限复平面上的唯一奇点是原点. 用 C 表示正向圆周 $|z| = 1$，则由本节的定理可得

$$\Delta_C \arg f(z) = 2\pi(0 - 1) = -2\pi.$$

这表明 C 在映射 $w = f(z)$ 下的象 Γ 绕 $w = 0$ 沿顺时针方向旋转了一周.

94. 儒歇定理

本节的主要结果是儒歇定理，可看作第93节中的辐角原理的推论. 它在研究解析函数的零点分布时非常有用.

定理 设 C 为简单闭围线且

(a)函数 $f(z)$ 和 $g(z)$ 在 C 上及其内部解析；

(b)在 C 上 $|f(z)| > |g(z)|$，

则考虑阶数的情况下，$f(z)$ 和 $f(z) + g(z)$ 在 C 内具有同样多的零点.

显然，在定理中围线 C 的方向是可忽略的，因此在下面的证明中，不妨设逆时针方向为正方向. 首先注意到，在 C 上，有

$$|f(z)| > |g(z)| \geq 0 \text{ 和 } |f(z) + g(z)| \geq ||f(z)| - |g(z)|| > 0,$$

故 $f(z)$ 和 $f(z) + g(z)$ 在 C 上无零点.

用 Z_f 和 Z_{f+g} 分别表示 $f(z)$ 和 $f(z) + g(z)$ 在 C 内计阶数的零点个数，则由第93节的辐角原理可知

$$Z_f = \frac{1}{2\pi}\Delta_C \arg f(z) \text{ 且 } Z_{f+g} = \frac{1}{2\pi}\Delta_C \arg[f(z) + g(z)].$$

由

$$\Delta_C \arg[f(z) + g(z)] = \Delta_C \arg\left\{f(z)\left[1 + \frac{g(z)}{f(z)}\right]\right\}$$

$$= \Delta_C \arg f(z) + \Delta_C \arg\left[1 + \frac{g(z)}{f(z)}\right],$$

易知

$$Z_{f+g} = Z_f + \frac{1}{2\pi}\Delta_C \arg F(z), \tag{1}$$

其中

$$F(z) = 1 + \frac{g(z)}{f(z)}.$$

而

$$|F(z) - 1| = \frac{|g(z)|}{|f(z)|} < 1,$$

这表明 C 在映射 $w = F(z)$ 下的象落在开圆盘 $|w - 1| < 1$ 内，但不包含 $w = 0$. 因此，$\Delta_C \arg F(z) = 0$. 由式(1)即得 $Z_{f+g} = Z_f$，定理证毕.

例 1　为确定函数

$$z^4 + 3z^3 + 6 = 0 \tag{2}$$

在圆周 $|z| = 2$ 内的根的个数, 记

$$f(z) = 3z^3 \text{ 和 } g(z) = z^4 + 6,$$

注意到当 $|z| = 2$ 时,

$$|f(z)| = 3|z|^3 = 24 \text{ 和 } |g(z)| \leqslant |z|^4 + 6 = 22,$$

满足儒歇定理的条件. 由于 $f(z)$ 在圆周 $|z| = 2$ 内有三个零点, 计阶数, 故 $f(z) + g(z)$ 在圆周 $|z| = 2$ 内也有三个零点, 即式(2)在圆周 $|z| = 2$ 内有三个根.

例 2　应用儒歇定理可以证明代数基本定理(第 58 节定理 2). 为此考虑 $n(n \geqslant 1)$ 次多项式

$$P(z) = a_0 + a_1 z + a_2 z^2 + \cdots + a_n z^n \quad (a_n \neq 0), \tag{3}$$

并证明它有 n 个零点, 计阶数. 记

$$f(z) = a_n z^n, \quad g(z) = a_0 + a_1 z + a_2 z^2 + \cdots + a_{n-1} z^{n-1}.$$

并设 z 为 $|z| = R$ 上的任意点, 其中 $R > 1$, 则有

$$|f(z)| = |a_n| R^n$$

以及

$$|g(z)| \leqslant |a_0| + |a_1| R + |a_2| R^2 + \cdots + |a_{n-1}| R^{n-1}.$$

因此, 由 $R > 1$ 可得

$$|g(z)| \leqslant |a_0| R^{n-1} + |a_1| R^{n-1} + |a_2| R^{n-1} + \cdots + |a_{n-1}| R^{n-1}.$$

若此时还满足

$$R > \frac{|a_0| + |a_1| + |a_2| + \cdots + |a_{n-1}|}{|a_n|}, \tag{4}$$

则有

$$\frac{|g(z)|}{|f(z)|} \leqslant \frac{|a_0| + |a_1| + |a_2| + \cdots + |a_{n-1}|}{|a_n| R} < 1.$$

也就是说, 当 $R > 1$ 且式(4)成立时, 有 $|f(z)| > |g(z)|$. 应用儒歇定理可知 $f(z)$ 和 $f(z) + g(z)$ 在 C 内有同样多的零点, 即 n 个零点. 因此, 我们得到结论, 即 $P(z)$ 在平面上恰好有 n 个零点, 计阶数.

在此要指出, 第 58 节中的刘维尔定理只是确定 n 次多项式至少有一个零点, 而儒歇定理表明 n 次多项式恰好有 n 个零点, 计阶数.

练　习

1. 用 C 表示圆周 $|z| = 1$, 取正方向. 应用第 93 节的辐角原理在下列情况下求 $\Delta_C \arg f(z)$:

(a) $f(z) = z^2$;　(b) $f(z) = 1/z^2$;　(c) $f(z) = (2z-1)^7 / z^3$.

答案: (a) 4π;　(b) -4π;　(c) 8π.

2. 设函数 f 在正向简单闭围线 C 上及其内部解析, 且在 C 上无零点. 令 C 在映射 $w = f(z)$ 下的象为 Γ, 如图 114 所示. 由图 114 确定 $\Delta_C \arg f(z)$ 的值, 利用第 93 节的辐角原理, 确定 f 在 C 内的零点个数, 计阶数.

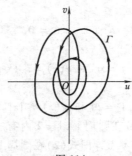

图 114

答案：6π，3.

3. 使用第 93 节中的记号，假设 Γ 不包含 $w=0$，存在一条从原点出发且与 Γ 不相交的射线. 注意到当点 z 绕 C 旋转一周时，$\Delta_C \arg f(z)$ 的模一定小于 2π，而 $\Delta_C \arg f(z)$ 为 2π 的整数倍，指出 Γ 关于原点 $w=0$ 的环绕数为 0.

4. 假设 f 是定义在简单闭围线 C 的内部区域 D 上的亚纯函数，满足 f 在 C 上解析并且不为零. 设 D_0 表示 D 内除去 f 的极点外的区域. 利用第 28 节的引理和第 83 节的练习 11，证明：当 $f(z)$ 在 D_0 内不恒为零时，则 f 在 D 内的零点个数和阶数均有限.

提示：注意到，若 f 在 D 内存在一个阶数为无穷的零点 z_0，则必存在 z_0 的某个邻域，使得 $f(z)$ 在该邻域内恒为零.

5. 设函数 f 在正向简单闭围线 C 上及其内部解析，且在 C 上无零点. 假设 f 在 C 内有 n 个零点 $z_k(k=1,2,\cdots,n)$，其中 z_k 的阶数为 m_k，证明：

$$\int_C \frac{zf'(z)}{f(z)} dz = 2\pi i \sum_{k=1}^{n} m_k z_k.$$

（与第 93 节的式（8）在 $P=0$ 时进行比较）.

6. 计阶数，确定下列多项式在圆 $|z|=1$ 内的零点个数：

(a) $z^6 - 5z^4 + z^3 - 2z$； (b) $2z^4 - 2z^3 + 2z^2 - 2z + 9$； (c) $z^7 - 4z^3 + z - 1$.

答案：(a) 4； (b) 0； (c) 3.

7. 计阶数，确定下列多项式在圆 $|z|=2$ 内的零点个数：

(a) $z^4 - 2z^3 + 9z^2 + z - 1$； (b) $z^5 + 3z^3 + z^2 + 1$.

答案：(a) 2； (b) 5.

8. 考虑重数，确定下列多项式在圆环 $1 \leqslant |z| < 2$ 内的零点个数：

$$2z^5 - 6z^2 + z + 1 = 0.$$

答案：3.

9. 设 c 满足 $|c| > e$，证明：方程 $cz^n = e^z$ 在圆 $|z|=1$ 内有 n 个根，计重数.

10. 假设两个函数 f 和 g 满足第 94 节的儒歇定理的条件，并假设围线 C 的方向为正. 定义函数

$$\Phi(t) = \frac{1}{2\pi i} \int_C \frac{f'(z) + tg'(z)}{f(z) + tg(z)} dz \quad (0 \leqslant t \leqslant 1),$$

并参考以下步骤给出儒歇定理的另一个证明.

(a) 指出在 $\Phi(t)$ 的定义式中，被积函数的分母在 C 上不为 0，从而保证该积分存在.

（b）设 t 和 t_0 为积分区间 $0 \leq t \leq 1$ 上的任意两点，证明：

$$\left| \Phi(t) - \Phi(t_0) \right| = \frac{\left| t - t_0 \right|}{2\pi} \left| \int_C \frac{fg' - f'g}{(f + tg)(f + t_0 g)} \mathrm{d}z \right|.$$

接着，证明在 C 上，有

$$\left| \frac{fg' - f'g}{(f + tg)(f + t_0 g)} \right| \leq \frac{\left| fg' - f'g \right|}{(\left| f \right| - \left| g \right|)^2},$$

然后证明存在与 t 和 t_0 无关的正数 A，使得

$$\left| \Phi(t) - \Phi(t_0) \right| \leq A \left| t - t_0 \right|.$$

由上式可证 $\Phi(t)$ 在积分区间 $0 \leq t \leq 1$ 上连续.

（c）参考第 93 节方程（8），指出对积分区间 $0 \leq t \leq 1$ 上的任意点 t，Φ 的值均为整数且等于 $f(z) + t[g(z)]$ 在 C 内的零点个数. 最后由（b）的结论，Φ 在 $0 \leq t \leq 1$ 上连续，可证 $f(z)$ 和 $f(z) + g(z)$ 在 C 内有同样多的零点，计阶数.

95. 拉普拉斯逆变换

假设关于 s 的函数 F 在有限 s 平面上除去有限个奇点外处处解析. 用 L_R 表示从 $s = \gamma - \mathrm{i}R$ 到 $s = \gamma + \mathrm{i}R$ 的垂直线段，其中 γ 为充分大的正数，使得 F 的所有奇点都落在该线段的左侧（见图115）.

当下式中的极限存在时，定义一个关于实数 t 的新函数

$$f(t) = \frac{1}{2\pi\mathrm{i}} \lim_{R \to +\infty} \int_{L_R} \mathrm{e}^{st} F(s) \mathrm{d}s \quad (t > 0). \tag{1}$$

式（1）通常表示为

$$f(t) = \frac{1}{2\pi\mathrm{i}} \mathrm{P.V.} \int_{\gamma - \mathrm{i}(+\infty)}^{\gamma + \mathrm{i}(+\infty)} \mathrm{e}^{st} F(s) \mathrm{d}s \quad (t > 0). \tag{2}$$

（与第85节式（3）比较），该积分称为布朗维奇（Bromwich）积分.

可以证明，在一般情况下，式（2）中的 $f(t)$ 实际上就是 $F(s)$ 的拉普拉斯逆变换，其中 $F(s)$ 是我们熟知的 $f(t)$ 的拉普拉斯变换，也就是说，若 $F(s)$ 为 $f(t)$ 的拉普拉斯变换，

$$F(s) = \int_0^{+\infty} \mathrm{e}^{-st} f(t) \mathrm{d}t, \tag{3}$$

则 $f(t)$ 可由式（2）得到[*]. 事实上，由柯西留数定理可得

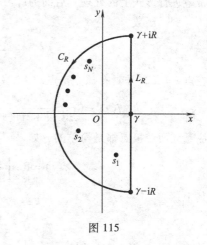

图 115

---

[*]　关于本节内容的详细证明，请参考 R. V. Churchill 的书 "Operational Mathematics"（第3版,1972）的第 6 章，更细致地处理也可以参考 A. D. Wunsch 的书 "Complex Variables With Applications"（第 3 版，2005）的第 7 章. 这两本书都列在参考文献中.

$$\int_{L_R} e^{st} F(s) \, ds = 2\pi i \sum_{n=1}^{N} \operatorname*{Res}_{s=s_n} \left[e^{st} F(s) \right] - \int_{C_R} e^{st} F(s) \, ds. \tag{4}$$

其中 C_R 如图 115 所示. 如果进一步假设

$$\lim_{R \to +\infty} \int_{C_R} e^{st} F(s) \, ds = 0, \tag{5}$$

那么由式（1）可得

$$f(t) = \sum_{n=1}^{N} \operatorname*{Res}_{s=s_n} \left[e^{st} F(s) \right] \quad (t > 0). \tag{6}$$

在拉普拉斯变换的许多应用中，例如在求解热传导和机械运动问题中的偏微分方程时，$F(s)$ 在有限平面上除去一个由无限个孤立奇点 $s_n (n = 1, 2, \cdots)$ 构成的集合外处处解析，这些奇点都在垂线 $\operatorname{Re} s = \gamma$ 的左侧. 通常情况下，需要对前面介绍的 $f(t)$ 的计算方法进行一些修改，将式（6）替换为无限个留数构成的级数，即

$$f(t) = \sum_{n=1}^{+\infty} \operatorname*{Res}_{s=s_n} \left[e^{st} F(s) \right] \quad (t > 0). \tag{7}$$

在这里，我们的目的是希望读者关注留数，特别是表达式（6），在求拉普拉斯变换的过程中的作用. 这里的讨论是简要的，没有验证式（1）就是逆变换 $f(t)$ 这一事实，也没有刻画当极限（5）存在时，$F(s)$ 需要满足的条件. 在下面的例子中，我们仅希望进行形式上的处理，后面练习也是如此.

例 函数

$$F(s) = \frac{s}{s^2 + 4} = \frac{s}{(s + 2i)(s - 2i)}$$

在点 $s = \pm 2i$ 处具有孤立奇点. 由式（6）可知

$$f(t) = \operatorname*{Res}_{s=2i} \left[\frac{e^{st} s}{(s + 2i)(s - 2i)} \right] + \operatorname*{Res}_{s=-2i} \left[\frac{e^{st} s}{(s + 2i)(s - 2i)} \right].$$

注意到两个极点都是简单的，如果记

$$f(t) = \operatorname*{Res}_{s=2i} \left[\frac{\varphi_1(s)}{s - 2i} \right] + \operatorname*{Res}_{s=-2i} \left[\frac{\varphi_2(s)}{s + 2i} \right],$$

其中，

$$\varphi_1(s) = \frac{e^{st} s}{s + 2i} \text{和} \varphi_2(s) = \frac{e^{st} s}{s - 2i},$$

那么，我们可以得到

$$f(t) = \varphi_1(2i) + \varphi_2(-2i) = \frac{e^{2it}(2i)}{4i} + \frac{e^{-2it}(-2i)}{-4i} = \frac{e^{i2t} + e^{-i2t}}{2} = \cos 2t.$$

练 习

在练习 1 至 3 中，利用留数求出与所给的 $F(s)$ 对应的拉普拉斯逆变换 $f(t)$. 无需验证，只需给出形式.

1. $F(s) = \dfrac{2s^3}{s^4 - 4}.$

答案：$f(t) = \cosh\sqrt{2}t + \cos\sqrt{2}t$.

2. $F(s) = \dfrac{2s-2}{(s+1)(s^2+2s+5)}$.

答案：$f(t) = e^{-t}(\sin2t + \cos2t - 1)$.

3. $F(s) = \dfrac{12}{s^3+8}$.

提示：先找出 -8 的 3 个立方根 -2 和 $1 \pm \sqrt{3}\,\mathrm{i}$，并且注意到，由复数的性质 $z + \bar{z} = 2\mathrm{Re}\,z$，容易得到.

$$\frac{e^{\mathrm{i}\sqrt{3}\,t}}{-1+\mathrm{i}\sqrt{3}} + \frac{e^{-\mathrm{i}\sqrt{3}\,t}}{-1-\mathrm{i}\sqrt{3}} = 2\mathrm{Re}\left[\frac{e^{\mathrm{i}\sqrt{3}\,t}}{-1+\mathrm{i}\sqrt{3}}\right]$$

答案：$f(t) = e^{-2t} + e^{t}(\sqrt{3}\sin\sqrt{3}t - \cos\sqrt{3}t)$.

4. 按以下步骤计算 $f(t)$，满足

$$F(s) = \frac{1}{s^2} - \frac{1}{s\sinh s}.$$

首先注意到 $F(s)$ 的孤立奇点为

$$s_0 = 0, s_n = n\pi\mathrm{i}, \bar{s}_n = -n\pi\mathrm{i} \quad (n = 1,2,\cdots).$$

(a) 使用第 73 节练习 5 所得的洛朗级数，证明函数 $e^{st}F(s)$ 具有一个可去奇点 $s = s_0$，在该点处的留数为 0.

(b) 利用第 83 节定理 2，证明

$$\mathop{\mathrm{Res}}_{s=s_n}[e^{st}F(s)] = \frac{(-1)^n \mathrm{i}\exp(\mathrm{i}n\pi t)}{n\pi}$$

和

$$\mathop{\mathrm{Res}}_{s=\bar{s}_n}[e^{st}F(s)] = \frac{-(-1)^n \mathrm{i}\exp(-\mathrm{i}n\pi t)}{n\pi}.$$

(c) 由 (a) 和 (b) 中的结论，结合第 95 节的级数 (7)，证明

$$f(t) = \sum_{n=1}^{+\infty}\left\{\mathop{\mathrm{Res}}_{s=s_n}[e^{st}F(s)] + \mathop{\mathrm{Res}}_{s=\bar{s}_n}[e^{st}F(s)]\right\} = \frac{2}{\pi}\sum_{n=1}^{+\infty}\frac{(-1)^{n+1}}{n}\sin n\pi t.$$

第8章

初等函数的映射

第 2 章的第 13 节和第 14 节给出了复变函数作为映射或变换的几何解释, 我们从中可以知道函数映射曲线和区域的方式在几何意义上一定程度地揭示了它的性质. 本章将给出更多的初等解析函数映射各种曲线和区域的例子. 相关结果在物理上的应用将在第 10 章和第 11 章进行详细介绍.

96. 线性变换

考察映射

$$w = Az, \tag{1}$$

其中 A 为非零复常数且 $z \neq 0$. 若用指数形式将 A 和 z 分别记为

$$A = ae^{i\alpha}, \ z = re^{i\theta},$$

则式 (1) 变为

$$w = (ar)e^{i(\alpha+\theta)}. \tag{2}$$

由式 (2) 可知, 变换 (1) 将 z 的向径伸长或收缩了 a 倍, 并且将 z 绕原点旋转了角度 α, 因此, 给定区域在该映射下的象在几何上与原区域相似 (第13节).

映射

$$w = z + B \tag{3}$$

是一个平移, 其中 B 为任意复常数, 表示平移的向量. 也就是说, 如果记

$$w = u + iv, z = x + iy \text{ 和 } B = b_1 + ib_2,$$

那么 z 平面上的任意点 (x, y) 在 w 平面上的象为

$$(u, v) = (x + b_1, y + b_2). \tag{4}$$

由于对 z 平面上任意给定的区域上的任意点都是以这样的方式映射到 w 平面的, 故该区域的象在几何上与原区域相似.

一般的 (非常数) 线性变换

$$w = Az + B \quad (A \neq 0) \tag{5}$$

由

$$Z = Az \quad (A \neq 0) \text{ 和 } w = Z + B$$

复合得到. 当 $z \neq 0$ 时, 上述的线性变换可看成先进行伸缩旋转, 然后再进行平移.

例　映射

$$w = (1 + i)z + 2 \tag{6}$$

将图 116 中所示的 $z = (x, y)$ 平面上的矩形区域映为图中 $w = (u, v)$ 平面上的矩形区域.

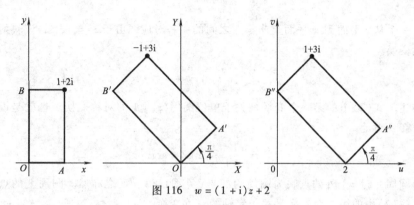

图 116　$w = (1 + i)z + 2$

将映射分解为

$$Z = (1 + i)z \text{ 和 } w = Z + 2. \tag{7}$$

记

$$1 + i = \sqrt{2} \exp\left(i \frac{\pi}{4} \right) \text{ 和 } z = r \exp(i\theta),$$

则式(7)中的第一个变换可写成

$$Z = (\sqrt{2}r) \exp\left[i\left(\theta + \frac{\pi}{4} \right) \right].$$

该变换将点 z 的向径伸长 $\sqrt{2}$ 倍并绕原点沿逆时针方向旋转 $\pi/4$. 而式(7)中的第二个变换则将 z 向右平移了两个单位.

练　习

1. 说明变换 $w = iz$ 将 z 平面上的点旋转了 $\pi/2$. 给出带形域 $0 < x < 1$ 在该变换下的象.

答案: $0 < v < 1$.

2. 证明: $w = iz + i$ 将右半平面 $x > 0$ 映为半平面 $v > 1$.

3. 求将带形区域 $x > 0$, $0 < y < 2$ 映为带形区域 $-1 < u < 1$, $v > 0$ 的映射, 如图 117 所示.

答案: $w = iz + 1$.

4. 求上半平面 $y > 0$ 在映射 $w = (1 + i)z$ 下的象, 并作图.

答案: $v > u$.

5. 给出半平面 $y > 1$ 在映射 $w = (1 - i)z$ 下的象.

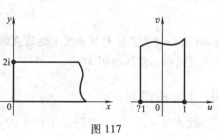

图 117

6. 试从几何的角度描述映射 $w = A(z+B)$，其中 A 和 B 为复常数且 $A \neq 0$.

97. 变换 $w = 1/z$

方程

$$w = \frac{1}{z} \tag{1}$$

建立了一个从 z 平面到 w 平面上非零点之间的一一对应. 由于 $z\bar{z} = |z|^2$，该映射可通过连续变换

$$Z = \frac{z}{|z|^2} \ , \ w = \bar{Z} \tag{2}$$

进行描述. 式(2)中的第一个变换是关于单位圆周 $|z| = 1$ 的对称变换. 也就是说非零点 z 的象 Z 满足

$$|Z| = \frac{1}{|z|} \text{ 和 } \arg Z = \arg z.$$

因此，圆周 $|z| = 1$ 外的点映为圆周内的点（见图118），反之亦然. 圆周上的点映为自身. 式(2)中的第二个变换是关于实轴的对称变换.

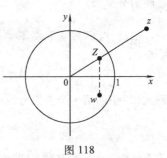

如果将变换(1)写成函数形式

$$T(z) = \frac{1}{z} \quad (z \neq 0), \tag{3}$$

就可以在原点和无穷远点定义 T 使得它在扩充复平面上连续. 参考第 17 节的结果，有

$$\lim_{z \to 0} \frac{1}{T(z)} = \lim z = 0 \Rightarrow \lim_{z \to 0} T(z) = +\infty \tag{4}$$

和

$$\lim_{z \to 0} T\left(\frac{1}{z}\right) = \lim z = 0 \Rightarrow \lim_{z \to +\infty} T(z) = 0. \tag{5}$$

图 118

因此，要使 T 在扩充复平面上连续，只要定义

$$T(0) = +\infty , T(+\infty) = 0 \text{ 以及 } T(z) = \frac{1}{z}. \tag{6}$$

更确切地说，由极限(4)和(5)可知，在扩充复平面 z 上，包括点 $z_0 = 0$ 和 $z_0 = \infty$ 处总有

$$\lim_{z \to z_0} T(z) = T(z_0). \tag{7}$$

由式(7)可知 T 在扩充复平面上处处连续（见第18节）. 考虑连续性，在函数 $1/z$ 涉及无穷远点时，默认使用 $T(z)$.

98. $1/z$ 的映射

设点 $w = u + iv$ 为有限复平面上的点 $z = x + iy$ 在变换 $w = 1/z$ 下的象，记

$$w = \frac{\bar{z}}{z\bar{z}} = \frac{\bar{z}}{|z|^2},$$

则有

$$u = \frac{x}{x^2 + y^2}, \quad v = \frac{-y}{x^2 + y^2}. \tag{1}$$

又因为

$$z = \frac{1}{w} = \frac{\overline{w}}{w\overline{w}} = \frac{\overline{w}}{|w|^2},$$

所以

$$x = \frac{u}{u^2 + v^2}, \quad y = \frac{-v}{u^2 + v^2}. \tag{2}$$

基于上述坐标之间的关系式，下面将证明映射 $w = 1/z$ 将圆周和直线映为圆周和直线.

当 A、B、C 和 D 为实数且满足条件

$$B^2 + C^2 > 4AD \tag{3}$$

时，方程

$$A(x^2 + y^2) + Bx + Cy + D = 0 \tag{4}$$

表示任意圆周或直线. 事实上，当 $A \neq 0$ 时，它表示一个圆周；当 $A = 0$ 时，它表示一条直线. 当 $A \neq 0$ 时，显然要求条件(3)成立，利用配方法，方程(4)可化为

$$\left(x + \frac{B}{2A}\right)^2 + \left(y + \frac{C}{2A}\right)^2 = \left(\frac{\sqrt{B^2 + C^2 - 4AD}}{2A}\right)^2.$$

当 $A = 0$ 时，条件(3)变成 $B^2 + C^2 > 0$，这表明 B 和 C 不能同时为零.

下面证明前面黑色楷体字所述的结论. 当 x 和 y 满足方程(4)时，由关系式(2)，经过化简可知变量 u 和 v 满足方程(也可参考本节练习14)

$$D(u^2 + v^2) + Bu - Cv + A = 0. \tag{5}$$

上式同样表示圆周或直线. 反之，如果 u 和 v 满足方程(5)，由关系式(1)可知 x 和 y 满足方程(4).

至此，由方程(4)和方程(5)可知

(a) z 平面上不经过原点($D \neq 0$)的圆周($A \neq 0$)映为 w 平面上不经过原点的圆周；

(b) z 平面上经过原点($D = 0$)的圆周($A \neq 0$)映为 w 平面上不经过原点的直线；

(c) z 平面上不经过原点($D \neq 0$)的直线($A = 0$)映为 w 平面上经过原点的圆周；

(d) z 平面上经过原点($D = 0$)的直线($A = 0$)映为 w 平面上经过原点的直线.

例 1 由方程(4)和方程(5)，垂线 $x = c_1$（$c_1 \neq 0$）通过映射 $w = 1/z$ 映为圆周 $-c_1(u^2 + v^2) + u = 0$，即

$$\left(u - \frac{1}{2c_1}\right)^2 + v^2 = \left(\frac{1}{2c_1}\right)^2, \tag{6}$$

圆心在 u 轴上并且与 v 轴相切. 由方程(1)，直线上的点 (c_1, y) 的象为

$$(u, v) = \left(\frac{c_1}{c_1^2 + y^2}, \frac{-y}{c_1^2 + y^2}\right).$$

当 $c_1 > 0$ 时，圆周(6)显然在 v 轴的右侧. 当点 (c_1, y) 沿着整条直线运动时，它

的象在圆上沿顺时针方向运动一周，扩充 z 平面上的无穷远点与 w 平面上的原点相对应. 当 $c_1 = 1/3$ 时，如图 119 所示，当 $y < 0$ 时，$v > 0$，且当 y 从负数增大为 0 时，u 从 0 增大为 $1/c_1$，当 y 从正数开始增大时，v 始终为负数，u 逐渐减小为 0.

另一方面，当 $c_1 < 0$ 时，圆周显然在 v 轴的左侧. 当点 (c_1, y) 向上运动时，它的象仍为圆周，但方向是逆时针方向. 当 $c_1 = -1/2$ 时，如图 119 所示.

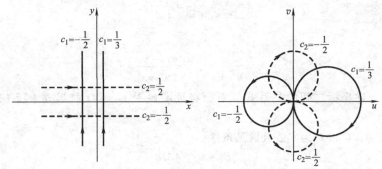

图 119　$w = 1/z$

例 2　水平线 $y = c_2 (c_2 \neq 0)$ 通过映射 $w = 1/z$ 映为圆周

$$u^2 + \left(v + \frac{1}{2c_2}\right)^2 = \left(\frac{1}{2c_2}\right)^2, \tag{7}$$

圆心在 v 轴上，与 u 轴相切. 在图 119 中给出了两个具体例子，包括直线和圆周的方向.

例 3　当 $w = 1/z$ 时，半平面 $x \geq c_1 (c_1 > 0)$ 映为圆盘

$$\left(u - \frac{1}{2c_1}\right)^2 + v^2 \leq \left(\frac{1}{2c_1}\right)^2. \tag{8}$$

这是因为，由例 1 可知任意直线 $x = c (c \geq c_1)$ 都映为圆周

$$\left(u - \frac{1}{2c}\right)^2 + v^2 = \left(\frac{1}{2c}\right)^2. \tag{9}$$

并且当 c 从 c_1 开始增大时，直线 $x = c$ 向右平移，它的象圆（9）变小（见图120）.

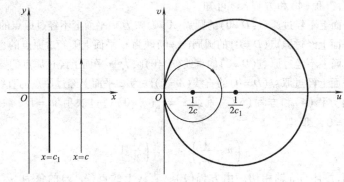

图 120　$w = 1/z$

由于直线 $x = c$ 经过半平面 $x \geq c_1$ 上的所有点，而圆周（9）经过圆盘（8）上的所有点，故映射成立.

练　习

1. 由本节关系式(2)的第一个式子指出在映射 $w = 1/z$ 下，不等式 $x \geqslant c_1 \, (c_1 > 0)$ 成立当且仅当不等式(8)成立. 由此给出本节例 3 的另一种证明方法.

2. 证明：当 $c_1 < 0$ 时，半平面 $x < c_1$ 被映射 $w = 1/z$ 映为某个圆周的内部，并具体指出 $c_1 = 0$ 时的情况.

3. 证明：当 $c_2 > 0$ 时，半平面 $y > c_2$ 被映射 $w = 1/z$ 映为某个圆周的内部，并找出当 $c_2 < 0$ 和 $c_2 = 0$ 时的象.

4. 找出无限带形域 $0 < y < 1/(2c)$ 在变换 $w = 1/z$ 下的象，并作图.

答案：$u^2 + (v + c)^2 > c^2$，$v < 0$.

5. 找出区域 $x > 1$，$y > 0$ 在映射 $w = 1/z$ 下的象.

答案：$\left(u - \dfrac{1}{2} \right)^2 + v^2 < \left(\dfrac{1}{2} \right)^2$，$v < 0$.

6. 验证映射 $w = 1/z$ 对(a)附录 B 的图 4；(b)附录 B 的图 5 所示的区域和边界部分的映射.

7. 从几何意义上描述映射 $w = 1/(z - 1)$.

8. 从几何意义上描述映射 $w = i/z$，说明为何它将圆周和直线映为圆周和直线.

9. 找出半无限带形域 $x > 0$，$0 < y < 1$ 在映射 $w = i/z$ 下的象，并作图.

答案：$\left(u - \dfrac{1}{2} \right)^2 + v^2 > \left(\dfrac{1}{2} \right)^2$，$u > 0$，$v > 0$.

10. 记 $w = \rho \exp(\mathrm{i}\varphi)$，证明：$w = 1/z$ 将双曲线 $x^2 - y^2 = 1$ 映为双纽线 $\rho^2 = \cos 2\varphi$（见第6节练习14）.

11. 设圆周 $|z| = 1$ 顺时针或逆时针方向. 确定它在映射 $w = 1/z$ 下的象的方向.

12. 证明：映射 $w = 1/z$ 将圆周映为圆周时，原来的圆心不会映为象的圆心.

13. 利用 z 的指数形式 $z = r e^{\mathrm{i}\theta}$，证明：由恒等变换与第 97 节和第 98 节所讨论的映射之和

$$w = z + \frac{1}{z}$$

将圆周 $r = r_0$ 映为以 $w = \pm 2$ 为焦点的椭圆

$$u = \left(r_0 + \frac{1}{r_0} \right) \cos\theta, v = \left(r_0 - \frac{1}{r_0} \right) \sin\theta \quad (0 \leqslant \theta \leqslant 2\pi).$$

然后证明该映射将 $|z| = 1$ 映为 u 轴上的线段 $-2 \leqslant u \leqslant 2$，并将圆周的外部区域映为 w 平面的其余部分.

14. (a) 将本节的方程(4)改写为

$$2Az\bar{z} + (B - Ci)z + (B + Ci)\bar{z} + 2D = 0,$$

其中 $z = x + \mathrm{i}y$.

(b) 证明：当 $w = 1/z$ 时，(a)中的结果变成

$$2Dw\bar{w} + (B + Ci)w + (B - Ci)\bar{w} + 2A = 0.$$

证明：当 $w = u + \mathrm{i}v$ 时，上述方程与本节方程(5)相同.

提示：在(a)中，使用关系式（见第6节）

$$x = \frac{z + \bar{z}}{2} \text{和} y = \frac{z - \bar{z}}{2\mathrm{i}}.$$

99．分式线性变换

变换

$$w = \frac{az+b}{cz+d} \quad (ad-bc \neq 0) \tag{1}$$

称为分式线性变换或莫比乌斯变换，这里 a、b、c 和 d 为复常数．

注意到方程(1)可化为

$$Azw + Bz + Cw + D = 0 \quad (AD-BC \neq 0), \tag{2}$$

且方程(2)也可化为方程(1)的形式．由于形如式(2)的方程关于 z 和 w 都是线性的，因此又称分式线性变换为双线性变换．

当 $c=0$ 时，方程(1)的条件 $ad-bc \neq 0$ 变成 $ad \neq 0$，变换表示一个非常数线性函数．当 $c \neq 0$ 时，方程(1)可化为

$$w = \frac{a}{c} + \frac{bc-ad}{c} \cdot \frac{1}{cz+d} \quad (ad-bc \neq 0). \tag{3}$$

由条件 $ad-bc \neq 0$ 可知方程(3)表示一个非常数函数．显然，变换 $w=1/z$ 是变换(1)在 $c \neq 0$ 时的特例．

方程(3)表明，当 $c \neq 0$ 时，一个分式线性变换可分解为以下几个映射，

$$Z = cz+d, \quad W = \frac{1}{Z}, \quad w = \frac{a}{c} + \frac{bc-ad}{c}W \quad (ad-bc \neq 0).$$

因为前面讨论的几种特殊形式的分式线性变换都将圆周和直线映为圆周和直线（见第96节和第98节），所以不管 c 是否为零，分式线性变换总是将圆周和直线映为圆周和直线．

由方程(1)求解 z 可得

$$z = \frac{-dw+b}{cw-a} \quad (ad-bc \neq 0). \tag{4}$$

当 w 是某个点 z 在映射(1)下的象时，点 z 可由方程(4)求出．如果 $c=0$，那么 a 和 d 均不为零，w 平面上的每个点都是 z 平面上唯一一点的象．如果 $c \neq 0$，那么上述结论在除去点 $w=a/c$ 外也成立．这是因为当 $c \neq 0$，$w=a/c$ 时，方程(4)中的分母为零，故需要对其进一步处理．为此，下面通过扩大变换(1)的定义域，在扩充 z 平面上定义一个分式线性变换 T，使得当 $c \neq 0$ 时，$w=a/c$ 为 $z=+\infty$ 的象．首先记

$$T(z) = \frac{az+b}{cz+d} \quad (ad-bc \neq 0). \tag{5}$$

然后在 $c=0$ 时，定义

$$T(+\infty) = +\infty, \tag{6}$$

在 $c \neq 0$ 时，定义

$$T(+\infty) = \frac{a}{c} \text{ 和 } T\left(-\frac{d}{c}\right) = +\infty, \tag{7}$$

由第 18 节练习 11 可知，T 在扩充 z 平面上连续. 这与在第 97 节中扩充变换 $w = 1/z$ 的定义域的方法是一样的.

按上述方法扩充定义域后，分式线性变换(5)就是从扩充 z 平面到扩充 w 平面的一一映射. 也就是说，当 $z_1 \neq z_2$ 时，$T(z_1) \neq T(z_2)$，且对扩充 w 平面上的每个点 w，总存在扩充 z 平面上的点 z，使得 $T(z) = w$. 因此，存在 T 的逆变换 T^{-1}，在扩充 w 平面上定义如下，

$$T^{-1}(w) = z \text{ 当且仅当 } T(z) = w.$$

由方程(4)可得

$$T^{-1}(w) = \frac{-dw + b}{cw - a} \quad (ad - bc \neq 0). \tag{8}$$

显然，T^{-1} 也是一个分式线性变换，满足当 $c = 0$ 时，

$$T^{-1}(+\infty) = +\infty, \tag{9}$$

而当 $c \neq 0$ 时，

$$T^{-1}\left(\frac{a}{c}\right) = +\infty \text{ 和 } T^{-1}(+\infty) = -\frac{d}{c}. \tag{10}$$

如果 T 和 S 都是分式线性变换，那么 $S(T(z))$ 也是分式线性变换. 这可以通过方程(5)证明. 特别地，注意到对扩充 z 平面上的任意点 z，都有 $T^{-1}(T(z)) = z$.

给定三个点 z_1、z_2 和 z_3，总存在一个分式线性变换将它们分别映为给定的三个点 w_1、w_2 和 w_3. 这个结论的证明放在第 100 节，在那里可以看到，点 z 在该变换下的象 w 由一个关于 z 的表达式确定. 在此先介绍直接求所需变换的方法.

例 1 确定一个分式线性变换

$$w = \frac{az + b}{cz + d} \quad (ad - bc \neq 0),$$

将

$$z_1 = 2, z_2 = i \text{ 和 } z_3 = -2$$

映为

$$w_1 = 1, w_2 = i \text{ 和 } w_3 = -1.$$

由于 1 是 2 的象，-1 是 -2 的象，这就要求

$$2c + d = 2a + b \text{ 和 } 2c - d = -2a + b.$$

对上面两个式子左、右两边分别求和可求得 $b = 2c$，再由第一个式子可得 $d = 2a$. 这样，我们就得到

$$w = \frac{az + 2c}{cz + 2a} \quad (2(a^2 - c^2) \neq 0). \tag{11}$$

又因为 i 被映为 i，所以由式(11)可得 $c = (ai)/3$，进而有

$$w = \frac{az + \dfrac{2ai}{3}}{\dfrac{ai}{3}z + 2a} = \frac{a\left(z + \dfrac{2}{3}i\right)}{a\left(\dfrac{i}{3}z + 2\right)} \quad (a \neq 0),$$

约去非零常数 a 可得

$$w = \frac{z + \dfrac{2}{3}i}{\dfrac{i}{3}z + 2},$$

即

$$w = \frac{3z + 2i}{iz + 6}. \tag{12}$$

例 2 假设点

$$z_1 = 1, z_2 = 0 \text{ 和 } z_3 = -1$$

分别映为

$$w_1 = i, w_2 = \infty \text{ 和 } w_3 = 1.$$

由于 $w_2 = \infty$ 与 $z_2 = 0$ 对应，由式(6)和式(7)可知在方程(1)中 $c \neq 0$ 且 $d = 0$，故

$$w = \frac{az + b}{cz} \quad (bc \neq 0). \tag{13}$$

又因为 1 和 -1 分别映为 i 和 1，所以有

$$ic = a + b, \ -c = -a + b.$$

由此得到

$$2a = (1 + i)c, 2b = (i - 1)c.$$

最后，将方程(13)右边分子、分母同时乘以 2，再代入上面关于 $2a$ 和 $2b$ 的两个表达式中，并约去非零常数 c 后得到

$$w = \frac{(i + 1)z + (i - 1)}{2z}. \tag{14}$$

100. 隐式分式线性变换

方程

$$\frac{(w - w_1)(w_2 - w_3)}{(w - w_3)(w_2 - w_1)} = \frac{(z - z_1)(z_2 - z_3)}{(z - z_3)(z_2 - z_1)} \tag{1}$$

(隐式地)定义了一个分式线性变换，将有限 z 平面上的三个不同点 z_1、z_2 和 z_3 分别映为有限 w 平面上的三个不同点 w_1、w_2 和 w_3。*要证明这个结论，首先将方程(1)写成

$$(z - z_3)(w - w_1)(z_2 - z_1)(w_2 - w_3) = (z - z_1)(w - w_3)(z_2 - z_3)(w_2 - w_1). \tag{2}$$

---

* 方程(1)的两边称为交比，在许多书中，对分式线性变换进行更广泛地研究时起到很重要的作用。例如：R. P. Boas，《Invitation to Complex Analysis》第 2 版，pp. 171-176，210 或 J. B. Conwyay，《Functions of One Complex Variable》第 2 版，第 6 版次，pp. 48-55，1997。

如果 $z = z_1$，方程 (2) 右侧等于零，那么 $w = w_1$. 类似地，如果 $z = z_3$，方程 (2) 左侧等于零，故 $w = w_3$. 如果 $z = z_2$，就有线性方程

$$(w - w_1)(w_2 - w_3) = (w - w_3)(w_2 - w_1),$$

其唯一解为 $w = w_2$.

将方程 (2) 展开并写成如下形式（第99节），

$$Azw + Bz + Cw + D = 0, \tag{3}$$

可知由方程 (1) 定义的变换是一个分式线性变换. 由前面的讨论可知，方程 (1) 定义的函数不是常数函数，故此时方程 (3) 所需的条件 $AD - BC \neq 0$ 显然是成立的. 事实上，方程 (1) 定义了唯一的将点 z_1、z_2 和 z_3 分别映为 w_1、w_2 和 w_3 的分式线性变换. 其证明留给读者（练习10）.

例 1 第 99 节例 1 中的变换要求

$$z_1 = 2, z_2 = i, z_3 = -2 \text{ 和 } w_1 = 1, w_2 = i, w_3 = -1.$$

由方程 (1) 可得

$$\frac{(w - 1)(i + 1)}{(w + 1)(i - 1)} = \frac{(z - 2)(i + 2)}{(z + 2)(i - 2)},$$

由此求解 w 关于 z 的表达式，很容易就可以求出之前所得的变换：

$$w = \frac{3z + 2i}{iz + 6}.$$

适当修改方程 (1)，则可以用于讨论无穷远点是（扩充）z 平面或 w 平面中所指定的点之一的情况，假设 $z_1 = \infty$. 由于所有的分式线性变换在扩充复平面上都是连续的，故只要在方程 (1) 的右侧将 z_1 替换为 $1/z_1$，再令 z_1 趋于零，则有

$$\lim_{z_1 \to 0} \frac{(z - 1/z_1)(z_2 - z_3)}{(z - z_3)(z_2 - 1/z_1)} \cdot \frac{z_1}{z_1} = \lim_{z_1 \to 0} \frac{(z_1 z - 1)(z_2 - z_3)}{(z - z_3)(z_1 z_2 - 1)} = \frac{z_2 - z_3}{z - z_3}.$$

这就给出了由方程 (1) 修改后的变换：

$$\frac{(w - w_1)(w_2 - w_3)}{(w - w_3)(w_2 - w_1)} = \frac{z_2 - z_3}{z - z_3}.$$

注意到整个过程仅仅是在形式上简单地消去方程 (1) 中关于 z_1 的因子. 容易验证，这个方法适用于其他点换成 ∞ 的情况.

例 2 在第 99 节例 2 中，指定的点为

$$z_1 = 1, z_2 = 0, z_3 = -1 \text{ 和 } w_1 = i, w_2 = \infty, w_3 = 1.$$

在此，使用方程 (1) 修改后的形式：

$$\frac{w - w_1}{w - w_3} = \frac{(z - z_1)(z_2 - z_3)}{(z - z_3)(z_2 - z_1)},$$

得到

$$\frac{w - i}{w - 1} = \frac{(z - 1)(0 + 1)}{(z + 1)(0 - 1)}.$$

由此求解 w 关于 z 的表达式，很容易就可以求出之前所得的变换：

$$w = \frac{(i+1)z + (i-1)}{2z}.$$

练　习

1. 求把 $z_1 = -1$，$z_2 = 0$，$z_3 = 1$ 分别映为 $w_1 = -i$，$w_2 = 1$，$w_3 = i$ 的分式线性变换.

提示：最简便的方法就是应用本节的公式(1).

答案：$w = \dfrac{i - z}{i + z}$.

2. 求把 $z_1 = -i$，$z_2 = 0$，$z_3 = i$ 分别映为 $w_1 = -1$，$w_2 = i$，$w_3 = 1$ 的分式线性变换. 此时，虚轴 $x = 0$ 映为了什么？

3. 求把 $z_1 = \infty$，$z_2 = i$，$z_3 = 0$ 分别映为 $w_1 = 0$，$w_2 = i$，$w_3 = \infty$ 的双线性变换.

答案：$w = -1/z$.

4. 求把不同的三个点 z_1、z_2、z_3 分别映为 $w_1 = 0$、$w_2 = 1$、$w_3 = \infty$ 的双线性变换.

答案：$w = \dfrac{(z - z_1)(z_2 - z_3)}{(z - z_3)(z_2 - z_1)}$.

5. 证明：第99节所述的结论：两个分式线性变换的复合变换仍然是分式线性变换. 为此，考虑两个分式线性变换

$$T(z) = \frac{a_1 z + b_1}{c_1 z + d_1} \quad (a_1 d_1 - b_1 c_1 \neq 0)$$

和

$$S(z) = \frac{a_2 z + b_2}{c_2 z + d_2} \quad (a_2 d_2 - b_2 c_2 \neq 0).$$

证明它们的复合变换 $S(T(z))$ 具有如下形式

$$S(T(z)) = \frac{a_3 z + b_3}{c_3 z + d_3},$$

其中，

$$a_3 d_3 - b_3 c_3 = (a_1 d_1 - b_1 c_1)(a_2 d_2 - b_2 c_2) \neq 0.$$

6. 变换 $w = f(z)$ 的不动点是指满足 $f(z_0) = z_0$ 的点 z_0. 证明：除去恒等变换 $w = z$ 外，任意分式线性变换在扩充平面上至多有两个不动点.

7. 找出以下变换的不动点（见练习6）：

(a) $w = \dfrac{z - 1}{z + 1}$;　　(b) $w = \dfrac{6z - 9}{z}$.

答案：(a) $z = \pm i$;　　(b) $z = 3$.

8. 考虑 z_2 和 w_2 都是无穷远点的情况，修改本节的方程(1). 然后证明：以 0 和 ∞ 为不动点（练习6）的分式线性变换必有形式 $w = az$（$a \neq 0$）.

9. 证明：以 0 为不动点（练习6）的分式线性变换，可以写成

$$w = \frac{z}{cz + d} \quad (d \neq 0).$$

10. 证明：存在唯一的分式线性变换，将扩充 z 平面上的三个不同点 z_1、z_2 和 z_3 分别映为扩充 w 平面上的三个不同点 w_1、w_2 和 w_3.

提示：设 T 和 S 为满足条件的两个变换. 然后指出 $S^{-1}(T(z_k)) = z_k (k = 1,2,3)$，再由练习 5 和练习 6 的结果证明 $S^{-1}(T(z)) = z$ 对任意 z 成立，这就证明了 $T(z) = S(z)$ 对任意 z 成立.

11. 利用本节方程(1)，证明：当分式线性变换将 x 轴上的点都映射到 u 轴上时，除去可能存在的复常数因子外，它的系数都是实数. 逆命题显然成立.

12. 令

$$T(z) = \frac{az + b}{cz + d} \quad (ad - bc \neq 0)$$

为除去 $T(z) = z$ 外的任意分式线性变换. 证明：

$$T^{-1} = T \text{ 当且仅当 } d = -a.$$

提示：将方程 $T^{-1}(z) = T(z)$ 写成

$$(a + d)\left[cz^2 + (d - a)z - b\right] = 0.$$

101. 上半平面的映射

本节将证明一般的分式线性变换具有以下性质：

（a）将上半平面 $\text{Im} z > 0$ 映为圆盘 $|w| < 1$，并且把上半平面的边界 $\text{Im} z = 0$ 映为圆盘的边界 $|w| = 1$（见图 121）.

我们还将证明具有上述性质的分式线性变换必然具有以下形式，反之也成立.

（b）映射具有形式

$$w = e^{i\alpha}\left(\frac{z - z_0}{z - \overline{z_0}}\right) \quad (\text{Im} z_0 > 0),$$

其中 α 为任意实数.

为证明(a)和(b)等价，我们首先假设(a)成立，证明(b)也成立，然后假设(b)成立，证明(a)也成立.

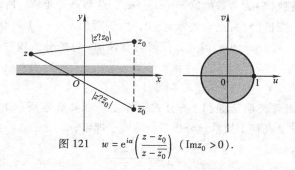

图 121　$w = e^{i\alpha}\left(\dfrac{z - z_0}{z - \overline{z_0}}\right)$ $(\text{Im} z_0 > 0)$.

（a）$\Rightarrow$（b）

牢记直线 $\text{Im} z = 0$ 上的点都映为 $|w| = 1$ 上的点. 先选取直线上的点 $z = 0$、$z = 1$ 和 $z = \infty$，并要求它们在映射

$$w = \frac{az + b}{cz + d} \quad (ad - bc \neq 0) \tag{1}$$

下的模为 1.

由式(1)可知，当 $z = 0$ 时，$|w| = 1$，故 $|b/d| = 1$，即

$$|b| = |d| \neq 0. \tag{2}$$

由第 99 节的式（6）和式（7）可知，只有当 $c \neq 0$ 时，$z = \infty$ 的象才可能为有限常数 $w = a/c$. 因此，要求当 $z = \infty$ 时，有 $|w| = 1$，也是要求 $|a/c| = 1$，即

$$|a| = |c| \neq 0, \tag{3}$$

由式（3）可将式（1）写成

$$w = \frac{a}{c} \cdot \frac{z + (b/a)}{z + (d/c)}. \tag{4}$$

因为 $|a/c| = 1$ 且可由式（2）和式（3）得到

$$\left| \frac{b}{a} \right| = \left| \frac{d}{c} \right| \neq 0,$$

所以式（4）具有以下形式，

$$w = e^{i\alpha} \left(\frac{z - z_0}{z - z_1} \right) \quad (|z_1| = |z_0| \neq 0), \tag{5}$$

其中 α 为实数，z_0 和 z_1 为非零复常数.

下面，考虑变换（5）满足条件：当 $z = 1$ 时，$|w| = 1$. 此时，

$$|1 - z_1| = |1 - z_0|,$$

或者等价于

$$(1 - z_1)(1 - \overline{z_1}) = (1 - z_0)(1 - \overline{z_0}).$$

由于 $|z_1| = |z_0|$，故 $z_1 \overline{z_1} = z_0 \overline{z_0}$，上式可化为

$$z_1 + \overline{z_1} = z_0 + \overline{z_0},$$

也就是说，$\mathrm{Re} z_1 = \mathrm{Re} z_0$. 又因为 $|z_1| = |z_0|$，所以，

$$z_1 = z_0 \text{ 或 } z_1 = \overline{z_0}.$$

如果 $z_1 = z_0$，则变换（5）为常数函数 $w = \exp(i\alpha)$，这与条件矛盾，所以 $z_1 = \overline{z_0}$.

当 $z_1 = \overline{z_0}$ 时，变换（5）将点 z_0 映为 $w = 0$，由于圆周 $|w| = 1$ 内部的点都是上半 z 平面上的点的象，故 $\mathrm{Im} z_0 > 0$. 因此，任何具有性质（a）的分式线性变换必具有形式（b）.

（b）$\Rightarrow$（a）

反过来，下面要证明形如（b）的分式线性变换都具有性质（a）. 这只要对等式（b）两边取模，并从几何上简单地分析下面的式子即可，

$$|w| = \frac{|z - z_0|}{|z - \overline{z_0}|}.$$

如果 z 在上半平面，那么它和 z_0 都在实轴的上方，实轴是连接 z_0 和 $\overline{z_0}$ 的线段的中垂线，此时 $|z - z_0|$ 小于 $|z - \overline{z_0}|$（见图 121），也就是说 $|w| < 1$. 类似地，如果 z 在下半平面，那么 $|z - z_0|$ 大于 $|z - \overline{z_0}|$，即 $|w| > 1$. 如果 z 在实轴上，那么 $|z - z_0| = |z - \overline{z_0}|$，即 $|w| = 1$. 由于从扩充 z 平面到扩充 w 平面的分式线性变换都是一一映射，至此就证明了变换（b）将上半平面 $\mathrm{Im} z > 0$ 映为圆盘 $|w| < 1$，并把上半平面的边界映为该圆盘的边界.

102. 例子

本节的第一个例子将具体说明上节所得的分式线性变换

$$w = e^{i\alpha}\left(\frac{z - z_0}{z - \bar{z}_0}\right) \quad (\operatorname{Im}z_0 > 0),\tag{1}$$

其中 α 为任意实数.

例 1　变换

$$w = \frac{i - z}{i + z}$$

可写成

$$w = e^{i\pi}\left(\frac{z - i}{z - \bar{i}}\right).$$

这是变换(1)的特殊形式. 同时，它也是上节所给的变换(b)的特殊形式，因此它具有上节所说的性质(a)(也可参考第100节练习1或附录 B 的图13, 图中指出了 Z 平面和 W 平面上对应的点).

上半平面 $\operatorname{Im}z \geqslant 0$ 在其他类型的分式线性变换下的象通过考察所给的特定变换，通常也容易确定，如下面例子所述.

例 2　记 $z = x + iy$ 和 $w = u + iv$，容易证明变换

$$w = \frac{z - 1}{z + 1}\tag{2}$$

将上半平面 $y > 0$ 映为上半平面 $v > 0$，将 x 轴映为 u 轴. 首先注意到当 z 为实数时，w 也是实数，由于实轴 $y = 0$ 的象或者是一个圆周或者是一条直线，故象必为直线 $v = 0$. 对有限 w 平面上的任意点 w, 有

$$v = \operatorname{Im}w = \operatorname{Im}\frac{(z - 1)(\bar{z} + 1)}{(z + 1)(\overline{z + 1})} = \frac{2y}{|z + 1|^2} \quad (z \neq -1).$$

故 y 和 v 的符号相同. 这表明在 x 轴上方的点与 u 轴上方的点对应，x 轴下方的点与 u 轴下方的点对应. 最后，因为 x 轴上的点与 u 轴上的点对应，并且从扩充平面到扩充平面的分式线性变换都是一一映射(第99节)，所以变换(2)具有前面所述的性质.

最后利用例 2 中的映射，讨论一个复合函数的映射.

例 3　变换

$$w = \operatorname{Log}\frac{z - 1}{z + 1}\tag{3}$$

是变换

$$Z = \frac{z - 1}{z + 1}和 w = \operatorname{Log}Z\tag{4}$$

的复合，在此取对数函数的主值支.

例 2 中式(4)的第一个变换将上半平面 $y > 0$ 映为上半平面 $Y > 0$，其中 $z = x + iy$ 和 $Z = X + iY$. 由图122可知，式(4)中的第二个变换将上半平面 $Y > 0$ 映为带形域 $0 <$

$v < \pi$，其中 $w = u + iv$. 确切地说，记 $Z = R\exp(i\Theta)$ 和
$$\text{Log}Z = \ln R + i\Theta \quad (R > 0, -\pi < \Theta < \pi),$$
则当 $Z = R\exp(i\Theta_0)(0 < \Theta_0 < \pi)$ 从原点出发沿射线 $\Theta = \Theta_0$ 运动时，它在 w 平面上的象的直角坐标为 $(\ln R, \Theta_0)$. 显然象点沿着整条平行线 $v = \Theta_0$ 向右移动. 因为当 Θ_0 从 $\Theta_0 = 0$ 到 $\Theta_0 = \pi$ 变化时，对应的直线填满带形域 $0 < v < \pi$，所以上半平面 $Y > 0$ 到带形域的映射是一一对应的. 这表明由 (4) 中的映射复合得到的变换 (3) 将上半平面 $y > 0$ 映为带形域 $0 < v < \pi$. 对应的边界点见附录 B 的图 19.

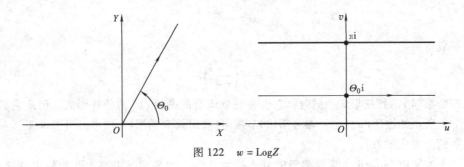

图 122 $w = \text{Log}Z$

练　习

1. 由本节例 1，变换
$$w = \frac{i - z}{i + z}$$
将上半平面 $\text{Im}\,z > 0$ 映为圆盘 $|w| < 1$，并把上半平面的边界映为该圆盘的边界. 证明：点 $z = x$ 映为点
$$w = \frac{1 - x^2}{1 + x^2} + i\,\frac{2x}{1 + x^2},$$
然后证明附录 B 中图 13 中所示的映射将图中 x 轴上的线段映为图中所示的部分.

2. 检验附录 B 中图 12 中的映射
$$w = \frac{z - 1}{z + 1}.$$

提示：将上述映射看成以下映射的复合，
$$Z = iz, W = \frac{i - Z}{i + Z}, w = -W.$$

然后参考练习 1 的证明.

3. (a) 通过确定变换
$$w = \frac{i - z}{i + z}$$
的逆变换，并参考附录 B 中图 13 所示的映射（练习 1 中已进行了验证），证明：变换
$$w = i\,\frac{1 - z}{1 + z}$$
将圆盘 $|z| \leqslant 1$ 映为上半平面 $\text{Im}\,w \geqslant 0$.

(b)证明：分式线性变换

$$w = \frac{z-2}{z}$$

可看成以下映射的复合，

$$Z = z - 1, W = i\frac{1-Z}{1+Z}, w = iW.$$

然后由(a)的结果，证明该变换将圆盘 $|z-1| \leqslant 1$ 映为左半平面 $\text{Re}w \leqslant 0$.

4. 本节的变换(1)将点 $z = \infty$ 映为圆盘 $|w| \leqslant 1$ 的边界上的点 $w = \exp(i\alpha)$. 假设当 $0 < \alpha < 2\pi$ 时，点 $z = 0$ 和 $z = 1$ 分别映为点 $w = 1$ 和 $w = \exp(i\alpha/2)$，试证明：该变换可写为

$$w = e^{i\alpha}\left[\frac{z + \exp(-i\alpha/2)}{z + \exp(i\alpha/2)}\right].$$

5. 当 $\alpha = \pi/2$ 时，练习 4 中的变换变成

$$w = \frac{iz + \exp(i\pi/4)}{z + \exp(i\pi/4)}.$$

验证该变换如图 123 中所示，将 x 轴上标记的点分别映为右图中的相应点.

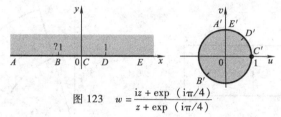

图 123 $\quad w = \dfrac{iz + \exp\ (i\pi/4)}{z + \exp\ (i\pi/4)}$

6. 证明：当 $\text{Im}z_0 < 0$ 时，本节变换(1)将下半平面 $\text{Im}z \leqslant 0$ 映为单位圆盘 $|w| \leqslant 1$.

7. 方程 $w = \log(z-1)$ 可分解为

$$Z = z - 1, w = \log Z.$$

确定 $\log Z$ 的分支，使得割去 x 轴上 $x \geqslant 1$ 部分后的 z 平面被映射 $w = \log(z-1)$ 映为 w 平面上的带形域 $0 < v < 2\pi$.

103. 指数函数的映射

本节主要向读者介绍一些以第 3 章(第30节)所讲的指数函数 e^z 作为映射的例子. 这些例子都是简单的. 我们先考虑水平线和垂线在该映射下的象.

例 1 由第 30 节可知，变换

$$w = e^z \tag{1}$$

可以记为 $w = e^x e^{iy}$，其中 $z = x + iy$. 因此，若 $w = \rho e^{i\varphi}$，则

$$\rho = e^x, \varphi = y. \tag{2}$$

在垂线 $x = c_1$ 上的点 $z = (c_1, y)$ 在 w 平面上的象具有极坐标形式 $\rho = e^{c_1}$，$\varphi = y$. 当点 z 沿直线向上运动时，它的象沿图 124 所示的圆周逆时针运动，而圆周上的点是直线上相差 2π 的整数倍的无穷多个点的象.

水平线 $y = c_2$ 被一一地映为射线 $\varphi = c_2$. 这是由于点 $z = (x, c_2)$ 在 w 平面上的象具有极坐标形式 $\rho = e^x$，$\varphi = c_2$. 因此，当点 z 沿直线从左向右运动时，它的象沿图 124

所示的射线 $\varphi = c_2$ 向外运动.

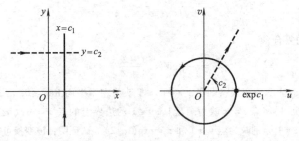

图 124　$w = e^z$

垂直线和水平线上的线段分别映为圆周和射线上的一部分，并且各种区域在该映射下的象也容易由例 1 中观察到的结果得到. 下面，我们举例说明这一点.

例 2　证明：变换 $w = e^z$ 将长方形区域 $a \leqslant x \leqslant b$，$c \leqslant y \leqslant d$ 映为区域 $e^a \leqslant \rho \leqslant e^b$，$c \leqslant \varphi \leqslant d$. 图 125 给出了这两个区域及其边界的对应关系.

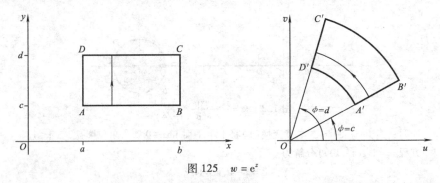

图 125　$w = e^z$

垂线段 AD 映为弧段 $\rho = e^a$，$c \leqslant \varphi \leqslant d$，记为 $A'D'$. 左图中在 AD 右侧的垂线段的象是更大的弧段，例如垂线段 BC 的象为弧段 $\rho = e^b$，$c \leqslant \varphi \leqslant d$，记为 $B'C'$. 当 $d - c < 2\pi$ 时，映射是一一对应的. 特别地，如果 $c = 0$ 且 $d = \pi$，那么 $0 \leqslant \varphi \leqslant \pi$，此时，长方形区域映为半圆环，如附录 B 中图 8 所示.

下面考虑水平线的象，以给出水平带形域的象.

例 3　当 $w = e^z$ 时，无限带形域 $0 \leqslant y \leqslant \pi$ 的象为 w 平面的上半平面 $v \geqslant 0$（见图 126）. 事实上，由例 1 可知水平线 $y = c$ 映为以原点为顶点的射线 $\varphi = c$ 的过程. 当实数 c 从 $c = 0$ 增大到 $c = \pi$ 时，这些直线在 y 轴上的截距从 0 增大到 π，射线的倾斜角也从 $\varphi = 0$ 增大到 $\varphi = \pi$. 可参看附录 B 中图 6，图中标记了两个区域的边界上的对应点.

104. 垂线段在 $w = \sin z$ 映射下的象

由第 37 节的知识可知 $\sin z = \sin x \cosh y + i \cos x \sinh y$，其中 $z = x + iy$，故变换 $w = \sin z$，其中 $w = u + iv$，u 和 v 可写成

$$u = \sin x \cosh y, \quad v = \cos x \sinh y. \tag{1}$$

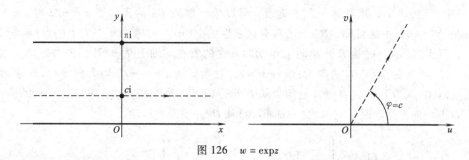

图 126 $\quad w = \exp z$

要确定一个区域在该变换下的象，常用的方法是检验垂线 $x = c_1$ 的象. 如果 $0 < c_1 < \pi/2$，那么直线 $x = c_1$ 上的点被映为

$$u = \sin c_1 \cosh y, v = \cos c_1 \sinh y \quad (-\infty < y < +\infty), \tag{2}$$

即双曲线

$$\frac{u^2}{\sin^2 c_1} - \frac{v^2}{\cos^2 c_1} = 1 \tag{3}$$

右半分支上的点. 显然，双曲线(3)的焦点为

$$w = \pm \sqrt{\sin^2 c_1 + \cos^2 c_1} = \pm 1.$$

式(2)中的第二个等式表明当点(c_1, y)沿整条直线向上运动时，它的象沿整条双曲线的分支向上运动. 如图 127 所示，直线和相应双曲线的分支，点和相应的象在图中都做了标记.

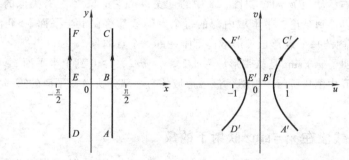

图 127 $\quad w = \sin z$

特别需要指出，存在映射将直线的上半部分$(y > 0)$映为双曲线的上半分支$(v > 0)$. 如果 $-\pi/2 < c_1 < 0$，那么直线 $x = c_1$ 映为双曲线的左半分支，如图 127 所示.

直线 $x = 0$，即 y 轴，需要进行单独讨论. 由等式(1)，点$(0, y)$的象为$(0, \sinh y)$. 因此，y 轴一一地映为 v 轴，且正 y 轴与正 v 轴对应.

下面举例说明如何确定给定区域在变换 $w = \sin z$ 下的象.

例 在此证明 $w = \sin z$ 是从 z 平面上的带形域 $-\pi/2 \leqslant x \leqslant \pi/2$，$y \geqslant 0$ 到 w 平面的上半平面 $v \geqslant 0$ 的一一映射.

为此，首先证明带形域的边界——地映为 w 平面的实轴，如图 128 所示. 在等式

（1）中，记 $x = \pi/2$ 并限定 y 为非负数，可以确定线段 BA 的象. 当 $x = \pi/2$ 时，$u =$ $\cosh y$ 且 $v = 0$，由此可知，BA 上的具有代表性的点 $(\pi/2, y)$ 映为 w 平面上的点 $(\cosh y, 0)$，且当点 $(\pi/2, y)$ 从 B 开始向上运动时，它的象在 u 轴上从 B' 开始向右运动. 水平线段 DB 上的点 $(x, 0)$ 的象为点 $(\sin x, 0)$，且当 x 从 $x = -\pi/2$ 增大到 $x = \pi/2$ 或者说点 $(x, 0)$ 从 D 运行到 B 时，它的象从 D' 运行到 B'. 当线段 DE 上的点 $(-\pi/2, y)$ 从 D 开始向上运动时，它的象 $(-\cosh y, 0)$ 从 D' 开始向左运动.

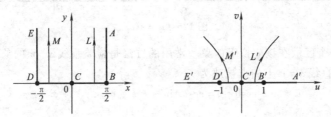

图 128　$w = \sin z$

半带形 $-\pi/2 < x < \pi/2$，$y > 0$ 内的每一点都落在半垂线 $x = c_1$，$y > 0$ $(-\pi/2 < c_1 < \pi/2)$ 上（见图128）. 注意到这些半直线的象都是不同的，且组成了整个上半平面 $v > 0$. 更确切地说，当直线 $x = c_1$ $(0 < c_1 < \pi/2)$ 的上半部分 L 向左平移至 y 轴时，它的象 L' 的开口逐渐变大且顶点 $(\sin c_1, 0)$ 向左移动至原点 $w = 0$，也就是说 L' 最终变为正 v 轴，即之前所说的正 y 轴的象. 另一方面，当 L 向该带形的边界 BA 接近时，双曲线的分支沿着 u 轴上的线段 $B'A'$ 开口逐渐变小，最终变成 u 轴上的线段，并且顶点 $(\sin c_1, 0)$ 向右移动至 $w = 1$. 对图 128 中的直线 M 和它的象 M' 也有类似的结论.

现在可以得到结论：带形域内部的每个点的象都落在上半平面 $v > 0$ 内，并且上半平面 $v > 0$ 内的每个点都是带形域内部唯一的一个点的象.

这就证明了 $w = \sin z$ 是从带形域 $-\pi/2 \leqslant x \leqslant \pi/2$，$y \geqslant 0$ 到上半平面 $v \geqslant 0$ 的一一映射，如附录 B 中图 9 所示. 显然，该带形域的右半部分映为 w 平面的第一象限，见附录 B 中图 10.

105. 水平线段在 $w = \sin z$ 映射下的象

要确定给定区域在变换 $w = \sin z$ 下的象，另一种简单办法是考虑水平线段 $y = c_2$ $(-\pi \leqslant x \leqslant \pi)$ 的象，其中 $c_2 > 0$. 由第 104 节等式（1），可知该线段的象满足参数方程：

$$u = \sin x \cosh c_2, \quad v = \cos x \sinh c_2 \quad (-\pi \leqslant x \leqslant \pi). \tag{1}$$

这事实上就是椭圆

$$\frac{u^2}{\cosh^2 c_2} + \frac{v^2}{\sinh^2 c_2} = 1, \tag{2}$$

其焦点是

$$w = \pm \sqrt{\cosh^2 c_2 - \sinh^2 c_2} = \pm 1.$$

如图 129 所示，当点 (x, c_2) 从 A 向右运动至 E 时，它的象沿椭圆按顺时针方向运动一周. 注意到正数 c_2 越小, 相应的椭圆也越小, 但焦点始终为点 $(\pm 1, 0)$. 在 $c_2 = 0$ 的情况下, 方程(1)变成

$$u = \sin x, v = 0 \quad (-\pi \leq x \leq \pi),$$

而 x 轴上的区间 $-\pi \leq x \leq \pi$ 映为 u 轴上的区间 $-1 \leq u \leq 1$. 然而, 与 $c_2 > 0$ 的情况一样, 此时该变换不是一一对应的.

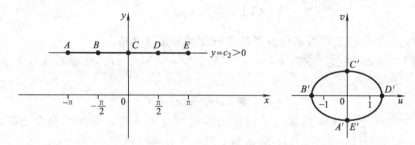

图 129　$w = \sin z$

下面的例子需要用到上述的结论.

例　矩形域 $-\pi/2 \leq x \leq \pi/2$, $0 \leq y \leq b$ 在变换 $w = \sin z$ 下一一地映为图 130 所示的半椭圆区域. 在图中边界之间的对应进行了标记. 当 L 为直线 $y = c_2$ $(-\pi/2 \leq x \leq \pi/2)$ 上的线段时, 其中 $0 < c_2 \leq b$, 它的象 L' 为椭圆(2)的上半部分. 随着 c_2 逐渐变小, L 向下逐渐接近 x 轴, 而半椭圆 L' 向下移动且逐渐变成从 $w = -1$ 到 $w = 1$ 的线段 $E'F'A'$. 事实上, 当 $c_2 = 0$ 时, 方程(1)变成

$$u = \sin x, v = 0 \quad \left(-\frac{\pi}{2} \leq x \leq \frac{\pi}{2}\right).$$

显然, 这表示一个从 EFA 到 $E'F'A'$ 的一一映射. 由于 w 平面上半椭圆内的任意点在且仅在某半个椭圆上, 或者极端情况下落在 $E'F'A'$ 上, 并且恰好是 z 平面上矩形域内的一点的象, 至此就建立了满足要求的映射. 该映射的建立还可以参考附录 B 中的图 11.

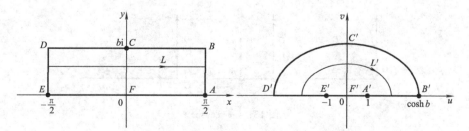

图 130　$w = \sin z$

106. 与正弦函数相关的映射

只要熟悉正弦函数的映射, 与正弦函数密切相关的其他各种函数的映射也很容

易得到.

例1 只要回顾恒等式（第37节）

$$\cos z = \sin\left(z + \frac{\pi}{2}\right)$$

便可知 $w = \cos z$ 可分解为以下映射，

$$Z = z + \frac{\pi}{2},\ w = \sin Z.$$

由此可知余弦变换就是向右平移了 $\pi/2$ 后的正弦变换.

例2 由第39节，变换 $w = \sinh z$ 可写成 $w = -i\sin(iz)$，或者看成以下变换的复合，

$$Z = iz,\ W = \sin Z,\ w = -iW.$$

因此，它是一个正弦变换和一个旋转的角度为直角的旋转变换的复合. 类似地，由于 $\cosh z = \cos(iz)$，故 $w = \cosh z$ 本质上是一个余弦变换.

例3 借助前两个例子中的恒等式

$$\sin\left(z + \frac{\pi}{2}\right) = \cos z \ \text{和} \ \cos(iz) = \cosh z,$$

可以将变换 $w = \cosh z$ 写成

$$Z = iz + \frac{\pi}{2},\ w = \sin Z. \tag{1}$$

下面利用变换（1）确定水平带形域

$$x \geqslant 0,\ 0 \leqslant y \leqslant \pi/2$$

在变换 $w = \cosh z$ 下的象.

在式（1）中的第一个变换对给定的带形域进行了角度为 $\pi/2$ 的旋转，如图131所示. 然后，如第104节和附录B中的图10所指出的，变换 $w = \sin Z$ 将所得的带形域映为 w 平面的第一象限. 图131中的边界的对应关系的验证工作留为练习.

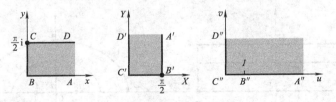

图 131　$w = \cosh z$

练　习

1. 验证：在映射 $w = \exp z$ 下，其中 $w = \rho\exp(i\varphi)$，直线 $ay = x\ (a \neq 0)$ 映为螺旋线 $\rho = \exp(a\varphi)$.

2. 考虑水平线段的象，验证：映射 $w = \exp z$ 将长方形区域 $a \leqslant x \leqslant b,\ c \leqslant y \leqslant d$ 映为区域

$e^a \leqslant \rho \leqslant e^b$，$c \leqslant \varphi \leqslant d$，如第 103 节图 125 所示.

3. 验证：附录 B 中图 7 所示的区域及其边界的映射关系，其中映射为 $w = \exp z$.

4. 确定半无限带形域 $x \geqslant 0$，$0 \leqslant y \leqslant \pi$ 在映射 $w = \exp z$ 下的象，并指出边界点的对应关系.

5. 证明：变换 $w = \sin z$ 将垂线 $x = c_1 (-\pi/2 < c_1 < 0)$ 的上半部分 $(y > 0)$ 映为第 104 节图 128 所示的双曲线(3)左半分支的上半部分 $(y > 0)$.

6. 证明：在变换 $w = \sin z$ 下，直线 $x = c_1 (\pi/2 < c_1 < \pi)$ 映为第 104 节双曲线(3)右半分支. 注意到该变换是一一对应的，且将直线的上半部分和下半部分分别映为上述分支的下半部分和上半部分.

7. 第 104 节利用半垂线证明了 $w = \sin z$ 是从开区域 $-\pi/2 < x < -\pi/2$，$y > 0$ 到上半平面 $v > 0$ 的一一映射. 利用水平线 $y = c_2 (-\pi/2 < x < \pi/2)$ 给出另一个证明方法，其中 $c_2 > 0$.

8. (a)证明：在变换 $w = \sin z$ 下，图 132 中所示的线段和弧段 $D'E'$ 是矩形域 $0 \leqslant x \leqslant \pi/2$，$0 \leqslant y \leqslant 1$ 的边界线段的象. 弧段 $D'E'$ 是以下椭圆的四分之一，

$$\frac{u^2}{\cosh^2 1} + \frac{v^2}{\sinh^2 1} = 1.$$

(b)利用水平线段证明：$w = \sin z$ 是区域 $ABDE$ 到区域 $A'B'D'E'$ 的一一映射，从而完成图 132 所示的映射.

9. 证明：在变换 $w = \sin z$ 下，x 轴上方的矩形域 $-\pi \leqslant x \leqslant \pi$，$a \leqslant y \leqslant b$ 的内部映为椭圆环的内部，如图 133 所示，该椭圆环沿着负虚轴上的线段 $-\sinh b \leqslant v \leqslant -\sinh a$ 割开. 注意到该变换在矩形域内部是一一对应的，但在边界上不是一一对应的.

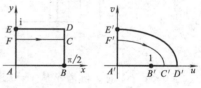

图 132 $w = \sin z$

10. 注意到 $w = \cosh z$ 可以由以下变换复合得到，

$$Z = e^z, W = Z + \frac{1}{Z}, w = \frac{1}{2}W.$$

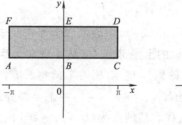 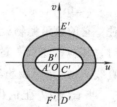

图 133 $w = \sin z$

参考附录 B 中的图 7 和图 16，证明：$w = \cosh z$ 将 z 平面上的半带形 $x \leqslant 0$，$0 \leqslant y \leqslant \pi$ 映为下半 w 平面 $v \leqslant 0$，并指出边界的对应关系.

11. (a)验证：等式 $w = \sin z$ 可写成

$$Z = i\left(z + \frac{\pi}{2}\right), W = \cosh Z, w = -W.$$

(b) 利用(a)和练习 10 的结果，证明：$w = \sin z$ 将半带形 $-\pi/2 \leqslant x \leqslant \pi/2$，$y \geqslant 0$ 映为上半

平面 $v \geqslant 0$，如附录 B 中的图 9 所示（已在第 104 节的例子和练习题 7 用不同方法分别验证）.

107. z^2 的映射

在第 2 章(第 14 节)，我们考虑变换 $w = z^2$ 的简单情况，即

$$u = x^2 - y^2, v = 2xy. \tag{1}$$

下面考虑更复杂的情况. 在第 108 节取平方根函数的一个特殊分支，并考察相关的映射 $w = z^{1/2}$.

例 1　利用式(1)证明垂直带形域 $0 \leqslant x \leqslant 1$，$y \geqslant 0$（见图134）映为图中所示的半抛物形闭域.

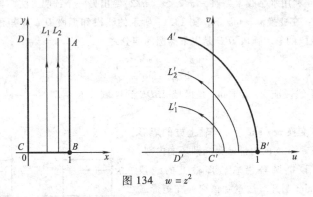

图 134　$w = z^2$

当 $0 < x_1 < 1$ 时，随着 y 从 $y = 0$ 逐渐变大，点 (x_1, y) 沿图 134 中的半垂线 L_1 向上运动. 由式(1)，此时它在 uv 平面上的象可由如下参数表达式表示，

$$u = x_1^2 - y^2, v = 2x_1 y \quad (0 \leqslant y < +\infty). \tag{2}$$

由上面的第二个等式解出 y 并代入第一个等式可知，象点 (u, v) 一定落在以原点为焦点，顶点为 $(x_1^2, 0)$ 的抛物线

$$v^2 = -4x_1^2(u - x_1^2) \tag{3}$$

上. 因为 v 关于 y 从 $v = 0$ 开始递增，由式(2)中的第二个等式可知当点 (x_1, y) 沿 L_1 从 x 轴向上运动时，它的象沿抛物线的上半部分 L_1' 从 u 轴向上运动. 此外，当 x_2 大于 x_1 且小于 1 时，相应的直线 L_2 的象为 L_1' 右侧的半抛物线 L_2'，如图 134 所示. 事实上，图中半直线 BA 的象是抛物线 $v^2 = -4(u - 1)$ 的上半部分，即图中的 $B'A'$.

由式(1)可知，半直线 CD 上的代表性的点为 $(0, y)$，$y \geqslant 0$ 映为 uv 平面上的点 $(-y^2, 0)$. 因此，点从原点开始沿 CD 运动时，它的象从原点出发沿 u 轴向左运动. 显然，当 xy 平面上的半直线向左运动时，它在 uv 平面上的象半抛物线向下收缩，逐渐变成 $C'D'$.

至此容易看出，半直线 CD 和 BA 以及它们之间的半直线的象填满了以 $A'B'C'D'$ 为边界的半抛物形闭域，而这个区域上的每一点都是边界为 $ABCD$ 的带形域上唯一一点的象. 因此，可以得到结论：半抛物形域是半带形域的象，且这两个闭区域上的点一一对应（比较附录 B 中的图3，该图中带形域的宽度是任意的）.

由 Z^2 和其他基本函数复合得到的映射通常都很有用，也很有意思.

例 2　下面证明变换 $w = \sin^2 z$ 将半无限垂直带形域 $0 \leqslant x \leqslant \pi/2$，$y \geqslant 0$ 映为上半平面 $v \geqslant 0$. 为此，记

$$Z = \sin z, w = Z^2, \tag{4}$$

并注意到第一个变换将给定区域映为 Z 平面的第一象限，如图 135 所示（见第 104 节的最后一段和附录 B 中的图 10）. 变换 (4) 中的第二个变换将 Z 平面的第一象限映为 w 平面的上半平面，这可以从第 14 节（第 2 章）关于映射 $w = z^2$ 的讨论得到.

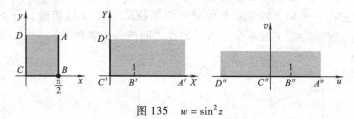

图 135　$w = \sin^2 z$

108. $z^{1/2}$ 的分支的映射

本节考虑 $z^{1/2}$ 的分支映射. 由第 10 节可知，当 $z \neq 0$ 时，$z^{1/2}$ 的值为 z 的两个根. 特别地，若使用极坐标，记

$$z = r\exp(\mathrm{i}\Theta) \quad (r > 0, -\pi < \Theta \leqslant \pi),$$

则

$$z^{1/2} = \sqrt{r}\exp\frac{\mathrm{i}(\Theta + 2k\pi)}{2} \quad (k = 0, 1), \tag{1}$$

当 $k = 0$ 时取主值. 由第 34 节，$z^{1/2}$ 还可记为

$$z^{1/2} = \exp\left(\frac{1}{2}\log z\right) \quad (z \neq 0). \tag{2}$$

取 $\log z$ 的主值支就可以得到 2 值函数 $z^{1/2}$ 的主值支 $F_0(z)$（见第 35 节），记为

$$F_0(z) = \exp\left(\frac{1}{2}\mathrm{Log}\, z\right) \quad (|z| > 0, -\pi < \mathrm{Arg}\, z < \pi).$$

由于当 $z = r\exp(\mathrm{i}\Theta)$ 时，

$$\frac{1}{2}\mathrm{Log}\, z = \frac{1}{2}(\ln r + \mathrm{i}\Theta) = \ln\sqrt{r} + \frac{\mathrm{i}\Theta}{2},$$

故

$$F_0(z) = \sqrt{r}\exp\frac{\mathrm{i}\Theta}{2} \quad (r > 0, -\pi < \Theta < \pi). \tag{3}$$

上式的右边显然就是式 (1) 的右边在 $k = 0$ 且 $-\pi < \Theta < \pi$ 时的形式. F_0 的支割线是由原点出发的射线 $\Theta = \pi$，支点为原点.

要求曲线和区域在变换 $w = F_0(z)$ 下的象，可直接取 $w = \rho\exp(\mathrm{i}\varphi)$，其中 $\rho = \sqrt{r}$ 和 $\varphi = \Theta/2$. 显然，在变换的作用下，辐角被等分，这可以简化求解的过程，且容

易发现当 $z = 0$ 时，$w = 0$.

例 容易验证 $w = F_0(z)$ 是四分之一圆盘 $0 \le r \le 2$，$0 \le \theta \le \pi/2$ 到 w 平面上的扇形 $0 \le \rho \le \sqrt{2}$，$0 \le \varphi \le \pi/4$ 的一一映射（见图136）. 为此，注意到当点 $z = r\exp(\mathrm{i}\theta_1)$ 从原点出发，沿倾角为 θ_1（$0 \le \theta_1 \le \pi/2$）且长度为 2 的半径 R_1 向外运动时，它的象 $w = \sqrt{r}\exp(\mathrm{i}\theta_1/2)$ 从 w 平面的原点出发，沿倾角为 $\theta_1/2$ 且长度为 $\sqrt{2}$ 的半径 R'_1 向外运动. 如图 136 所示，图中还标记了 R_2 和它的象 R'_2. 至此，观察图 136 可知，如果将 z 平面上的四分之一圆盘看成由其半径从 DA 开始旋转，到 DC 停止所扫过的区域，那么它在 w 平面上的象就是由对应的半径从 $D'A'$ 开始旋转，到 $D'C'$ 停止所扫过的区域. 这就建立了这两个区域上的点之间的一一映射.

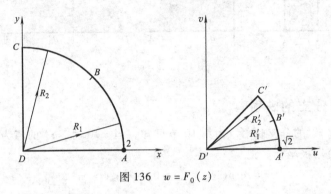

图 136　$w = F_0(z)$

当 $-\pi < \Theta < \pi$，且使用对数函数的分支

$$\log z = \ln r + \mathrm{i}(\Theta + 2\pi)$$

时，由式（2）可得 $z^{1/2}$ 的分支

$$F_1(z) = \sqrt{r}\exp\frac{\mathrm{i}(\Theta + 2\pi)}{2} \quad (r > 0, -\pi < \Theta < \pi), \tag{4}$$

这与 $k = 1$ 时式（1）的形式相同. 由于 $\exp(\mathrm{i}\pi) = -1$，故 $F_1(z) = -F_0(z)$. 因此，$\pm F_0(z)$ 表示了 $z^{1/2}$ 在区域 $r > 0$，$-\pi < \Theta < \pi$ 内所有点处的值. 如果利用式（3），扩充 F_0 的定义域使其包含射线 $\Theta = \pi$，并且要求 $F_0(0) = 0$，那么 $\pm F_0(z)$ 表示了 $z^{1/2}$ 在整个 z 平面上的值.

在式（2）中取 $\log z$ 的其他分支可以得到 $z^{1/2}$ 的其他分支. 当支割线为射线 $\theta = \alpha$ 时，对应的分支为

$$f_\alpha(z) = \sqrt{r}\exp\frac{\mathrm{i}\theta}{2} \quad (r > 0, \alpha < \theta < \alpha + 2\pi). \tag{5}$$

注意到当 $\alpha = -\pi$ 时，分支就是 $F_0(z)$，而当 $\alpha = \pi$ 时，分支就是 $F_1(z)$. 如同 F_0 时一样，可以利用式（5），通过在支割线的非零点处定义 f_α，并要求 $f_\alpha(0) = 0$，使得 f_α 在整个复平面有定义. 然而，这样的延拓在整个复平面上不连续.

最后，假设 n 为任意正整数，$n \ge 2$. 当 $z \ne 0$ 时，$z^{1/n}$ 的值为 z 的 n 次方根. 由第34节，多值函数 $z^{1/n}$ 可写成

$$z^{1/n} = \exp\left(\frac{1}{n}\log z\right) = \sqrt[n]{r}\exp\frac{\mathrm{i}(\varTheta + 2k\pi)}{n} \quad (k = 0,1,2,\cdots,n-1), \tag{6}$$

其中 $r = |z|$ 且 $\varTheta = \mathrm{Arg}z$. 前面已经讨论了 $n = 2$ 的情况. 一般情况下, 在 $r > 0$, $-\pi < \varTheta < \pi$ 上定义的函数

$$F_k(z) = \sqrt[n]{r}\exp\frac{\mathrm{i}(\varTheta + 2k\pi)}{n} \quad (k = 0,1,2,\cdots,n-1) \tag{7}$$

都是 $z^{1/n}$ 的分支. 当 $w = \rho\mathrm{e}^{\mathrm{i}\varphi}$ 时, $w = F_k(z)$ 是一个从定义域到区域

$$\rho > 0, \frac{(2k-1)\pi}{n} < \varphi < \frac{(2k+1)\pi}{n}$$

的一一映射.

$z^{1/n}$ 的 n 个分支确定了 z 在区域 $r > 0$, $-\pi < \varTheta < \pi$ 内任意一点 z 的 n 个 n 次方根. 当 $k = 0$ 时, 取主值支, 而式(5)中的其他分支也容易得到.

练　习

1. 证明: 变换 $w = z^2$ 将水平线 $y = y_1(y_1 > 0)$ 都映为以原点 $w = 0$ 为焦点的抛物线 $v^2 = 4y_1^2(u + y_1^2)$, 并指出相应的方向. (比较第 107 节例 1).

2. 利用练习 1 的结果证明: $w = z^2$ 将 x 轴上方的水平带形域 $a \leqslant y \leqslant b$ 一一映射为抛物线

$$v^2 = 4a^2(u + a^2) \text{ 和 } v^2 = 4b^2(u + b^2)$$

之间的闭区域.

3. 由第 107 节例 1 的结果指出变换 $w = z^2$ 如何将任意宽度的垂直带形域 $0 \leqslant x \leqslant c$, $y \geqslant 0$ 映为附录 B 中的图 3 所示的半抛物形闭域.

4. 修改第 107 节例 1 所进行的讨论, 证明: 当 $w = z^2$ 时, 由直线 $y = \pm x$ 和 $x = 1$ 围成的三角形闭域的象是由 v 轴上的线段 $-2 \leqslant v \leqslant 2$ 和抛物线 $v^2 = -4(u-1)$ 的一部分所围成的闭区域, 并验证图 137 中边界点的对应关系.

5. 将变换 $w = F_0(\sin z)$ 写成

$$Z = \sin z, w = F_0(Z) \quad (|Z| > 0, -\pi < \mathrm{Arg}Z < \pi).$$

注意到 $F_0(0) = 0$, 证明: 变换 $w = F_0(\sin z)$ 将半无穷带形域 $0 \leqslant x \leqslant \pi/2$, $y \geqslant 0$ 映为 w 平面的八分之一域, 如图 138 最右侧的图所示(与第 107 节例 2 比较).

提示: 参考第 104 节最后一句话.

6. 利用附录 B 中的图 9, 证明: 如果 $w = (\sin z)^{1/4}$, 取分式幂函数的主值支, 那么半无限带形域 $-\pi/2 < x < \pi/2$, $y > 0$ 映为第一象限内位于直线 $v = u$ 和 u 轴之间的区域, 并标记出边界的对应关系.

7. 由第 102 节例 2 可知, 分式线性变换

$$Z = \frac{z-1}{z+1}$$

将 x 轴, 半平面 $y > 0$ 和 $y < 0$ 分别映为 X 轴, 半平面 $Y > 0$ 和 $Y < 0$. 证明: 它将 x 轴上的线段 $-1 \leqslant x \leqslant 1$ 映为 X 轴上的 $X \leqslant 0$ 的部分. 然后证明当平方根函数取主值支时, 复合函数

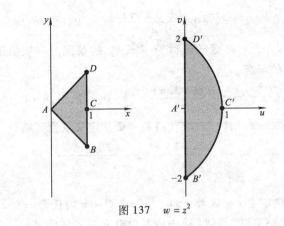

图 137　　$w = z^2$

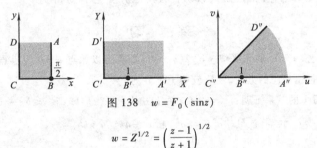

图 138　　$w = F_0(\sin z)$

$$w = Z^{1/2} = \left(\frac{z-1}{z+1}\right)^{1/2}$$

将 z 平面内除去线段 $-1 \leqslant x \leqslant 1$ 外的区域映为右半平面 $u > 0$.

8. 确定平面上的区域 $r > 0$，$-\pi < \Theta < \pi$ 在每个变换 $w = F_k(z)\,(k = 0,1,2,3)$ 下的象，其中 $F_k(z)$ 是 $z^{1/4}$ 由本节式(7)给出的四个分支. 其中 $n = 4$ 时，利用这些分支确定 i 的四个根.

109. 多项式的平方根

本章的最后三节将考虑多值函数的映射问题，相关结果在后面的章节并无应用. 读者可以直接跳到第 9 章.

例 1　二值函数 $(z - z_0)^{1/2}$ 由平移变换 $Z = z - z_0$ 和二值函数 $Z^{1/2}$ 复合得到，故 $Z^{1/2}$ 的分支确定了 $(z - z_0)^{1/2}$ 的分支. 更确切地说，当 $Z = Re^{i\theta}$ 时，由第 108 节式(5)，$Z^{1/2}$ 的分支为

$$Z^{1/2} = \sqrt{R}\exp\frac{i\theta}{2} \quad (R > 0, \alpha < \theta < \alpha + 2\pi),$$

因此，如果记

$$R = |z - z_0|, \Theta = \mathrm{Arg}(z - z_0) \text{ 和 } \theta = \arg(z - z_0),$$

那么 $(z - z_0)^{1/2}$ 的两个分支为

$$G_0(z) = \sqrt{R}\exp\frac{i\Theta}{2} \quad (R > 0, -\pi < \Theta < \pi) \tag{1}$$

和

$$g_0(z) = \sqrt{R}\exp\frac{\mathrm{i}\theta}{2} \quad (R > 0, 0 < \theta < 2\pi). \tag{2}$$

$Z^{1/2}$ 的分支 $G_0(z)$ 在 Z 平面上除去原点和射线 $\mathrm{Arg}Z = \pi$ 外的区域内有定义. 因此变换 $w = G_0(z)$ 是区域

$$|z - z_0| > 0, \ -\pi < \mathrm{Arg}(z - z_0) < \pi$$

到右半平面 $\mathrm{Re}\, w > 0$（见图 139）的一一映射. 变换 $w = g_0(z)$ 将区域

$$|z - z_0| > 0, 0 < \arg(z - z_0) < 2\pi$$

一一地映为上半平面 $\mathrm{Im}\, w > 0$.

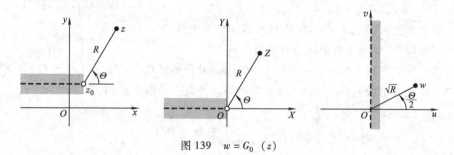

图 139 $w = G_0(z)$

例 2 这是一个较复杂但具有启发性的例子. 考虑二值函数 $(z^2 - 1)^{1/2}$. 利用对数函数的性质, 有

$$(z^2 - 1)^{1/2} = \exp\left[\frac{1}{2}\log(z^2 - 1)\right] = \exp\left[\frac{1}{2}\log(z - 1) + \frac{1}{2}\log(z + 1)\right],$$

或者

$$(z^2 - 1)^{1/2} = (z - 1)^{1/2}(z + 1)^{1/2} \quad (z \neq \pm 1). \tag{3}$$

如果 $f_1(z)$ 是 $(z - 1)^{1/2}$ 定义在开域 D_1 上的分支, $f_2(z)$ 是 $(z + 1)^{1/2}$ 定义在开域 D_2 上的分支, 那么 $f(z) = f_1(z)f_2(z)$ 是 $(z^2 - 1)^{1/2}$ 定义在开域 D_1 和 D_2 交集上的分支.

为确定 $(z^2 - 1)^{1/2}$ 的一个具体分支, 使用由式 (2) 给出的 $(z - 1)^{1/2}$ 和 $(z + 1)^{1/2}$ 的分支. 如果记

$$r_1 = |z - 1| \text{ 和 } \theta_1 = \arg(z - 1),$$

那么 $(z - 1)^{1/2}$ 的分支就是

$$f_1(z) = \sqrt{r_1}\exp\frac{\mathrm{i}\theta_1}{2} \quad (r_1 > 0, 0 < \theta_1 < 2\pi).$$

由式 (2) 给出的 $(z + 1)^{1/2}$ 的分支就是

$$f_2(z) = \sqrt{r_2}\exp\frac{\mathrm{i}\theta_2}{2} \quad (r_2 > 0, 0 < \theta_2 < 2\pi),$$

其中,

$$r_2 = |z + 1| \text{ 和 } \theta_2 = \arg(z + 1).$$

因此, 这两个分支的乘积, 即 $(z^2 - 1)^{1/2}$ 的分支 f 为

$$f(z) = \sqrt{r_1 r_2}\exp\frac{\mathrm{i}(\theta_1 + \theta_2)}{2}, \tag{4}$$

其中，

$$r_k > 0, 0 < \theta_k < 2\pi \quad (k = 1, 2).$$

如图 140 所示，f 在 z 平面上除去射线 $r_2 \geqslant 0$，$\theta_2 = 0$（即 x 轴上 $x \geqslant -1$ 的部分）外处处有定义.

由式 (4) 确定的 $(z^2 - 1)^{1/2}$ 的分支 f 可以延拓为

$$F(z) = \sqrt{r_1 r_2} \exp \frac{\mathrm{i}(\theta_1 + \theta_2)}{2}, \qquad (5)$$

其中，

$$r_k > 0, 0 \leqslant \theta_k < 2\pi (k = 1, 2) \text{ 和 } r_1 + r_2 > 2.$$

下面将证明函数 F 在其定义域，即 z 平面上除去 x 轴上的线段 $-1 \leqslant x \leqslant 1$ 外的区域内解析.

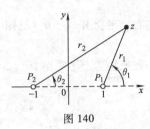

图 140

由于在 F 的定义域内除去射线 $r_1 > 0$，$\theta_1 = 0$ 外的任意点 z 处，$F(z) = f(z)$，下面只要证明 F 在射线 $r_1 > 0$，$\theta_1 = 0$ 上解析即可. 为此，考虑由式 (1) 确定的 $(z - 1)^{1/2}$ 和 $(z + 1)^{1/2}$ 的分支的乘积，即

$$G(z) = \sqrt{r_1 r_2} \exp \frac{\mathrm{i}(\Theta_1 + \Theta_2)}{2},$$

其中，

$$r_1 = |z - 1|, r_2 = |z + 1|, \Theta_1 = \mathrm{Arg}(z - 1), \Theta_2 = \mathrm{Arg}(z + 1),$$

且

$$r_k > 0, -\pi < \Theta_k < \pi \quad (k = 1, 2).$$

注意 G 在 z 平面上除去射线 $r_1 \geqslant 0$，$\Theta_1 = \pi$ 外解析. 当 z 在射线 $r_1 > 0$，$\Theta_1 = 0$ 上或者上方时，$F(z) = G(z)$，故 $\theta_k = \Theta_k (k = 1, 2)$. 当 z 在射线 $r_1 > 0$，$\Theta_1 = 0$ 下方时，$\theta_k = \Theta_k + 2\pi (k = 1, 2)$. 总之必有 $\exp(\mathrm{i}\theta_k/2) = -\exp(\mathrm{i}\Theta_k/2)$，即

$$\exp \frac{\mathrm{i}(\theta_1 + \theta_2)}{2} = \left(\exp \frac{\mathrm{i}\theta_1}{2} \right)\left(\exp \frac{\mathrm{i}\theta_2}{2} \right) = \exp \frac{\mathrm{i}(\Theta_1 + \Theta_2)}{2}.$$

故 $F(z) = G(z)$. 由于 $F(z)$ 和 $G(z)$ 在包含 $r_1 > 0, \Theta_1 = 0$ 的某个开域内相等，且 G 在该开域内解析，故 F 也在该开域内解析. 因此在图 140 中，F 在线段 $P_2 P_1$ 外处处解析.

由式 (5) 确定的函数 F 不能延拓为在线段 $P_2 P_1$ 上解析的函数. 这是因为当点 z 向下运动经过线段 $P_2 P_1$ 时，式 (5) 右边的值由 $\mathrm{i}\sqrt{r_1 r_2}$ 变成 $-\mathrm{i}\sqrt{r_1 r_2}$. 事实上，这样的延拓甚至是不连续的.

下面证明 $w = F(z)$ 是从区域 D_z 到 D_w 的一一映射，其中 D_z 是 z 平面上除去线段 $P_2 P_1$ 外的区域，而 D_w 是 w 平面上除去 v 轴上的线段 $-1 \leqslant v \leqslant 1$ 外的区域（见图 141）.

给出证明前，首先注意到当 $z = \mathrm{i}y(y > 0)$ 时，有

$$r_1 = r_2 > 1 \text{ 和 } \theta_1 + \theta_2 = \pi.$$

于是 y 轴正半轴被 $w = F(z)$ 映为 v 轴上 $v > 1$ 的部分，而 y 轴负半轴映为 v 轴上 $v < -1$ 的部分. 在 D_z 的上半部分 $y > 0$ 内的点映为 w 平面的上半部分 $v > 0$ 内的点，而在 D_z 的下半部分 $y < 0$ 内的点映为 w 平面的下半部分 $v < 0$ 内的点. 射线 $r_1 > 0$，$\theta_1 = 0$

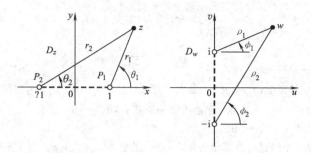

图 141　$w = F(z)$

映为 w 平面的正实轴，而射线 $r_2 > 0$，$\theta_2 = \pi$ 映为 w 平面的负实轴.

为证明变换 $w = F(z)$ 是一一对应的，注意到如果 $F(z_1) = F(z_2)$，那么 $z_1^2 - 1 = z_2^2 - 1$. 进而 $z_1 = z_2$ 或 $z_1 = -z_2$. 然而，由变换 F 关于区域 D_z 的上半部分和下半部分以及实轴落在 D_z 内的部分的映射性质，可知，不可能出现 $z_1 = -z_2$ 的情况. 也就是说，当 $F(z_1) = F(z_2)$ 时，必有 $z_1 = z_2$，故 F 是一一映射的.

要证明 F 将区域 D_z 映为区域 D_w，只需要找到一个函数 H，它将 D_w 映为 D_z 且满足当 $z = H(w)$ 时，$w = F(z)$，这表明，对 D_w 中的任意一点 w，都存在 D_z 中的一点 z，使得 $F(z) = w$，即 F 是到上的. 显然 H 是 F 的逆变换.

为确定 H，首先注意到当 w 是 $(z^2 - 1)^{1/2}$ 在特定的 z 处的值时，有 $w^2 = z^2 - 1$，因此 z 是 $(w^2 + 1)^{1/2}$ 在 w 处的值. 函数 H 是二值函数的分支

$$(w^2 + 1)^{1/2} = (w - \mathrm{i})^{1/2}(w + \mathrm{i})^{1/2} \quad (w \neq \pm \mathrm{i}).$$

类似于前面求 $F(z)$ 的过程，记 $w - \mathrm{i} = \rho_1 \exp(\mathrm{i}\varphi_1)$ 和 $w + \mathrm{i} = \rho_2 \exp(\mathrm{i}\varphi_2)$（见图141）. 令

$$\rho_k > 0, \ -\frac{\pi}{2} \leqslant \varphi_k < \frac{3\pi}{2} (k = 1, 2) \text{ 且 } \rho_1 + \rho_2 > 2,$$

则

$$H(w) = \sqrt{\rho_1 \rho_2} \exp \frac{\mathrm{i}(\varphi_1 + \varphi_2)}{2}, \tag{6}$$

定义域为 D_w. 变换 $z = H(w)$ 将 D_w 内在 u 轴上方的点和下方的点分别映为 x 轴上方的点和下方的点，将正 u 轴和负 u 轴分别映为正 x 轴上 $x > 1$ 的部分和负 x 轴上 $x < -1$ 的部分. 若 $z = H(w)$，则 $z^2 = w^2 + 1$，从而 $w^2 = z^2 - 1$. 由于 z 在 D_z 内，$F(z)$ 和 $-F(z)$ 是 $(z^2 - 1)^{1/2}$ 在 D_z 内的点处的值，故 $w = F(z)$ 或 $w = -F(z)$. 不过由 F 和 H 的映射性质可知，必有 $w = F(z)$.

现在，我们可以研究由二值函数

$$w = (z^2 + Az + B)^{1/2} = \left[(z - z_0)^2 - z_1^2\right]^{1/2} \quad (z_1 \neq 0) \tag{7}$$

的分支构成的映射，其中 $A = -2z_0$ 和 $B = z_0^2 = z_1^2$. 事实上，只要使用例 2 中确定 F 的方法，并借助下面的连续变换即可.

$$Z = \frac{z - z_0}{z_1}, W = (Z^2 - 1)^{1/2}, w = z_1 W. \tag{8}$$

练　　习

1. 本节例 2 中的函数 $(z^2 - 1)^{1/2}$ 的分支 F 是通过坐标 r_1，r_2，θ_1，θ_2 定义的. 从几何的角度说明 $r_1 > 0$，$0 < \theta_1 + \theta_2 < \pi$ 表示 z 平面的第一象限 $x > 0$，$y > 0$. 证明：$w = F(z)$ 将该象限映为 w 平面的第一象限 $u > 0$，$v > 0$.

提示：证明第一个结论时，要注意在正 y 轴上的点有 $\theta_1 + \theta_2 = \pi$，当 z 沿着射线 $\theta_2 = c (0 < c < \pi/2)$ 向右移动时，$\theta_1 + \theta_2$ 逐渐减小.

2. 在练习 1 中，$w = F(z)$ 将 Z 平面的第一象限映为 w 平面的第一象限，对于该映射证明：

$$u = \frac{1}{\sqrt{2}} \sqrt{r_1 r_2 + x^2 - y^2 - 1} \text{ 和 } v = \frac{1}{\sqrt{2}} \sqrt{r_1 r_2 - x^2 + y^2 + 1},$$

其中，

$$(r_1 r_2)^2 = (x^2 + y^2 + 1)^2 - 4x^2,$$

且双曲线 $x^2 - y^2 = 1$ 在第一象限的部分映为射线 $v = u (u > 0)$.

3. 在练习 2 中，证明在 z 平面的第一象限内并且位于双曲线下方的区域 D 可表示为 $r_1 > 0$，$0 < \theta_1 + \theta_2 < \pi/2$. 然后证明 D 映为 w 平面的 $\frac{1}{8}$ $0 < v < u$，并作图，画出区域 D 和它的象.

4. 设 F 是本节例 2 中定义的 $(z^2 - 1)^{1/2}$ 的分支，$z_0 = r_0 \exp(i\theta_0)$ 是一个给定复数，其中 $r_0 > 0$ 且 $0 \leqslant \theta_0 < 2\pi$. 证明：$(z^2 - z_0^2)^{1/2}$ 的分支 F_0 可写为 $F_0(z) = z_0 F(Z)$，这里支割线是从 z_0 到 $-z_0$ 的线段，$Z = z/z_0$.

5. 记 $z - 1 = r_1 \exp(i\theta_1)$ 和 $z + 1 = r_2 \exp(i\Theta_2)$，其中，

$$0 < \theta_1 < 2\pi \text{ 且 } -\pi < \Theta_2 < \pi,$$

定义下列函数的分支

$$\text{(a)} (z^2 - 1)^{1/2}; \quad \text{(b)} \left(\frac{z - 1}{z + 1} \right)^{1/2}.$$

要求支割线都由 $\theta_1 = 0$ 和 $\Theta_2 = \pi$ 构成.

6. 利用本节的相关记号，证明：函数

$$w = \left(\frac{z - 1}{z + 1} \right)^{1/2} = \sqrt{\frac{r_1}{r_2}} \exp \frac{i(\theta_1 - \theta_2)}{2}$$

是一个与本节函数 $w = F(z)$ 的定义域 D_z 以及支割线都一样的分支. 证明：该变换将 D_z 映为右半平面 $\rho > 0$，$-\pi/2 < \varphi < \pi/2$，其中点 $w = 1$ 是点 $z = \infty$ 的象. 然后证明其逆变换是

$$z = \frac{1 + w^2}{1 - w^2} \quad (\operatorname{Re} w > 0).$$

（比较第 108 节练习 7）.

7. 证明：练习 6 中的变换将上半 z 平面内单位圆周 $|z| = 1$ 外的区域映为 w 平面的第一象限内在直线 $v = u$ 和 u 轴之间的区域，并作图.

8. 记 $z = r \exp(i\Theta)$，$z - 1 = r_1 \exp(i\Theta_1)$，以及 $z + 1 = r_2 \exp(i\Theta_2)$，其中三个辐角的值都在

$-\pi$ 和 π 之间. 定义函数 $[z(z^2-1)]^{1/2}$ 的一个分支, 使得其支割线由 x 轴上 $x \leqslant -1$ 的部分和 $0 \leqslant x \leqslant 1$ 的部分构成.

110. 黎曼曲面

本章的最后两节将简单介绍定义在黎曼曲面上的映射. 在这里, 黎曼曲面是复平面的推广, 包含两叶以上. 该理论基于一个事实: 在黎曼曲面的每个点处, 给定的多值函数仅指定唯一一个值.

对一个给定的函数, 一旦确定了黎曼曲面, 它在这个曲面上就是单值的, 也就适用单值函数的理论. 这实际上从几何上缓解了由于函数的多值性带来的困难. 然而, 如何描述这些曲面并适当选择叶之间的连接可能会相当复杂. 在此仅考虑较简单的情况. 首先考虑对数函数 $\log z$ 的曲面.

例 1　对每一个非零常数 z, 多值函数

$$\log z = \ln r + i\theta \tag{1}$$

有无穷多个值. 为了像单值函数那样描述 $\log z$, 使用一个黎曼曲面代替去掉原点的 z 平面. 每当 z 的辐角增加 (或者减少) 2π 或者 2π 的整数倍时, $\log z$ 就对应这个曲面上一个新的点.

将去掉原点的 z 平面看作割线是正实轴的叶 R_0. 在 R_0 上, 设 θ 的范围从 0 到 2π. 设第二个叶 R_1 的割线与 R_0 相同并把它放在 R_0 前面. 将 R_0 的下边缘接到 R_1 的上边缘. 在叶 R_1 上, θ 的取值范围从 2π 到 4π, 所以当 z 由 R_1 上的点表示时, $\log z$ 的虚部的取值范围从 2π 到 4π. 接着, 用同样的割破方式得到叶 R_2 并将它放在 R_1 的前面. 将 R_1 的下边缘接到 R_2 的上边缘. 以此类推可得到叶 R_3, R_4, ⋯.

以相同的方式可以得到叶 R_{-1} 并把它放在 R_0 后面, 将它的下边缘接到 R_0 的上边缘. 在 R_{-1} 上, θ 的取值范围从 0 到 -2π. 如此继续下去, 可得其他叶 R_{-2}, R_{-3}, ⋯. 在每个叶上的点的坐标 r 和 θ 可以看成该点在原始的 z 平面上的投影的极坐标, 但需要限制每叶的角坐标 θ 的变换范围.

考虑由这些无穷多个叶连成的曲面上的任意曲线. 当点 z 沿曲线运动时, 由于 θ 和 r 都是连续变化的, 所以函数 $\log z$ 也是连续变化的. 此时对曲线上的每个点 z, $\log z$ 恰有一个值与之对应. 例如, 当点 z 在叶 R_0 上绕着原点沿图 142 所示的路径运动一周时, 其辐角 θ 从 0 变成 2π. 当它越过射线 $\theta = 2\pi$ 时, 就进入该曲面的叶 R_1. 当点 z 在 R_1 运动一周时, 其辐角 θ 从 2π 变成 4π, 且当它越过射线 $\theta = 4\pi$ 时, 就进入叶 R_2.

上述曲面就是函数 $\log z$ 的黎曼曲面, 是由无穷多个叶组成的连通曲面. 此时, $\log z$ 是该曲面上的单值函数.

变换 $w = \log z$ 将上述的黎曼曲面一一映为 w 平面. 叶 R_0 的象为带形 $0 \leqslant v \leqslant 2\pi$ (见第 102 节的例 3). 当点 z 沿图 143 所示的路径运动到叶 R_1 时, 它的象 w 向上运动并穿过直线 $v = 2\pi$.

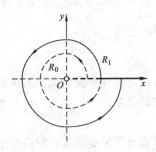

图 142

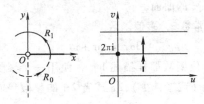

图 143

注意到在叶 R_1 上，$\log z$ 就是单值函数

$$f(z) = \ln r + i\theta \quad (0 < \theta < 2\pi)$$

向上穿过正实轴的解析延拓（第 28 节）. 从这个意义来说，$\log z$ 在黎曼曲面上不仅单值而且解析.

需要指出，叶的割线可以取负实轴或其他任意从原点出发的射线，这将给出 $\log z$ 的其他黎曼曲面.

例 2 对 z 平面上的非零点，平方根函数

$$z^{1/2} = \sqrt{r}\,e^{i\theta/2} \tag{2}$$

有两个值. $z^{1/2}$ 的黎曼曲面可以通过将 z 平面代替为由叶 R_0 和 R_1 构成的曲面得到. 在这里，叶 R_0 和 R_1 的割线都是正实轴，R_1 在 R_0 的前面，R_0 的下边缘与 R_1 的上边缘连接，R_1 的下边缘与 R_0 的上边缘连接.

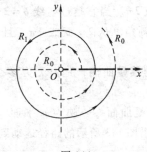

图 144

当点 z 从 R_0 的上半边缘出发，沿图 144 所示的围线绕原点逆时针运动一周时，θ 先从 0 逐渐变大为 2π，接着点 z 从叶 R_0 进入叶 R_1，在叶 R_1 上，θ 从 2π 逐渐变大为 4π．如果点 z 继续运动，它将回到 R_0，此时 θ 可能从 4π 变成 6π，也可能从 0 变成 2π，但不影响 $z^{1/2}$ 的值．注意到 $z^{1/2}$ 在点 z 从叶 R_0 进入叶 R_1 时的值与点 z 从叶 R_1 进入叶 R_0 时的值不同．这样就构造了一个黎曼曲面，使得 $z^{1/2}$ 在该曲面上每个非零的点处都是单值的．

在构造上述黎曼曲面的过程中，叶 R_0 和 R_1 的边缘以"对"的方式连接，这使得曲面是闭连通的．但是，第一对边缘上的点与第二对边缘上的点是不同的．这使得我们无法在物理上给出该黎曼曲面的模型．在想象黎曼曲面时，重点在于理解当点到达割线的边缘时，将如何继续运动．

原点是该黎曼曲面上的一个特殊点．它是两个叶的公共点，在该曲面上绕原点旋转的曲线必须旋转两周才能是闭的．在黎曼曲面上具有这样的性质的点称为支点．

因为在 R_0 上，w 的辐角是 $\theta/2$，其中 $0 \leqslant \theta/2 \leqslant \pi$，所以叶 R_0 在 $w = z^{1/2}$ 下的象为 w 平面的上半部分．类似地，叶 R_1 的象为 w 平面的下半部分．在每一叶上，函数 $z^{1/2}$ 都可以看成是该函数在另一叶越过割线的解析延拓．在这样的意义下，黎曼曲面上的单值函数 $z^{1/2}$ 在原点外处处解析．

练　习

1. 给出沿负实轴割破 z 平面得到的 $\log z$ 的黎曼曲面，并与本节例 1 比较．
2. 给出本节例 1 给出的 R_n 在 $w = \log z$ 下的象，其中 n 是任意整数．
3. 验证 $w = z^{1/2}$ 将本节例 2 中的叶 R_1 映为下半 w 平面．
4. 在 $z^{1/2}$ 的黎曼曲面上，确定在变换 $w = z^{1/2}$ 下的象是整个圆周 $|w| = 1$ 的曲线．
5. 假设 C 是本节例 2 给出的 $z^{1/2}$ 的黎曼曲面上的正向圆周 $|z-2| = 1$，其中圆周上半部分在叶 R_0 上，下半部分在叶 R_1 上．注意到在 C 上的点 z，可记为

$$z^{1/2} = \sqrt{r}\,e^{i\theta/2}，其中 4\pi - \frac{\pi}{2} < \theta < 4\pi + \frac{\pi}{2}.$$

证明：

$$\int_C z^{1/2}\,dz = 0.$$

将结果推广到不围绕支点并从一叶进入另一叶的简单闭曲线的情况以及推广到其他多值函数的情况，从而得到关于多值函数的柯西-古萨积分定理．

111.　相关函数的曲面

本节考虑由简单的多项式和平方根函数复合得到的函数的黎曼曲面．

例 1　求二值函数

$$f(z) = (z^2 - 1)^{1/2} = \sqrt{r_1 r_2}\exp\frac{i(\theta_1 + \theta_2)}{2} \tag{1}$$

的黎曼曲面，其中 $z - 1 = r_1\exp(i\theta_1)$ 且 $z + 1 = r_2\exp(i\theta_2)$．该函数的分支在第 109 节例

2 中已经给出，如图 145 所示，支割线取支点 $z = \pm 1$ 之间的线段 P_2P_1. 上面的分支要求 $r_k > 0$，$0 \leqslant \theta_k < 2\pi (k = 1, 2)$ 且 $r_1 + r_2 > 2$，在线段 P_2P_1 上无定义.

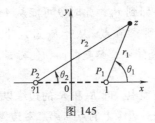

图 145

二值函数 (1) 的黎曼曲面由两叶 R_0 和 R_1 组成. 设这两叶的支割线都是 P_2P_1，并将 R_0 的下边缘与 R_1 的上边缘连接，R_1 的下边缘与 R_0 的上边缘连接.

在叶 R_0 上，设 θ_1 和 θ_2 的范围从 0 到 2π. 如果叶 R_0 上的点按顺（逆）时针方向，沿着围绕线段 P_2P_1 的简单闭曲线旋转一次，那么当点回到初始位置时，θ_1 和 θ_2 都改变了 2π，$(\theta_1 + \theta_2)/2$ 也改变了 2π，但 f 的值不变. 如果点 z 从叶 R_0 出发，沿只围绕其中一个支点 $z = 1$ 的路径旋转两次，那么它先从叶 R_0 进入叶 R_1，接着从叶 R_1 回到叶 R_0，最后才回到初始位置. 在这种情况下，θ_1 改变了 4π，而 θ_2 不变. 类似地，当路径只是围绕支点 $z = -1$ 时，θ_2 将改变 4π，而 θ_1 不变. 在这两种情况下，$(\theta_1 + \theta_2)/2$ 都改变了 2π，而 f 的值不变. 因此，在叶 R_0 上，可以通过两种方式扩展 θ_1 和 θ_2 的变化范围：以 2π 的整数倍同时改变 θ_1 和 θ_2 的变化范围或者以 4π 的整数倍改变其中一个的范围. 这两种方式都使得 θ_1 与 θ_2 之和的变化范围的改变量是 2π 的偶数倍.

为得到 θ_1 和 θ_2 在叶 R_1 上的范围，首先要注意到如果点从叶 R_0 出发，沿着只围绕其中一个支点的路径旋转一次，那么它从叶 R_0 进入叶 R_1 后不再回到叶 R_0. 此时，其中一个角改变了 2π，而另一个角不变. 因此，在叶 R_1 上，可以取其中一个角的范围从 2π 到 4π，而另一个角的范围从 0 到 2π. 那么它们的和的范围从 2π 到 4π，$f(z)$ 的辐角 $(\theta_1 + \theta_2)/2$ 的范围从 π 到 2π. 跟前面一样，扩展角的变化范围有两种方式：以 2π 的整数倍同时改变两个角的变化范围或者以 4π 的整数倍改变其中一个的范围.

至此，二值函数 (1) 可以看成前面构造的黎曼曲面上的单值函数. 函数 $w = f(z)$ 将上面出现的叶 R_0 和 R_1 都映为整个 w 平面.

例 2 考虑二值函数

$$f(z) = \left[z(z^2 - 1) \right]^{1/2} = \sqrt{rr_1r_2} \exp \frac{\mathrm{i}(\theta + \theta_1 + \theta_2)}{2} \tag{2}$$

（见图 146）. 点 $z = 0$，± 1 是该函数的支点. 注意到如果点 z 沿着围绕三个支点旋转得到一个围线，那么 $f(z)$ 的辐角改变 3π 且函数值也发生改变. 因此，要得到 f 的单值分支，支割线必须从某个支点出发延伸到无穷远点. 故无穷远点也是一个支点. 这可以通过考察 $f(1/z)$ 的分支点 $z = 0$ 理解.

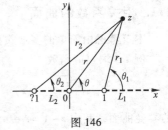

图 146

设两个叶是由沿着从 $z = -1$ 到 $z = 0$ 的线段 L_2 以

及正实轴上 $z=1$ 右侧的部分 L_1 割破平面得到的. 规定角 θ、θ_1 和 θ_2 在叶 R_0 上的范围从 0 到 2π，而在叶 R_1 上的范围从 2π 到 4π. 同时规定在每叶上，一个点对应的三个角的取值范围可以改变 2π 的整数倍，但必须保证三个角之和的取值范围的改变量是 4π 的整数倍. 在上述规定下，即使角的取值范围发生改变，f 的值也保持不变.

　　分别沿着 L_1 和 L_2 连接 R_0 的下边缘和 R_1 的上边缘，就可以得到二值函数(2)的黎曼曲面. 此时，R_1 的下边缘分别沿着 L_1 和 L_2 与 R_0 的上边缘沿着 L_1 和 L_2 对应相连. 由图 146 容易验证，该函数的一个分支可以由它在叶 R_0 上的点处的值表示，而另一个分支则可以由它在叶 R_1 上的点处的值表示.

练　　习

1. 给出三值函数 $w=(z-1)^{1/3}$ 的黎曼曲面，并指出该曲面的每一叶的象分别是 w 平面的哪个三分之一平面.

2. 在本节例 2 中，函数 $w=f(z)$ 在黎曼曲面上的每个点仅有一个 w 值与之对应. 证明：对每一个 w，一般对应着黎曼曲面上的三个点.

3. 求多值函数

$$f(z)=\left(\frac{z-1}{z}\right)^{1/2}$$

的黎曼曲面.

4. 注意到本节例 1 给出的 $(z^2-1)^{1/2}$ 的黎曼曲面，也是函数

$$g(z)=z+(z^2-1)^{1/2}$$

的黎曼曲面. 用 f_0 表示 $(z^2-1)^{1/2}$ 在叶 R_0 上的分支，证明：g 在这两个叶上的分支 g_0 和 g_1 由下面的方程给出，

$$g_0(z)=\frac{1}{g_1(z)}=z+f_0(z).$$

5. 在练习 4 中，$(z^2-1)^{1/2}$ 的分支 f_0 可由下面的方程给出，

$$f_0(z)=\sqrt{r_1 r_2}\left(\exp\frac{i\theta_1}{2}\right)\left(\exp\frac{i\theta_2}{2}\right),$$

其中 θ_1 和 θ_2 的取值范围从 0 到 2π，且

$$z-1=r_1\exp(i\theta_1), z+1=r_2\exp(i\theta_2).$$

注意到

$$2z=r_1\exp(i\theta_1)+r_2\exp(i\theta_2),$$

证明：函数 $g(z)=z+(z^2-1)^{1/2}$ 的分支 g_0 可写成

$$g_0(z)=\frac{1}{2}\left(\sqrt{r_1}\exp\frac{i\theta_1}{2}+\sqrt{r_2}\exp\frac{i\theta_2}{2}\right)^2.$$

　　计算 $g_0(z)\overline{g_0(z)}$，并注意到对任意的 z，有 $r_1+r_2\geqslant 2$ 和 $\cos[(\theta_1-\theta_2)/2]\geqslant 0$，由此证明 $|g_0(z)|\geqslant 1$. 然后证明变换 $w=z+(z^2-1)^{1/2}$ 将叶 R_0 映为区域 $|w|\geqslant 1$，将 R_1 映为区域 $|w|\leqslant 1$，将介于 $z=\pm 1$ 之间的支割线映为圆周 $|w|=1$. 这里使用的变换实际上是下面的变换的逆变换，

$$z=\frac{1}{2}\left(w+\frac{1}{w}\right).$$

第9章

共形映射

本章将介绍共形映射的概念，重点叙述共形映射和调和函数（第 27 节）之间的联系. 在第 10 章中，我们将会探讨其在物理问题中的应用.

112. 保角性和伸缩因子

设 C 为一条光滑曲线（第 43 节），它由下式

$$z = z(t) \quad (a \leqslant t \leqslant b)$$

给出. 设 $f(z)$ 为定义在 C 上的函数，

$$w = f(z(t)) \quad (a \leqslant t \leqslant b)$$

为 C 的象 Γ 在映射 $w = f(z)$ 下的参数表达式.

假设 C 通过点 $z_0 = z(t_0)(a < t_0 < b)$，而 f 在 z_0 处解析并且满足 $f'(z_0) \neq 0$. 由链式法则（第 43 节练习 5），若 $w(t) = f(z(t))$，则

$$w'(t_0) = f'(z(t_0))z'(t_0), \tag{1}$$

这表明（见第 9 节）

$$\arg w'(t_0) = \arg f'(z(t_0)) + \arg z'(t_0). \tag{2}$$

式（2）对于探讨 C 在点 z_0 以及 Γ 在点 $w_0 = f(z_0)$ 处的方向上非常有用.

具体来说，假设 θ_0，φ_0 分别表示 $z'(t_0)$，$w'(t_0)$ 的辐角. 由第 43 节末尾文字关于单位切向量 T 的讨论，我们知道，θ_0 为 C 在 z_0 处的有向切线的倾角，φ_0 为 Γ 在点 $w_0 = f(z_0)$ 处的有向切线的倾角（见图 147）. 由式（2）知，$f'(z(t_0))$ 的辐角 ψ_0 满足

$$\varphi_0 = \psi_0 + \theta_0. \tag{3}$$

因而 $\varphi_0 - \theta_0 = \psi_0$，我们发现 φ_0 和 θ_0 相差一个旋转角

$$\psi_0 = \arg f'(z_0). \tag{4}$$

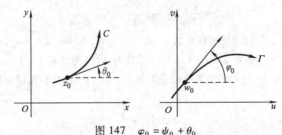

图 147　$\varphi_0 = \psi_0 + \theta_0$

现在设 C_1 和 C_2 为过点 z_0 的两条光滑曲线，θ_1 和 θ_2 分别为 C_1 和 C_2 在点 z_0 处的有向切线的倾角．前面的论断表明

$$\varphi_1 = \psi_0 + \theta_1 \text{ 和 } \varphi_2 = \psi_0 + \theta_2$$

分别为曲线 Γ_1 和 Γ_2 在点 $w_0 = f(z_0)$ 处的有向切线的倾角．因此 $\varphi_2 - \varphi_1 = \theta_2 - \theta_1$，即从 Γ_1 到 Γ_2 的交角 $\varphi_2 - \varphi_1$ 与从 C_1 到 C_2 的交角 $\theta_2 - \theta_1$ 有着相同的大小和方向．这些交角在图 148 中都记为 α．

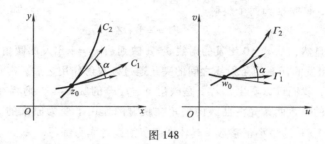

图 148

根据映射保角的性质，若 f 在 z_0 处解析且 $f'(z_0) \neq 0$，我们称映射 $w = f(z)$ 在点 z_0 处是保形的．实际上，这样的映射在点 z_0 的某邻域的每个点处都是保形的，因为 f 在 z_0 某邻域是解析的（第 25 节），其导数 f' 在该邻域连续（第 57 节），由第 18 节定理 2 可知，存在 z_0 的一个邻域，使得该邻域内的点满足 $f'(z) \neq 0$．

定义在开域 D 上的映射 $w = f(z)$，若在 D 上每一点处都是保形的，则称其为保形变换或共形映射．换句话说，若映射 f 在 D 上解析且其导数 f' 在 D 上没有零点，则 f 为 D 上的共形映射．第 3 章中研究的每个初等函数都可以定义成某个开域上的共形映射．

例 1　映射 $w = e^z$ 为整个 z 平面上的共形映射，因为对每个 z 都有 $(e^z)' = e^z \neq 0$．考虑 z 平面上的任意两条直线 $x = c_1$ 和 $y = c_2$，它们的方向分别是向上和向右．由第 103 节例 1 可知，它们在映射 $w = e^z$ 下的象分别是以原点为圆心的正向圆周和一条从原点出发的射线．如第 103 节图 124 所示，两直线的交角，圆周与射线在 w 平面相应点处的交角都是负方向上的一个直角．映射 $w = e^z$ 的保形性也可以从附录 B 中的图 7 和图 8 看出．

例 2　考虑两条光滑的曲线 $u(x,y) = c_1$ 和 $v(x,y) = c_2$，其中 $u(x,y)$ 和 $v(x,y)$ 分别是函数

$$f(z) = u(x,y) + iv(x,y)$$

的实部和虚部．设两曲线的交点为 z_0，f 在该点处解析且 $f'(z_0) \neq 0$．映射 $w = f(z)$ 在 z_0 处是保形的，它将两曲线映成在 $w_0 = f(z_0)$ 处垂直的两直线 $u = c_1$ 和 $v = c_2$．故由我们的结论可知，两曲线在 z_0 处也是垂直的．这在第 27 节的练习 2 至练习 6 中已经验证和说明．

一个映射若保持两条光滑曲线的夹角的大小，但不一定保持方向，则称其为保角映射．

例 3　映射 $w = \bar{z}$ 为实轴上的一个反射，它是保角但不保形的．若再构建一个共形映射，则得到的映射 $w = f(\bar{z})$ 还是保角而不保形的．

设 f 不为常数且在 z_0 处解析，若还满足 $f'(z_0) = 0$，则称 z_0 为映射 $w = f(z)$ 的临界点．

例 4　点 $z_0 = 0$ 为映射

$$w = 1 + z^2$$

的一个临界点，该映射为两个映射

$$Z = z^2 \text{ 和 } w = 1 + Z$$

的复合映射．显然，从 $z_0 = 0$ 出发的射线 $\theta = \alpha$ 映到从 $w_0 = 1$ 出发的倾角为 2α 的射线，而且从 $z_0 = 0$ 出发的任意两条射线之间的夹角通过该映射作用之后，夹角加倍．

一般来说，我们可以看出，若 z_0 是映射 $w = f(z)$ 的临界点，则存在整数 m（$m \geqslant 2$），使得过 z_0 的任意两条光滑曲线的夹角在映射的作用下变为原来的 m 倍．整数 m 是满足 $f^{(m)}(z_0) \neq 0$ 的最小正整数．具体证明留给读者作为练习．

设映射 $w = f(z)$ 在 z_0 处是保形的，通过考虑 $f'(z_0)$ 的模，我们得到它的另一个性质．由导数的定义以及第 18 节练习 7 中推导的涉及模的极限的性质，可知

$$|f'(z_0)| = \left| \lim_{z \to z_0} \frac{f(z) - f(z_0)}{z - z_0} \right| = \lim_{z \to z_0} \frac{|f(z) - f(z_0)|}{|z - z_0|}. \tag{5}$$

这里，$|z - z_0|$ 为连接 z_0 与 z 的线段的长度，而 $|f(z) - f(z_0)|$ 为 w 平面上连接 $f(z_0)$ 和 $f(z)$ 的线段的长度．显然，若 z 接近点 z_0，则两个长度的比

$$\frac{|f(z) - f(z_0)|}{|z - z_0|}$$

约等于 $|f'(z_0)|$ 的值．我们注意到，若 $|f'(z_0)|$ 大于 1，则表示伸展，若小于 1，则表示收缩．

通常，虽然旋转角 $\arg f'(z)$ 与伸缩因子 $|f'(z_0)|$ 随不同的点而变化，但是由 f' 的连续性（见第 57 节）可知，在 z_0 附近的点 z 处，它们的大小与 $\arg f'(z_0)$ 和 $|f'(z_0)|$ 相近．因此，从具有大致相同形状的意义上说，z_0 的邻域内的一个小的区域的象与原区域保形．然而，一个大区域在映射作用下的象却可能与原区域相差甚远．

113. 两个例子

下面两个例子密切相关．其目的在于进一步描述在 z 平面上从一点到另一点的保角性和伸缩因子的变化．

例 1　函数

$$f(z) = z^2 = x^2 - y^2 + i2xy$$

是整函数，其导数 $f'(z) = 2z$ 仅在原点处等于零，因此，变换 $w = f(z)$ 在两条半直线

$$y = x(x \geqslant 0) \text{ 和 } x = 1(y \geqslant 0) \tag{1}$$

的交点 $z_0 = 1 + i$ 处是保形的．将两条半直线分别记为 C_1 和 C_2（见图 149），并且设向上为

正方向. 可以看到, 从 C_1 到 C_2 的交角为 $\pi/4$. 因为点 $z=(x, y)$ 的象在 w 平面的坐标为

$$u = x^2 - y^2 \text{ 且 } v = 2xy, \tag{2}$$

所以半直线 C_1 映到曲线 Γ_1 上, 其参数方程为

$$u = 0, v = 2x^2 \quad (0 \leqslant x < +\infty). \tag{3}$$

故 Γ_1 是 v 轴的上半轴 $v \geqslant 0$. 而半直线 C_2 映到曲线 Γ_2 上, 其方程为

$$u = 1 - y^2, v = 2y \quad (0 \leqslant y < +\infty). \tag{4}$$

在方程(4)中消去变量 y, 可知 Γ_2 是抛物线 $v^2 = -4(u-1)$ 的上半部分. 注意到, 在其中任意一种情况下, 曲线的正方向都是向上的.

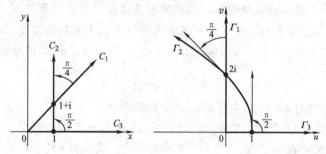

图 149　$w = z^2$

若 u 和 v 为式(4)所示曲线 Γ_2 的两个变量, 则

$$\frac{\mathrm{d}v}{\mathrm{d}u} = \frac{\mathrm{d}v/\mathrm{d}y}{\mathrm{d}u/\mathrm{d}y} = \frac{2}{-2y} = -\frac{2}{v}.$$

特别地, 当 $v = 2$ 时, $\mathrm{d}v/\mathrm{d}u = -1$. 因此, 正如该映射在点 $z = 1 + \mathrm{i}$ 处的保形性所要求的那样, 在点 $w = f(1 + \mathrm{i}) = 2\mathrm{i}$ 处, 从曲线 Γ_1 到 Γ_2 的交角为 $\pi/4$. 当然, 在点 $z = 1 + \mathrm{i}$ 处的旋转角 $\pi/4$ 取值于

$$\arg[f'(1+\mathrm{i})] = \arg[2(1+\mathrm{i})] = \frac{\pi}{4} + 2n\pi \quad (n = 0, \pm 1, \pm 2, \cdots).$$

而在该点处的伸缩因子为

$$|f'(1+\mathrm{i})| = |2(1+\mathrm{i})| = 2\sqrt{2}.$$

　　例 2　在图 150 中, 考虑同例 1 中的半直线 C_2 和新的半直线 C_3. 如图 150 所示, 这两条直线相交于点 $z_0 = 1$, 其正方向为箭头方向.

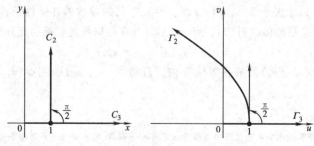

图 150　$w = z^2$

如例 1 一样，考虑变换 $w = z^2$. 此时的象保持不变. 由于在 C_3 上，$y = 0$，由式 (2) 可知，C_3 的象 $\varGamma_3$ 为

$$u = x^2, v = 0 \quad (0 \leqslant x < +\infty).$$

这表明 z 平面上 C_2 和 C_3 的夹角映射到 w 平面上时保持不变.

最后，我们指出在 C_2 和 C_3 的交点 $z_0 = 1$ 处，其伸缩因子为 $|f'(1)| = 2$，如图 150 所示.

114. 局部逆变换

若映射 $w = f(z)$ 在点 z_0 处保形，则称映射在该点处具有局部逆变换. 即若 $w_0 = f(z_0)$，则存在唯一一个定义在 w_0 的一邻域 N 内且在其上解析的映射 $z = g(w)$，使得 $g(w_0) = z_0$ 且对 N 内所有的点 w，满足 $f(g(w)) = w$. 此外，$g(w)$ 的导数满足

$$g'(w) = \frac{1}{f'(z)}. \tag{1}$$

由式 (1) 可知，映射 $z = g(w)$ 本身在 w_0 处是保形的.

实际上，设 $w = f(z)$ 在 z_0 处是保形的，我们来验证逆变换的存在性. 这是高等微积分中的一个直接结果.[*] 正如第 112 节所指出的，映射 $w = f(z)$ 在 z_0 处保形，表明存在 z_0 的某个邻域，使得 f 在该邻域内解析. 因此，若记

$$z = x + \mathrm{i}y, z_0 = x_0 + \mathrm{i}y_0 \text{ 且 } f(z) = u(x, y) + \mathrm{i}v(x, y),$$

则存在点 (x_0, y_0) 的一个邻域，使得 $u(x, y)$ 和 $v(x, y)$ 以及它们的任意阶偏导数在该邻域内连续 (见第 57 节).

这里，两个等式

$$u = u(x, y), v = v(x, y) \tag{2}$$

表示将上面提到的邻域映到 uv 平面的一个映射. 进而，在点 (x_0, y_0) 处，该映射的雅可比行列式

$$J = \begin{vmatrix} u_x & u_y \\ v_x & v_y \end{vmatrix} = u_x v_y - v_x u_y$$

不为 0. 由于映射 $w = f(z)$ 在 z_0 处保形，利用柯西-黎曼方程 $u_x = v_y$，$u_y = -v_x$，可知 J 可以写成

$$J = (u_x)^2 + (v_x)^2 = |f'(z)|^2,$$

并且 $f'(z_0) \neq 0$. 以上关于 $u(x, y)$、$v(x, y)$ 和它们的导数的连续性条件，以及雅可比行列式的相关结论是确保映射 (2) 在点 (x_0, y_0) 处存在局部逆变换的充分条件. 即若

$$u_0 = u(x_0, y_0) \text{ 且 } v_0 = v(x_0, y_0), \tag{3}$$

则存在定义在点 (u_0, v_0) 的某一邻域 N 内，且将点 (u_0, v_0) 映到点 (x_0, y_0) 的唯一一个连续映射

---

[*] 这里引用的高等微积分的相关结果可参考 A. E. Taylor 和 W. R. Mann，《高等微积分》，第 3 版，241-247，1983

$$x = x(u,v), y = y(u,v), \tag{4}$$

使得当方程（4）成立时，方程（2）也同时成立. 另外，式（4）中的函数在邻域 N 内，除了本身连续外，还具有一阶连续偏导数，满足

$$x_u = \frac{1}{J}v_y, x_v = -\frac{1}{J}u_y, y_u = -\frac{1}{J}v_x, y_v = \frac{1}{J}u_x. \tag{5}$$

若记 $w = u + \mathrm{i}v$，$w_0 = u_0 + \mathrm{i}v_0$，且

$$g(w) = x(u,v) + \mathrm{i}y(u,v), \tag{6}$$

则映射 $z = g(w)$ 显然为原映射 $w = f(z)$ 在 z_0 处的局部逆变换. 映射（2）和映射（4）可以写成

$$u + \mathrm{i}v = u(x,y) + \mathrm{i}v(x,y) \text{ 和 } x + \mathrm{i}y = x(u,v) + \mathrm{i}y(u,v).$$

上面两个表达式与

$$w = f(z) \text{ 和 } z = g(w)$$

是一致的，其中 g 具有我们所要求的性质. 这里，式（5）表明 g 在 N 内解析. 详细证明，包括前面 $g'(w)$ 的式（1）的证明留为练习.

例 由第112节例1可知，若 $f(z) = \mathrm{e}^z$，则映射 $w = f(z)$ 在 z 平面上处处保形，特别地，在点 $z_0 = 2\pi\mathrm{i}$ 处保形. 点 z_0 对应的象是点 $w_0 = 1$. 若将 w 平面上的点表示成 $w = \rho\exp(\mathrm{i}\varphi)$ 的形式，则通过记 $g(w) = \log w$，可以得到映射在 z_0 处的局部逆变换，其中 $\log w$ 表示对数函数限制在 w_0 的不包含原点的任一邻域上的一个分支

$$\log w = \ln\rho + \mathrm{i}\varphi \quad (\rho > 0, \pi < \theta < 3\pi).$$

可以看出，

$$g(1) = \ln 1 + \mathrm{i}2\pi = 2\pi\mathrm{i},$$

并且若 w 属于该邻域，则

$$f(g(w)) = \exp(\log w) = w.$$

另外，由方程（1），可知

$$g'(w) = \frac{\mathrm{d}}{\mathrm{d}w}\log w = \frac{1}{w} = \frac{1}{\exp z}.$$

注意到，若取 $z_0 = 0$，我们可以把 g 定义为对数函数的主值支

$$\mathrm{Log}\, w = \ln\rho + \mathrm{i}\varphi \quad (\rho > 0, -\pi < \varphi < \pi),$$

这时，$g(1) = 0$.

练 习

1. 设 $w = z^2$，求出该映射在点 $z_0 = 2 + \mathrm{i}$ 处的旋转角，并且选取某个特殊曲线进行说明. 证明该点处的伸缩因子为 $2\sqrt{5}$.

2. 计算映射 $w = 1/z$ 在下列点处的旋转角：

（a）$z_0 = 1$；　（b）$z_0 = \mathrm{i}$.

答案：（a）π；　（b）0.

3. 证明：直线 $y = x - 1$ 和 $y = 0$ 在映射 $w = 1/z$ 下的象分别是圆周 $u^2 + v^2 - u - v = 0$ 和直线

$v=0$. 画出四条曲线，确定其相应的方向，并证明该映射在点 $z_0=1$ 处保形.

4. 证明：映射 $w=z^n$ $(n=1,2,\cdots)$ 在非零的点 $z_0=r_0\exp(i\theta_0)$ 处的旋转角为 $(n-1)\theta_0$，并计算映射在该点处的伸缩因子.

答案：nr_0^{n-1}.

5. 证明：映射 $w=\sin z$ 在除了点

$$z=\frac{\pi}{2}+n\pi \quad (n=0,\pm 1,\pm 2,\cdots)$$

外的所有的点处保形. 注意到，这与附录 B 中的图 9、图 10 和图 11 中的有向线段的映射是一致的.

6. 找出映射 $w=z^2$ 在下列点处的局部逆变换：

（a）$z_0=2$； （b）$z_0=-2$； （c）$z_0=-i$.

答案：（a）$w^{1/2}=\sqrt{\rho}e^{i\varphi/2}(\rho>0,-\pi<\varphi<\pi)$； （b）$w^{\frac{1}{2}}=\sqrt{\rho}e^{i\varphi/2}(\rho>0,\pi<\varphi<2\pi)$

（c）$w^{1/2}=\sqrt{\rho}e^{i\varphi/2}(\rho>0,2\pi<\varphi<4\pi)$.

7. 第 114 节指出，由式（6）定义的局部逆变换 $g(w)$ 的两部分 $x(u,v)$ 和 $y(u,v)$ 在邻域 N 内连续且具有一阶连续偏导数. 现利用该节中的式（5），证明：柯西-黎曼方程 $x_u=y_v$，$x_v=-y_u$ 在邻域 N 中成立，并进一步得到 $g(w)$ 在该邻域内解析的结论.

8. 设 $z=g(w)$ 为共形映射 $w=f(z)$ 在 z_0 处的局部逆变换，证明：在 g 解析的一邻域 N 内（练习 7）的任意点 w 满足

$$g'(w)=\frac{1}{f'(z)}.$$

提示：从 $f(g(w))=w$ 着手，并利用复合函数求导的链式法则.

9. 设 C 为开域 D 内的一条光滑曲线，映射 $w=f(z)$ 在该开域保形，Γ 表示 C 在该映射下的象，证明：Γ 也是一条光滑曲线.

10. 设函数 f 在点 z_0 处解析，且对某个正整数 $m(m\geq 1)$，满足

$$f'(z_0)=f''(z_0)=\cdots=f^{(m-1)}(z_0)=0, f^{(m)}(z_0)\neq 0.$$

记 $w_0=f(z_0)$.

（a）利用 f 在 z_0 处的泰勒级数，证明：存在 z_0 的一个邻域，使得在该邻域内，$f(z)-w_0$ 可以写成

$$f(z)-w_0=(z-z_0)^m\frac{f^{(m)}(z_0)}{m!}[1+g(z)],$$

其中 $g(z)$ 在 z_0 处连续且 $g(z_0)=0$.

（b）设 Γ 为光滑曲线 C 在映射 $w=f(z)$ 下的象，如第 112 节图 147 所示. 注意到，图中倾角 θ_0 和 φ_0 分别为当 z 沿着曲线 C 趋于 z_0 时，$z-z_0$ 和 $f(z)-w_0$ 对应辐角的极限. 现利用（a）中结论证明 θ_0 和 φ_0 满足下式，

$$\varphi_0=m\theta_0+\arg f^{(m)}(z_0).$$

（c）设 α 为两条光滑曲线 C_1 和 C_2 在 z_0 处的交角，如第 112 节图 148 之左图所示. 由结论（b）中关系式，证明：曲线 Γ_1 和 Γ_2 在 $w_0=f(z_0)$ 点处的对应交角为 $m\alpha$. （注意到当 $m=1$ 时，映射在 z_0 处保形，并且当 $m\geq 2$ 时，z_0 为临界点）.

115. 调和共轭

由第 27 节可知，若函数

$$f(z) = u(x,y) + iv(x,y)$$

在区域 D 内解析，则实值函数 u 和 v 在该区域内调和. 也就是说，它们在 D 内具有一阶和二阶的连续偏导数，且满足拉普拉斯方程

$$u_{xx} + u_{yy} = 0, v_{xx} + v_{yy} = 0. \tag{1}$$

前面，我们已经知道，u 和 v 的一阶偏导数满足柯西-黎曼方程

$$u_x = v_y, u_y = -v_x, \tag{2}$$

并且如第 27 节所述，v 称为 u 的调和共轭. 注意，这里的共轭的意义与第 6 节中定义 $\bar{z}$ 时的意义不同.

以下定理表明解析函数与调和共轭之间的关系.

定理 1　函数 $f(z) = u(x, y) + iv(x, y)$ 在区域 D 内解析当且仅当 v 是 u 的调和共轭.

本定理的证明是简单的. 如果 v 是 u 在区域 D 内的调和共轭，那么柯西-黎曼方程 (2) 成立，再由第 23 节的定理可知 $f(z)$ 在区域 D 内解析. 反之，如果 $f(z)$ 在区域 D 内解析，那么由本节第一段可知 u 和 v 在区域 D 内调和，再由第 21 节的定理可知柯西-黎曼方程 (2) 也成立，故 v 是 u 在区域 D 内的调和共轭.

下面举例说明当 v 是 u 在某个区域内的共轭调和函数时，u 通常不是 v 在该区域内的共轭调和函数（也可参考本节练习 3 和练习 4）.

例 1　假设

$$u(x,y) = x^2 - y^2 \text{ 和 } v(x,y) = 2xy.$$

由于这两个函数分别是解析函数 $f(z) = z^2$ 的实部和虚部，故 v 是 u 在整个复平面上的调和共轭. 但 u 不可能是 v 的调和共轭. 这可以从第 26 节练习 2(b) 的结论得知，该练习证明了函数 $2xy + i(x^2 - y^2)$ 处处不解析.

为此，接下来我们将介绍求给定调和函数的共轭调和函数的方法.

例 2　函数

$$u(x,y) = 2x(1 - y) = 2x - 2xy \tag{3}$$

显然在整个 xy 平面上调和. 由于共轭调和函数 $v(x, y)$ 与 $u(x, y)$ 满足柯西-黎曼方程 (2). 由其中第一个式子，即

$u_x = v_y$，可得 $2 - 2y = v_y$. 也就是

$$v_y(x,y) = 2 - 2y.$$

固定 x，并对上式左、右两边关于 y 积分，得到

$$v(x, y) = 2y - y^2 + g(x), \tag{4}$$

其中，$g(x)$ 是关于 x 的待定的可导函数.

接着由方程 (2) 的第二个式子 $u_y = -v_x$，可得 $-2x = -g'(x)$，即 $g'(x) = 2x$. 因此，$g(x) = x^2 + C$，其中 C 为任意实数. 由式 (4)，得到 $u(x, y)$ 的调和共轭

$$v(x,y) = 2y - y^2 + x^2 + C. \tag{5}$$

相应的解析函数为

$$f(z) = 2x(1 - y) + i(2y - y^2 + x^2 + C). \tag{6}$$

容易得到该函数的另一形式为 $f(z)=2z+\mathrm{i}(z^2+C)$，且由式（6）可知，当 $y=0$ 时，$f(x)=2x+\mathrm{i}(x^2+C)$. 由于 $v(x,y)$ 是唯一的，至多只相差一个常数（练习 5），一般总是取 $C=0$，故 $f(z)=2z+\mathrm{i}z^2$.

下面将证明对在单连通域（第 52 节）内给定的调和函数 $u(x,y)$ 的共轭调和函数的存在性.

定理 2 若调和函数 $u(x,y)$ 定义在单连通域 D 上，那么它在 D 内必存在共轭调和函数 $v(x,y)$.

为证明本定理，我们首先回顾一下高等微积分中关于线积分的几个重要结论.[*] 设 $P(x,y)$ 和 $Q(x,y)$ 在 xy 平面内的单连通区域 D 内具有一阶连续偏导数，(x_0,y_0) 和 (x,y) 为 D 内任意两点. 若 $P_y=Q_x$ 在 D 内处处成立，则只要所取围线 C 完全包含在 D 内，则从点 (x_0,y_0) 到点 (x,y) 的线积分

$$\int_C P(s,t)\,\mathrm{d}s+Q(s,t)\,\mathrm{d}t$$

就与所取积分路径 C 无关. 此外，若固定点 (x_0,y_0)，而点 (x,y) 在 D 内变化，则该积分为一个关于 x 和 y 的单值函数

$$F(x,y)=\int_{(x_0,y_0)}^{(x,y)} P(s,t)\,\mathrm{d}s+Q(s,t)\,\mathrm{d}t, \tag{7}$$

且其一阶偏导数可由下式得到，

$$F_x(x,y)=P(x,y),\,F_y(x,y)=Q(x,y). \tag{8}$$

注意到，若所取起点 (x_0,y_0) 不同，则 F 的值相差一个常数.

回到给定的调和函数 $u(x,y)$，注意到，由拉普拉斯方程 $u_{xx}+u_{yy}=0$，可知

$$(-u_y)_y=(u_x)_x$$

在 D 内处处成立. 此外，u 的二阶偏导数在区域 D 内连续，而这表明其一阶偏导数 $-u_y$ 和 u_x 也在该区域连续. 因此，若点 (x_0,y_0) 为 D 内固定点，则函数

$$v(x,y)=\int_{(x_0,y_0)}^{(x,y)} -u_t(s,t)\,\mathrm{d}s+u_s(s,t)\,\mathrm{d}t \tag{9}$$

在 D 内所有点 (x,y) 处都有定义，并且，由式（8）得到

$$v_x(x,y)=-u_y(x,y),\,v_y(x,y)=u_x(x,y). \tag{10}$$

而这即是柯西-黎曼方程. 由于 u 的一阶偏导数连续，显然，由式（10）可知，v 的偏导数也是连续的. 因此，$u(x,y)+\mathrm{i}v(x,y)$（第 23 节）在 D 内解析，而 v 为 u 的调和共轭.

当然，由式（9）所定义的函数 v 并非 u 唯一的调和共轭. 函数 $v(x,y)+C$ 也是 u 的调和共轭，其中 C 为任意实数，但与例 2 一样，我们记 $C=0$.

例 3 考虑函数

$$u(x,y)=2x-2xy,$$

其共轭调和函数在例 2 中已经给出. 由式（9）可知，函数

---

[*] 例如，参考 W. Kaplan，《高等工程数学》，546—550，1992.

$$v(x,y) = \int_{(0,0)}^{(x,y)} 2s\,\mathrm{d}s + (2-2t)\,\mathrm{d}t$$

是 $u(x, y)$ 在 xy 平面上的共轭调和函数. 该积分结果可以通过观察得到, 也可以通过分段积分得到, 即先沿着从原点 $(0, 0)$ 到点 $(x, 0)$ 的水平路径, 再沿着从点 $(x, 0)$ 到点 (x, y) 的垂直路径进行计算. 其结果是

$$v(x,y) = x^2 + (2y - y^2) = 2y - y^2 + x^2,$$

这与例 2 中已经给出的结果仅相差一个常数.

练 习

1. 考虑下列情况, 证明: $u(x, y)$ 在某些区域内调和, 并按本节例 2 的步骤, 求出它的一个调和共轭 $v(x, y)$.

(a) $u(x,y) = 2x - x^3 + 3xy^2$; (b) $u(x,y) = \sin h\, x \sin y$; (c) $u(x,y) = \dfrac{y}{x^2 + y^2}$.

答案: (a) $v(x, y) = 2y - 3x^2 y + y^3$; (b) $v(x, y) = -\cosh x \cos y$;

(c) $v(x, y) = \dfrac{x}{x^2 + y^2}$.

2. 考虑下列情况, 证明: $u(x, y)$ 在 xy 平面上调和, 使用本节式 (9), 求出它的一个调和共轭 $v(x, y)$, 并给出函数

$$f(z) = u(x,y) + \mathrm{i}v(x,y)$$

关于 z 的表达式:

(a) $u(x,y) = xy$; (b) $u(x,y) = y^3 - 3x^2 y$.

答案: (a) $v(x,y) = -\dfrac{1}{2}(x^2 - y^2)$, $f(z) = -\dfrac{\mathrm{i}}{2}z^2$; (b) $v(x,y) = -3xy^2 + x^3$, $f(z) = \mathrm{i}z^3$.

3. 假设 v 是 u 在区域 D 内的调和共轭, u 也是 v 在区域 D 内的调和共轭, 证明: $u(x, y)$ 和 $v(x, y)$ 在 D 内恒为常数.

4. 由本节定理 1 证明: v 是 u 在区域 D 内的调和共轭当且仅当 $-u$ 是 v 在区域 D 内的调和共轭 (与练习 3 的结果比较).

提示: 注意到函数 $f(z) = u(x, y) + \mathrm{i}v(x, y)$ 在区域 D 内解析当且仅当 $-\mathrm{i}f(z)$ 在区域 D 内解析.

5. 假设 v 和 V 都是 u 在区域 D 内的调和共轭, 证明: $v(x, y)$ 和 $V(x, y)$ 在 D 内至多相差一个常数.

6. 利用第 27 节练习 1 得到的极坐标形式的拉普拉斯方程, 验证: 函数 $u(r, \theta) = \ln r$ 在区域 $r > 0$, $0 < \theta < 2\pi$ 上调和. 再使用本节例 2 的方法, 借助第 24 节给出的极坐标形式的柯西-黎曼方程, 得到其调和共轭 $v(r, \theta) = \theta$ (与第 26 节练习 6 比较).

7. 假设函数 $u(x, y)$ 在单连通域 D 内调和, 试应用本节和第 57 节的结果, 证明: 它的任意阶偏导数在该区域上连续.

116. 调和函数的映射

在应用数学中, 一个突出的问题是寻找一个在指定区域调和并且在该区域边界满

足规定条件的函数. 规定了函数边界值的问题称为第一类边值问题，或狄利克雷问题. 而规定了函数的法向导数的边界值的问题则称为第二类边值问题，或诺伊曼问题. 而这两类的边值问题的变形与组合也会出现.

在实际应用中，最常遇到的区域是单连通区域，并且由于在单连通区域中调和的函数总具有调和共轭（第115节），故这类区域的边值问题的解为解析函数的实部或虚部.

例1   在第27节例1中，我们注意到，函数

$$T(x,y) = e^{-y}\sin x$$

为带状区域 $0 < x < \pi$，$y > 0$ 内的狄利克雷问题，并且它表示温度问题的一个解. 实际上，函数 $T(x, y)$ 在 xy 平面上处处调和，是整函数

$$-ie^{iz} = e^{-y}\sin x - ie^{-y}\cos x$$

的实部，也是整函数 e^{iz} 的虚部.

有时，求一个给定边值问题的解可以将其看成是求某个解析函数的实部或虚部. 然而，能否成功解决问题，依赖于问题的简单程度以及个人对各种解析函数的实部和虚部的熟悉程度. 下面的定理对解决这类问题很有帮助.

定理   假设

（a）解析函数

$$w = f(z) = u(x,y) + iv(x,y)$$

将 z 平面上的区域 D_z 映到 w 平面上的区域 D_w.

（b）$h(u, v)$ 为定义在 D_w 上的调和函数，则函数

$$H(x,y) = h(u(x,y),v(x,y))$$

在 D_z 内调和.

首先，我们证明当 D_w 为单连通区域时，定理成立. 由第104节可知，区域 D_w 的性质保证了给定的调和函数 $h(u, v)$ 具有共轭调和函数 $g(u, v)$. 于是，函数

$$\Phi(w) = h(u,v) + ig(u,v) \tag{1}$$

在 D_w 内解析. 又因为函数 $f(z)$ 在 D_z 内解析，所以复合函数 $\Phi(f(z))$ 也在 D_z 内解析. 因此，该复合函数的实部 $h(u(x, y), v(x, y))$ 在 D_z 内调和.

当 D_w 不是单连通区域时，我们看到，D_w 的每一点 w_0 都存在一个完全落在 D_w 内的邻域 $|w - w_0| < \varepsilon$. 因为该邻域单连通，所以形如（1）的函数在该邻域内解析. 此外，由于 f 在 D_z 中一点 z_0 处连续，且该点的象为 w_0，则存在一个邻域 $|z - z_0| < \delta$，使得该邻域的象落在邻域 $|w - w_0| < \varepsilon$ 内. 由此可知，复合函数 $\Phi(f(z))$ 在邻域 $|z - z_0| < \delta$ 内解析，故而 $h(u(x, y), v(x, y))$ 在该邻域内调和. 最后，由于 w_0 为 D_w 中任意一点，并且 D_z 的每个点在映射 $w = f(z)$ 作用下都映为具有相同性质的点，故函数 $h(u(x, y), v(x, y))$ 必定在 D_z 上处处调和.

一般情况下，D_w 不一定为单连通区域. 该定理的证明也可以通过利用偏导数的链式法则直接得到. 此时需要进行一些具体计算（见第117节练习8）.

例2   如第103节例3所示，变换

$$w = e^z = e^x \cos y + i e^x \sin y$$

将水平带状区域 $0 < y < \pi$ 映为上半平面 $v > 0$. 又因为 w^2 在上半平面内解析, 所以函数

$$h(u,v) = \mathrm{Re}(w^2) = u^2 - v^2$$

在上半平面内调和. 于是, 由本节的定理可知, 下面的函数

$$H(x,y) = (e^x \cos y)^2 - (e^x \sin y)^2 = e^{2x}(\cos^2 y - \sin^2 y)$$

在带状区域 $0 < y < \pi$ 内处处调和. 其简化形式是

$$H(x,y) = e^{2x} \cos 2y.$$

例3 另一个例子, 我们考虑变换

$$w = \mathrm{Log}\, z = \ln r + i\Theta \quad \left(r > 0, \ -\frac{\pi}{2} < \Theta < \frac{\pi}{2} \right).$$

在直角坐标系下, 其形式是

$$w = \mathrm{Log}\, z = \ln \sqrt{x^2 + y^2} + i\arctan\left(\frac{y}{x}\right),$$

其中, $-\pi/2 < \arctan < \pi/2$, 该变换将右半平面映为水平带状区域 $-\pi/2 < v < \pi/2$ (见第 117 节练习 3). 最后, 由于函数

$$h(u,v) = \mathrm{Im}\, w = v$$

在该带状区域内调和, 故由本节的定理可知, 函数

$$H(x,y) = \arctan \frac{y}{x}$$

在半平面 $x > 0$ 内调和.

117. 边界条件的映射

最常见的边界条件的类型是函数或其法向导数在满足函数调和的区域的边界取到规定值. 但这并非唯一的重要类型. 本节中, 我们证明当与共形映射相关的变量变化时, 这些条件的其中一部分仍然保持不变. 这些结果将在第 10 章中用于解决边值问题. 在那里, 基本技巧在于把 xy 平面上给定的边值问题转化为 uv 平面上更为简单的边值问题, 然后运用本节以及第 116 节的定理, 将原始问题的解通过已获得的简单边值问题的解表示出来.

定理 假设

（a）解析函数 $\qquad w = f(z) = u(x,y) + iv(x,y)$

在光滑曲线 C 上保形, Γ 为 C 在该映射下的象.

（b）若函数 $h(u,v)$ 沿着 Γ 满足以下任一条件,

$$h = h_0 \text{ 或 } \frac{dh}{dn} = 0,$$

其中 h_0 为实常数, 且 dh/dn 表示 Γ 的法向导数, 则函数

$$H(x,y) = h(u(x,y), v(x,y))$$

沿着 C 满足相应条件:

$$H = h_0 \quad \text{或} \quad \frac{\mathrm{d}H}{\mathrm{d}N} = 0,$$

其中，$\mathrm{d}H/\mathrm{d}N$ 表示 H 的垂直于 C 的方向导数.

为了证明条件 $h = h_0$ 在 Γ 上成立意味着 $H = h_0$ 在 C 上成立，我们注意到，由定理所述的 $H(x, y)$ 的表达式可知，H 在 C 上任意一点 (x, y) 处的值与 h 在点 (x, y) 经过映射 $w = f(z)$ 作用后的象点 (u, v) 处的值相同. 由于点 (u, v) 在 Γ 上，且沿着该曲线有 $h = h_0$，故沿着曲线 C 有 $H = h_0$.

另一方面，假设 $\mathrm{d}h/\mathrm{d}n = 0$ 在 Γ 上成立. 通过计算，我们知道

$$\frac{\mathrm{d}h}{\mathrm{d}n} = (\mathbf{grad}\,h) \cdot \boldsymbol{n}, \tag{1}$$

其中 $\mathbf{grad}\,h$ 表示 h 在 Γ 上一点 (u, v) 处的梯度，$\boldsymbol{n}$ 表示 Γ 在点 (u, v) 处的单位法向量. 由于 $\mathrm{d}h/\mathrm{d}n = 0$ 在点 (u, v) 处成立，故式 (1) 表明 $\mathbf{grad}\,h$ 与 $\boldsymbol{n}$ 在点 (u, v) 处垂直. 即 $\mathbf{grad}\,h$ 在该点处与 Γ 相切（见图 151）. 然而，梯度与曲线是垂直的，且 $\mathbf{grad}\,h$ 与 Γ 相切，可知 Γ 与过点 (u, v) 的曲线 $h(u, v) = c$ 垂直.

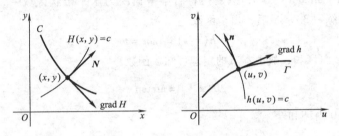

图 151

现在，由定理给出的 $H(x, y)$ 的表达式可知，z 平面上的曲线 $H(x, y) = c$ 可以写成

$$h(u(x, y), v(x, y)) = c,$$

显然，映射 $w = f(z)$ 将其映到曲线 $h(u, v) = c$. 此外，正如前面所论证的，因为 C 映为 Γ，且 Γ 垂直于曲线 $h(u, v) = c$，所以由映射 $w = f(z)$ 的保形性，C 与曲线 $H(x, y) = c$ 在对应于点 (u, v) 的点 (x, y) 处垂直. 由于梯度与曲线垂直，故 $\mathbf{grad}\,H$ 与 C 在点 (x, y) 处相切（见图 151）. 因此，若 N 表示 C 在点 (x, y) 处的单位法向量，则 $\mathbf{grad}\,H$ 与 N 垂直. 即

$$(\mathbf{grad}\,H) \cdot \boldsymbol{N} = 0. \tag{2}$$

最后，由于

$$\frac{\mathrm{d}H}{\mathrm{d}N} = (\mathbf{grad}\,H) \cdot \boldsymbol{N},$$

故由式 (2) 可知，C 上的点满足 $\mathrm{d}H/\mathrm{d}N = 0$.

在这些讨论中，我们已经默认 $\mathbf{grad}\,h \neq 0$. 若 $\mathbf{grad}\,h = 0$，则由本节的练习 10(a) 得到的等式

$$|\mathbf{grad}\,H(x,y)| = |\mathbf{grad}\,h(u,v)||f'(z)|,$$

可知 $\mathbf{grad}\,H = 0$，因此 $\mathrm{d}h/\mathrm{d}n$ 以及相应的法向导数 $\mathrm{d}H/\mathrm{d}N$ 都为 0．此外，我们还假设

(a) $\mathbf{grad}\,h$ 与 $\mathbf{grad}\,H$ 总是存在的；

(b) 若在点 (u,v) 处，$\mathbf{grad}\,h \neq 0$ 成立，则曲线 $H(x,y) = c$ 是光滑的．

条件(b)保证了若映射 $w = f(z)$ 是保形的，则曲线的交角在映射作用下保持不变．我们的所有应用总是满足条件(a)和条件(b)的．

例 考虑函数 $h(u,v) = v + 2$．当 $z \neq 0$ 时，映射

$$w = \mathrm{i}z^2 = \mathrm{i}(x+\mathrm{i}y)^2 = -2xy + \mathrm{i}(x^2 - y^2)$$

保形．它将半直线 $y = x(x>0)$ 映到 u 轴的负半轴，这时 $h = 2$；将 x 轴的正半轴映到 v 轴的正半轴，这时法向导数 h_u 为 0（见图 152）．根据上述定理，函数

$$H(x,y) = x^2 - y^2 + 2$$

必定满足沿着半直线 $y = x(x>0)$，有 $H = 2$，以及沿着 x 轴的正半轴，有 $H_y = 0$，这些大家可以直接进行验证．

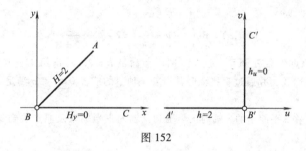

图 152

一个边界条件，若并非定理所提及的两种类型之一，则可能可以转化成与原始条件极其不同的条件（见练习 6）．在任何情况下，通过一个特殊的映射，可以获得转化后的问题的新的边界条件．有趣的是，我们注意到在保形映射的作用下，H 在 z 平面上沿着光滑曲线 C 的方向导数与 h 在 w 平面上沿着曲线 $\varGamma$ 在相应点处的方向导数的比为 $|f'(z)|$．通常，沿着一条给定的曲线，这个比例不恒为常数（见练习 10）．

练 习

1. 在第 116 节例 2 中，我们利用该节的定理证明了函数

$$H(x,y) = \mathrm{e}^{2x}\cos 2y$$

在 z 平面上水平带形域 $0 < y < \pi$ 内调和．试直接验证该结论．

2. 函数 $h(u,v) = \mathrm{e}^{-v}\sin u$ 在整个 uv 平面上调和，特别地，在上半平面

$$D_w: \quad v > 0$$

内调和（见第 116 节例 1）．应用第 116 节的定理以及函数 $w = z^2$ 将第一象限

$$D_z: \quad x > 0, y > 0$$

映为半平面的事实（见第 14 节例 2），证明：函数

$$H(x,y) = e^{-2xy}\sin(x^2 - y^2)$$

在 D_z 内调和.

3. 第 116 节例 3，应用了以下结论：映射 $w = \text{Log}z$ 将右半平面映为水平带形域 $-\pi/2 < v < \pi/2$. 借助图 153，验证该结论.

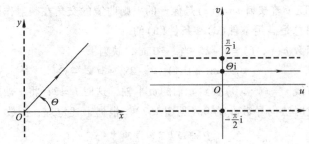

图 153　$w = \text{Log}z$

4. 在映射 $w = \exp z$ 作用下，y 轴上的线段 $0 \leqslant y \leqslant \pi$ 的象为半圆周 $u^2 + v^2 = 1$, $v \geqslant 0$（见第 103 节）. 函数

$$h(u,v) = \text{Re}\left(2 - w + \frac{1}{w}\right) = 2 - u + \frac{u}{u^2 + v^2}$$

在 w 平面上除了原点外处处调和，且在半圆周上满足 $h = 2$. 写出第 117 节定理所述的函数 $H(x,y)$ 的准确表达式，并通过直接证明其沿着 y 轴上的线段 $0 \leqslant y \leqslant \pi$ 满足 $H = 2$，对定理进行说明.

5. 映射 $w = z^2$ 将 z 平面上的 x 轴的正半轴和 y 轴的正半轴以及原点映到 w 平面上的 u 轴. 考虑调和函数

$$h(u,v) = \text{Re}(e^{-w}) = e^{-u}\cos v,$$

可以看到，其沿着 u 轴的法向导数 h_v 为 0. 设 $f(z) = z^2$，通过直接证明第 117 节定理所定义的函数 $H(x,y)$ 沿着 z 平面上的两坐标轴的正半轴的法向导数都为 0，对该定理进行说明（注意到，映射 $w = z^2$ 在原点处不保形）.

6. 把练习 5 中的函数 $h(u,v)$ 换成调和函数

$$h(u,v) = \text{Re}(-2iw + e^{-w}) = 2v + e^{-u}\cos v.$$

证明：沿着 u 轴，有 $h_v = 2$，但是沿着 x 轴的正半轴，有 $H_y = 4x$，沿着 y 轴的正半轴，有 $H_x = 4y$. 这说明了如下类型的条件

$$\frac{dh}{dn} = h_0 \neq 0$$

不一定转化成 $dH/dN = h_0$ 这样类型的条件.

7. 设函数 $H(x,y)$ 为某个诺伊曼问题（第 116 节）的一个解，证明：$H(x,y) + A$ 也是该问题的一个解，其中 A 为任意实数.

8. 设解析函数 $w = f(z) = u(x,y) + iv(x,y)$ 将 z 平面上的区域 D_z 映到 w 平面上的区域 D_w. 又设函数 $h(u,v)$ 定义在区域 D_w 上且具有一阶和二阶的连续偏导数. 利用求偏导数的链式法则，证明：若 $H(x,y) = h(u(x,y), v(x,y))$，则

$$H_{xx}(x,y) + H_{yy}(x,y) = [h_{uu}(u,v) + h_{vv}(u,v)] |f'(z)|^2.$$

因此，若 $h(u,v)$ 在区域 D_w 内调和，则 $H(x,y)$ 也在区域 D_z 内调和. 这是第 116 节定理

的另一种证明，即使 D_w 为多连通区域，该证明也是成立的.

提示：由于 f 解析，故柯西-黎曼方程 $u_x = v_y$，$u_y = -v_x$ 成立，并且函数 u 和 v 都满足拉普拉斯方程. 此外，h 的导数的连续性条件确保了 $h_{vu} = h_{uv}$ 成立.

9. 设函数 $p(u, v)$ 在 w 平面上的一区域 D_w 内具有一阶和二阶连续偏导数，且满足泊松方程

$$p_{uu}(u,v) + p_{vv}(u,v) = \Phi(u,v),$$

其中 Φ 为规定的函数. 根据本节练习 8 中得到的等式，证明：若解析函数

$$w = f(z) = u(x,y) + iv(x,y)$$

将区域 D_z 映到区域 D_w，则函数

$$P(x,y) = p(u(x,y),v(x,y))$$

在 D_z 内满足泊松方程

$$P_{xx}(x,y) + P_{yy}(x,y) = \Phi(u(x,y),v(x,y)) |f'(z)|^2.$$

10. 设 $w = f(z) = u(x, y) + iv(x, y)$ 为共形映射，它将光滑曲线 C 映到 w 平面上的光滑曲线 Γ. 又设函数 $h(u, v)$ 定义在 Γ 上，且记

$$H(x,y) = h(u(x,y),v(x,y)).$$

（a）经计算可知，$\mathbf{grad}H$ 的 x 和 y 分量分别是偏导数 H_x 和 H_y. 同样，$\mathbf{grad}h$ 的相应分量也是 h_u 和 h_v. 应用求偏导数的链式法则以及柯西-黎曼方程，证明：若 (x, y) 为 C 上一点，且 (u, v) 为该点在 Γ 上的象，则有

$$|\mathbf{grad}H(x,y)| = |\mathbf{grad}h(u,v)||f'(z)|.$$

（b）证明：从曲线 C 到 $\mathbf{grad}H$ 在 C 上一点 (x, y) 处的交角与从 Γ 到 $\mathbf{grad}h$ 在点 (x, y) 的象点 (u, v) 处的交角相等.

（c）设 s 和 σ 分别表示沿着曲线 C 和 Γ 的距离. 又设 t 和 τ 分别表示在 C 平面上一点 (x, y) 处和在其象点 (u, v) 处的单位切向量，取距离增长方向为正向. 利用（a）和（b）部分的结论以及下式

$$\frac{\mathrm{d}H}{\mathrm{d}s} = (\mathbf{grad}H) \cdot t \text{ 和} \frac{\mathrm{d}h}{\mathrm{d}\sigma} = (\mathbf{grad}h) \cdot \tau,$$

证明：沿曲线 Γ 的方向导数转化如下，

$$\frac{\mathrm{d}H}{\mathrm{d}s} = \frac{\mathrm{d}h}{\mathrm{d}\sigma} |f'(z)|.$$

第10章

共形映射的应用

本章将应用共形映射解决一些关于两个独立变量的拉普拉斯方程的物理问题. 同时, 还将讨论热传导问题、电势问题和流体流动的问题. 因为这些问题旨在说明方法, 所以仅考虑比较基本的情况.

118. 稳定温度

在热传导理论中, 通过固体表面上某一点的流量是指单位时间内每单位面积上沿指定的法线方向的热流量值. 因此, 流量的单位是 W/m^2. 在下文中, 流量记为 Φ, 它随着该点处的温度 T 的法向导数变化而变化,

$$\Phi = -K\frac{dT}{dN} \quad (K > 0). \tag{1}$$

式(1)称为傅里叶法则, 常数 K 称为均匀固体材料的导热系数.[*]

固体上的点可以由三维空间的直角坐标系确定. 在此仅考虑温度 T 沿 x 轴和 y 轴变化的情况. 也就是说, T 沿垂直于 xy 平面的方向不发生改变, 即热流量是二维的且和 xy 平面平行. 同时, 默认流量是稳定的, 即 T 不随时间改变.

假设固体内部没有热能产生或消失, 即固体内部没有热源或热漏. 再假设函数 $T(x, y)$ 在固体内的每一点处都连续且存在连续的一阶偏导数和二阶偏导数. 关于热流量的这些声明和式(1)都是热传导的数学理论的假设. 这些假设也适用于内部具有连续分布的热源或热漏的固体上的点.

下面考虑固体内部的体积元, 即以图 154 所示的长为 Δx 且宽为 Δy 的长方形为底, 到 xy 平面的垂直高度为单位长度的长方体. 热流量向右通过左侧面的增量是 $-KT_x(x, y)\Delta y$, 向右通过右侧面的增量是 $-KT_x(x + \Delta x, y)\Delta y$. 由第二个增量减去第一个增量可得通过体积元的两个侧面后的热损失净增量, 记为

$$-K\left[\frac{T_x(x + \Delta x, y) - T_x(x, y)}{\Delta x}\right]\Delta x\Delta y,$$

或在 Δx 很小时, 记为

---

[*] 傅里叶法则以法国数学物理学家 Joseph Fourier(1968—1830)命名. 他所写的其中一本书是热传导理论的经典之作, 见附录 A.

$$- KT_{xx}(x,y)\Delta x\Delta y, \tag{2}$$

显然当 Δx 和 Δy 充分小时，式(2)给出的近似精度更高.

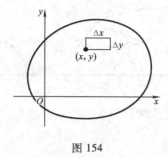

图 154

类似地，可以求得通过体积元垂直于 xy 平面的另外两个面的净热损失量为 I，即

$$- KT_{yy}(x,y)\Delta x\Delta y. \tag{3}$$

热量恰好只通过这四个面流入或流出固体，且体积元的温度保持不变，故式(2)与式(3)的和为 0，即

$$T_{xx}(x,y) + T_{yy}(x,y) = 0. \tag{4}$$

因此，在固体内部的任意点处，温度函数都满足拉普拉斯方程.

由式(4)和温度函数及其偏导数的连续性可知，T 是在表示固体内部的开域内关于 x 和 y 的调和函数.

曲面 $T(x,y)=c_1$ 是固体内部的等温线，其中 c_1 为任意实数. 也可以把它们看成 xy 平面内的曲线，这样 $T(x,y)$ 可以理解为在该平面上表面绝热的薄片材料内某点 (x,y) 处的温度. 等温线是函数 T 的等高线.

T 在等温线上某点处的梯度与等温线垂直，在该点处沿梯度方向的热流量取最大值. 如果 $T(x,y)$ 表示某个薄片的温度，S 是 T 的共轭调和函数，那么在解析函数 $T(x,y)+iS(x,y)$ 的保形点(第 27 节练习 2)处，曲线 $S(x,y)=c_2$ 以 T 的梯度为切向量. 曲线 $S(x,y)=c_2$ 称为流线.

如果在薄片的边界的某部分，法向导数 dT/dN 等于零，那么通过该部分的热流量等于零. 也就是说这个部分是绝热的，是一条流线.

函数 T 也可以看成是某种物质通过固体扩散的浓度. 在这种情况下，K 为扩散常数. 上述讨论和式(4)的推导同样适用于稳态扩散.

119. 半平面上的稳定温度

下面求定义在一个半无限薄板 $y \geq 0$ 上的稳定温度 $T(x,y)$，其中，该半平面的表面绝热，且在除线段 $-1 < x < 1$ 外的边缘 $y = 0$ 上保持温度为 0，而在线段 $-1 < x < 1$ 上保持温度为 1(见图 155). 同时，要求函数 $T(x,y)$ 有界. 如果将给定的半无限薄板看成是满足当 y_0 增加时，其上边缘保持温度不变的板 $0 \leq y \leq y_0$ 的极限情况，那么上述的有界性要求就是非常自然的. 事实上，这符合物理上的规定：当 y 趋于无穷

时，$T(x, y)$ 趋于 0.

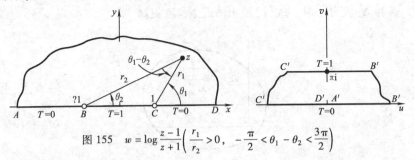

图 155　$w = \log \dfrac{z-1}{z+1}\left(\dfrac{r_1}{r_2} > 0, \ -\dfrac{\pi}{2} < \theta_1 - \theta_2 < \dfrac{3\pi}{2}\right)$

求解的边值问题可以写成

$$T_{xx}(x,y) + T_{yy}(x,y) = 0 \quad (-\infty < x < +\infty, y > 0), \tag{1}$$

$$T(x,0) = \begin{cases} 1 & |x| < 1, \\ 0 & |x| > 1, \end{cases} \tag{2}$$

以及 $|T(x, y)| < M$，M 是某个正数. 这是上半平面 $y \geq 0$ 的狄利克雷问题（第 116 节）. 求解的方法是解 uv 平面上某个区域内的新的狄利克雷问题. 其中，新区域是上半平面在变换 $w = f(z)$ 下的象，变换在上半平面 $y > 0$ 内解析且在无定义的点（± 1, 0）外沿边界 $y = 0$ 保形. 容易确定满足新问题的有界调和函数，再由第 9 章的两个相关定理，就可以通过 uv 平面上的解求出 xy 平面上的解. 具体来说，就是由关于 u 和 v 的调和函数求出关于 x 和 y 的调和函数，并保持在 xy 平面上与在 uv 平面上对应的边界条件. 在不致混淆的情况下，下面使用同样的记号 T 表示两个平面上的不同温度.

记

$$z - 1 = r_1 \exp(\mathrm{i}\theta_1) \text{ 和 } z + 1 = r_2 \exp(\mathrm{i}\theta_2),$$

其中 $0 \leqslant \theta_k \leqslant \pi (k = 1, 2)$. 由于当 $y \geqslant 0$ 时，$0 \leqslant \theta_1 - \theta_2 \leqslant \pi$，故变换

$$w = \log \frac{z-1}{z+1} = \ln \frac{r_1}{r_2} + \mathrm{i}(\theta_1 - \theta_2) \quad \left(\frac{r_1}{r_2} > 0, -\frac{\pi}{2} < \theta_1 - \theta_2 < \frac{3\pi}{2}\right) \tag{3}$$

在上半平面 $y \geqslant 0$ 内除点 $z = \pm 1$ 外有定义（见图 155）. 当 $0 \leqslant \theta_1 - \theta_2 \leqslant \pi$ 时，对数的值等于其主值，再由第 102 节例 3 可知上半平面 $y > 0$ 映为 w 平面上的水平带形 $0 < v < \pi$. 边界的对应关系如附录 B 中的图 19 所示. 事实上，该图正是变换（3）的示意图. x 轴上介于点 $z = -1$ 和点 $z = 1$ 之间，即 $\theta_1 - \theta_2 = \pi$ 的线段映为带形的上边缘，而 x 轴的其他部分即 $\theta_1 - \theta_2 = 0$ 的部分映为带形的下边缘. 变换（3）满足所要求的解析性和共形性条件.

显然满足在带形的边缘 $v = 0$ 处等于 0，在边缘 $v = \pi$ 处等于 1 的关于 u 和 v 的调和函数是

$$T = \frac{1}{\pi} v. \tag{4}$$

它是整函数 $(1/\pi)w$ 的虚部，故调和. 在方程

$$w = \ln \left|\frac{z-1}{z+1}\right| + \mathrm{i}\arg\left(\frac{z-1}{z+1}\right) \tag{5}$$

中使用 x 和 y 坐标，可得

$$v = \arg\left[\frac{(z-1)(\overline{z}+1)}{(z+1)(\overline{z}+1)}\right] = \arg\left[\frac{x^2 + y^2 - 1 + \mathrm{i}2y}{(x+1)^2 + y^2}\right],$$

或者

$$v = \arctan\left(\frac{2y}{x^2 + y^2 - 1}\right).$$

由于

$$\arg\left(\frac{z-1}{z+1}\right) = \theta_1 - \theta_2,$$

且 $0 \leqslant \theta_1 - \theta_2 \leqslant \pi$，故该反正切函数的范围从 0 到 π. 式(4)化为

$$T = \frac{1}{\pi}\arctan\left(\frac{2y}{x^2 + y^2 - 1}\right) \quad (0 \leqslant \arctan t \leqslant \pi). \tag{6}$$

因为函数(4)在带形 $0 < v < \pi$ 中调和且函数(3)在半平面 $y > 0$ 解析，应用第 116 节的定理可推出函数(6)在半平面 $y > 0$ 调和. 这两个调和函数都是第 117 节定理中出现的 $h = h_0$ 类型，因而相应的边界条件相同. 所以有界函数式(6)是原狄利克雷问题的解. 当然，可以直接验证式(6)满足拉普拉斯方程，且在图 155 中，当点 (x, y) 从上方逼近 x 轴时，可以取得趋于图中标记的点的值.

等温线 $T(x, y) = c_1 (0 < c_1 < 1)$ 是圆

$$x^2 + (y - \cot \pi c_1)^2 = \csc^2 \pi c_1$$

上过点 $(\pm 1, 0)$ 且圆心在 y 轴上的弧.

最后，注意到调和函数与常数的乘积仍是调和函数，故函数

$$T = \frac{T_0}{\pi}\arctan\left(\frac{2y}{x^2 + y^2 - 1}\right) \quad (0 \leqslant \arctan t \leqslant \pi)$$

表示将线段 $-1 < x < 1$ 上的温度 $T = 1$ 代替为任意常数 $T = T_0$ 后在给定平面上的稳定温度.

120. 一个相关问题

本节考虑在三维空间中半无限厚板，其边界为平面 $x = \pm \pi/2$ 和 $y = 0$，且在前两个平面上保持温度为 0，在第三个平面上保持温度为 1. 我们希望找到一个可以表示厚板内任意点处的温度 $T(x, y)$ 的公式，也就是确定形如半无限带形域 $-\pi/2 \leqslant x \leqslant \pi/2$，$y \geqslant 0$ 且表面绝热的薄板的温度函数（见图 156）.

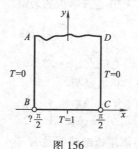

图 156

这里的边值问题是

$$T_{xx}(x,y) + T_{yy}(x,y) = 0 \qquad \left(-\frac{\pi}{2} < x < \frac{\pi}{2}, y > 0 \right), \tag{1}$$

$$T\left(-\frac{\pi}{2}, y \right) = T\left(\frac{\pi}{2}, y \right) = 0 \quad (y > 0), \tag{2}$$

$$T(x,0) = 1 \quad \left(-\frac{\pi}{2} < x < \frac{\pi}{2} \right), \tag{3}$$

其中 $T(x, y)$ 有界.

由第 104 节例子或附录 B 中的图 9 可知映射

$$w = \sin z \tag{4}$$

将上述边值问题变换成上一节已经处理过的边界问题（见图 155）. 因此，由上一节的解（6）得

$$T = \frac{1}{\pi} \arctan \left(\frac{2v}{u^2 + v^2 - 1} \right) \quad (0 \leqslant \arctan t \leqslant \pi). \tag{5}$$

式（4）所表示的变量可以写为（见第 37 节）

$$u = \sin x \cosh y, \quad v = \cos x \sinh y.$$

由此调和函数（5）变成

$$T = \frac{1}{\pi} \arctan \left(\frac{2 \cos x \sinh y}{\sin^2 x \cosh^2 y + \cos^2 x \sinh^2 y - 1} \right).$$

由于分母可化简成 $\sinh^2 y - \cos^2 x$，故上式可化为

$$\frac{2 \cos x \sinh y}{\sinh^2 y - \cos^2 x} = \frac{2(\cos x / \sinh y)}{1 - (\cos x / \sinh y)^2} = \tan 2\alpha,$$

其中，$\tan \alpha = \cos x / \sinh y$. 因此，$T = (2/\pi)\alpha$，也就是

$$T = \frac{2}{\pi} \arctan \left(\frac{\cos x}{\sinh y} \right) \quad \left(0 \leqslant \arctan t \leqslant \frac{\pi}{2} \right). \tag{6}$$

因为辐角是非负的，所以该反正切函数的取值范围从 0 到 $\pi/2$.

因为 $\sin z$ 是整函数且函数（5）在半平面 $v > 0$ 上调和，所以函数（6）在带形 $-\pi/2 < x < \pi/2$，$y > 0$ 内调和. 函数（5）还满足边界条件，即当 $|u| < 1$ 且 $v = 0$ 时，$T = 1$，以及当 $|u| > 1$ 且 $v = 0$ 时，$T = 0$. 因此函数（6）满足边界条件（2）和边界条件（3）. 又因为在整个带形域内，$|T(x, y)| \leqslant 1$，所以函数（6）就是所求的温度公式.

等温线 $T(x, y) = c_1 (0 < c_1 < 1)$ 是该厚板的表面

$$\cos x = \tan \left(\frac{\pi c_1}{2} \right) \sinh y$$

的一部分，每个表面都过 xy 平面上的点（ $\pm \pi/2$，0）. 如果 K 是导热系数，那么通过平面 $y = 0$ 上的表面进入该厚板的热流量为

$$-KT_y(x,0) = \frac{2K}{\pi \cos x} \quad \left(-\frac{\pi}{2} < x < \frac{\pi}{2} \right).$$

通过平面 $x = \pi/2$ 上的表面流出该厚板的热流量为

$$-KT_x\left(\frac{\pi}{2},y\right) = \frac{2K}{\pi \sinh y} \quad (y > 0).$$

本节的边值问题可通过分离变量法求解. 该方法更直接, 但是所得的解以无穷级数的形式给出. *

121. 在象限内的温度

本节将确定在形如象限的薄板上的稳定温度, 满足在一条边末端的某条线段上绝热, 在该边的其余部分保持某个固定温度, 而在第二条边上保持另一个固定温度. 薄板的表面绝热, 也就是说这个问题是二维的.

选择适当的温度刻度和长度单位使温度函数 T 的边值问题满足

$$T_{xx}(x,y) + T_{yy}(x,y) = 0 \quad (x > 0, y > 0),\tag{1}$$

$$\begin{cases} T_y(x,0) = 0 & 0 < x < 1, \\ T(x,0) = 1 & x > 1, \end{cases}\tag{2}$$

$$T(0,y) = 0 \quad (y > 0),\tag{3}$$

其中, $T(x,y)$ 在该象限内有界. 该薄板及其边界条件如图 157 所示. 条件 (2) 规定了函数 T 的法向导数在边界线上的一部分线段上的取值, 以及它在边界线的另一部分上的取值. 上一节最后提到的分离变量法在此不适用.

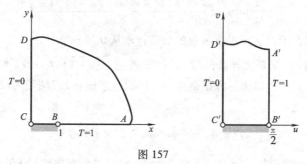

图 157

如附录 B 中的图 10 所示, 变换

$$z = \sin w\tag{4}$$

将半无限带形 $0 \leqslant u \leqslant \pi/2$, $v \geqslant 0$ 一一地映为第一象限 $x \geqslant 0$, $y \geqslant 0$. 给定的变换是一一对应的, 其逆变换显然存在. 变换 (4) 在上述带形域内除点 $w = \pi/2$ 外是保形的, 故其逆变换在第一象限内除点 $z = 1$ 外是保形的. 该逆变换将 x 轴上的线段 $0 < x < 1$ 映为带形的底部, 将边界的其他部分映为带形的两个边, 如图 157 所示.

由于变换 (4) 的逆变换在第一象限内除点 $z = 1$ 外保形, 故只要找到一个在带形内调和, 并且满足图 157 中右图所示的边界条件的函数, 就可以得到给定问题的解. 注意到这些边界条件是第 117 节定理中的 $h = h_0$ 和 $dh/dn = 0$ 类型.

---

* 在作者的著作《Fourier Series and Boundary Value Problems》(8thed., pp. 133 – 134, 2012) 中, 探讨了一个类似的问题. 该书第 11 章还简要地讨论了边值问题解的唯一性.

新的边值问题所求的温度函数 T 显然是

$$T = \frac{2}{\pi} u, \tag{5}$$

即整函数 $(2/\pi)w$ 的实部. 下面将用 x 和 y 表示 T.

为用 x 和 y 表示 u, 首先由第 37 节和式 (4) 得到

$$x = \sin u \cosh v, \quad y = \cos u \sinh v. \tag{6}$$

当 $0 < u < \pi/2$ 时, $\sin u$ 和 $\cos u$ 都不等于 0, 故由式 (6) 可得

$$\frac{x^2}{\sin^2 u} - \frac{y^2}{\cos^2 u} = 1. \tag{7}$$

现在可以知道对每一个固定的 u, 双曲线 (7) 的焦点是

$$z = \pm \sqrt{\sin^2 u + \cos^2 u} = \pm 1,$$

它的横轴长度即两个顶点 $(\pm \sin u, 0)$ 的距离是 $2\sin u$. 在第一象限内双曲线上的点 (x, y) 到它的两个焦点的距离之差的绝对值为

$$\sqrt{(x+1)^2 + y^2} - \sqrt{(x-1)^2 + y^2} = 2\sin u.$$

由式 (6) 直接可知上述关系式在 $u = 0$ 或 $u = \pi/2$ 时也成立. 再由式 (5) 可得要求的温度函数为

$$T = \frac{2}{\pi} \arcsin \left[\frac{\sqrt{(x+1)^2 + y^2} - \sqrt{(x-1)^2 + y^2}}{2} \right]. \tag{8}$$

因为 $0 \leqslant u \leqslant \pi/2$, 所以该反正弦函数的取值范围从 0 到 $\pi/2$.

要验证函数 (8) 满足边界条件 (2), 就要谨记 $\sqrt{(x-1)^2}$ 在 $x > 1$ 时表示 $x - 1$, 在 $0 < x < 1$ 时表示 $1 - x$, 即该平方根是正的. 同时注意到在该薄板下边缘的绝热部分内的任意点上的温度是

$$T(x, 0) = \frac{2}{\pi} \arcsin x \quad (0 < x < 1).$$

由式 (5) 可知等温线 $T(x, y) = c_1 (0 < c_1 < 1)$ 是共焦双曲线 (7) 在第一象限内的部分, 其中 $u = \pi c_1/2$. 因为函数 $(2/\pi)v$ 是函数 (5) 的共轭调和函数, 所以流线就是式 (6) 在取定 v 后所得的共焦椭圆在第一象限内的部分.

练   习

1. 利用函数 $\mathrm{Log} z$ 求出形如第一象限 $x \geqslant 0$, $y \geqslant 0$ 的薄板的稳定温度的表达式, 其中薄板的表面绝热且在边缘处的温度满足 $T(x, 0) = 0$ 和 $T(0, y) = 1$ (见图 158). 给出等温线和流线, 并作图.

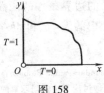

图 158

答案：$T = \dfrac{2}{\pi}\arctan\left(\dfrac{y}{x}\right)$.

2. 求解关于图 159 所示的半平面的狄利克雷问题：

$$H_{xx}(x,y) + H_{yy}(x,y) = 0 \quad (0 < x < \pi/2, y > 0),$$

$$H(x,0) = 0 \quad (0 < x < \pi/2),$$

$$H(0,y) = 1, H(\pi/2,y) = 0 \quad (y > 0),$$

其中 $0 \leqslant H(x,y) \leqslant 1$.

提示：该问题可转化为练习 1 中的问题.

答案：$H = \dfrac{2}{\pi}\arctan\left(\dfrac{\tanh y}{\tan x}\right)$.

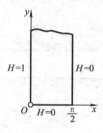

图 159

3. 求在表面绝热的半圆盘形薄板 $r \leqslant 1$，$0 \leqslant \theta \leqslant \pi$ 上的温度函数 $T(r,\theta)$ 的表达式，使得在半径所在边缘 $\theta = 0(0 < r < 1)$ 上满足 $T = 1$，而在边界的其他部分上满足 $T = 0$.

提示：该问题可转化为练习 2 中的问题.

答案：$T = \dfrac{2}{\pi}\arctan\left(\dfrac{1-r}{1+r}\cot\dfrac{\theta}{2}\right)$.

4. 求解一个固体内的稳定温度，该固体如图 160 所示，是一个长圆柱形楔，在边界平面 $\theta = 0$ 和 $\theta = \theta_0(0 < r < r_0)$ 上分别保持温度 0 和 T_0，在表面 $r = r_0(0 < \theta < \theta_0)$ 上绝热.

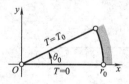

图 160

答案：$T = \dfrac{T_0}{\theta_0}\arctan\left(\dfrac{y}{x}\right)$.

5. 找出半无限固体 $y \geqslant 0$ 的稳定温度 $T(x,y)$，其中在固体的边界部分 $x < -1(y=0)$ 上 $T = 0$，在 $x > 1(y=0)$ 上 $T = 1$，在边界上的带形 $-1 < x < 1(y=0)$ 内绝热（见图 161）.

答案：$T = \dfrac{1}{2} + \dfrac{1}{\pi}\arcsin\left[\dfrac{\sqrt{(x+1)^2+y^2} - \sqrt{(x-1)^2+y^2}}{2}\right] \quad (-\pi/2 \leqslant \arcsin t \leqslant \pi/2)$.

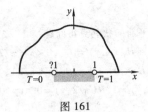

图 161

6. 无穷水平带形板 $0 \leqslant y \leqslant \pi$ 的表面的一部分 $x < 0 (y = 0)$ 和 $x < 0 (y = \pi)$ 绝热. 当 $x > 0$ 时, 条件 $T(x, 0) = 1$ 和 $T(x, \pi) = 0$ 成立(见图162). 找出这个板上的稳定温度.

提示: 该问题可转化为练习 5 中的问题.

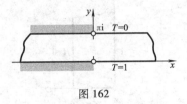

图 162

7. 找出半无限固体 $x \geqslant 0$, $y \geqslant 0$ 的稳定温度, 固体满足在与拐角处宽度相同的带形内绝热, 在其余边界面上保持某个固定温度, 如图163所示.

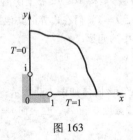

图 163

提示: 该问题可转化为练习 5 中的问题.

答案: $T = \dfrac{1}{2} + \dfrac{1}{\pi} \arcsin \left[\dfrac{\sqrt{(x^2 - y^2 + 1)^2 + (2xy)^2} - \sqrt{(x^2 - y^2 - 1)^2 + (2xy)^2}}{2} \right]$ $(-\pi/2 \leqslant \arctan t \leqslant \pi/2)$.

8. 求解 z 平面内表面绝热的薄板 $x \geqslant 0$, $y \geqslant 0$ 的边值问题, 边界条件如图164所示.

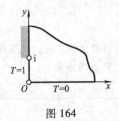

图 164

提示：利用变换

$$w = \frac{i}{z} = \frac{i\bar{z}}{|z|^2}$$

将本问题转化为第 121 节（见图 157）中的问题.

9. 在图 155（第 119 节）左图所示的半无穷薄板问题中，由第 119 节式（5）得到了温度函数 $T(x, y)$ 的共轭调和函数以及热流线. 证明：这些流线由 y 轴的上半部分和某些圆周的上半部分在 y 轴任意一侧的部分弧组成，其中这些圆周的圆心落在线段 AB 或 CD 上.

10. 证明：第 119 节中的函数 T 不必是有界的，在该节中的式（4）可以用调和函数

$$T = \text{Im}\left(\frac{1}{\pi} w + A \cosh w \right) = \frac{1}{\pi} v + A \sinh u \sin v$$

代替，其中 A 是任意实常数. 由此得出平面 uv 内的带形（见图 155）的狄利克雷问题的解可能不唯一.

11. 对第 120 节图 156 所示的半无限厚板的温度函数，假设去掉其有界性条件. 考虑到这对原解加上函数 $A\sin z$ 的虚部后的影响，其中 A 是任意实数，证明此时可能存在无穷多个解.

12. 考虑表面绝热的薄板，其形状是焦点为（± 1, 0）的椭圆的上半部分. 在椭圆边界上的温度是 $T = 1$. 在 x 轴的线段 $-1 < x < 1$ 上温度 $T = 0$，边界在 x 轴上的其他部分绝热. 借助附录 B 中的图 11，找出热量流线.

13. 由第 59 节和该节的练习 5 可知，如果 $f(z) = u(x, y) + iv(x, y)$ 在有界闭区域 R 上连续且在 R 的内部解析且不为常数，那么函数 $u(x, y)$ 在 R 的边界上取得最大值和最小值，且不在 R 内取最大值和最小值. 把 $u(x, y)$ 看成稳定温度，从物理的角度说它为什么恰好仅在边界上取得最大值和最小值.

122. 静电势

在静电场中，在一个点上的电场强度是一个矢量，表示单位正电荷在该点处所受的电场力. 静电势是空间坐标系中的标量函数，满足在每一个点沿任何方向的方向导数等于该点处的电场强度在该方向的分量的相反数.

对于两个静止的带电粒子，它们之间的引力或斥力的大小与电量的乘积成正比，与粒子的距离的平方成反比. 利用这个平方反比律，可以证明由单个粒子形成的电场中的某点处的电势，跟该点和粒子之间的距离成反比. 在任意没有电场的区域内，由该区域外的电荷产生的电势满足三维空间中的拉普拉斯方程.

如果电势 V 在与 xy 平面平行的所有平面上的条件相同，那么在没有电场的区域内，V 是只关于 x 和 y 的调和函数，

$$V_{xx}(x, y) + V_{yy}(x, y) = 0.$$

每个点处的电场强度矢量平行于 xy 平面，在 x 轴和 y 轴上的分量分别是 $-V_x(x, y)$ 和 $-V_y(x, y)$. 因此该矢量等于 $V(x, y)$ 的梯度的相反数.

其上电势 $V(x, y)$ 为常数的面是等势面. 在静态情况下，电荷在该曲面上自由移

动，所以在导体表面上的点 (x,y) 处的电场强度矢量的切向分量等于零．因此，导体表面的电势 $V(x, y)$ 是常数，该表面是等势的．

如果 U 是 V 的共轭调和函数，那么在 xy 平面上的曲线 $U(x, y) = c_2$ 称为磁力线．当磁力线与等势线 $V(x, y) = c_1$ 在某个使得解析函数 $V(x, y) + iU(x, y)$ 不为零的点相交时，这两个曲线在该点处正交且此时电场强度矢量与磁力线相切．

电势 V 的边值问题与稳定温度的数学问题相同，和求解稳定温度 T 的复变量方法一样，仅考虑二维的情况．例如第 120 节（图 156）所讨论的问题可以理解为真空空间

$$-\frac{\pi}{2} < x < \frac{\pi}{2}, y > 0$$

的二维电势，此时在边界导电板 $x = \pm \pi/2$ 上电势为零，在边界导电板 $y = 0$ 上电势为 1，在这些平面的相交线处绝缘．

一个平面内的导电片上的稳定电流的电势在不受电源或电漏影响的点处调和．重力势是物理中的调和函数的另一个例子．

123. 求解电势问题的例子

本章给出两个例子以说明如何应用保形映射求解电势问题．

例 1 现有一个薄片状的导电材料制成的长圆形空心圆筒．沿纵向切开圆筒得到两个相等的部分．用细长条状的绝缘材料将这两部分隔开，得到两个电极．其中一个电极接地，其电势为零，另一个电极保持固定的非零电势．如图 165 左图所示，建立关于电位差的坐标系并取定单位长度．通过该封闭空间内的任意横截面除圆筒的底部外的静电势 $V(x, y)$，可以理解为在 xy 平面上圆周 $x^2 + y^2 = 1$ 内的一个调和函数．注意到在圆周的上半部分上 $V = 0$，在圆周的下半部分上 $V = 1$．

第 102 节练习 1 给出了一个分式线性变换，它将上半平面映为以原点为圆心的单位圆的内部，且将正 x 轴和负 x 轴分别映为圆周的上半部分和下半部分，如附录 B 中的图 13 所示．交换该结果中 z 和 w 的位置可以发现变换

$$z = \frac{i - w}{i + w} \tag{1}$$

的逆变换给出了一个关于 V 在半平面内的新问题，如图 165 中的右图所示．

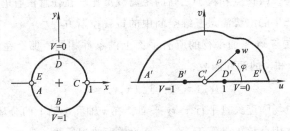

图 165 $\quad w = i\dfrac{1-z}{1+z}$

函数

$$\frac{1}{\pi}\text{Log}w = \frac{1}{\pi}\ln\rho + \frac{\text{i}}{\pi}\varphi \quad (\rho > 0, 0 \leqslant \varphi \leqslant \pi) \tag{2}$$

的虚部是关于 u 和 v 的有界函数，在 u 轴的两部分 $\varphi = 0$ 和 $\varphi = \pi$ 处取到规定的常数值. 因此，所求的该半平面内的调和函数为

$$V = \frac{1}{\pi}\arctan\left(\frac{v}{u}\right), \tag{3}$$

其中反正切函数的取值范围从 0 到 π.

变换(1)的逆变换是

$$w = \text{i}\frac{1-z}{1+z}, \tag{4}$$

其中 u 和 v 可以用 x 和 y 表示. 由式(3)可得

$$v = \frac{1}{\pi}\arctan\left(\frac{1-x^2-y^2}{2y}\right) \quad (0 \leqslant \arctan t \leqslant \pi). \tag{5}$$

由于函数(5)在一个圆内调和且在半圆周上取到规定的值，故它就是由圆柱形电极围成的空间上的电势函数. 验证这个结论，就要注意到

$$\lim_{\substack{t \to 0 \\ t > 0}} \arctan t = 0 \quad \text{和} \quad \lim_{\substack{t \to 0 \\ t < 0}} \arctan t = \pi.$$

在圆形区域内的等势线 $V(x, y) = c_1 (0 < c_1 < 1)$ 都是圆周

$$x^2 + (y + \tan\pi c_1)^2 = \sec^2\pi c_1$$

上的弧，这些圆周都经过点(± 1, 0). x 轴上的这两点之间的线段就是等势线 $V(x, y) = 1/2$. V 的共轭调和 U 是 $-(1/\pi)\ln\rho$，或者是函数 $-(\text{i}/\pi)\text{Log}w$ 的虚部. 由式(4)，U 可以写成

$$U = -\frac{1}{\pi}\ln\left|\frac{1-z}{1+z}\right|.$$

由这个等式可知磁力线 $U(x, y) = c_2$ 是圆心在 x 轴上的圆周上的弧. y 轴上两个电极之间的线段也是磁力线.

例 2 用 r_0 表示大于 1 的任意实数. 在图 166 中，可以通过右图来求解左图所示的狄利克雷问题. 如第 120 节所提示的下面给出的关于右图的解的级数形式可以通过分离变量法得到[*]，

$$V = \frac{4}{\pi}\sum_{n=1}^{+\infty}\frac{\sinh(\alpha_n v)}{\sinh(\alpha_n \pi)} \cdot \frac{\sin(\alpha_n u)}{2n-1} \tag{6}$$

其中，

$$\alpha_n = \frac{(2n-1)\pi}{\ln r_0} \quad (n = 1, 2, \cdots). \tag{7}$$

为求解利用图 166 所示的第一个边值问题，考虑对数函数的一个分支

---

[*] 见作者的著作《Fourier Series and Boundary Value Problems》8th ed., pp. 131 – 133, 2012.

$$\mathrm{log}z = \mathrm{ln}r + \mathrm{i}\theta \quad \left(r > 0,\ -\frac{\pi}{2} < \theta < \frac{3\pi}{2}\right). \tag{8}$$

通过验证 z 平面上从原点出发的射线上的点的象，我们可以发现映射 (8) 将图 166 中的半圆域一一地映为矩形域. 图中还给出了边界点的对应关系.

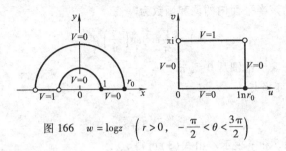

图 166 $\quad w = \mathrm{log}z \quad \left(r > 0,\ -\frac{\pi}{2} < \theta < \frac{3\pi}{2}\right)$

因为函数 (8) 的实部 u 和虚部 v 在 w 平面上的矩形域内调和，由第 116 节和第 117 节的定理可知

$$V(r,\theta) = \frac{4}{\pi} \sum_{n=1}^{+\infty} \frac{\sinh(\alpha_n \theta)}{\sinh(\alpha_n \pi)} \cdot \frac{\sin(\alpha_n \mathrm{ln}r)}{2n-1}, \tag{9}$$

其中，α_n 由式 (7) 给出.

练　习

1. 本节中的函数 (3) 在半平面 $v \geqslant 0$ 内有界，满足图 165 的右图所示的边界条件. 考虑该函数乘以函数 Ae^w 的虚部所得的函数，证明：函数满足除有界性条件外的所有的条件，其中 A 是任意实数.

2. 证明：本节中的变换 (4) 将图 165 的左图所示的上半圆域映为 w 平面的第一象限，直径 CE 映为正 v 轴. 然后求出由半圆柱面 $x^2 + y^2 = 1$，$y \geqslant 0$ 和平面 $y = 0$ 围成的空间上的静电势 V，满足在圆柱面上 $V = 0$，在平面表面上 $V = 1$（见图 167）.

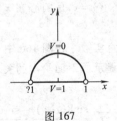

图 167

答案：$V = \dfrac{2}{\pi}\arctan\left(\dfrac{1 - x^2 - y^2}{2y}\right)$.

3. 求空间 $0 < r < 1$，$0 < \theta < \pi/4$ 上的静电势 $V(r,\theta)$，使得在半平面 $\theta = 0$ 和 $\theta = \pi/4$ 上满足 $V = 1$，在圆柱面 $r = 1$ 的 $0 \leqslant \theta \leqslant \pi/4$ 的部分满足 $V = 0$（见练习 2）. 验证：函数满足边界条件.

4. 注意到 $\mathrm{log}z$ 除原点外处处调和，它所有的分支具有相同的实部. 求在两个同轴的圆柱

面 $x^2 + y^2 = 1$ 和 $x^2 + y^2 = r_0^2 (r_0 \neq 1)$ 之间的空间上的静电势 $V(x, y)$ 的表达式，满足在第一个圆柱面上 $V = 0$，在第二个圆柱面上 $V = 1$.

答案：$V = \dfrac{\ln(x^2 + y^2)}{2\ln r_0}$.

5. 求在空间 $y > 0$ 上的有界静电势 $V(x, y)$，满足在无穷导电平面 $y = 0$ 的一个带形 $(-a < x < a, y = 0)$ 与该平面的其他部分绝缘且保持静电势 $V = 1$，在平面其他部分上 $V = 0$(见图 168). 验证：所求函数满足所给的边界条件.

答案：$V = \dfrac{1}{\pi}\arctan\left(\dfrac{2ay}{x^2 + y^2 - a^2}\right)$　$(0 \leqslant \arctan t \leqslant \pi)$.

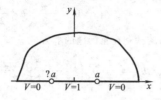

图 168

6. 求图 169 所示的半无限空间上的静电势，其中在其边界圆柱面上 $V = 1$，在其边界平面上 $V = 0$. 画出在 xy 平面上的一些等势线.

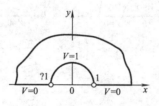

图 169

答案：$V = \dfrac{2}{\pi}\arctan\left(\dfrac{2y}{x^2 + y^2 - 1}\right)$.

7. 求在平面 $y = 0$ 和平面 $y = \pi$ 之间的空间上的电势 V，满足在边界平面上当 $x > 0$ 时，$V = 0$，当 $x < 0$ 时，$V = 1$(见图 170). 验证结果满足边界条件.

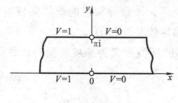

图 170

答案：$V = \dfrac{1}{\pi}\arctan\left(\dfrac{\sin y}{\sinh x}\right)$　$(0 \leqslant \arctan t \leqslant \pi)$.

8. 求圆柱 $r=1$ 内部空间上的静电势 V 的表达式，满足圆柱表面在第一象限 $(r=1,0<\theta<\pi/2)$ 的部分上 $V=0$，在该表面的其他部分 $(r=1,\pi/2<\theta<2\pi)$ 上 $V=1$（见第 102 节练习 5 的图 123）．证明：在圆柱的轴上 $V=3/4$．验证结果满足边界条件．

9. 利用附录 2 的图 20，求温度函数 $T(x,y)$，满足图中所示的 xy 平面上的阴影区域内调和，在曲线弧 ABC 上 $T=0$，在线段 DEF 上 $T=1$．验证所得函数满足边界条件（见练习 2）．

10. 在图 171 中，右图所示的狄利克雷问题的解为 *

$$V = \frac{4}{\pi}\sum_{n=1}^{+\infty}\frac{\sinh mu}{m\sinh(m\ln r_0)}\sin mv,$$

其中 $m=2n-1$．考虑对数函数的一个分支

$$\log z = \ln r + \mathrm{i}\theta \quad \left(r>0,\ -\frac{\pi}{2}<\theta<\frac{3\pi}{2}\right).$$

验证在图 171 中，左图所示的狄利克雷问题的解为

$$V(r,\theta) = \frac{4}{\pi}\sum_{n=1}^{+\infty}\left(\frac{r^m - r^{-m}}{r_0^m - r_0^{-m}}\right)\frac{\sin m\theta}{m},$$

其中 $m=2n-1$．

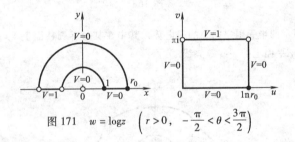

图 171　$w = \log z$　$\left(r>0,\ -\dfrac{\pi}{2}<\theta<\dfrac{3\pi}{2}\right)$

124. 二维的流体流动

调和函数在流体力学和空气动力学中有很重要的作用．在此同样只考虑二维稳态类型的问题．也就是说，假定流体在所有平行于 xy 平面的平面上运动时，其速度平行于该平面且与时间无关．这样只要在 xy 平面上考虑流体内的薄片的运动即可．

用表示复数的矢量

$$V = p + \mathrm{i}q$$

表示流体内的粒子在点 (x,y) 处的速度．因此速度矢量在 x 轴和 y 轴上的分量分别是 $p(x,y)$ 和 $q(x,y)$．假设在内部无流量源和漏的流体区域内的点处，实值函数 $p(x,y)$ 和 $q(x,y)$ 以及它们的一阶偏导数是连续的．

在任意曲线 C 上的流体的环流定义为速度矢量的切线分量 $V_T(x,y)$ 沿 C 关于弧长 σ 的线积分：

$$\int_C V_T(x,y)\,\mathrm{d}\sigma. \tag{1}$$

---

* 见本书第 123 节例 2 的脚注所引用的文献．

沿 C 的环流与 C 的长度之比就是流体沿 C 流动的平均速度. 由高等微积分学可知[*]

$$\int_C V_T(x,y)\,\mathrm{d}\sigma = \int_C p(x,y)\,\mathrm{d}x + q(x,y)\,\mathrm{d}y. \tag{2}$$

当 C 是一个无流量源和漏的单连通区域内的正向简单闭曲线时, 由格林定理(见第 50 节)可得

$$\int_C p(x,y)\,\mathrm{d}x + q(x,y)\,\mathrm{d}y = \iint_R [q_x(x,y) - p_y(x,y)]\,\mathrm{d}A,$$

其中 R 是包含 C 及其内部的闭区域. 所以对这样的围线 C, 有

$$\int_C V_T(x,y)\,\mathrm{d}\sigma = \iint_R [q_x(x,y) - p_y(x,y)]\,\mathrm{d}A. \tag{3}$$

沿简单闭曲线 C 的积分表达式(3)右边的积分的物理意义已经在前面给出. 下面用 C 表示以 r 为半径, 点 (x_0, y_0) 为圆心的圆周, 取逆时针方向. 此时, 沿 C 的平均速度等于环流除以圆周长 $2\pi r$, 流体关于原点的相应的角速度等于该平均速度除以 r, 即

$$\frac{l}{\pi r^2}\iint_R \frac{1}{2}[q_x(x,y) - p_y(x,y)]\,\mathrm{d}A.$$

这也是函数

$$\omega(x,\ y) = \frac{1}{2}\,[q_x(x,\ y) - p_y(x,\ y)] \tag{4}$$

在以 C 为边界的圆盘 R 上的平均值的表达式. 当 r 趋于 0 时, 它的极限就是 ω 在点 $(x_0,\ y_0)$ 处的值. 因此, 函数 $\omega(x,y)$ 称为流体旋转, 表示一个圆形流体元件向圆心 (x,y) 收缩时的限流角速度, 其中 ω 在圆心的值可求.

如果在某个单连通域内的每个点处都有 $\omega(x,y)=0$, 那么流体在该区域内进行无旋流动. 在这里仅考虑无旋流动, 并假设流体是不可压缩且无黏性的. 在假定具有均匀密度 ρ 的流体进行稳定无旋流动的前提下, 可以证明流体压力 $P(x,y)$ 满足以下特殊形式的伯努利方程

$$\frac{P}{\rho} + \frac{1}{2}\,|V|^2 = c,$$

其中 c 是常数. 注意到当速度 $|V|$ 最小时, 压力最大.

设 D 为流体进行无旋流动的单连通域. 由方程(4), 在 D 内 $p_y = q_x$. 这两个偏导数之间的关系式表明沿包含在 D 内连接点 $(x_0,\ y_0)$ 和点 (x,y) 的曲线 C 的线积分

$$\int_C p(s,t)\,\mathrm{d}s + q(s,t)\,\mathrm{d}t$$

与路径无关. 因此, 如果固定点 (x_0, y_0), 那么函数

$$\varphi(x,y) = \int_{(x_0,y_0)}^{(x,y)} p(s,t)\,\mathrm{d}s + q(s,t)\,\mathrm{d}t \tag{5}$$

---

[*] 本节和下节所涉及的线积分的性质可参考 W. Kaplan, 《Advanced Mathematics for Engineers》Chap. 10, 1992.

在 D 内有定义. 对上式两边求偏导数可得

$$\varphi_x(x,y) = p(x,y), \varphi_y(x,y) = q(x,y). \tag{6}$$

由式(6)可知速度矢量 $V = p + iq$ 是 φ 的梯度, 且 φ 在任意方向上的方向导数都表示流动速度在该方向上的分量.

函数 $\varphi(x,y)$ 称为速度势. 由式(5), 当点 (x_0, y_0) 发生变化时, $\varphi(x,y)$ 只是改变了一个常数. 我们称曲线 $\varphi(x,y) = c_1$ 为等势的. 由于速度矢量 V 是 $\varphi(x,y)$ 的梯度, 所以在 V 不是零向量的点处, 它就是等势线的法向量.

跟热传递的情况一样, 假设不可压缩的液体只能通过边界流入或流出体积元, 在这里要求在一个无流量源和漏的流体开域内, $\varphi(x,y)$ 满足拉普拉斯方程

$$\varphi_{xx}(x,y) + \varphi_{yy}(x,\ y) = 0,$$

由函数 p 和 q 及其一阶偏导数的连续性, 利用式(6)可以证明 φ 的一阶和二阶偏导数在该开域连续. 因此速度势函数 φ 在该开域调和.

125. 流函数

由上一节可知, 在无旋的单连通区域内的速度矢量

$$V = p(x,y) + iq(x,y) \tag{1}$$

可以写成

$$V = \varphi_x(x,y) + i\varphi_y(x,y) = \mathbf{grad}\,\varphi(x,y), \tag{2}$$

其中 φ 是速度势. 当速度势在点 (x,y) 处不是零向量时, 速度势是过该点的等势线的法向量. 进一步说, 如果 $\psi(x,y)$ 是 $\varphi(x,y)$ 的共轭调和(见第115节), 那么速度势是曲线 $\psi(x,y) = c_2$ 的切线. 称曲线 $\psi(x,y) = c_2$ 为流动的流线, 称函数 Ψ 为流函数. 特别地, 流体不能流过的边界就是一条流线.

解析函数

$$F(z) = \varphi(x,y) + i\psi(x,y)$$

称为流动的复势. 注意

$$F'(z) = \varphi_x(x,y) + i\psi_x(x,y),$$

并利用柯西-黎曼方程可得

$$F'(z) = \varphi_x(x,y) - i\varphi_y(x,y).$$

关于速度矢量的式(2)可化为

$$V = \overline{F'(z)}. \tag{3}$$

所以速度的大小就是

$$|V| = |F'(z)|.$$

由第115节式(9), 当 φ 在单连通域 D 内调和时, φ 在 D 内的共轭调和可写成

$$\psi(x,y) = \int_{(x_0,y_0)}^{(x,y)} -\varphi_t(s,t)\,\mathrm{d}s + \varphi_s(s,t)\,\mathrm{d}t,$$

该积分与路径无关. 再利用第124节式(6), 将上式写成

$$\psi(x,y) = \int_C -q(s,t)\,\mathrm{d}s + p(s,t)\,\mathrm{d}t, \tag{4}$$

其中 C 是 D 内从点 (x_0, y_0) 到点 (x, y) 的曲线.

由高等微积分学可知,式(4)右边的积分表示一个在 x 轴和 y 轴上的分量分别是 $p(x, y)$ 和 $q(x, y)$ 的向量,其法向量 $V_N(x, y)$ 是沿 C 关于弧长 σ 的线积分. 故式(4)可化为

$$\psi(x, y) = \int_C V_N(s, t) \mathrm{d}\sigma. \tag{5}$$

从物理的角度来看,$\psi(x, y)$ 表示流体通过 C 的流动速率. 更确切地说,$\psi(x, y)$ 是通过曲线 C 上方且垂直于 xy 平面的单位高度的曲面的流体体积,以此表示流体的流动速率.

例　如果复势是函数

$$F(z) = Az, \tag{6}$$

其中 A 是正实数,那么

$$\varphi(x, y) = Ax \text{ 且 } \psi(x, y) = Ay. \tag{7}$$

流线 $\psi(x, y) = c_2$ 与 $y = c_2/A$ 平行,且在任意点处的速度

$$V = \overline{F'(z)} = A.$$

使得 $\psi(x, y) = 0$ 成立的点 (x_0, y_0) 都落在 x 轴上,且 x 轴上任意点都满足 $\psi(x, y) = 0$. 当点 (x_0, y_0) 取为原点时,$\psi(x, y)$ 就是通过任意连接原点和点 (x, y) 的曲线的流动速率(见图 172). 该流动是均匀的且方向向右. 它可以理解为在边界为 x 轴的上半平面内的均匀流动,其中 x 轴是流线,或者是在两平行线 $y = y_1$ 和 $y = y_2$ 之间的均匀流动.

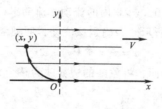

图 172

流函数 ψ 明确地刻画了一个区域内的流动. 在不考虑相差某个常数或倍数的情况下,对一个给定的区域是否仅存在这样的一个函数,在此不进行检验. 有时候,当速度是均匀的,且流体远离可能涉及的障碍物或者流量源和漏(第 11 章)时,通过物理现象可知流函数由问题本身所给的条件唯一确定.

如果只是简单地考虑限制在边界上的取值,通常无法唯一确定一个调和函数,甚至是它的常数因子. 在上面的例子中,函数 $\psi(x, y) = Ay$ 在上半平面 $y > 0$ 内调和,在边界上有零点. 函数 $\psi_1(x, y) = Be^x \sin y$ 也满足上述条件. 但是流线 $\psi_1(x, y) = 0$ 不仅包含直线 $y = 0$ 还包含直线 $y = n\pi (n = 1, 2, \cdots)$. 此时函数 $F_1(z) = Be^z$ 是在直线 $y = 0$ 和 $y = \pi$ 之间的区域的流动的复势,这两条边界构成流线 $\psi(x, y) = 0$. 如果 $B > 0$,那么流体沿下边界向右流动,沿上边界向左流动.

126. 沿拐角和柱面的流动

在分析 xy 平面或 z 平面内的流动时，通常考虑 uv 平面或 w 平面内的相应流动更简单. 如果 φ 是速度势，ψ 是 uv 平面内的流函数，那么第116节和117节的结果就可以应用于这些调和函数. 也就是说，当 uv 平面内的流动开域 D_w 是开域 D_z 在变换

$$w = f(z) = u(x,y) + \mathrm{i}v(x,y)$$

下的象时，其中 f 解析，函数

$$\varphi(u(x,y), v(x,y)) \text{和} \psi(u(x,y), v(x,y))$$

在 D_z 内调和. 这些新的函数可以理解为 xy 平面内的速度势和流函数. uv 平面内的流线（或者说自然边界 $\psi(u,v) = c_2$）与 xy 平面内的流线（或者说自然边界 $\psi(u(x,y), v(x,y)) = c_2$）对应.

在使用上述技巧时，最有效的方法是先写出 w 平面上的区域内的复势函数，然后由此得到 xy 平面上的相应区域内的速度势和流函数. 更精确地说，如果 uv 平面上的速度势是

$$F(w) = \varphi(u,v) + \mathrm{i}\psi(u,v),$$

那么复合函数

$$F(f(z)) = \varphi(u(x,y), v(x,y)) + \mathrm{i}\psi(u(x,y), v(x,y))$$

就是 xy 平面上的复势.

为免出现过多的记号，使用相同的记号 F、φ 和 ψ 分别表示 xy 平面和 uv 平面上的复势、速度势和流函数.

例1 考虑第一象限 $x > 0$，$y > 0$ 内的流动，流动平行于 y 轴向下，但在原点的附近被迫向右拐弯，如图173所示. 为确定该流动，回顾变换（第14节例2）

$$w = z^2 = x^2 - y^2 + \mathrm{i}2xy,$$

它将第一象限映为上半 uv 平面，将象限的边界映为整个 u 轴.

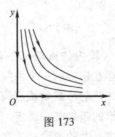

图173

由第125节的例子可知，在上半 w 平面内向右均匀流动的复势是 $F = Aw$，其中 A 是正实数. 因此，在象限内的复势为

$$F = Az^2 = A(x^2 - y^2) + \mathrm{i}2Axy. \tag{1}$$

由此进一步得到流函数

$$\psi = 2Axy. \tag{2}$$

显然该流函数在第一象限内调和，在边界上恒为零.

流线是矩形双曲线

$$2Axy = c_2$$

的分支. 根据第 125 节式(3), 流体速度为

$$V = \overline{2Az} = 2A(x - iy).$$

显然粒子的速度的大小

$$|V| = 2A\sqrt{x^2 + y^2}$$

与它到原点的距离成正比. 流函数(2)在点 (x, y) 处的取值可以理解为通过从该点到原点的线段的流速.

例 2　将一个单位半径的长圆柱放到一个匀速流动的大体积流体中, 使得圆柱的轴线与流动方向垂直. 为确定绕圆柱的稳定流动, 将用圆周 $x^2 + y^2 = 1$ 表示圆柱, 并令远离圆柱的流动向右且与 x 轴平行(见图 174). 由对称性, x 轴在圆外部分上的点可看成边界点. 为此只要考虑图中上半部分的流动区域.

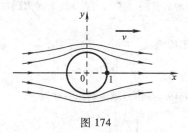

图 174

该流动区域的边界包括上半圆周以及 x 轴在圆外的部分. 这个边界在变换

$$w = z + \frac{1}{z}$$

下映为整个 u 轴. 而流动区域映为上半平面 $v \geq 0$, 如附录 B 中的图 17 所示. 在该半平面内相应的匀速流动的复势为 $F = Aw$, 其中 A 是正实数. 因此, x 轴上方的圆外区域的复势为

$$F = A\left(z + \frac{1}{z}\right). \tag{3}$$

当 $|z|$ 逐渐增大时, 速度

$$V = A\left(1 - \frac{1}{z^2}\right) \tag{4}$$

趋于 A. 跟我们期望的一样, 在远离圆周的点处, 流动几乎是均匀且平行于 x 轴的. 由式(4)可得 $V(\bar{z}) = \overline{V(z)}$. 所以这个表达式同样表示在下方区域内的流动速度. 下半圆周是一条流线.

根据式(3), 给定问题的流函数的极坐标方程为

$$\psi = A\left(r - \frac{1}{r}\right)\sin\theta. \tag{5}$$

流线

$$A\left(r - \frac{1}{r}\right)\sin\theta = c_2$$

关于 y 轴对称，且渐近线与 x 轴平行. 注意到当 $c_2 = 0$ 时，流线由圆周 $r = 1$ 和 x 轴在圆外的部分组成.

练 习

1. 说明为什么速度的分量可以由流函数通过以下方程给出，
$$p(x, y) = \psi_y(x, y), q(x, y) = -\psi_x(x, y).$$

2. 在我们的假设条件下，流动区域内的一点的流体压力不能低于该点邻域内所有点处的流体压力. 利用第 59 节、第 124 节和第 125 节的结果，证明该结论.

3. 关于本节例 1 描述的沿拐角的流动，请问在区域 $x \geq 0$，$y \geq 0$ 内的哪个点处流体压力最大?

4. 证明：在本节例 2 中圆柱表面各点的流动速度的大小是 $2A|\sin\theta|$，在圆柱面上流体压力最大的点是 $z = \pm 1$，流体压力最小的点是 $z = \pm i$.

5. 求绕圆柱面 $r = r_0$ 的流动的复势，满足当点 z 逐渐远离圆柱面时，在该点处的速度 V 趋于一个实常数 A.

6. 证明：在如图 175 所示的角域
$$r \geq 0, 0 \leq \theta \leq \frac{\pi}{4}$$

内的流动的流函数为 $\psi = Ar^4\sin 4\theta$. 在该角域内画出一些流线.

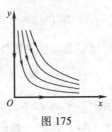

图 175

7. 证明：在如图 176 所示的半无限区域
$$-\frac{\pi}{2} \leq x \leq \frac{\pi}{2}, y \geq 0$$

内的流动的复势是 $F = A\sin z$. 写出流线的方程.

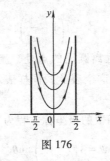

图 176

8. 证明：如果区域 $r \geq r_0$ 内的流动的速度势为 $\varphi = A\ln r (A > 0)$，那么流线为半直线 $\theta = c (r \geq$

r_0），并且通过每个以原点为圆心的整个圆周的流动速率都是 $2\pi A$，即等于在原点处流动源的大小.

9. 证明：在区域 $r \geqslant 1$，$0 \leqslant \theta \leqslant \pi/2$ 内的流动的复势为

$$F = A\left(z^2 + \frac{1}{z^2}\right),$$

写出 V 和 ψ 的表达式. 描述速度的大小 $|V|$ 沿区域边界的变化情况并验证在边界上 $\psi(x,y) = 0$.

10. 设本节例 2 中的流动在离圆柱面无穷远处是均匀的，且方向与 x 轴成 α 角，即

$$\lim_{|z| \to +\infty} V = A\mathrm{e}^{\mathrm{i}\alpha} \quad (A > 0).$$

求流动的复势.

答案：$F = A\left(z\mathrm{e}^{-\mathrm{i}\alpha} + \dfrac{1}{z}\mathrm{e}^{\mathrm{i}\alpha}\right)$.

11. 记

$$z - 2 = r_1 \exp(\mathrm{i}\theta_1), z + 2 = r_2 \exp(\mathrm{i}\theta_2)$$

和

$$(z^2 - 4)^{1/2} = \sqrt{r_1 r_2} \exp\left(\mathrm{i}\frac{\theta_1 + \theta_2}{2}\right),$$

其中，

$$0 \leqslant \theta_1 < 2\pi \text{ 且 } 0 \leqslant \theta_2 < 2\pi.$$

则函数 $(z^2 - 4)^{1/2}$ 在除去包含 x 轴上连接两点 $z = \pm 2$ 之间的线段的支割线外单值解析. 由第 98 节练习 13 可知，变换

$$z = w + \frac{1}{w}$$

将圆周 $|w| = 1$ 映为从 $z = -2$ 到 $z = 2$ 的线段，将圆外的区域映为 z 平面的其他部分. 利用上述结论证明：在除支割线外满足 $|w| > 1$ 的点处逆变换可写成

$$w = \frac{1}{2}\left[z + (z^2 - 4)^{1/2}\right] = \frac{1}{4}\left(\sqrt{r_1} \exp\frac{\mathrm{i}\theta_1}{2} + \sqrt{r_2} \exp\frac{\mathrm{i}\theta_2}{2}\right)^2.$$

变换及其逆建立了两个区域内的点之间的一一对应关系.

12. 对宽度为 4，横截面为连接两点 $z = \pm 2$ 的线段的长条板（见图 177），假设绕它的稳定流动在离它无穷远处的流体速度为 $A\exp(\mathrm{i}\alpha)$，其中 $A > 0$. 试利用练习 10 和练习 11 的结果，给出流动的复势表达式

$$F = A\left[z\cos\alpha - \mathrm{i}(z^2 - 4)^{1/2}\sin\alpha\right]$$

的推导过程，这里取 $(z^2 - 4)^{1/2}$ 在练习 11 所述的分支.

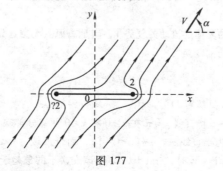

图 177

13. 证明：在练习 12 中，如果 $\sin\alpha \neq 0$，那么沿连接两点 $z = \pm 2$ 的线段的流动速度在两个端点处均为无穷，在中点处为 $A|\cos\alpha|$.

14. 为简便计算，在练习 12 中假设 $0 < \alpha \leq \pi/2$. 证明：流体在图 177 所示的线段上方的流动在点 $x = 2\cos\alpha$ 处的速度为零，在该线段下方的流动在点 $x = -2\cos\alpha$ 处的速度为零.

15. 将变换

$$w = z + \frac{1}{z}$$

作用于圆心在 x 轴上的点 $x_0 (0 < x_0 < 1)$ 处且过点 $z = -1$ 的圆周. 对个别非零点 z 可以考虑用以下的向量形式：

$$z = re^{i\theta} \text{ 和 } \frac{1}{z} = \frac{1}{r}e^{-i\theta}.$$

给出几何上的映射. 通过给出一些点在映射下的对应点，可以看出圆周映为图 178 中所示的轮廓，而圆周外的点映为轮廓外的点. 这是茹科夫斯基机翼轮廓的一个特例 (见下面的练习 16 和练习 17).

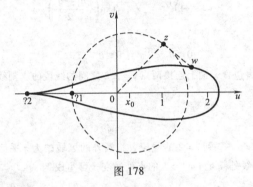

图 178

16. (a) 证明：练习 15 中关于圆周的变换在点 $z = -1$ 处保形.

(b) 设复数

$$t = \lim_{\Delta z \to 0} \frac{\Delta z}{|\Delta z|} \text{ 和 } \tau = \lim_{\Delta w \to 0} \frac{\Delta w}{|\Delta w|}$$

分别表示在有向光滑曲线弧 $z = -1$ 处的单位切向量和该曲线弧在变换

$$w = z + \frac{1}{z}$$

下的象. 证明：$\tau = -t^2$，因此，图 178 中的茹科夫斯基机翼轮廓有一个尖点 $w = -2$，尖点处的切线之间的夹角为零.

17. 求绕练习 15 中的翼面的流动的复势 V，满足离原点无穷远处的流动速度是实常数 A. 在此需要使用练习 15 给出的变换

$$w = z + \frac{1}{z}$$

的逆变换，即交换 z 和 w (见练习 11).

18. 注意变换 $w = e^z + z$ 将直线 $y = \pi$ 在 $x \geq 0$ 和 $x \leq 0$ 两部分都映为半直线 $v = \pi(u \leq -1)$. 类似地，直线 $y = -\pi$ 映为半直线 $v = -\pi(u \leq -1)$，而带形域 $-\pi \leq y \leq \pi$ 映为 w 平面. 还要注意方向的变化，当 x 趋于 $-\infty$ 时，$\arg(dw/dz)$ 在该变换下的象趋于 0. 证明：通过 w 平面上

由半直线组成的开放管道的流体的流线(见图 179)是带形域内直线 $y = c_2$ 的象. 这些流线也代表了一个平行板电容器的边缘附近的静电场的等电位曲线.

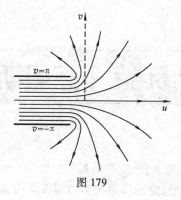

图 179

第11章

施瓦茨 – 克里斯托费尔映射

在本章中，我们将构造施瓦茨-克里斯托费尔映射. 该映射将 x 轴和 z 平面的上半平面映到 w 平面上的一个给定的简单闭多边形及其内部. 它主要应用于解决流体流动和静电势理论问题.

127. 实轴到多边形的映射

我们用复数 t 表示光滑曲线 C 在点 z_0 处的单位切向量，τ 表示 C 在映射 $w = f(z)$ 下的象 Γ 在对应的点 w_0 处的单位切向量. 设 f 在 z_0 处解析且满足 $f'(z_0) \neq 0$. 由第 112 节可知

$$\arg \tau = \arg f'(z_0) + \arg t. \tag{1}$$

特别地，若 C 为 x 轴上的线段，取向右为正向，则在 C 上每一点 $z_0 = x$ 处有 $t = 1$ 且 $\arg t = 0$. 在这种情况下，式(1)就变成

$$\arg \tau = \arg f'(x). \tag{2}$$

若沿着该线段，$f'(z)$ 的辐角为常数，则可知 $\arg \tau$ 也为常数. 此时，C 的象 Γ 也为一条直线段.

现在，我们构造一个映射 $w = f(z)$，将整条 x 轴映为一个 n 边形，其中 x_1，x_2，$\cdots$，x_{n-1} 和 ∞ 为该坐标轴上被映成多边形的顶点的那些点，且满足

$$x_1 < x_2 < \cdots < x_{n-1}.$$

这 n 个顶点为 $w_j = f(x_j)$ $(j = 1, 2, \ldots, n-1)$ 以及 $w_n = f(+\infty)$. 函数 f 满足当点 z 在整条 x 轴上移动时，在不同的点 $z = x_j$ 处，辐角 $\arg f'(z)$ 的值从一个常数变到另一个常数(见图180).

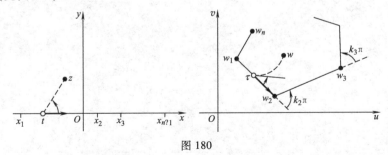

图 180

若取函数 f 满足

$$f'(z) = A(z - x_1)^{-k_1}(z - x_2)^{-k_2} \cdots (z - x_{n-1})^{-k_{n-1}}, \tag{3}$$

其中 A 为复常数且每个 k_j 都为实常数，则随着 z 取遍实轴，$f'(z)$ 的辐角按给定的方式变化. 这可以通过将式(3)中的导数的辐角写成

$$\arg f'(z) = \arg A - k_1 \arg(z - x_1) - k_2 \arg(z - x_2) - \cdots - k_{n-1} \arg(z - x_{n-1}) \tag{4}$$

的形式看出来.

当 $z = x$ 且 $x < x_1$ 时，有

$$\arg(z - x_1) = \arg(z - x_2) = \cdots = \arg(z - x_{n-1}) = \pi.$$

当 $x_1 < x < x_2$ 时，辐角 $\arg(z - x_1)$ 为 0，且其他的辐角都为 π. 由式(4)，随着 z 通过点 $z = x_1$ 向右移动，$\arg f'(z)$ 突然增加了 $k_1\pi$. 再者，随着 z 通过点 x_2，该辐角又突然增加了 $k_2\pi$，等等.

由式(2)，随着 z 从点 x_{j-1} 向点 x_j 移动，单位向量 $\boldsymbol{\tau}$ 的方向为常数. 因此，点 w 在该固定方向沿直线运动. 如图 180 所示，在点 x_j 的象点 w_j 处，$\boldsymbol{\tau}$ 的方向突然改变了 $k_j\pi$. 这里，$k_j\pi$ 是由点 w 运动所得的多边形的外角.

外角限制在 $-\pi$ 到 π 之间，在这种情况下，$-1 < k_j < 1$. 假设多边形的边彼此互不相交，且取定了正方向，或取逆时针方向. 一个封闭多边形的外角和为 2π，且在顶点 w_n 处，即点 $z = +\infty$ 的象点处，其外角可以写成

$$k_n\pi = 2\pi - (k_1 + k_2 + \cdots + k_{n-1})\pi.$$

因此，k_j 必定满足下列条件

$$k_1 + k_2 + \cdots + k_{n-1} + k_n = 2, \quad -1 < k_j < 1 \, (j = 1, 2, \cdots, n). \tag{5}$$

注意到，若

$$k_1 + k_2 + \cdots + k_{n-1} = 2, \tag{6}$$

则有 $k_n = 0$. 这表明在点 w_n 处，$\boldsymbol{\tau}$ 的方向不变. 故 w_n 不是顶点，多边形只有 $n - 1$ 条边.

下一节我们将确定导数满足式(3)的映射函数 f 的存在性.

128. 关于施瓦茨-克里斯托费尔映射

在上一节中，将 x 轴映到一个多边形的函数，其导数的表达式为

$$f'(z) = A(z - x_1)^{-k_1}(z - x_2)^{-k_2} \cdots (z - x_{n-1})^{-k_{n-1}}. \tag{1}$$

设因子 $(z - x_j)^{-k_j}(j = 1, 2, \cdots, n-1)$ 表示幂函数的分支，且支割线在 x 轴下方. 具体地说，记

$$(z - x_j)^{-k_j} = \exp[-k_j \log(z - x_j)] = \exp[-k_j(\ln|z - x_j| + i\theta_j)]$$

于是，

$$(z - x_j)^{-k_j} = |z - x_j|^{-k_j} \exp(-ik_j\theta_j) \quad \left(-\frac{\pi}{2} < \theta_j < \frac{3\pi}{2}\right), \tag{2}$$

其中 $\theta_j = \arg(z - x_j)$，$j = 1, 2, \cdots, n-1$. 这使得 $f'(z)$ 在半平面 $y \geqslant 0$ 上除去 $n - 1$ 个支点 x_j 外处处解析.

这里，将该解析区域记为 R. 若 z_0 为区域中一点，则函数

$$F(z) = \int_{z_0}^{z} f'(s)\,\mathrm{d}s \tag{3}$$

在该区域单值解析，其中从 z_0 到 z 的积分路径可以选取 R 中任意曲线. 此外，$F'(z) = f'(z)$（见第 48 节）.

为了定义函数 F 使之在点 $z = x_1$ 处连续，注意到，$(z - x_1)^{-k_1}$ 为式（1）中唯一一个在点 x_1 处不解析的因式. 因此，若 $\varphi(z)$ 表示表达式中其他因式的乘积，则 $\varphi(z)$ 在点 x_1 处解析，且在整个开圆盘 $|z - x_1| < R_1$ 内，可以用点 x_1 处的泰勒级数表示. 于是，我们有

$$f'(z) = (z - x_1)^{-k_1} \varphi(z) = (z - x_1)^{-k_1}\left[\varphi(x_1) + \frac{\varphi'(x_1)}{1!}(z - x_1) + \frac{\varphi''(x_1)}{2!}(z - x_1)^2 + \cdots \right]$$

或

$$f'(z) = \varphi(x_1)(z - x_1)^{-k_1} + (z - x_1)^{1-k_1}\psi(z), \tag{4}$$

其中 ψ 在整个开圆盘解析，故连续. 因为 $1 - k_1 > 0$，所以指定式（4）右边最后一项在 $z = x_1$ 处的值为 0，则它是上半圆盘上关于 z 的连续函数，这里 $\mathrm{Im}\,z \geqslant 0$. 于是，最后一项沿着曲线从 Z_1 到 z 的积分

$$\int_{Z_1}^{z} (s - x_1)^{1-k_1}\psi(s)\,\mathrm{d}s$$

在点 $z = x_1$ 处为关于 z 的连续函数，其中 Z_1 与曲线均落在半圆盘中. 若将 z 在半圆盘中趋于 x_1 时的积分值的极限定义为在该点的积分值，则沿着前面同样路径的积分

$$\int_{Z_1}^{z} (s - x_1)^{-k_1}\,\mathrm{d}s = \frac{1}{1 - k_1}\left[(z - x_1)^{1-k_1} - (Z_1 - x_1)^{1-k_1} \right]$$

在点 x_1 处也为关于 z 的连续函数. 于是，式（4）中函数沿着所述路径从 Z_1 到 z 的积分在点 $z = x_1$ 处连续. 对式（3）中函数的积分，结论同样成立，因为该积分可以写成 R 中沿着从 z_0 到 Z_1 的曲线的积分与沿着从 Z_1 到 z 的曲线的积分的和.

以上论断适用于 $n - 1$ 个点 x_j，故函数 F 在整个区域 $y \geqslant 0$ 上连续.

由式（1），我们能够证明：若 $\mathrm{Im}\,z \geqslant 0$，则对于一个充分大的正数 R，存在正常数 M，使得当 $|z| > R$ 时，则当 $|z| > R$ 时，

$$|f'(z)| < \frac{M}{|z|^{2 - k_n}}. \tag{5}$$

由于 $2 - k_n > 1$，式（3）中被积函数的阶的性质保证了当 z 趋于无穷时，在该处积分极限的存在性，即存在数 W_n 使得

$$\lim_{z \to \infty} F(z) = W_n \quad (\mathrm{Im}\,z \geqslant 0). \tag{6}$$

详细论证留为练习 1 和练习 2.

导数满足式（1）的映射函数可以写成 $f(z) = F(z) + B$，其中 B 为复常数. 所得映射

$$w = A \int_{z_0}^{z} (s - x_1)^{-k_1}(s - x_2)^{-k_2}\cdots(s - x_{n-1})^{-k_{n-1}}\,\mathrm{d}s + B \tag{7}$$

为施瓦茨 - 克里斯托费尔映射，该命名是为了纪念两位独立发现这一映射的德国数学家 H. A. 施瓦茨（H. A. Schwarz）（1843—1921）以及 E. B. 克里斯托费尔（E. B. Christoffel）（1829—1900）.

映射（7）在整个半平面 $y \geqslant 0$ 上连续，并在除 x_j 外的所有点处保形. 我们假设 k_j 满足第 127 节中的条件（5）. 此外，假设常数 x_j 以及 k_j 使得多边形的边彼此不相交，故多边形为简单闭多边形. 于是，由第 127 节可知，当点 z 沿正方向取遍 x 轴时，其象 w 沿正方向取遍多边形 P，并且 x 轴上的点以及多边形 P 上的点是一一对应的. 由条件（6），点 $z = \infty$ 的象 w_n 存在且 $w_n = W_n + B$.

若 z 为上半平面 $y \geqslant 0$ 的一个内点且 x_0 为 x 轴上异于每个 x_j 的任意一点，则在点 x_0 处的向量 τ 到连接 x_0 和 z 的线段之间的交角大于 0 且小于 π（见图 180）. 在点 x_0 的象点 w_0 处的向量 τ 到连接 x_0 和 z 的线段的象之间相应的交角也具有相同的值. 因此，半平面上内点的象落在多边形的各边的左面，取逆时针方向. 该映射确定了半平面上的内点与多边形内的点之间的一一对应关系，证明留给读者（见练习 3）.

给定一个具体的多边形 P，我们先来看看施瓦茨 - 克里斯托费尔映射中的常数的数量. 为了将 x 轴映到 P，必须确定这些常数. 为此，我们记 $z_0 = 0$，$A = 1$，$B = 0$，并且只要求将 x 轴映到某个与 P 相似的多边形 P'. 之后，通过引入适当的常数 A 和 B，可以调整 P' 的大小与位置以合乎 P 的大小与位置.

所有的 k_j 都由 P 的顶点的外角决定. 我们还要选取 $n - 1$ 个常数 x_j. x 轴的象为多边形 P'，它与 P 具有相同的角. 但是若 P' 与 P 相似，则其 $n - 2$ 条连接边与 P 的对应边必定具有共同的比. 这个条件是通过包含 $n - 1$ 个实未知数 x_j 的 $n - 3$ 个方程来表示. 因此，这其中的两个 x_j 或者这些数之间的两个关系式可以任意选取，只要关于剩余的 $n - 3$ 个未知数的 $n - 3$ 个方程具有实数解.

若 x 轴上的有限点 $z = x_n$ 的象并非无穷远点的象，而为顶点 w_n，则由第 127 节可知，施瓦茨 - 克里斯托费尔映射具有如下形式，

$$w = A \int_{z_0}^{z} (s - x_1)^{-k_1} (s - x_2)^{-k_2} \cdots (s - x_n)^{-k_n} \, ds + B, \tag{8}$$

其中 $k_1 + k_2 + \cdots + k_n = 2$. 指数 k_j 由多边形的外角决定. 然而，在这种情况下，n 个实常数 x_j 必定满足上面提到的 $n - 3$ 个方程. 因此，若运用映射（8）将 x 轴映到一个给定的多边形时，可以任意选取其中的三个 x_j，或者是关于这 n 个数的三个条件.

练　习

1. 试给出本节式（5）的推导过程.

提示：设 R 比数 $|x_j|$（$j = 1, 2, \cdots, n - 1$）大. 注意到，若 R 充分大，则当 $|z| > R$ 时，对每一个 x_j，不等式 $|z| / 2 < |z - x_j| < 2|z|$ 成立. 然后再利用第 128 节式（1）以及第 127 节条件（5）.

2. 利用本节条件（5）以及实值函数广义积分存在性的充分条件，证明：当 x 趋于无穷时，$F(x)$ 具有某个极限 W_n，其中 $F(z)$ 如本节式（3）所定义. 再证明当 R 趋于 $+\infty$ 时，$f'(z)$ 沿半

圆周 $|z| = R(\operatorname{Im} z \geq 0)$ 的每一条弧的积分都趋近于 0. 于是, 得到

$$\lim_{z \to +\infty} F(z) = W_n \quad (\operatorname{Im} z \geq 0),$$

如本节式 (6) 所示.

3. 由第 93 节, 表达式

$$N = \frac{1}{2\pi i} \int_C \frac{g'(z)}{g(z)} dz$$

可用于确定函数 g 在一条正向的简单闭围线 C 内部的零点的个数 (N), 其中 $g(z) \neq 0$ 在 C 上成立, C 落在一个单连通区域 D 上, 并且在该区域上 g 解析且 $g'(z)$ 不为 0. 在该表达式中, 记 $g(z) = f(z) - w_0$, 其中 $f(z)$ 为本节式 (7) 的施瓦茨 – 克里斯托费尔映射函数, 且点 w_0 在 x 轴的象, 即多边形 P 的内部或者外部. 因此 $f(z) \neq w_0$. 设围线 C 包括了圆周 $|z| = R$ 的上半部分以及 x 轴上包含所有 $n-1$ 个点 x_j 的线段 $-R < x < R$, 只是关于每个点 x_j 的小线段都代之为以该线段为直径的圆周 $|z - x_j| = \rho_j$ 的上半部分. 于是, C 的内部满足 $f(z) = w_0$ 的 z 点的个数为

$$N_C = \frac{1}{2\pi i} \int_C \frac{f'(z)}{f(z) - w_0} dz.$$

注意到当 $|z| = R$ 且 R 趋于 $+\infty$ 时, $f(z) - w_0$ 趋于非零的点 $W_n - w_0$, 再回顾本节关于 $|f'(z)|$ 的阶性质 (5), 令 ρ_j 趋于 0, 证明上半 z 平面上满足 $f(z) = w_0$ 的点的个数为

$$N = \frac{1}{2\pi i} \lim_{R \to +\infty} \int_{-R}^{R} \frac{f'(x)}{f(x) - w_0} dx.$$

又由于

$$\int_P \frac{dw}{w - w_0} = \lim_{R \to +\infty} \int_{-R}^{R} \frac{f'(x)}{f(x) - w_0} dx,$$

故可断言: 若 w_0 在 P 的内部, 则 $N = 1$; 若 w_0 在 P 的外部, 则 $N = 0$. 由此证明了半平面 $\operatorname{Im} z > 0$ 到 P 的内部的映射是一一对应的.

129. 三角形和矩形

施瓦茨 – 克里斯托费尔映射是由点 x_j 表示的, 而不是由这些点的象, 即多边形的顶点来表示的. 这些点中至多有不超过三个点可以自由选取. 因此, 当给定的多边形具有多于三条的边时, 为了使得 x 轴的象为给定的多边形, 或者任意与之相似的多边形, 必定要确定其中的某些点 x_j. 我们往往需要灵活地选取便于用来确定这些常数的条件.

该映射的另一个限制是其所涉及的积分. 通常, 该积分不能通过有限多个初等函数进行计算得到. 在这种情况下, 通过该映射来解决问题就变得相当复杂.

若多边形为三角形, 且顶点为 w_1、w_2 和 w_3 (见图 181), 则映射可以写成

$$w = A \int_{z_0}^{z} (s - x_1)^{-k_1} (s - x_2)^{-k_2} (s - x_3)^{-k_3} ds + B, \tag{1}$$

其中 $k_1 + k_2 + k_3 = 2$, 并且可用内角 θ_j 来表示, 即

$$k_j = 1 - \frac{1}{\pi} \theta_j \quad (j = 1, 2, 3).$$

这里，我们取所有的三个点 x_j 都为 x 轴上的有限点，可以取任意值. 确定与三角形的大小和位置相关的复常数 A 和 B，使得上半平面映到给定的三角形区域.

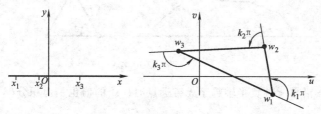

图 181

若取顶点 w_3 为无穷远点的象，则映射变成

$$w = A \int_{z_0}^{z} (s - x_1)^{-k_1} (s - x_2)^{-k_2} \mathrm{d}s + B, \tag{2}$$

其中 x_1 和 x_2 可取任意实数.

式（1）和式（2）中积分不能表示为初等函数，除非三角形退化，使得其中一个或两个顶点在无穷远处. 当该三角形是等边三角形，或是其中一个角为 $\pi/3$ 或 $\pi/4$ 的直角三角形时，式（2）中的积分变成了一个椭圆积分.

例 1　对一个等边三角形，$k_1 = k_2 = k_3 = 2/3$. 为了方便，不妨令 $x_1 = -1$，$x_2 = 1$，$x_3 = +\infty$，并利用式（2），这里 $z_0 = 1$，$A = 1$，$B = 0$. 映射变成了

$$w = \int_{1}^{z} (s + 1)^{-2/3} (s - 1)^{-2/3} \mathrm{d}s. \tag{3}$$

显然，点 $z = 1$ 的象为 $w = 0$，即 $w_2 = 0$. 若在积分中令 $z = -1$，则我们有 $s = x$，其中，$-1 < x < 1$. 于是，

$$x + 1 > 0 \text{ 且 } \arg(x + 1) = 0,$$

而

$$|x - 1| = 1 - x \text{ 且 } \arg(x - 1) = \pi.$$

因此，当 $z = -1$ 时，有

$$w = \int_{1}^{-1} (x + 1)^{-2/3} (1 - x)^{-2/3} \exp\left(-\frac{2\pi\mathrm{i}}{3}\right) \mathrm{d}x = \exp\left(\frac{\pi\mathrm{i}}{3}\right) \int_{0}^{1} \frac{2\mathrm{d}x}{(1 - x^2)^{2/3}}. \tag{4}$$

利用替换 $x = \sqrt{t}$，这里最后一个积分就化简为定义贝塔函数（第 91 节练习 5）时所用到的一种特殊情况. 设 b 表示它的值，其值为正，

$$b = \int_{0}^{1} \frac{2\mathrm{d}x}{(1 - x^2)^{2/3}} = \int_{0}^{1} t^{-1/2} (1 - t)^{-2/3} \mathrm{d}t = \mathrm{B}\left(\frac{1}{2}, \frac{1}{3}\right). \tag{5}$$

因此，顶点 w_1 为（见图 182）

$$w_1 = b \exp \frac{\pi\mathrm{i}}{3}. \tag{6}$$

顶点 w_3 在 u 轴的正半轴，这是因为

$$w_3 = \int_{1}^{+\infty} (x + 1)^{-2/3} (x - 1)^{-2/3} \mathrm{d}x = \int_{1}^{+\infty} \frac{\mathrm{d}x}{(x^2 - 1)^{2/3}}.$$

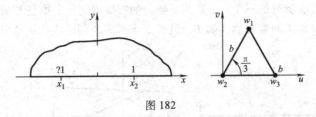

图 182

但是，当 z 沿着 x 轴负半轴趋于无穷远点时，w_3 的值也是由积分 (3) 表示的，即

$$w_3 = \int_1^{-1} (|x+1||x-1|)^{-2/3} \exp\left(-\frac{2\pi i}{3}\right) dx + \int_{-1}^{-\infty} (|x+1||x-1|)^{-2/3} \exp\left(-\frac{4\pi i}{3}\right) dx.$$

对 w_1，利用式 (4) 中的第一个表达式，则

$$w_3 = w_1 + \exp\left(-\frac{4\pi i}{3}\right) \int_{-1}^{-\infty} (|x+1||x-1|)^{-2/3} dx = b\exp\frac{\pi i}{3} + \exp\left(-\frac{\pi i}{3}\right) \int_1^{+\infty} \frac{dx}{(x^2-1)^{2/3}},$$

或

$$w_3 = b\exp\frac{\pi i}{3} + w_3 \exp\left(-\frac{\pi i}{3}\right).$$

求解 w_3，得到

$$w_3 = b. \tag{7}$$

因此，我们证明了 x 轴的象是边长为 b 的等边三角形，如图 182 所示. 我们也看到当 $z=0$ 时，$w = \dfrac{b}{2} \exp\dfrac{\pi i}{3}$.

当多边形是一个矩形时，每一个 $k_j = 1/2$. 若选择 ± 1 和 $\pm a$ 为 x_j，这些点的象为矩形的顶点，且记

$$g(z) = (z+a)^{-1/2}(z+1)^{-1/2}(z-1)^{-1/2}(z-a)^{-1/2}, \tag{8}$$

其中 $0 \le \arg(z-x_j) \le \pi$，则施瓦茨－克里斯托费尔映射就变成

$$w = -\int_0^z g(s)\,ds, \tag{9}$$

除了还需要一个映射 $W = Aw + B$ 来调整矩形的大小和位置. 积分 (9) 为一个常数倍的椭圆积分

$$\int_0^z (1-s^2)^{-1/2}(1-k^2 s^2)^{-1/2} ds \quad \left(k = \frac{1}{a}\right),$$

但被积函数的形式 (8) 更清楚地表明所涉及的幂函数的相应分支.

例 2 当 $a > 1$ 时，我们来找出矩形的顶点. 如图 183 所示，$x_1 = -a$，$x_2 = -1$，$x_3 = 1$ 且 $x_4 = a$. 所有四个顶点都可以由两个正数 b 和 c 表示出来，这两个正数依赖于下式中 a 的值，

$$b = \int_0^1 |g(x)|\,dx = \int_0^1 \frac{dx}{\sqrt{(1-x^2)(a^2-x^2)}}, \tag{10}$$

$$c = \int_1^a |g(x)|\,dx = \int_1^a \frac{dx}{\sqrt{(x^2-1)(a^2-x^2)}}. \tag{11}$$

若 $-1 < x < 0$，则

$$\arg(x + a) = \arg(x + 1) = 0 \text{ 且 } \arg(x - 1) = \arg(x - a) = \pi,$$

于是，

$$g(x) = \left[\exp\left(-\frac{\pi i}{2} \right) \right]^2 |g(x)| = - |g(x)|.$$

若 $-a < x < -1$，则

$$g(x) = \left[\exp\left(-\frac{\pi i}{2} \right) \right]^3 |g(x)| = i |g(x)|.$$

因此，

$$w_1 = -\int_0^{-a} g(x)\,\mathrm{d}x = -\int_0^{-1} g(x)\,\mathrm{d}x - \int_{-1}^{-a} g(x)\,\mathrm{d}x = \int_0^{-1} |g(x)|\,\mathrm{d}x - i\int_{-1}^{-a} |g(x)|\,\mathrm{d}x = -b + ic.$$

这里，我们把证明

$$w_2 = -b, w_3 = b, w_4 = b + ic \tag{12}$$

留为练习. 矩形的位置和大小如图 183 所示.

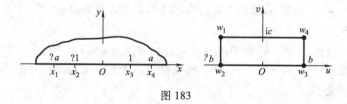

图 183

130. 退化的多边形

现在，我们对一些退化的多边形应用施瓦茨 - 克里斯托费尔映射，此时的积分表示为初等函数. 为了便于说明，这里的例子是由第 8 章中我们已经见过的映射得到的.

例 1 我们将半平面 $y \geq 0$ 映到半无限带形域

$$-\frac{\pi}{2} \leqslant u \leqslant \frac{\pi}{2}, v \geqslant 0.$$

将该带形域看作以 w_1、w_2 和 w_3 为顶点的三角形（见图 184）当 w_3 的虚部趋于无穷时的极限形式.

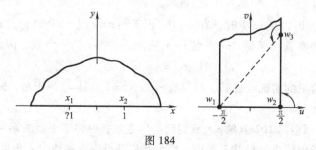

图 184

外角的极限值为

$$k_1\pi = k_2\pi = \frac{\pi}{2} \text{ 和 } k_3\pi = \pi.$$

选取点 $x_1 = -1$，$x_2 = 1$ 和 $x_3 = \infty$，它们的象为顶点．于是，映射函数的导数可以写成

$$\frac{dw}{dz} = A(z+1)^{-1/2}(z-1)^{-1/2} = A'(1-z^2)^{-1/2}.$$

因此，$w = A'\sin^{-1}z + B$．若 $A' = 1/a$，$B = b/a$，可得

$$z = \sin(aw - b).$$

该映射是从 w 平面上映到 z 平面上，满足条件：若 $a = 1$ 且 $b = 0$，则当 $w = -\pi/2$ 时，$z = -1$；当 $w = \pi/2$ 时，$z = 1$．所得到的映射为

$$z = \sin w,$$

在第 104 节，我们已经证明：交换 z 平面和 w 平面后，所得的映射将带形域映为半平面．

例2 将带形域 $0 < v < \pi$ 看作以点 w_1，w_2，w_3 和 w_4 为顶点的菱形的极限形式，其中 $w_1 = \pi i$，$w_3 = 0$，w_2 和 w_4 分别由左、右两边趋近于无穷远点（见图185）．在极限形式下，外角变成了

$$k_1\pi = 0, k_2\pi = \pi, k_3\pi = 0, k_4\pi = \pi.$$

我们选取 $x_2 = 0$，$x_3 = 1$，$x_4 = \infty$，而 x_1 待定．于是，施瓦茨–克里斯托费尔映射函数的导数变成了

$$\frac{dw}{dz} = A(z-x_1)^0 z^{-1}(z-1)^0 = \frac{A}{z},$$

因此，

$$w = A\mathrm{Log}z + B.$$

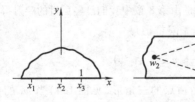

图185

这里 $B = 0$，因为当 $z = 1$ 时，有 $w = 0$．由于当 $z = x$ 且 $x > 0$ 时，点 w 落在实轴上，故常数 A 必定为实数．点 $w = \pi i$ 为点 $z = x_1$ 的象，其中 x_1 为一负数．因此，

$$\pi i = A\mathrm{Log}x_1 = A\ln|x_1| + A\pi i.$$

通过观察这里的实部和虚部，可以看出 $|x_1| = 1$ 且 $A = 1$．于是，映射变成了

$$w = \mathrm{Log}z,$$

并且 $x_1 = -1$．而由第 102 节例 3，我们已经知道该映射将半平面映到带形域．

这两个例子的解决过程并不严谨，因为我们并没有有序地引入角度和坐标的极限

值. 每次利用极限值, 都似乎是为了方便. 但是, 若我们验证所得到的映射, 就会发现我们推导映射函数的导数的步骤并不是必要的. 当然, 这里所使用的形式化方法比严格的方法更简短且没有那么乏味.

练　习

1. 在第 129 节映射(1)中, 令 $z_0 = 0$, $B = 0$, 且

$$A = \exp\frac{3\pi i}{4}, x_1 = -1, x_2 = 0, x_3 = 1,$$

$$k_1 = \frac{3}{4}, k_2 = \frac{1}{2}, k_3 = \frac{3}{4},$$

映射将 x 轴映到一个等腰直角三角形. 证明: 三角形的顶点为点

$$w_1 = bi, w_2 = 0 \text{ 和 } w_3 = b,$$

其中 b 为正常数,

$$b = \int_0^1 (1 - x^2)^{-3/4} x^{-1/2} dx.$$

此外, 证明

$$2b = B\left(\frac{1}{4}, \frac{1}{4}\right),$$

其中 B 为第 91 节练习 5 所定义的贝塔函数.

2. 推导第 129 节式(12), 即如图 183 所示的矩形的其他顶点的表达式.

3. 证明: 在 129 节式(8)中, 若取 $0 < a < 1$, 则矩形的顶点如图 183 所示, 这时 b 和 c 取值如下,

$$b = \int_0^a |g(x)| dx, c = \int_a^1 |g(x)| dx.$$

4. 证明: 第 128 节施瓦茨 – 克里斯托费尔映射(7)的特殊情况

$$w = i \int_0^z (s + 1)^{-1/2} (s - 1)^{-1/2} s^{-1/2} ds,$$

该映射将 x 轴映到以

$$w_1 = bi, w_2 = 0, w_3 = b, w_4 = b + ib$$

为顶点的正方形, 其中(正)数 b 与练习 1 中的贝塔函数有关, 即

$$2b = B\left(\frac{1}{4}, \frac{1}{2}\right).$$

5. 应用施瓦茨 – 克里斯托费尔映射, 得到映射

$$w = z^m \quad (0 < m < 1),$$

该映射将半平面 $y \geq 0$ 映到楔形 $|w| \geq 0$, $0 \leq \arg w \leq m\pi$, 并将点 $z = 1$ 映到点 $w = 1$. 考虑将楔形看成如图 186 所示的三角形区域中角度 α 趋于 0 时的极限形式.

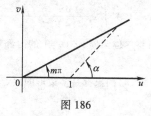

图 186

6. 参考附录 B 中的图 26. 当点 z 沿负实轴向右移动时，其象点 w 沿着整条 u 轴向右移动. 当 z 取遍实轴上的线段 $0 \leqslant x \leqslant 1$ 时，其象点 w 沿着半直线 $v = \pi i (u \geqslant 1)$ 向左移动，并且，当点 z 沿着正实轴 $x \geqslant 1$ 部分向右移动时，其象点 w 沿着相同的半直线 $v = \pi i (u \geqslant 1)$ 向右移动. 注意 到，w 在 $z = 0$ 和 $z = 1$ 的象点处运动方向有所变化. 这些变化表明映射函数的导数应该是

$$f'(z) = A (z-0)^{-1}(z-1),$$

其中 A 为某常数. 因此，在形式上得到了映射函数

$$w = \pi i + z - \text{Log} z,$$

可以验证该映射将半平面 $\text{Re } z > 0$ 映到所示图形.

7. 当点 z 沿着负实轴 $x \leqslant -1$ 部分向右移动时，其象点沿着 w 平面上的负实轴方向向右移 动. 当点 z 在实轴上先沿着线段 $-1 \leqslant x \leqslant 0$，再沿着线段 $0 \leqslant x \leqslant 1$ 向右移动时，其象点 w 先沿 着 v 轴上的线段 $0 \leqslant v \leqslant 1$ 在 v 增加的方向上移动，再沿着同一线段在 v 减小的方向上移动. 最 后，当点 z 沿着正实轴 $x \geqslant 1$ 的部分向右移动时，其象点沿着 w 平面上的正实轴向右移动. 注意 到，w 在 $z = -1$，$z = 0$ 和 $z = 1$ 的象点处运动方向的变化，可知映射函数的导数为

$$f'(z) = A (z+1)^{-1/2}(z-0)^{1}(z-1)^{-1/2},$$

其中 A 为某常数. 因此，在形式上得到了映射函数

$$w = \sqrt{z^2 - 1},$$

其中 $0 < \arg \sqrt{z^2 - 1} < \pi$. 通过考虑连续映射

$$Z = z^2, \quad W = Z - 1 \text{ 和 } w = \sqrt{W},$$

可以验证，所得映射将右半平面 $\text{Re } z > 0$ 映到沿 v 轴上的线段 $0 < v \leqslant 1$ 割开的上半平面 $\text{Im} w > 0$.

8. 分式线性变换的逆

$$Z = \frac{i - z}{i + z}$$

将单位圆盘 $|Z| \leqslant 1$ 除了点 $Z = -1$ 外，保形映到半平面 $\text{Im} z \geqslant 0$（见附录 B 中的图 13）. 设 Z_j 为圆周 $|Z| = 1$ 上的点，这些点的象为第 128 节施瓦茨 - 克里斯托费尔映射（8）中所用到的点 $z = x_j (j = 1, 2, \cdots, n)$. 在不确定幂函数的分支的情况下，在形式上证明：

$$\frac{dw}{dZ} = A' (Z - Z_1)^{-k_1}(Z - Z_2)^{-k_2} \cdots (Z - Z_n)^{-k_n},$$

其中 A' 为常数. 因此证明映射

$$w = A' \int_0^Z (S - Z_1)^{-k_1}(S - Z_2)^{-k_2} \cdots (S - Z_n)^{-k_n} dS + B$$

将圆周 $|Z| = 1$ 的内部映到一个多边形的内部，多边形的顶点为圆周上的点 Z_j 的象.

9. 在练习 8 的积分中，设 $Z_j (j = 1, 2, \cdots, n)$ 为 n 次单位根. 记 $w = \exp(2\pi i/n)$ 且 $Z_1 = 1, Z_2 = w, \cdots, Z_n = w^{n-1}$（见第 10 节）. 设每个 $k_j (j = 1, 2, \cdots n)$ 的值为 $2/n$. 于是，练习 8 中的积分变成了

$$w = A' \int_0^Z \frac{dS}{(S^n - 1)^{2/n}} + B.$$

证明：当 $A' = 1$ 且 $B = 0$ 时，映射将单位圆周 $|Z| = 1$ 的内部映到一个正 n 边形的内部，且多 边形的中心为点 $w = 0$.

提示：每一个 $Z_j (j = 1, 2, \cdots, n)$ 的象都是多边形的顶点，且多边形在该顶点处的外角为 $2\pi/n$. 记

$$w_1 = \int_0^1 \frac{dS}{(S^n - 1)^{2/n}},$$

其中积分路径为沿着正实轴从点 $Z = 0$ 到 $Z = 1$，且取 $(S^n - 1)^2$ 的 n 次方根的主值. 而后证明点 $Z_2 = w, \cdots, Z_n = w^{n-1}$ 的象分别为点 $ww_1, \cdots, w^{n-1}w_1$. 因此，可以证明多边形是正多边形且以 $w = 0$ 为中心.

131. 管道内通过狭缝的流体流动

下面给出一个与第 10 章中的理想稳定流动相关的例子. 该例子将帮助说明在流体流动问题中，如何计算源和漏. 在以下两节中，将在 uv 平面而不是 xy 平面上讨论问题. 这样就可以不需要平面变换而直接引用本章前面已经得到的结果.

考虑流体在两个平行平面 $v = 0$ 和 $v = \pi$ 之间的二维的稳定流动，该流动通过平面 $v = 0$ 内原点处与 uv 垂直的直线上的狭缝流入（见图 187）. 设对管道的每个单位深度在单位时间内流体通过狭缝流入管道的速度为 Q 单位体积，其中深度沿垂直 uv 平面的方向测量. 则在两端的流速都是 $Q/2$.

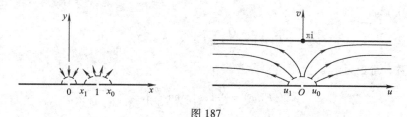

图 187

变换 $w = \text{Log} z$ 将 z 平面的上半部分 $y > 0$ 一一地映为 w 平面上的带形域 $0 < v < \pi$（见第 130 节例题 2）. 其逆变换

$$z = e^w = e^u e^{iv} \tag{1}$$

将带形域映为半平面（见第 103 节例 3）. 在映射 (1) 下，u 轴的象为正半 x 轴，直线 $v = \pi$ 的象为负半 x 轴. 因此带形域的边界映为半平面的边界.

点 $w = 0$ 的象为 $z = 1$. 当 $u_0 > 0$ 时，点 $w = u_0$ 的象为 $z = x_0$，其中 $x_0 > 1$. 通过带形域内连接点 $w = u_0$ 和点 (u, v) 的曲线的流动速度为流函数 $\psi(u, v)$（第 125 节）. 如果 u_1 为负实数，则通过该狭缝进入管道的流动速度可记为

$$\psi(u_1, 0) = Q.$$

在共形映射下，函数 ψ 映为一个关于 x 和 y 的函数，表示该流动在 z 平面的相应区域内的流函数. 也就是说，通过两个平面的相应曲线的流动速度相同. 和第 10 章一样，使用同一个 ψ 表示两个平面内的不同流函数. 因为点 $w = u_1$ 的象为 $z = x_1$，其中 $0 < x_1 < 1$，所以通过上半 z 平面内连接点 $z = x_0$ 和点 $z = x_1$ 的任意曲线的流动速度都等于 Q. 因此在点 $z = 1$ 处有一个与点 $w = 0$ 处相等的源.

类似地可以证明更一般的结论：在共形映射下，在给定点处的源或漏等于在它的象点处相应的源或漏.

当 $\text{Re} w$ 趋于 $-\infty$ 时，w 的像趋于点 $z = 0$. 在强度为 $Q/2$ 的点处的漏与在带形域

左侧无穷远处的漏相对应. 在这种情况下，考虑通过带形域左半部分的边界曲线 $v = 0$ 和 $v = \pi$ 的流动速度，以及通过这两条曲线在 z 平面上相应的象的流动速度.

在带形域右端处的漏映为 z 平面的无穷远点处的漏.

在这种情况下，上半 z 平面内的流动的流函数 ψ 必须满足：在图 187 所示的 x 轴的三个部分上分别为某个常数. 更确切地说，当点 z 绕点 $z = 1$ 由点 $z = x_0$ 移动到点 $z = x_1$ 时，该流函数的值增加 Q；当点 z 绕原点进行相应的运动时，该流函数的值减少 $Q/2$. 显然下面的函数满足上述条件，

$$\psi = \frac{Q}{\pi}\left[\operatorname{Arg}(z-1) - \frac{1}{2}\operatorname{Arg}z \right].$$

而且该函数的虚部为

$$F = \frac{Q}{\pi}\left[\operatorname{Log}(z-1) - \frac{1}{2}\operatorname{Log}z \right] = \frac{Q}{\pi}\operatorname{Log}(z^{1/2} - z^{-1/2}),$$

因此它在右半平面 $\operatorname{Im}z > 0$ 调和.

函数 F 是该流动在上半 z 平面内的复势函数. 由于 $z = e^w$，在管道内的流动的势函数 $F(w)$ 为

$$F(w) = \frac{Q}{\pi}\operatorname{Log}(e^{w/2} - e^{-w/2}).$$

去掉常数，可记为

$$F(w) = \frac{Q}{\pi}\operatorname{Log}\left(\sinh\frac{\overline{w}}{2} \right). \tag{2}$$

需要指出的是，在此过程中，我们使用了同一个记号 F 表示了三个不同的势函数，其中一次在 z 平面，两次在 w 平面.

速度矢量为

$$V = \overline{F'(w)} = \frac{Q}{2\pi}\coth\frac{\overline{w}}{2}. \tag{3}$$

由此可得

$$\lim_{|u| \to +\infty} V = \frac{Q}{2\pi}.$$

同时得到驻点 $w = \pi\mathrm{i}$，即速度在该点为 0. 因此不考虑狭缝，管道内的流体压力在 $v = \pi$ 处最大.

管道内流函数 $\psi(u, v)$ 是式（2）所示的函数 $F(w)$ 的虚部. 因此流线 $\psi(u, v) = c_2$ 就是曲线

$$\frac{Q}{\pi}\operatorname{Arg}\left(\sinh\frac{w}{2} \right) = c_2.$$

该等式化简为

$$\tan\frac{v}{2} = c\tanh\frac{u}{2}, \tag{4}$$

其中 c 为实常数. 图 187 给出了其中一些流线.

132. 有支管的管道内的流动

为进一步说明施瓦茨-克里斯托费尔映射的应用，本节考虑在宽度会发生突变的管道内的流体流动的复势（见图 188）. 定义单位长度使得管道宽的部分的宽度为 π，而窄的部分的宽度为 $h\pi$，其中 $0 < h < 1$. 用实数 V_0 表示在宽管道远离支管处流体的速度，即

$$\lim_{u \to -\infty} V = V_0,$$

其中复变量 V 表示速度矢量. 此时，通过管道每单位高度的速度，或者说在左侧的源和右侧的漏的强度为

$$Q = \pi V_0.$$

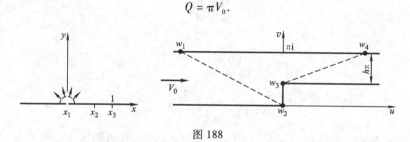

图 188

管道的横截面可以看成以 w_1，w_2，w_3 和 w_4 为顶点的四边形（见图 188），当 w_1 和 w_4 分别向左和向右趋于无穷远时的极限情况，四边形的外角分别为

$$k_1\pi = \pi, k_2\pi = \frac{\pi}{2}, k_3\pi = -\frac{\pi}{2}, k_4\pi = \pi. \tag{1}$$

和前面一样，为方便计算，下面将形式地使用这些极限值. 如果记 $x_1 = 0$，$x_3 = 1$，$x_4 = \infty$，并令 x_2 待定，满足 $0 < x_2 < 1$，那么映射函数的导数变为

$$\frac{\mathrm{d}w}{\mathrm{d}z} = Az^{-1}(z - x_2)^{-1/2}(z - 1)^{1/2}. \tag{2}$$

为简化常数 A 和 x_2 的求解过程，首先求该流动的复势. 该流动在管道内左边无穷远处的源等价于在点 $z = 0$ 处的源（第 131 节）. 管道的横截面的整个边界是 x 轴的象. 利用式（1）可知函数

$$F = V_0 \mathrm{Log} z = V_0 \ln r + \mathrm{i} V_0 \theta \tag{3}$$

是上半 z 平面内原点处为源的流动的复势. 此时流函数为 $\psi = V_0 \theta$，在每个半圆周 $z = R\mathrm{e}^{\mathrm{i}\theta}(0 \leqslant \theta \leqslant \pi)$ 上，当 θ 从 0 变为 π 时，它的取值从 0 变为 $V_0\pi$（比较第 125 节式（5）和第 126 节练习 8）.

V 在 w 平面上的复共轭可记为

$$\overline{V(w)} = \frac{\mathrm{d}F}{\mathrm{d}w} = \frac{\mathrm{d}F}{\mathrm{d}z} \frac{\mathrm{d}z}{\mathrm{d}w}.$$

则由式（2）和式（3）可得

$$\overline{V(w)} = \frac{V_0}{A} \left(\frac{z - x_2}{z - 1} \right)^{1/2}. \tag{4}$$

在与点 $z = 0$ 对应的点 w_1 的极限位置处，速度为实数 V_0. 再由式(4)可知

$$V_0 = \frac{V_0}{A}\sqrt{x_2}.$$

在与点 $z = \infty$ 对应的点 w_4 的极限位置处的速度为实数，记为 V_4. 此时似乎可以认为，当横跨管道的窄部分的垂直线段向右移动到无穷远处时，在该线段上的每点处的速度 V 都趋于 V_4. 由式(2)可以得到关于 z 的函数 w，并由此证明上述猜想. 但是，为缩短讨论过程，在此假设猜想成立. 因为流动是稳定的，所以

$$\pi h V_4 = \pi V_0 = Q,$$

或者 $V_4 = V_0 / h$. 在式(4)中，令 z 趋于无穷，我们得到

$$\frac{V_0}{h} = \frac{V_0}{A}.$$

因此，

$$A = h, x_2 = h^2, \tag{5}$$

且

$$\overline{V(w)} = \frac{V_0}{h}\left(\frac{z - h^2}{z - 1}\right)^{1/2}. \tag{6}$$

注意到支管的拐角 w_3 是点 $z = 1$ 的象，由等式(6)，我们知道速度的大小 $|V|$ 在点 w_3 处为无穷大. 而 w_2 是驻点，在该点处 $V = 0$. 因此在管道的边界上，流体压力在点 w_2 处最大，在点 w_3 处最小.

为给出复势和变量 w 的关系，我们需要对式(2)进行积分. 此时式(2)可记为

$$\frac{\mathrm{d}w}{\mathrm{d}z} = \frac{h}{z}\left(\frac{z - 1}{z - h^2}\right)^{1/2}. \tag{7}$$

引入变换 s，满足

$$\frac{z - h^2}{z - 1} = s^2,$$

则由式(7)可得

$$\frac{\mathrm{d}w}{\mathrm{d}s} = 2h\left(\frac{1}{1 - s^2} - \frac{1}{h^2 - s^2}\right).$$

所以有

$$w = h\,\mathrm{Log}\,\frac{1 + s}{1 - s} - \mathrm{Log}\,\frac{h + s}{h - s}. \tag{8}$$

在这里，积分常数等于 0. 这是由于当 $z = h^2$ 时，s 等于 0，w 也等于 0.

由 s 的表达式，式(3)的复势 F 变成

$$F = V_0\,\mathrm{Log}\,\frac{h^2 - s^2}{1 - s^2}.$$

因此，

$$s^2 = \frac{\exp(F/V_0) - h^2}{\exp(F/V_0) - 1}. \tag{9}$$

将上式中的 s 代入等式(8)，可以得到复势 F. 它是关于 w 的隐函数.

133. 导电板边缘的静电势

假设两块无限长的平行导电板保持电势 $V=0$，在它们中间的半无限长导电板保持电势 $V=1$. 建立坐标系并取适当的单位长度使得导电板分别位于 $v=0$，$v=\pi$ 和 $v=\pi/2$（见图 189）等平面上. 下面求在这些板之间的区域内的电势 $V(u, v)$.

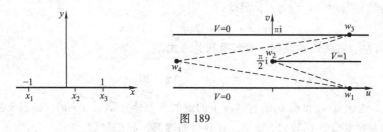

图 189

在 uv 平面上所示区域的横截面可以看成图 189 中由虚线围成的四边形，点 w_1 和点 w_3 向右移动，而点 w_4 向左移动的极限情况. 在此要应用施瓦茨-克里斯托费尔映射，令与点 w_4 对应的点 x_4 为无穷远点. 取定点 $x_1=-1$，$x_3=1$，而 x_2 待定. 四边形的外角的极限值为

$$k_1\pi=\pi, k_2\pi=-\pi, k_3\pi=k_4\pi=\pi.$$

因此，

$$\frac{\mathrm{d}w}{\mathrm{d}z}=A(z+1)^{-1}(z-x_2)(z-1)^{-1}=A\left(\frac{z-x_2}{z^2-1}\right)=\frac{A}{2}\left(\frac{1+x_2}{z+1}+\frac{1-x_2}{z-1}\right),$$

且将上半 z 平面映为 w 平面上分块带形域的变换具有以下形式，

$$w=\frac{A}{2}\big[(1+x_2)\mathrm{Log}(z+1)+(1-x_2)\mathrm{Log}(z-1)\big]+B. \tag{1}$$

用 A_1，A_2 和 B_1，B_2 分别表示 A 和 B 的实部和虚部. 当 $z=x$ 时，点 w 落在分块带形域的边界上，且由式(1)可得

$$u+\mathrm{i}v=\frac{A_1+\mathrm{i}A_2}{2}\big\{(1+x_2)[\ln|x+1|+\mathrm{i}\arg(x+1)]+(1-x_2)[\ln|x-1|+\mathrm{i}\arg(x-1)]\big\}+B_1+\mathrm{i}B_2.$$

$$\tag{2}$$

要求上述常数，首先注意到连接点 w_1 和点 w_4 的直线段的极限位置是 u 轴. 这条直线段是从点 $x_1=-1$ 开始的 x 轴的左半部分的象. 这是因为连接点 w_3 和点 w_4 的直线段是从点 $x_3=1$ 开始的 x 轴的右半部分的象，而四边形的另外两条边是 x 轴上剩余两条线段的象. 因此当 $v=0$ 且 u 沿正数值趋于无穷时，相应的点 x 从左侧趋于点 $z=-1$. 所以有

$$\arg(x+1)=\pi, \arg(x-1)=\pi,$$

且 $\ln|x+1|$ 趋于 $-\infty$. 因为 $-1<x_2<1$，所以式(2)右边大括号内的等式的实部趋于 $-\infty$. 因为 $v=0$，所以 $A_2=0$，否则等式右边的虚部将趋于无穷. 现在比较式(2)

两边可以得到

$$0 = \frac{A_1}{2}\big[(1 + x_2)\pi + (1 - x_2)\pi\big] + B_2.$$

因此，

$$-\pi A_1 = B_2, A_2 = 0. \tag{3}$$

连接点 w_1 和点 w_2 的直线段的极限位置是半直线 $v = \pi/2\,(u \geqslant 0)$. 半直线上的点是点 $z = x$ 的象，其中 $-1 < x \leqslant x_2$，因此，

$$\arg(x + 1) = 0, \arg(x - 1) = \pi.$$

比较式(2)左、右两边的虚部，我们得到关系式

$$\frac{\pi}{2} = \frac{A_1}{2}(1 - x_2)\pi + B_2. \tag{4}$$

最后，连接点 w_3 和点 w_4 的直线段上的点的极限位置是点 $u + \pi i$，即点 x 的象，其中 $x > 1$. 对这些点，比较式(2)左、右两边的虚部，我们得到

$$\pi = B_2.$$

再利用式(3)和式(4)可得

$$A_1 = -1, x_2 = 0.$$

故点 $x = 0$ 是顶点 $w = \pi i/2$ 的象，且将这些值代入式(2)后再比较实部即可得到 $B_1 = 0$.

现在变换式(1)变为

$$w = -\frac{1}{2}\big[\mathrm{Log}(z + 1) + \mathrm{Log}(z - 1)\big] + \pi i \tag{5}$$

或

$$z^2 = 1 + e^{-2w}. \tag{6}$$

在这个变换下，要求的调和函数 $V(u, v)$ 变成半平面 $y > 0$ 上关于 x 和 y 的调和函数，且满足图190所示的边界条件. 注意此时 $x_2 = 0$. 在半平面 $y > 0$ 上调和，且在边界上取上述值的函数是解析函数

$$\frac{1}{\pi}\mathrm{Log}\frac{z - 1}{z + 1} = \frac{1}{\pi}\ln\frac{r_1}{r_2} + \frac{i}{\pi}(\theta_1 - \theta_2)$$

的虚部，其中 θ_1 和 θ_2 的取值范围从 0 到 π. 用 x 和 y 表示这些角度的正切值并化简可得

$$\tan\pi V = \tan(\theta_1 - \theta_2) = \frac{2y}{x^2 + y^2 - 1}. \tag{7}$$

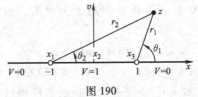

图190

式(6)给出了 $x^2 + y^2$ 和 $x^2 - y^2$ 关于 u 和 v 的表达式. 再由式(7)，可以得到电势 V 与坐标 u 和 v 的关系，即

$$\tan\pi V = \frac{1}{s}\sqrt{e^{-4u} - s^2},\tag{8}$$

其中，

$$s = -1 + \sqrt{1 + 2e^{-2u}\cos2v + e^{-4u}}.$$

练　习

1. 应用施瓦茨-克里斯托费尔映射形式地求解附录 B 中图 22 所示的映射.

2. 试解释有半无限矩形障碍物的管道(见图 191)内的流动问题包含在第 121 节所求解的问题中.

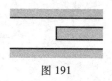

图 191

3. 参考附录 B 中图 29. 当点 z 沿实轴 $x \leqslant -1$ 的部分向右移动时，它的象 w 点沿半直线 $v = h(u \leqslant 0)$ 向右移动. 当点 z 沿 x 轴上的线段 $-1 \leqslant x \leqslant 1$ 向右移动时，它的象点 w 沿 v 轴上的线段 $0 \leqslant v \leqslant h$ 向 v 减小的方向移动. 最后，当点 z 沿实轴 $x \geqslant 1$ 的部分向右移动时，它的象 w 点沿正实轴向右移动. 注意在点 $z = -1$ 和点 $z = 1$ 处的象 w 点的运动方向的变化，这些变化表明要求的映射的导数可能是

$$\frac{dw}{dz} = A\left(\frac{z+1}{z-1}\right)^{1/2},$$

其中 A 为常数. 因此可以形式地得到图中所示的映射. 证明：该映射具有以下形式，

$$w = \frac{h}{\pi}\{(z+1)^{1/2}(z-1)^{1/2} + \text{Log}[z + (z+1)^{1/2}(z-1)^{1/2}]\},$$

其中 $0 \leqslant \arg(z \pm 1) \leqslant \pi$，且以图中所示方式映射边界.

4. 用 $T(u, v)$ 表示附录 B 中图 29 中的 w 平面阴影区域内的有界稳定温度，边界条件是：当 $u < 0$ 时，$T(u, h) = 1$，且在边界的其余部分($B'C'D'$)上，$T = 0$. 利用参数 α，其中 $0 < \alpha < \pi/2$，证明：在正 y 轴上的每一点 $z = i\tan\alpha$ 的象为点

$$w = \frac{h}{\pi}\left[\ln(\tan\alpha + \sec\alpha) + i\left(\frac{\pi}{2} + \sec\alpha\right)\right],$$

(见练习 3)且在点 w 处的温度为

$$T(u, v) = \frac{\alpha}{\pi}\quad\left(0 < \alpha < \frac{\pi}{2}\right).$$

5. 考虑附录 B 中图 29 中的 w 平面内阴影部分区域所示的深河床，用 $F(w)$ 表示在它的某一层上的流体流动的复势，其中，当 $|w|$ 在该区域内趋于无穷时，流体速度 V 趋于实常数 V_0. 将上半 z 平面映为该区域的映射由练习 3 给出. 利用链式法则

$$\frac{dF}{dw} = \frac{dF}{dz}\frac{dz}{dw}$$

证明：

$$\overline{V(w)} = V_0 \, (z-1)^{1/2} \, (z+1)^{-1/2}.$$

并利用以流的底部上的点象的那些点 $z = x$，证明

$$|V| = |V_0| \sqrt{\left| \frac{x-1}{x+1} \right|}.$$

注意到，速度沿着 $A'B'$ 从 $|V_0|$ 不断增大，直至在点 B' 处变为 $|V| = +\infty$，然后开始不断减小，并在点 C' 处变为 0，最后又从点 C' 处开始不断增大，到点 D' 处时变为 $|V_0|$．同时注意到在点 B' 和点 C' 之间的点

$$w = \mathrm{i}\left(\frac{1}{2} + \frac{1}{\pi} \right)h$$

处的速度为 $|V_0|$．

第12章

泊松型积分公式

本章将介绍一个定理,让我们可以通过定积分或广义积分的形式给出各种类型的边值问题的解.其中出现的大部分积分都是可以计算的.

134. 泊松积分公式

用 C_0 表示以原点为圆心的正向圆周,假设函数 f 在 C_0 上及其内部解析.柯西积分公式(第 54 节)

$$f(z) = \frac{1}{2\pi i}\int_{C_0} \frac{f(s)\,ds}{s-z} \tag{1}$$

用 f 在 C_0 上的点 s 的取值给出了 f 在 C_0 内的任意点 z 处的值.本节将由式(1)得到一个关于函数 f 的实部的相关公式,并在下一节应用于求解以 C_0 为边界的圆盘上的狄利克雷问题 (第 116 节).

用 r_0 表示 C_0 的半径并记 $z = r\exp(i\theta)$,其中 $0 < r < r_0$(见图 192).非零点 z 关于圆周的对称点 z_1 在 z 所在的从原点出发的射线上,且满足条件 $|z_1|\,|z| = r_0^2$(当 $r_0 = 1$ 时的对称点,参考第 97 节).因为 $(r_0/r) > 1$,所以

$$|z_1| = \frac{r_0^2}{|z|} = \left(\frac{r_0}{r}\right)r_0 > r_0.$$

这表明点 z_1 在圆周 C_0 外.

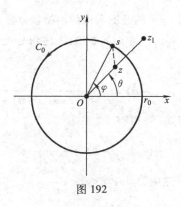

图 192

根据柯西-古萨定理（第50节），有

$$\int_{C_0} \frac{f(s)\,\mathrm{d}s}{s - z_1} = 0.$$

因此，

$$f(z) = \frac{1}{2\pi\mathrm{i}}\int_{C_0}\left(\frac{1}{s - z} - \frac{1}{s - z_1}\right)f(s)\,\mathrm{d}s,$$

再用参数方程 $s = r_0\exp(\mathrm{i}\varphi)\,(0 \leqslant \varphi \leqslant 2\pi)$ 表示 C_0，可得

$$f(z) = \frac{1}{2\pi}\int_0^{2\pi}\left(\frac{s}{s - z} - \frac{s}{s - z_1}\right)f(s)\,\mathrm{d}\varphi. \tag{2}$$

为方便计算，上式仍用 s 表示 $r_0\exp(\mathrm{i}\varphi)$. 由于此时

$$z_1 = \frac{r_0^2}{r}\mathrm{e}^{\mathrm{i}\theta} = \frac{r_0^2}{r\mathrm{e}^{-\mathrm{i}\theta}} = \frac{s\bar{s}}{\bar{z}},$$

由 z_1 的表达式可知，等式(2)右边括号内的量可写成

$$\frac{s}{s - z} - \frac{s}{s - s(\bar{s}/\bar{z})} = \frac{s}{s - z} + \frac{\bar{z}}{\bar{s} - \bar{z}} = \frac{r_0^2 - r^2}{|s - z|^2}. \tag{3}$$

至此可得柯西积分公式(1)的另一种形式

$$f(r\mathrm{e}^{\mathrm{i}\theta}) = \frac{r_0^2 - r^2}{2\pi}\int_0^{2\pi}\frac{f(r_0\mathrm{e}^{\mathrm{i}\varphi})}{|s - z|^2}\mathrm{d}\varphi, \tag{4}$$

其中 $0 < r < r_0$. 当 $r = 0$ 时，式(4)仍成立，只是简化为

$$f(0) = \frac{1}{2\pi}\int_0^{2\pi}f(r_0\mathrm{e}^{\mathrm{i}\varphi})\,\mathrm{d}\varphi,$$

即式(1)在 $z = 0$ 时的参数形式.

$|s - z|$ 是点 s 和点 z 之间的距离，由余弦定理（见图192）可得

$$|s - z|^2 = r_0^2 - 2r_0r\cos(\varphi - \theta) + r^2. \tag{5}$$

因此，如果 u 是解析函数 f 的实部，那么由式(4)得

$$u(r,\theta) = \frac{1}{2\pi}\int_0^{2\pi}\frac{(r_0^2 - r^2)u(r_0,\varphi)}{r_0^2 - 2r_0r\cos(\varphi - \theta) + r^2}\mathrm{d}\varphi \quad (r < r_0). \tag{6}$$

这就是调和函数 u 在边界为 $r = r_0$ 的开圆盘内的泊松积分公式.

式(6)定义了一个从 $u(r_0,\varphi)$ 到 $u(r,\theta)$ 的线性积分变换. 该变换的核，除因子 $1/(2\pi)$ 外，是实值函数

$$P(r_0,r,\varphi - \theta) = \frac{r_0^2 - r^2}{r_0^2 - 2r_0r\cos(\varphi - \theta) + r^2}, \tag{7}$$

也就是所谓的泊松核. 利用式(5)可得

$$P(r_0,r,\varphi - \theta) = \frac{r_0^2 - r^2}{|s - z|^2}. \tag{8}$$

下面验证函数 P 的以下性质，其中 $r < r_0$，

(a) P 是正值函数；

（b）$P(r_0,\ r,\ \varphi-\theta) = \mathrm{Re}\left(\dfrac{s+z}{s-z}\right)$；

（c）对 C_0 上的固定点 s，$P(r_0,\ r,\ \varphi-\theta)$ 是 C_0 内关于 r 和 θ 的调和函数；

（d）$P(r_0,\ r,\ \varphi-\theta)$ 是关于 $\varphi-\theta$ 的周期为 2π 的偶函数；

（e）$P(r_0,0,\varphi-\theta)=1$；

（f）$\dfrac{1}{2\pi}\displaystyle\int_0^{2\pi} P(r_0,r,\varphi-\theta)\,\mathrm{d}\varphi = 1 \quad (r<r_0)$.

因为 $r<r_0$，由式（8）可知 P 是一个正值函数，故性质（a）成立. 又因为 $z/(s-z)$ 及其复共轭 $\bar z/(\bar s-\bar z)$ 有相同的实部，所以由式（8）和式（3）中的第二个式子可得

$$P(r_0,r,\varphi-\theta) = \mathrm{Re}\left(\frac{s}{s-z}+\frac{z}{s-z}\right) = \mathrm{Re}\left(\frac{s+z}{s-z}\right).$$

故 P 具有性质（b）. 又由于解析函数的实部调和，因此 P 具有性质（c）. 从表达式（7）可得 P 的性质（d）和（e）. 最后，在等式（6）中取 $u(r,\theta)=1$ 并利用表达式（7）即得性质（f）.

现在泊松积分公式（6）可写成

$$u(r,\theta) = \frac{1}{2\pi}\int_0^{2\pi} P(r_0,r,\varphi-\theta)u(r_0,\varphi)\,\mathrm{d}\varphi \quad (r<r_0). \tag{9}$$

之前我们假设 f 不仅在 C_0 内解析还在 C_0 上解析，这使得 u 在包含圆周上所有点的开域内调和. 特别地，u 在 C_0 上连续. 至此，这个条件可以放宽了.

135. 圆盘的狄利克雷问题

设 F 是关于 θ 在区间 $0\leqslant\theta\leqslant 2\pi$ 上的分段连续函数（第 42 节）. 利用上节介绍的泊松核 $P(r_0,\ r,\ \varphi-\theta)$ 定义 F 的泊松积分变换如下，

$$U(r,\theta) = \frac{1}{2\pi}\int_0^{2\pi} P(r_0,r,\varphi-\theta)F(\varphi)\,\mathrm{d}\varphi \quad (r<r_0). \tag{1}$$

本节将证明函数 $U(r,\theta)$ 在圆周 $r=r_0$ 内调和，且对 F 的每个连续点 θ，有

$$\lim_{\substack{r\to r_0\\ r<r_0}} U(r,\theta) = F(\theta). \tag{2}$$

因此，在除去有限个 F 的不连续点外，当点 (r,θ) 沿半径趋于点 (r_0,θ) 时，$U(r,\theta)$ 趋于边值 $F(\theta)$. 从这个意义来说，U 是圆盘 $r<r_0$ 的狄利克雷问题的解.

上述结论的应用见下一节. 下面证明由式（1）定义的函数 $U(r,\theta)$ 满足圆盘 $r<r_0$ 的狄利克雷问题. 首先，因为 P 在圆周 $r=r_0$ 内关于 r 和 θ 调和，所以 U 在圆周 $r=r_0$ 内调和. 更确切地说，因为 F 分段连续，所以积分（1）可写成有限个被积函数关于 r，θ 和 φ 连续的定积分之和. 这些被积函数关于 r 和 θ 的偏导数也连续. 因此关于 r 和 θ 的积分和求导次序可以交换. 又因为在极坐标 r 和 θ 下，P 满足拉普拉斯方程（第 27 节练习 1）

$$r^2 P_{rr} + r P_r + P_{\theta\theta} = 0,$$

所以 U 也满足拉普拉斯方程.

为验证极限 (2)，需要证明如果 F 在点 θ 处连续，那么对任意正数 ε，存在正数 δ，当 $0 < r_0 - r < \delta$ 时，有

$$|U(r,\theta) - F(\theta)| < \varepsilon. \tag{3}$$

由上节给出的泊松核的性质 (f) 可得

$$U(r,\theta) - F(\theta) = \frac{1}{2\pi} \int_0^{2\pi} P(r_0, r, \varphi - \theta)[F(\varphi) - F(\theta)] \mathrm{d}\varphi.$$

为方便计算，以 2π 为周期对 F 进行周期延拓，这样被积函数是关于 φ 且周期为 2π 的函数. 由所求极限的性质，不妨假设 $0 < r < r_0$.

注意到由于 F 在点 θ 处连续，故存在充分小的正数 α，使得当 $|\varphi - \theta| \leq \alpha$ 时，

$$|F(\varphi) - F(\theta)| < \frac{\varepsilon}{2}. \tag{4}$$

显然，

$$U(r,\theta) - F(\theta) = I_1(r) + I_2(r), \tag{5}$$

其中，

$$I_1(r) = \frac{1}{2\pi} \int_{\theta-\alpha}^{\theta+\alpha} P(r_0, r, \varphi - \theta)[F(\varphi) - F(\theta)] \mathrm{d}\varphi,$$

$$I_2(r) = \frac{1}{2\pi} \int_{\theta+\alpha}^{\theta-\alpha+2\pi} P(r_0, r, \varphi - \theta)[F(\varphi) - F(\theta)] \mathrm{d}\varphi.$$

由上节的内容可知 P 是一个正值函数，再结合上节给出的 P 的性质 (f) 和本节式 (4) 可得

$$|I_1(r)| \leq \frac{1}{2\pi} \int_{\theta-\alpha}^{\theta+\alpha} P(r_0, r, \varphi - \theta)|F(\varphi) - F(\theta)| \mathrm{d}\varphi < \frac{\varepsilon}{4\pi} \int_0^{2\pi} P(r_0, r, \varphi - \theta) \mathrm{d}\varphi = \frac{\varepsilon}{2}.$$

对积分 $I_2(r)$，由上节的图 192 可知，当 s 的辐角 φ 在闭区间

$$\theta + \alpha \leq \varphi \leq \theta - \alpha + 2\pi$$

上变化时，$P(r_0, r, \varphi - \theta)$ 在该节中的式 (8) 的分母 $|s - z|^2$ 取到一个最小值 m（正数）. 所以如果 M 表示分段连续函数 $|F(\varphi) - F(\theta)|$ 在区间 $0 \leq \varphi \leq 2\pi$ 上的一个上界，那么对于

$$\delta = \frac{m\varepsilon}{4Mr_0}, \tag{6}$$

当 $r_0 - r < \delta$ 时，

$$|I_2(r)| \leq \frac{(r_0^2 - r^2)M}{2\pi m} 2\pi < \frac{2Mr_0}{m}(r_0 - r) < \frac{2Mr_0}{m}\delta = \frac{\varepsilon}{2}.$$

至此就证明了对于式 (6) 定义的正数 δ，当 $r_0 - r < \delta$ 时，

$$|U(r,\theta) - F(\theta)| \leq |I_1(r)| + |I_2(r)| < \frac{\varepsilon}{2} + \frac{\varepsilon}{2} = \varepsilon,$$

即当 δ 取定时，不等式 (3) 成立.

因为 $P(r_0, 0, \varphi - \theta) = 1$，根据式 (1) 有

$$U(0,\theta) = \frac{1}{2\pi}\int_0^{2\pi} F(\varphi)\,\mathrm{d}\varphi.$$

所以调和函数在圆周 $r = r_0$ 的圆心处的值为它在圆周上的平均值.

剩下的工作就是证明 P 和 U 可以表示为关于初等调和函数 $r^n\cos n\theta$ 和 $r^n\sin n\theta$ 的级数 *

$$P(r_0,r,\varphi-\theta) = 1 + 2\sum_{n=1}^{+\infty}\left(\frac{r}{r_0}\right)^n\cos n(\varphi-\theta)\quad (r < r_0) \tag{7}$$

和

$$U(r,\theta) = \frac{1}{2}a_0 + \sum_{n=1}^{+\infty}\left(\frac{r}{r_0}\right)^n(a_n\cos n\theta + b_n\sin n\theta)\quad (r < r_0), \tag{8}$$

其中,

$$a_n = \frac{1}{\pi}\int_0^{2\pi} F(\varphi)\cos n\varphi\,\mathrm{d}\varphi \quad (n = 0,1,2,\cdots), \tag{9}$$

$$b_n = \frac{1}{\pi}\int_0^{2\pi} F(\varphi)\sin n\varphi\,\mathrm{d}\varphi \quad (n = 0,1,2,\cdots). \tag{10}$$

这个证明留给读者作为练习.

136. 例子

本节将举例说明前两节的结果和思想方法的应用.

例1　求单位半径的长空心圆柱内的势 $V(r,\theta)$. 该圆柱沿纵向等分为两部分, 在其中一部分 $V = 1$, 在另一部分上 $V = 0$. 该问题已经在第 123 节例 1 中用共形映射解决了. 记住当时是如何将问题理解为圆盘 $r < 1$ 的狄利克雷问题的, 其中在边界 $r = 1$ 的上半部分 $V = 0$, 而在下半部分 $V = 1$(见图 193).

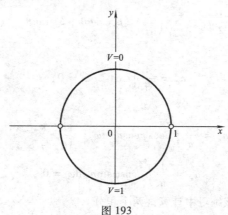

图 193

* 当 $r_0 = 1$ 时的结果可参考作者所著《Fourier Series and Boundary Value Problems》第 8 版, 第 49 节, 2012. 在该书中, 使用不同的记号并利用了分离变量法.

在上节的式(1)中，记 U 为 V 并令 $r_0 = 1$，则由

$$F(\varphi) = \begin{cases} 0 & 0 < \varphi < \pi, \\ 1 & \pi < \varphi < 2\pi \end{cases}$$

可得

$$V(r, \theta) = \frac{1}{2\pi} \int_{\pi}^{2\pi} P(1, r, \varphi - \theta) \,\mathrm{d}\varphi, \tag{1}$$

其中(见第 134 节)，

$$P(1, r, \varphi - \theta) = \frac{1 - r^2}{1 + r^2 - 2r\cos(\varphi - \theta)}.$$

$P(1, r, \psi)$ 的不定积分为

$$\int P(1, r, \psi) \,\mathrm{d}\psi = 2\arctan\left(\frac{1 + r}{1 - r} \tan \frac{\psi}{2}\right), \tag{2}$$

被积函数是右边的函数关于 ψ 的导数(见本节练习 3)．故由式(1)得

$$\pi V(r, \theta) = \arctan\left(\frac{1 + r}{1 - r} \tan \frac{2\pi - \theta}{2}\right) - \arctan\left(\frac{1 + r}{1 - r} \tan \frac{\pi - \theta}{2}\right).$$

化简由上式得到的 $\tan[\pi V(r, \theta)]$ 的表达式(见本节练习 4)，可得

$$V(r, \theta) = \frac{1}{\pi} \arctan\left(\frac{1 - r^2}{2r\sin\theta}\right) \quad (0 \leqslant \arctan t \leqslant \pi), \tag{3}$$

其中对反正切函数取值范围的限制的物理意义是显然的．在直角坐标系下，结果与第 123 节的解(5)相同.

例 2　如果无限长的实心圆柱体 $r \leqslant r_0$ 内的稳定温度 $T(r, \theta)$ 满足

$$T(r_0, \theta) = A\cos\theta,$$

其中 A 为常数，那么它可以通过上节的式(8)及相应的系数(9)和(10)求出.

用 T 代替 U，我们得到

$$T(r, \theta) = \frac{1}{2} a_0 + \sum_{n=1}^{+\infty} \left(\frac{r}{r_0}\right)^n (a_n \cos n\theta + b_n \sin n\theta) \quad (r < r_0), \tag{4}$$

其中，

$$a_0 = \frac{A}{\pi} \int_0^{2\pi} \cos\varphi \,\mathrm{d}\varphi = 0,$$

而当 $n = 1, 2, \cdots$ 时，

$$a_n = \frac{A}{\pi} \int_0^{2\pi} \cos\varphi \cos n\varphi \,\mathrm{d}\varphi = \begin{cases} A & n = 1 \\ 0 & n > 1, \end{cases}$$

$$b_n = \frac{A}{\pi} \int_0^{2\pi} \cos\varphi \sin n\varphi \,\mathrm{d}\varphi = 0,$$

(见练习 8，我们将在该练习中计算这两个积分).

将这些系数的值代入式(4)可得所求温度函数为

$$T(r, \theta) = \frac{A}{r_0} (r\cos\theta) = \frac{A}{r_0} x. \tag{5}$$

注意到(见第 118 节)，在平面 $y = 0$ 上，$\partial T/\partial y = 0$，故没有热流通过该平面.

练　习

1. 利用第 135 节的泊松积分变换(1)，证明：在圆柱 $x^2 + y^2 = 1$ 内的静电势表达式为

$$V(x,y) = \frac{1}{\pi}\arctan\left[\frac{1 - x^2 - y^2}{(x-1)^2 + (y-1)^2 - 1}\right] \quad (0 \leqslant \arctan t \leqslant \pi),$$

其中在第一象限 $(x > 0, y > 0)$ 内的圆柱面上 $V = 1$，在其他面上 $V = 0$。指出为何 $1-V$ 是第 123 节练习 8 的解。

2. 用 T 表示表面绝热的圆盘 $r \leqslant 1$ 内的稳定温度，满足在边缘 $r = 1$ 上的弧 $0 < \theta < 2\theta_0\,(0 < \theta_0 < \pi/2)$ 上 $T = 1$，在边缘的其他部分 $T = 0$。利用第 135 节的泊松积分变换(1)，证明：

$$T(x,y) = \frac{1}{\pi}\arctan\left[\frac{(1 - x^2 - y^2)y_0}{(x-1)^2 + (y - y_0)^2 - y_0^2}\right] \quad (0 \leqslant \arctan t \leqslant \pi),$$

其中 $y_0 = \tan\theta_0$。验证该函数 T 满足边界条件。

3. 通过对等式右边关于 ψ 求导，验证第 136 节的例 1 中的积分公式(2)。

提示：这里需要用到三角恒等式

$$\cos^2\frac{\psi}{2} = \frac{1 + \cos\psi}{2}, \sin^2\frac{\psi}{2} = \frac{1 - \cos\psi}{2}.$$

4. 利用三角恒等式

$$\tan(\alpha - \beta) = \frac{\tan\alpha - \tan\beta}{1 + \tan\alpha\tan\beta}, \quad \tan\alpha + \cot\alpha = \frac{2}{\sin 2\alpha},$$

由 $\pi V(r, \theta)$ 的表达式导出第 136 节的例子中的式(3)。

5. 用 I 表示如下单位脉冲函数(见图 194)：

$$I(h, \theta - \theta_0) = \begin{cases} 1/h & \theta_0 \leqslant \theta \leqslant \theta_0 + h, \\ 0 & 0 \leqslant \theta < \theta_0 \text{ 或 } \theta_0 + h < \theta \leqslant 2\pi, \end{cases}$$

其中 h 是正数且 $0 \leqslant \theta_0 < \theta_0 + h < 2\pi$。注意

$$\int_{\theta_0}^{\theta_0 + h} I(h, \theta - \theta_0)\,\mathrm{d}\theta = 1.$$

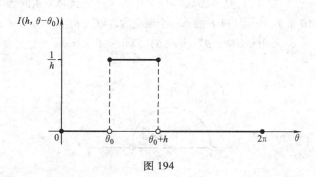

图 194

利用积分中值定理证明：

$$\int_0^{2\pi} P(r_0, r, \varphi - \theta)I(h, \varphi - \theta_0)\,\mathrm{d}\varphi = P(r_0, r, c - \theta)\int_{\theta_0}^{\theta_0 + h} I(h, \varphi - \theta_0)\,\mathrm{d}\varphi,$$

其中 $\theta_0 \leqslant c \leqslant \theta_0 + h$，由此得到

$$\lim_{\substack{h \to 0 \\ h > 0}} \int_0^{2\pi} P(r_0, r, \varphi - \theta) I(h, \varphi - \theta_0) \mathrm{d}\varphi = P(r_0, r, \theta - \theta_0) \quad (r < r_0).$$

因此泊松核 $P(r_0, r, \theta - \theta_0)$ 就是一个在圆周 $r = r_0$ 内调和且边值由脉冲函数 $2\pi I(h, \theta - \theta_0)$ 所决定的函数，当 h 从正值趋于 0 时，所取得的极限.

6. 证明：第 68 节练习 7(b)关于余弦函数的级数可写成

$$1 + 2\sum_{n=1}^{+\infty} a^n \cos n\theta = \frac{1 - a^2}{1 - 2a\cos\theta + a^2} \quad (-1 < a < 1).$$

由此证明第 134 节中的泊松核(7)具有上节给出的级数(7)的形式.

7. 证明：第 135 节给出的级数(7)关于 φ 一致收敛. 再由第 135 节式(1)给出关于 $U(r, \theta)$ 的级数式(8).

8. 计算第 136 节例 2 中的积分

$$\int_0^{2\pi} \cos\varphi \cos n\varphi \, \mathrm{d}\varphi \text{ 和 } \int_0^{2\pi} \cos\varphi \sin n\varphi \, \mathrm{d}\varphi.$$

提示：利用三角恒等式

$$2\cos A \cos B = \cos(A - B) + \cos(A + B)$$

和

$$2\cos A \sin B = \sin(A + B) - \sin(A - B).$$

137. 相关的边值问题

本节结果的证明细节留给读者作为练习. 假设表示圆周 $r = r_0$ 的边值函数 F 分段连续.

假设 $F(2\pi - \theta) = -F(\theta)$. 第 135 节的泊松积分公式(1)化为

$$U(r, \theta) = \frac{1}{2\pi} \int_0^\pi [P(r_0, r, \varphi - \theta) - P(r_0, r, \varphi + \theta)] F(\varphi) \mathrm{d}\varphi. \tag{1}$$

正如人们所期望的那样，当把 U 理解为一个稳定温度时，U 在圆周的水平半径 $\theta = 0$ 和 $\theta = \pi$ 上有零点. 所以式(1)是半圆域 $r < r_0$，$0 < \theta < \pi$ 的狄利克雷问题的解，其中在图 195 所示的直径 AB 上 $U = 0$，且对 F 的每一个取定的连续点 θ，且

$$\lim_{\substack{r \to r_0 \\ r < r_0}} U(r, \theta) = F(\theta) \quad (0 < \theta < \pi). \tag{2}$$

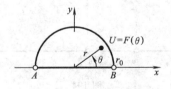

图 195

如果 $F(2\pi - \theta) = F(\theta)$，那么

$$U(r, \theta) = \frac{1}{2\pi} \int_0^\pi [P(r_0, r, \varphi - \theta) + P(r_0, r, \varphi + \theta)] F(\varphi) \mathrm{d}\varphi, \tag{3}$$

且当 $\theta = 0$ 或 $\theta = \pi$ 时，$U_\theta(r, \theta) = 0$. 因此，式(3)给出的函数 U 在半圆域 $r < r_0$，$0 < \theta < \pi$ 内调和，满足条件(2)且在图 195 所示的直径 AB 上的法向导数为零.

解析函数 $z = r_0^2/Z$ 在 Z 平面上的圆周 $|Z| = r_0$ 映为 z 平面上的圆周 $|z| = r_0$，且将第一个圆周的外部映为第二个圆周的内部(见第 97 节). 记

$$z = re^{i\theta} \text{ 和 } Z = Re^{i\psi},$$

则有

$$r = \frac{r_0^2}{R} \text{ 和 } \theta = 2\pi - \psi.$$

因此，由第 135 节式(1)表示的调和函数 $U(r, \theta)$ 映为在区域 $R > r_0$ 调和的函数

$$U\left(\frac{r_0^2}{R}, 2\pi - \psi\right) = -\frac{1}{2\pi}\int_0^{2\pi} \frac{r_0^2 - R^2}{r_0^2 - 2r_0 R\cos(\varphi + \psi) + R^2}F(\varphi)\,\mathrm{d}\varphi,$$

一般地，当 $u(r, \theta)$ 调和时，$u(r, -\theta)$ 也调和(见本节练习 4). 故函数

$$H(R, \psi) = U\left(\frac{r_0^2}{R}, \psi - 2\pi\right)$$

或者

$$H(R, \psi) = -\frac{1}{2\pi}\int_0^{2\pi} P(r_0, R, \varphi - \psi)F(\varphi)\,\mathrm{d}\varphi \quad (R > r_0) \tag{4}$$

也调和. 对取定的 $F(\psi)$ 的连续点 ψ，由第 135 节的条件(2)可得

$$\lim_{\substack{R \to r_0 \\ R > r_0}} H(R, \psi) = F(\psi). \tag{5}$$

因此式(4)是 Z 平面上圆周 $R = r_0$ 外的区域的狄利克雷问题 (见图 196). 由第 134 节的式(8)可知，当 $R > r_0$ 时，泊松核 $P(r_0, R, \varphi - \psi)$ 是负的，且有

$$\frac{1}{2\pi}\int_0^{2\pi} P(r_0, R, \varphi - \psi)\,\mathrm{d}\varphi = -1 \quad (R > r_0) \tag{6}$$

和

$$\lim_{R \to +\infty} H(R, \psi) = \frac{1}{2\pi}\int_0^{2\pi} F(\varphi)\,\mathrm{d}\varphi. \tag{7}$$

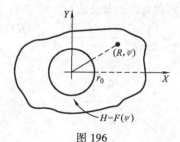

图 196

练　习

1. 考虑在图 197 所示的无界区域 $R > r_0$，$0 < \psi < \pi$ 内的调和函数 $H(R,$

ψ)在半圆上满足边界条件

$$\lim_{\substack{R \to r_0 \\ R > r_0}} H(R, \psi) = F(\psi) \quad (0 < \psi < \pi),$$

证明：如果 $H(R, \psi)$ 还满足以下条件之一，（a）在射线 BA 和 DE 上为零；（b）它的法向导数在射线 BA 和 DE 上为零，那么相应地有如下关于本节式（4）的特殊形式之一成立，

（a）$H(R, \psi) = \dfrac{1}{2\pi} \displaystyle\int_0^\pi [P(r_0, R, \varphi + \psi) - P(r_0, R, \varphi - \psi)] F(\varphi) \, \mathrm{d}\varphi$;

（b）$H(R, \psi) = -\dfrac{1}{2\pi} \displaystyle\int_0^\pi [P(r_0, R, \varphi + \psi) + P(r_0, R, \varphi - \psi)] F(\varphi) \, \mathrm{d}\varphi$.

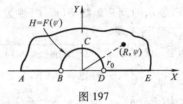

图 197

2. 给出图 195 所示区域的狄利克雷问题的解，即本节式（1）的细节.

3. 给出给定区域的边界问题的解，即本节式（3）的细节.

4. 证明：第 137 节式（4）是图 196 所示的圆外区域的狄利克雷问题的解. 在这里，要证明当 $u(r, \theta)$ 调和时，$u(r, -\theta)$ 也调和，需要使用拉普拉斯方程的极坐标形式，即

$$r^2 u_{rr}(r, \theta) + r u_r(r, \theta) + u_{\theta\theta}(r, \theta) = 0.$$

5. 说明第 137 节式（6）为什么成立.

6. 推导第 137 节极限（7）.

138. 施瓦茨积分公式

设 f 是半平面 $\mathrm{Im}\, z \geqslant 0$ 上关于 z 的解析函数，满足对某些正数 a 和 M，如下阶数性质成立：

$$|z^a f(z)| < M \quad (\mathrm{Im}\, z \geqslant 0). \tag{1}$$

对给定的实轴上方的点 z，用 C_R 表示圆心为原点，半径为 R 的正向圆周的上半部分，其中 $R > |z|$（见图 198）. 则由柯西积分公式（第 54 节），有

$$f(z) = \frac{1}{2\pi\mathrm{i}} \int_{C_R} \frac{f(s)\,\mathrm{d}s}{s - z} + \frac{1}{2\pi\mathrm{i}} \int_{-R}^{R} \frac{f(t)\,\mathrm{d}t}{t - z}. \tag{2}$$

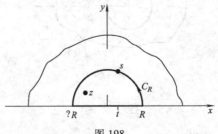

图 198

由条件(1)可知

$$\left| \int_{C_R} \frac{f(s)\,ds}{s-z} \right| < \frac{M}{R^a(R-|z|)} \pi R = \frac{\pi M}{R^a(1-|z|/R)},$$

这表明当 R 趋于 $+\infty$ 时，式(2)中的第一个积分趋于零. 所以

$$f(z) = \frac{1}{2\pi i} \int_{-\infty}^{+\infty} \frac{f(t)\,dt}{t-z} \quad (\mathrm{Im}z > 0). \tag{3}$$

此外，条件(1)也保证了广义积分(3)收敛.[*]其收敛极限与其柯西主值相等(见第 85 节)，且式(3)是一个关于半平面 $\mathrm{Im}z > 0$ 的柯西积分公式.

当点 z 在实轴下方时，式(2)右边的积分为零，故此时积分(3)为零. 因此，当点 z 在实轴上方时，有如下公式，其中 c 为任意复常数，

$$f(z) = \frac{1}{2\pi i} \int_{-\infty}^{+\infty} \left(\frac{1}{t-z} + \frac{c}{t-\bar{z}} \right) f(t)\,dt \quad (\mathrm{Im}z > 0). \tag{4}$$

当 $c = -1$ 和 $c = 1$ 时，上式分别化为

$$f(z) = \frac{1}{\pi} \int_{-\infty}^{+\infty} \frac{yf(t)}{|t-z|^2}\,dt \quad (y > 0) \tag{5}$$

和

$$f(z) = \frac{1}{\pi i} \int_{-\infty}^{+\infty} \frac{(t-x)f(t)}{|t-z|^2}\,dt \quad (y > 0). \tag{6}$$

如果 $f(z) = u(x,y) + iv(x,y)$，那么由式(5)和式(6)可知，调和函数 u 和 v 在半平面 $y > 0$ 上通过 u 的边值由如下公式表示，

$$u(x,y) = \frac{1}{\pi} \int_{-\infty}^{+\infty} \frac{yu(t,0)}{|t-z|^2}\,dt = \frac{1}{\pi} \int_{-\infty}^{+\infty} \frac{yu(t,0)}{(t-x)^2 + y^2}\,dt \quad (y > 0), \tag{7}$$

$$v(x,y) = \frac{1}{\pi} \int_{-\infty}^{+\infty} \frac{(x-t)u(t,0)}{(t-x)^2 + y^2}\,dt \quad (y > 0). \tag{8}$$

式(7)称为施瓦茨积分公式，或者关于半平面的泊松积分公式. 在下节将放宽式(7)和式(8)的条件.

139. 半平面的狄利克雷问题

用 F 表示一个关于 x 的实值函数，其对所有的 x 有界，除至多有限个跳跃间断点外，处处连续. 当 $y \geq \varepsilon$ 且 $|x| \leq 1/\varepsilon$ 时，其中 ε 是任意给定的正数，积分

$$I(x,y) = \int_{-\infty}^{+\infty} \frac{F(t)\,dt}{(t-x)^2 + y^2}$$

关于 x 和 y 一致收敛，并且被积函数偏导数的积分也关于 x 和 y 一致收敛. 这些积分都是有限个 F 在其积分区间上连续的广义积分和定积分之和. 则当 $y \geq \varepsilon$ 时，每个积分的被积函数都是 t、x 和 y 的连续函数. 因此，当 $y > 0$ 时，$I(x,y)$ 的偏导数可以由被积函数相应的导数的积分表示.

---

[*] 见 A. E. Taylor 和 W. R. Mann，《Advanced Calculus》3d ed.，Chap. 22，1983.

如果记

$$U(x,y) = \frac{y}{\pi}I(x,y),$$

那么 U 是 F 的施瓦茨积分变换. 由上节的式(7)可得

$$U(x, y) = \frac{1}{\pi}\int_{-\infty}^{+\infty} \frac{yF(t)}{(t-x)^2+y^2}\,\mathrm{d}t \quad (y>0). \tag{1}$$

除去因子 $1/\pi$, 这里的泊松核是 $y/|t-z|^2$, 即函数 $1/(t-z)$ 的虚部. 当 $y>0$ 时, $1/(t-z)$ 关于 z 解析. 这表明该泊松核是调和的, 且满足关于 x 和 y 的拉普拉斯方程. 由于函数(1)的积分和求导可以交换次序, 故它也满足关于 x 和 y 的拉普拉斯方程. 因此当 $y>0$ 时, U 调和.

为证明对于取定的 F 的连续点 x, 有

$$\lim_{\substack{y\to 0 \\ y>0}} U(x, y) = F(x), \tag{2}$$

将 $t = x + y\tan\tau$ 代入积分(1)得

$$U(x, y) = \frac{1}{\pi}\int_{-\pi/2}^{\pi/2} F(x + y\tan\tau)\,\mathrm{d}\tau \quad (y>0). \tag{3}$$

此时, 如果

$$G(x,y,\tau) = F(x + y\tan\tau) - F(x),$$

且 α 为某个充分小的正数, 那么,

$$\pi[U(x, y) - F(x)] = \int_{-\pi/2}^{\pi/2} G(x, y, \tau)\,\mathrm{d}\tau = I_1(y) + I_2(y) + I_3(y). \tag{4}$$

其中,

$$I_1(y) = \int_{-\pi/2}^{(-\pi/2)+\alpha} G(x, y, \tau)\,\mathrm{d}\tau, \quad I_2(y) = \int_{(-\pi/2)+\alpha}^{(\pi/2)-\alpha} G(x, y, \tau)\,\mathrm{d}\tau,$$

$$I_3(y) = \int_{(\pi/2)-\alpha}^{\pi/2} G(x, y, \tau)\,\mathrm{d}\tau.$$

如果 M 表示 $|F(x)|$ 的上界, 那么 $|G(x, y, \tau)| \leqslant 2M$. 对给定的正数 ε, 取 α 满足 $6M\alpha < \varepsilon$, 即

$$|I_1(y)| \leqslant 2M\alpha < \frac{\varepsilon}{3} \text{ 和 } |I_3(y)| \leqslant 2M\alpha < \frac{\varepsilon}{3}.$$

下面证明对于 ε, 存在正数 δ 使得当 $0<y<\delta$ 时, 有

$$|I_2(y)| < \frac{\varepsilon}{3}.$$

为此, 注意 F 在 x 处连续, 存在正数 γ 使得当 $0 < y|\tan\tau| < \gamma$ 时,

$$|G(x,y,\tau)| < \frac{\varepsilon}{3\pi}.$$

而当 τ 从 $-\frac{\pi}{2} + \alpha$ 变化到 $\frac{\pi}{2} - \alpha$ 时, $|\tan\tau|$ 的最大值为

$$\tan\left(\frac{\pi}{2} - \alpha\right) = \cot\alpha.$$

因此，如果记 $\delta = \gamma\tan\alpha$，那么当 $0 < y < \delta$ 时，

$$|I_2(y)| < \frac{\varepsilon}{3\pi}(\pi - 2\alpha) < \frac{\varepsilon}{3}.$$

至此就证明了当 $0 < y < \delta$ 时，

$$|I_1(y)| + |I_2(y)| + |I_3(y)| < \varepsilon.$$

由上式与式(4)可得条件(2)。

所以式(1)是带边界条件(2)的半平面 $y > 0$ 的狄利克雷问题的解。由式(1)的形式(3)易知在该半平面内有 $|U(x, y)| \leqslant M$，其中 M 是 $|F(x)|$ 的上界。即 U 有界。注意到当 $F(x) = F_0$ 时，$U(x, y) = F_0$，其中 F_0 是常数。

根据第 138 节的式(8)，在 F 的一定条件下，

$$V(x, y) = \frac{1}{\pi}\int_{-\infty}^{+\infty}\frac{(x-t)F(t)}{(t-x)^2 + y^2}\,\mathrm{d}t \quad (y > 0) \tag{5}$$

是由公式(1)给出的函数 U 的共轭调和函数。事实上，如果 F 在至多有限个跳跃间断点外处处连续且满足阶数性质

$$|x^a F(x)| < M \quad (a > 0),$$

那么式(5)就给出了 U 的共轭调和。在这些条件下，可以看到当 $y > 0$ 时，函数 U 和 V 满足柯西-黎曼方程。

式(1)在 F 是奇函数或偶函数的特殊情况时的推导和证明留为练习。

练　习

1. 设有界函数 U 在第一象限调和，满足边界条件：

$$U(0,y) = 0 \quad (y > 0),$$

$$\lim_{\substack{y\to 0 \\ y>0}} U(x, y) = F(x) \quad (x > 0, x \neq x_j),$$

其中，当 $x > 0$ 时，F 有界且在至多有限个跳跃间断点 $x_j(j = 1, 2, \cdots, n)$ 外连续。试给出第 139 节式(1)的特殊形式：

$$U(x,y) = \frac{y}{\pi}\int_0^{+\infty}\left[\frac{1}{(t-x)^2 + y^2} - \frac{1}{(t+x)^2 + y^2}\right]F(t)\,\mathrm{d}t \quad (x > 0, y > 0).$$

2. 用 $T(x, y)$ 表示表面绝热的板 $x > 0$，$y > 0$ 上的稳定温度(见图 199)，满足

$$\lim_{\substack{y\to 0 \\ y>0}} T(x,y) = F_1(x) \quad (x > 0),$$

$$\lim_{\substack{x\to 0 \\ x>0}} T(x,y) = F_2(y) \quad (y > 0).$$

其中 F_1 和 F_2 有界且在至多有限个跳跃间断点外连续。记 $x + iy = z$，利用练习 1 的表达式证明：

$$T(x,y) = T_1(x,y) + T_2(x,y) \quad (x > 0, y > 0).$$

其中，

$$T_1(x,y) = \frac{y}{\pi}\int_0^{+\infty}\left(\frac{1}{|t-z|^2} - \frac{1}{|t+z|^2}\right)F_1(t)\,\mathrm{d}t,$$

$$T_2(x,y) = \frac{y}{\pi} \int_0^{+\infty} \left(\frac{1}{|\,it - z\,|^2} - \frac{1}{|\,it + z\,|^2} \right) F_2(t)\,\mathrm{d}t.$$

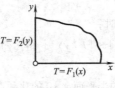

图 199

3. 设有界函数 U 在第一象限调和，满足边界条件：

$$U_x(0,y) = 0 \quad (y > 0),$$

$$\lim_{\substack{y \to 0 \\ y > 0}} U(x,y) = F(x) \quad (x > 0, x \neq x_j),$$

其中，当 $x > 0$ 时，F 有界且在至多有限个跳跃间断点 $x = x_j(j = 1, 2, \cdots, n)$ 外连续. 试给出第 139 节式 (1) 的特殊形式：

$$U(x,y) = \frac{y}{\pi} \int_0^{+\infty} \left[\frac{1}{(t - x)^2 + y^2} + \frac{1}{(t + x)^2 + y^2} \right] F(t)\,\mathrm{d}t \quad (x > 0, y > 0).$$

4. 在第 139 节里解狄利克雷问题的过程中，交换 x 和 y 的顺序，得到半平面 $x > 0$ 上的狄利克雷问题的解为

$$U(x,y) = \frac{1}{\pi} \int_{-\infty}^{+\infty} \frac{xF(t)}{(t - y)^2 + x^2}\,\mathrm{d}t \quad (x > 0).$$

再记

$$F(y) = \begin{cases} 1 & |\,y\,| < 1, \\ 0 & |\,y\,| > 1. \end{cases}$$

由此得到 U 及其共轭调和函数 $-V$ 的表达式：

$$U(x,y) = \frac{1}{\pi} \left(\arctan \frac{y + 1}{x} - \arctan \frac{y - 1}{x} \right), \quad -V(x,y) = \frac{-1}{2\pi} \ln \frac{x^2 + (y + 1)^2}{x^2 + (y - 1)^2},$$

其中 $-\pi/2 \leqslant \arctan t \leqslant \pi/2$. 证明：

$$V(x,y) + iU(x,y) = \frac{1}{\pi} \left[\mathrm{Log}(z + i) - \mathrm{Log}(z - i) \right],$$

其中 $z = x + iy$.

140. 诺伊曼问题

与第 134 节以及图 192 一样，记

$$s = r_0 \exp(i\varphi) \text{ 和 } z = r\exp(i\theta) \quad (r < r_0).$$

取定 s，由于函数

$$Q(r_0, r, \varphi - \theta) = -2r_0 \ln|\,s - z\,| = -r_0 \ln[r_0^2 - 2r_0 r\cos(\varphi - \theta) + r^2] \tag{1}$$

是

$$-2r_0 \log(z - s)$$

的实部，这里取 $\log(z - s)$ 的支割线为以点 s 为顶点的射线的分支，所以它在圆 $|z| = r_0$ 上及其内部调和. 进一步讲，若 $r \neq 0$，则

$$Q_r(r_0, r, \varphi - \theta) = -\frac{r_0}{r}\left[\frac{2r^2 - 2r_0 r\cos(\varphi - \theta)}{r_0^2 - 2r_0 r\cos(\varphi - \theta) + r^2}\right] = \frac{r_0}{r}\left[P(r_0, r, \varphi - \theta) - 1\right], \quad (2)$$

其中 P 是第 134 节中的泊松核 (7).

这些结果表明, 导数 U_r 在圆周 $r = r_0$ 上取得给定值 $G(\theta)$ 的调和函数 U, 其积分表达式可以通过函数 Q 给出.

如果 G 分段连续, U_0 是任意常数, 那么下式中的积分

$$U(r, \theta) = \frac{1}{2\pi}\int_0^{2\pi} Q(r_0, r, \varphi - \theta) G(\varphi)\mathrm{d}\varphi + U_0 \quad (r < r_0) \tag{3}$$

的被积函数关于 r 和 θ 调和, 故该积分表示的函数调和. 如果 G 在 $|z| = r_0$ 上的平均值等于零, 即

$$\int_0^{2\pi} G(\varphi)\mathrm{d}\varphi = 0, \tag{4}$$

那么由式 (2), 得

$$U_r(r, \theta) = \frac{1}{2\pi}\int_0^{2\pi} \frac{r_0}{r}\left[P(r_0, r, \varphi - \theta) - 1\right] G(\varphi)\mathrm{d}\varphi$$

$$= \frac{r_0}{r} \cdot \frac{1}{2\pi}\int_0^{2\pi} P(r_0, r, \varphi - \theta) G(\varphi)\mathrm{d}\varphi.$$

至此由第 135 节的式 (1) 和式 (2) 可得

$$\lim_{\substack{r \to r_0 \\ r < r_0}} \frac{1}{2\pi}\int_0^{2\pi} P(r_0, r, \varphi - \theta) G(\varphi)\mathrm{d}\varphi = G(\theta).$$

因此在 G 的连续点 θ 处, 有

$$\lim_{\substack{r \to r_0 \\ r < r_0}} U_r(r, \theta) = G(\theta). \tag{5}$$

当函数 G 分段连续且满足条件 (4) 时, 公式

$$U(r, \theta) = -\frac{r_0}{2\pi}\int_0^{2\pi} \ln\left[r_0^2 - 2r_0 r\cos(\varphi - \theta) + r^2\right] G(\varphi)\mathrm{d}\varphi + U_0 \quad (r < r_0) \tag{6}$$

就是圆周 $r = r_0$ 内部区域的诺伊曼问题的解, 其中在条件 (5) 的意义下, $G(\theta)$ 是调和函数 $U(r, \theta)$ 在边界上的法向导数. 由于 $\ln r_0^2$ 是常数, 故由式 (4) 和式 (6) 可知, U_0 是 U 在圆周 $r = r_0$ 的圆心 $r = 0$ 处的值.

值 $U(r, \theta)$ 可以表示表面绝热的圆盘 $r < r_0$ 上的稳定温度. 这种情况下, 条件 (5) 表示通过圆盘边缘进入圆盘的热流与 $G(\theta)$ 成正比. 由于温度不随时间而变化, 从物理的角度上讲, 自然要求进入圆盘的热流的累积速度等于零, 即满足条件 (4).

调和函数 H 在圆周 $r = r_0$ 外部区域的公式可以通过 Q 表示为

$$H(R, \psi) = -\frac{1}{2\pi}\int_0^{2\pi} Q(r_0, R, \varphi - \psi) G(\varphi)\mathrm{d}\varphi + H_0 \quad (R > r_0), \tag{7}$$

其中 H_0 是一个常数. 和前面一样, 假设 G 分段连续且满足条件 (4). 则在 G 连续的点 ψ 处, 有

$$H_0 = \lim_{R \to +\infty} H(R, \psi)$$

和

$$\lim_{\substack{R \to r_0 \\ R > r_0}} H_R(R, \psi) = G(\psi).\tag{8}$$

式(7)以及适用于半圆域的式(3)的特殊形式的证明留为练习.

下面考虑半平面的情况. 假设 $G(x)$ 在除去至多有限个跳跃间断点外对所有实数 x 连续，且当 $-\infty < x < +\infty$ 时，满足阶数性质

$$|x^a G(x)| < M (a > 1).\tag{9}$$

对每个取定的实数 t，函数 $\operatorname{Log}|z - t|$ 在半平面 $\operatorname{Im} z > 0$ 上调和. 因此，函数

$$\begin{aligned} U(x,y) &= \frac{1}{\pi} \int_{-\infty}^{+\infty} \ln|z - t| G(t)\,\mathrm{d}t + U_0 \\ &= \frac{1}{2\pi} \int_{-\infty}^{+\infty} \ln\left[(t-x)^2 + y^2\right] G(t)\,\mathrm{d}t + U_0 \quad (y > 0) \end{aligned}\tag{10}$$

在半平面 $\operatorname{Im} z > 0$ 上调和，其中 U_0 是实常数.

注意到式(10)满足第 139 节的施瓦茨积分变换(1)，由式(10)得到

$$U_y(x,y) = \frac{1}{\pi} \int_{-\infty}^{+\infty} \frac{y G(t)}{(t-x)^2 + y^2}\,\mathrm{d}t \quad (y > 0).\tag{11}$$

由第 139 节的式(1)和式(2)可知，在 G 的连续点 x 处，

$$\lim_{\substack{y \to 0 \\ y > 0}} U_y(x,y) = G(x).\tag{12}$$

积分公式(10)显然就是半平面 $y > 0$ 满足边界条件(12)的诺伊曼问题的解. 不过，我们并没有给出保证当 $|z|$ 增大时，调和函数 U 有界的关于 G 的条件.

当 G 是奇函数时，式(10)可化为

$$U(x,y) = \frac{1}{2\pi} \int_0^{+\infty} \ln\left[\frac{(t-x)^2 + y^2}{(t+x)^2 + y^2}\right] G(t)\,\mathrm{d}t \quad (x > 0, y > 0).\tag{13}$$

这个函数在第一象限 $x > 0$，$y > 0$ 内调和且满足边界条件：

$$U(0,y) = 0 \quad (y > 0),\tag{14}$$

$$\lim_{\substack{y \to 0 \\ y > 0}} U_y(x,y) = G(x) \quad (x > 0).\tag{15}$$

练　习

1. 利用第 140 节前面部分的结果，证明：第 140 节的式(7)是圆周 $r = r_0$ 外部区域的诺伊曼问题的解.

2. 假设半圆域 $r < r_0$，$0 < \theta < \pi$ 内的调和函数 U 满足边界条件：在 G 的连续点 θ 处，有

$$U(r,0) = U(r,\pi) = 0 \quad (r < r_0),$$

$$\lim_{\substack{r \to r_0 \\ r < r_0}} U_r(r,\theta) = G(\theta) \quad (0 < \theta < \pi).$$

由此给出第 140 节式(3)的特殊形式

$$U(r,\theta) = \frac{1}{2\pi} \int_0^\pi \left[Q(r_0,r,\varphi - \theta) - Q(r_0,r,\varphi + \theta)\right] G(\varphi)\,\mathrm{d}\varphi.$$

3. 假设半圆域 $r < r_0$，$0 < \theta < \pi$ 内的调和函数 U 满足边界条件：在 G 的连续点 θ 处，有

$$U_\theta(r,0) = U_\theta(r,\pi) = 0 \quad (r < r_0),$$

$$\lim_{\substack{r \to r_0 \\ r < r_0}} U_r(r,\theta) = G(\theta) \quad (0 < \theta < \pi).$$

当

$$\int_0^\pi G(\varphi)\,\mathrm{d}\varphi = 0$$

时，给出第 140 节式(3)的特殊形式

$$U(r,\theta) = \frac{1}{2\pi}\int_0^\pi \left[Q(r_0,r,\varphi - \theta) + Q(r_0,r,\varphi + \theta) \right] G(\varphi)\,\mathrm{d}\varphi + U_0.$$

4. 记板 $x \geq 0$，$y \geq 0$ 上的稳定温度为 $T(x, y)$．板的表面绝热，且在边缘 $x = 0$ 上 $T = 0$．从边缘 $y = 0$ 上的一段 $0 < x < 1$ 上流入板中的热流量(第 118 节)是常数 A，而该边缘的其他部分绝热．利用第 140 节式(13)证明：从边缘 $x = 0$ 流出的热流量是

$$\frac{A}{\pi}\ln\left(1 + \frac{1}{y^2}\right).$$

部分习题解答

第 1 章 复 数

2. 基本代数性质

1. (a) $(\sqrt{2} - \mathrm{i}) - \mathrm{i}(1 - \sqrt{2}\mathrm{i}) = \sqrt{2} - \mathrm{i} - \mathrm{i} - \sqrt{2} = -2\mathrm{i}$;

   (b) $(2, -3)(-2, 1) = (-4 + 3, 6 + 2) = (-1, 8)$;

   (c) $(3, 1)(3, -1)\left(\dfrac{1}{5}, \dfrac{1}{10}\right) = (10, 0)\left(\dfrac{1}{5}, \dfrac{1}{10}\right) = (2, 1)$.

2. (a) $\mathrm{Re}(\mathrm{i}z) = \mathrm{Re}[\mathrm{i}(x + \mathrm{i}y)] = \mathrm{Re}(-y + \mathrm{i}x) = -y = -\mathrm{Im}z$;

   (b) $\mathrm{Im}(\mathrm{i}z) = \mathrm{Im}[\mathrm{i}(x + \mathrm{i}y)] = \mathrm{Im}(-y + \mathrm{i}x) = x = \mathrm{Re}z$.

3. $(1 + z)^2 = (1 + z)(1 + z) = (1 + z) \cdot 1 + (1 + z)z = 1 \cdot (1 + z) + z(1 + z)$

$\qquad = 1 + z + z + z^2 = 1 + 2z + z^2$.

4. 如果 $z = 1 \pm \mathrm{i}$, 则 $z^2 - 2z + 2 = (1 \pm \mathrm{i})^2 - 2(1 \pm \mathrm{i}) + 2 = \pm 2\mathrm{i} - 2 \mp 2\mathrm{i} + 2 = 0$.

5. 为了证明乘法是可交换的, 写

$$z_1 z_2 = (x_1, y_1)(x_2, y_2) = (x_1 x_2 - y_1 y_2, y_1 x_2 + x_1 y_2)$$

$$\qquad = (x_2 x_1 - y_2 y_1, y_2 x_1 + x_2 y_1) = (x_2, y_2)(x_1, y_1) = z_2 z_1.$$

6. (a) 为了验证加法结合律, 写

$$(z_1 + z_2) + z_3 = [(x_1, y_1) + (x_2, y_2)] + (x_3, y_3) = (x_1 + x_2, y_1 + y_2) + (x_3, y_3)$$

$$\qquad = ((x_1 + x_2) + x_3, (y_1 + y_2) + y_3) = (x_1 + (x_2 + x_3), y_1 + (y_2 + y_3))$$

$$\qquad = (x_1, y_1) + (x_2 + x_3, y_2 + y_3) = (x_1, y_1) + [(x_2, y_2) + (x_3, y_3)]$$

$$\qquad = z_1 + (z_2 + z_3).$$

(b) 为了验证分配律, 写

$$z(z_1 + z_2) = (x, y)[(x_1, y_1) + (x_2, y_2)] = (x, y)(x_1 + x_2, y_1 + y_2)$$

$$\qquad = (xx_1 + xx_2 - yy_1 - yy_2, yx_1 + yx_2 + xy_1 + xy_2)$$

$$\qquad = (xx_1 - yy_1 + xx_2 - yy_2, yx_1 + xy_1 + yx_2 + xy_2)$$

$$\qquad = (xx_1 - yy_1, yx_1 + xy_1) + (xx_2 - yy_2, yx_2 + xy_2)$$

$$\qquad = (x, y)(x_1, y_1) + (x, y)(x_2, y_2) = zz_1 + zz_2.$$

9. $(-1)z = (-1,0)(x,y) = (-x,-y) = -z.$

11. 该问题是为了求解方程 $z^2 + z + 1 = 0$，其中 $z = (x,y)$，我们写

$$(x,y)(x,y) + (x,y) + (1,0) = (0,0).$$

因为

$$(x^2 - y^2 + x + 1, 2xy + y) = (0,0),$$

于是得

$$x^2 - y^2 + x + 1 = 0 \quad 且 \quad 2xy + y = 0.$$

当把第二个方程写成 $(2x+1)y = 0$ 时，我们得 $2x+1 = 0$ 或 $y = 0$. 若 $y = 0$，则第一个方程可写成 $x^2 + x + 1 = 0$，此时没有实根（根据二次公式）. 因此 $2x+1 = 0$，即 $x = -1/2$. 在这种情况下，由第一个方程得 $y^2 = 3/4$，即 $y = \pm\sqrt{3}/2$. 于是有

$$z = (x,y) = \left(-\frac{1}{2}, \pm\frac{\sqrt{3}}{2}\right).$$

3. 其他代数性质

1. （a） $\dfrac{1+2i}{3-4i} + \dfrac{2-i}{5i} = \dfrac{(1+2i)(3+4i)}{(3-4i)(3+4i)} + \dfrac{(2-i)(-5i)}{(5i)(-5i)} = \dfrac{-5+10i}{25} + \dfrac{-5-10i}{25} = -\dfrac{2}{5}$;

（b） $\dfrac{5i}{(1-i)(2-i)(3-i)} = \dfrac{5i}{(1-3i)(3-i)} = \dfrac{5i}{-10i} = -\dfrac{1}{2}$;

（c） $(1-i)^4 = \left[(1-i)(1-i)\right]^2 = (-2i)^2 = -4.$

2. $\dfrac{1}{1/z} = \dfrac{1}{z^{-1}} \cdot \dfrac{z}{z} = \dfrac{z}{1} = z \quad (z \neq 0).$

3. $(z_1 z_2)(z_3 z_4) = z_1[z_2(z_3 z_4)] = z_1[(z_2 z_3)z_4] = z_1[(z_3 z_2)z_4]$
$\qquad\qquad = z_1[z_3(z_2 z_4)] = (z_1 z_3)(z_2 z_4).$

6. $\left(\dfrac{z_1}{z_3}\right)\left(\dfrac{z_2}{z_4}\right) = z_1\left(\dfrac{1}{z_3}\right)z_2\left(\dfrac{1}{z_4}\right) = z_1 z_2\left(\dfrac{1}{z_3}\right)\left(\dfrac{1}{z_4}\right) = z_1 z_2\left(\dfrac{1}{z_3 z_4}\right) = \dfrac{z_1 z_2}{z_3 z_4} \quad (z_3 \neq 0, z_4 \neq 0).$

7. $\dfrac{z_1 z}{z_2 z} = \left(\dfrac{z_1}{z_2}\right)\left(\dfrac{z}{z}\right) = \left(\dfrac{z_1}{z_2}\right)z\left(\dfrac{1}{z}\right) = \left(\dfrac{z_1}{z_2}\right)(zz^{-1}) = \left(\dfrac{z_1}{z_2}\right) \cdot 1 = \dfrac{z_1}{z_2} \quad (z_2 \neq 0, z \neq 0).$

5. 三角不等式

1. （a） 对应图 200 $z_1 = 2i$, $z_2 = \dfrac{2}{3} - i$

（b） 对应图 201 $z_1 = (-\sqrt{3},\ 1)$, $z_2 = (\sqrt{3},\ 0)$

（c） 对应图 202 $z_1 = (-3,\ 1)$, $z_2 = (1,\ 4)$

（d） 对应图 203 $z_1 = x_1 + iy_1$, $z_2 = x_1 - iy_1$

2. 由第 4 节不等式 (3)

$$\operatorname{Re}z \leq |\operatorname{Re}z| \leq |z| \quad 且 \quad \operatorname{Im}z \leq |\operatorname{Im}z| \leq |z|.$$

显然成立，如果把它们写成如下形式

$$x \leqslant |x| \leqslant \sqrt{x^2+y^2} \quad \text{且} \quad y \leqslant |y| \leqslant \sqrt{x^2+y^2}.$$

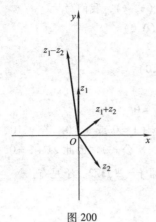

图 200

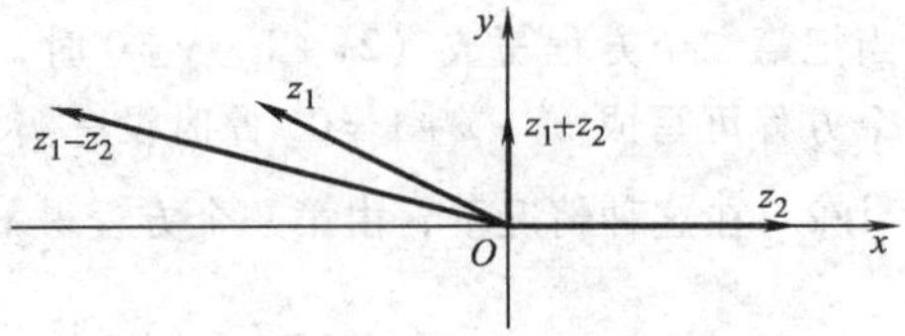

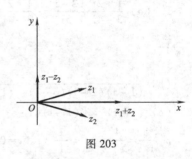

图 201

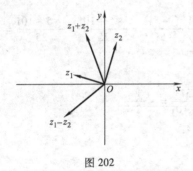

图 202

图 203

4. 为了证明不等式 $\sqrt{2}|z| \leqslant |\mathrm{Re}\,z| + |\mathrm{Im}\,z|$，我们先把该不等式变形为

$$\sqrt{2}\sqrt{x^2+y^2} \leqslant |x| + |y|,$$
$$2(x^2+y^2) \leqslant |x|^2 + 2|x||y| + |y|^2,$$
$$|x|^2 - 2|x||y| + |y|^2 \leqslant 0,$$
$$(|x| - |y|)^2 \leqslant 0.$$

由于最后一个不等式的左端是完全平方，则原不等式显然成立。

5. (a) 把 $|z-1+\mathrm{i}| = 1$ 改写为 $|z - (1-\mathrm{i})| = 1$. 这是一个以 $1-\mathrm{i}$ 为心，1 为半径的圆. 如图 204 所示。

6. 把 $|z-1| = |z+\mathrm{i}|$ 写成 $|z-1| = |z-(-\mathrm{i})|$，就可看出这是一个到 1 的距离等于到 $-\mathrm{i}$ 的距离的所有点 z 的轨迹，即该曲线是连接点 $(1, 0)$ 和 $(0, -\mathrm{i})$ 的线段的垂直平分线.

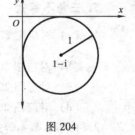

图 204

7. 由第 5 节例 3 得

$$|w| \leqslant \frac{|a_0|}{|z|^n} + \frac{|a_1|}{|z|^{n-1}} + \frac{|a_2|}{|z|^{n-2}} + \cdots + \frac{|a_{n-1}|}{|z|} \qquad (|z| \neq 0).$$

令 $|z| = R$ 并使 R 足够大，使得右边每个商式当 $|z| > R$ 时都小于 $|a_n|/n$. 于是

$$|w| < |a_n| \quad 当 \quad |z| > R.$$

现在，利用第 5 节等式 (8)，我们有

$$|P(z)| = |a_n + w||z^n| \leqslant (|a_n| + |w|)|z|^n < 2|a_n||z|^n$$

其中 $|z| > R$.

8. 注意到

$$
\begin{aligned}
|z_1 z_2| &= |(x_1 + iy_1)(x_2 + iy_2)| = |(x_1 x_2 - y_1 y_2) + i(y_1 x_2 + x_1 y_2)| \\
&= \sqrt{(x_1 x_2 - y_1 y_2)^2 + (y_1 x_2 + x_1 y_2)^2} \\
&= \sqrt{x_1^2 x_2^2 + y_1^2 y_2^2 + y_1^2 x_2^2 + x_1^2 y_2^2}
\end{aligned}
$$

及

$$
\begin{aligned}
|z_1||z_2| &= \sqrt{x_1^2 + y_1^2}\sqrt{x_2^2 + y_2^2} = \sqrt{(x_1^2 + y_1^2)(x_2^2 + y_2^2)} \\
&= \sqrt{x_1^2 x_2^2 + x_1^2 y_2^2 + y_1^2 x_2^2 + y_1^2 y_2^2}, \\
&= \sqrt{x_1^2 x_2^2 + y_1^2 y_2^2 + y_1^2 x_2^2 + x_1^2 y_2^2},
\end{aligned}
$$

于是得 $|z_1 z_2| = |z_1||z_2|$.

9. 假设 $|z^m| = |z|^m$，其中 m 是任意整数，则有

$$|z^{m+1}| = |z^m z| = |z^m||z| = |z|^m |z| = |z|^{m+1}.$$

6. 共轭复数

1. (a) $\overline{z + 3i} = \bar{z} + \overline{3i} = z - 3i$;

(b) $\overline{iz} = \bar{i}\,\bar{z} = -i\bar{z}$;

(c) $\overline{(2+i)^2} = (\overline{2+i})^2 = (2-i)^2 = 4 - 4i + i^2 = 4 - 4i - 1 = 3 - 4i$;

(d) $|(2\bar{z} + 5)(\sqrt{2} - i)| = |2\bar{z} + 5||\sqrt{2} - i| = |\overline{2z + 5}|\sqrt{2 + 1} = \sqrt{3}|2z + 5|$.

2. (a) 把 $\mathrm{Re}(\bar{z} - i) = 2$ 改写为 $\mathrm{Re}[x + i(-y - 1)] = 2$，即 $x = 2$. 这是一个通过点 $z = 2$ 的垂线。如图 205 所示.

(b) 把 $|2\bar{z} + i| = 4$ 改写为 $2\left|\bar{z} + \dfrac{i}{2}\right| = 4$，即 $\left|z - \dfrac{i}{2}\right| = 2$. 这是一个以 $\dfrac{i}{2}$ 为圆心，2 为半径的圆，如图 206 所示.

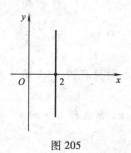

图 205

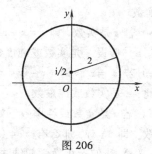

图 206

3. 记 $z_1 = x_1 + iy_1$ 及 $z_2 = x_2 + iy_2$. 则

$$\overline{z_1 - z_2} = \overline{(x_1 + iy_1) - (x_2 + iy_2)} = \overline{(x_1 - x_2) + i(y_1 - y_2)}$$

$$= (x_1 - x_2) - i(y_1 - y_2) = (x_1 - iy_1) - (x_2 - iy_2) = \bar{z}_1 - \bar{z}_2$$

且

$$\overline{z_1 z_2} = \overline{(x_1 + iy_1)(x_2 + iy_2)} = \overline{(x_1 x_2 - y_1 y_2) + i(y_1 x_2 + x_1 y_2)}$$

$$= (x_1 x_2 - y_1 y_2) - i(y_1 x_2 + x_1 y_2) = (x_1 - iy_1)(x_2 - iy_2) = \bar{z}_1 \bar{z}_2.$$

4. （a） $\overline{z_1 z_2 z_3} = \overline{(z_1 z_2) z_3} = \overline{z_1 z_2} \, \bar{z}_3 = (\bar{z}_1 \, \bar{z}_2) \bar{z}_3 = \bar{z}_1 \, \bar{z}_2 \, \bar{z}_3;$

（b） $\overline{z^4} = \overline{z^2 z^2} = \overline{z^2} \; \overline{z^2} = \overline{zz} \; \overline{zz} = (\bar{z} \; \bar{z})(\bar{z} \; \bar{z}) = \bar{z}\bar{z}\bar{z}\bar{z} = \bar{z}^4.$

6. （a） $\overline{\left(\dfrac{z_1}{z_2 z_3}\right)} = \dfrac{\bar{z}_1}{\overline{z_2 z_3}} = \dfrac{\bar{z}_1}{\bar{z}_2 \, \bar{z}_3};$

（b） $\left|\dfrac{z_1}{z_2 z_3}\right| = \dfrac{|z_1|}{|z_2 z_3|} = \dfrac{|z_1|}{|z_2||z_3|}.$

7. 在这个问题中，我们运用不等式（见第 4 节和第 5 节）

$$|\mathrm{Re}\, z| \leqslant |z| \quad 且 \quad |z_1 + z_2 + z_3| \leqslant |z_1| + |z_2| + |z_3|.$$

特别地，当 $|z| \leqslant 1$ 时

$$\left|\mathrm{Re}(2 + \bar{z} + z^3)\right| \leqslant |2 + \bar{z} + z^3| \leqslant 2 + |\bar{z}| + |z^3|$$

$$= 2 + |z| + |z|^3 \leqslant 2 + 1 + 1 = 4.$$

9. 首先，写 $z^4 - 4z^2 + 3 = (z^2 - 1)(z^2 - 3)$. 我们观察到当 $|z| = 2$ 时有

$$|z^2 - 1| \geqslant \big||z^2| - |1|\big| = \big||z|^2 - 1\big| = |4 - 1| = 3,$$

$$|z^2 - 3| \geqslant \big||z^2| - |3|\big| = \big||z|^2 - 3\big| = |4 - 3| = 1.$$

因此，当 $|z| = 2$ 时，我们可得

$$|z^4 - 4z^2 + 3| = |z^2 - 1||z^2 - 3| \geqslant 3 \cdot 1 = 3.$$

于是，当 z 在圆 $|z| = 2$ 上时，有

$$\left|\frac{1}{z^4 - 4z^2 + 3}\right| = \frac{1}{|z^4 - 4z^2 + 3|} \leqslant \frac{1}{3}.$$

10. （a）假设 z 是实数 $\Leftrightarrow \bar{z} = z$.

（$\Leftarrow$）若 $\bar{z} = z$，即 $x - iy = x + iy$. 这意味着 $i2y = 0$，即 $y = 0$. 因此，$z = x + i0 = x$，即 z 是实数.

（$\Rightarrow$）若 z 是实数，即 $z = x + i0$. 那么 $\bar{z} = x - i0 = x + i0 = z$.

（b）假设 z 是实数或纯虚数 $\Leftrightarrow \bar{z}^2 = z^2$.

（$\Leftarrow$）若 $\bar{z}^2 = z^2$. 即 $(x - iy)^2 = (x + iy)^2$，$i4xy = 0$. 但只有当 $x = 0$ 或 $y = 0$ 时成立，因此，z 是实数或纯虚数.

（$\Rightarrow$）若 z 是实数或纯虚数. 如果 z 是实数，即 $z = x$，那么有 $\bar{z}^2 = x^2 = z^2$. 如果 z 是纯虚数，即 $z = iy$，那么有 $\bar{z}^2 = (-iy)^2 = (iy)^2 = z^2$.

11. （a）我们运用数学归纳法来证明

$$\overline{z_1 + z_2 + \cdots + z_n} = \overline{z}_1 + \overline{z}_2 + \cdots + \overline{z}_n \quad (n = 2, 3, \cdots).$$

当 $n = 2$（第 6 节）显然成立. 现在假设当 $n = m$ 时成立。则我们有

$$\overline{z_1 + z_2 + \cdots + z_m + z_{m+1}} = \overline{(z_1 + z_2 + \cdots + z_m) + z_{m+1}}$$

$$= \overline{(z_1 + z_2 + \cdots + z_m)} + \overline{z}_{m+1}$$

$$= (\overline{z}_1 + \overline{z}_2 + \cdots + \overline{z}_m) + \overline{z}_{m+1}$$

$$= \overline{z}_1 + \overline{z}_2 + \cdots + \overline{z}_m + \overline{z}_{m+1}.$$

（b）同样，我们可以证明

$$\overline{z_1 z_2 \cdots z_n} = \overline{z}_1 \overline{z}_2 \cdots \overline{z}_n \quad (n = 2, 3, \cdots).$$

当 $n = 2$（第 6 节）显然成立. 现在假设当 $n = m$ 时成立，则有

$$\overline{z_1 z_2 \cdots z_m z_{m+1}} = \overline{(z_1 z_2 \cdots z_m) z_{m+1}} = \overline{(z_1 z_2 \cdots z_m)} \, \overline{z}_{m+1}$$

$$= (\overline{z}_1 \overline{z}_2 \cdots \overline{z}_m) \overline{z}_{m+1} = \overline{z}_1 \overline{z}_2 \cdots \overline{z}_m \overline{z}_{m+1}.$$

13. 根据等式（第 6 节）$z \overline{z} = |z|^2$ 及 $\mathrm{Re}z = \dfrac{z + \overline{z}}{2}$，我们可以把 $|z - z_0| = R$ 写成

$$(z - z_0)(\overline{z} - \overline{z}_0) = R^2,$$

$$z \overline{z} - (z \overline{z}_0 + \overline{z} z_0) + z_0 \overline{z}_0 = R^2,$$

$$|z|^2 - 2\mathrm{Re}(z \overline{z}_0) + |z_0|^2 = R^2.$$

14. 由于 $x = \dfrac{z + \overline{z}}{2}$ 及 $y = \dfrac{z - \overline{z}}{2\mathrm{i}}$，则双曲线 $x^2 - y^2 = 1$ 可写成

$$\left(\frac{z + \overline{z}}{2}\right)^2 - \left(\frac{z - \overline{z}}{2\mathrm{i}}\right)^2 = 1,$$

$$\frac{z^2 + 2z\overline{z} + \overline{z}^2}{4} + \frac{z^2 - 2z\overline{z} + \overline{z}^2}{4} = 1,$$

$$\frac{2z^2 + 2\overline{z}^2}{4} = 1,$$

$$z^2 + \overline{z}^2 = 2.$$

9. 乘积与商的辐角

1.（a）如果 $z = \dfrac{-2}{1 + \sqrt{3}\mathrm{i}}$，则 $\arg z = \arg(-2) - \arg(1 + \sqrt{3}\mathrm{i})$.

因为 $\mathrm{Arg}(-2) = \pi$ 及 $\mathrm{Arg}(1 + \sqrt{3}\mathrm{i}) = \dfrac{\pi}{3}$，则 $\arg z = \pi - \dfrac{\pi}{3} = \dfrac{2\pi}{3}$.

又 $-\pi < \dfrac{2\pi}{3} \leqslant \pi$，于是我们得出结论 $\mathrm{Arg}z = \dfrac{2\pi}{3}$.

（b）因为

$$\arg(\sqrt{3} - \mathrm{i})^6 = 6\arg(\sqrt{3} - \mathrm{i}),$$

$\arg(\sqrt{3} - \mathrm{i})^6$ 的一个根为 $6\left(-\dfrac{\pi}{6}\right)$，即 $-\pi$. 因此，其初值为 $-\pi + 2\pi$，即 π.

4. 通过几何观察显然可以得出，当 $0 \le \theta < 2\pi$ 时，等式 $|e^{i\theta} - 1| = 2$ 中 $\theta = \pi$ 是显然的，即我们假设 $e^{i\theta}$ 依赖于 $|z| = 1$ 且 $|e^{i\theta} - 1|$ 表示 $e^{i\theta}$ 到 1 的距离. 如图 207 所示.

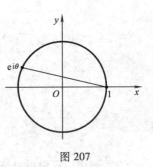

图 207

7. $z = re^{i\theta}$ 是任意非零复数且 n 是一负整数 ($n = -1$, $-2, \cdots$). 令 $m = -n = 1, 2, \cdots$ 由

$$(z^m)^{-1} = (r^m e^{im\theta})^{-1} = \frac{1}{r^m} e^{i(-m\theta)}$$

及

$$(z^{-1})^m = \left(\frac{1}{r} e^{i(-\theta)}\right)^m = \left(\frac{1}{r}\right)^m e^{i(-m\theta)} = \frac{1}{r^m} e^{i(-m\theta)}.$$

我们有 $(z^m)^{-1} = (z^{-1})^m$. 因此，定义 $z^n = (z^{-1})^m$ 可写成 $z^n = (z^m)^{-1}$.

8. 首先，给出两个非零复数 z_1 及 z_2，假设存在复数 c_1 及 c_2 使 $z_1 = c_1 c_2$, $z_2 = c_1 \bar{c}_2$. 因为

$$|z_1| = |c_1||c_2| \quad \text{和} \quad |z_2| = |c_1||\bar{c}_2| = |c_1||c_2|,$$

于是得 $|z_1| = |z_2|$.

另一方面，假若我们仅有 $|z_1| = |z_2|$. 令

$$z_1 = r_1 \exp(i\theta_1) \quad \text{和} \quad z_2 = r_1 \exp(i\theta_2).$$

如果引入

$$c_1 = r_1 \exp\left(i \frac{\theta_1 + \theta_2}{2}\right) \quad \text{和} \quad c_2 = \exp\left(i \frac{\theta_1 - \theta_2}{2}\right),$$

则得

$$c_1 c_2 = r_1 \exp\left(i \frac{\theta_1 + \theta_2}{2}\right) \exp\left(i \frac{\theta_1 - \theta_2}{2}\right) = r_1 \exp(i\theta_1) = z_1,$$

$$c_1 \bar{c}_2 = r_1 \exp\left(i \frac{\theta_1 + \theta_2}{2}\right) \exp\left(-i \frac{\theta_1 - \theta_2}{2}\right) = r_1 \exp\theta_2 = z_2.$$

即

$$z_1 = c_1 c_2 \quad \text{和} \quad z_2 = c_1 \bar{c}_2.$$

9. 若 $S = 1 + z + z^2 + \cdots + z^n$，则

$$S - zS = (1 + z + z^2 + \cdots + z^n) - (z + z^2 + z^3 + \cdots + z^{n+1}) = 1 - z^{n+1}.$$

因此 $S = \frac{1 - z^{n+1}}{1 - z}$，其中 $z \ne 1$. 从而有

$$1 + z + z^2 + \cdots + z^n = \frac{1 - z^{n+1}}{1 - z} \quad (z \ne 1).$$

把 $z = e^{i\theta}$ $(0 < \theta < 2\pi)$ 代入上述等式，我们有

$$1 + e^{i\theta} + e^{i2\theta} + \cdots + e^{in\theta} = \frac{1 - e^{i(n+1)\theta}}{1 - e^{i\theta}}.$$

显然等式左端的实部为

$$1 + \cos\theta + \cos2\theta + \cdots + \cos n\theta\,;$$

为了得出等式右边的实部，我们把其变形为

$$\frac{1 - \exp[\,\mathrm{i}(n+1)\theta\,]}{1 - \exp(\mathrm{i}\theta)} \cdot \frac{\exp\left(-\mathrm{i}\dfrac{\theta}{2}\right)}{\exp\left(-\mathrm{i}\dfrac{\theta}{2}\right)} = \frac{\exp\left(-\mathrm{i}\dfrac{\theta}{2}\right) - \exp\left[\mathrm{i}\dfrac{(2n+1)\theta}{2}\right]}{\exp\left(-\mathrm{i}\dfrac{\theta}{2}\right) - \exp\left(\mathrm{i}\dfrac{\theta}{2}\right)}$$

$$= \frac{\cos\dfrac{\theta}{2} - \mathrm{i}\sin\dfrac{\theta}{2} - \cos\dfrac{(2n+1)\theta}{2} - \mathrm{i}\sin\dfrac{(2n+1)\theta}{2}}{-2\mathrm{i}\sin\dfrac{\theta}{2}} \cdot \frac{\mathrm{i}}{\mathrm{i}}$$

$$= \frac{\left[\sin\dfrac{\theta}{2} + \sin\dfrac{(2n+1)\theta}{2}\right] + \mathrm{i}\left[\cos\dfrac{\theta}{2} - \cos\dfrac{(2n+1)\theta}{2}\right]}{2\sin\dfrac{\theta}{2}}.$$

此时，我们得出其实部显然为

$$\frac{1}{2} + \frac{\dfrac{\sin(2n+1)\theta}{2}}{2\sin\dfrac{\theta}{2}} \qquad (0 < \theta < 2\pi),$$

最后根据拉格朗日三角恒等式得

$$1 + \cos\theta + \cos2\theta + \cdots + \cos n\theta = \frac{1}{2} + \frac{\sin\dfrac{(2n+1)\theta}{2}}{2\sin\dfrac{\theta}{2}} \qquad (0 < \theta < 2\pi).$$

10. 由棣莫弗公式得

$$(\cos\theta + \mathrm{i}\sin\theta)^3 = \cos3\theta + \mathrm{i}\sin3\theta$$

即

$$\cos^3\theta + 3\cos^2\theta(\mathrm{i}\sin\theta) + 3\cos\theta(\mathrm{i}\sin\theta)^2 + (\mathrm{i}\sin\theta)^3 = \cos3\theta + \mathrm{i}\sin3\theta.$$

从而有

$$(\cos^3\theta - 3\cos\theta\sin^2\theta) + \mathrm{i}(3\cos^2\theta\sin\theta - \sin^3\theta) = \cos3\theta + \mathrm{i}\sin3\theta.$$

通过对比其实部与虚部，我们得出所求三角恒等式：

(a) $\cos3\theta = \cos^3\theta - 3\cos\theta\sin^2\theta$；(b) $\sin3\theta = 3\cos^2\theta\sin\theta - \sin^3\theta$.

11.（a）第 4 节二项公式 (14)

$$(z_1 + z_2)^n = \sum_{k=0}^{n} \binom{n}{k} z_1^{n-k} z_2^{k} \qquad (n = 1, 2, \cdots),$$

其中 $\binom{n}{k} = \dfrac{n!}{k!\,(n-k)!}$. 现在，把 $z_1 = \cos\theta$ 及 $z_2 = \mathrm{i}\sin\theta$ 代入上式得

$$(\cos\theta + \mathrm{i}\sin\theta)^n = \sum_{k=0}^{n} \binom{n}{k} \cos^{n-k}\theta\,(\mathrm{i}\sin\theta)^k.$$

根据棣莫弗定理，有

$$\cos n\theta + i\sin n\theta = \sum_{k=0}^{n} \binom{n}{k} \cos^{n-k}\theta \, (i\sin\theta)^{k}.$$

令 m 为整数取值如下

$$m = \begin{cases} n/2 & n \text{ 是偶数}, \\ (n-1)/2 & n \text{ 是奇数}. \end{cases}$$

于是，由最后一个等式两端的实部相等可得

$$\cos n\theta = \sum_{k=0}^{m} \binom{n}{2k} (-1)^{k} \cos^{n-2k}\theta \sin^{2k}\theta.$$

（b）因为 $\sin^{2k}\theta = (\sin^2\theta)^k = (1 - \cos^2\theta)^k$. 因此，记 $x = \cos\theta$，那么上式的右边是一个 n 次多项式

$$\sum_{k=0}^{m} \binom{n}{2k} (-1)^{k} x^{n-2k} (1 - x^2)^{k}.$$

11. 例子

1. （a）因为 $2i = 2\exp\left[i\left(\dfrac{\pi}{2} + 2k\pi\right)\right]$ $(k = 0, \pm 1, \pm 2, \cdots)$，则其所有根为

$$(2i)^{1/2} = \sqrt{2}\exp\left[i\left(\dfrac{\pi}{4} + k\pi\right)\right] \quad (k = 0, 1).$$

即，

$$c_0 = \sqrt{2}e^{i\pi/4} = \sqrt{2}\left(\cos\dfrac{\pi}{4} + i\sin\dfrac{\pi}{4}\right) = \sqrt{2}\left(\dfrac{1}{\sqrt{2}} + \dfrac{i}{\sqrt{2}}\right) = 1 + i,$$

$$c_1 = (\sqrt{2}e^{i\pi/4})e^{i\pi} = -c_0 = -(1 + i),$$

c_0 为其主值根. 如图 208 所示.

（b）注意到 $1 - \sqrt{3}i = 2\exp\left[i\left(-\dfrac{\pi}{3} + 2k\pi\right)\right]$ $(k = 0, \pm 1, \pm 2, \cdots)$. 得

$$(1 - \sqrt{3}i)^{1/2} = \sqrt{2}\exp\left[i\left(-\dfrac{\pi}{6} + k\pi\right)\right] \quad (k = 0, 1).$$

其主值根为

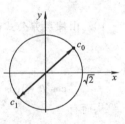

图 208

$$c_0 = \sqrt{2}e^{-i\pi/6} = \sqrt{2}\left(\cos\dfrac{\pi}{6} - i\sin\dfrac{\pi}{6}\right) = \sqrt{2}\left(\dfrac{\sqrt{3}}{2} - \dfrac{i}{2}\right) = \dfrac{\sqrt{3} - i}{\sqrt{2}},$$

另一根为

$$c_1 = (\sqrt{2}e^{-i\pi/6})e^{i\pi} = -c_0 = -\dfrac{\sqrt{3} - i}{\sqrt{2}}.$$

这些根如图 209 所示.

2. 我们要求出 $(-8i)^{1/3}$. 首先

$$-8i = 8\exp\left[i\left(-\dfrac{\pi}{2} + 2k\pi\right)\right] (k = 0, \pm 1, \pm 2, \cdots).$$

那么

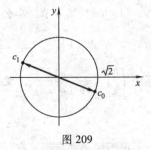

图 209

$$(-8i)^{1/3} = 2\exp\left[i\left(-\frac{\pi}{6} + \frac{2k\pi}{3}\right)\right] \quad (k = 0,1,2).$$

主值根为

$$c_0 = 2e^{-i\pi/6} = 2\left[\cos\frac{\pi}{6} - i\sin\frac{\pi}{6}\right] = 2\left(\frac{\sqrt{3}}{2} - i\frac{1}{2}\right) = \sqrt{3} - i.$$

其他根均匀的分布在 $z = 2$; 的圆周上，且有

$$c_1 = 2i, \quad c_2 = -\sqrt{3} - i.$$

3. 首先写出 $-8 - 8\sqrt{3}i = 16\exp\left[i\left(-\frac{2\pi}{3} + 2k\pi\right)\right](k = 0, \pm1, \pm2, \cdots)$. 则

$$(-8 - 8\sqrt{3}i)^{1/4} = 2\exp\left[i\left(-\frac{\pi}{6} + \frac{k\pi}{2}\right)\right] \quad (k = 0,1,2,3).$$

主值根为

$$c_0 = 2e^{-i\pi/6} = 2\left(\cos\frac{\pi}{6} - i\sin\frac{\pi}{6}\right) = 2\left(\frac{\sqrt{3}}{2} - \frac{i}{2}\right) = \sqrt{3} - i.$$

其他根为

$$c_1 = (2e^{-i\pi/6})e^{i\pi/2} = c_0 i = 1 + \sqrt{3}i,$$
$$c_2 = (2e^{-i\pi/6})e^{i\pi} = -c_0 = -(\sqrt{3} - i),$$
$$c_3 = (2e^{-i\pi/6})e^{i3\pi/2} = c_0(-i) = -(1 + \sqrt{3}i).$$

这些根如图 210 所示。

4. （a）由 $-1 = 1\exp[i(\pi + 2k\pi)]$ $(k = 0, \pm1, \pm2, \cdots)$，得

$$(-1)^{1/3} = \exp\left[i\left(\frac{\pi}{3} + \frac{2k\pi}{3}\right)\right] \quad (k = 0,1,2).$$

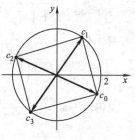

图210

主值根为

$$c_0 = e^{i\pi/3} = \cos\frac{\pi}{3} + i\sin\frac{\pi}{3} = \frac{1 + \sqrt{3}i}{2}.$$

另外两个根为

$$c_1 = e^{i\pi} = -1$$

$$c_2 = e^{i5\pi/3} = e^{i2\pi}e^{-i\pi/3} = \cos\frac{\pi}{3} - i\sin\frac{\pi}{3} = \frac{1 - \sqrt{3}i}{2}.$$

所有三个根如图 211 所示。

（b）因为 $8 = 8\exp[i(0 + 2k\pi)](k = 0, \pm1, \pm2, \cdots)$，则 8 的所有根为

$$8^{1/6} = \sqrt{2}\exp\left(i\frac{k\pi}{3}\right) \quad (k = 0,1,2,3,4,5),$$

主值根为

$$c_0 = \sqrt{2}.$$

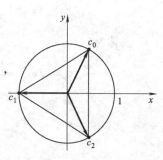

图 211

其他根为

$$c_1 = \sqrt{2}\,\mathrm{e}^{\mathrm{i}\pi/3} = \sqrt{2}\left(\cos\frac{\pi}{3} + \mathrm{i}\sin\frac{\pi}{3}\right) = \sqrt{2}\left(\frac{1}{2} + \frac{\sqrt{3}}{2}\mathrm{i}\right) = \frac{1 + \sqrt{3}\mathrm{i}}{\sqrt{2}},$$

$$c_2 = (\sqrt{2}\,\mathrm{e}^{-\mathrm{i}\pi/3})\,\mathrm{e}^{\mathrm{i}\pi} = \sqrt{2}\left(\cos\frac{\pi}{3} - \mathrm{i}\sin\frac{\pi}{3}\right)(-1) = -\sqrt{2}\left(\frac{1}{2} - \frac{\sqrt{3}}{2}\mathrm{i}\right) = -\frac{1 - \sqrt{3}\mathrm{i}}{\sqrt{2}},$$

$$c_3 = \sqrt{2}\,\mathrm{e}^{\mathrm{i}\pi} = -\sqrt{2},$$

$$c_4 = (\sqrt{2}\,\mathrm{e}^{\mathrm{i}\pi/3})\,\mathrm{e}^{\mathrm{i}\pi} = -c_1 = -\frac{1 + \sqrt{3}\mathrm{i}}{\sqrt{2}},$$

$$c_5 = (\sqrt{2}\,\mathrm{e}^{\mathrm{i}2\pi/3})\,\mathrm{e}^{\mathrm{i}\pi} = -c_2 = \frac{1 - \sqrt{3}\mathrm{i}}{\sqrt{2}}.$$

所有六个根如图 212 所示.

5. 显然 $z_0 = -4\sqrt{2} + 4\sqrt{2}\mathrm{i} = 8\exp\left(\mathrm{i}\dfrac{3\pi}{4}\right)$ 的立方

根为

$$(z_0)^{1/3} = 2\exp\left[\mathrm{i}\left(\frac{\pi}{4} + \frac{2k\pi}{3}\right)\right] \quad (k = 0, 1, 2).$$

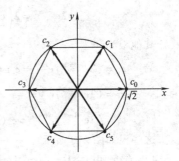

图 212

具体为，

$$c_0 = 2\exp\left(\mathrm{i}\,\frac{\pi}{4}\right) = \sqrt{2}(1 + \mathrm{i}).$$

又得益于 $\omega_3 = \dfrac{-1 + \sqrt{3}\mathrm{i}}{2}$，于是我们可得另两个根：

$$c_1 = c_0\omega_3 = \sqrt{2}(1 + \mathrm{i})\left(\frac{-1 + \sqrt{3}\mathrm{i}}{2}\right) = \frac{-(\sqrt{3} + 1) + (\sqrt{3} - 1)\mathrm{i}}{\sqrt{2}},$$

$$c_2 = c_0\omega_3^2 = (c_0\omega_3)\omega_3 = \left[\frac{-(\sqrt{3} + 1) + (\sqrt{3} - 1)\mathrm{i}}{\sqrt{2}}\right]\left(\frac{-1 + \sqrt{3}\mathrm{i}}{2}\right) = \frac{(\sqrt{3} - 1) - (\sqrt{3} + 1)\mathrm{i}}{\sqrt{2}}.$$

6. 方程 $z^4 + 4 = 0$ 是 -4 的 4 个四次方根，令 $-4 = 4\exp[\mathrm{i}(\pi + 2k\pi)]$ $(k = 0, \pm 1,$
$\pm 2, \cdots)$ 则

$$(-4)^{1/4} = \sqrt{2}\exp\left[\mathrm{i}\left(\frac{\pi}{4} + \frac{k\pi}{2}\right)\right] = \sqrt{2}\,\mathrm{e}^{\mathrm{i}\pi/4}\,\mathrm{e}^{\mathrm{i}k\pi/2} \quad (k = 0, 1, 2, 3).$$

具体为，

$$c_0 = \sqrt{2}\,\mathrm{e}^{\mathrm{i}\pi/4} = \sqrt{2}\left(\cos\frac{\pi}{4} + \mathrm{i}\sin\frac{\pi}{4}\right) = \sqrt{2}\left(\frac{1}{\sqrt{2}} + \mathrm{i}\,\frac{1}{\sqrt{2}}\right) = 1 + \mathrm{i},$$

$$c_1 = c_0\mathrm{e}^{\mathrm{i}\pi/2} = (1 + \mathrm{i})\mathrm{i} = -1 + \mathrm{i},$$

$$c_2 = c_0\mathrm{e}^{\mathrm{i}\pi} = (1 + \mathrm{i})(-1) = -1 - \mathrm{i},$$

$$c_3 = c_0\mathrm{e}^{\mathrm{i}3\pi/2} = (1 + \mathrm{i})(-\mathrm{i}) = 1 - \mathrm{i}.$$

于是，我们能写

$$z^4 + 4 = (z - c_0)(z - c_1)(z - c_2)(z - c_3)$$
$$= [(z - c_1)(z - c_2)] \cdot [(z - c_0)(z - c_3)]$$
$$= [(z + 1) - i][(z + 1) + i] \cdot [(z - 1) - i][(z - 1) + i]$$
$$= [(z + 1)^2 + 1] \cdot [(z - 1)^2 + 1]$$
$$= (z^2 + 2z + 2)(z^2 - 2z + 2).$$

7. 令 c 为非单位本身的任一 n 次单位根. 结合恒等式（第9节练习9），

$$1 + z + z^2 + \cdots + z^{n-1} = \frac{1 - z^n}{1 - z} \quad (z \neq 1)$$

有

$$1 + c + c^2 + \cdots + c^{n-1} = \frac{1 - c^n}{1 - c} = \frac{1 - 1}{1 - c} = 0.$$

9. 首先，注意到

$$(z^{1/m})^{-1} = \left[\sqrt[m]{r} \exp \frac{i(\theta + 2k\pi)}{m} \right]^{-1} = \frac{1}{\sqrt[m]{r}} \exp \frac{i(-\theta - 2k\pi)}{m} = \frac{1}{\sqrt[m]{r}} \exp \frac{i(-\theta)}{m} \exp \frac{i(-2k\pi)}{m}$$

且

$$(z^{-1})^{1/m} = \sqrt[m]{\frac{1}{r}} \exp \frac{i(-\theta + 2k\pi)}{m} = \frac{1}{\sqrt[m]{r}} \exp \frac{i(-\theta)}{m} \exp \frac{i(2k\pi)}{m},$$

其中 $k = 0, 1, 2, \cdots, m - 1$. 又集

$$\exp \frac{i(-2k\pi)}{m} \quad (k = 0, 1, 2, \cdots, m - 1)$$

与集

$$\exp \frac{i(2k\pi)}{m} \quad (k = 0, 1, 2, \cdots, m - 1)$$

相等，于是反过来我们有 $(z^{1/m})^{-1} = (z^{-1})^{1/m}$.

12. 复平面上的区域

1. （a）把 $|z - 2 + i| \leq 1$ 写为 $|z - (2 - i)| \leq 1$。可发现点 z 的轨迹是一个以 $2 - i$ 为心，1 为半径的圆盘. 它不是域.

（b）把 $|2z + 3| > 4$ 写为 $\left| z - \left(-\frac{3}{2} \right) \right| > 2$，从而得出满足条件的点集是以 $-3/2$ 为圆心，2 为半径的圆盘外所有点的集合。它是域.

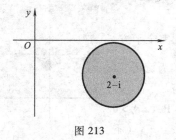

图 213

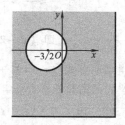

图 214

（c）把 $\mathrm{Im}z > 1$ 改写为 $y > 1$ 我们发现这是由所有在水平线 $y = 1$（不包含 $y = 1$）之上的点组成的集合，它是域.

（d）显然点集 $\mathrm{Im}z = 1$ 即为水平线 $y = 1$. 它不是域.

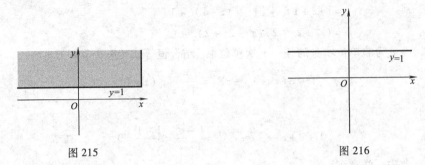

图 215   图 216

（e）点集 $0 \leqslant \arg z \leqslant \dfrac{\pi}{4}$（$z \neq 0$）的轨迹如图 217 阴影部分所示. 它不是域.

（f）点集 $|z - 4| \geqslant |z|$ 可写成 $(x - 4)^2 + y^2 \geqslant x^2 + y^2$ 的形式，其中 $x \leqslant 2$. 该点集不是域. 其几何意义是显然的，即它是所有到点 4 的距离不小于到原点的距离的所有点 z 的轨迹.

4．（a）集 $-\pi < \arg z < \pi$（$z \neq 0$）的闭包是整个平面.

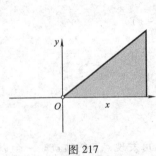

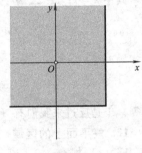

图 217   图 218

（b）首先，我们把集 $|\mathrm{Re}z| < |z|$ 改写为 $|x| < \sqrt{x^2 + y^2}$，即 $x^2 < x^2 + y^2$. 等价于 $y^2 > 0$，即 $|y| > 0$. 因此，集 $|\mathrm{Re}z| < |z|$ 的闭包是整个平面.

（c）由于 $\dfrac{1}{z} = \dfrac{\bar{z}}{z\bar{z}} = \dfrac{\bar{z}}{|z|^2} = \dfrac{x - \mathrm{i}y}{x^2 + y^2}$，则集 $\mathrm{Re}\left(\dfrac{1}{z}\right) \leqslant \dfrac{1}{2}$ 可写

为 $\dfrac{x}{x^2 + y^2} \leqslant \dfrac{1}{2}$，即 $(x^2 - 2x) + y^2 \geqslant 0$. 最后，通过配完全平方，可得到不等式 $(x - 1)^2 + y^2 \geqslant 1^2$，这是一个以 $z = 1$ 为圆心，1 为半径的圆盘外所有点组成的点集. 其闭包为其本身.

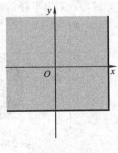

（d）由于 $z^2 = (x + \mathrm{i}y)^2 = x^2 - y^2 + \mathrm{i}2xy$，因此集 $\mathrm{Re}(z^2) > 0$ 可写成 $y^2 < x^2$，或 $|y| < |x|$. 该集的闭包由直线 $y = \pm x$（不包含 $y = \pm x$）及图 221 中的阴影部分组成.

图 219

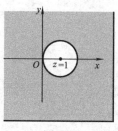

图 220

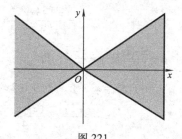

图 221

5. 集 S 由 $|z| < 1$ 或 $|z - 2| < 1$ 的所有点组成，如图 222 所示.

由于每条连接 z_1 和 z_2 的折线上一定含有至少一个不属于 S 的点，则显然 S 是不连通的.

8. 给出一个包含所有聚点的点集 S。我们需要说明 S 是一闭集。现在通过反证法来证明。设 z_0 是 S 的一个界点且不属于 S。事实上，若 z_0 是界点，则它的每一邻域内至少含有 S 中的一个点，又 z_0 不属于 S，则有 S 的每个空心邻域至少含有 S 中一个点，因此，z_0 是 S 的一聚点，且 z_0 属于 S。这与 z_0 不属于 S 矛盾。从而我们得出每个界点 z_0 一定属于 S，即 S 为闭集。

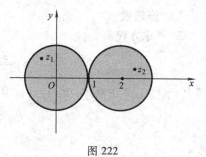

图 222

第 2 章 解 析 函 数

14. 映射 $w = z^2$

1. （a）方程 $f(z) = \dfrac{1}{z^2 + 1}$ 在除点 $z^2 + 1 = 0$ 的有限平面上有定义.

（b）方程 $f(z) = \mathrm{Arg}\left(\dfrac{1}{z}\right)$ 在除 $z = 0$ 的整个有限平面上有定义.

（c）方程 $f(z) = \dfrac{z}{z + \bar{z}}$ 在除虚轴外的整个有限平面上有定义，这是因为方程 $z + \bar{z} = 0$ 等价于 $x = 0$.

（d）方程 $f(z) = \dfrac{1}{1 - |z|^2}$ 在除圆周 $|z| = 1$ 的整个有限平面上有定义，因为在此圆周上有 $1 - |z|^2 = 0$.

2. （b）当 $z \neq 0$ 时

$$f(z) = \frac{\bar{z}^2}{z} = \frac{\bar{z}^3}{z\bar{z}} = \frac{(x - \mathrm{i}y)^3}{|z|^2}$$

$$= \frac{x^3 + 3x^2(-\mathrm{i}y) + 3x(-\mathrm{i}y)^2 + (-\mathrm{i}y)^3}{x^2 + y^2}$$

$$= \frac{x^3 - \mathrm{i}3x^2 y - 3xy^2 + \mathrm{i}y^3}{x^2 + y^2}$$

$$= \frac{x^3 - 3xy^2}{x^2 + y^2} + \mathrm{i}\,\frac{y^3 - 3x^2 y}{x^2 + y^2}.$$

3. 由 $x = \dfrac{z + \bar{z}}{2}$ 及 $y = \dfrac{z - \bar{z}}{2\mathrm{i}}$，得

$$f(z) = x^2 - y^2 - 2y + \mathrm{i}(2x - 2xy)$$

$$= \frac{(z + \bar{z})^2}{4} + \frac{(z - \bar{z})^2}{4} + \mathrm{i}(z - \bar{z}) + \mathrm{i}(z + \bar{z}) - \frac{(z + \bar{z})(z - \bar{z})}{2}$$

$$= \frac{z^2}{2} + \frac{\bar{z}^2}{2} + 2\mathrm{i}z - \frac{z^2}{2} + \frac{\bar{z}^2}{2} = \bar{z}^2 + 2\mathrm{i}z.$$

18. 连续性

5. 考虑方程

$$f(z) = \left(\frac{z}{\bar{z}}\right)^2 = \left(\frac{x + \mathrm{i}y}{x - \mathrm{i}y}\right)^2 \quad (z \neq 0),$$

其中 $z = x + \mathrm{i}y$. 注意到，若 $z = (x, 0)$，则有

$$f(z) = \left(\frac{x + \mathrm{i}0}{x - \mathrm{i}0}\right)^2 = 1;$$

若 $z = (0, y)$，则有

$$f(z) = \left(\frac{0 + \mathrm{i}y}{0 - \mathrm{i}y}\right)^2 = 1.$$

但，如果 $z = (x, x)$，则

$$f(z) = \left(\frac{x + \mathrm{i}x}{x - \mathrm{i}x}\right)^2 = \left(\frac{1 + \mathrm{i}}{1 - \mathrm{i}}\right)^2 = -1.$$

这说明 $f(z)$ 在实轴与虚轴上的所有非零点处取值为 1，但在直线 $y = x$ 上的非零点处取值为 -1。因此，$f(z)$ 趋于零的极限不存在。

10. （a）为了证明 $\lim\limits_{z \to \infty} \dfrac{4z^2}{(z-1)^2} = 4$，我们利用第 17 节中的表述（2），可得

$$\lim_{z \to 0} \frac{4\left(\dfrac{1}{z}\right)^2}{\left(\dfrac{1}{z} - 1\right)^2} = \lim_{z \to 0} \frac{4}{(1 - z)^2} = 4.$$

（b）为了证明 $\lim\limits_{z \to 1} \dfrac{1}{(z-1)^3} = \infty$，我们利用第 17 节中的表述（1），可得

$$\lim_{z \to 1} \frac{1}{1/(z-1)^3} = \lim_{z \to 1} (z-1)^3 = 0.$$

（c）为了证明 $\lim\limits_{z \to \infty} \dfrac{z^2 + 1}{z - 1} = \infty$，我们利用第 17 节中的表述（3），可得

$$\lim_{z \to 0} \frac{\dfrac{1}{z} - 1}{\left(\dfrac{1}{z}\right)^2 + 1} = \lim_{z \to 0} \frac{z - z^2}{1 + z^2} = 0.$$

11. 在这个问题中，我们考虑方程

$$T(z) = \frac{az + b}{cz + d} \qquad (ad - bc \neq 0).$$

（a）假设 $c = 0$. 由第 17 节中的表述（3）得 $\lim\limits_{z \to \infty} T(z) = \infty$, 因为

$$\lim_{z \to 0} \frac{1}{T(1/z)} = \lim_{z \to 0} \frac{c + dz}{a + bz} = \frac{c}{a} = 0.$$

（b）假设 $c \neq 0$. 由第 17 节中的表述（2）得 $\lim\limits_{z \to \infty} T(z) = \frac{a}{c}$, 因为

$$\lim_{z \to 0} T\left(\frac{1}{z}\right) = \lim_{z \to 0} \frac{a + bz}{c + dz} = \frac{a}{c}.$$

同样，由第 17 节中的表述（1）得 $\lim\limits_{z \to -d/c} T(z) = \infty$, 因为

$$\lim_{z \to -d/c} \frac{1}{T(z)} = \lim_{z \to -d/c} \frac{cz + d}{az + b} = 0.$$

20. 导数的运算法则

2.（a）如果 $f(z) = 3z^2 - 2z + 4$, 那么

$$f'(z) = \frac{\mathrm{d}}{\mathrm{d}z}(3z^2 - 2z + 4) = 3\frac{\mathrm{d}}{\mathrm{d}z}z^2 - 2\frac{\mathrm{d}}{\mathrm{d}z}z + \frac{\mathrm{d}}{\mathrm{d}z}4 = 3(2z) - 2(1) + 0 = 6z - 2.$$

（b）如果 $f(z) = (2z^2 + i)^5$, 那么

$$f'(z) = 5(2z^2 + i)^4 4z = 20z(2z^2 + i)^4.$$

（c）如果 $f(z) = \frac{z - 1}{2z + 1}\left(z \neq -\frac{1}{2}\right)$, 那么

$$'(z) = \frac{(2z + 1)\frac{\mathrm{d}}{\mathrm{d}z}(z - 1) - (z - 1)\frac{\mathrm{d}}{\mathrm{d}z}(2z + 1)}{(2z + 1)^2} = \frac{(2z + 1)(1) - (z - 1)2}{(2z + 1)^2} = \frac{3}{(2z + 1)^2}.$$

（d）如果 $f(z) = \frac{(1 + z^2)^4}{z^2} (z \neq 0)$, 那么

$$f'(z) = \frac{z^2\frac{\mathrm{d}}{\mathrm{d}z}(1 + z^2)^4 - (1 + z^2)^4\frac{\mathrm{d}}{\mathrm{d}z}z^2}{(z^2)^2} = \frac{z^2 4(1 + z^2)^3(2z) - (1 + z^2)^4 2z}{(z^2)^2}$$

$$= \frac{2z(1 + z^2)^3[4z^2 - (1 + z^2)]}{z^4} = \frac{2(1 + z^2)^3(3z^2 - 1)}{z^3}.$$

4. 若 $f(z_0) = g(z_0) = 0$ 且 $f'(z_0)$ 及 $g'(z_0)$ 存在，其中 $g'(z_0) \neq 0$. 由导数定义得

$$f'(z_0) = \lim_{z \to z_0} \frac{f(z) - f(z_0)}{z - z_0} = \lim_{z \to z_0} \frac{f(z)}{z - z_0}.$$

同样地，

$$g'(z_0) = \lim_{z \to z_0} \frac{g(z) - g(z_0)}{z - z_0} = \lim_{z \to z_0} \frac{g(z)}{z - z_0}.$$

因此

$$\lim_{z\to z_0}\frac{f(z)}{g(z)}=\lim_{z\to z_0}\frac{f(z)/(z-z_0)}{g(z)/(z-z_0)}=\frac{\lim_{z\to z_0}f(z)/(z-z_0)}{\lim_{z\to z_0}g(z)/(z-z_0)}=\frac{f'(z_0)}{g'(z_0)}.$$

9. 鉴于 $f(z)=\begin{cases}\overline{z}^2/z & \text{若 } z\neq 0,\\ 0 & \text{若 } z=0.\end{cases}$

$$\Delta w=f(0+\Delta z)-f(0)=\frac{\overline{\Delta z}^2}{\Delta z},$$

$$\frac{\Delta w}{\Delta z}=\left(\frac{\overline{\Delta z}}{\Delta z}\right)^2,$$

如果 $\Delta z=\Delta x+\mathrm{i}0$，则

$$\frac{\Delta w}{\Delta z}=\left(\frac{\Delta x}{\Delta x}\right)^2=1\to 1.$$

如果 $\Delta z=0+\mathrm{i}\Delta y$，则

$$\frac{\Delta w}{\Delta z}=\left(\frac{-\mathrm{i}\Delta y}{\mathrm{i}\Delta y}\right)^2=\left(\frac{-\Delta y}{-\Delta y}\right)^2=1^2=1.$$

如果 $\Delta z=\Delta x+\mathrm{i}\Delta x$，则

$$\frac{\Delta w}{\Delta z}=\left(\frac{\Delta x-\mathrm{i}\Delta x}{\Delta x+\mathrm{i}\Delta x}\right)^2=\left(\frac{1-\mathrm{i}}{1+\mathrm{i}}\right)^2=\frac{(1-\mathrm{i})^2}{(1+\mathrm{i})^2}$$

$$=\frac{-2\mathrm{i}}{2\mathrm{i}}=-1\to -1.$$

因此，$f'(0)$ 不存在.

10.

$$P_n(z)=\frac{1}{n!2^n}\frac{\mathrm{d}^n}{\mathrm{d}z^n}(z^2-1)^n$$

$$=\frac{1}{n!2^n}\frac{\mathrm{d}^n}{\mathrm{d}z^n}\sum_{k=0}^{n}\binom{n}{k}z^{2k}(-1)^{n-k}$$

当 $k=n$ 时最高次的 z 出现，即次数为 n.

24. 极坐标

1. （a）$f(z)=\overline{z}=x-\mathrm{i}y$. 则 $u=x$，$v=-y$.

因此由 $u_x=v_y\Rightarrow 1=-1$，得柯西-黎曼方程处处不能满足.

（b）$f(z)=z-\overline{z}=(x+\mathrm{i}y)-(x-\mathrm{i}y)=0+\mathrm{i}2y$. 则 $u=0$，$v=2y$.

由 $u_x=v_y\Rightarrow 0=2$，得柯西-黎曼方程处处不能满足.

（c）$f(z)=2x+\mathrm{i}xy^2$. 则 $u=2x$，$v=xy^2$.

$u_x=v_y\Rightarrow 2=2xy\Rightarrow xy=1$.

$u_y=-v_x\Rightarrow 0=-y^2\Rightarrow y=0$.

将 $y=0$ 带入 $xy=1$，得 $0=1$. 从而柯西-黎曼方程处处不能成立.

（d）$f(z)=\mathrm{e}^x\mathrm{e}^{-\mathrm{i}y}=\mathrm{e}^x(\cos y-\mathrm{i}\sin y)=\mathrm{e}^x\cos y-\mathrm{i}\mathrm{e}^x\sin y$. 则 $u=\mathrm{e}^x\cos y$，$v=-\mathrm{e}^x\sin y$.

$u_x=v_y\Rightarrow \mathrm{e}^x\cos y=-\mathrm{e}^x\cos y\Rightarrow 2\mathrm{e}^x\cos y=0\Rightarrow\cos y=0$. 从而

$$y = \frac{\pi}{2} + n\pi \qquad (n = 0, \pm 1, \pm 2, \cdots).$$

$u_y = -v_x \Rightarrow -e^x \sin y = e^x \sin y \Rightarrow 2e^x \sin y = 0 \Rightarrow \sin y = 0.$ 从而

$$y = n\pi \qquad (n = 0, \pm 1, \pm 2, \cdots).$$

因为此时 y 有两个不同的值集，从而可得柯西-黎曼方程处处不能满足.

3. (a)$f(z) = \frac{1}{z} = \frac{1}{z} \cdot \frac{\bar{z}}{\bar{z}} = \frac{\bar{z}}{|z|^2} = \frac{x}{x^2 + y^2} + i \frac{-y}{x^2 + y^2}.$ 因此

$$u = \frac{x}{x^2 + y^2} \quad \text{和} \quad v = \frac{-y}{x^2 + y^2}.$$

因为

$$u_x = \frac{y^2 - x^2}{(x^2 + y^2)^2} = v_y \quad \text{和} \quad u_y = \frac{-2xy}{(x^2 + y^2)^2} = -v_x \qquad (x^2 + y^2 \neq 0),$$

从而当 $z \neq 0$ 时 $f'(z)$ 存在. 此外，当 $z \neq 0$ 时，有

$$f'(z) = u_x + iv_x = \frac{y^2 - x^2}{(x^2 + y^2)^2} + i \frac{2xy}{(x^2 + y^2)^2} = -\frac{x^2 - i2xy - y^2}{(x^2 + y^2)^2}$$

$$= -\frac{(x - iy)^2}{(x^2 + y^2)^2} = -\frac{(\bar{z})^2}{(z\bar{z})^2} = -\frac{(\bar{z})^2}{(z)^2(\bar{z})^2} = -\frac{1}{z^2}.$$

(b) $f(z) = x^2 + iy^2.$ 因此 $u = x^2$, $v = y^2$. 由

$$u_x = v_y \Rightarrow 2x = 2y \Rightarrow y = x \quad \text{和} \quad u_y = -v_x \Rightarrow 0 = 0.$$

得，当且仅当 $y = x$ 时，$f'(z)$ 存在。同时，我们有

$$f'(x + ix) = u_x(x, x) + iv_x(x, x) = 2x + i0 = 2x.$$

(c) $f(z) = z\text{Im}z = (x + iy)y = xy + iy^2.$ 因此 $u = xy$, $v = y^2.$ 我们注意到

$$u_x = v_y \Rightarrow y = 2y \Rightarrow y = 0 \quad \text{且} \quad u_y = -v_x \Rightarrow x = 0.$$

因此，仅当 $z = 0$ 时，$f'(z)$ 存在. 事实上，

$$f'(0) = u_x(0,0) + iv_x(0,0) = 0 + i0 = 0.$$

4. (a) $f(z) = \frac{1}{z^4} = \left(\frac{1}{r^4} \cos 4\theta \right) + i \left(-\frac{1}{r^4} \sin 4\theta \right) \qquad (z \neq 0).$ 由于

$$ru_r = -\frac{4}{r^4} \cos 4\theta = v_\theta \quad \text{和} \quad u_\theta = -\frac{4}{r^4} \sin 4\theta = -rv_r,$$

从而，f 在其定义域内解析. 且有

$$f'(z) = e^{-i\theta}(u_r + iv_r) = e^{-i\theta}\left(-\frac{4}{r^5} \cos 4\theta + i \frac{4}{r^5} \sin 4\theta \right)$$

$$= -\frac{4}{r^5} e^{-i\theta}(\cos 4\theta - i\sin 4\theta) = -\frac{4}{r^5} e^{-i\theta} e^{-i4\theta}$$

$$= \frac{-4}{r^5 e^{i5\theta}} = -\frac{4}{(re^{i\theta})^5} = -\frac{4}{z^5}.$$

(b) $f(z) = e^{-\theta}\cos(\ln r) + ie^{-\theta}\sin(\ln r) \qquad (r > 0, 0 < \theta < 2\pi).$ 由于

$$ru_r = -\mathrm{e}^{-\theta}\sin(\ln r) = v_\theta \quad \text{和} \quad u_\theta = -\mathrm{e}^{-\theta}\cos(\ln r) = -rv_r,$$

从而，f 在其定义域内解析. 且

$$f'(z) = \mathrm{e}^{-\mathrm{i}\theta}(u_r + \mathrm{i}v_r) = \mathrm{e}^{-\mathrm{i}\theta}\left[-\frac{\mathrm{e}^{-\theta}\sin(\ln r)}{r} + \mathrm{i}\frac{\mathrm{e}^{-\theta}\cos(\ln r)}{r}\right]$$

$$= \frac{\mathrm{i}}{r\mathrm{e}^{\mathrm{i}\theta}}[\mathrm{e}^{-\theta}\cos(\ln r) + \mathrm{i}\mathrm{e}^{-\theta}\sin(\ln r)] = \mathrm{i}\frac{f(z)}{z}.$$

5. 第 24 节等式(2)

$$u_x\cos\theta + u_y\sin\theta = u_r,$$

$$-u_x r\sin\theta + u_y r\cos\theta = u_\theta.$$

通过以上线性方程组求解 u_x 和 u_y，我们有

$$u_x = u_r\cos\theta - u_\theta\frac{\sin\theta}{r} \quad \text{和} \quad u_y = u_r\sin\theta + u_\theta\frac{\cos\theta}{r}.$$

同样地，有

$$v_x = v_r\cos\theta - v_\theta\frac{\sin\theta}{r} \quad \text{和} \quad v_y = v_r\sin\theta + v_\theta\frac{\cos\theta}{r}.$$

现在假设极坐标下的柯西-黎曼方程在 z_0 处满足

$$ru_r = v_\theta, \quad u_\theta = -rv_r,$$

即

$$u_x = u_r\cos\theta - u_\theta\frac{\sin\theta}{r} = v_\theta\frac{\cos\theta}{r} + v_r\sin\theta = v_r\sin\theta + v_\theta\frac{\cos\theta}{r} = v_y,$$

$$u_y = u_r\sin\theta + u_\theta\frac{\cos\theta}{r} = v_\theta\frac{\sin\theta}{r} - v_r\cos\theta = -\left(v_r\cos\theta - v_\theta\frac{\sin\theta}{r}\right) = -v_x.$$

7. (a) 记 $f(z) = u(r, \theta) + \mathrm{i}v(r, \theta)$. 然后利用柯西-黎曼方程的极坐标形式

$$ru_r = v_\theta, \quad u_\theta = -rv_r$$

这样就可以把 f 在 $z_0 = (r_0, \theta_0)$ 处的导数 $f'(z_0) = \mathrm{e}^{-\mathrm{i}\theta}(u_r + \mathrm{i}v_r)$ 写成如下形式

$$f'(z_0) = \mathrm{e}^{-\mathrm{i}\theta}\left(\frac{1}{r}v_\theta - \frac{\mathrm{i}}{r}u_\theta\right) = \frac{-\mathrm{i}}{r\mathrm{e}^{\mathrm{i}\theta}}(u_\theta + \mathrm{i}v_\theta) = \frac{-\mathrm{i}}{z_0}(u_\theta + \mathrm{i}v_\theta).$$

(b) 考虑方程

$$f(z) = \frac{1}{z} = \frac{1}{r\mathrm{e}^{\mathrm{i}\theta}} = \frac{1}{r}\mathrm{e}^{-\mathrm{i}\theta} = \frac{1}{r}(\cos\theta - \mathrm{i}\sin\theta) = \frac{\cos\theta}{r} - \mathrm{i}\frac{\sin\theta}{r}.$$

由

$$u(r,\theta) = \frac{\cos\theta}{r} \quad \text{和} \quad v(r,\theta) = -\frac{\sin\theta}{r},$$

及(a)中 $f'(z_0)$ 的表达式得

$$f'(z) = \frac{-\mathrm{i}}{z}\left(-\frac{\sin\theta}{r} - \mathrm{i}\frac{\cos\theta}{r}\right) = -\frac{1}{z}\left(\frac{\cos\theta - \mathrm{i}\sin\theta}{r}\right)$$

$$= -\frac{1}{z}\left(\frac{\mathrm{e}^{-\mathrm{i}\theta}}{r}\right) = -\frac{1}{z}\left(\frac{1}{r\mathrm{e}^{\mathrm{i}\theta}}\right) = -\frac{1}{z^2},$$

其中 $z \neq 0$.

8.（a）考虑方程 $F(x, y)$，其中

$$x = \frac{z + \bar{z}}{2}, y = \frac{z - \bar{z}}{2i}.$$

由多变量函数的链式求导法则得到

$$\frac{\partial F}{\partial \bar{z}} = \frac{\partial F}{\partial x}\frac{\partial x}{\partial \bar{z}} + \frac{\partial F}{\partial y}\frac{\partial y}{\partial \bar{z}} = \frac{\partial F}{\partial x}\left(\frac{1}{2}\right) + \frac{\partial F}{\partial y}\left(-\frac{1}{2i}\right) = \frac{1}{2}\left(\frac{\partial F}{\partial x} + i\frac{\partial F}{\partial y}\right).$$

（b）现在根据（a）定义算子如下

$$\frac{\partial}{\partial \bar{z}} = \frac{1}{2}\left(\frac{\partial}{\partial x} + i\frac{\partial}{\partial y}\right),$$

把这一算子正规应用于方程 $f(z) = u(x, y) + iv(x, y)$：

$$\frac{\partial f}{\partial \bar{z}} = \frac{1}{2}\left(\frac{\partial f}{\partial x} + i\frac{\partial f}{\partial y}\right) = \frac{1}{2}\frac{\partial f}{\partial x} + \frac{i}{2}\frac{\partial f}{\partial y}$$

$$= \frac{1}{2}(u_x + iv_x) + \frac{i}{2}(u_y + iv_y) = \frac{1}{2}[(u_x - v_y) + i(v_x + u_y)].$$

如果柯西-黎曼方程 $u_x = v_y$，$u_y = -v_x$ 得到满足，则有 $\partial f/\partial \bar{z} = 0$.

26. 其他例子

1.（a）$f(z) = \underbrace{3x + y}_{u} + i\underbrace{(3y - x)}_{v}$ 是整函数，因为

$$u_x = 3 = v_y \quad \text{且} \quad u_y = 1 = -v_x.$$

（b）$f(z) = \underbrace{\cosh x \cos y}_{u} + i\underbrace{\sinh x \sin y}_{v}$ 是整函数，因为

$$u_x = \sinh x \cos y = v_y \quad \text{且} \quad u_y = -\cosh x \sin y = -v_x.$$

（c）$f(z) = e^{-y}\sin x - ie^{-y}\cos x = \underbrace{e^{-y}\sin x}_{u} + i\underbrace{(-e^{-y}\cos x)}_{v}$ 是整函数，因为

$$u_x = e^{-y}\cos x = v_y \quad \text{且} \quad u_y = -e^{-y}\sin x = -v_x.$$

（d）$f(z) = (z^2 - 2)e^{-x}e^{-iy}$ 是整函数，因为它是整函数 $g(z) = z^2 - 2$ 和 $h(z) = e^{-x}e^{-iy} = e^{-x}(\cos y - i\sin y) = \underbrace{e^{-x}\cos y}_{u} + i\underbrace{(-e^{-x}\sin y)}_{v}$ 的积。

方程 g 是整函数，因为它是一个多项式，且 h 是整函数，因为

$$u_x = -e^{-x}\cos y = v_y \quad \text{且} \quad u_y = -e^{-x}\sin y = -v_x.$$

27. 调和函数

1. 极坐标下的柯西-黎曼方程为

$$ru_r = v_\theta, u_\theta = -rv_r.$$

由

$$ru_r = v_\theta \Rightarrow ru_{rr} + u_r = v_{\theta r}$$

及

$$u_\theta = -rv_r \Rightarrow u_{\theta\theta} = -rv_{r\theta}.$$

得

$$r^2 u_{rr} + ru_r + u_{\theta\theta} = rv_{\theta r} - rv_{r\theta};$$

同时，因为 $v_{\theta r} = v_{r\theta}$，于是有

$$r^2 u_{rr} + r u_r + u_{\theta\theta} = 0,$$

这是拉普拉斯方程的极坐标形式. 为了证明 v 也同样满足上式，我们注意到

$$u_\theta = -r v_r \Rightarrow v_r = -\frac{1}{r} u_\theta \Rightarrow v_{rr} = \frac{1}{r^2} u_\theta - \frac{1}{r} u_{\theta r}$$

及

$$r u_r = v_\theta \Rightarrow v_{\theta\theta} = r u_{r\theta}.$$

又 $u_{\theta r} = u_{r\theta}$，于是得

$$r^2 v_{rr} + r v_r + v_{\theta\theta} = u_\theta - r u_{\theta r} - u_\theta + r u_{r\theta} = 0.$$

第3章 初 等 函 数

30. 指数函数

1. （a） $\exp(2 \pm 3\pi i) = e^2 \exp(\pm 3\pi i) = -e^2$，因为 $\exp(\pm 3\pi i) = -1$.

（b） $\exp\dfrac{2 + \pi i}{4} = \left(\exp\dfrac{1}{2}\right)\left(\exp\dfrac{\pi i}{4}\right) = \sqrt{e}\left(\cos\dfrac{\pi}{4} + i\sin\dfrac{\pi}{4}\right)$

$$= \sqrt{e}\left(\frac{1}{\sqrt{2}} + i\frac{1}{\sqrt{2}}\right) = \sqrt{\frac{e}{2}}\,(1 + i).$$

（c） $\exp(z + \pi i) = (\exp z)(\exp \pi i) = -\exp z$， 因为 $\exp \pi i = -1$.

2. 在有限平面上的每一点 z 处 $f'(z)$ 存在：

$$f'(z) = 4z - e^z - z e^z - e^{-z}.$$

3. 首先写

$$\exp(\bar{z}) = \exp(x - iy) = e^x e^{-iy} = e^x \cos y - i e^x \sin y,$$

其中 $z = x + iy$.   这告诉我们 $\exp(\bar{z}) = u(x, y) + iv(x, y)$，其中

$$u(x, y) = e^x \cos y \qquad 及 \qquad v(x, y) = -e^x \sin y.$$

假定在一些点 $z = x + iy$ 处柯西-黎曼方程 $u_x = v_y$，$u_y = v_x$ 成立，那么容易得到，对于方程 u 及 v，这些等式可以写成 $y = 0$ 及 $\sin y = 0$. 但这对于满足这组等式的 y 没有意义，因此，我们可以得出结论. 由于柯西-黎曼方程处处不成立，故方程 $\exp(\bar{z})$ 处处不解析.

4. 函数 $\exp(z^2)$ 整函数，因为它是整函数 z^2 和 $\exp z$ 的复合函数。由复合函数的链式求导法则有

$$\frac{d}{dz}\exp(z^2) = \exp(z^2)\frac{d}{dz}z^2 = 2z\exp(z^2).$$

同样地，可用另一种方法证明 $\exp(z^2)$ 是整函数，即由

$$\exp(z^2) = \exp[(x + iy)^2] = \exp(x^2 - y^2)\exp(i2xy)$$

$$= \underbrace{\exp(x^2 - y^2)\cos(2xy)}_{u} + i\underbrace{\exp(x^2 - y^2)\sin(2xy)}_{v}$$

及柯西-黎曼方程未证明. 具体地说，因为

$$u_x = 2x\exp(x^2 - y^2)\cos(2xy) - 2y\exp(x^2 - y^2)\sin(2xy) = v_y,$$

$$u_y = -2y\exp(x^2 - y^2)\cos(2xy) - 2x\exp(x^2 - y^2)\sin(2xy) = -v_x.$$

则

$$\frac{\mathrm{d}}{\mathrm{d}z}\exp(z^2) = u_x + iv_x = 2(x + iy)\left[\exp(x^2 - y^2)\cos(2xy) + i\exp(x^2 - y^2)\sin(2xy)\right]$$

$$= 2z\exp(z^2).$$

5. 首先，我们写

$$|\exp(2z + i)| = |\exp[2x + i(2y + 1)]| = e^{2x}$$

及

$$|\exp(iz^2)| = |\exp[-2xy + i(x^2 - y^2)]| = e^{-2xy}.$$

又

$$|\exp(2z + i) + \exp(iz^2)| \le |\exp(2z + i)| + |\exp(iz^2)|,$$

则可得

$$|\exp(2z + i) + \exp(iz^2)| \le e^{2x} + e^{-2xy}.$$

6. 首先，写

$$|\exp(z^2)| = |\exp[(x + iy)^2]| = |\exp[(x^2 - y^2) + i2xy]| = \exp(x^2 - y^2)$$

及

$$\exp(|z|^2) = \exp(x^2 + y^2).$$

又因为 $x^2 - y^2 \le x^2 + y^2$，则显然有 $\exp(x^2 - y^2) \le \exp(x^2 + y^2)$。因此，由以上可得

$$|\exp(z^2)| \le \exp(|z|^2).$$

7. 为了证明 $|\exp(-2z)| < 1 \Leftrightarrow \mathrm{Re}\, z > 0$，写

$$|\exp(-2z)| = |\exp(-2x - i2y)| = \exp(-2x).$$

显然，要证明的那部分等价于 $\exp(-2x) < 1 \Leftrightarrow x > 0$，根据微积分中指数函数曲线图可知这显然成立。

8. (a) 写 $e^z = -2$ 为 $e^x e^{iy} = 2e^{i\pi}$。于是，我们可得

$$e^x = 2, \quad y = \pi + 2n\pi (n = 0, \pm 1, \pm 2, \cdots).$$

即

$$x = \ln 2, \quad y = (2n + 1)\pi \quad (n = 0, \pm 1, \pm 2, \cdots).$$

因此有

$$z = \ln 2 + (2n + 1)\pi i \quad (n = 0, \pm 1, \pm 2, \cdots).$$

(b) 写 $e^z = 1 + i$ 为 $e^x e^{iy} = \sqrt{2} e^{i\pi/4}$。因此有

$$e^x = \sqrt{2}, \quad y = \frac{\pi}{4} + 2n\pi \quad (n = 0, \pm 1, \pm 2, \cdots).$$

这意味着

$$x = \ln \sqrt{2} = \frac{1}{2}\ln 2, \quad y = \left(2n + \frac{1}{4}\right)\pi \quad (n = 0, \pm 1, \pm 2, \cdots).$$

于是得

$$z = \frac{1}{2}\ln 2 + \left(2n + \frac{1}{4}\right)\pi i \quad (n = 0, \pm 1, \pm 2, \cdots).$$

（c）写 $\exp(2z-1)=1$ 改写为 $e^{2x-1}e^{i2y}=1e^{i0}$ 并有

$$e^{2x-1}=1 \quad , \quad 2y=0+2n\pi \quad (n=0,\pm1,\pm2,\cdots).$$

于是有

$$x=\frac{1}{2} \quad , \quad y=n\pi \quad (n=0,\pm1,\pm2,\cdots);$$

即

$$z=\frac{1}{2}+n\pi i \quad (n=0,\pm1,\pm2,\cdots).$$

9. 实际上这个问题是求出方程

$\overline{\exp(iz)}=\exp(i\bar{z})$ 的所有根。

为此，记 $z=x+iy$，把方程变形为

$$e^{-y}e^{-ix}=e^{y}e^{ix}.$$

现在，根据教材第10节开始部分表述

$$e^{-y}=e^{y} \text{ 及 } -x=x+2n\pi,$$

其中 $n=0,\pm1,\pm2,\cdots$. 于是得

$$y=0,x=n\pi \quad (n=0,\pm1,\pm2,\cdots).$$

因此，原方程的所有根为

$$z=n\pi \quad (n=0,\pm1,\pm2,\cdots).$$

10.（a）假设 e^z 是实数。因为 $e^z=e^x\cos y+ie^x\sin y$，这意味着 $e^x\sin y=0$. 且由于 e^x 恒不为0，则 $\sin y=0$. 于是，$y=n\pi$（$n=0,\pm1,\pm2,\cdots$）；即，$\mathrm{Im}\,z=n\pi$（$n=0,\pm1,\pm2,\cdots$）.

（b）另一方面，若 e^z 是纯虚数. 则有 $\cos y=0$，此时有 $y=\dfrac{\pi}{2}+n\pi$（$n=0,\pm1,\pm2,\cdots$）. 即，$\mathrm{Im}\,z=\dfrac{\pi}{2}+n\pi$（$n=0,\pm1,\pm2,\cdots$）.

12. 首先写

$$\frac{1}{z}=\frac{\bar{z}}{z\bar{z}}=\frac{\bar{z}}{|z|^2}=\frac{x-iy}{x^2+y^2}=\frac{x}{x^2+y^2}+i\frac{-y}{x^2+y^2}.$$

因为 $\mathrm{Re}(e^z)=e^x\cos y$，于是

$$\mathrm{Re}(e^{1/z})=\exp\left(\frac{x}{x^2+y^2}\right)\cos\left(\frac{-y}{x^2+y^2}\right)=\exp\left(\frac{x}{x^2+y^2}\right)\cos\left(\frac{y}{x^2+y^2}\right).$$

又 $e^{1/z}$ 在不包含原点的任意域内解析，则由第27节的定理可证 $\mathrm{Re}(e^{1/z})$ 在这样的域内调和。

13. 如果 $f(z)=u(x,y)+iv(x,y)$ 在域 D 内解析，那么

$$e^{f(z)}=e^{u(x,y)}\cos v(x,y)+ie^{u(x,y)}\sin v(x,y).$$

因为 $e^{f(z)}$ 是由 D 内解析函数复合而成，则由第27节的定理可证得

$$U(x,y)=e^{u(x,y)}\cos v(x,y), \quad V(x,y)=e^{u(x,y)}\sin v(x,y)$$

在 D 内调和.

14. 该问题是为了建立等式

$$(\exp z)^n = \exp(nz) \qquad (n = 0, \pm 1, \pm 2, \dots).$$

（a）我们运用数学归纳法证明当 $n = 0, 1, 2, \cdots,$ 时成立. 显然当 $n = 0$ 时结论成立. 现在，假设 $n = m$ 时成立，其中 m 为任一非负整数. 那么有

$$(\exp z)^{m+1} = (\exp z)^m (\exp z) = \exp(mz)\exp z = \exp(mz + z) = \exp[(m+1)z].$$

（b）假定 n 是一负整数 $(n = -1, -2, \cdots)$，且记 $m = -n = 1, 2, \cdots$. 由（a）得

$$(\exp z)^n = \left(\frac{1}{\exp z}\right)^m = \frac{1}{(\exp z)^m} = \frac{1}{\exp(mz)} = \frac{1}{\exp(-nz)} = \exp(nz).$$

33. 对数函数的分支和导数

1. （a）$\mathrm{Log}(-\mathrm{e}i) = \ln|-\mathrm{e}i| + i\mathrm{Arg}(-\mathrm{e}i) = \ln\mathrm{e} - \dfrac{\pi}{2}i = 1 - \dfrac{\pi}{2}i.$

（b）$\mathrm{Log}(1-i) = \ln|1-i| + i\mathrm{Arg}(1-i) = \ln\sqrt{2} - \dfrac{\pi}{4}i = \dfrac{1}{2}\ln2 - \dfrac{\pi}{4}i.$

2. （a）$\log\mathrm{e} = \ln\mathrm{e} + i(0 + 2n\pi) = 1 + 2n\pi i \quad (n = 0, \pm 1, \pm 2, \cdots).$

（b）$\log i = \ln1 + i\left(\dfrac{\pi}{2} + 2n\pi\right) = \left(2n + \dfrac{1}{2}\right)\pi i \quad (n = 0, \pm 1, \pm 2, \cdots).$

（c）$\log(-1 + \sqrt{3}i) = \ln2 + i\left(\dfrac{2\pi}{3} + 2n\pi\right) = \ln2 + 2\left(n + \dfrac{1}{3}\right)\pi i \quad (n = 0, \pm 1, \pm 2, \cdots).$

3. $\log(i^3) \neq 3\log i$ 因为

$$\log(i^3) = \log(-i) = \ln1 - i\frac{\pi}{2} = -i\frac{\pi}{2}$$

而

$$3\log i = 3\left(\ln1 + i\frac{\pi}{2}\right) = i\frac{3\pi}{2}.$$

因此，两者不等.

4. 考虑对数函数

$$\log z = \ln r + i\theta \quad \left(r > 0, \frac{3\pi}{4} < \theta < \frac{11\pi}{4}\right),$$

的分支.
因为

$$\log(i^2) = \log(-1) = i\pi, 2\log i = 2\left(i\frac{10\pi}{4}\right) = i\frac{5\pi}{2}.$$

利用对数函数的分支可得 $\log(i^2) \neq 2\log i$.

5. （a）写 $i = \exp\left[i\left(\dfrac{\pi}{2} + 2k\pi\right)\right] \quad (k = 0, \pm 1, \pm 2, \cdots).$

则有

$$i^{1/2} = \exp\left[i\left(\frac{\pi}{4} + k\pi\right)\right](k = 0, 1).$$

于是我们得 i 的两个平方根

$$e^{i\pi/4} \quad 和 \quad e^{i5\pi/4}.$$

因此

$$\log(e^{i\pi/4}) = \ln 1 + i\left(\frac{\pi}{4} + 2n\pi\right) = \left(2n + \frac{1}{4}\right)\pi i \quad (n = 0, \pm 1, \pm 2, \cdots)$$

$$\log(e^{i5\pi/4}) = \ln 1 + i\left(\frac{5\pi}{4} + 2n\pi\right) = \left[(2n+1) + \frac{1}{4}\right]\pi i \quad (n = 0, \pm 1, \pm 2, \cdots).$$

根据以上结论，得

$$\log(i^{1/2}) = \left(n + \frac{1}{4}\right)\pi i \quad (n = 0, \pm 1, \pm 2, \cdots).$$

（b）同样，由

$$\frac{1}{2}\log i = \frac{1}{2}\left[\ln 1 + i\left(\frac{\pi}{2} + 2n\pi\right)\right] = \left(n + \frac{1}{4}\right)\pi i$$

我们根据（a）中结论最终有

$$\log(i^{1/2}) = \frac{1}{2}\log i.$$

6. 首先

$$e^{\log z} = z \quad (r > 0, \alpha < \theta < \alpha + 2\pi),$$

等式两边求微分，有

$$e^{\log z}\frac{d}{dz}\log z = 1.$$

$$z\frac{d}{dz}\log z = 1,$$

即

$$\frac{d}{dz}\log z = \frac{1}{z} \quad (r > 0, \alpha < \theta < \alpha + 2\pi).$$

7. 考虑

$$\log z = \ln\sqrt{x^2 + y^2} + i\arctan\left(\frac{y}{x}\right).$$

在此，

$$u(x, y) = \frac{1}{2}\ln(x^2 + y^2) \quad , \quad v(x, y) = \arctan\left(\frac{y}{x}\right).$$

于是有

$$u_x = \frac{1}{2}\frac{1}{x^2 + y^2}2x = \frac{x}{x^2 + y^2},$$

$$u_y = \frac{1}{2}\frac{1}{x^2 + y^2}2y = \frac{y}{x^2 + y^2},$$

$$v_x = \frac{1}{1 + \left(\frac{y}{x}\right)^2}\left(-\frac{y}{x^2}\right) = \frac{-y}{x^2 + y^2},$$

$$v_y = \frac{1}{1+\left(\dfrac{y}{x}\right)^2}\left(\frac{1}{x}\right) = \frac{x}{x^2+y^2}.$$

从而 $u_x = v_y,\ u_y = -v_x.$

这表明 $\log z$ 的给定分支在其定义域内解析，且有

$$\frac{\mathrm{d}}{\mathrm{d}z}\log z = u_x + iv_x = \frac{x}{x^2+y^2} + i\,\frac{-y}{x^2+y^2}$$

$$= \frac{x-iy}{(x^2+y^2)^2} = \frac{\bar z}{|z|^2} = \frac{\bar z}{z\bar z} = \frac{1}{z}.$$

8. 为了求解方程 $\log z = i\pi/2$，写 $\exp\,(\log z) = \exp\,(i\pi/2)$，即 $z = e^{i\pi/2} = i.$

11. 因为 $\ln(x^2+y^2)$ 是 $2\log z$(见习题 7) 的任一解析分支的实部. 它在任一不含原点的域内调和，这可通过 $u(x,\ y) = \ln(x^2+y^2)$ 及 $u_{xx}(x,\ y) + u_{yy}(x,\ y) = 0$ 来直接证明.

34. 一些涉及对数的恒等式

2. 我们按要求用两种不同的方法证明

$$\log\left(\frac{z_1}{z_2}\right) = \log z_1 - \log z_2 \qquad (z_1 \neq 0, z_2 \neq 0).$$

（a）一种是利用第 9 节关系式 $\arg\left(\dfrac{z_1}{z_2}\right) = \arg z_1 - \arg z_2$，那么有

$$\log\left(\frac{z_1}{z_2}\right) = \ln\left|\frac{z_1}{z_2}\right| + i\arg\left(\frac{z_1}{z_2}\right) = (\ln|z_1| + i\arg z_1) - (\ln|z_2| + i\arg z_2) = \log z_1 - \log z_2.$$

（b）另一种方法是首先证明 $\log\left(\dfrac{1}{z}\right) = -\log z\ (z\neq 0)$. 为此，记 $z = re^{i\theta}$ 那么有

$$\log\left(\frac{1}{z}\right) = \log\left(\frac{1}{r}e^{-i\theta}\right) = \ln\left(\frac{1}{r}\right) + i(-\theta+2n\pi) = -[\ln r + i(\theta-2n\pi)] = -\log z,$$

其中 $n = 0,\ \pm1,\ \pm2,\ \cdots$. 于是我们可利用关系式

$$\log(z_1z_2) = \log z_1 + \log z_2$$

从而得

$$\log\left(\frac{z_1}{z_2}\right) = \log\left(z_1\frac{1}{z_2}\right) = \log z_1 + \log\left(\frac{1}{z_2}\right) = \log z_1 - \log z_2.$$

4. 该问题是为了证明

$$z^{1/n} = \exp\left(\frac{1}{n}\log z\right)(n = -1, -2, \cdots),$$

假如当 $n = 1,\ 2,\ \cdots$. 时成立，为此，令 $m = -n$，其中 n 为负整数. 那么 m 是一个正整数，我们利用关系式 $z^{-1} = 1/z$ 及 $1/e^z = e^{-z}$ 得

$$z^{1/n} = (z^{1/m})^{-1} = \left[\exp\left(\frac{1}{m}\log z\right)\right]^{-1}$$

$$= 1/\left[\exp\left(\frac{1}{m}\log z\right)\right] = \exp\left(-\frac{1}{m}\log z\right) = \exp\left(\frac{1}{n}\log z\right).$$

36. 例子

1. 在下面各部分中 $n = 0$，± 1，± 2，$\cdots$.

(a) $(1+i)^i = \exp[i\log(1+i)] = \exp\left\{i\left[\ln\sqrt{2} + i\left(\dfrac{\pi}{4} + 2n\pi\right)\right]\right\}$

$$= \exp\left[\dfrac{i}{2}\ln 2 - \left(\dfrac{\pi}{4} + 2n\pi\right)\right] = \exp\left(-\dfrac{\pi}{4} - 2n\pi\right)\exp\left(\dfrac{i}{2}\ln 2\right).$$

由于 n 出现在所有积分值表达式中，因此用 $+2n\pi$ 替换 $-2n\pi$，从而有

$$(1+i)^i = \exp\left(-\dfrac{\pi}{4} + 2n\pi\right)\exp\left(\dfrac{i}{2}\ln 2\right).$$

(b) $\dfrac{1}{i^{2i}} = i^{-2i} = e^{-2i\log i} = \exp\left\{-2i\left[\ln 1 + i\left(\dfrac{\pi}{2} + 2n\pi\right)\right]\right\}$

$$= \exp\left[2\left(\dfrac{\pi}{2} + 2n\pi\right)\right] = \exp[(4n+1)\pi].$$

2. (a) $(-i)^i = e^{i\log(-i)} = \exp\left[i\left(\ln 1 - i\dfrac{\pi}{2}\right)\right] = e^{\pi/2}$.

(b) $\left[\dfrac{e}{2}(-1-\sqrt{3}i)\right]^{3\pi i} = \exp\left\{3\pi i \mathrm{Log}\left[\dfrac{e}{2}(-1-\sqrt{3}i)\right]\right\} = \exp\left[3\pi i\left(\ln e - i\dfrac{2\pi}{3}\right)\right]$

$$= \exp(2\pi^2)\exp(i3\pi) = -\exp(2\pi^2).$$

(c) $(1-i)^{4i} = \exp[4i\mathrm{Log}(1-i)] = \exp\left[4i\left(\ln\sqrt{2} - i\dfrac{\pi}{4}\right)\right] = e^{\pi}e^{i4\ln\sqrt{2}}$

$$= e^{\pi}[\cos(4\ln\sqrt{2}) + i\sin(4\ln\sqrt{2})]$$

$$= e^{\pi}[\cos(2\ln 2) + i\sin(2\ln 2)].$$

3. 因为 $-1+\sqrt{3}i = 2e^{2\pi i/3}$，写

$$(-1+\sqrt{3}i)^{3/2} = \exp\left[\dfrac{3}{2}\log(-1+\sqrt{3}i)\right] = \exp\left\{\dfrac{3}{2}\left[\ln 2 + i\left(\dfrac{2\pi}{3} + 2n\pi\right)\right]\right\}$$

$$= \exp[\ln(2^{3/2}) + (3n+1)\pi i] = 2\sqrt{2}\exp[(3n+1)\pi i],$$

其中 $n = 0$，± 1，± 2，$\cdots$. 观察到，如果 n 是偶数，则 $3n+1$ 是奇数；且 $\exp[(3n+1)\pi i] = -1$. 另一方面，若 n 是奇数，则 $3n+1$ 是偶数；此时有 $\exp[(3n+1)\pi i] = 1$. 因此，$(-1+\sqrt{3}i)^{3/2}$ 只有两个不同的值，具体为

$$(-1+\sqrt{3}i)^{3/2} = \pm 2\sqrt{2}.$$

5. 我们在此考虑任一非零复数 z_0 的指数形式 $z_0 = r_0 \exp i\Theta_0$，其中 $-\pi < \Theta_0 \leq \pi$. 由第 10 节得，$z^{1/n}$ 的主值为 $\sqrt[n]{r_0}\exp\left(i\dfrac{\Theta_0}{n}\right)$；由第 35 节得

$$\exp\left(\dfrac{1}{n}\mathrm{Log}z\right) = \exp\left[\dfrac{1}{n}(\ln r_0 + i\Theta_0)\right] = \exp\left(\ln\sqrt[n]{r_0}\right)\exp\left(i\dfrac{\Theta_0}{n}\right) = \sqrt[n]{r_0}\exp\left(i\dfrac{\Theta_0}{n}\right).$$

显然，这两个表达式是一样的.

7. 注意到，当 $c = a + bi$，其中 $c \neq 0$，± 1，± 2，$\cdots$，是任一固定复数时，则有

$$i^c = \exp(c\log i) = \exp\left\{(a+bi)\left[\ln 1 + i\left(\frac{\pi}{2}+2n\pi\right)\right]\right\}$$

$$= \exp\left[-b\left(\frac{\pi}{2}+2n\pi\right)+ia\left(\frac{\pi}{2}+2n\pi\right)\right] \qquad (n=0,\pm1,\pm2,\cdots).$$

因此

$$|i^c| = \exp\left[-b\left(\frac{\pi}{2}+2n\pi\right)\right] \qquad (n=0,\pm1,\pm2,\cdots),$$

显然，仅当 $b=0$，即 c 为实数时，$|i^c|$ 是多值的.

注意：对 $c\neq0,\pm1,\pm2\cdots$ 的限制保证了即使 $b=0$ 时，i^c 也是多值的.

38. 三角函数的零点和奇点

1. 可通过以下方法得出所求导数

$$\frac{\mathrm{d}}{\mathrm{d}z}\sin z = \frac{\mathrm{d}}{\mathrm{d}z}\left(\frac{e^{iz}-e^{-iz}}{2i}\right) = \frac{1}{2i}\left(\frac{\mathrm{d}}{\mathrm{d}z}e^{iz}-\frac{\mathrm{d}}{\mathrm{d}z}e^{-iz}\right)$$

及

$$= \frac{1}{2i}(ie^{iz}+ie^{-iz}) = \frac{e^{iz}+e^{-iz}}{2} = \cos z$$

$$\frac{\mathrm{d}}{\mathrm{d}z}\cos z = \frac{\mathrm{d}}{\mathrm{d}z}\left(\frac{e^{iz}+e^{-iz}}{2}\right) = \frac{1}{2}\left(\frac{\mathrm{d}}{\mathrm{d}z}e^{iz}+\frac{\mathrm{d}}{\mathrm{d}z}e^{-iz}\right)$$

$$= \frac{1}{2}(ie^{iz}-ie^{-iz})\cdot\frac{i}{i} = -\frac{e^{iz}-e^{-iz}}{2i} = -\sin z.$$

3. 由练习 2（b）得

$$\sin(z+z_2) = \sin z\cos z_2 + \cos z\sin z_2.$$

两边求微分得

$$\cos(z+z_2) = \cos z\cos z_2 - \sin z\sin z_2.$$

令 $z=z_1$，则有

$$\cos(z_1+z_2) = \cos z_1\cos z_2 - \sin z_1\sin z_2.$$

5.（a）由恒等式 $\sin^2 z + \cos^2 z = 1$，得

$$\frac{\sin^2 z}{\cos^2 z}+\frac{\cos^2 z}{\cos^2 z} = \frac{1}{\cos^2 z}, \quad 即 \quad 1+\tan^2 z = \sec^2 z.$$

（b）同样，

$$\frac{\sin^2 z}{\sin^2 z}+\frac{\cos^2 z}{\sin^2 z} = \frac{1}{\sin^2 z}, \quad 即 \quad 1+\cot^2 z = \csc^2 z.$$

7. 由表达式

$$\sin z = \sin x\cosh y + i\cos x\sinh y,$$

得

$$|\sin z|^2 = \sin^2 x\cosh^2 y + \cos^2 x\sinh^2 y$$

$$= \sin^2 x(1+\sinh^2 y) + (1-\sin^2 x)\sinh^2 y$$

$$= \sin^2 x + \sinh^2 y.$$

另一方面，根据表达式

$$cosz = cosxcoshy + isinxsinhy,$$

得

$$|cosz|^2 = cos^2 x cosh^2 y + sin^2 x sinh^2 y$$
$$= cos^2 x(1 + sinh^2 y) + (1 - cos^2 x) sinh^2 y$$
$$= cos^2 x + sinh^2 y.$$

8. 由于 $sinh^2 y$ 非负，从而根据第 37 节式（15）及式（16）得

（a）$|sinz|^2 \geq sin^2 x$，或 $|sinz| \geq |sinx|$

及

（b）$|cosz|^2 \geq cos^2 x$，或 $|cosz| \geq |cosx|$.

9. 在这个问题中，我们利用恒等式

$$|sinz|^2 = sin^2 x + sinh^2 y, \qquad |cosz|^2 = cos^2 x + sinh^2 y.$$

（a）注意到

$$sinh^2 y = |sinz|^2 - sin^2 x \leq |sinz|^2$$

及

$$|sinz|^2 = sin^2 x + (cosh^2 y - 1) = cosh^2 y - (1 - sin^2 x)$$
$$= cosh^2 y - cos^2 x \leq cosh^2 y.$$

因此，得

$$sinh^2 y \leq |sinz|^2 \leq cosh^2 y, \qquad 或 \qquad |sinhy| \leq |sinz| \leq coshy.$$

（b）另一方面，由于

$$sinh^2 y = |cosz|^2 - cos^2 x \leq |cosz|^2$$

及

$$|cosz|^2 = cos^2 x + (cosh^2 y - 1) = cosh^2 y - (1 - cos^2 x)$$
$$= cosh^2 y - sin^2 x \leq cosh^2 y.$$

因此，得

$$sinh^2 y \leq |cosz|^2 \leq cosh^2 y, \qquad 或 \qquad |sinhy| \leq |cosz| \leq coshy.$$

11. 由 $f(z) = \sin \bar{z} = \sin(x - iy) = sinxcoshy - icosxsinhy$，得

$$f(z) = u(x,y) + iv(x,y),$$

其中

$$u(x,y) = sinxcoshy, \quad v(x,y) = -cosxsinhy.$$

如果满足柯西-黎曼方程 $u_x = v_y$，$u_y = -v_x$，则易得

$$cosxcoshy = 0, \quad sinxsinhy = 0.$$

因为 $coshy$ 恒不为零，从而由第一个等式得 $cosx = 0$；即，$x = \dfrac{\pi}{2} + n\pi$（$n = 0 \pm 1$，$\pm 2$，$\cdots$）. 并且对于 x 的任一取值，$sinx$ 不为零，从而由第二个恒等式得 $sinhy = 0$，即 $y = 0$. 因此，仅当

$$z = \frac{\pi}{2} + n\pi \qquad (n = 0 \pm 1, \pm 2, \cdots).$$

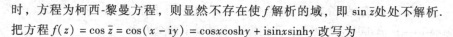

时，方程为柯西-黎曼方程，则显然不存在使 f 解析的域，即 $\sin \bar{z}$ 处处不解析.

把方程 $f(z) = \cos \bar{z} = \cos(x - iy) = \cos x \cosh y + i \sin x \sinh y$ 改写为

$$f(z) = u(x, y) + iv(x, y),$$

其中

$$u(x, y) = \cos x \cosh y, \quad v(x, y) = \sin x \sinh y.$$

如果满足柯西-黎曼方程 $u_x = v_y$，$u_y = -v_x$，则有

$$\sin x \cosh y = 0, \quad \cos x \sinh y = 0.$$

由第一个方程得 $\sin x = 0$，即 $x = n\pi$（$n = 0, \pm 1, \pm 2, \cdots$）. 因为 $\cos n\pi \neq 0$，从而有 $\sinh y = 0$，即 $y = 0$. 因此，仅当

$$z = n\pi \, (n = 0 \pm 1, \pm 2, \cdots)$$

时，方程为柯西-黎曼方程，因此，不存在使 f 解析的域，即 $\cos \bar{z}$ 处处不解析.

14. （a）利用 37 节式（14），写

$$\overline{\cos(iz)} = \overline{\cos(-y + ix)} = \cos y \cosh x - i \sin y \sinh x,$$

$$\cos(i\bar{z}) = \cos(y + ix) = \cos y \cosh x - i \sin y \sinh x.$$

这表明，对所有 z，有 $\overline{\cos(iz)} = \cos(i\bar{z})$.

（b）利用 37 节式（13），写

$$\overline{\sin(iz)} = \overline{\sin(-y + ix)} = -\sin y \cosh x - i \cos y \sinh x,$$

$$\sin(i\bar{z}) = \sin(y + ix) = \sin y \cosh x + i \cos y \sinh x.$$

显然，$\overline{\sin(iz)} = \sin(i\bar{z})$ 与以下两式等价

$$\sin y \cosh x = 0, \quad \cos y \sinh x = 0.$$

因为 $\cosh x$ 恒不为零，则由第一个等式得 $\sin y = 0$. 即 $y = n\pi$（$n = 0, \pm 1, \pm 2, \cdots$）. 又 $\cos n\pi = (-1)^n \neq 0$，则由第二个等式得 $\sinh x = 0$，即 $x = 0$. 我们可得 $\overline{\sin(iz)} = \sin(i\bar{z})$ 当且仅当 $z = 0 + in\pi = n\pi i$（$n = 0, \pm 1, \pm 2, \cdots$）.

15. 把等式 $\sin z = \cosh 4$ 改写为 $\sin x \cosh y + i \cos x \sinh y = \cosh 4$，于是我们需要通过以下一组等式

$$\sin x \cosh y = \cosh 4, \quad \cos x \sinh y = 0$$

求出 x 和 y. 如果 $y = 0$，则第一个等式变形为 $\sin x = \cosh 4$，显然不存在满足该条件的 x 因为 $\sin x \leq 1$ 且 $\cosh 4 > 1$. 所以 $y \neq 0$，则由第二个等式得 $\cos x = 0$. 因此

$$x = \frac{\pi}{2} + n\pi \, (n = 0 \pm 1, \pm 2, \cdots).$$

又

$$\sin\left(\frac{\pi}{2} + n\pi\right) = (-1)^n,$$

则由第一个等式得 $(-1)^n \cosh y = \cosh 4$，其中 n 为奇数时不成立。若 n 为偶数，则有 $y = \pm 4$. 最后，我们得出 $\sin z = \cosh 4$ 的所有根

$$z = \left(\frac{\pi}{2} + 2n\pi\right) \pm 4i \quad (n = 0 \pm 1, \pm 2, \cdots).$$

16. 该问题是为了求出方程 $\cos z = 2$ 的所有根。首先，把等式改写为 $\cos x \cosh y - i \sin x \sinh y = 2$. 因此，我们需要通过以下两个方程

$$\cos x \cosh y = 2, \quad \sin x \sinh y = 0$$

求出 x 和 y. 我们注意到 $y \neq 0$ 因为 $\cos x = 2$ 若 $y = 0$，这是不可能的. 因此，由该组中第二个等式得 $\sin x = 0$，即 $x = n\pi$ ($n = 0 \pm 1$，± 2，$\cdots$). 同样，由第一个等式得 $(-1)^n \cosh y = 2$；又 $\cosh y$ 总为正，则 n 一定是偶数. 即，$x = 2n\pi$ ($n = 0 \pm 1$，± 2，$\cdots$). 这意味着 $\cosh y = 2$. 最后得所求式子的所有根

$$z = 2n\pi + i \operatorname{arcosh} 2 (n = 0 \pm 1, \pm 2, \cdots).$$

为了用另一不同方法表示出 $\operatorname{arcosh} 2$，首先，我们记 $y = \operatorname{arcosh} 2$，或 $\cosh y = 2$. 从而得 $e^y + e^{-y} = 4$；即

$$(e^y)^2 - 4(e^y) + 1 = 0,$$

根据二次公式得 $e^y = 2 \pm \sqrt{3}$，或 $y = \ln(2 \pm \sqrt{3})$. 最后由

$$\ln(2 - \sqrt{3}) = \ln\left[\frac{(2 - \sqrt{3})(2 + \sqrt{3})}{2 + \sqrt{3}}\right] = \ln\left(\frac{1}{2 + \sqrt{3}}\right) = -\ln(2 + \sqrt{3}),$$

得根的另一种表示形式

$$z = 2n\pi \pm i \ln(2 + \sqrt{3}) (n = 0 \pm 1, \pm 2, \cdots).$$

39. 双曲函数

1. 为了求 $\sinh z$ 及 $\cosh z$ 的导数，写

$$\frac{d}{dz}\sinh z = \frac{d}{dz}\left(\frac{e^z - e^{-z}}{2}\right) = \frac{1}{2}\frac{d}{dz}(e^z - e^{-z}) = \frac{e^z + e^{-z}}{2} = \cosh z,$$

$$\frac{d}{dz}\cosh z = \frac{d}{dz}\left(\frac{e^z + e^{-z}}{2}\right) = \frac{1}{2}\frac{d}{dz}(e^z + e^{-z}) = \frac{e^z - e^{-z}}{2} = \sinh z.$$

3. 第 37 节中恒等式 (9) $\sin^2 z + \cos^2 z = 1$. 用 iz 替换 z 并利用恒等式

$$\sin(iz) = i\sinh z \quad 和 \quad \cos(iz) = \cosh z,$$

得 $i^2 \sinh^2 z + \cosh^2 z = 1$，即

$$\cosh^2 z - \sinh^2 z = 1.$$

第 37 节恒等式 (6)，为 $\cos(z_1 + z_2) = \cos z_1 \cos z_2 - \sin z_1 \sin z_2$. 用 iz_1，iz_2 分别替换 z_1，z_2，得 $\cos[i(z_1 + z_2)] = \cos(iz_1)\cos(iz_2) - \sin(iz_1)\sin(iz_2)$. 同样利用等式 $\sin(iz) = i\sinh z$ 和 $\cos(iz) = \cosh z$ 得

$$\cosh(z_1 + z_2) = \cosh z_1 \cosh z_2 + \sinh z_1 \sinh z_2.$$

6. 我们用两种不同的方法证明

$$|\sinh x| \leqslant |\cosh z| \leqslant \cosh x$$

（a）由第 39 节恒等式 (12) $|\cosh z|^2 = \sinh^2 x + \cos^2 y$. 可得 $|\cosh z|^2 - \sinh^2 x \geqslant 0$；且有 $\sinh^2 x \leqslant |\cosh z|^2$，或 $|\sinh x| \leqslant |\cosh z|$. 另一方面，因为 $|\cosh z|^2 = (\cosh^2 x - 1) + \cos^2 y = \cosh^2 x - (1 - \cos^2 y) = \cosh^2 x - \sin^2 y$，则有 $|\cosh z|^2 - \cosh^2 x \leqslant 0$. 最后得，$|\cosh z|^2 \leqslant \cosh^2 x$，即 $|\cosh z| \leqslant \cosh x$.

（b）由第 38 节练习 9（b），得 $|\sinh y| \leqslant |\cos z| \leqslant \cosh y$. 用 iz 替换 z 且利用等

式 $\cos \mathrm{i}z = \cosh z$ 及 $\mathrm{i}z = -y + \mathrm{i}x$，即可得出所求不等式.

7. （a）观察得

$$\sinh(z + \pi \mathrm{i}) = \frac{\mathrm{e}^{z+\pi\mathrm{i}} - \mathrm{e}^{-(z+\pi\mathrm{i})}}{2} = \frac{\mathrm{e}^z \mathrm{e}^{\pi\mathrm{i}} - \mathrm{e}^{-z}\mathrm{e}^{-\pi\mathrm{i}}}{2} = \frac{-\mathrm{e}^z + \mathrm{e}^{-z}}{2} = -\frac{\mathrm{e}^z - \mathrm{e}^{-z}}{2} = -\sinh z.$$

（b）同样，

$$\cosh(z + \pi \mathrm{i}) = \frac{\mathrm{e}^{z+\pi\mathrm{i}} + \mathrm{e}^{-(z+\pi\mathrm{i})}}{2} = \frac{\mathrm{e}^z \mathrm{e}^{\pi\mathrm{i}} + \mathrm{e}^{-z}\mathrm{e}^{-\pi\mathrm{i}}}{2} = \frac{-\mathrm{e}^z - \mathrm{e}^{-z}}{2} = -\frac{\mathrm{e}^z + \mathrm{e}^{-z}}{2} = -\cosh z.$$

（c）由（a）及（b），得

$$\tanh(z + \pi \mathrm{i}) = \frac{\sinh(z + \pi \mathrm{i})}{\cosh(z + \pi \mathrm{i})} = \frac{-\sinh z}{-\cosh z} = \frac{\sinh z}{\cosh z} = \tanh z.$$

9. 双曲正切函数

$$\tanh z = \frac{\sinh z}{\cosh z} \text{与} \sinh z,$$

其中 $z = n\pi \mathrm{i}$（$n = 0, \pm 1, \pm 2, \cdots$）有相同的零点. 且 $\tanh z$ 的奇点即为 $\cosh z$ 的零点，即 $z = \left(\frac{\pi}{2} + n\pi\right)\mathrm{i}$（$n = 0, \pm 1, \pm 2, \cdots$）.

16. （a）注意到，由于 $\sinh z = \mathrm{i}$ 可改写为 $\sinh x\cos y + \mathrm{i}\cosh x\sin y = \mathrm{i}$，于是我们只需求解以下一组方程式

$$\sinh x\cos y = 0, \quad \cosh x\sin y = 1.$$

若 $x = 0$，则第二个方程变形为 $\sin y = 1$；即 $y = \frac{\pi}{2} + 2n\pi$（$n = 0, \pm 1, \pm 2, \cdots$）. 因此，有

$$z = \left(2n + \frac{1}{2}\right)\pi \mathrm{i} \quad (n = 0, \pm 1, \pm 2, \cdots).$$

若 $x \neq 0$，则由第一个方程得 $\cos y = 0$，即 $y = \frac{\pi}{2} + n\pi$（$n = 0, \pm 1, \pm 2, \cdots$）. 那么第二个方程变形为 $(-1)^n\cosh x = 1$. 但不存在满足该方程的 x，因此，当 $x \neq 0$ 时，方程 $\sinh z = \mathrm{i}$ 无根.

（b）把 $\cosh z = \frac{1}{2}$ 改写为 $\cosh x\cos y + \mathrm{i}\sinh x\sin y = \frac{1}{2}$，$x$ 和 y 必满足以下一组方程式

$$\cosh x\cos y = \frac{1}{2}, \quad \sinh x\sin y = 0.$$

若 $x = 0$，则第二个方程得到满足，且第一个方程变形为 $\cos y = \frac{1}{2}$. 因此，有 $y = \cos^{-1}\frac{1}{2} = \pm\frac{\pi}{3} + 2n\pi$（$n = 0, \pm 1, \pm 2, \cdots$），这意味着

$$z = \left(2n \pm \frac{1}{3}\right)\pi \mathrm{i} \quad (n = 0, \pm 1, \pm 2, \cdots).$$

若 $x \neq 0$，由第二个方程得 $y = n\pi$（$n = 0, \pm 1, \pm 2, \cdots$）. 且第一个方程变形为

$(-1)^n \cosh x = \dfrac{1}{2}$. 但不存在满足该方程的 x，因为对任一 x，都有 $\cosh x \geqslant 1$. 因此，

当 $x \neq 0$ 时 $\cosh z = \dfrac{1}{2}$ 无根.

17. 把 $\cosh z = -2$ 改写为 $\cosh x \cos y + i \sinh x \sin y = -2$. 显然，我们只需求解以下一组方程

$$\cosh x \cos y = -2, \quad \sinh x \sin y = 0.$$

若 $x = 0$，则第二个方程得到满足，且第一个方程变形为 $\cos y = -2$. 因为不存在满足该方程的 y，因此，此时 $\cosh z = -2$ 无根.

若 $x \neq 0$，由第二个方程得 $\sin y = 0$，即 $y = n\pi$（$n = 0, \pm 1, \pm 2, \cdots$）. 因为 $\cos n\pi = (-1)^n$，则由第一个方程得 $(-1)^n \cosh x = -2$. 但仅当 n 为奇数时该方程成立，且 $x = \text{arcosh} 2$. 于是，

$$z = \text{arcosh} 2 + (2n+1)\pi i \qquad (n = 0, \pm 1, \pm 2, \cdots).$$

由第 34 节习题 16 得 $\text{arcosh} 2 = \pm \ln (2 + \sqrt{3})$，则有

$$z = \pm \ln(2 + \sqrt{3}) + (2n+1)\pi i \qquad (n = 0, \pm 1, \pm 2, \cdots).$$

40. 反三角函数与反双曲函数

5. 证明

$$\arctan z = \frac{i}{z} \log \frac{i+z}{i-z}.$$

首先，令 $w = \arctan z$，$z = \tan w$.

$$z = \frac{\sin w}{\cos w}, z = \frac{e^{iw} - e^{-iw}}{e^{iw} + e^{-iw}} \cdot \frac{1}{i} = \frac{e^{iw} - e^{-iw}}{i(e^{iw} + e^{-iw})}.$$

那么

$$iz(e^{iw} + e^{-iw}) = e^{iw} - e^{-iw}.$$

两边同乘 $-ie^{-iw}$，得 $z + ze^{-i2w} = -i + ie^{-i2w}$，$(z-i)e^{-i2w} = -z-i$.
于是有

$$e^{-i2w} = \frac{-z-i}{z-i}, -2iw = \log \frac{i+z}{i-z},$$

$$w = \frac{1}{-2i} \log \frac{i+z}{i-z} = \frac{i}{2} \log \frac{i+z}{i-z}.$$

把 $w = \arctan z$ 代入上式可得结论成立.

第 4 章 积 分

42. 函数 $w(t)$ 的定积分

3. 本题将证明

$$\int_0^{2\pi} e^{im\theta} e^{-in\theta} d\theta = \begin{cases} 0 & m \neq n, \\ 2\pi & m = n. \end{cases}$$

为此,记

$$I = \int_0^{2\pi} e^{im\theta} e^{-in\theta} d\theta = \int_0^{2\pi} e^{i(m-n)\theta} d\theta.$$

并注意到当 $m \neq n$ 时,

$$I = \left[\frac{e^{i(m-n)\theta}}{i(m-n)} \right]_0^{2\pi} = \frac{1}{i(m-n)} - \frac{1}{i(m-n)} = 0.$$

当 $m \neq n$ 时, I 变成

$$I = \int_0^{2\pi} d\theta = 2\pi;$$

这就完成了证明.

4. 首先,

$$\int_0^{\pi} e^{(1+i)x} dx = \int_0^{\pi} e^x \cos x dx + i \int_0^{\pi} e^x \sin x dx.$$

而

$$\int_0^{\pi} e^{(1+i)x} dx = \left[\frac{e^{(1+i)x}}{1+i} \right]_0^{\pi} = \frac{e^{\pi} e^{i\pi} - 1}{1+i} = \frac{-e^{\pi} - 1}{1+i} \cdot \frac{1-i}{1-i} = -\frac{1+e^{\pi}}{2} + i \frac{1+e^{\pi}}{2}.$$

分别比较上面两个式子右边的实部和虚部可得

$$\int_0^{\pi} e^x \cos x dx = -\frac{1+e^{\pi}}{2} \quad \text{且} \quad \int_0^{\pi} e^x \sin x dx = \frac{1+e^{\pi}}{2}.$$

5. (a) 假设 $w(t)$ 是偶函数. 显然 $u(t)$ 和 $v(t)$ 也是偶函数. 于是

$$\int_{-a}^{a} w(t) dt = \int_{-a}^{a} u(t) dt + i \int_{-a}^{a} v(t) dt = 2 \int_0^a u(t) dt + 2i \int_0^a v(t) dt$$

$$= 2 \left[\int_0^a u(t) dt + i \int_0^a v(t) dt \right] = 2 \int_0^a w(t) dt.$$

(b) 假设 $w(t)$ 是奇函数,则 $u(t)$ 和 $v(t)$ 也是奇函数,且

$$\int_{-a}^{a} w(t) dt = \int_{-a}^{a} u(t) dt + i \int_{-a}^{a} v(t) dt = 0 + i0 = 0.$$

43. 围线

1. (a) 令

$$I = \int_{-b}^{-a} w(-t) dt = \int_{-b}^{-a} u(-t) dt + i \int_{-b}^{-a} v(-t) dt.$$

再由变量代换 $\tau = -t$ 可得

$$I = -\int_b^a u(\tau) d\tau - i \int_b^a v(\tau) d\tau = \int_a^b u(\tau) d\tau + i \int_a^b v(\tau) d\tau = \int_a^b w(\tau) d\tau.$$

即

$$\int_{-b}^{-a} w(-t) dt = \int_a^b w(\tau) d\tau.$$

(b) 令

$$I = \int_a^b w(t) dt = \int_a^b u(t) dt + i \int_a^b v(t) dt$$

在右边两个积分中代入 $t = \phi(\tau)$ 可得

$$I = \int_\alpha^\beta u[\phi(\tau)]\phi'(\tau)\,\mathrm{d}\tau + \mathrm{i}\int_\alpha^\beta v[\phi(\tau)]\phi'(\tau)\,\mathrm{d}\tau = \int_\alpha^\beta w[\phi(\tau)]\phi'(\tau)\,\mathrm{d}\tau.$$

即

$$\int_a^b w(t)\,\mathrm{d}t = \int_\alpha^\beta w[\phi(\tau)]\phi'(\tau)\,\mathrm{d}\tau.$$

3. 在 τt 平面上经过点 (α, a) 和点 (β, b) 的直线的斜率为

$$m = \frac{b-a}{\beta-\alpha}.$$

故该直线方程为

$$t - a = \frac{b-a}{\beta-\alpha}(\tau - \alpha).$$

由此可得

$$t = \frac{b-a}{\beta-\alpha}\tau + \frac{a\beta - b\alpha}{\beta-\alpha}.$$

因为 $t = \phi(\tau)$，所以有

$$\phi(\tau) = \frac{b-a}{\beta-\alpha}\tau + \frac{a\beta - b\alpha}{\beta-\alpha}.$$

4. 如果 $Z(\tau) = z[\phi(\tau)]$，其中 $z(t) = x(t) + \mathrm{i}y(t)$ 且 $t = \phi(\tau)$，则

$$Z(\tau) = x[\phi(\tau)] + \mathrm{i}y[\phi(\tau)].$$

因此

$$Z'(\tau) = \frac{\mathrm{d}}{\mathrm{d}\tau}x[\phi(\tau)] + \mathrm{i}\frac{\mathrm{d}}{\mathrm{d}\tau}y[\phi(\tau)] = x'[\phi(\tau)]\phi'(\tau) + \mathrm{i}y'[\phi(\tau)]\phi'(\tau)$$

$$= \{x'[\phi(\tau)] + \mathrm{i}y'[\phi(\tau)]\}\phi'(\tau) = z'[\phi(\tau)]\phi'(\tau).$$

5. 如果 $w(t) = f[z(t)]$ 且 $f(z) = u(x,y) + \mathrm{i}v(x,y)$，$z(t) = x(t) + \mathrm{i}y(t)$，那么

$$w(t) = u[x(t),y(t)] + \mathrm{i}v[x(t),y(t)].$$

由链式法则可得

$$\frac{\mathrm{d}u}{\mathrm{d}t} = u_x x' + u_y y' \quad \text{和} \quad \frac{\mathrm{d}v}{\mathrm{d}t} = v_x x' + v_y y'.$$

故

$$w'(t) = (u_x x' + u_y y') + \mathrm{i}(v_x x' + v_y y').$$

再由柯西 – 黎曼方程 $u_x = v_y$ 和 $u_y = -v_x$，得到

$$w'(t) = (u_x x' - v_x y') + \mathrm{i}(v_x x' + u_x y') = (u_x + \mathrm{i}v_x)(x' + \mathrm{i}y').$$

故当 $t = t_0$ 时，

$$w'(t) = \{u_x[x(t),y(t)] + \mathrm{i}v_x[x(t),y(t)]\}[x'(t) + \mathrm{i}y'(t)] = f'[z(t)]z'(t).$$

46. 涉及支割线的例子

1. （a）设 C 为半圆周 $z = 2e^{\mathrm{i}\theta}$ $(0 \leqslant \theta \leqslant \pi)$，如图 223 所示.

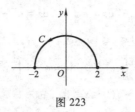

图 223

于是

$$\int_C \frac{z+2}{z}\mathrm{d}z = \int_C \left(1 + \frac{2}{z}\right)\mathrm{d}z = \int_0^\pi \left(1 + \frac{2}{2\mathrm{e}^{i\theta}}\right)2\mathrm{i}\mathrm{e}^{i\theta}\mathrm{d}\theta = 2\mathrm{i}\int_0^\pi (\mathrm{e}^{i\theta} + 1)\mathrm{d}\theta$$

$$= 2\mathrm{i}\left[\frac{\mathrm{e}^{i\theta}}{\mathrm{i}} + \theta\right]_0^\pi = 2\mathrm{i}(\mathrm{i} + \pi + \mathrm{i}) = -4 + 2\pi\mathrm{i}.$$

（b）设 C 为下图中的半圆周 $z = 2\mathrm{e}^{i\theta}$ $(\pi \leqslant \theta \leqslant 2\pi)$.

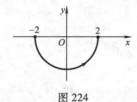

图 224

除了积分上下限外，这里的积分与（a）相同，故

$$\int_C \frac{z+2}{z}\mathrm{d}z = 2\mathrm{i}\left[\frac{\mathrm{e}^{i\theta}}{\mathrm{i}} + \theta\right]_\pi^{2\pi} = 2\mathrm{i}(-\mathrm{i} + 2\pi - \mathrm{i} - \pi) = 4 + 2\pi\mathrm{i}.$$

（c）最后，设 C 为圆周 $z = 2\mathrm{e}^{i\theta}$ $(0 \leqslant \theta \leqslant 2\pi)$. 此时，

$$\int_C \frac{z+2}{z}\mathrm{d}z = 4\pi\mathrm{i},$$

即为（a）和（b）中的积分之和.

2.（a）弧线为 $C: z = 1 + \mathrm{e}^{i\theta}$ $(\pi \leqslant \theta \leqslant 2\pi)$. 故

$$\int_C (z - 1)\mathrm{d}z = \int_\pi^{2\pi} (1 + \mathrm{e}^{i\theta} - 1)\mathrm{i}\mathrm{e}^{i\theta}\mathrm{d}\theta = \mathrm{i}\int_\pi^{2\pi} \mathrm{e}^{i2\theta}\mathrm{d}\theta = \mathrm{i}\left[\frac{\mathrm{e}^{i2\theta}}{2\mathrm{i}}\right]_\pi^{2\pi}$$

$$= \frac{1}{2}(\mathrm{e}^{i4\pi} - \mathrm{e}^{i2\pi}) = \frac{1}{2}(1 - 1) = 0.$$

（b）此时 $C: z = x(0 \leqslant x \leqslant 2)$. 故

$$\int_C (z - 1)\mathrm{d}z = \int_0^2 (x - 1)\mathrm{d}x = \left[\frac{x^2}{2} - x\right]_0^2 = 0.$$

3. 本题中，积分路径 C 可分为图 225 所示的 C_1，C_2，C_3 和 C_4.

被积函数为 $f(z) = \pi\mathrm{e}^{\pi\bar{z}}$. 注意到 $C = C_1 + C_2 + C_3 + C_4$，我们分别求出函数沿 C 的每条边的积分值.

（i）由于 C_1 为 $z = x$ $(0 \leqslant x \leqslant 1)$，故

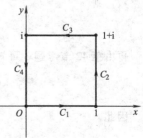

图 225

$$\int_{C_1} \pi e^{\pi \bar{z}} dz = \pi \int_0^1 e^{\pi x} dx = e^{\pi} - 1.$$

（ⅱ）由于 C_2 为 $z = 1 + iy (0 \le y \le 1)$，故

$$\int_{C_2} \pi e^{\pi \bar{z}} dz = \pi \int_0^1 e^{\pi(1-iy)} i dy = e^{\pi} \pi i \int_0^1 e^{-i\pi y} dy = 2 e^{\pi}.$$

（ⅲ）由于 C_3 为 $z = (1-x) + i (0 \le x \le 1)$，故

$$\int_{C_3} \pi e^{\pi \bar{z}} dz = \pi \int_0^1 e^{\pi[(1-x)-i]} (-1) dx = \pi e^{\pi} \int_0^1 e^{-\pi x} dx = e^{\pi} - 1.$$

（ⅳ）由于 C_4 为 $z = i(1-y) (0 \le y \le 1)$，故

$$\int_{C_4} \pi e^{\pi \bar{z}} dz = \pi \int_0^1 e^{-\pi(1-y)i} (-i) dy = \pi i \int_0^1 e^{i\pi y} dy = -2.$$

又因为

$$\int_C \pi e^{\pi \bar{z}} dz = \int_{C_1} \pi e^{\pi \bar{z}} dz + \int_{C_2} \pi e^{\pi \bar{z}} dz + \int_{C_3} \pi e^{\pi \bar{z}} dz + \int_{C_4} \pi e^{\pi \bar{z}} dz,$$

故有

$$\int_C \pi e^{\pi \bar{z}} dz = 4(e^{\pi} - 1).$$

4. 积分路径 C 可分为两部分

$$C_1: z = x + ix^3 (-1 \le x \le 0) \quad \text{和} \quad C_2: z = x + ix^3 (0 \le x \le 1).$$

注意到

$$f(z) = 1, z \in C_1 \quad \text{和} \quad f(z) = 4y = 4x^3, z \in C_2,$$

故有

$$\int_C f(z) dz = \int_{C_1} f(z) dz + \int_{C_2} f(z) dz = \int_{-1}^0 1(1 + i3x^2) dx + \int_0^1 4x^3(1 + i3x^2) dx$$

$$= \int_{-1}^0 dx + 3i \int_{-1}^0 x^2 dx + 4 \int_0^1 x^3 dx + 12i \int_0^1 x^5 dx$$

$$= [x]_{-1}^0 + i[x^3]_{-1}^0 + [x^4]_0^1 + 2i[x^6]_0^1 = 1 + i + 1 + 2i = 2 + 3i.$$

5. 围线 C 具有参数表示式 $z = z(t) (a \le t \le b)$，其中 $z(a) = z_1$ 且 $z(b) = z_2$。故

$$\int_C dz = \int_a^b z'(t) dt = [z(t)]_a^b = z(b) - z(a) = z_2 - z_1.$$

10. 设 C 为正向单位圆周 $|z| = 1$，参数表达式为 $z = e^{i\theta} (0 \le \theta \le 2\pi)$，且设 m 和 n 为整数，则

$$\int_C z^m \bar{z}^n dz = \int_0^{2\pi} (e^{i\theta})^m (e^{-i\theta})^n i e^{i\theta} d\theta = i \int_0^{2\pi} e^{i(m+1)\theta} e^{-in\theta} d\theta.$$

再由第 42 节习题 3 可知

$$\int_0^{2\pi} e^{im\theta} e^{-in\theta} d\theta = \begin{cases} 0 & m \ne n, \\ 2\pi & m = n. \end{cases}$$

因此，

$$\int_C z^m \bar{z}^n dz = \begin{cases} 0 & m + 1 \ne n, \\ 2\pi i & m + 1 = n. \end{cases}$$

11. （a）

$$\int_C \bar{z}\,\mathrm{d}z = \int_{-\pi/2}^{\pi/2} \overline{2e^{i\theta}}\,2ie^{i\theta}\mathrm{d}\theta = \int_{-\pi/2}^{\pi/2} 2e^{-i\theta}2ie^{i\theta}\mathrm{d}\theta$$

$$= 4i\int_{-\pi/2}^{\pi/2}\mathrm{d}\theta = 4i\,[\,\theta\,]_{-\pi/2}^{\pi/2} = 4i\left(\frac{\pi}{2}+\frac{\pi}{2}\right)$$

$$= 4\pi i.$$

（b）注意到 C 为圆周 $x^2+y^2=4$ 的右半部分. 故在 C 上，有 $x=\sqrt{4-y^2}$. 这表明 C 具有形式：$z=\sqrt{4-y^2}+iy$（$-2\leqslant y\leqslant2$），由此可得

$$\int_C \bar{z}\,\mathrm{d}z = \int_{-2}^{2}\left(\sqrt{4-y^2}-iy\right)\left(\frac{-y}{\sqrt{4-y^2}}+i\right)\mathrm{d}y$$

$$= \int_{-2}^{2}(-y+y)\mathrm{d}y + i\int_{-2}^{2}\left(\frac{y^2}{\sqrt{4-y^2}}+\sqrt{4-y^2}\right)\mathrm{d}y$$

$$= i\int_{-2}^{2}\frac{y^2+4-y^2}{\sqrt{4-y^2}}\mathrm{d}y = 4i\int_{-2}^{2}\frac{\mathrm{d}y}{\sqrt{4-y^2}} = 4i\left[\arcsin\left(\frac{y}{2}\right)\right]_{-2}^{2}$$

$$= 4i[\arcsin(1)-\arcsin(-1)] = 4i\left[\frac{\pi}{2}-\left(-\frac{\pi}{2}\right)\right] = 4\pi i.$$

12. （a）函数 $f(z)$ 在光滑弧段 C 上连续，弧段的参数表达式为 $z=z(t)$（$a\leqslant t\leqslant b$）. 由第 38 节习题 1（b）可知

$$\int_a^b f[z(t)]z'(t)\mathrm{d}t = \int_\alpha^\beta f[Z(\tau)]z'[\phi(\tau)]\phi'(\tau)\mathrm{d}\tau,$$

其中

$$Z(\tau) = z[\phi(\tau)]\,(\alpha\leqslant\tau\leqslant\beta).$$

再由第 38 节式（14）得到

$$z'[\phi(\tau)]\phi'(\tau) = Z'(\tau);$$

故

$$\int_a^b f[z(t)]z'(t)\mathrm{d}t = \int_\alpha^\beta f[Z(\tau)]Z'(\tau)\mathrm{d}\tau.$$

（b）设 C 为任意弧段，$f(z)$ 在 C 上分段连续. 因为 C 可以表示为有限条光滑弧段之和，且 $f(z)$ 在这些弧段上连续，再由（a）即可完成证明.

47. 围线积分的模的上界

1.（b）设 C 为圆周 $|z|=2$ 在图 226 所示的部分.

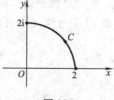

图 226

下面不计算积分直接给出 $\left|\int_C \dfrac{dz}{z^2-1}\right|$ 的上界. 为此，注意到如果 z 在 C 上，那么

$$|z^2-1| \geqslant ||z^2|-1| = ||z|^2-1| = |4-1| = 3.$$

因此

$$\left|\frac{1}{z^2-1}\right| = \frac{1}{|z^2-1|} \leqslant \frac{1}{3}.$$

又因为 C 的弧长为 $\dfrac{1}{4}(4\pi) = \pi$. 故只需取 $M = \dfrac{1}{3}$ 和 $L = \pi$，即可得到

$$\left|\int_C \frac{dz}{z^2-1}\right| \leqslant ML \leqslant \frac{\pi}{3}.$$

2. 积分路径 C 如图 227 所示. C 的中点显然就是 C 上到原点的距离最近的点，距离为 $\dfrac{\sqrt{2}}{2}$，C 的长度为 $\sqrt{2}$.

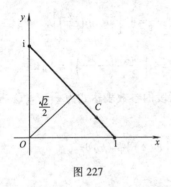

图 227

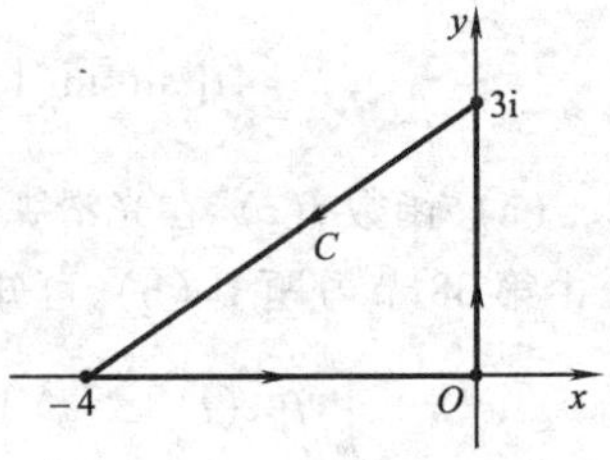

图 228

如果 z 在 C 上，那么 $|z| \geqslant \dfrac{\sqrt{2}}{2}$，进而有 $\left|\dfrac{1}{z^4}\right| = \dfrac{1}{|z|^4} \leqslant 4$. 因此，取 $M = 4$ 和 $L = \sqrt{2}$，可得

$$\left|\int_C \frac{dz}{z^4}\right| \leqslant ML = 4\sqrt{2}.$$

3. 围线 C 取图 228 所示的直角三角形.

为了得到 $\left|\int_C (e^z - \bar{z})dz\right|$ 的上界，设 z 为 C 上的点并注意到

$$|e^z - \bar{z}| \leqslant |e^z| + |\bar{z}| = e^x + \sqrt{x^2+y^2}.$$

因为 $x \leqslant 0$，所以 $e^x \leqslant 1$. 而点 z 到原点的距离 $\sqrt{x^2+y^2}$ 小于等于 4. 故当 z 在 C 上时，$|e^z - \bar{z}| \leqslant 5$. C 的长为 12. 取 $M = 5$ 和 $L = 12$，即得

$$\left|\int_C (e^z - \bar{z})dz\right| \leqslant ML = 60.$$

4. 若 $|z| = R(R > 2)$，则

$$|2z^2 - 1| \leqslant 2|z|^2 + 1 = 2R^2 + 1$$

且

$$|z^4 + 5z^2 + 4| = |z^2 + 1||z^2 + 4| \geqslant ||z|^2 - 1|||z|^2 - 4| = (R^2 - 1)(R^2 - 4).$$

因此，当 $|z| = R(R > 2)$ 时，

$$\left|\frac{2z^2 - 1}{z^4 + 5z^2 + 4}\right| = \frac{|2z^2 - 1|}{|z^4 + 5z^2 + 4|} \leqslant \frac{2R^2 + 1}{(R^2 - 1)(R^2 - 4)}.$$

又因为 C_R 的长为 πR，所以有

$$\left|\int_{C_R} \frac{2z^2 - 1}{z^4 + 5z^2 + 4} dz\right| \leqslant \frac{\pi R(2R^2 + 1)}{(R^2 - 1)(R^2 - 4)} = \frac{\dfrac{\pi}{R}\left(2 + \dfrac{1}{R^2}\right)}{\left(1 - \dfrac{1}{R^2}\right)\left(1 - \dfrac{4}{R^2}\right)}.$$

显然，当 R 趋于无穷时，积分值趋于 0。

5. 这里 C_R 表示正向圆周 $|z| = R(R > 1)$。由于 $-\pi < \Theta \leqslant \pi$，故当 z 在 C_R 上时，

$$\left|\frac{\mathrm{Log}z}{z^2}\right| = \frac{|\ln R + i\Theta|}{R^2} \leqslant \frac{\ln R + |\Theta|}{R^2} \leqslant \frac{\pi + \ln R}{R^2}.$$

当然，C_R 的长为 $2\pi R$。因此，只要取

$$M = \frac{\pi + \ln R}{R^2} \quad 和 \quad L = 2\pi R,$$

就可得到

$$\left|\int_{C_R} \frac{\mathrm{Log}z}{z^2} dz\right| \leqslant ML = 2\pi\left(\frac{\pi + \ln R}{R}\right).$$

又因为

$$\lim_{R \to \infty} \frac{\pi + \ln R}{R} = \lim_{R \to \infty} \frac{1/R}{1} = 0,$$

所以

$$\lim_{R \to \infty} \int_{C_R} \frac{\mathrm{Log}z}{z^2} dz = 0.$$

6. 设 C_ρ 表示正向圆周 $|z| = \rho$ $(0 < \rho < 1)$，如图 229 所示，并假设 $f(z)$ 在圆盘 $|z| \leqslant 1$ 上解析。

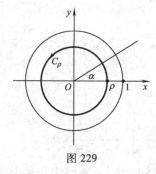

图 229

用 $z^{-1/2}$ 表示幂函数的任一特定分支

$$z^{-1/2} = \exp\left(-\frac{1}{2}\log z\right) = \exp\left[-\frac{1}{2}(\ln r + i\theta)\right] = \frac{1}{\sqrt{r}}\exp\left(-i\frac{\theta}{2}\right)(r > 0, \alpha < \theta < \alpha + 2\pi).$$

由于函数 $f(z)$ 在闭圆盘 $|z| \leqslant 1$ 上解析，故存在正数 M，使得 $|f(z)| \leqslant M$ 对圆盘上的任意点 z 都成立。下面求 $\left|\int_{C_\rho} z^{-1/2} f(z)\,\mathrm{d}z\right|$ 的上界。为此，注意到当 z 在 C_ρ 上时，

$$|z^{-1/2} f(z)| = |z^{-1/2}||f(z)| \leqslant \frac{M}{\sqrt{\rho}}.$$

而 C_ρ 的长为 $2\pi\rho$，故

$$\left|\int_{C_\rho} z^{-1/2} f(z)\,\mathrm{d}z\right| \leqslant \frac{M}{\sqrt{\rho}} 2\pi\rho = 2\pi M\sqrt{\rho}.$$

由于 M 与 ρ 无关，这就给出

$$\lim_{\rho \to 0} \int_{C_\rho} z^{-1/2} f(z)\,\mathrm{d}z = 0.$$

7. 考虑函数

$$P_n(x) = \frac{1}{\pi} \int_0^\pi \left(x + i\sqrt{1-x^2}\cos\theta\right)^n \mathrm{d}\theta \, (n = 0, 1, 2, \cdots),$$

其中 $-1 \leqslant x \leqslant 1$。由于

$$\left|x + i\sqrt{1-x^2}\cos\theta\right| = \sqrt{x^2 + (1-x^2)\cos^2\theta} \leqslant \sqrt{x^2 + (1-x^2)} = 1,$$

故

$$|P_n(x)| \leqslant \frac{1}{\pi} \int_0^\pi \left|x + i\sqrt{1-x^2}\cos\theta\right|^n \mathrm{d}\theta \leqslant \frac{1}{\pi} \int_0^\pi \mathrm{d}\theta = 1.$$

49. 定理的证明

1. 函数 z^n $(n = 0, 1, 2, \cdots)$ 具有原函数 $z^{n+1}/(n+1)$。因此，对任意从点 z_1 到点 z_2 的曲线 C，有

$$\int_C z^n \mathrm{d}z = \int_{z_1}^{z_2} z^n \mathrm{d}z = \left[\frac{z^{n+1}}{n+1}\right]_{z_1}^{z_2} = \frac{z_2^{n+1}}{n+1} - \frac{z_1^{n+1}}{n+1} = \frac{1}{n+1}\left(z_2^{n+1} - z_1^{n+1}\right).$$

2. (a) $\int_0^{1+i} z^2 \mathrm{d}z = \left[\frac{z^3}{3}\right]_0^{1+i} = \frac{1}{3}(1+i)^3 = \frac{2}{3}(-1+i).$

(b)

$$\int_0^{\pi+2i} \cos\left(\frac{z}{2}\right)\mathrm{d}z = 2\left[\sin\left(\frac{z}{2}\right)\right]_0^{\pi+2i} = 2\sin\left(\frac{\pi}{2}+i\right) = 2\frac{e^{i(\frac{\pi}{2}+i)} - e^{-i(\frac{\pi}{2}+i)}}{2i} = -i\left(e^{i\pi/2}e^{-1} - e^{-i\pi/2}e\right)$$

$$= -i\left(\frac{i}{e} + ie\right) = \frac{1}{e} + e = e + \frac{1}{e}.$$

(c) $\int_1^3 (z-2)^3 \mathrm{d}z = \left[\frac{(z-2)^4}{4}\right]_1^3 = \frac{1}{4} - \frac{1}{4} = 0.$

3. 注意到函数 $(z-z_0)^{n-1}$ $(n = \pm 1, \pm 2, \cdots)$ 在任意不包含点 $z = z_0$ 的区域内都有原函数，故由第 48 节的定理可知，对任意不经过点 z_0 的曲线 C_0，有

$$\int_{C_0} (z - z_0)^{n-1} \mathrm{d}z = 0.$$

5. 设 C 为位于实轴上方从点 $z = -1$ 到点 $z = 1$（不包含端点）的曲线. 本练习计算积分

$$I = \int_{-1}^{1} z^i \mathrm{d}z,$$

其中 z^i 表示函数分支

$$z^i = \exp(i\log z)\ (\ |z| > 0,\ -\pi < \mathrm{Arg}\, z < \pi).$$

由于该分支在 $z = -1$ 处没有定义，故而没有原函数. 然而被积函数可以替换为如下分支

$$z^i = \exp(i\log z)\left(\ |z| > 0,\ -\frac{\pi}{2} < \arg z < \frac{3\pi}{2}\right)$$

因为沿着曲线 C 时，该分支与原分支相等. 利用新分支的原函数，我们可记

$$I = \left[\frac{z^{i+1}}{i+1}\right]_{-1}^{1} = \frac{1}{i+1}\left[\,(1)^{i+1} - (-1)^{i+1}\,\right] = \frac{1}{i+1}\left[\,\mathrm{e}^{(i+1)\log 1} - \mathrm{e}^{(i+1)\log(-1)}\,\right]$$

$$= \frac{1}{i+1}\left[\,\mathrm{e}^{(i+1)(\ln 1 + i0)} - \mathrm{e}^{(i+1)(\ln 1 + i\pi)}\,\right] = \frac{1}{i+1}(1 - \mathrm{e}^{-\pi}\mathrm{e}^{i\pi}) = \frac{1 + \mathrm{e}^{-\pi}}{1+i} \cdot \frac{1-i}{1-i}$$

$$= \frac{1 + \mathrm{e}^{-\pi}}{2}(1 - i).$$

53. 多连通区域

2. 围线 C_1 和 C_2 如图 230 所示.

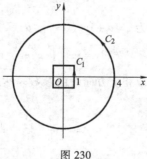

图 230

在下列的每种情形下，被积函数的奇点都落在 C_1 的内部或 C_2 的外部；于是，被积函数在两围线及其之间的区域解析. 因此，

$$\int_{C_1} f(z)\, \mathrm{d}z = \int_{C_2} f(z)\, \mathrm{d}z.$$

具体地说，

（a）当 $f(z) = \dfrac{1}{3z^2 + 1}$ 时，奇点为 $z = \pm \dfrac{1}{\sqrt{3}}i$；

（b）当 $f(z) = \dfrac{z+2}{\sin(z/2)}$ 时，奇点为 $z = 2n\pi\ (n = 0,\ \pm 1,\ \pm 2,\ \cdots)$；

（c）当 $f(z) = \dfrac{z}{1-e^z}$ 时，奇点为 $z = 2n\pi i$ $(n = 0,\ \pm1,\ \pm2,\ \cdots)$.

4.（a）为了推导所求的积分公式，对函数 e^{-z^2} 沿着如图 231 所示的闭矩形路径进行积分.

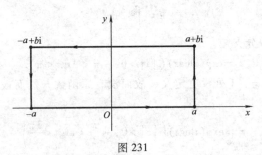

图 231

由于水平底边可表示为 $z = x$ $(-a \leqslant x \leqslant a)$，故 e^{-z^2} 沿着底边的积分为

$$\int_{-a}^{a} e^{-x^2}\mathrm{d}x = 2\int_{0}^{a} e^{-x^2}\mathrm{d}x.$$

由于水平顶边取相反方向时具有参数表达式 $z = x + bi$ $(-a \leqslant x \leqslant a)$，故 e^{-z^2} 沿着顶边的积分为

$$-\int_{-a}^{a} e^{-(x+bi)^2}\mathrm{d}x = -e^{b^2}\int_{-a}^{a} e^{-x^2}e^{-i2bx}\mathrm{d}x = -e^{b^2}\int_{-a}^{a} e^{-x^2}\cos 2bx\,\mathrm{d}x + ie^{b^2}\int_{-a}^{a} e^{-x^2}\sin 2bx\,\mathrm{d}x,$$

或简单表示为

$$-2e^{b^2}\int_{0}^{a} e^{-x^2}\cos 2bx\,\mathrm{d}x.$$

由于右方的垂直边可表示为 $z = a + iy$ $(0 \leqslant y \leqslant b)$，故 e^{-z^2} 在其上的积分为

$$\int_{0}^{b} e^{-(a+iy)^2}i\,\mathrm{d}y = ie^{-a^2}\int_{0}^{b} e^{y^2}e^{-i2ay}\mathrm{d}y.$$

最后，由于左方的垂直边取相反方向时的参数表达式为 $z = -a + iy$ $(0 \leqslant y \leqslant b)$，故 e^{-z^2} 沿着该边的积分为

$$-\int_{0}^{b} e^{-(-a+iy)^2}i\,\mathrm{d}y = -ie^{-a^2}\int_{0}^{b} e^{y^2}e^{i2ay}\mathrm{d}y.$$

于是，由柯西-古萨定理可知，

$$2\int_{0}^{a} e^{-x^2}\mathrm{d}x - 2e^{b^2}\int_{0}^{a} e^{-x^2}\cos 2bx\,\mathrm{d}x + ie^{-a^2}\int_{0}^{b} e^{y^2}e^{-i2ay}\mathrm{d}y - ie^{-a^2}\int_{0}^{b} e^{y^2}e^{i2ay}\mathrm{d}y = 0;$$

化简可得

$$\int_{0}^{a} e^{-x^2}\cos 2bx\,\mathrm{d}x = e^{-b^2}\int_{0}^{a} e^{-x^2}\mathrm{d}x + e^{-(a^2+b^2)}\int_{0}^{b} e^{y^2}\sin 2ay\,\mathrm{d}y.$$

（b）现在，在（a）部分最后的等式中令 $a \to \infty$，并利用已知的积分公式

$$\int_{0}^{\infty} e^{-x^2}\mathrm{d}x = \frac{\sqrt{\pi}}{2}$$

以及

$$\left| \mathrm{e}^{-(a^2+b^2)} \int_0^b \mathrm{e}^{y^2} \sin 2ay\, \mathrm{d}y \right| \leqslant \mathrm{e}^{-(a^2+b^2)} \int_0^b \mathrm{e}^{y^2}\,\mathrm{d}y \to 0,\ \text{当}\ a \to \infty\ \text{时}.$$

即可得到

$$\int_0^\infty \mathrm{e}^{-x^2}\cos 2bx\,\mathrm{d}x = \frac{\sqrt{\pi}}{2}\mathrm{e}^{-b^2}\ (b>0).$$

6. 设 C 为如下图所示的半圆域的整个边界. 它是由从原点到点 $z=1$ 的直线段 C_1 和如图 232 所示的半圆弧 C_2, 以及从 $z=-1$ 到原点的直线段 C_3 组成. 因此 $C=C_1+C_2+C_3$.

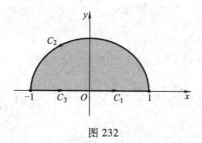

图 232

设 $f(z)$ 为定义在闭半圆域上的连续函数, 其中 $f(0)=0$ 且 $f(z)$ 为多值函数 $z^{1/2}$ 的分支

$$f(z) = \sqrt{r}\mathrm{e}^{\mathrm{i}\theta/2}\left(r>0,\ -\frac{\pi}{2}<\theta<\frac{3\pi}{2}\right).$$

本题是通过计算 $f(z)$ 沿各分段路径 C_1、C_2 和 C_3 的积分再将其结果相加, 来计算 $f(z)$ 沿 C 的积分. 在每种情形下, 我们写出路径 (或相关路径) 的参数表达式, 再利用其计算沿着特定路径的积分.

（ⅰ） C_1: $z=r\mathrm{e}^{\mathrm{i}0}$ $(0\leqslant r\leqslant 1)$. 于是

$$\int_{C_1} f(z)\,\mathrm{d}z = \int_0^1 \sqrt{r}\cdot 1\,\mathrm{d}r = \left[\frac{2}{3}r^{3/2}\right]_0^1 = \frac{2}{3}.$$

（ⅱ） C_2: $z=1\cdot\mathrm{e}^{\mathrm{i}\theta}$ $(0\leqslant\theta\leqslant\pi)$. 于是

$$\int_{C_2} f(z)\,\mathrm{d}z = \int_0^\pi \mathrm{e}^{\mathrm{i}\theta/2}\cdot\mathrm{i}\mathrm{e}^{\mathrm{i}\theta}\,\mathrm{d}\theta = \mathrm{i}\int_0^\pi \mathrm{e}^{\mathrm{i}3\theta/2}\,\mathrm{d}\theta = \mathrm{i}\left[\frac{2}{3\mathrm{i}}\mathrm{e}^{\mathrm{i}3\theta/2}\right]_0^\pi = \frac{2}{3}(-\mathrm{i}-1) = -\frac{2}{3}(1+\mathrm{i}).$$

（ⅲ） $-C_3$: $z=r\mathrm{e}^{\mathrm{i}\pi}$ $(0\leqslant r\leqslant 1)$. 于是

$$\int_{C_3} f(z)\,\mathrm{d}z = -\int_{-C_3} f(z)\,\mathrm{d}z = -\int_0^1 \sqrt{r}\mathrm{e}^{\mathrm{i}\pi/2}(-1)\,\mathrm{d}r = \mathrm{i}\int_0^1 \sqrt{r}\,\mathrm{d}r = \mathrm{i}\left[\frac{2}{3}r^{3/2}\right]_0^1 = \frac{2}{3}\mathrm{i}.$$

所求结果为

$$\int_C f(z)\,\mathrm{d}z = \int_{C_1} f(z)\,\mathrm{d}z + \int_{C_2} f(z)\,\mathrm{d}z + \int_{C_3} f(z)\,\mathrm{d}z = \frac{2}{3}-\frac{2}{3}(1+\mathrm{i})+\frac{2}{3}\mathrm{i}=0.$$

由于 $f(z)$ 在原点处不解析, 故而柯西-古萨定理不适用.

57. 推广的柯西积分公式的一些结果

1. 本题中, 设 C 为如图 233 所示的正方形围线.

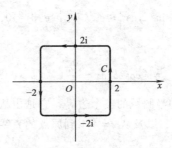

图 233

（a）$\int_C \dfrac{\mathrm{e}^{-z}\mathrm{d}z}{z-(\pi\mathrm{i}/2)} = 2\pi\mathrm{i}\,[\,\mathrm{e}^{-z}\,]_{z=\pi\mathrm{i}/2} = 2\pi\mathrm{i}(-\mathrm{i}) = 2\pi.$

（b）$\int_C \dfrac{\cos z}{z(z^2+8)}\mathrm{d}z = \int_C \dfrac{(\cos z)/(z^2+8)}{z-0}\mathrm{d}z = 2\pi\mathrm{i}\left[\dfrac{\cos z}{z^2+8}\right]_{z=0} = 2\pi\mathrm{i}\left(\dfrac{1}{8}\right) = \dfrac{\pi\mathrm{i}}{4}.$

（c）$\int_C \dfrac{z\mathrm{d}z}{2z+1} = \int_C \dfrac{z/2}{z-(-1/2)}\mathrm{d}z = 2\pi\mathrm{i}\left[\dfrac{z}{2}\right]_{z=-1/2} = 2\pi\mathrm{i}\left(-\dfrac{1}{4}\right) = -\dfrac{\pi\mathrm{i}}{2}.$

（d）$\int_C \dfrac{\cosh z}{z^4}\mathrm{d}z = \int_C \dfrac{\cosh z}{(z-0)^{3+1}}\mathrm{d}z = \dfrac{2\pi\mathrm{i}}{3!}\left[\dfrac{\mathrm{d}^3}{\mathrm{d}z^3}\cosh z\right]_{z=0} = \dfrac{\pi\mathrm{i}}{3}(0) = 0.$

（e）$\int_C \dfrac{\tan (z/2)}{(z-x_0)^2}\mathrm{d}z = \int_C \dfrac{\tan (z/2)}{(z-x_0)^{1+1}}\mathrm{d}z = \dfrac{2\pi\mathrm{i}}{1!}\left[\dfrac{\mathrm{d}}{\mathrm{d}z}\tan\left(\dfrac{z}{2}\right)\right]_{z=x_0}$

$= 2\pi\mathrm{i}\left(\dfrac{1}{2}\sec^2\dfrac{x_0}{2}\right) = \mathrm{i}\pi\sec^2\left(\dfrac{x_0}{2}\right),$ 其中 $-2 < x_0 < 2.$

2. 设 C 为正向圆周 $|z-\mathrm{i}| = 2$，如图 234 所示.

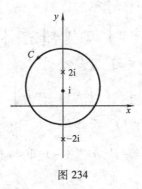

图 234

（a）由柯西积分公式可知 $\int_C \dfrac{\mathrm{d}z}{z^2+4} = \int_C \dfrac{\mathrm{d}z}{(z-2\mathrm{i})(z+2\mathrm{i})} = \int_C \dfrac{1/(z+2\mathrm{i})}{z-2\mathrm{i}}\mathrm{d}z =$

$2\pi\mathrm{i}\left(\dfrac{1}{z+2\mathrm{i}}\right)_{z=2\mathrm{i}} = 2\pi\mathrm{i}\left(\dfrac{1}{4\mathrm{i}}\right) = \dfrac{\pi}{2}.$

（b）应用推广的柯西积分公式，可得

$$\int_C \frac{dz}{(z^2+4)^2} = \int_C \frac{dz}{(z-2i)^2(z+2i)^2} = \int_C \frac{1/(z+2i)^2}{(z-2i)^{1+1}}dz = \frac{2\pi i}{1!}\left[\frac{d}{dz}\frac{1}{(z+2i)^2}\right]_{z=2i}$$

$$= 2\pi i\left[\frac{-2}{(z+2i)^3}\right]_{z=2i} = \frac{-4\pi i}{(4i)^3} = \frac{-4\pi i}{-(16)(4)i} = \frac{\pi}{16}.$$

3. 设 C 为正向圆周 $|z|=3$，参考函数

$$g(z) = \int_C \frac{2s^2-s-2}{s-z}ds\ (|z|\neq 3).$$

我们试求当 $z=2$ 以及 $|z|>3$ 时 $g(z)$ 的值（见图 235）.

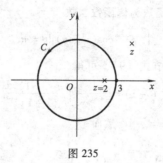

图 235

注意到

$$g(2) = \int_C \frac{2s^2-s-2}{s-2}ds = 2\pi i\left[2s^2-s-2\right]_{s=2} = 2\pi i(4) = 8\pi i.$$

另一方面，当 $|z|>3$ 时，由柯西-古萨定理可知 $g(z)=0$.

5. 假设函数 f 在简单闭围线 C 上及其内部解析，且点 z_0 不落在 C 上. 若 z_0 落在 C 的内部，则

$$\int_C \frac{f'(z)dz}{z-z_0} = 2\pi i f'(z_0),\quad \int_C \frac{f(z)dz}{(z-z_0)^2} = \int_C \frac{f(z)dz}{(z-z_0)^{1+1}} = \frac{2\pi i}{1!}f'(z_0).$$

因此

$$\int_C \frac{f'(z)dz}{z-z_0} = \int_C \frac{f(z)dz}{(z-z_0)^2}.$$

由柯西-古萨定理可知，当 z_0 落在 C 的外部时，上式两边都等于 0，等式仍然成立.

7. 设 C 为单位圆周 $z=e^{i\theta}$（$-\pi \leqslant \theta \leqslant \pi$），且设 a 为任意实数. 由柯西积分公式可知

$$\int_C \frac{e^{az}}{z}dz = \int_C \frac{e^{az}}{z-0}dz = 2\pi i\left[e^{az}\right]_{z=0} = 2\pi i.$$

另一方面，由给定的 C 的参数表达式可知

$$\int_C \frac{e^{az}}{z}dz = \int_{-\pi}^{\pi} \frac{\exp(ae^{i\theta})}{e^{i\theta}}ie^{i\theta}d\theta = i\int_{-\pi}^{\pi} \exp[a(\cos\theta+i\sin\theta)]d\theta$$

$$= i\int_{-\pi}^{\pi} e^{a\cos\theta}e^{ia\sin\theta}d\theta = i\int_{-\pi}^{\pi} e^{a\cos\theta}[\cos(a\sin\theta)+i\sin(a\sin\theta)]d\theta$$

$$= - \int_{-\pi}^{\pi} e^{a\cos\theta} \sin(a\sin\theta) \, d\theta + i \int_{-\pi}^{\pi} e^{a\cos\theta} \cos(a\sin\theta) \, d\theta.$$

联立积分 $\int_C \dfrac{e^{az}}{z} dz$ 的这两个不同的表达式，可得

$$- \int_{-\pi}^{\pi} e^{a\cos\theta} \sin(a\sin\theta) \, d\theta + i \int_{-\pi}^{\pi} e^{a\cos\theta} \cos(a\sin\theta) \, d\theta = 2\pi i.$$

于是，由上式两边的虚部相等可知

$$\int_{-\pi}^{\pi} e^{a\cos\theta} \cos(a\sin\theta) \, d\theta = 2\pi;$$

并且，由于这里的被积函数为偶函数，故

$$\int_0^{\pi} e^{a\cos\theta} \cos(a\sin\theta) \, d\theta = \pi.$$

8. 将 $z = -1$ 代入第 55 节式 (9)，可得

$$P_n(-1) = \frac{1}{2^{n+1}\pi i} \int_C \frac{(s^2 - 1)^n \, ds}{(s + 1)^{n+1}},$$

其中简单闭围线围绕点 $z = -1$. 然而

$$\frac{(s^2 - 1)^n}{(s + 1)^{n+1}} = \frac{(s - 1)^n (s + 1)^n}{(s + 1)^{n+1}} = \frac{(s - 1)^n}{s + 1},$$

于是

$$P_n(-1) = \frac{1}{2^{n+1}\pi i} \int_C \frac{(s - 1)^n \, ds}{s + 1}$$

$$= \frac{1}{2^{n+1}\pi i} 2\pi i (-1 - 1)^n = \frac{(-2)^n}{2^n} = (-1)^n.$$

9. 我们想要证明的是

$$f''(z) = \frac{1}{\pi i} \int_C \frac{f(s) \, ds}{(s - z)^3}.$$

(a) 由第 56 节 $f'(z)$ 的表达式 (2)，有

$$\frac{f'(z + \Delta z) - f'(z)}{\Delta z} = \frac{1}{2\pi i} \int_C \left[\frac{1}{(s - z - \Delta z)^2} - \frac{1}{(s - z)^2} \right] \frac{f(s) \, ds}{\Delta z}$$

$$= \frac{1}{2\pi i} \int_C \frac{2(s - z) - \Delta z}{(s - z - \Delta z)^2 (s - z)^2} f(s) \, ds.$$

于是

$$\frac{f'(z + \Delta z) - f'(z)}{\Delta z} - \frac{1}{\pi i} \int_C \frac{f(s) \, ds}{(s - z)^3} = \frac{1}{2\pi i} \int_C \left[\frac{2(s - z) - \Delta z}{(s - z - \Delta z)^2 (s - z)^2} - \frac{2}{(s - z)^3} \right] f(s) \, ds$$

$$= \frac{1}{2\pi i} \int_C \frac{3(s - z)\Delta z - 2(\Delta z)^2}{(s - z - \Delta z)^2 (s - z)^3} f(s) \, ds.$$

(b) 现在我们要证

$$\left| \int_C \frac{3(s - z)\Delta z - 2(\Delta z)^2}{(s - z - \Delta z)^2 (s - z)^3} f(s) \, ds \right| \leq \frac{(3D|\Delta z| + 2|\Delta z|^2)M}{(d - |\Delta z|)^2 d^3} L.$$

设 D, d, M 和 L 如习题中所设. 由三角不等式可知

$$\mid 3(s-z)\Delta z - 2(\Delta z)^2 \mid \leqslant 3\mid s-z\mid\mid\Delta z\mid + 2\mid\Delta z\mid^2 \leqslant 3D\mid\Delta z\mid + 2\mid\Delta z\mid^2.$$

同时，由第 56 节关于 $f'(z)$ 的表达式的验证可知 $\mid s-z-\Delta z\mid \geqslant d - \mid\Delta z\mid > 0$；这表明

$$\mid (s-z-\Delta z)^2(s-z)^3 \mid \geqslant (d - \mid\Delta z\mid)^2 d^3 > 0.$$

这就得到了所求的不等式．

（c）在（b）中所得的不等式中，若令 Δz 趋于 0，则可得

$$\lim_{\Delta z\to 0}\frac{1}{2\pi i}\int_C \frac{3(s-z)\Delta z - 2(\Delta z)^2}{(s-z-\Delta z)^2(s-z)^3}f(s)\,\mathrm{d}s = 0.$$

联立上式以及（a）中的结果即可得到所求的 $f''(z)$ 的表达式．

第 5 章 级　　数

61. 级数的收敛性

1. 利用第 60 节定义（1），证明序列

$$z_n = \frac{1}{n^2} + i\,(n = 1, 2, \cdots)$$

收敛于 i. 注意到 $\mid z_n - i\mid = \dfrac{1}{n^2}$，因此对于每个 $\varepsilon > 0$，

当 $n > n_0$ 时，有 $\mid z_n - i\mid < \varepsilon$，其中 n_0 为任意正整数，满足 $n_0 \geqslant \dfrac{1}{\sqrt{\varepsilon}}$.

2. 注意到，若 $z_n = 1 + i\dfrac{(-1)^n}{n^2}\,(n = 1, 2, \cdots)$，

则

$$\Theta_{2n} = \mathrm{Arg}\,z_{2n} \to 0 \quad \text{且} \quad \Theta_{2n-1} = \mathrm{Arg}\,z_{2n-1} \to 0, (n = 1, 2, \cdots).$$

因此序列 Θ_n（$n = 1, 2, \cdots$）收敛于 0

3. 设 $\lim\limits_{n\to\infty} z_n = z$. 即，对每个 $\varepsilon > 0$，存在正整数 n_0，使得当 $n > n_0$ 时，有 $\mid z_n - z\mid < \varepsilon$. 由不等式（见第 5 节）

$$\mid z_n - z\mid \geqslant \mid\mid z_n\mid - \mid z\mid\mid,$$

可知，当 $n > n_0$ 时，有 $\mid\mid z_n\mid - \mid z\mid\mid < \varepsilon$. 即，$\lim\limits_{n\to\infty}\mid z_n\mid = \mid z\mid$.

4. 第 61 节例子中的求和公式可写成如下形式

$$\sum_{n=1}^{\infty} z^n = \frac{z}{1-z}，\text{其中}\mid z\mid < 1.$$

若令 $z = re^{i\theta}$，其中 $0 < r < 1$，则等式左边变成

$$\sum_{n=1}^{\infty}(re^{i\theta})^n = \sum_{n=1}^{\infty}r^n e^{in\theta} = \sum_{n=1}^{\infty}r^n\cos n\theta + i\sum_{n=1}^{\infty}r^n\sin n\theta；$$

而等式右边形式如下

$$\frac{re^{i\theta}}{1-re^{i\theta}}\cdot\frac{1-re^{-i\theta}}{1-re^{-i\theta}} = \frac{re^{i\theta}-r^2}{1-r(e^{i\theta}+e^{-i\theta})+r^2} = \frac{r\cos\theta - r^2 + ir\sin\theta}{1-2r\cos\theta+r^2}.$$

因此

$$\sum_{n=1}^{\infty} r^n \cos n\theta + i \sum_{n=1}^{\infty} r^n \sin n\theta = \frac{r\cos\theta - r^2}{1 - 2r\cos\theta + r^2} + i \frac{r\sin\theta}{1 - 2r\cos\theta + r^2}.$$

令等式两边的实部、虚部分别相等，则可以得到求和公式

$$\sum_{n=1}^{\infty} r^n \cos n\theta = \frac{r\cos\theta - r^2}{1 - 2r\cos\theta + r^2} \quad 和 \quad \sum_{n=1}^{\infty} r^n \sin n\theta = \frac{r\sin\theta}{1 - 2r\cos\theta + r^2},$$

其中 $0 < r < 1$. 当 $r = 0$ 时，这些公式显然也是成立的.

6. 假设 $\sum_{n=1}^{\infty} z_n = S$. 为了证明 $\sum_{n=1}^{\infty} \bar{z}_n = \bar{S}$，记 $z_n = x_n + iy_n$，$S = X + iY$ 并且利用第61节的定理. 首先，注意到

$$\sum_{n=1}^{\infty} x_n = X \quad 和 \quad \sum_{n=1}^{\infty} y_n = Y.$$

其次，由于 $\sum_{n=1}^{\infty} (-y_n) = -Y$，故

$$\sum_{n=1}^{\infty} \bar{z}_n = \sum_{n=1}^{\infty} (x_n - iy_n) = \sum_{n=1}^{\infty} [x_n + i(-y_n)] = X - iY = \bar{S}.$$

8. 设 $\sum_{n=1}^{\infty} z_n = S$ 且 $\sum_{n=1}^{\infty} w_n = T$. 为了应用第61节的定理，记

$$z_n = x_n + iy_n, \quad S = X + iY \quad 以及 \quad w_n = u_n + iv_n, \quad T = U + iV.$$

现在，有

$$\sum_{n=1}^{\infty} x_n = X, \quad \sum_{n=1}^{\infty} y_n = Y \quad 和 \quad \sum_{n=1}^{\infty} u_n = U, \quad \sum_{n=1}^{\infty} v_n = V.$$

由于

$$\sum_{n=1}^{\infty} (x_n + u_n) = X + U \quad 和 \quad \sum_{n=1}^{\infty} (y_n + v_n) = Y + V,$$

故

$$\sum_{n=1}^{\infty} [(x_n + u_n) + i(y_n + v_n)] = X + U + i(Y + V).$$

即

$$\sum_{n=1}^{\infty} [(x_n + iy_n) + (u_n + iv_n)] = X + iY + (U + iV)$$

或

$$\sum_{n=1}^{\infty} (z_n + w_n) = S + T.$$

65. $(z - z_0)$ 的负次幂

1. 将已知级数

$$\cosh z = \sum_{n=0}^{\infty} \frac{z^{2n}}{(2n)!} (|z| < \infty)$$

中的 z 替换为 z^2，得到

$$\cosh(z^2) = \sum_{n=0}^{\infty} \frac{z^{4n}}{(2n)!} \quad (|z| < \infty).$$

再将上式两边乘以 z, 得到所求结果:

$$z\cosh(z^2) = \sum_{n=0}^{\infty} \frac{z^{4n+1}}{(2n)!} \quad (|z| < \infty).$$

2. (b) 将已知展式

$$e^z = \sum_{n=0}^{\infty} \frac{z^n}{n!} \quad (|z| < \infty)$$

中的 z 替换为 $z-1$, 得到

$$e^{z-1} = \sum_{n=0}^{\infty} \frac{(z-1)^n}{n!} \quad (|z| < \infty).$$

故

$$e^z = e^{z-1}e = e \sum_{n=0}^{\infty} \frac{(z-1)^n}{n!} \quad (|z| < \infty).$$

3. 首先由 $\quad f(z) = \dfrac{z}{z^4+4} = \dfrac{z}{4} \cdot \dfrac{1}{1+\dfrac{z^4}{4}} = \dfrac{z}{4} \cdot \dfrac{1}{1-\left(\dfrac{-z^4}{4}\right)},$

现在记 $z^4+4=0$, 这是因为 $z^4 = -4$. 故而当 $|z| < \sqrt{2}$ 时, 所求麦克劳林级数收敛.

由于

$$\frac{1}{1-z} = \sum_{n=0}^{\infty} z^n \quad (|z| < 1),$$

故而我们有

$$f(z) = \frac{z}{4} \sum_{n=0}^{\infty} \left(-\frac{z^4}{4}\right)^n = \frac{z}{4} \sum_{n=0}^{\infty} (-1)^n \frac{z^{4n}}{4^n}$$

$$= \sum_{n=0}^{\infty} (-1)^n \frac{z^{4n+1}}{4^{n+1}}.$$

即

$$f(z) = \sum_{n=0}^{\infty} \frac{(-1)^n}{2^{2n+2}} z^{4n+1} \quad (|z| < \sqrt{2}).$$

11. 设 $0 < |z| < 4$. 即 $0 < |z/4| < 1$. 利用已知展式

$$\frac{1}{1-z} = \sum_{n=0}^{\infty} z^n \quad (|z| < 1)$$

可得结论. 具体地说, 当 $0 < |z| < 4$ 时, 有

$$\frac{1}{4z-z^2} = \frac{1}{4z} \cdot \frac{1}{1-\frac{z}{4}} = \frac{1}{4z} \sum_{n=0}^{\infty} \left(\frac{z}{4}\right)^n = \sum_{n=0}^{\infty} \frac{z^{n-1}}{4^{n+1}} = \frac{1}{4z} + \sum_{n=1}^{\infty} \frac{z^{n-1}}{4^{n+1}} = \frac{1}{4z} + \sum_{n=0}^{\infty} \frac{z^n}{4^{n+2}}.$$

68. 例子

1. 利用展式

$$\sin z = \sum_{n=0}^{\infty} (-1)^n \frac{z^{2n+1}}{(2n+1)!} \quad (|z| < \infty)$$

可知，当 $0 < |z| < \infty$ 时，有

$$z^2 \sin\left(\frac{1}{z^2}\right) = \sum_{n=0}^{\infty} \frac{(-1)^n}{(2n+1)!} \cdot \frac{1}{z^{4n}} = 1 + \sum_{n=1}^{\infty} \frac{(-1)^n}{(2n+1)!} \cdot \frac{1}{z^{4n}}.$$

2. 假设 $1 < |z| < \infty$ 并且利用麦克劳林级数展式

$$\frac{1}{1-z} = \sum_{n=0}^{\infty} z^n \quad (|z| < 1).$$

故可将 $\frac{1}{1+z}$ 写成

$$\frac{1}{1+z} = \frac{1}{z} \cdot \frac{1}{1+\frac{1}{z}} = \frac{1}{z} \sum_{n=0}^{\infty} \left(-\frac{1}{z}\right)^n = \sum_{n=0}^{\infty} \frac{(-1)^n}{z^{n+1}} \quad (1 < |z| < \infty).$$

将上式中的 n 替换为 $n-1$，并注意到

$$(-1)^{n-1} = (-1)^{n-1}(-1)^2 = (-1)^{n+1},$$

即可得所求的展式：

$$\frac{1}{1+z} = \sum_{n=1}^{\infty} \frac{(-1)^{n+1}}{z^n} \quad (1 < |z| < \infty).$$

3. 考虑函数

$$f(z) = \frac{1}{z(1+z^2)}.$$

且将其写成

$$f(z) = \frac{1}{z^3} \cdot \frac{1}{1+\frac{1}{z^2}} = \frac{1}{z^3} \sum_{n=0}^{\infty} \left(-\frac{1}{z^2}\right)^n$$

$$= \sum_{n=0}^{\infty} \frac{(-1)^n}{z^{2n+3}}.$$

现在将 n 替换为 $n-1$，并注意到

$$(-1)^{n-1} = (-1)^{n-1}(-1)^2 = (-1)^{n+1}:$$

$$f(z) = \sum_{n=1}^{\infty} \frac{(-1)^{n+1}}{z^{2n+1}} \quad (1 < |z| < \infty).$$

4. 函数 $f(z) = \frac{1}{z^2(1-z)}$ 的奇点为 $z = 0$ 和 $z = 1$. 因此，在区域 $0 < |z| < 1$ 和

$1 < |z| < \infty$ 内，函数可表示成 z 的幂形式的洛朗级数（见图 236）.

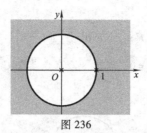

图 236

当 $0 < |z| < 1$ 时，为了求出级数，利用 $\dfrac{1}{1-z} = \displaystyle\sum_{n=0}^{\infty} z^n$ （$|z| < 1$）且记

$$f(z) = \frac{1}{z^2} \cdot \frac{1}{1-z} = \frac{1}{z^2} \sum_{n=0}^{\infty} z^n = \sum_{n=0}^{\infty} z^{n-2} = \frac{1}{z^2} + \frac{1}{z} + \sum_{n=2}^{\infty} z^{n-2} = \sum_{n=0}^{\infty} z^n + \frac{1}{z} + \frac{1}{z^2}.$$

至于区域 $1 < |z| < \infty$，注意到 $|1/z| < 1$ 且记

$$f(z) = -\frac{1}{z^3} \cdot \frac{1}{1-(1/z)} = -\frac{1}{z^3} \sum_{n=0}^{\infty} \left(\frac{1}{z}\right)^n = -\sum_{n=0}^{\infty} \frac{1}{z^{n+3}} = -\sum_{n=3}^{\infty} \frac{1}{z^n}.$$

7. （a）设 a 为实数，且 $-1 < a < 1$. 利用

$$\frac{1}{1-z} = \sum_{n=0}^{\infty} z^n \quad (|z| < 1),$$

可得

$$\frac{a}{z-a} = \frac{a}{z} \cdot \frac{1}{1-(a/z)} = \sum_{n=0}^{\infty} \frac{a^{n+1}}{z^{n+1}},$$

或

$$\frac{a}{z-a} = \sum_{n=1}^{\infty} \frac{a^n}{z^n} \quad (|a| < |z| < \infty).$$

（b）在（a）中所得结论的两边，令 $z = e^{i\theta}$，可得

$$\frac{a}{e^{i\theta} - a} = \sum_{n=1}^{\infty} a^n e^{-in\theta}.$$

然而

$$\frac{a}{e^{i\theta} - a} = \frac{a}{(\cos\theta - a) + i\sin\theta} \cdot \frac{(\cos\theta - a) - i\sin\theta}{(\cos\theta - a) - i\sin\theta} = \frac{a\cos\theta - a^2 - ia\sin\theta}{1 - 2a\cos\theta + a^2}$$

且

$$\sum_{n=1}^{\infty} a^n e^{-in\theta} = \sum_{n=1}^{\infty} a^n \cos n\theta - i \sum_{n=1}^{\infty} a^n \sin n\theta.$$

因此，当 $-1 < a < 1$ 时，

$$\sum_{n=1}^{\infty} a^n \cos n\theta = \frac{a\cos\theta - a^2}{1 - 2a\cos\theta + a^2} \quad , \quad \sum_{n=1}^{\infty} a^n \sin n\theta = \frac{a\sin\theta}{1 - 2a\cos\theta + a^2}.$$

9. （a）设 z 为任意给定复数，C 为 w 平面上的单位圆周 $w = \mathrm{e}^{\mathrm{i}\phi}$ （$-\pi \leqslant \phi \leqslant \pi$）. 函数

$$f(w) = \exp\left[\frac{z}{2}\left(w - \frac{1}{w}\right)\right]$$

在 w 平面上有一个奇点 $w = 0$. 当然，该奇点落在 C 的内部，如图 237 所示.

w 平面

图 237

现在，函数 $f(w)$ 在区域 $0 < |w| < \infty$ 内可展开成洛朗级数. 由第 66 节式（5）可知，

$$\exp\left[\frac{z}{2}\left(w - \frac{1}{w}\right)\right] = \sum_{n=-\infty}^{\infty} J_n(z) w^n \quad (0 < |w| < \infty),$$

其中系数 $J_n(z)$ 为

$$J_n(z) = \frac{1}{2\pi \mathrm{i}} \int_C \frac{\exp\left[\dfrac{z}{2}\left(w - \dfrac{1}{w}\right)\right]}{w^{n+1}} \mathrm{d}w \quad (n = 0, \pm 1, \pm 2, \cdots).$$

利用 C 的参数表达式 $w = \mathrm{e}^{\mathrm{i}\phi}$ （$-\pi \leqslant \phi \leqslant \pi$），将 $J_n(z)$ 的表达式改写如下：

$$J_n(z) = \frac{1}{2\pi \mathrm{i}} \int_{-\pi}^{\pi} \frac{\exp\left[\dfrac{z}{2}(\mathrm{e}^{\mathrm{i}\phi} - \mathrm{e}^{-\mathrm{i}\phi})\right]}{\mathrm{e}^{\mathrm{i}(n+1)\phi}} \mathrm{i}\mathrm{e}^{\mathrm{i}\phi} \mathrm{d}\phi = \frac{1}{2\pi} \int_{-\pi}^{\pi} \exp[\mathrm{i}z\sin\phi] \mathrm{e}^{-\mathrm{i}n\phi} \mathrm{d}\phi.$$

即

$$J_n(z) = \frac{1}{2\pi} \int_{-\pi}^{\pi} \exp[-\mathrm{i}(n\phi - z\sin\phi)] \mathrm{d}\phi \quad (n = 0, \pm 1, \pm 2, \cdots).$$

（b）（a）中 $J_n(z)$ 的最后一个表达式可以写成

$$J_n(z) = \frac{1}{2\pi} \int_{-\pi}^{\pi} [\cos(n\phi - z\sin\phi) - \mathrm{i}\sin(n\phi - z\sin\phi)] \mathrm{d}\phi$$

$$= \frac{1}{2\pi} \int_{-\pi}^{\pi} \cos(n\phi - z\sin\phi) \mathrm{d}\phi - \frac{\mathrm{i}}{2\pi} \int_{-\pi}^{\pi} \sin(n\phi - z\sin\phi) \mathrm{d}\phi$$

$$= \frac{1}{2\pi} 2 \int_0^{\pi} \cos(n\phi - z\sin\phi) \mathrm{d}\phi - \frac{\mathrm{i}}{2\pi} 0 \quad (n = 0, \pm 1, \pm 2, \cdots).$$

即

$$J_n(z) = \frac{1}{\pi} \int_0^{\pi} \cos(n\phi - z\sin\phi) \mathrm{d}\phi \, (n = 0, \pm 1, \pm 2, \cdots).$$

10. （a）函数 $f(z)$ 在以原点为圆心的某个环域内解析；且单位圆周 C：$z = e^{i\phi}$（$-\pi \leqslant \phi \leqslant \pi$）包含在该环域内部，如图 238 所示.

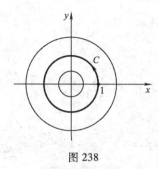

图 238

对于环域中的每个点 z，函数具有洛朗级数展式

$$f(z) = \sum_{n=0}^{\infty} a_n z^n + \sum_{n=1}^{\infty} \frac{b_n}{z^n},$$

其中

$$a_n = \frac{1}{2\pi i}\int_C \frac{f(z)\,dz}{z^{n+1}} = \frac{1}{2\pi i}\int_{-\pi}^{\pi} \frac{f(e^{i\phi})}{e^{i\phi(n+1)}}ie^{i\phi}d\phi = \frac{1}{2\pi}\int_{-\pi}^{\pi} f(e^{i\phi})e^{-in\phi}d\phi \quad (n = 0,1,2,\cdots),$$

$$b_n = \frac{1}{2\pi i}\int_C \frac{f(z)\,dz}{z^{-n+1}} = \frac{1}{2\pi i}\int_{-\pi}^{\pi} \frac{f(e^{i\phi})}{e^{i\phi(-n+1)}}ie^{i\phi}d\phi = \frac{1}{2\pi}\int_{-\pi}^{\pi} f(e^{i\phi})e^{in\phi}d\phi \quad (n = 1,2,\cdots).$$

将 a_n 和 b_n 的表达式代入级数中，则可得

$$f(z) = \sum_{n=0}^{\infty} \frac{1}{2\pi}\int_{-\pi}^{\pi} f(e^{i\phi})e^{-in\phi}d\phi z^n + \sum_{n=1}^{\infty} \frac{1}{2\pi}\int_{-\pi}^{\pi} f(e^{i\phi})e^{in\phi}d\phi \frac{1}{z^n}$$

或

$$f(z) = \frac{1}{2\pi}\int_{-\pi}^{\pi} f(e^{i\phi})d\phi + \frac{1}{2\pi}\sum_{n=1}^{\infty} \int_{-\pi}^{\pi} f(e^{i\phi})\left[\left(\frac{z}{e^{i\phi}}\right)^n + \left(\frac{e^{i\phi}}{z}\right)^n\right]d\phi.$$

（b）在（a）中的最后结果中，令 $z = e^{i\theta}$，可得

$$f(e^{i\theta}) = \frac{1}{2\pi}\int_{-\pi}^{\pi} f(e^{i\phi})d\phi + \frac{1}{2\pi}\sum_{n=1}^{\infty} \int_{-\pi}^{\pi} f(e^{i\phi})[e^{in(\theta-\phi)} + e^{-in(\theta-\phi)}]d\phi$$

或

$$f(e^{i\theta}) = \frac{1}{2\pi}\int_{-\pi}^{\pi} f(e^{i\phi})d\phi + \frac{1}{\pi}\sum_{n=1}^{\infty} \int_{-\pi}^{\pi} f(e^{i\phi})\cos[n(\theta-\phi)]d\phi.$$

若 $u(\theta) = \mathrm{Re}f(e^{i\theta})$，则由上式两边的实部相等可得，

$$u(\theta) = \frac{1}{2\pi}\int_{-\pi}^{\pi} u(\phi)d\phi + \frac{1}{\pi}\sum_{n=1}^{\infty} \int_{-\pi}^{\pi} u(\phi)\cos[n(\theta-\phi)]d\phi.$$

72. 级数展开式的唯一性

1. 对展式

$$\frac{1}{1-z} = \sum_{n=0}^{\infty} z^n \quad (|z| < 1),$$

两边求导，可得

$$\frac{1}{(1-z)^2} = \frac{d}{dz}\sum_{n=0}^{\infty} z^n = \sum_{n=0}^{\infty} \frac{d}{dz}z^n = \sum_{n=1}^{\infty} nz^{n-1} = \sum_{n=0}^{\infty} (n+1)z^n \quad (|z| < 1).$$

再一次求导，可得

$$\frac{2}{(1-z)^3} = \frac{d}{dz}\sum_{n=0}^{\infty} (n+1)z^n = \sum_{n=0}^{\infty} (n+1)\frac{d}{dz}z^n = \sum_{n=1}^{\infty} n(n+1)z^{n-1} = \sum_{n=0}^{\infty} (n+1)$$

$(n+2)z^n \quad (|z| < 1).$

2. 将麦克劳林级数（练习1）

$$\frac{1}{(1-z)^2} = \sum_{n=0}^{\infty} (n+1)z^n \quad (|z| < 1),$$

两边的 z 替换为 $1/(1-z)$，条件仍然是成立的. 故得到洛朗级数展式

$$\frac{1}{z^2} = \sum_{n=2}^{\infty} \frac{(-1)^n(n-1)}{(z-1)^n} \quad (1 < |z-1| < \infty).$$

3. 由于函数 $f(z) = 1/z$ 以 $z=0$ 为奇点，故函数关于点 $z_0 = 2$ 的泰勒级数在开圆盘 $|z-2| < 2$ 内成立，如图239所示.

为了求出该级数，记

$$\frac{1}{z} = \frac{1}{2+(z-2)} = \frac{1}{2} \cdot \frac{1}{1+(z-2)/2},$$

可以看出，将已知展式

$$\frac{1}{1-z} = \sum_{n=0}^{\infty} z^n \quad (|z| < 1).$$

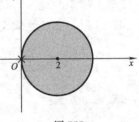

图239

中的 z 替换为 $-(z-2)/2$，可以得到结论. 具体地说，

$$\frac{1}{z} = \frac{1}{2}\sum_{n=0}^{\infty} \left[-\frac{(z-2)}{2} \right]^n \quad (|z-2| < 2),$$

或

$$\frac{1}{z} = \sum_{n=0}^{\infty} \frac{(-1)^n}{2^{n+1}} (z-2)^n \quad (|z-2| < 2).$$

对级数逐项求导，可得

$$-\frac{1}{z^2} = \sum_{n=1}^{\infty} \frac{(-1)^n}{2^{n+1}} n(z-2)^{n-1} = \sum_{n=0}^{\infty} \frac{(-1)^{n+1}}{2^{n+2}} (n+1)(z-2)^n \quad (|z-2| < 2).$$

因此

$$\frac{1}{z^2} = \frac{1}{4}\sum_{n=0}^{\infty} (-1)^n(n+1) \left(\frac{z-2}{2} \right)^n \quad (|z-2| < 2).$$

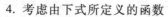

4. 考虑由下式所定义的函数

$$f(z) = \begin{cases} (1 - \cos z)/z^2 & \text{当 } z \neq 0 \text{ 时,} \\ 1/z & \text{当 } z = 0 \text{ 时.} \end{cases}$$

为了证明其为整函数,记

$$1 - \cos z = 1 - \sum_{n=0}^{\infty} (-1)^n \frac{z^{2n}}{(2n)!} = 1 - \left(1 - \frac{z^2}{2!} + \frac{z^4}{4!} - \frac{z^6}{6!} + \cdots\right),$$

即

$$1 - \cos z = \frac{z^2}{2!} - \frac{z^4}{4!} + \frac{z^6}{6!} - \cdots,$$

当 $z \neq 0$ 时,有 $f(z) = \frac{1}{2!} - \frac{z^2}{4!} + \frac{z^4}{6!} - \cdots.$

由于 $f(0) = \frac{1}{2}$,故而可知 $f(z)$ 为整函数.

6. 设 C 为 w 平面上落在开圆盘 $|w - 1| < 1$ 内,从点 $w = 1$ 到点 $w = z$ 的一弧段,如图 240 所示.

由第 71 节定理 1 可知,我们可以对泰勒级数展式

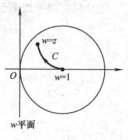

图 240

$$\frac{1}{w} = \sum_{n=0}^{\infty} (-1)^n (w - 1)^n \quad (|w - 1| < 1)$$

沿着弧段 C 逐项积分. 因此

$$\int_C \frac{dw}{w} = \int_C \sum_{n=0}^{\infty} (-1)^n (w - 1)^n dw = \sum_{n=0}^{\infty} (-1)^n \int_C (w - 1)^n dw.$$

然而

$$\int_C \frac{dw}{w} = \int_1^z \frac{dw}{w} = [\text{Log} w]_1^z = \text{Log} z - \text{Log} 1 = \text{Log} z$$

且

$$\int_C (w - 1)^n = \int_1^z (w - 1)^n dw = \left[\frac{(w - 1)^{n+1}}{n + 1}\right]_1^z = \frac{(z - 1)^{n+1}}{n + 1}.$$

因此

$$\text{Log} z = \sum_{n=0}^{\infty} \frac{(-1)^n}{n + 1} (z - 1)^{n+1} = \sum_{n=1}^{\infty} \frac{(-1)^{n-1}}{n} (z - 1)^n \quad (|z - 1| < 1);$$

并且,由于 $(-1)^{n-1} = (-1)^{n-1}(-1)^2 = (-1)^{n+1}$,故上式变为

$$\text{Log} z = \sum_{n=1}^{\infty} \frac{(-1)^{n+1}}{n} (z - 1)^n \quad (|z - 1| < 1).$$

73. 幂级数的乘法和除法

1. 函数 $f(z) = \dfrac{e^z}{z(z^2 + 1)}$ 的奇点为 $z = 0$,$\pm i$. 这里的问题是求出 f 在去心圆盘 $0 < |z| < 1$ 内的洛朗级数展式,如图 241 所示.

我们先回顾麦克劳林级数展式

$$e^z = 1 + \frac{z}{1!} + \frac{z^2}{2!} + \frac{z^3}{3!} + \cdots \quad (|z| < \infty)$$

以及

$$\frac{1}{1-z} = 1 + z + z^2 + z^3 + \cdots \quad (|z| < 1),$$

故可记

$$e^z = 1 + z + \frac{1}{2}z^2 + \frac{1}{6}z^3 + \cdots \quad (|z| < \infty)$$

以及

$$\frac{1}{z^2+1} = 1 - z^2 + z^4 - z^6 + \cdots \quad (|z| < 1).$$

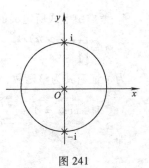

图 241

将最后的两个级数逐项相乘，可得麦克劳林级数展式

$$\frac{e^z}{z^2+1} = 1 + z + \frac{1}{2}z^2 + \frac{1}{6}z^3 + \cdots$$
$$- z^2 \quad - z^3 - \cdots$$
$$z^4 + \cdots$$
$$\vdots$$

$$= 1 + z - \frac{1}{2}z^2 - \frac{5}{6}z^3 + \cdots,$$

该展式在 $|z| < 1$ 内成立. 将上式两边乘以 $\frac{1}{z}$，即可得所求洛朗级数：

$$\frac{e^z}{z(z^2+1)} = \frac{1}{z} + 1 - \frac{1}{2}z - \frac{5}{6}z^2 + \cdots \quad (0 < |z| < 1).$$

5. 由第 67 节例 2，已知洛朗级数展式

$$\frac{1}{z^2 \sinh z} = \frac{1}{z^3} - \frac{1}{6} \cdot \frac{1}{z} + \frac{7}{360}z + \cdots \quad (0 < |z| < \pi).$$

再由第 60 节式（3），即洛朗级数的系数 b_n 的表达式可知，在该级数中，$\frac{1}{z}$ 的系数 b_1 可以写成

$$b_1 = \frac{1}{2\pi i} \int_C \frac{dz}{z^2 \sinh z},$$

其中 C 为圆周 $|z| = 1$，取逆时针方向. 由于 $b_1 = -\frac{1}{6}$，故

$$\int_C \frac{dz}{z^2 \sinh z} = 2\pi i \left(-\frac{1}{6} \right) = -\frac{\pi i}{3}.$$

6. （a） $\left(1 + \frac{1}{3!}z^2 + \frac{1}{5!}z^4 + \cdots \right)(d_0 + d_1 z + d_2 z^2 + d_3 z^3 + d_4 z^4 + \cdots)$

$$= d_0 \qquad\qquad + \frac{1}{3!}d_0 z^2 \qquad\qquad + \frac{1}{5!}d_0 z^4 + \cdots$$
$$+ d_1 z \qquad\qquad + \frac{1}{3!}d_1 z^3 \qquad\qquad + \frac{1}{5!}d_1 z^5 + \cdots$$
$$+ d_2 z^2 \qquad\qquad + \frac{1}{3!}d_2 z^4 + \cdots$$
$$\vdots$$

$$= d_0 + d_1 z + \left(d_2 + \frac{1}{3!} d_0 \right) z^2 + \cdots.$$

继续这样做下去，得到

$$(d_0 - 1) + d_1 z + \left(d_2 + \frac{1}{3!} d_0 \right) z^2 + \cdots = 0,\ 等.$$

（b）现在设 $d_0 - 1 = 0$，$d_1 = 0$，$d_2 + \dfrac{1}{3!} d_0 = 0$，等.

这就得到 $d_0 = 1$，$d_1 = 0$，$d_2 = -\dfrac{1}{6}$，等.

因此，第 73 节式（8）的右边即为

$$1 - \frac{1}{6} z^2 + \cdots 等.$$

7. 本题利用数学归纳法证明求导公式

$$\left[f(z) g(z) \right]^{(n)} = \sum_{k=0}^{n} \binom{n}{k} f^{(k)}(z) g^{(n-k)}(z) \quad (n = 1,2,\cdots).$$

当 $n = 1$ 时，公式显然成立. 这是因为在这种情况下，公式变成了

$$\left[f(z) g(z) \right]' = f(z) g'(z) + f'(z) g(z).$$

现在，假设当 $n = m$ 时，公式成立，并且利用该假设的结论证明当 $n = m + 1$ 时，公式也成立. 首先，我们记

$$
\begin{aligned}
\left[f(z) g(z) \right]^{(m+1)} &= \left\{ \left[f(z) g(z) \right]' \right\}^{(m)} = \left[f(z) g'(z) + f'(z) g(z) \right]^{(m)} \\
&= \left[f(z) g'(z) \right]^{(m)} + \left[f'(z) g(z) \right]^{(m)} \\
&= \sum_{k=0}^{m} \binom{m}{k} f^{(k)}(z) g^{(m-k+1)}(z) + \sum_{k=0}^{m} \binom{m}{k} f^{(k+1)}(z) g^{(m-k)}(z) \\
&= \sum_{k=0}^{m} \binom{m}{k} f^{(k)}(z) g^{(m-k+1)}(z) + \sum_{k=1}^{m+1} \binom{m}{k-1} f^{(k)}(z) g^{(m-k+1)}(z) \\
&= f(z) g^{(m+1)}(z) + \sum_{k=1}^{m} \left[\binom{m}{k} + \binom{m}{k-1} \right] \\
& \quad f^{(k)}(z) g^{(m+1-k)}(z) + f^{(m+1)}(z) g(z).
\end{aligned}
$$

然而

$$\binom{m}{k} + \binom{m}{k-1} = \frac{m!}{k!\,(m-k)!} + \frac{m!}{(k-1)!\,(m-k+1)!} = \frac{(m+1)!}{k!\,(m+1-k)!} = \binom{m+1}{k};$$

故

$$\left[f(z) g(z) \right]^{(m+1)} = f(z) g^{(m+1)}(z) + \sum_{k=1}^{m} \binom{m+1}{k} f^{(k)}(z) g^{(m+1-k)}(z) + f^{(m+1)}(z) g(z),$$

或者

$$\left[f(z) g(z) \right]^{(m+1)} = \sum_{k=0}^{m+1} \binom{m+1}{k} f^{(k)}(z) g^{(m+1-k)}(z).$$

这就完成了所需的证明.

8. 已知 $f(z)$ 为整函数, 可由如下形式的级数表示

$$f(z) = z + a_2 z^2 + a_3 z^3 + \cdots \quad (|z| < \infty).$$

（a）记 $g(z) = f[f(z)]$, 且注意到

$$f[f(z)] = g(0) + \frac{g'(0)}{1!}z + \frac{g''(0)}{2!}z^2 + \frac{g'''(0)}{3!}z^3 + \cdots \quad (|z| < \infty).$$

可以直接证明

$$g'(z) = f'[f(z)]f'(z),$$

$$g''(z) = f''[f(z)][f'(z)]^2 + f'[f(z)]f''(z),$$

和

$$g'''(z) = f'''[f(z)][f'(z)]^3 + 2f'(z)f''(z)f''[f(z)] + f''[f(z)]f'(z)f''(z) + f'[f(z)]f'''(z).$$

因此

$$g(0) = 0, g'(0) = 1, g''(0) = 4a_2, \text{且} \quad g'''(0) = 12(a_2^2 + a_3),$$

故

$$f[f(z)] = z + 2a_2 z^2 + 2(a_2^2 + a_3)z^3 + \cdots \quad (|z| < \infty).$$

（b）正常做下去, 得到

$$f[f(z)] = f(z) + a_2[f(z)]^2 + a_3[f(z)]^3 + \cdots$$
$$= (z + a_2 z^2 + a_3 z^3 + \cdots) + a_2(z + a_2 z^2 + a_3 z^3 + \cdots)^2 + a_3(z + a_2 z^2 + a_3 z^3 + \cdots)^3 + \cdots$$
$$= (z + a_2 z^2 + a_3 z^3 + \cdots) + (a_2 z^2 + 2a_2^2 z^3 + \cdots) + (a_3 z^3 + \cdots)$$
$$= z + 2a_2 z^2 + 2(a_2^2 + a_3)z^3 + \cdots.$$

（c）由于

$$\sin z = z - \frac{z^3}{3!} + \cdots = z + 0z^2 + \left(-\frac{1}{6}\right)z^3 + \cdots \quad (|z| < \infty),$$

结合（a）中的结论, 其中 $a_2 = 0$ 且 $a_3 = -\frac{1}{6}$, 得到

$$\sin(\sin z) = z - \frac{1}{3}z^3 + \cdots \quad (|z| < \infty).$$

9. 我们需要找出麦克劳林级数展式

$$\frac{1}{\cosh z} = \sum_{n=0}^{\infty} \frac{E_n}{n!}z^n \quad \left(|z| < \frac{\pi}{2}\right)$$

的前四个非零系数. 由于 $\cosh z$ 的零点为 $z = \left(\frac{\pi}{2} + n\pi\right)i (n = 0, \pm 1, \pm 2, \cdots)$, 其中

最接近原点的是 $z = \pm\frac{\pi}{2}i$, 故该展式在给定圆盘中成立. 由于 $\cosh z$ 为偶函数, 故级数

仅包含 z 的偶次幂; 即, $E_{2n+1} = 0 (n = 0, 1, 2, \cdots)$. 为了求出级数, 我们用 1 除以下

面的级数

$$\cosh z = 1 + \frac{z^2}{2!} + \frac{z^4}{4!} + \frac{z^6}{6!} + \cdots = 1 + \frac{1}{2}z^2 + \frac{1}{24}z^4 + \frac{1}{720}z^6 + \cdots \quad (\mid z \mid < \infty).$$

得到

$$\frac{1}{\cosh z} = 1 - \frac{1}{2}z^2 + \frac{5}{24}z^4 - \frac{61}{720}z^6 + \cdots \quad \left(\mid z \mid < \frac{\pi}{2}\right),$$

或

$$\frac{1}{\cosh z} = 1 - \frac{1}{2!}z^2 + \frac{5}{4!}z^4 - \frac{61}{6!}z^6 + \cdots \quad \left(\mid z \mid < \frac{\pi}{2}\right).$$

由于

$$\frac{1}{\cosh z} = E_0 + \frac{E_2}{2!}z^2 + \frac{E_4}{4!}z^4 + \frac{E_6}{6!}z^6 + \cdots \quad \left(\mid z \mid < \frac{\pi}{2}\right),$$

这就得到

$$E_0 = 1, \quad E_2 = -1, \quad E_4 = 5 \quad \text{且} \quad E_6 = -61.$$

第 6 章　留数和极点

77. 无穷远点处的留数

1. (a) 记

$$\frac{1}{z+z^2} = \frac{1}{z} \cdot \frac{1}{1+z} = \frac{1}{z}(1 - z + z^2 - z^3 + \cdots) = \frac{1}{z} - 1 + z - z^2 + \cdots \quad (0 < \mid z \mid < 1).$$

在 $z = 0$ 处的留数，即 $\frac{1}{z}$ 的系数，显然为 1.

(b) 利用展式

$$\cos z = 1 - \frac{z^2}{2!} + \frac{z^4}{4!} - \frac{z^6}{6!} + \cdots \quad (\mid z \mid < \infty),$$

可以得到

$$z\cos\left(\frac{1}{z}\right) = z\left(1 - \frac{1}{2!} \cdot \frac{1}{z^2} + \frac{1}{4!} \cdot \frac{1}{z^4} - \frac{1}{6!} \cdot \frac{1}{z^6} + \cdots\right) = z - \frac{1}{2!} \cdot \frac{1}{z} + \frac{1}{4!} \cdot \frac{1}{z^3} - \frac{1}{6!} \cdot \frac{1}{z^5} + \cdots$$
$$(0 < \mid z \mid < \infty).$$

故而可以看出，在 $z = 0$ 处的留数，即 $\frac{1}{z}$ 的系数为 $-\frac{1}{2}$.

(c) 注意到

$$\frac{z - \sin z}{z} = \frac{1}{z}(z - \sin z) = \frac{1}{z}\left[z - \left(z - \frac{z^3}{3!} + \frac{z^5}{5!} - \cdots\right)\right] = \frac{z^2}{3!} - \frac{z^4}{5!} + \cdots \quad (0 < \mid z \mid < \infty).$$

由于在该洛朗级数中 $\frac{1}{z}$ 的系数为 0，故 $z = 0$ 处的留数为 0.

(d) 记

$$\frac{\cot z}{z^4} = \frac{1}{z^4} \cdot \frac{\cos z}{\sin z}.$$

由于

$$\cos z = 1 - \frac{z^2}{2!} + \frac{z^4}{4!} - \cdots = 1 - \frac{z^2}{2} + \frac{z^4}{24} - \cdots \quad (\mid z \mid < \infty)$$

以及

$$\sin z = z - \frac{z^3}{3!} + \frac{z^5}{5!} - \cdots = z - \frac{z^3}{6} + \frac{z^5}{120} - \cdots \quad (\mid z \mid < \infty),$$

将 $\cos z$ 的级数除以 $\sin z$ 的级数，得到

$$\frac{\cos z}{\sin z} = \frac{1}{z} - \frac{z}{3} - \frac{z^3}{45} + \cdots \quad (0 < \mid z \mid < \pi).$$

因此

$$\frac{\cot z}{z^4} = \frac{1}{z^4}\left(\frac{1}{z} - \frac{z}{3} - \frac{z^3}{45} + \cdots\right) = \frac{1}{z^5} - \frac{1}{3} \cdot \frac{1}{z^3} - \frac{1}{45} \cdot \frac{1}{z} + \cdots \quad (0 < \mid z \mid < \pi).$$

注意到，上面级数成立的条件是基于当 $z = n\pi (n = 0, \pm 1, \pm 2, \cdots)$ 时，$\sin z = 0$ 的事实. 显然，$\dfrac{\cot z}{z^4}$ 在 $z = 0$ 处的留数为 $-\dfrac{1}{45}$.

（e）回顾

$$\sinh z = z + \frac{z^3}{3!} + \frac{z^5}{5!} + \cdots \quad (\mid z \mid < \infty)$$

以及

$$\frac{1}{1 - z} = 1 + z + z^2 + \cdots \quad (\mid z \mid < \infty).$$

函数

$$\frac{\sinh z}{z^4(1 - z^2)} = \frac{1}{z^4} \cdot (\sinh z)\left(\frac{1}{1 - z^2}\right)$$

在 $0 < \mid z \mid < 1$ 内可展开成洛朗级数. 为了求出该级数，首先将 $\sinh z$ 与 $\dfrac{1}{1 - z^2}$ 的麦克劳林级数相乘：

$$(\sinh z)\left(\frac{1}{1 - z^2}\right) = \left(z + \frac{1}{6}z^3 + \frac{1}{120}z^5 + \cdots\right)(1 + z^2 + z^4 + \cdots)$$

$$= z + \frac{1}{6}z^3 + \frac{1}{120}z^5 + \cdots$$

$$z^3 + \frac{1}{6}z^5 + \cdots$$

$$z^5 + \cdots$$

$$= z + \frac{7}{6}z^3 + \cdots \quad (0 < \mid z \mid < 1).$$

于是得到

$$\frac{\sinh z}{z^4(1 - z^2)} = \frac{1}{z^3} + \frac{7}{6} \cdot \frac{1}{z} + \cdots \quad (0 < \mid z \mid < 1).$$

这就证明了 $\dfrac{\sinh z}{z^4(1 - z^2)}$ 在 $z = 0$ 处的留数为 $\dfrac{7}{6}$.

2. 在下面每一部分中, C 均表示正向圆周 $|z| = 3$.

（a）为了计算 $\int_C \dfrac{\exp(-z)}{z^2}\mathrm{d}z$, 需要求出被积函数在 $z = 0$ 处的留数. 由洛朗级数

$$\frac{\exp(-z)}{z^2} = \frac{1}{z^2}\left(1 - \frac{z}{1!} + \frac{z^2}{2!} - \frac{z^3}{3!} + \cdots\right) = \frac{1}{z^2} - \frac{1}{1!}\cdot\frac{1}{z} + \frac{1}{2!} - \frac{z}{3!} + \cdots \quad (0 < |z| < \infty),$$

可以看出, 所求留数为 -1. 因此

$$\int_C \frac{\exp(-z)}{z^2}\mathrm{d}z = 2\pi\mathrm{i}(-1) = -2\pi\mathrm{i}.$$

（b）由于 $\mathrm{e}^{-z} = \mathrm{e}^{-(z-1)}\mathrm{e}^{-1} = \dfrac{1}{\mathrm{e}}\displaystyle\sum_{n=0}^{\infty}\dfrac{(-1)^n}{n!}(z-1)^n$, 故

$$\frac{\exp(-z)}{(z-1)^2} = \frac{1}{\mathrm{e}}\sum_{n=0}^{\infty}\frac{(-1)^n}{n!}(z-1)^{-n}$$
$$= \sum_{n=0}^{\infty}\frac{(-1)^n}{n!}\frac{1}{\mathrm{e}(z-1)^n}.$$

当 $n = 1$ 时, 容易得到项 $\dfrac{1}{z-1}$ 的系数. 因此 $\operatorname*{Res}\limits_{z=1}\dfrac{\exp(-z)}{(z-1)^2} = -\dfrac{1}{\mathrm{e}}$, 而这表明,

$$\int_C \frac{\exp(-z)}{(z-1)^2}\mathrm{d}z = 2\pi\mathrm{i}\left(-\frac{1}{\mathrm{e}}\right) = \frac{-2\pi\mathrm{i}}{\mathrm{e}},$$

其中 C 为正向圆周 $|z| = 3$.

（c）同样地, 要计算积分 $\int_C z^2\exp\left(\dfrac{1}{z}\right)\mathrm{d}z$, 必须先求出被积函数在 $z = 0$ 处的留数. 洛朗级数

$$z^2\exp\left(\frac{1}{z}\right) = z^2\left(1 + \frac{1}{1!}\cdot\frac{1}{z} + \frac{1}{2!}\cdot\frac{1}{z^2} + \frac{1}{3!}\cdot\frac{1}{z^3} + \frac{1}{4!}\cdot\frac{1}{z^4} + \cdots\right)$$
$$= z^2 + \frac{z}{1!} + \frac{1}{2!} + \frac{1}{3!}\cdot\frac{1}{z} + \frac{1}{4!}\cdot\frac{1}{z^2} + \cdots,$$

在 $0 < |z| < \infty$ 内成立, 这就说明所需留数为 $\dfrac{1}{6}$. 因此

$$\int_C z^2\exp\left(\frac{1}{z}\right)\mathrm{d}z = 2\pi\mathrm{i}\left(\frac{1}{6}\right) = \frac{\pi\mathrm{i}}{3}.$$

（d）至于积分 $\int_C \dfrac{z+1}{z^2 - 2z}\mathrm{d}z$, 需要分别求出

$$\frac{z+1}{z^2 - 2z} = \frac{z+1}{z(z-2)},$$

在 $z = 0$ 以及 $z = 2$ 处的两个留数. 对于 $z = 0$ 处的留数, 可以将函数写成

$$\frac{z+1}{z(z-2)} = \left(\frac{z+1}{z}\right)\left(\frac{1}{z-2}\right) = \left(-\frac{1}{2}\right)\left(1 + \frac{1}{z}\right)\cdot\frac{1}{1 - (z/2)}$$
$$= \left(-\frac{1}{2} - \frac{1}{2}\cdot\frac{1}{z}\right)\left(1 + \frac{z}{2} + \frac{z^2}{2^2} + \cdots\right),$$

其中 $0 < |z| < 2$，并注意到最后一个乘积中 $\frac{1}{z}$ 的系数为 $-\frac{1}{2}$，从而得到留数. 为了得到 $z = 2$ 处的留数，将函数写成

$$\frac{z+1}{z(z-2)} = \frac{(z-2)+3}{z-2} \cdot \frac{1}{2+(z-2)} = \frac{1}{2}\left(1 + \frac{3}{z-2}\right) \cdot \frac{1}{1+(z-2)/2}$$

$$= \frac{1}{2}\left(1 + \frac{3}{z-2}\right)\left[1 - \frac{z-2}{2} + \frac{(z-2)^2}{2^2} - \cdots\right],$$

其中 $0 < |z-2| < 2$，并且注意到乘积中 $\frac{1}{z-2}$ 的系数为 $\frac{3}{2}$. 最后，再由留数定理，得到

$$\int_C \frac{z+1}{z^2-2z} dz = 2\pi i\left(-\frac{1}{2} + \frac{3}{2}\right) = 2\pi i.$$

3. C 为正向圆周 $|z| = 2$. 我们来计算 $I = \int_C f(z)\,dz$，其中

$$f(z) = \frac{4z-5}{z(z-1)}.$$

注意到

$$\frac{1}{z^2} f\left(\frac{1}{z}\right) = \frac{1}{z^2} \cdot \frac{\frac{4}{z}-5}{\frac{1}{z}\left(\frac{1}{z}-1\right)} = \frac{\frac{4}{z}-5}{1-z^2} \cdot \frac{z}{z} = \frac{4-5z}{z(1-z^2)}$$

$$= \left(\frac{4}{z}-5\right)(1+z^2+z^4+\cdots) \quad (0 < |z| < 1).$$

乘积中 $\frac{1}{z}$ 的系数为 4. 因此，

$$\operatorname*{Res}_{z=0}\left[\frac{1}{z^2} f\left(\frac{1}{z}\right)\right] = 4.$$

于是得到

$$I = \int_C f(z)\,dz = 2\pi i \operatorname*{Res}_{z=0}\left[\frac{1}{z^2} f\left(\frac{1}{z}\right)\right] = (2\pi i)(4) = 8\pi i.$$

4. 本题中，C 均为正向圆周 $|z| = 2$.

(a) 若 $f(z) = \dfrac{z^5}{1-z^3}$，则

$$\frac{1}{z^2} f\left(\frac{1}{z}\right) = \frac{1}{z^7-z^4} = -\frac{1}{z^4} \cdot \frac{1}{1-z^3} = -\frac{1}{z^4}(1+z^3+z^6+\cdots) = -\frac{1}{z^4} - \frac{1}{z} - z^2 - \cdots,$$

其中 $0 < |z| < 1$. 这就得到

$$\int_C f(z)\,dz = 2\pi i \operatorname*{Res}_{z=0} \frac{1}{z^2} f\left(\frac{1}{z}\right) = 2\pi i(-1) = -2\pi i.$$

(b) 若 $f(z) = \dfrac{1}{1+z^2}$，则

$$\frac{1}{z^2}f\left(\frac{1}{z}\right) = \frac{1}{1+z^2} = \frac{1}{1-(-z^2)} = 1 - z^2 + z^4 - \cdots \quad (0 < \mid z \mid < 1).$$

因此

$$\int_C f(z)\,\mathrm{d}z = 2\pi\mathrm{i}\operatorname*{Res}_{z=0}\frac{1}{z^2}f\left(\frac{1}{z}\right) = 2\pi\mathrm{i}(0) = 0.$$

（c）若 $f(z) = \dfrac{1}{z}$，则得到 $\dfrac{1}{z^2}f\left(\dfrac{1}{z}\right) = \dfrac{1}{z}$. 于是，显然有

$$\int_C f(z)\,\mathrm{d}z = 2\pi\mathrm{i}\operatorname*{Res}_{z=0}\frac{1}{z^2}f\left(\frac{1}{z}\right) = 2\pi\mathrm{i}(1) = 2\pi\mathrm{i}.$$

5. 设 C 为圆周 $\mid z \mid = 1$，取逆时针方向.

（a）由麦克劳林级数 $\mathrm{e}^z = \displaystyle\sum_{n=0}^{\infty}\frac{z^n}{n!}\ (\mid z \mid < \infty)$ 可得

$$\int_C \exp\left(z+\frac{1}{z}\right)\mathrm{d}z = \int_C \mathrm{e}^z\mathrm{e}^{1/z}\mathrm{d}z = \int_C \mathrm{e}^{1/z}\sum_{n=0}^{\infty}\frac{z^n}{n!}\mathrm{d}z = \sum_{n=0}^{\infty}\frac{1}{n!}\int_C z^n\exp\left(\frac{1}{z}\right)\mathrm{d}z.$$

（b）再次参照 e^z 的麦克劳林级数，可得

$$z^n\exp\left(\frac{1}{z}\right) = z^n\sum_{k=0}^{\infty}\frac{1}{k!}\cdot\frac{1}{z^k} = \sum_{k=0}^{\infty}\frac{1}{k!}z^{n-k}\quad(n=0,1,2,\cdots).$$

现在，当 $n-k = -1$ 或 $k = n+1$ 时，级数中存在 $\dfrac{1}{z}$ 的项. 因此，由留数定理可知，

$$\int_C z^n\exp\left(\frac{1}{z}\right)\mathrm{d}z = 2\pi\mathrm{i}\frac{1}{(n+1)!}\quad(n=0,1,2,\cdots).$$

故（a）中的最后结果可简化为

$$\int_C \exp\left(z+\frac{1}{z}\right)\mathrm{d}z = 2\pi\mathrm{i}\sum_{n=0}^{\infty}\frac{1}{n!(n+1)!}.$$

6. 设 C 为一条包围所有奇点 $z_1, z_2, \cdots, z_m$ 的正向简单闭围线. 由柯西留数定理可知，

$$\int_C f(z)\,\mathrm{d}z = 2\pi\mathrm{i}\sum_{k=1}^{n}\operatorname*{Res}_{z=z_k}f(z).\tag{1}$$

然而，由第 77 节的定理可知

$$\int_C f(z)\,\mathrm{d}z = 2\pi\mathrm{i}\operatorname*{Res}_{z=0}\left[\frac{1}{z^2}f\left(\frac{1}{z}\right)\right],$$

并且，由第 77 节式（6）可知

$$\int_C f(z)\,\mathrm{d}z = -2\pi\mathrm{i}\operatorname*{Res}_{z=\infty}f(z).$$

现在，由式（1）和式（2）的右边相等可得

$$2\pi\mathrm{i}\sum_{z=z_k}^{n}\mathrm{Res}f(z) = -2\pi\mathrm{i}\,\mathrm{Res}_{z=\infty}f(z),$$

或

$$\sum_{k=1}^{n}\mathrm{Res}_{z=z_k}f(z) + \mathrm{Res}_{z=\infty}(z) = 0.$$

7. 已知两个多项式

$$P(z) = a_0 + a_1 z + a_2 z^2 + \cdots + a_n z^n \quad (a_n \neq 0)$$

和

$$Q(z) = b_0 + b_1 z + b_2 z^2 + \cdots + b_m z^m \quad (b_m \neq 0),$$

其中 $m \geqslant n+2$.

直接可证

$$\frac{1}{z^2} \cdot \frac{P(1/z)}{Q(1/z)} = \frac{a_0 z^{m-2} + a_1 z^{m-3} + a_2 z^{m-4} + \cdots + a_n z^{m-n-2}}{b_0 z^m + b_1 z^{m-1} + b_2 z^{m-2} + \cdots + b_m} \quad (z \neq 0).$$

注意到，由于 $m-n-2 \geqslant 0$，故上式的分子实际上是多项式. 同时，由于 $b_m \neq 0$，故这些多项式的商可以由形如 $d_0 + d_1 \dfrac{1}{z} + d_2 \dfrac{1}{z^2} + \cdots$ 的级数来表示. 即

$$\frac{1}{z^2} \cdot \frac{P(1/z)}{Q(1/z)} = d_0 + d_1 \frac{1}{z} + d_2 \frac{1}{z^2} + \cdots \quad (0 < |z| < R_2);$$

可以看出，$\dfrac{1}{z^2} \cdot \dfrac{P(1/z)}{Q(1/z)}$ 在 $z=0$ 处的留数为 0.

现在，假设 $Q(z)$ 的所有零点都落在简单闭围线 C 的内部，且假设 C 取正向. 由于 $P(z)/Q(z)$ 在有限平面上除了 $Q(z)$ 的零点外处处解析，故由第 64 节的定理以及刚才得到的留数可知

$$\int_C \frac{P(z)}{Q(z)}\mathrm{d}z = 2\pi\mathrm{i}\,\mathrm{Res}_{z=0}\left[\frac{1}{z^2} \cdot \frac{P(1/z)}{Q(1/z)}\right] = 2\pi\mathrm{i} \cdot 0 = 0.$$

若 C 取逆向，则结论仍然成立. 因为此时

$$\int_C \frac{P(z)}{Q(z)}\mathrm{d}z = -\int_{-C} \frac{P(z)}{Q(z)}\mathrm{d}z = 0.$$

79. 例子

1. （a）由展式

$$\mathrm{e}^z = 1 + \frac{z}{1!} + \frac{z^2}{2!} + \frac{z^3}{3!} + \cdots (|z| < \infty),$$

可知

$$z\exp\left(\frac{1}{z}\right) = z + 1 + \frac{1}{2!} \cdot \frac{1}{z} + \frac{1}{3!} \cdot \frac{1}{z^2} + \cdots (0 < |z| < \infty).$$

于是，$z\exp\left(\dfrac{1}{z}\right)$ 在孤立奇点 $z=0$ 的主要部分为

$$\frac{1}{2!} \cdot \frac{1}{z} + \frac{1}{3!} \cdot \frac{1}{z^2} + \cdots;$$

并且,点 $z=0$ 为该函数的本性奇点.

(b) 函数 $\dfrac{z^2}{1+z}$ 的孤立奇点为 $z=-1$. 由于其在 $z=-1$ 的主要部分涉及 $z+1$ 的幂,故首先注意到

$$z^2 = (z+1)^2 - 2z - 1 = (z+1)^2 - 2(z+1) + 1.$$

于是可以将函数写成

$$\frac{z^2}{1+z} = \frac{(z+1)^2 - 2(z+1) + 1}{z+1} = (z+1) - 2 + \frac{1}{z+1}.$$

由于其主要部分为 $\dfrac{1}{z+1}$,故点 $z=-1$ 为(简单)极点.

(c) 点 $z=0$ 为 $\dfrac{\sin z}{z}$ 的孤立奇点,将函数写成

$$\frac{\sin z}{z} = \frac{1}{z}\left(z - \frac{z^3}{3!} + \frac{z^5}{5!} - \cdots\right) = 1 - \frac{z^2}{3!} + \frac{z^4}{5!} - \cdots \quad (0 < |z| < \infty).$$

此时,主要部分显然为 0,故 $z=0$ 为函数 $\dfrac{\sin z}{z}$ 的可去奇点.

(d) 函数 $\dfrac{\cos z}{z}$ 的孤立奇点为 $z=0$. 由于

$$\frac{\cos z}{z} = \frac{1}{z}\left(1 - \frac{z^2}{2!} + \frac{z^4}{4!} - \cdots\right) = \frac{1}{z} - \frac{z}{2!} + \frac{z^3}{4!} - \cdots \quad (0 < |z| < \infty),$$

故主要部分为 $\dfrac{1}{z}$. 这就表明 $z=0$ 为 $\dfrac{\cos z}{z}$ 的(简单)极点.

(e) 记 $\dfrac{1}{(2-z)^3} = \dfrac{-1}{(z-2)^3}$,则可以看出 $\dfrac{1}{(2-z)^3}$ 在孤立奇点 $z=2$ 的主要部分即为函数本身. 显然,该点为(3 阶)极点.

2. (a) 奇点为 $z=0$. 由于

$$\frac{1 - \cosh z}{z^3} = \frac{1}{z^3}\left[1 - \left(1 + \frac{z^2}{2!} + \frac{z^4}{4!} + \frac{z^6}{6!} + \cdots\right)\right] = -\frac{1}{2!} \cdot \frac{1}{z} - \frac{z}{4!} - \frac{z^3}{6!} - \cdots,$$

其中 $0 < |z| < \infty$,故有 $m=1$ 和 $B = -\dfrac{1}{2!} = -\dfrac{1}{2}$.

(b) 这里,奇点也是 $z=0$. 由于

$$\frac{1 - \exp(2z)}{z^4} = \frac{1}{z^4}\left[1 - \left(1 + \frac{2z}{1!} + \frac{2^2 z^2}{2!} + \frac{2^3 z^3}{3!} + \frac{2^4 z^4}{4!} + \frac{2^5 z^5}{5!} + \cdots\right)\right]$$

$$= -\frac{2}{1!} \cdot \frac{1}{z^3} - \frac{2^2}{2!} \cdot \frac{1}{z^2} - \frac{2^3}{3!} \cdot \frac{1}{z} - \frac{2^4}{4!} - \frac{2^5}{5!}z - \cdots,$$

其中 $0 < |z| < \infty$,故有 $m=3$ 和 $B = -\dfrac{2^3}{3!} = -\dfrac{4}{3}$.

（c）函数 $\dfrac{\exp(2z)}{(z-1)^2}$ 的奇点为 $z=1$. 由泰勒级数

$$\exp(2z) = \mathrm{e}^{2(z-1)}\mathrm{e}^2 = \mathrm{e}^2\left[1 + \frac{2(z-1)}{1!} + \frac{2^2(z-1)^2}{2!} + \frac{2^3(z-1)^3}{3!} + \cdots\right]\,(\,|z| < \infty\,),$$

可写出函数的洛朗级数

$$\frac{\exp(2z)}{(z-1)^2} = \mathrm{e}^2\left[\frac{1}{(z-1)^2} + \frac{2}{1!}\cdot\frac{1}{z-1} + \frac{2^2}{2!} + \frac{2^2}{3!}(z-1) + \cdots\right](0 < |z-1| < \infty).$$

故而 $m=2$ 和 $B = \mathrm{e}^2\dfrac{2}{1!} = 2\mathrm{e}^2$.

3. 由于 f 在 z_0 处解析，故函数可展开成泰勒级数

$$f(z) = f(z_0) + \frac{f'(z_0)}{1!}(z-z_0) + \frac{f''(z_0)}{2!}(z-z_0)^2 + \cdots\,(\,|z-z_0| < R_0\,).$$

设 g 定义如下

$$g(z) = \frac{f(z)}{z-z_0}.$$

（a）假设 $f(z_0) \neq 0$. 那么

$$g(z) = \frac{1}{z-z_0}\left[f(z_0) + \frac{f'(z_0)}{1!}(z-z_0) + \frac{f''(z_0)}{2!}(z-z_0)^2 + \cdots\right]$$

$$= \frac{f(z_0)}{z-z_0} + \frac{f'(z_0)}{1!} + \frac{f''(z_0)}{2!}(z-z_0) + \cdots\,(0 < |z-z_0| < R_0).$$

这就表明 g 具有简单极点 z_0，且该点处的留数为 $f(z_0)$.

（b）另一方面，假设 $f(z_0) = 0$. 那么

$$g(z) = \frac{1}{z-z_0}\left[\frac{f'(z_0)}{1!}(z-z_0) + \frac{f''(z_0)}{2!}(z-z_0)^2 + \cdots\right]$$

$$= \frac{f'(z_0)}{1!} + \frac{f''(z_0)}{2!}(z-z_0) + \cdots\,(0 < |z-z_0| < R_0).$$

由于 g 在点 z_0 的主要部分仅仅为 0，故点 $z=0$ 为 g 的可去奇点.

4. 将函数

$$f(z) = \frac{8a^3z^2}{(z^2+a^2)^3}\quad(a>0)$$

写成

$$f(z) = \frac{\phi(z)}{(z-ai)^3},\text{其中 }\phi(z) = \frac{8a^3z^2}{(z+ai)^3}.$$

由于 $\phi(z)$ 仅有 $z = -ai$ 一个奇点，故 $\phi(z)$ 在 $z = ai$ 处可展成泰勒级数

$$\phi(z) = \phi(ai) + \frac{\phi'(ai)}{1!}(z-ai) + \frac{\phi''(ai)}{2!}(z-ai)^2 + \cdots\quad(\,|z-ai| < 2a).$$

因此

$$f(z) = \frac{1}{(z-ai)^3}\left[\phi(ai) + \frac{\phi'(ai)}{1!}(z-ai) + \frac{\phi''(ai)}{2!}(z-ai)^2 + \cdots\right]\quad(0 < |z-ai| < 2a).$$

现在,直接求导可以得到

$$\phi'(z) = \frac{16a^4 iz - 8a^3 z^2}{(z+ai)^4} \text{和} \phi''(z) = \frac{16a^3(z^2 - 4aiz - a^2)}{(z+ai)^5}.$$

因此,

$$\phi(ai) = -a^2 i, \phi'(ai) = -\frac{a}{2} \text{及} \phi''(ai) = -i.$$

于是函数可以写成

$$f(z) = \frac{1}{(z-ai)^3}\left[-a^2 i - \frac{a}{2}(z-ai) - \frac{i}{2}(z-ai)^2 + \cdots \right] \quad (0 < |z-ai| < 2a).$$

故 f 在点 $z = ai$ 的主要部分为

$$-\frac{i/2}{z-ai} - \frac{a/2}{(z-ai)^2} - \frac{a^2 i}{(z-ai)^3}.$$

81. 例子

1. (a) 函数 $f(z) = \dfrac{z+1}{z^2+9} = \dfrac{z+1}{(z-3i)(z+3i)}$ 以 $z = \pm 3i$ 为简单极点. 并且,

$$\operatorname*{Res}_{z=3i} f(z) = \frac{3i+1}{6i} \cdot \frac{i}{i} = \frac{-3+i}{-6} = \frac{3-i}{6}$$

和

$$\operatorname*{Res}_{z=-3i} f(z) = \frac{-3i+1}{-6i} \cdot \frac{i}{i} = \frac{3+i}{6}.$$

(b) 函数 $f(z) = \dfrac{z^2+2}{z-1}$ 以 $z = 1$ 为孤立奇点. 记 $f(z) = \dfrac{\phi(z)}{z-1}$,其中 $\phi(z) = z^2 + 2$,并且注意到 $\phi(z)$ 在 $z = 1$ 处非零解析,可以看出,$z = 1$ 为 $m = 1$ 阶极点且该点处的留数为 $B = \phi(1) = 3$.

(c) 若记

$$f(z) = \left(\frac{z}{2z+1}\right)^3 = \frac{\phi(z)}{\left[z - \left(-\dfrac{1}{2}\right)\right]^3}, \quad \text{其中} \quad \phi(z) = \frac{z^3}{8},$$

则可以看出,$z = -\dfrac{1}{2}$ 为 f 的奇点. 由于 $\phi(z)$ 在该点处非零解析,故该点为 f 的 $m = 3$ 阶极点. 留数为

$$B = \frac{\phi''(-1/2)}{2!} = -\frac{3}{16}.$$

(d) 函数

$$f(z) = \frac{\exp z}{z^2 + \pi^2} = \frac{\exp z}{(z - \pi i)(z + \pi i)}$$

以两点 $z = \pm \pi i$ 为 $m = 1$ 阶极点. 在 $z = \pi i$ 处的留数为

$$B_1 = \frac{\exp \pi i}{2\pi i} = \frac{-1}{2\pi i} = \frac{i}{2\pi},$$

而在 $z = -\pi i$ 处的留数为

$$B_2 = \frac{\exp(-\pi i)}{-2\pi i} = \frac{-1}{-2\pi i} = -\frac{i}{2\pi}.$$

2.（a）将函数 $f(z) = \dfrac{z^{1/4}}{z+1}$（$|z|>0$,

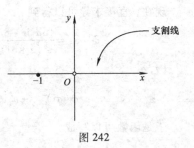

图 242

$0 < \arg z < 2\pi$）记为

$$f(z) = \frac{\phi(z)}{z+1}, \quad 其中 \quad \phi(z) = z^{1/4}$$

$$= e^{\frac{1}{4}\log z} \ (|z|>0,\ 0<\arg z<2\pi).$$

函数 $\phi(z)$ 在其定义域内处处解析，如图 242 所示.
并且,

$$\phi(-1) = (-1)^{1/4} = e^{\frac{1}{4}\log(-1)} = e^{\frac{1}{4}(\ln 1 + i\pi)} = e^{i\pi/4} = \cos\frac{\pi}{4} + i\sin\frac{\pi}{4} = \frac{1+i}{\sqrt{2}} \neq 0.$$

这就表明，函数 f 以 $z = -1$ 为 $m = 1$ 阶极点，且在该点处的留数为

$$B = \phi(-1) = \frac{1+i}{\sqrt{2}}.$$

（b）将函数 $f(z) = \dfrac{\mathrm{Log}z}{(z^2+1)^2}$ 记为

$$f(z) = \frac{\phi(z)}{(z-i)^2}, \quad 其中 \quad \phi(z) = \frac{\mathrm{Log}z}{(z+i)^2}.$$

由此，显然可知 $f(z)$ 以 $z = i$ 为 $m = 2$ 阶极点. 再直接求导，可得

$$\mathop{\mathrm{Res}}_{z=i} \frac{\mathrm{Log}z}{(z^2+1)^2} = \phi'(i) = \frac{\pi+2i}{8}.$$

（c）将函数

$$f(z) = \frac{z^{1/2}}{(z^2+1)^2}(|z|>0,0<\arg z<2\pi)$$

记为

$$f(z) = \frac{\phi(z)}{(z-i)^2}, \quad 其中 \quad \phi(z) = \frac{z^{1/2}}{(z+i)^2}.$$

由于

$$\phi'(z) = \frac{(z+i)z^{-1/2} - 4z^{1/2}}{2(z+i)^3},$$

并且

$$i^{-1/2} = e^{-i\pi/4} = \frac{1}{\sqrt{2}} - \frac{i}{\sqrt{2}}, i^{1/2} = e^{i\pi/4} = \frac{1}{\sqrt{2}} + \frac{i}{\sqrt{2}},$$

故

$$\mathop{\mathrm{Res}}_{z=i} \frac{z^{1/2}}{(z^2+1)^2} = \phi'(i) = \frac{1-i}{8\sqrt{2}}.$$

4. （a）我们想要计算积分

$$\int_c \frac{3z^3 + 2}{(z-1)(z^2+9)}dz,$$

其中 C 为圆周 $|z-2|=2$，取逆时针方向. 该圆周和被积函数的奇点 $z=1$，$\pm 3i$ 如图 243 所示.

注意到，C 内部唯一的奇点 $z=1$ 为被积函数的简单极点，并且

$$\operatorname*{Res}_{z=1}\frac{3z^3+2}{(z-1)(z^2+9)} = \frac{3z^3+2}{z^2+9}\bigg|_{z=1} = \frac{1}{2}.$$

于是，由留数定理可知

$$\int_c \frac{3z^3+2}{(z-1)(z^2+9)}dz = 2\pi i\left(\frac{1}{2}\right) = \pi i.$$

（b）当 C 换成正向圆周 $|z|=4$ 时，如图 244 所示，我们重做（a）部分.

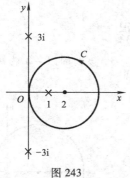

图 243

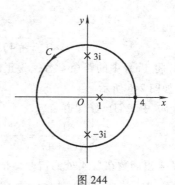

图 244

在这种情形下，被积函数所有的三个奇点 $z=1$，$\pm 3i$ 都落在 C 的内部. 由（a）部分我们已经知道

$$\operatorname*{Res}_{z=1}\frac{3z^3+2}{(z-1)(z^2+9)} = \frac{1}{2}.$$

此外，可以直接证明

$$\operatorname*{Res}_{z=3i}\frac{3z^3+2}{(z-1)(z^2+9)} = \frac{3z^3+2}{(z-1)(z+3i)}\bigg|_{z=3i} = \frac{15+49i}{12},$$

以及

$$\operatorname*{Res}_{z=-3i}\frac{3z^3+2}{(z-1)(z^2+9)} = \frac{3z^3+2}{(z-1)(z-3i)}\bigg|_{z=-3i} = \frac{15-49i}{12}.$$

现在，由留数定理可知

$$\int_c \frac{3z^3+2}{(z-1)(z^2+9)}dz = 2\pi i\left(\frac{1}{2} + \frac{15+49i}{12} + \frac{15-49i}{12}\right) = 6\pi i.$$

5. （a）设 C 为正向圆周 $|z|=2$，并且注意到，积分 $\int_c \dfrac{dz}{z^3(z+4)}$ 的被积函数以 $z=0$ 和 $z=-4$ 为奇点. 如图 245 所示.

为了求出被积函数在 $z=0$ 处的留数，回顾展式

$$\frac{1}{1-z} = \sum_{n=0}^{\infty} z^n \quad (\mid z \mid < 1),$$

并将函数写成

$$\frac{1}{z^3(z+4)} = \frac{1}{4z^3}\left[\frac{1}{1+(z/4)}\right] = \frac{1}{4z^3}\sum_{n=0}^{\infty}\left(-\frac{z}{4}\right)^n$$

$$= \sum_{n=0}^{\infty}\frac{(-1)^n}{4^{n+1}}z^{n-3} \quad (0 < \mid z \mid < 4).$$

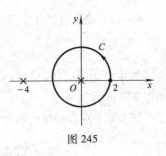

图 245

现在，当 $n=2$ 时，容易得到项 $\dfrac{1}{z}$ 的系数，并且可以看出

$$\operatorname*{Res}_{z=0}\frac{1}{z^3(z+4)} = \frac{1}{64}.$$

故

$$\int_C\frac{\mathrm{d}z}{z^3(z+4)} = 2\pi\mathrm{i}\left(\frac{1}{64}\right) = \frac{\pi\mathrm{i}}{32}.$$

（b）将（a）中的路径 C 替换为正向圆周 $\mid z+2 \mid = 3$，该圆周以 -2 为圆心且半径为 3. 如图 246 所示.

在（a）中我们已经知道

$$\operatorname*{Res}_{z=0}\frac{1}{z^3(z+4)} = \frac{1}{64}.$$

为了求出函数在 -4 处的留数，记

$$\frac{1}{z^3(z+4)} = \frac{\phi(z)}{z-(-4)}, \quad \text{其中} \quad \phi(z) = \frac{1}{z^3}.$$

这就得到，$z = -4$ 为被积函数的简单极点，并且该点处的留数为 $\phi(-4) = -1/64$. 故

$$\int_C\frac{\mathrm{d}z}{z^3(z+4)} = 2\pi\mathrm{i}\left(\frac{1}{64} - \frac{1}{64}\right) = 0.$$

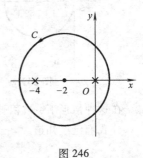

图 246

6. 我们计算积分 $\displaystyle\int_C\frac{\cosh\pi z\mathrm{d}z}{z(z^2+1)}$，其中 C 为正向圆周 $\mid z \mid = 2$. 被积函数所有的三个孤立奇点 $z=0$，$\pm\mathrm{i}$ 都落在 C 的内部. 所求留数为

$$\operatorname*{Res}_{z=0}\frac{\cosh\pi z}{z(z^2+1)} = \frac{\cosh\pi z}{z^2+1}\bigg|_{z=0} = 1,$$

$$\operatorname*{Res}_{z=\mathrm{i}}\frac{\cosh\pi z}{z(z^2+1)} = \frac{\cosh\pi z}{z(z+\mathrm{i})}\bigg|_{z=\mathrm{i}} = \frac{1}{2},$$

以及

$$\operatorname*{Res}_{z=-\mathrm{i}}\frac{\cosh\pi z}{z(z^2+1)} = \frac{\cosh\pi z}{z(z-\mathrm{i})}\bigg|_{z=-\mathrm{i}} = \frac{1}{2}.$$

$$\int_C \frac{\cosh \pi z dz}{z(z^2+1)} = 2\pi i\left(1 + \frac{1}{2} + \frac{1}{2}\right) = 4\pi i.$$

7. 本题中 C 均表示正向圆周 $|z| = 3$.

（a）可以直接证明

$$若 f(z) = \frac{(3z+2)^2}{z(z-1)(2z+5)}, \quad 则 \quad \frac{1}{z^2} f\left(\frac{1}{z}\right) = \frac{(3+2z)^2}{z(1-z)(2+5z)}.$$

函数 $\frac{1}{z^2} f\left(\frac{1}{z}\right)$ 以 $z=0$ 为简单极点，并且

$$\int_C \frac{(3z+2)^2}{z(z-1)(2z+5)} dz = 2\pi i \operatorname*{Res}_{z=0}\left[\frac{1}{z^2} f\left(\frac{1}{z}\right)\right] = 2\pi i\left(\frac{9}{2}\right) = 9\pi i.$$

（b）同样地，

$$若 f(z) = \frac{z^3 e^{1/z}}{1+z^3}, \quad 则 \quad \frac{1}{z^2} f\left(\frac{1}{z}\right) = \frac{e^z}{z^2(1+z^3)}.$$

点 $z=0$ 为函数 $\frac{1}{z^2} f\left(\frac{1}{z}\right)$ 的 2 阶极点，并且留数为 $\phi'(0)$，其中

$$\phi(z) = \frac{e^z}{1+z^3}.$$

由于

$$\phi'(z) = \frac{(1+z^3)e^z - e^z 3z^2}{(1+z^3)^2},$$

故 $\phi'(0)$ 的值为 1. 因此

$$\int_C \frac{z^3 e^{1/z}}{1+z^3} dz = 2\pi i \operatorname*{Res}_{z=0}\left[\frac{1}{z^2} f\left(\frac{1}{z}\right)\right] = 2\pi i(1) = 2\pi i.$$

83. 零点和极点

1. （a）记

$$\csc z = \frac{1}{\sin z} = \frac{p(z)}{q(z)}, 其中 p(z) = 1 且 q(z) = \sin z.$$

由于

$$p(0) = 1 \neq 0, q(0) = \sin 0 = 0 且 q'(0) = \cos 0 = 1 \neq 0,$$

故 $z=0$ 必定为 $\csc z$ 的简单极点，其留数为

$$\frac{p(0)}{q'(0)} = \frac{1}{1} = 1.$$

3. （b）$\frac{\exp(zt)}{\sinh z} = \frac{p(z)}{q(z)}$，其中 $p(z) = \exp(zt), q(z) = \sinh z.$

容易看出

$$\operatorname*{Res}_{z=\pi i} \frac{\exp(zt)}{\sinh z} = \frac{p(\pi i)}{q'(\pi i)} = -\exp(i\pi t), 和 \operatorname*{Res}_{z=-\pi i} \frac{\exp(zt)}{\sinh z} = \frac{p(-\pi i)}{q'(-\pi i)} = -\exp(-i\pi t).$$

于是，显然地，

$$\operatorname*{Res}_{z=\pi i}\frac{\exp(zt)}{\sinh z}+\operatorname*{Res}_{z=-\pi i}\frac{\exp(zt)}{\sinh z}=-2\frac{\exp(i\pi t)+\exp(-i\pi t)}{2}=-2\cos\pi t.$$

4. （a）记

$$f(z)=\frac{p(z)}{q(z)}, \quad \text{其中} \quad p(z)=z, q(z)=\cos z.$$

注意到

$$q\left(\frac{\pi}{2}+n\pi\right)=0 \quad (n=0,\pm1,\pm2,\cdots).$$

同时，对于给定的 n，有

$$p\left(\frac{\pi}{2}+n\pi\right)=\frac{\pi}{2}+n\pi\neq0 \quad \text{且} \quad q'\left(\frac{\pi}{2}+n\pi\right)=-\sin\left(\frac{\pi}{2}+n\pi\right)=(-1)^{n+1}\neq0.$$

因此，函数 $f(z)=\dfrac{z}{\cos z}$ 以每个

$$z_n=\frac{\pi}{2}+n\pi \quad (n=0,\pm1,\pm2,\cdots).$$

为 $m=1$ 阶极点，且对应的留数为

$$B=\frac{p(z_n)}{q'(z_n)}=(-1)^{n+1}z_n.$$

（b）记

$$\tanh z=\frac{p(z)}{q(z)}, \quad \text{其中} \quad p(z)=\sinh z, q(z)=\cosh z.$$

p 和 q 都为整函数，且 q 的零点为（第39节）

$$z=\left(\frac{\pi}{2}+n\pi\right)i \quad (n=0,\pm1,\pm2,\cdots).$$

除了已知 $q\left(\left(\frac{\pi}{2}+n\pi\right)i\right)=0$ 外，可以看到

$$p\left(\left(\frac{\pi}{2}+n\pi\right)i\right)=\sinh\left(\frac{\pi}{2}i+n\pi i\right)=i\cos n\pi=i(-1)^n\neq0$$

且

$$q'\left(\left(\frac{\pi}{2}+n\pi\right)i\right)=\sinh\left(\frac{\pi}{2}i+n\pi i\right)=i(-1)^n\neq0.$$

因此，点 $z=\left(\frac{\pi}{2}+n\pi\right)i$（$n=0,\pm1,\pm2,\cdots$）为

$\tanh z$ 的 $m=1$ 阶极点，每个点处对应的留数为

$$B=\frac{p\left(\left(\frac{\pi}{2}+n\pi\right)i\right)}{q'\left(\left(\frac{\pi}{2}+n\pi\right)i\right)}=\frac{i(-1)^n}{i(-1)^n}=1.$$

5. 设 C 为正向圆周 $|z|=2$，如图247所示。

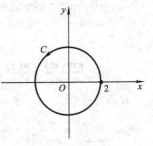

图247

（a）为了计算积分 $\int_C \tan z\, dz$，记被积函数为

$$\tan z = \frac{p(z)}{q(z)}, \quad \text{其中} \quad p(z) = \sin z,\ q(z) = \cos z.$$

且已知 $\cos z$ 的零点为 $z = \frac{\pi}{2} + n\pi\,(n = 0,\ \pm 1,\ \pm 2,\ \cdots)$. 这些零点中仅有两个点，即 $z = \pm\pi/2$，落在 C 的内部，并且它们是 $\tan z$ 在 C 内部的孤立奇点. 注意到

$$\operatorname*{Res}_{z=\pi/2} \tan z = \frac{p(\pi/2)}{q'(\pi/2)} = -1 \quad \text{且} \quad \operatorname*{Res}_{z=-\pi/2} \tan z = \frac{p(-\pi/2)}{q'(-\pi/2)} = -1.$$

因此

$$\int_C \tan z\, dz = 2\pi i(-1 - 1) = -4\pi i.$$

（b）这里的问题是计算积分 $\int_C \dfrac{dz}{\sinh 2z}$. 为此，记被积函数为

$$\frac{1}{\sinh 2z} = \frac{p(z)}{q(z)}, \quad \text{其中} \quad p(z) = 1, q(z) = \sinh 2z.$$

现在，当 $2z = n\pi i\,(n = 0,\ \pm 1,\ \pm 2,\ \cdots)$ 时，或当

$$z = \frac{n\pi i}{2} \quad (n = 0, \pm 1, \pm 2, \cdots)$$

时，有 $\sinh 2z = 0$. 在 $\sinh 2z$ 的这些零点之中，有三个零点，即 0 和 $\pm\dfrac{\pi i}{2}$，落在 C 的内部，且为所考虑的被积函数的孤立奇点. 可以直接证明

$$\operatorname*{Res}_{z=0} \frac{1}{\sinh 2z} = \frac{p(0)}{q'(0)} = \frac{1}{2\cosh 0} = \frac{1}{2},$$

$$\operatorname*{Res}_{z=\pi i/2} \frac{1}{\sinh 2z} = \frac{p(\pi i/2)}{q'(\pi i/2)} = \frac{1}{2\cosh(\pi i)} = \frac{1}{2\cos\pi} = -\frac{1}{2},$$

以及

$$\operatorname*{Res}_{z=-\pi i/2} \frac{1}{\sinh 2z} = \frac{p(-\pi i/2)}{q'(-\pi i/2)} = \frac{1}{2\cosh(-\pi i)} = \frac{1}{2\cos(-\pi)} = -\frac{1}{2}.$$

因此，

$$\int_C \frac{dz}{\sinh 2z} = 2\pi i\left(\frac{1}{2} - \frac{1}{2} - \frac{1}{2}\right) = -\pi i.$$

6. 简单闭围线 C_N 如图 248 所示.

在 C_N 的内部，函数 $\dfrac{1}{z^2 \sin z}$ 的孤立奇点为

$$z = 0 \quad \text{和} \quad z = \pm n\pi\,(n = 1, 2, \cdots, N).$$

为了求出函数在 $z = 0$ 处的留数，回顾第 73 节练习 3 中所得 $\csc z$ 的洛朗级数，并将函数写成

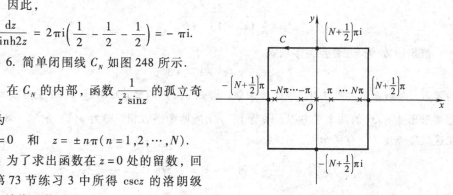

图 248

$$\frac{1}{z^2 \sin z} = \frac{1}{z^2} \csc z = \frac{1}{z^2}\left\{\frac{1}{z} + \frac{1}{3!}z + \left[\frac{1}{(3!)^2} - \frac{1}{5!}\right]z^3 + \cdots\right\}$$

$$= \frac{1}{z^3} + \frac{1}{6}\cdot\frac{1}{z} + \left[\frac{1}{(3!)^2} - \frac{1}{5!}\right]z + \cdots \quad (0 < |z| < \pi).$$

由此可知，$\dfrac{1}{z^2 \sin z}$ 以 $z = 0$ 为 3 阶极点，并且

$$\operatorname*{Res}_{z=0}\frac{1}{z^2 \sin z} = \frac{1}{6}.$$

至于点 $z = \pm n\pi (n = 1, 2, \cdots, N)$，则记

$$\frac{1}{z^2 \sin z} = \frac{p(z)}{q(z)}, \quad \text{其中} \quad p(z) = 1, q(z) = z^2 \sin z.$$

由于

$$p(\pm n\pi) = 1 \neq 0, \quad q(\pm n\pi) = 0 \quad \text{和} \quad q'(\pm n\pi) = n^2\pi^2\cos n\pi = (-1)^n n^2\pi^2 \neq 0,$$

故

$$\operatorname*{Res}_{z=\pm n\pi}\frac{1}{z^2 \sin z} = \frac{1}{(-1)^n n^2\pi^2}\cdot\frac{(-1)^n}{(-1)^n} = \frac{(-1)^n}{n^2\pi^2}.$$

因此，由留数定理可知，

$$\int_{C_s}\frac{\mathrm{d}z}{z^2 \sin z}\mathrm{d}z = 2\pi\mathrm{i}\left[\frac{1}{6} + 2\sum_{n=1}^{N}\frac{(-1)^n}{n^2\pi^2}\right].$$

将上式改写为如下形式

$$\sum_{n=1}^{N}\frac{(-1)^{n+1}}{n^2} = \frac{\pi^2}{12} - \frac{\pi}{4\mathrm{i}}\int_{C_s}\frac{\mathrm{d}z}{z^2 \sin z},$$

并回顾第 47 节练习 8 中的结果，即当 N 趋于无穷时，此处的积分值趋于 0，于是我们得到所求的求和公式为

$$\sum_{n=1}^{\infty}\frac{(-1)^{n+1}}{n^2} = \frac{\pi^2}{12}.$$

7. 路径 C 为正向矩形边界，矩形的顶点为点 ± 2 和 $\pm 2 + \mathrm{i}$. 问题在于计算积分

$$\int_C \frac{\mathrm{d}z}{(z^2 - 1)^2 + 3}.$$

被积函数的孤立奇点为多项式

$$q(z) = (z^2 - 1)^2 + 3$$

的零点. 令该多项式等于 0，并对 z^2 求解，可知 $q(z)$ 的零点 z 满足 $z^2 = 1 \pm \sqrt{3}\mathrm{i}$. 可以直接求出 $1 + \sqrt{3}\mathrm{i}$ 的两个平方根，以及 $1 - \sqrt{3}\mathrm{i}$ 的两个平方根，即为 $q(z)$ 的四个零点. 在这些零点中，仅有两个点

$$z_0 = \sqrt{2}\mathrm{e}^{\mathrm{i}\pi/6} = \frac{\sqrt{3} + \mathrm{i}}{\sqrt{2}} \quad \text{和} \quad -\bar{z}_0 = -\sqrt{2}\mathrm{e}^{-\mathrm{i}\pi/6} = \frac{-\sqrt{3} + \mathrm{i}}{\sqrt{2}}$$

落在 C 的内部. 如图 249 所示.

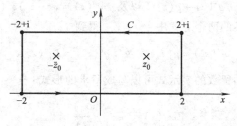

图 249

为了求出函数在 z_0 和 $-\bar{z}_0$ 处的留数，将被积函数记为

$$\frac{1}{(z^2-1)^2+3} = \frac{p(z)}{q(z)},$$

其中

$$p(z) = 1, q(z) = (z^2-1)^2+3.$$

当然，多项式 $q(z)$ 与上述的 $q(z)$ 相同；因此，$q(z_0) = 0$. 同时，注意到，p 和 q 在 z_0 处解析且 $p(z_0) \neq 0$. 最后，可以直接证明 $q'(z) = 4z(z^2-1)$，且由此可知，

$$q'(z_0) = 4z_0(z_0^2-1) = -2\sqrt{6}+6\sqrt{2}\mathrm{i} \neq 0.$$

于是，可以得到 z_0 为被积函数的简单极点，且该点处的留数为

$$\frac{p(z_0)}{q'(z_0)} = \frac{1}{-2\sqrt{6}+6\sqrt{2}\mathrm{i}}.$$

在奇点 $-\bar{z}_0$ 处也可以得到类似的结果. 具体地说，容易看出

$$q'(-\bar{z}_0) = -q'(\bar{z}_0) = -\overline{q'(z_0)} = 2\sqrt{6}+6\sqrt{2}\mathrm{i} \neq 0,$$

被积函数在 $-\bar{z}_0$ 处的留数为

$$\frac{p(-\bar{z}_0)}{q'(-\bar{z}_0)} = \frac{1}{2\sqrt{6}+6\sqrt{2}\mathrm{i}}.$$

最后，由留数定理可知，

$$\int_C \frac{\mathrm{d}z}{(z^2-1)^2+3} = 2\pi\mathrm{i}\left(\frac{1}{-2\sqrt{6}+6\sqrt{2}\mathrm{i}} + \frac{1}{2\sqrt{6}+6\sqrt{2}\mathrm{i}}\right) = \frac{\pi}{2\sqrt{2}}.$$

8. 已知 $f(z) = 1/[q(z)]^2$，其中 q 在 z_0 处解析，$q(z_0) = 0$，$q'(z_0) \neq 0$. 由这些关于 q 的条件可知，q 以 z_0 为 $m = 1$ 阶零点. 因此，$q(z) = (z-z_0)g(z)$，其中函数 g 在 z_0 处非零解析；于是可记

$$f(z) = \frac{\phi(z)}{(z-z_0)^2}, \quad 其中 \quad \phi(z) = \frac{1}{[g(z)]^2}.$$

故 f 以 z_0 为 2 阶极点，并且

$$\operatorname*{Res}_{z=z_0} f(z) = \phi'(z_0) = -\frac{2g'(z_0)}{[g(z_0)]^3}.$$

然而，由于 $q(z) = (z-z_0)g(z)$，故可知

$$q'(z) = (z - z_0)g'(z) + g(z) \quad \text{以及} \quad q''(z) = (z - z_0)g''(z) + 2g'(z).$$

于是，通过在上述的两个等式中令 $z = z_0$，得到

$$q'(z_0) = g(z_0) \quad \text{及} \quad q''(z_0) = 2g'(z_0).$$

因此，f 在 z_0 处的留数的表示式可以写成所求的形式：

$$\operatorname*{Res}_{z=0} f(z) = -\frac{q''(z_0)}{[q'(z_0)]^3}.$$

9. （a）为了求出函数 $\csc^2 z$ 在 $z = 0$ 处的留数，记

$$\csc^2 z = \frac{1}{[q(z)]^2}, \quad \text{其中} \quad q(z) = \sin z.$$

由于 q 为整函数，$q(0) = 0$ 且 $q'(0) = 1 \neq 0$，故由练习 8 的结论可知

$$\operatorname*{Res}_{z=0} \csc^2 z = -\frac{q''(0)}{[q'(0)]^3} = 0.$$

（b）函数 $\dfrac{1}{(z + z^2)^2}$ 在 $z = 0$ 处的留数可以通过记

$$\frac{1}{(z + z^2)^2} = \frac{1}{[q(z)]^2}, \quad \text{其中} \quad q(z) = z + z^2,$$

来得到。由于 q 为整函数，$q(0) = 0$ 且 $q'(0) = 1 \neq 0$，故由练习 8 可知

$$\operatorname*{Res}_{z=0} \frac{1}{(z + z^2)^2} = -\frac{q''(0)}{[q'(0)]^3} = -2.$$

第 7 章　留数的应用

86. 广义积分计算的例子

1. 要计算积分 $\displaystyle\int_0^\infty \frac{\mathrm{d}x}{x^2 + 1}$，可对函数 $f(z) = \dfrac{1}{z^2 + 1}$

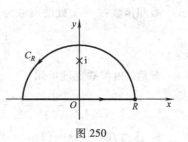

图 250

沿图 250 所示的简单闭围线进行积分，其中 $R > 1$。

我们知道

$$\int_{-R}^{R} \frac{\mathrm{d}x}{x^2 + 1} + \int_{C_R} \frac{\mathrm{d}z}{z^2 + 1} = 2\pi i B,$$

其中

$$B = \operatorname*{Res}_{z=i} \frac{1}{z^2 + 1} = \operatorname*{Res}_{z=i} \frac{1}{(z - i)(z + i)} = \frac{1}{z + i}\bigg]_{z=i} = \frac{1}{2i}.$$

因此

$$\int_{-R}^{R} \frac{\mathrm{d}x}{x^2 + 1} = \pi - \int_{C_R} \frac{\mathrm{d}z}{z^2 + 1}.$$

如果点 z 在 C_R 上，那么

$$|z^2 + 1| \geq ||z|^2 - 1| = R^2 - 1;$$

因此

$$\left| \int_{C_R} \frac{\mathrm{d}z}{z^2+1} \right| \le \frac{\pi R}{R^2-1} = \frac{\dfrac{\pi}{R}}{1-\dfrac{1}{R^2}} \to 0 \quad (R \to \infty)$$

最后可得到

$$\int_{-\infty}^{\infty} \frac{\mathrm{d}x}{x^2+1} = \pi, \quad \text{或} \quad \int_0^{\infty} \frac{\mathrm{d}x}{x^2+1} = \frac{\pi}{2}.$$

2. 积分 $\displaystyle\int_0^{\infty} \frac{\mathrm{d}x}{(x^2+1)^2}$ 可以通过对函数 $f(z) = \dfrac{1}{(z^2+1)^2}$ 沿练习 1 所给的简单闭围线进行积分求得. 在这里

$$\int_{-R}^{R} \frac{\mathrm{d}x}{(x^2+1)^2} + \int_{C_R} \frac{\mathrm{d}z}{(z^2+1)^2} = 2\pi \mathrm{i} B,$$

其中 $B = \operatorname*{Res}\limits_{z=\mathrm{i}} \dfrac{1}{(z^2+1)^2}$. 由于

$$\frac{1}{(z^2+1)^2} = \frac{\phi(z)}{(z-\mathrm{i})^2}, \quad \text{其中} \quad \phi(z) = \frac{1}{(z+\mathrm{i})^2},$$

故 $B = \phi'(\mathrm{i}) = \dfrac{1}{4\mathrm{i}}$, 进而有

$$\int_{-R}^{R} \frac{\mathrm{d}x}{(x^2+1)^2} = \frac{\pi}{2} - \int_{C_R} \frac{\mathrm{d}z}{(z^2+1)^2}.$$

如果点 z 在 C_R 上, 那么由练习 1 可知

$$|z^2+1| \ge R^2-1;$$

故

$$\left| \int_{C_R} \frac{\mathrm{d}z}{(z^2+1)^2} \right| \le \frac{\pi R}{(R^2-1)^2} = \frac{\dfrac{\pi}{R^3}}{\left(1-\dfrac{1}{R^2}\right)^2} \to 0, \quad R \to \infty.$$

这就给出了所求结果

$$\int_{-\infty}^{\infty} \frac{\mathrm{d}x}{(x^2+1)^2} = \frac{\pi}{2}, \quad \text{或} \quad \int_0^{\infty} \frac{\mathrm{d}x}{(x^2+1)^2} = \frac{\pi}{4}.$$

3. 为计算积分 $\displaystyle\int_0^{\infty} \frac{\mathrm{d}x}{x^4+1}$, 首先求 z^4+1 的零点, 即 -1 的四个根, 并注意到其中的两个在实轴下方. 事实上, 考虑图 251 所示的简单闭围线, 其中 $R > 1$, 仅包含两个根

$$z_1 = \mathrm{e}^{\mathrm{i}\pi/4} = \frac{1}{\sqrt{2}} + \frac{\mathrm{i}}{\sqrt{2}}$$

和

$$z_2 = \mathrm{e}^{\mathrm{i}3\pi/4} = \mathrm{e}^{\mathrm{i}\pi/4}\mathrm{e}^{\mathrm{i}\pi/2} = \left(\frac{1}{\sqrt{2}} + \frac{\mathrm{i}}{\sqrt{2}}\right)\mathrm{i} = -\frac{1}{\sqrt{2}} + \frac{\mathrm{i}}{\sqrt{2}}.$$

现在有

$$\int_{-R}^{R} \frac{dx}{x^4 + 1} + \int_{C_R} \frac{dz}{z^4 + 1} = 2\pi i (B_1 + B_2),$$

其中，

$$B_1 = \operatorname*{Res}_{z=z_1} \frac{1}{z^4 + 1} \quad \text{和} \quad B_2 = \operatorname*{Res}_{z=z_2} \frac{1}{z^4 + 1}.$$

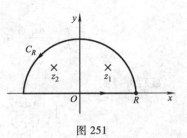

图 251

由第 82 节定理 2 可知，z_1 和 z_2 是 $\dfrac{1}{z^4 + 1}$ 的简单

极点，且

$$B_1 = \frac{1}{4z_1^3} \cdot \frac{z_1}{z_1} = -\frac{z_1}{4}, B_2 = \frac{1}{4z_2^3} \cdot \frac{z_2}{z_2} = -\frac{z_2}{4}.$$

因为 $z_1^4 = -1$ 和 $z_2^4 = -1$ 以及

$$B_1 + B_2 = -\frac{1}{4}(z_1 + z_2) = -\frac{1}{4}\left[\left(\frac{1}{\sqrt{2}} + \frac{i}{\sqrt{2}}\right) + \left(-\frac{1}{\sqrt{2}} + \frac{i}{\sqrt{2}}\right)\right] = -\frac{i}{2\sqrt{2}},$$

所以

$$\int_{-R}^{R} \frac{dx}{x^4 + 1} = \frac{\pi}{\sqrt{2}} - \int_{C_R} \frac{dz}{z^4 + 1}.$$

又由于

$$\left| \int_{C_R} \frac{dz}{z^4 + 1} \right| \leqslant \frac{\pi R}{R^4 - 1} \to 0, \quad R \to \infty,$$

我们得到

$$\int_{-\infty}^{\infty} \frac{dx}{x^4 + 1} = \frac{\pi}{\sqrt{2}} \quad \text{或} \quad \int_{0}^{\infty} \frac{dx}{x^4 + 1} = \frac{\pi}{2\sqrt{2}}.$$

4. 计算反常积分

$$\int_{0}^{\infty} \frac{x^2}{x^6 + 1} dx.$$

由第 86 节，我们知道 $z^6 + 1$ 在上半平面内的零点为

$$c_0 = e^{i\pi/6}, c_1 = i \text{ 和 } c_2 = e^{i5\pi/6}.$$

对每个 $k = 0, 1, 2$ 我们利用第 86 节的图 100，可得

$$B_k = \operatorname*{Res}_{z=c_k} \frac{z^2}{z^6 + 1} = \frac{c_k^2}{6c_k^5} \cdot \frac{c_k}{c_k} = \frac{c_k^3}{6c_k^6} = \frac{1}{6c_k^3}.$$

在这里

$$c_0^3 = (e^{i\pi/6})^3 = e^{i\pi/2} = i, c_1^3 = i^3 = -i, c_2^3 = (e^{i5\pi/6})^3 = e^{i5\pi/2} = i.$$

故所求的留数为

$$B_0 = \frac{1}{6i}, B_1 = -\frac{1}{6i} \text{ 和 } B_2 = \frac{1}{6i}.$$

因此

$$\int_{-R}^{R} \frac{x^2}{x^6 + 1} dx = 2\pi i \left(\frac{1}{6i} \right) - \int_{C_R} f(z) dz.$$

且

$$\left| \int_{C_R} f(z) dz \right| \leqslant \frac{\pi R^3}{R^6 - 1} \to 0 \quad (R \to \infty)$$

这表明 P. V. $\int_{-\infty}^{\infty} \frac{x^2}{x^6 + 1} dx = \frac{\pi}{3}$. 最后求得

$$\int_{0}^{\infty} \frac{x^2}{x^6 + 1} dx = \frac{\pi}{6}.$$

5. 计算积分 $\int_{0}^{\infty} \frac{x^2 dx}{(x^2 + 1)(x^2 + 4)}$. 利用图 252 所示的简单闭围道，其中 $R > 2$.

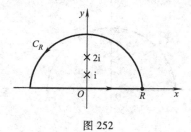

图 252

首先要求出函数 $f(z) = \dfrac{z^2}{(z^2 + 1)(z^2 + 4)}$ 在它的简单极点 $z = i$ 和 $z = 2i$ 处的留数：

$$B_1 = \operatorname*{Res}_{z=i} f(z) = \frac{z^2}{(z + i)(z^2 + 4)} \bigg]_{z=i} = -\frac{1}{6i}$$

和

$$B_2 = \operatorname*{Res}_{z=2i} f(z) = \frac{z^2}{(z^2 + 1)(z + 2i)} \bigg]_{z=2i} = \frac{1}{3i}.$$

因此

$$\int_{-R}^{R} \frac{x^2 dx}{(x^2 + 1)(x^2 + 4)} + \int_{C_R} \frac{z^2 dz}{(z^2 + 1)(z^2 + 4)} = 2\pi i (B_1 + B_2),$$

或者

$$\int_{-R}^{R} \frac{x^2 dx}{(x^2 + 1)(x^2 + 4)} = \frac{\pi}{3} - \int_{C_R} \frac{z^2 dz}{(z^2 + 1)(z^2 + 4)}.$$

如果点 z 在 C_R 上，那么

$$|z^2 + 1| \geqslant ||z|^2 - 1| = R^2 - 1 \quad \text{且} \quad |z^2 + 4| \geqslant ||z|^2 - 4| = R^2 - 4.$$

因此，

$$\left| \int_{C_R} \frac{z^2 \mathrm{d}z}{(z^2+1)(z^2+4)} \right| \leqslant \frac{\pi R^3}{(R^2-1)(R^2-4)} = \frac{\dfrac{\pi}{R}}{\left(1-\dfrac{1}{R^2}\right)\left(1-\dfrac{4}{R^2}\right)} \to 0 \quad (R \to \infty)$$

进而得到

$$\int_{-\infty}^{\infty} \frac{x^2 \mathrm{d}x}{(x^2+1)(x^2+4)} = \frac{\pi}{3}, \quad 即 \quad \int_{0}^{\infty} \frac{x^2 \mathrm{d}x}{(x^2+1)(x^2+4)} = \frac{\pi}{6}.$$

6. 积分 $\displaystyle\int_0^{\infty} \frac{x^2 \mathrm{d}x}{(x^2+9)(x^2+4)^2}$ 的计算可利用辅助函数

$$f(z) = \frac{z^2}{(z^2+9)(z^2+4)^2}$$

和图 253 所示的简单闭围道，其中 $R > 3$.

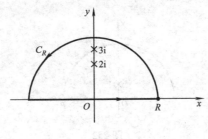

图 253

首先记

$$\int_{-R}^{R} \frac{x^2 \mathrm{d}x}{(x^2+9)(x^2+4)^2} + \int_{C_R} \frac{z^2 \mathrm{d}z}{(z^2+9)(z^2+4)^2} = 2\pi \mathrm{i}(B_1 + B_2),$$

其中

$$B_1 = \operatorname*{Res}_{z=3\mathrm{i}} \frac{z^2}{(z^2+9)(z^2+4)^2}, \quad B_2 = \operatorname*{Res}_{z=2\mathrm{i}} \frac{z^2}{(z^2+9)(z^2+4)^2}.$$

此时

$$B_1 = \frac{z^2}{(z+3\mathrm{i})(z^2+4)^2}\bigg|_{z=3\mathrm{i}} = -\frac{3}{50\mathrm{i}}.$$

为求 B_2，记

$$\frac{z^2}{(z^2+9)(z^2+4)^2} = \frac{\phi(z)}{(z-2\mathrm{i})^2}, \quad 其中 \quad \phi(z) = \frac{z^2}{(z^2+9)(z+2\mathrm{i})^2}.$$

则

$$B_2 = \phi'(2\mathrm{i}) = \frac{13}{200\mathrm{i}}.$$

这表明

$$\int_{-R}^{R} \frac{x^2 \,\mathrm{d}x}{(x^2+9)(x^2+4)^2} = \frac{\pi}{100} - \int_{C_R} \frac{z^2 \,\mathrm{d}z}{(z^2+9)(z^2+4)^2}.$$

最后, 由于

$$\left| \int_{C_R} \frac{z^2 \,\mathrm{d}z}{(z^2+9)(z^2+4)^2} \right| \leqslant \frac{\pi R^3}{(R^2-9)(R^2-4)^2} \to 0 \quad (R \to \infty),$$

我们得到

$$\int_{-\infty}^{\infty} \frac{x^2 \,\mathrm{d}x}{(x^2+9)(x^2+4)^2} = \frac{\pi}{100} \quad \text{或} \quad \int_{0}^{\infty} \frac{x^2 \,\mathrm{d}x}{(x^2+9)(x^2+4)^2} = \frac{\pi}{200}.$$

8. 为证明

$$\mathrm{P.\,V.} \int_{-\infty}^{\infty} \frac{x\,\mathrm{d}x}{(x^2+1)(x^2+2x+2)} = -\frac{\pi}{5},$$

引入辅助函数

$$f(z) = \frac{z}{(z^2+1)(z^2+2z+2)}$$

和图 254 所示的简单闭围道.

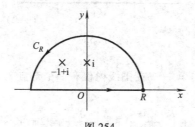

图 254

注意到 $f(z)$ 的极点包括 i, $z_0 = -1+i$ 以及它们落在下半平面内的共轭 $-i$, $\bar{z}_0 = -1-i$. 当 $R > \sqrt{2}$ 时,

$$\int_{-R}^{R} f(x)\,\mathrm{d}x + \int_{C_R} f(z)\,\mathrm{d}z = 2\pi i(B_0 + B_1),$$

其中

$$B_0 = \operatorname*{Res}_{z=z_0} f(z) = \frac{z}{(z^2+1)(z-\bar{z}_0)} \bigg|_{z=z_0} = -\frac{1}{10} + \frac{3}{10}i$$

且

$$B_1 = \operatorname*{Res}_{z=i} f(z) = \frac{z}{(z+i)(z^2+2z+2)} \bigg|_{z=i} = \frac{1}{10} - \frac{1}{5}i.$$

显然, 此时有

$$\int_{-R}^{R} \frac{x\,\mathrm{d}x}{(x^2+1)(x^2+2x+2)} = -\frac{\pi}{5} - \int_{C_R} \frac{z\,\mathrm{d}z}{(z^2+1)(z^2+2z+2)}.$$

由于当 $R \to \infty$ 时,

$$\left| \int_{C_R} \frac{z \, dz}{(z^2+1)(z^2+2z+2)} \right| = \left| \int_{C_R} \frac{z \, dz}{(z^2+1)(z-z_0)(z-\bar{z}_0)} \right| \leq \frac{\pi R^2}{(R^2-1)(R-\sqrt{2})^2} \to 0$$

故

$$\lim_{R \to \infty} \int_{-R}^{R} \frac{x \, dx}{(x^2+1)(x^2+2x+2)} = -\frac{\pi}{5}.$$

这就是所求结果.

9. 在此, 利用图 255 所示的简单闭围道计算积分公式 $\displaystyle\int_{0}^{\infty} \frac{dx}{x^3+1} = \frac{2\pi}{3\sqrt{3}}$, 其中 $R>1$.

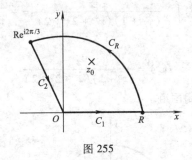

图 255

当 $R>1$ 时, 函数 $f(z) = \dfrac{1}{z^3+1}$ 在围线内仅有一个奇点 $z_0 = e^{i\pi/3}$. 由留数定理可得

$$\int_{C_1} \frac{dz}{z^3+1} + \int_{C_R} \frac{dz}{z^3+1} + \int_{C_2} \frac{dz}{z^3+1} = 2\pi i \operatorname*{Res}_{z=z_0} \frac{1}{z^3+1},$$

其中闭围道的边如图所示. 因为 C_1 具有参数表达式 $z = r(0 \leq r \leq R)$, 所以

$$\int_{C_1} \frac{dz}{z^3+1} = \int_{0}^{R} \frac{dr}{r^3+1};$$

又由于 $-C_2$ 可以表示为 $z = re^{i2\pi/3}(0 \leq r \leq R)$, 故

$$\int_{C_2} \frac{dz}{z^3+1} = -\int_{-C_2} \frac{dz}{z^3+1} = -\int_{0}^{R} \frac{e^{i2\pi/3} \, dr}{(re^{i2\pi/3})^3+1} = -e^{i2\pi/3}\int_{0}^{R} \frac{dr}{r^3+1}.$$

又

$$\operatorname*{Res}_{z=z_0} \frac{1}{z^3+1} = \frac{1}{3z_0^2} = \frac{1}{3e^{i2\pi/3}}.$$

因此

$$(1 - e^{i2\pi/3})\int_{0}^{R} \frac{dr}{r^3+1} = \frac{2\pi i}{3e^{i2\pi/3}} - \int_{C_R} \frac{dz}{z^3+1}.$$

另一方面,

$$\left| \int_{C_R} \frac{dz}{z^3+1} \right| \leq \frac{1}{R^3-1} \cdot \frac{2\pi R}{3} \to 0, \quad R \to \infty.$$

由此，将积分变量换成 r，就得到所求的结果：

$$\int_0^\infty \frac{dr}{r^3 + 1} = \frac{2\pi i}{3(e^{i2\pi/3} - e^{i4\pi/3} \cdot e^{-i6\pi/3})} = \frac{2\pi i}{3(e^{i2\pi/3} - e^{-i2\pi/3})} = \frac{\pi}{3\sin(2\pi/3)} = \frac{2\pi}{3\sqrt{3}}.$$

10. 设 m 和 n 为整数且满足 $0 \le m < n$. 本题主要是推导积分公式

$$\int_0^\infty \frac{x^{2m}}{x^{2n} + 1} dx = \frac{\pi}{2n} \csc\left(\frac{2m + 1}{2n}\pi\right).$$

（a）多项式 $z^{2n} + 1$ 在 $z^{2n} = -1$ 时取得零点. 因为

$$(-1)^{1/(2n)} = \exp\left[i\frac{(2k + 1)\pi}{2n}\right] \qquad (k = 0, 1, 2, \cdots, 2n - 1),$$

所以 $z^{2n} + 1$ 在上半平面的零点为

$$c_k = \exp\left[i\frac{(2k + 1)\pi}{2n}\right] \qquad (k = 0, 1, 2, \cdots, n - 1)$$

且在实轴上无零点.

（b）由第 83 节定理 2 可得

$$\operatorname*{Res}_{z = c_k} \frac{z^{2m}}{z^{2n} + 1} = \frac{c_k^{2m}}{2nc_k^{2n-1}} = \frac{1}{2n} c_k^{2(m-n)+1} \qquad (k = 0, 1, 2, \cdots, n - 1).$$

记 $\alpha = \dfrac{2m + 1}{2n}\pi$，可得

$$\begin{aligned}
c_k^{2(m-n)+1} &= \exp\left[i\frac{(2k + 1)\pi(2m - 2n + 1)}{2n}\right] \\
&= \exp\left[i\frac{(2k + 1)(2m + 1)\pi}{2n}\right]\exp[-i(2k + 1)\pi] = -e^{i(2k+1)\alpha}.
\end{aligned}$$

故

$$\operatorname*{Res}_{z = c_k} \frac{z^{2m}}{z^{2n} + 1} = -\frac{1}{2n} e^{i(2k+1)\alpha} \qquad (k = 0, 1, 2, \cdots, n - 1).$$

由恒等式（见第 9 节练习 9）

$$\sum_{k=0}^{n-1} z^k = \frac{1 - z^n}{1 - z} \qquad (z \ne 1),$$

可知

$$\begin{aligned}
2\pi i \sum_{k=0}^{n-1} \operatorname*{Res}_{z = c_k} \frac{z^{2m}}{z^{2n} + 1} &= -\frac{\pi i}{n} e^{i\alpha} \sum_{k=0}^{n-1} (e^{i2\alpha})^k = -\frac{\pi i}{n} e^{i\alpha} \frac{1 - e^{i2\alpha n}}{1 - e^{i2\alpha}} \cdot \frac{e^{-i\alpha}}{e^{-i\alpha}} = -\frac{\pi i}{n} \cdot \frac{e^{i2\alpha n} - 1}{e^{i\alpha} - e^{-i\alpha}} \\
&= -\frac{\pi i}{n} \cdot \frac{e^{i(2m+1)\pi} - 1}{e^{i\alpha} - e^{-i\alpha}} = \frac{\pi}{n} \cdot \frac{2i}{e^{i\alpha} - e^{-i\alpha}} = \frac{\pi}{n\sin\alpha}.
\end{aligned}$$

（c）考虑图 256 所示的积分路径，其中 $R > 1$.

由留数定理可知

$$\int_{-R}^R \frac{x^{2m}}{x^{2n} + 1} dx + \int_{C_R} \frac{z^{2m}}{z^{2n} + 1} dz = 2\pi i \sum_{k=0}^{n-1} \operatorname*{Res}_{z = c_k} \frac{z^{2m}}{z^{2n} + 1},$$

或者

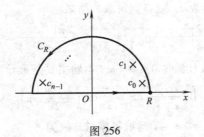

图 256

$$\int_{-R}^{R} \frac{x^{2m}}{x^{2n}+1} \mathrm{d}x = \frac{\pi}{n\sin\alpha} - \int_{C_R} \frac{z^{2m}}{z^{2n}+1} \mathrm{d}z.$$

注意到，当 z 在 C_R 上时，

$$|z^{2m}| = R^{2m} \quad 及 \quad |z^{2n}+1| \geqslant R^{2n}-1.$$

因此，

$$\left| \int_{C_R} \frac{z^{2m}}{z^{2n}+1} \mathrm{d}z \right| \leqslant \frac{R^{2m}}{R^{2n}-1} \pi R \cdot \frac{R^{-2n}}{R^{-2n}} = \pi \frac{\dfrac{1}{R^{2(n-m)-1}}}{1-\dfrac{1}{R^{2n}}} \to 0;$$

这就给出了所求的公式.

11. 本题将计算积分

$$\int_0^\infty \frac{\mathrm{d}x}{\left[(x^2-a)^2+1 \right]^2},$$

其中 a 为任意实数. 按以下步骤完成计算.

（a）首先找出多项式

$$q(z) = (z^2-a)^2+1.$$

的四个零点.

解 $q(z)=0$ 关于 z^2 的方程可得 $z^2 = a \pm \mathrm{i}$，故所求的零点有两个是 $a+\mathrm{i}$ 的平方根，另外两个是 $a-\mathrm{i}$ 的平方根. 由第 11 节练习 3 可知 $a+\mathrm{i}$ 的平方根为

$$z_0 = \frac{1}{\sqrt{2}} \left(\sqrt{A+a} + \mathrm{i}\sqrt{A-a} \right) \quad 和 \quad -z_0,$$

其中 $A = \sqrt{a^2+1}$. 因为 $(\pm\overline{z_0})^2 = \overline{z_0^2} = \overline{a+\mathrm{i}} = a-\mathrm{i}$，所以 $a-\mathrm{i}$ 的两个平方根为 $\overline{z_0}$ 和 $-\overline{z_0}$.

$q(z)$ 的四个零点在平面上的位置如图 257 所示，也就是说，z_0 和 $-\overline{z_0}$ 在实轴上方，另外两个零点在实轴下方.

（b）设 $q(z)$ 为（a）中的多项式，并定义函数

$$f(z) = \frac{1}{\left[q(z) \right]^2}.$$

当 $z=x$ 时，$f(z)$ 即为所求积分的被积函数. 由第 83 节练习 8 的方法可知，z_0 是

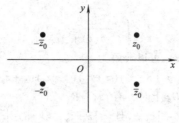

图 257

f 的 2 阶极点. 特别地，注意到 q 为整函数，且由（a）可知 $q(z_0)=0$，满足 $q'(z)=4z(z^2-a)$ 和 $z_0^2=a+\mathrm{i}$. 因此 $q'(z_0)=4z_0(z_0^2-a)=4\mathrm{i}z_0\neq0$. 利用关系式 $z_0^2=a+\mathrm{i}$ 和 $1+a^2=A^2$，再参考第 83 节练习 8，可以求得在 f 点 z_0 处的留数 B_1 为

$$B_1=-\frac{q''(z_0)}{[q'(z_0)]^3}=-\frac{12z_0^2-4a}{(4\mathrm{i}z_0)^3}=\frac{3z_0^2-a}{16\mathrm{i}z_0^2z_0}=\frac{3(a+\mathrm{i})-a}{16\mathrm{i}(a+\mathrm{i})z_0}\cdot\frac{a-\mathrm{i}}{a-\mathrm{i}}=\frac{a-\mathrm{i}(2a^2+3)}{16A^2z_0}.$$

对点 $-\bar{z}_0$，注意到

$$q'(-\bar{z})=-\overline{q'(z)}\quad\text{和}\quad q''(-\bar{z})=\overline{q''(z)}.$$

因为 $q(-\bar{z}_0)=0$ 及 $q'(-\bar{z}_0)=-\overline{q'(z_0)}=4\mathrm{i}\bar{z}_0\neq0$，所以点 $-\bar{z}_0$ 也是 f 的 2 阶极点，从而

$$B_2=-\frac{q''(-\bar{z}_0)}{[q'(-\bar{z}_0)]^3}=\frac{\overline{q''(z_0)}}{\overline{[q'(z_0)]^3}}=\overline{\left\{\frac{q''(z_0)}{[q'(z_0)]^3}\right\}}=-\bar{B}_1.$$

这就得到

$$B_1+B_2=B_1-\bar{B}_1=2\mathrm{i}\mathrm{Im}B_1=\frac{1}{8A^2\mathrm{i}}\mathrm{Im}\left[\frac{-a+\mathrm{i}(2a^2+3)}{z_0}\right].$$

（c）下面，对 $f(z)$ 沿图 258 所示的简单闭路径进行积分，其中 $R>|z_0|$，C_R 表示路径的半圆周部分. 由留数定理可得

$$\int_{-R}^R f(x)\,\mathrm{d}x+\int_{C_R}f(z)\,\mathrm{d}z=2\pi\mathrm{i}(B_1+B_2),$$

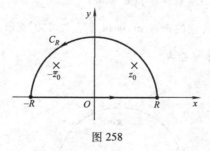

图 258

或

$$\int_{-R}^R\frac{\mathrm{d}x}{[(x^2-a)^2+1]^2}=\frac{\pi}{4A^2}\mathrm{Im}\left[\frac{-a+\mathrm{i}(2a^2+3)}{z_0}\right]-\int_{C_R}\frac{\mathrm{d}z}{[q(z)]^2}.$$

为证明

$$\lim_{R\to\infty}\int_{C_R}\frac{\mathrm{d}x}{[\,q(z)\,]^2}=0,$$

首先注意到多项式 $q(z)$ 可以分解为

$$q(z)=(z-z_0)(z+z_0)(z-\bar{z}_0)(z+\bar{z}_0).$$

切记 $R>|z_0|$. 当 z 在 C_R 上时，有 $|z|=R$，则

$$|z\pm z_0|\geqslant\big||z|-|z_0|\big|=R-|z_0|\quad\text{且}\quad|z\pm\bar{z}_0|\geqslant\big||z|-|\bar{z}_0|\big|=R-|z_0|.$$

这表明当 z 在 C_R 上时，$|q(z)|\geqslant(R-|z_0|)^4$，故

$$\left|\frac{1}{[\,q(z)\,]^2}\right|\leqslant\frac{1}{(R-|z_0|)^8}.$$

由此可得下面的不等式，

$$\left|\int_{C_R}\frac{1}{[\,q(z)\,]^2}\mathrm{d}z\right|\leqslant\frac{\pi R}{(R-|z_0|)^8}=\frac{\dfrac{\pi}{R^7}}{\left(1-\dfrac{|z_0|}{R}\right)^8},$$

且可知当 R 趋于 ∞ 时，积分值趋于 0. 因此，

$$\mathrm{P.V.}\int_{-\infty}^{\infty}\frac{\mathrm{d}x}{[\,(x^2-a)^2+1\,]^2}=\frac{\pi}{4A^2}\mathrm{Im}\left[\frac{-a+\mathrm{i}(2a^2+3)}{z_0}\right].$$

又因为被积函数是偶函数，且

$$\mathrm{Im}\left[\frac{-a+\mathrm{i}(2a^2+3)}{z_0}\right]=\mathrm{Im}\left[\sqrt{2}\,\frac{-a+\mathrm{i}(2a^2+3)}{\sqrt{A+a}+\mathrm{i}\,\sqrt{A-a}}\cdot\frac{\sqrt{A+a}-\mathrm{i}\,\sqrt{A-a}}{\sqrt{A+a}-\mathrm{i}\,\sqrt{A-a}}\right].$$

故所求结果为

$$\int_0^{\infty}\frac{\mathrm{d}x}{[\,(x^2-a)^2+1\,]^2}=\frac{\pi}{8\sqrt{2}A^3}\big[(2a^2+3)\,\sqrt{A+a}+a\,\sqrt{A-a}\big],$$

其中 $A=\sqrt{a^2+1}$.

88. 若尔当引理

1. 本题计算积分 $\displaystyle\int_{-\infty}^{\infty}\frac{\cos x\mathrm{d}x}{(x^2+a^2)(x^2+b^2)}$，其中 $a>b>0$. 为此引入辅助函数

$f(z)=\dfrac{1}{(z^2+a^2)(z^2+b^2)}$，它的奇点 ai 和 bi 落在图 259 所示的简单闭围道内，其中 $R>a$. 其他奇点落在下半平面内.

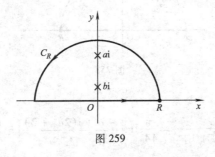

图 259

由留数定理可知

$$\int_{-R}^{R} \frac{e^{ix}dx}{(x^2 + a^2)(x^2 + b^2)} + \int_{C_R} f(z)e^{iz}dz = 2\pi i(B_1 + B_2),$$

其中

$$B_1 = \operatorname{Res}_{z=ai}[f(z)e^{iz}] = \frac{e^{iz}}{(z+ai)(z^2+b^2)}\bigg|_{z=ai} = \frac{e^{-a}}{2a(b^2 - a^2)i}$$

和

$$B_2 = \operatorname{Res}_{z=bi}[f(z)e^{iz}] = \frac{e^{iz}}{(z^2+a^2)(z+bi)}\bigg|_{z=bi} = \frac{e^{-b}}{2b(a^2 - b^2)i}.$$

也就是

$$\int_{-R}^{R} \frac{e^{ix}dx}{(x^2 + a^2)(x^2 + b^2)} = \frac{\pi}{a^2 - b^2}\left(\frac{e^{-b}}{b} - \frac{e^{-a}}{a}\right) - \int_{C_R} f(z)e^{iz}dz,$$

或者

$$\int_{-R}^{R} \frac{\cos x dx}{(x^2 + a^2)(x^2 + b^2)} = \frac{\pi}{a^2 - b^2}\left(\frac{e^{-b}}{b} - \frac{e^{-a}}{a}\right) - \operatorname{Re}\int_{C_R} f(z)e^{iz}dz.$$

当 z 在 C_R 上时,

$$|f(z)| \le M_R, \quad \text{其中} \quad M_R = \frac{1}{(R^2 - a^2)(R^2 - b^2)},$$

且 $|e^{iz}| = e^{-y} \le 1$. 因此

$$\left|\operatorname{Re}\int_{C_R} f(z)e^{iz}dz\right| \le \left|\int_{C_R} f(z)e^{iz}dz\right| \le M_R \pi R = \frac{\pi R}{(R^2 - a^2)(R^2 - b^2)} \to 0, \quad R \to \infty.$$

这就得到

$$\int_{-\infty}^{\infty} \frac{\cos x dx}{(x^2 + a^2)(x^2 + b^2)} = \frac{\pi}{a^2 - b^2}\left(\frac{e^{-b}}{b} - \frac{e^{-a}}{a}\right) \quad (a > b > 0).$$

2. 本题计算积分 $\int_0^{\infty} \frac{\cos ax}{x^2 + 1}dx$, 其中 $a \ge 0$. 函数 $f(z) = \frac{1}{z^2 + 1}$ 具有奇点 $\pm i$, 所以我们将对它沿图 260 所示的简单闭围道进行积分, 其中 $R > 1$.

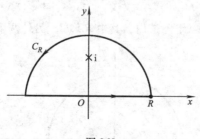

图 260

首先, 由留数定理可得

$$\int_{-R}^{R}\frac{e^{iax}}{x^2+1}dx + \int_{C_R}f(z)e^{iaz}dz = 2\pi iB,$$

其中

$$B = \operatorname*{Res}_{z=i}[f(z)e^{iaz}] = \frac{e^{iaz}}{z+i}\Big]_{z=i} = \frac{e^{-a}}{2i}.$$

因此

$$\int_{-R}^{R}\frac{e^{iax}}{x^2+1}dx = \pi e^{-a} - \int_{C_R}f(z)e^{iaz}dz,$$

或者

$$\int_{-R}^{R}\frac{\cos ax}{x^2+1}dx = \pi e^{-a} - \operatorname{Re}\int_{C_R}f(z)e^{iaz}dz.$$

因为

$$|f(z)| \le M_R, \text{其中} \quad M_R = \frac{1}{R^2-1},$$

所以

$$\left|\operatorname{Re}\int_{C_R}f(z)e^{iaz}dz\right| \le \left|\int_{C_R}f(z)e^{iaz}dz\right| \le \frac{\pi R}{R^2-1};$$

进而有

$$\int_{-\infty}^{\infty}\frac{\cos ax}{x^2+1}dx = \pi e^{-a}.$$

也就是

$$\int_{0}^{\infty}\frac{\cos ax}{x^2+1}dx = \frac{\pi}{2}e^{-a} \qquad (a \ge 0).$$

5. 本题计算积分 $\int_{-\infty}^{\infty}\frac{x^3\sin ax}{x^4+4}dx$，其中 $a>0$. 为此定义函数 $f(z) = \frac{z^3}{z^4+4}$. 通过求 -4 的根，可知函数 $f(z)$ 的奇点

$$z_1 = \sqrt{2}e^{i\pi/4} = 1+i \quad \text{和} \quad z_2 = \sqrt{2}e^{i3\pi/4} = \sqrt{2}e^{i\pi/4}e^{i\pi/2} = (1+i)i = -1+i$$

落在图 261 所示的简单闭围道内，其中 $R > \sqrt{2}$. 另外两个奇点落在实轴下方.

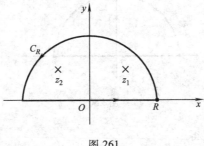

图 261

由留数定理以及第 83 节定理 2 关于求简单极点的留数的方法可知

$$\int_{-R}^{R} \frac{x^3 e^{iax}}{x^4 + 4} dx + \int_{C_R} f(z) e^{iaz} dz = 2\pi i (B_1 + B_2),$$

其中

$$B_1 = \operatorname*{Res}_{z=z_1} \frac{z^3 e^{iaz}}{z^4 + 4} = \frac{z_1^3 e^{iaz_1}}{4z_1^3} = \frac{e^{iaz_1}}{4} = \frac{e^{ia(1+i)}}{4} = \frac{e^{-a} e^{ia}}{4}$$

和

$$B_2 = \operatorname*{Res}_{z=z_2} \frac{z^3 e^{iaz}}{z^4 + 4} = \frac{z_2^3 e^{iaz_2}}{4z_2^3} = \frac{e^{iaz_2}}{4} = \frac{e^{ia(-1+i)}}{4} = \frac{e^{-a} e^{-ia}}{4}.$$

因为

$$2\pi i (B_1 + B_2) = \pi i e^{-a} \left(\frac{e^{ia} + e^{-ia}}{2} \right) = i\pi e^{-a} \cos a,$$

所以

$$\int_{-R}^{R} \frac{x^3 \sin ax}{x^4 + 4} dx = \pi e^{-a} \cos a - \operatorname{Im} \int_{C_R} f(z) e^{iaz} dz.$$

当 z 在 C_R 上时，

$$|f(z)| \leqslant M_R, \quad 其中 \quad M_R = \frac{R^3}{R^4 - 4} \to 0, \quad R \to \infty.$$

这表明（见第 88 节定理）

$$\left| \operatorname{Im} \int_{C_R} f(z) e^{iaz} dz \right| \leqslant \left| \int_{C_R} f(z) e^{iaz} dz \right| \to 0, \quad R \to \infty.$$

最后得到

$$\int_{-\infty}^{\infty} \frac{x^3 \sin ax}{x^4 + 4} dx = \pi e^{-a} \cos a \quad (a > 0).$$

7. 为了计算积分 $\int_0^{\infty} \frac{x^3 \sin x \, dx}{(x^2 + 1)(x^2 + 9)}$，引入辅助函数 $f(z) = \frac{z^3}{(z^2 + 1)(z^2 + 9)}$. 它在上半平面内的奇点为 i 和 $3i$，为此考虑图 262 所示的简单闭围道，其中 $R > 3$.

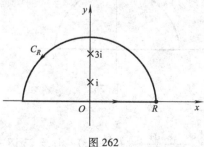

图 262

因为

$$\operatorname*{Res}_{z=i}[f(z)\,\mathrm{e}^{iz}] = \frac{z^3\,\mathrm{e}^{iz}}{(z+i)(z^2+9)}\bigg|_{z=i} = -\frac{1}{16\mathrm{e}}$$

和

$$\operatorname*{Res}_{z=3i}[f(z)\,\mathrm{e}^{iz}] = \frac{z^3\,\mathrm{e}^{iz}}{(z^2+1)(z+3i)}\bigg|_{z=3i} = \frac{9}{16\mathrm{e}^3},$$

由留数定理可知

$$\int_{-R}^{R} \frac{x^3\,\mathrm{e}^{ix}\mathrm{d}x}{(x^2+1)(x^2+9)} + \int_{C_R} f(z)\,\mathrm{e}^{iz}\mathrm{d}x = 2\pi\mathrm{i}\Big(-\frac{1}{16\mathrm{e}}+\frac{9}{16\mathrm{e}^3}\Big),$$

或者

$$\int_{-R}^{R} \frac{x^3\sin x\,\mathrm{d}x}{(x^2+1)(x^2+9)} = \frac{\pi}{8\mathrm{e}}\Big(\frac{9}{\mathrm{e}^2}-1\Big) - \operatorname{Im}\int_{C_R} f(z)\,\mathrm{e}^{iz}\mathrm{d}z.$$

当 z 在 C_R 上时，

$$|f(z)| \leqslant M_R, \quad \text{其中} \quad M_R = \frac{R}{(R^2-1)(R^2-9)}, R\to\infty.$$

再由第 88 节的定理可知

$$\Big|\operatorname{Im}\int_{C_R} f(z)\,\mathrm{e}^{iz}\mathrm{d}z\Big| \leqslant \Big|\int_{C_R} f(z)\,\mathrm{e}^{iz}\mathrm{d}z\Big| \to 0, \quad R\to\infty.$$

这表明

$$\int_{-\infty}^{\infty} \frac{x^3\sin x\,\mathrm{d}x}{(x^2+1)(x^2+9)} = \frac{\pi}{8\mathrm{e}}\Big(\frac{9}{\mathrm{e}^2}-1\Big), \quad \text{或} \quad \int_{0}^{\infty} \frac{x^3\sin x\,\mathrm{d}x}{(x^2+1)(x^2+9)} = \frac{\pi}{16\mathrm{e}}\Big(\frac{9}{\mathrm{e}^2}-1\Big).$$

8. 积分 $\displaystyle\int_{-\infty}^{\infty} \frac{\sin x\,\mathrm{d}x}{x^2+4x+5}$ 的柯西主值可以通过求函数 $f(z) = \dfrac{1}{z^2+4z+5}$ 沿图 263 所示的简单闭围道的积分得到，其中 $R > \sqrt{5}$. 对方程 $z^2+4z+5=0$ 应用求根公式，可知函数 f 的两个奇点为 $z_1 = -2+\mathrm{i}$ 和 $\bar{z}_1 = -2-\mathrm{i}$. 因此 $f(z) = \dfrac{1}{(z-z_1)(z-\bar{z}_1)}$，其中 z_1 落在闭围道内而 $\bar{z}_1$ 在实轴下方.

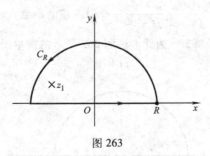

图 263

由留数定理可知

$$\int_{-R}^{R} \frac{\mathrm{e}^{ix}\mathrm{d}x}{x^2+4x+5} + \int_{C_R} f(z)\,\mathrm{e}^{iz}\mathrm{d}z = 2\pi\mathrm{i}B,$$

其中

$$B = \operatorname*{Res}_{z=z_1}\left[\frac{\mathrm{e}^{\mathrm{i}z}}{(z-z_1)(z-\bar{z}_1)}\right] = \frac{\mathrm{e}^{\mathrm{i}z_1}}{(z_1-\bar{z}_1)},$$

故

$$\int_{-R}^{R}\frac{\sin x\,\mathrm{d}x}{x^2+4x+5} = \operatorname{Im}\left[\frac{2\pi\mathrm{i}\mathrm{e}^{\mathrm{i}z_1}}{(z_1-\bar{z}_1)}\right] - \operatorname{Im}\int_{C_R}f(z)\,\mathrm{e}^{\mathrm{i}z}\,\mathrm{d}z,$$

或者

$$\int_{-R}^{R}\frac{\sin x\,\mathrm{d}x}{x^2+4x+5} = -\frac{\pi}{\mathrm{e}}\sin2 - \operatorname{Im}\int_{C_R}f(z)\,\mathrm{e}^{\mathrm{i}z}\,\mathrm{d}z.$$

当 z 在 C_R 上时，$|\mathrm{e}^{\mathrm{i}z}| = \mathrm{e}^{-y} \le 1$ 且

$$|f(z)| \le M_R, \quad \text{其中} \quad M_R = \frac{1}{(R-|z_1|)(R-|\bar{z}_1|)} = \frac{1}{(R-\sqrt{5})^2}.$$

因此

$$\left|\operatorname{Im}\int_{C_R}f(z)\,\mathrm{e}^{\mathrm{i}z}\,\mathrm{d}z\right| \le \left|\int_{C_R}f(z)\,\mathrm{e}^{\mathrm{i}z}\,\mathrm{d}z\right| \le M_R\pi R = \frac{\pi R}{(R-\sqrt{5})^2} \to 0, \quad R \to \infty.$$

这就得到

$$\mathrm{P.\,V.}\int_{-\infty}^{\infty}\frac{\sin x\,\mathrm{d}x}{x^2+4x+5} = -\frac{\pi}{\mathrm{e}}\sin2.$$

10. 为计算积分 $\displaystyle\int_{-\infty}^{\infty}\frac{(x+1)\cos x}{x^2+4x+5}\mathrm{d}x$ 的柯西主值，引入辅助函数

$$f(z) = \frac{z+1}{z^2+4z+5} = \frac{z+1}{(z-z_1)(z-\bar{z}_1)},$$

其中 $z_1 = -2+\mathrm{i}$，$\bar{z}_1 = -2-1$，并使用练习 8 中的简单闭围道. 此时

$$\int_{-R}^{R}\frac{(x+1)\mathrm{e}^{\mathrm{i}x}\,\mathrm{d}x}{x^2+4x+5} + \int_{C_R}f(z)\,\mathrm{e}^{\mathrm{i}z}\,\mathrm{d}z = 2\pi\mathrm{i}B,$$

其中

$$B = \operatorname*{Res}_{z=z_1}\left[\frac{(z+1)\mathrm{e}^{\mathrm{i}z}}{(z-z_1)(z-\bar{z}_1)}\right] = \frac{(z_1+1)\mathrm{e}^{\mathrm{i}z_1}}{(z_1-\bar{z}_1)} = \frac{(-1+\mathrm{i})\mathrm{e}^{-2\mathrm{i}}}{2\mathrm{e}\mathrm{i}}.$$

因此

$$\int_{-R}^{R}\frac{(x+1)\cos x}{x^2+4x+5}\mathrm{d}x = \operatorname{Re}(2\pi\mathrm{i}B) - \int_{C_R}f(z)\,\mathrm{e}^{\mathrm{i}z},$$

或者

$$\int_{-R}^{R}\frac{(x+1)\cos x}{x^2+4x+5}\mathrm{d}x = \frac{\pi}{\mathrm{e}}(\sin2-\cos2) - \int_{C_R}f(z)\,\mathrm{e}^{\mathrm{i}z}\,\mathrm{d}z.$$

当 z 在 C_R 上时，

$$|f(z)| \le M_R, \quad \text{其中} \quad M_R = \frac{R+1}{(R-|z_1|)(R-|\bar{z}_1|)} = \frac{R+1}{(R-\sqrt{5})^2} \to 0, \quad R \to \infty.$$

再由第 88 节的定理可知

$$\left| \operatorname{Re} \int_{C_R} f(z) \, \mathrm{e}^{\mathrm{i}z} \, \mathrm{d}z \right| \leqslant \left| \int_{C_R} f(z) \, \mathrm{e}^{\mathrm{i}z} \, \mathrm{d}z \right| \to 0, \quad R \to \infty,$$

故

$$\mathrm{P.\,V.} \int_{-\infty}^{\infty} \frac{(x+1)\cos x}{x^2 + 4x + 5} \, \mathrm{d}x = \frac{\pi}{\mathrm{e}} (\sin 2 - \cos 2).$$

12. （a）由于 $f(z) = \exp(\mathrm{i}z^2)$ 是整函数，由柯西-古萨定理可知它沿图 264 所示的闭路径，即扇形 $0 \leqslant r \leqslant R$，$0 \leqslant \theta \leqslant \pi/4$ 的正向边界的积分为零.

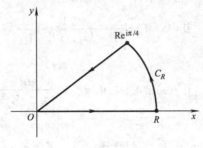

图 264

从原点到 R 的水平直线段的参数表达式为 $z = x \, (0 \leqslant x \leqslant R)$，从原点到点 $R\mathrm{e}^{\mathrm{i}\pi/4}$ 的直线段的参数表达式为 $z = r\mathrm{e}^{\mathrm{i}\pi/4} \, (0 \leqslant r \leqslant R)$. 故

$$\int_0^R \mathrm{e}^{\mathrm{i}x^2} \, \mathrm{d}x + \int_{C_R} \mathrm{e}^{\mathrm{i}z^2} \, \mathrm{d}z - \mathrm{e}^{\mathrm{i}\pi/4} \int_0^R \mathrm{e}^{-r^2} \, \mathrm{d}r = 0,$$

或者

$$\int_0^R \mathrm{e}^{\mathrm{i}x^2} \, \mathrm{d}x = \mathrm{e}^{\mathrm{i}\pi/4} \int_0^R \mathrm{e}^{-r^2} \, \mathrm{d}r - \int_{C_R} \mathrm{e}^{\mathrm{i}z^2} \, \mathrm{d}z.$$

分别比较上式的实部和虚部可得

$$\int_0^R \cos(x^2) \, \mathrm{d}x = \frac{1}{\sqrt{2}} \int_0^R \mathrm{e}^{-r^2} \, \mathrm{d}r - \operatorname{Re} \int_{C_R} \mathrm{e}^{\mathrm{i}z^2} \, \mathrm{d}z.$$

和

$$\int_0^R \sin(x^2) \, \mathrm{d}x = \frac{1}{\sqrt{2}} \int_0^R \mathrm{e}^{-r^2} \, \mathrm{d}r - \operatorname{Im} \int_{C_R} \mathrm{e}^{\mathrm{i}z^2} \, \mathrm{d}z.$$

（b）图中所示弧段 C_R 的参数表达式为 $z = R\mathrm{e}^{\mathrm{i}\theta} \, (0 \leqslant \theta \leqslant \pi/4)$. 故

$$\int_{C_R} \mathrm{e}^{\mathrm{i}z^2} \, \mathrm{d}z = \int_0^{\pi/4} \mathrm{e}^{\mathrm{i}R^2\mathrm{e}^{2\mathrm{i}\theta}} R\mathrm{i}\mathrm{e}^{\mathrm{i}\theta} \, \mathrm{d}\theta = \mathrm{i}R \int_0^{\pi/4} \mathrm{e}^{-R^2\sin 2\theta} \mathrm{e}^{\mathrm{i}R^2\cos 2\theta} \mathrm{e}^{\mathrm{i}\theta} \, \mathrm{d}\theta.$$

由于 $\left| \mathrm{e}^{\mathrm{i}R^2\cos 2\theta} \right| = 1$ 且 $\left| \mathrm{e}^{\mathrm{i}\theta} \right| = 1$，故有

$$\left| \int_{C_R} \mathrm{e}^{\mathrm{i}z^2} \, \mathrm{d}z \right| \leqslant R \int_0^{\pi/4} \mathrm{e}^{-R^2\sin 2\theta} \, \mathrm{d}\theta.$$

利用第 88 节若尔当不等式的形式（2），在上面最右边的式子中代入 $\phi = 2\theta$ 可得

$$\left| \int_{C_R} e^{iz^2} dz \right| \leq \frac{R}{2} \int_0^{\pi/2} e^{-R^2 \sin\phi} d\phi \leq \frac{R}{2} \cdot \frac{\pi}{2R^2} = \frac{\pi}{4R} \to 0, \quad R \to \infty.$$

（c）由（b）的结论和积分公式

$$\int_0^\infty e^{-x^2} dx = \frac{\sqrt{\pi}}{2},$$

并结合（a）最后两个等式可得

$$\int_0^\infty \cos(x^2) dx = \frac{1}{2} \sqrt{\frac{\pi}{2}} \quad \text{和} \quad \int_0^\infty \sin(x^2) dx = \frac{1}{2} \sqrt{\frac{\pi}{2}}.$$

91. 沿着支割线的积分

1. 本题主要在于利用图 265 所示的围道推导积分公式

$$\int_0^\infty \frac{\cos(ax) - \cos(bx)}{x^2} dx = \frac{\pi}{2}(b - a) \quad (a \geq 0, b \geq 0).$$

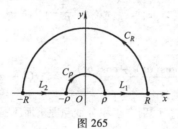

图 265

对函数

$$f(z) = \frac{e^{iaz} - e^{ibz}}{z^2},$$

应用柯西-古萨定理，可得

$$\int_{L_1} f(z) dz + \int_{C_R} f(z) dz + \int_{L_2} f(z) dz + \int_{C_\rho} f(z) dz = 0,$$

即

$$\int_{L_1} f(z) dz + \int_{L_2} f(z) dz = -\int_{C_\rho} f(z) dz - \int_{C_R} f(z) dz.$$

由于 L_1 和 $-L_2$ 的参数表达式为

$$L_1: z = re^{i0} = r \quad (\rho \leq r \leq R) \quad \text{和} \quad -L_2: z = re^{i\pi} = -r \quad (\rho \leq r \leq R),$$

故

$$\int_{L_1} f(z) dz + \int_{L_2} f(z) dz = \int_{L_1} f(z) dz - \int_{-L_2} f(z) dz = \int_\rho^R \frac{e^{iar} - e^{ibr}}{r^2} dr + \int_\rho^R \frac{e^{-iar} - e^{-ibr}}{r^2} dr$$

$$= \int_\rho^R \frac{(e^{iar} + e^{-iar}) - (e^{ibr} + e^{-ibr})}{r^2} dr = 2 \int_\rho^R \frac{\cos(ar) - \cos(br)}{r^2} dr.$$

因此

$$2\int_{\rho}^{R}\frac{\cos(ar)-\cos(br)}{r^2}\mathrm{d}r = -\int_{C_{\rho}}f(z)\,\mathrm{d}z - \int_{C_R}f(z)\,\mathrm{d}z.$$

为求出上式右边第一个积分当 $\rho\to 0$ 时的极限，记

$$f(z) = \frac{1}{z^2}\Big[\Big(1 + \frac{\mathrm{i}az}{1!} + \frac{(\mathrm{i}az)^2}{2!} + \frac{(\mathrm{i}az)^3}{3!} + \cdots\Big) - \Big(1 + \frac{\mathrm{i}bz}{1!} + \frac{(\mathrm{i}bz)^2}{2!} + \frac{(\mathrm{i}bz)^3}{3!} + \cdots\Big)\Big]$$

$$= \frac{\mathrm{i}(a-b)}{z} + \cdots \quad (0 < |z| < \infty).$$

由此可知，$z=0$ 是 $f(z)$ 的简单极点，其留数为 $B_0 = \mathrm{i}(a-b)$. 这就给出

$$\lim_{\rho\to 0}\int_{C_{\rho}}f(z)\,\mathrm{d}z = -B_0\pi\mathrm{i} = -\mathrm{i}(a-b)\pi\mathrm{i} = \pi(a-b).$$

为求出上式右边第二个积分当 $R\to\infty$ 时的极限，注意到对 C_R 上的点 z，总有

$$f(z) \leqslant \frac{|\mathrm{e}^{\mathrm{i}az}| + |\mathrm{e}^{\mathrm{i}bz}|}{|z|^2} = \frac{\mathrm{e}^{-ay} + \mathrm{e}^{-by}}{R^2} \leqslant \frac{1+1}{R^2} = \frac{2}{R^2}.$$

因此，

$$\Big|\int_{C_R}f(z)\,\mathrm{d}z\Big| \leqslant \frac{2}{R^2}\pi R = \frac{2\pi}{R} \to 0, R \to \infty.$$

综上，当 $\rho\to 0$ 且 $R\to\infty$ 时，有

$$2\int_0^{\infty}\frac{\cos(ar)-\cos(br)}{r^2}\mathrm{d}r = \pi(b-a).$$

这就是所求的积分公式，区别在于积分变量是 r 而不是 x. 注意到当 $a=0$ 且 $b=2$ 时，上述结果化为

$$\int_0^{\infty}\frac{1-\cos(2x)}{x^2}\mathrm{d}x = \pi.$$

由于 $\cos(2x) = 1 - 2\sin^2 x$，通常记为

$$\int_0^{\infty}\frac{\sin^2 x}{x^2}\mathrm{d}x = \frac{\pi}{2}.$$

2. 利用函数分支

$$f(z) = \frac{z^{-1/2}}{z^2+1} = \frac{\exp\Big(-\dfrac{1}{2}\log z\Big)}{z^2+1} \qquad \Big(|z| > 0, -\frac{\pi}{2} < \arg z < \frac{3\pi}{2}\Big)$$

以及下面给出的积分路径计算重要积分

$$\int_0^{\infty}\frac{\mathrm{d}x}{\sqrt{x}(x^2+1)}.$$

由柯西留数定理可得

$$\int_{L_1}f(z)\,\mathrm{d}z + \int_{C_R}f(z)\,\mathrm{d}z + \int_{L_2}f(z)\,\mathrm{d}z + \int_{C_{\rho}}f(z)\,\mathrm{d}z = 2\pi\mathrm{i}\operatorname*{Res}_{z=\mathrm{i}}f(z),$$

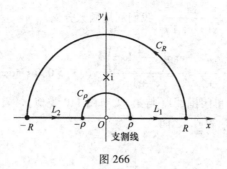

图 266

即

$$\int_{L_1} f(z)\,\mathrm{d}z + \int_{L_2} f(z)\,\mathrm{d}z = 2\pi\mathrm{i}\operatorname*{Res}_{z=\mathrm{i}} f(z) - \int_{C_\rho} f(z)\,\mathrm{d}z - \int_{C_R} f(z)\,\mathrm{d}z.$$

由于

$$L_1 : z = r\mathrm{e}^{\mathrm{i}0} = r(\rho \leqslant r \leqslant R) \quad \text{及} \quad -L_2 : z = r\mathrm{e}^{\mathrm{i}\pi} = -r(\rho \leqslant r \leqslant R),$$

故

$$\int_{L_1} f(z)\,\mathrm{d}z + \int_{L_2} f(z)\,\mathrm{d}z = \int_\rho^R \frac{\mathrm{d}r}{\sqrt{r}(r^2+1)} - \mathrm{i}\int_\rho^R \frac{\mathrm{d}r}{\sqrt{r}(r^2+1)} = (1-\mathrm{i})\int_\rho^R \frac{\mathrm{d}r}{\sqrt{r}(r^2+1)}.$$

因此

$$(1-\mathrm{i})\int_\rho^R \frac{\mathrm{d}r}{\sqrt{r}(r^2+1)} = 2\pi\mathrm{i}\operatorname*{Res}_{z=\mathrm{i}} f(z) - \int_{C_\rho} f(z)\,\mathrm{d}z - \int_{C_R} f(z)\,\mathrm{d}z.$$

显然点 $z = \mathrm{i}$ 是 $f(z)$ 的简单极点，其留数为

$$\operatorname*{Res}_{z=\mathrm{i}} f(z) = \frac{z^{-1/2}}{z+\mathrm{i}}\bigg|_{z=\mathrm{i}} = \frac{\exp\left[-\dfrac{1}{2}\log\mathrm{i}\right]}{2\mathrm{i}} = \frac{\exp\left[-\dfrac{1}{2}\left(\ln 1 + \mathrm{i}\dfrac{\pi}{2}\right)\right]}{2\mathrm{i}} = \frac{\mathrm{e}^{-\mathrm{i}\pi/4}}{2\mathrm{i}} = \frac{1}{2\mathrm{i}}\left(\frac{1-\mathrm{i}}{\sqrt{2}}\right).$$

又由于

$$\left|\int_{C_\rho} f(z)\,\mathrm{d}z\right| \leqslant \frac{\pi\rho}{\sqrt{\rho}(1-\rho^2)} = \frac{\pi\sqrt{\rho}}{1-\rho^2} \to 0, \quad \rho \to 0$$

和

$$\left|\int_{C_R} f(z)\,\mathrm{d}z\right| \leqslant \frac{\pi\sqrt{R}}{(R^2-1)} = \frac{\pi}{\sqrt{R}\left(R-\dfrac{1}{R}\right)} \to 0, \quad R \to \infty,$$

最终我们得到

$$(1-\mathrm{i})\int_0^\infty \frac{\mathrm{d}r}{\sqrt{r}(r^2+1)} = \frac{\pi(1-\mathrm{i})}{\sqrt{2}},$$

也就是

$$\int_0^\infty \frac{\mathrm{d}x}{\sqrt{x}(x^2+1)} = \frac{\pi}{\sqrt{2}}.$$

3. 为计算积分 $\displaystyle\int_0^\infty \frac{\mathrm{d}x}{\sqrt{x}(x^2+1)}$，我们利用函数分支

$$f(z)=\frac{z^{-1/2}}{z^2+1}=\frac{\exp\left(-\dfrac{1}{2}\log z\right)}{z^2+1} \quad (|z|>0,0<\arg z<2\pi)$$

以及下图所示的简单闭围线（与第 91 节图 110 类似）. 首先假定 $\rho<1$ 且 $R>1$，使得奇点 $z=\pm \mathrm{i}$ 落在 C_ρ 和 C_R 之间.

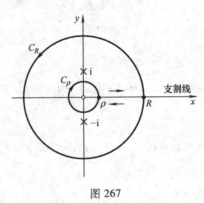

图 267

由于支割线上沿从 ρ 到 R 部分具有参数表达式 $z=r\mathrm{e}^{\mathrm{i}0}(\rho\leqslant r\leqslant R)$，故 f 沿这部分的积分为

$$\int_\rho^R \frac{\exp\left[-\dfrac{1}{2}(\ln r+\mathrm{i}0)\right]}{r^2+1}\mathrm{d}r = \int_\rho^R \frac{1}{\sqrt{r}(r^2+1)}\mathrm{d}r.$$

由于支割线下沿从 ρ 到 R 部分具有参数表达式 $z=r\mathrm{e}^{\mathrm{i}2\pi}(\rho\leqslant r\leqslant R)$，故 f 沿这部分的积分为

$$-\int_\rho^R \frac{\exp\left[-\dfrac{1}{2}(\ln r+\mathrm{i}2\pi)\right]}{r^2+1}\mathrm{d}r = -\mathrm{e}^{-\mathrm{i}\pi}\int_\rho^R \frac{1}{\sqrt{r}(r^2+1)}\mathrm{d}r = \int_\rho^R \frac{1}{\sqrt{r}(r^2+1)}\mathrm{d}r.$$

因此由留数定理可得

$$\int_\rho^R \frac{1}{\sqrt{r}(r^2+1)}\mathrm{d}r + \int_{C_R} f(z)\,\mathrm{d}z + \int_\rho^R \frac{1}{\sqrt{r}(r^2+1)}\mathrm{d}r + \int_{C_\rho} f(z)\,\mathrm{d}z = 2\pi\mathrm{i}(B_1+B_2),$$

其中

$$B_1 = \operatorname*{Res}_{z=\mathrm{i}} f(z) = \frac{z^{-1/2}}{z+\mathrm{i}}\bigg|_{z=\mathrm{i}} = \frac{\exp\left[-\dfrac{1}{2}\log \mathrm{i}\right]}{2\mathrm{i}} = \frac{\exp\left[-\dfrac{1}{2}\left(\ln 1+\mathrm{i}\dfrac{\pi}{2}\right)\right]}{2\mathrm{i}} = \frac{\mathrm{e}^{-\mathrm{i}\pi/4}}{2\mathrm{i}}.$$

而

$$B_2 = \operatorname*{Res}_{z=-\mathrm{i}} f(z) = \frac{z^{-1/2}}{z-\mathrm{i}}\bigg|_{z=-\mathrm{i}} = \frac{\exp\left[-\dfrac{1}{2}\log(-\mathrm{i})\right]}{-2\mathrm{i}} = \frac{\exp\left[-\dfrac{1}{2}\left(\ln 1+\mathrm{i}\dfrac{3\pi}{2}\right)\right]}{-2\mathrm{i}} = -\frac{\mathrm{e}^{-\mathrm{i}3\pi/4}}{2\mathrm{i}}.$$

由此可得

$$2\int_{\rho}^{R} \frac{1}{\sqrt{r}(r^2+1)}\mathrm{d}r = \pi(e^{-i\pi/4} - e^{-i3\pi/4}) - \int_{C_\rho} f(z)\,\mathrm{d}z - \int_{C_R} f(z)\,\mathrm{d}z.$$

由于

$$\left|\int_{C_\rho} f(z)\,\mathrm{d}z\right| \leqslant \frac{2\pi\rho}{\sqrt{\rho}(1-\rho^2)} = \frac{2\pi\sqrt{\rho}}{1-\rho^2} \to 0, \quad \rho \to 0$$

且

$$\left|\int_{C_R} f(z)\,\mathrm{d}z\right| \leqslant \frac{2\pi R}{\sqrt{R}(R^2-1)} = \frac{2\pi}{\sqrt{R}\left(R-\dfrac{1}{R}\right)} \to 0, \quad R \to \infty,$$

故

$$\int_0^\infty \frac{1}{\sqrt{r}(r^2+1)}\mathrm{d}r = \pi \frac{e^{-i\pi/4} - e^{-i3\pi/4}}{2} = \pi \frac{e^{-i\pi/4} + e^{-i3\pi/4}e^{i\pi}}{2}$$

$$= \pi \frac{e^{i\pi/4} + e^{-i\pi/4}}{2} = \pi\cos\left(\frac{\pi}{4}\right) = \frac{\pi}{\sqrt{2}}.$$

用 x 代替积分变量 r 即得

$$\int_0^\infty \frac{\mathrm{d}x}{\sqrt{x}(x^2+1)} = \frac{\pi}{\sqrt{2}}.$$

4. 本题计算积分 $\displaystyle\int_0^\infty \frac{\sqrt[3]{x}}{(x+a)(x+b)}\mathrm{d}x$，其中 $a > b > 0$. 考虑函数

$$f(z) = \frac{z^{1/3}}{(z+a)(z+b)} = \frac{\exp\left(\dfrac{1}{3}\log z\right)}{(z+a)(z+b)} \qquad (|z| > 0, 0 < \arg z < 2\pi)$$

以及图 268 所示的简单闭围道（与第 91 节中的图类似）. 取充分小的 ρ 和充分大的 R 使得点 $z = -a$ 和 $z = -b$ 落在圆环内.

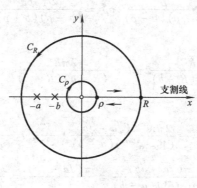

图 268

由于支割线上沿从 ρ 到 R 部分具有参数表示式 $z = re^{i0}(\rho \leqslant r \leqslant R)$，故 f 沿这部分

的积分为

$$\int_\rho^R \frac{\exp\left[\frac{1}{3}(\ln r + i0)\right]}{(r+a)(r+b)}dr = \int_\rho^R \frac{\sqrt[3]{r}}{(r+a)(r+b)}dr.$$

由于支割线下沿从 ρ 到 R 部分具有参数表达式 $z = re^{i2\pi}(\rho \leqslant r \leqslant R)$，故 f 沿这部分的积分为

$$-\int_\rho^R \frac{\exp\left[\frac{1}{3}(\ln r + i2\pi)\right]}{(r+a)(r+b)}dr = -e^{i2\pi/3}\int_\rho^R \frac{\sqrt[3]{r}}{(r+a)(r+b)}dr.$$

再由留数定理可得

$$\int_\rho^R \frac{\sqrt[3]{r}}{(r+a)(r+b)}dr + \int_{C_R} f(z)\,dz - e^{i2\pi/3}\int_\rho^R \frac{\sqrt[3]{r}}{(r+a)(r+b)}dr + \int_{C_\rho} f(z)\,dz = 2\pi i(B_1 + B_2),$$

其中

$$B_1 = \operatorname*{Res}_{z=-a} f(z) = \frac{\exp\left[\frac{1}{3}\log(-a)\right]}{-a+b} = -\frac{\exp\left[\frac{1}{3}(\ln a + i\pi)\right]}{a-b} = -\frac{e^{i\pi/3}\sqrt[3]{a}}{a-b}$$

且

$$B_2 = \operatorname*{Res}_{z=-b} f(z) = \frac{\exp\left[\frac{1}{3}\log(-b)\right]}{-b+a} = \frac{\exp\left[\frac{1}{3}(\ln b + i\pi)\right]}{-b+a} = \frac{e^{i\pi/3}\sqrt[3]{b}}{a-b}.$$

因此

$$(1 - e^{i2\pi/3})\int_\rho^R \frac{\sqrt[3]{r}}{(r+a)(r+b)}dr = -\frac{2\pi i e^{i\pi/3}(\sqrt[3]{a} - \sqrt[3]{b})}{a-b} - \int_{C_\rho} f(z)\,dz - \int_{C_R} f(z)\,dz.$$

又因为

$$\left|\int_{C_\rho} f(z)\,dz\right| \leqslant \frac{\sqrt[3]{\rho}}{(a-\rho)(b-\rho)}2\pi\rho = \frac{2\pi\sqrt[3]{\rho}\rho}{(a-\rho)(b-\rho)} \to 0, \quad \rho \to 0$$

且

$$\left|\int_{C_R} f(z)\,dz\right| \leqslant \frac{\sqrt[3]{R}}{(R-a)(R-b)}2\pi R = \frac{2\pi R^2}{(R-a)(R-b)} \cdot \frac{1}{\sqrt[3]{R^2}} \to 0, \quad R \to \infty.$$

所以

$$\int_0^\infty \frac{\sqrt[3]{r}}{(r+a)(r+b)}dr = -\frac{2\pi i e^{i\pi/3}(\sqrt[3]{a} - \sqrt[3]{b})}{(1 - e^{i2\pi/3})(a-b)} \cdot \frac{e^{-i\pi/3}}{e^{-i\pi/3}} = \frac{2\pi i(\sqrt[3]{a} - \sqrt[3]{b})}{(e^{i\pi/3} - e^{-i\pi/3})(a-b)}$$

$$= \frac{\pi(\sqrt[3]{a} - \sqrt[3]{b})}{\sin(\pi/3)(a-b)} = \frac{\pi(\sqrt[3]{a} - \sqrt[3]{b})}{\frac{\sqrt{3}}{2}(a-b)} = \frac{2\pi}{\sqrt{3}} \cdot \frac{\sqrt[3]{a} - \sqrt[3]{b}}{a-b}.$$

用 x 代替积分变量 r 即得

$$\int_0^\infty \frac{\sqrt[3]{x}}{(x+a)(x+b)}\,dx = \frac{2\pi}{\sqrt{3}} \cdot \frac{\sqrt[3]{a} - \sqrt[3]{b}}{a-b} \qquad (a > b > 0).$$

92. 涉及正弦和余弦的定积分

1. 记

$$\int_0^{2\pi} \frac{d\theta}{5 + 4\sin\theta} = \int_C \frac{1}{5 + 4\left(\frac{z - z^{-1}}{2i}\right)} \cdot \frac{dz}{iz} = \int_C \frac{dz}{2z^2 + 5iz - 2},$$

其中 C 表示正向单位圆周 $|z| = 1$. 由求根公式可知最右侧的被积函数的奇点为 $z = -i/2$ 和 $z = -2i$. 其中 $z = -i/2$ 是在 C 内的简单极点，而点 $z = -2i$ 在 C 外，故

$$\int_0^{2\pi} \frac{d\theta}{5 + 4\sin\theta} = 2\pi i \operatorname*{Res}_{z=-i/2}\left[\frac{1}{2z^2 + 5iz - 2}\right] = 2\pi i\left[\frac{1}{4z + 5i}\right]_{z=-i/2} = 2\pi i\left(\frac{1}{3i}\right) = \frac{2\pi}{3}.$$

2. 为计算所求积分，记

$$\int_{-\pi}^{\pi} \frac{d\theta}{1 + \sin^2\theta} = \int_C \frac{1}{1 + \left(\frac{z - z^{-1}}{2i}\right)^2} \cdot \frac{dz}{iz} = \int_C \frac{4iz\,dz}{z^4 - 6z^2 + 1},$$

其中 C 表示正向单位圆周 $|z| = 1$，如图 269 所示.

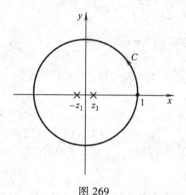

图 269

利用求根公式求方程 $(z^2)^2 - 6(z^2) + 1 = 0$ 关于 z^2 的解，可知多项式的 $z^4 - 6z^2 + 1$ 的零点 z 满足 $z^2 = 3 \pm 2\sqrt{2}$. 故零点为 $z = \pm\sqrt{3 + 2\sqrt{2}}$ 和 $z = \pm\sqrt{3 - 2\sqrt{2}}$. 前两个零点在圆周外，后两个零点在圆周内. 因此被积函数在圆周内的奇点为

$$z_1 = \sqrt{3 - 2\sqrt{2}} \quad 和 \quad z_2 = -z_1,$$

如图所示. 这表明

$$\int_{-\pi}^{\pi} \frac{d\theta}{1 + \sin^2\theta} = 2\pi i(B_1 + B_2),$$

其中

$$B_1 = \operatorname*{Res}_{z=z_1} \frac{4iz}{z^4 - 6z^2 + 1} = \frac{4iz_1}{4z_1^3 - 12z_1} = \frac{i}{z_1^2 - 3} = \frac{i}{(3 - 2\sqrt{2}) - 3} = -\frac{i}{2\sqrt{2}}$$

及

$$B_2 = \operatorname*{Res}_{z=-z_1} \frac{4\mathrm{i}z}{z^4 - 6z^2 + 1} = \frac{-4\mathrm{i}z_1}{-4z_1^3 + 12z_1} = \frac{\mathrm{i}}{z_1^2 - 3} = -\frac{\mathrm{i}}{2\sqrt{2}}.$$

又由于

$$2\pi\mathrm{i}(B_1 + B_2) = 2\pi\mathrm{i}\left(-\frac{\mathrm{i}}{\sqrt{2}}\right) = \frac{2\pi}{\sqrt{2}} \cdot \frac{\sqrt{2}}{\sqrt{2}} = \sqrt{2}\pi,$$

故所求结果为

$$\int_{-\pi}^{\pi} \frac{\mathrm{d}\theta}{1 + \sin^2\theta} = \sqrt{2}\pi.$$

6. 设 C 为正向单位圆周 $|z| = 1$. 由二项式定理（第 3 节）可知

$$\int_0^{\pi} \sin^{2n}\theta \mathrm{d}\theta = \frac{1}{2}\int_{-\pi}^{\pi} \sin^{2n}\theta \mathrm{d}\theta = \frac{1}{2}\int_C \left(\frac{z - z^{-1}}{2\mathrm{i}}\right)^{2n} \frac{\mathrm{d}z}{\mathrm{i}z} = \frac{1}{2^{2n+1}(-1)^n \mathrm{i}}\int_C \frac{(z - z^{-1})^{2n}}{z}\mathrm{d}z$$

$$= \frac{1}{2^{2n+1}(-1)^n \mathrm{i}}\int_C \sum_{k=0}^n \binom{2n}{k} z^{2n-k}(-z^{-1})^k z^{-1}\mathrm{d}z$$

$$= \frac{1}{2^{2n+1}(-1)^n \mathrm{i}}\sum_{k=0}^n \binom{2n}{k}(-1)^k \int_C z^{2n-2k-1}\mathrm{d}z.$$

最后求和式中的积分除了当 $k = n$ 时，有

$$\int_C z^{-1}\mathrm{d}z = 2\pi\mathrm{i},$$

其他均为零. 因此，

$$\int_0^{\pi} \sin^{2n}\theta \mathrm{d}\theta = \frac{1}{2^{2n+1}(-1)^n \mathrm{i}} \cdot \frac{(2n)!(-1)^n 2\pi\mathrm{i}}{(n!)^2} = \frac{(2n)!}{2^{2n}(n!)^2}\pi.$$

94. 儒歇定理

5. 题目所给的函数 f 在简单围线 C 内及其上解析，且在 C 上无零点. 此外函数 f 在 C 内有 n 个零点 $z_k(k = 1, 2, \cdots, n)$，其中每个零点 z_k 的阶为 m_k. 如图 270 所示.

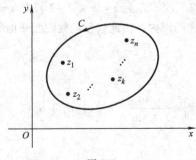

图 270

本题目的是证明

$$\int_C \frac{zf'(z)}{f(z)} \mathrm{d}z = 2\pi \mathrm{i} \sum_{k=1}^{n} m_k z_k.$$

为此考虑 k 阶零点，并记

$$f(z) = (z - z_k)^{m_k} g(z),$$

其中 $g(z)$ 为解析函数且在 z_k 处不为零. 由此直接可得

$$\frac{zf'(z)}{f(z)} = \frac{m_k z}{z - z_k} + \frac{zg'(z)}{g(z)} = \frac{m_k(z - z_k) + m_k z_k}{z - z_k} + \frac{zg'(z)}{g(z)} = m_k + \frac{zg'(z)}{g(z)} + \frac{m_k z_k}{z - z_k}.$$

由于项 $\frac{zg'(z)}{g(z)}$ 在点 z_k 处具有泰勒展开式，故 $\frac{zf'(z)}{f(z)}$ 以点 z_k 为简单极点，从而

$$\mathop{\mathrm{Res}}_{z = z_k} \frac{zf'(z)}{f(z)} = m_k z_k.$$

再由留数定理即得所求结果.

6.（a）为确定多项式 $z^6 - 5z^4 + z^3 - 2z$ 在圆 $|z| = 1$ 内零点的个数，记

$$f(z) = -5z^4 \quad \text{和} \quad g(z) = z^6 + z^3 - 2z.$$

注意到当 z 在圆周上时，

$$|f(z)| = 5 \quad \text{且} \quad |g(z)| \leqslant |z|^6 + |z|^3 + 2|z| = 4.$$

因此在圆周上 $|f(z)| > |g(z)|$. 又因为 $f(z)$ 在圆周内有 4 个零点，计重数，由第 94 节的定理可知

$$f(z) + g(z) = z^6 - 5z^4 + z^3 - 2z$$

在圆周内有 4 个零点，计重数.

（b）将 $2z^4 - 2z^3 + 2z^2 - 2z + 9$ 写成和式 $f(z) + g(z)$，其中

$$f(z) = 9 \quad \text{且} \quad g(z) = 2z^4 - 2z^3 + 2z^2 - 2z.$$

注意到当 z 在圆周 $|z| = 1$ 上时，

$$|f(z)| = 9 \quad \text{且} \quad |g(z)| \leqslant 2|z|^4 + 2|z|^3 + 2|z|^2 + 2|z| = 8,$$

因为 $|f(z)| > |g(z)|$ 在圆周上成立，且 $f(z)$ 在圆周内没有零点，所以 $f(z) + g(z) = 2z^4 - 2z^3 + 2z^2 - 2z + 9$ 在圆周内也没有零点.

（c）考虑方程 $z^7 - 4z^3 + z - 1 = 0$，并定义

$$f(z) = -4z^3, g(z) = z^7 + z - 1.$$

当 $|z| = 1$ 时，

$$|f(z)| = 4|z|^3 = 4 \text{且} |g(z)| \leqslant |z|^7 + |z| + 1 = 3,$$

故 $|f(z)| > |g(z)|$.

由儒歇定理，方程

$$z^7 - 4z^3 + z - 1 = 0$$

有三个根.

7. 设 C 为圆周 $|z| = 2$.

（a）多项式 $z^4 - 2z^3 + 9z^2 + z - 1$ 可以表示为

$$f(z) = 9z^2 \quad \text{与} \quad g(z) = z^4 - 2z^3 + z - 1$$

的和. 在 C 上，有

$$|f(z)| = 9|z|^2 = 36 \quad \text{以及} \quad |g(z)| = |z^4 - 2z^3 + z - 1| \leqslant |z|^4 + 2|z|^3 + |z| + 1 = 35.$$

因为 $|f(z)| > |g(z)|$ 在 C 上成立，且 $f(z)$ 在 C 内有两个零点，计重数，所以原多项式在 C 内也有两个零点，计重数.

（b）多项式 $z^5 + 3z^3 + z^2 + 1$ 可记为多项式

$$f(z) = z^5 \quad \text{与} \quad g(z) = 3z^3 + z^2 + 1$$

的和. 在 C 上，有

$$|f(z)| = |z|^5 = 32 \quad \text{以及} \quad |g(z)| = |3z^3 + z^2 + 1| \leqslant 3|z|^3 + |z|^2 + 1 = 29.$$

因为 $|f(z)| > |g(z)|$ 在 C 上成立，且 $f(z)$ 在 C 内有五个零点，计重数，所以原多项式在 C 内也有五个零点，计重数.

95. 拉普拉斯逆变换

1. 当 $F(s) = \dfrac{2s^3}{s^4 - 4}$ 时，求 $f(t)$. 由于

$$s^4 - 4 = (s^2 + 2)(s^2 - 2)$$
$$= (s + \sqrt{2}i)(s - \sqrt{2}i)(s + \sqrt{2})(s - \sqrt{2}),$$

故函数 $f(s)$ 具有奇点

$$s = \pm\sqrt{2}, \pm\sqrt{2}i.$$

这些奇点都是 $f(s)$ 的简单极点. 不妨记为

$$s_1 = \sqrt{2}, \quad s_2 = -\sqrt{2}, \quad s_3 = \sqrt{2}i, \quad s_4 = -\sqrt{2}i.$$

则

$$f(t) = \sum_{n=1}^{4} \operatorname*{Res}_{s=s_n} [e^{st} F(s)] = \sum_{n=1}^{4} \operatorname*{Res}_{s=s_n} \frac{2s^3 e^{st}}{s^4 - 4},$$

$$= \sum_{n=1}^{4} \frac{2s_n^3 e^{s_n t}}{4s_n^3} = \sum_{n=1}^{4} \frac{1}{2} e^{s_n t}.$$

从而

$$f(t) = \frac{1}{2} e^{\sqrt{2}t} + \frac{1}{2} e^{-\sqrt{2}t} + \frac{1}{2} e^{\sqrt{2}ti} + \frac{1}{2} e^{-\sqrt{2}ti}$$

$$= \frac{1}{2}(e^{\sqrt{2}t} + e^{-\sqrt{2}t}) + \frac{1}{2}(e^{\sqrt{2}ti} + e^{-\sqrt{2}ti})$$

$$= \cosh\sqrt{2}t + \cos\sqrt{2}t.$$

2. 考虑 $F(s) = \dfrac{2s - 2}{(s + 1)(s^2 + 2s + 5)}$.

多项式 $s^2 + 2s + 5$ 有两个零点 $s = -1 \pm 2i$. 故

$$e^{st} F(s) = \frac{e^{st}(2s - s)}{(s + 1)(s^2 + 2s + 5)}$$

可记为

$$e^{st}F(s) = \frac{e^{st}(2s-2)}{(s-s_1)(s-s_2)(s-s_3)}$$

其中

$$s_1 = -1, \quad s_2 = -1+2i, \quad s_3 = -1-2i.$$

此时 $f(t) = \sum_{n=1}^{3} \operatorname*{Res}_{s=s_n}[e^{st}F(s)]$, 且

$$\operatorname*{Res}_{s=s_1}[e^{st}F(s)] = \frac{e^{-t}(-4)}{(-2i)(2i)} = -e^{-t},$$

$$\operatorname*{Res}_{s=s_2}[e^{st}F(s)] = \frac{e^{(-1+2i)t}(-4+4i)}{(2i)(4i)} = \frac{-4+4i}{-8}e^{-t}e^{i2t}$$

$$= \left(\frac{1}{2} - \frac{i}{2}\right)e^{-t}e^{i2t},$$

$$\operatorname*{Res}_{s=s_3}[e^{st}F(s)] = \frac{e^{(-1-2i)t}(-4-4i)}{(-2i)(-4i)} = \frac{-4-4i}{-8}e^{-t}e^{-i2t}$$

$$= \left(\frac{1}{2} + \frac{i}{2}\right)e^{-t}e^{-i2t}.$$

对上述三个留数求和可得

$$f(t) = -e^{-t} + \left(\frac{1}{2} - \frac{i}{2}\right)e^{-t}e^{i2t} + \left(\frac{1}{2} + \frac{i}{2}\right)e^{-t}e^{-i2t}$$

$$= e^{-t}\left(-1 + \frac{1}{2}e^{i2t} - \frac{i}{2}e^{i2t} + \frac{1}{2}e^{-i2t} + \frac{i}{2}e^{-i2t}\right)$$

$$= e^{-t}\left(-1 + \frac{e^{i2t} + e^{-i2t}}{2} + \frac{e^{i2t} - e^{-i2t}}{2i}\right)$$

$$= e^{-t}(-1 + \cos 2t + \sin 2t).$$

3. 我们考虑函数

$$F(s) = \frac{12}{s^3 + 8}.$$

为求出 $s^3 + 8$ 的零点, 记 $s^3 = -8$. 再记

$$-8 = 8e^{i(\pi + 2k\pi)} \qquad (k = 0, \pm 1, \pm 2, \cdots),$$

可得

$$(-8)^{1/3} = 2\exp\left[\frac{i(\pi + 2k\pi)}{3}\right] = 2\exp\left[i\left(\frac{\pi}{3} + \frac{2k\pi}{3}\right)\right] \qquad (k = 0, 1, 2).$$

因此

$$s_0 = 2\exp\left(i\frac{\pi}{3}\right) = 2\left(\cos\frac{\pi}{3} + i\sin\frac{\pi}{3}\right) = 2\left(\frac{1}{2} + i\frac{\sqrt{3}}{2}\right) = 1 + i\sqrt{3}.$$

显然，

$$s_1 = -2 \quad \text{和} \quad s_2 = 1 - i\sqrt{3}.$$

由于

$$f(t) = \sum_{n=0}^{2} \operatorname*{Res}_{s=s_n}[\, e^{st} F(s)\,]$$

以及

$$\operatorname*{Res}_{s=s_n}[\, e^{st} F(s)\,] = \operatorname*{Res}_{s=s_n}\frac{12 e^{st}}{s^3 + 8} = \frac{12 e^{s_n t}}{3 s_n^2} = 4\frac{e^{s_n t}}{s_n^2} \qquad (n = 0, 1, 2),$$

故

$$f(t) = 4 \sum_{n=0}^{2} \frac{e^{s_n t}}{s_n^2},$$

其中

$$s_0^2 = \left(1 + i\sqrt{3}\right)^2 = 2\left(-1 + i\sqrt{3}\right),$$
$$s_1^2 = 4,$$
$$s_2^2 = \left(1 - i\sqrt{3}\right)^2 = 2\left(-1 - i\sqrt{3}\right).$$

因此，

$$f(t) = 4\left[\frac{e^{(1+i\sqrt{3})t}}{2\left(-1 + i\sqrt{3}\right)} + \frac{e^{-2t}}{4} + \frac{e^{(1-i\sqrt{3})t}}{2\left(-1 - i\sqrt{3}\right)}\right]$$

$$= e^{-2t} + 2\left[\frac{e^{(1+i\sqrt{3})t}}{-1 + i\sqrt{3}} + \frac{e^{(1-i\sqrt{3})t}}{-1 - i\sqrt{3}}\right].$$

又由于

$$\left[\frac{e^{(1+i\sqrt{3})t}}{-1 + i\sqrt{3}} + \frac{e^{(1-i\sqrt{3})t}}{-1 - i\sqrt{3}}\right] = e^{t}\left[\frac{e^{i\sqrt{3}t}}{-1 + i\sqrt{3}} + \frac{e^{-i\sqrt{3}t}}{-1 - i\sqrt{3}}\right]$$

$$= e^{t}\left[\left(\frac{e^{i\sqrt{3}t}}{-1 + i\sqrt{3}}\right) + \overline{\left(\frac{e^{i\sqrt{3}t}}{-1 + i\sqrt{3}}\right)}\right]$$

$$= e^{t} 2\operatorname{Re}\left[\frac{e^{i\sqrt{3}t}}{-1 + i\sqrt{3}}\right]$$

$$= 2 e^{t}\operatorname{Re}\left[\frac{e^{i\sqrt{3}t}\left(-1 - i\sqrt{3}\right)}{\left(-1 + i\sqrt{3}\right)\left(-1 - i\sqrt{3}\right)}\right]$$

$$= 2 e^{t}\operatorname{Re}\left[\frac{\left(\cos\sqrt{3}t + i\sin\sqrt{3}t\right)\left(-1 - i\sqrt{3}\right)}{4}\right]$$

$$= \frac{1}{2} e^{t}\left(-\cos\sqrt{3}t + \sqrt{3}\sin\sqrt{3}t\right).$$

最终得到

$$f(t) = e^{-2t} + e^{t}\left(\sqrt{3}\sin\sqrt{3}t - \cos\sqrt{3}t\right).$$

4. 我们求

$$F(s) = \frac{1}{s^2} - \frac{1}{s\sinh s}$$

的 $f(t)$.

我们容易得到 $F(s)$ 的孤立奇点

$$s_0 = 0, s_n = n\pi i, \overline{s_n} = -n\pi i \, (n = 1, 2, \cdots).$$

（a）回顾第 73 节练习 5，

$$\frac{1}{z^2\sinh z} = \frac{1}{z^3} - \frac{1}{6}\cdot\frac{1}{z} + \frac{7}{360}z + \cdots \qquad (0 < |z| < \pi).$$

可知

$$F(s) = \frac{1}{s^2} - s\left(\frac{1}{s^2\sinh s}\right)$$

$$= \frac{1}{s^2} - s\left(\frac{1}{s^3} - \frac{1}{6}\cdot\frac{1}{s} + \frac{7}{360}s + \cdots\right)$$

$$= \frac{1}{s^2} - \frac{1}{s^2} + \frac{1}{6} - \frac{7}{360}s^2 + \cdots$$

$$= \frac{1}{6} - \frac{7}{360}s^2 + \cdots \qquad (0 < |s| < \pi).$$

由此可得

$$e^{st}F(s) = \left(1 + \frac{t}{1!}s + \frac{t^2}{2!}s^2 + \cdots\right)\left(\frac{1}{6} - \frac{7}{360}s^2 + \cdots\right) \qquad (0 < |s| < \pi).$$

由于右边级数没有 s 负数次幂项，故点 s_0 是 $e^{st}F(s)$ 在 $s = s_0$ 处的可去奇点，且

$$\operatorname*{Res}_{s=s_0}[e^{st}F(s)] = 0$$

（b）再由第 83 节的定理 2，并考虑函数

$$e^{st}F(s) = e^{st}\left(\frac{\sinh s - s}{s^2\sinh s}\right) = \frac{e^{st}(\sinh s - s)}{s^2\sinh s},$$

且记

$$p(s) = e^{st}(\sinh s - s), q(s) = s^2\sinh s.$$

这两个都是关于 s 的整函数. 注意到

$$p(s_n) = e^{n\pi it}(\sinh n\pi i - n\pi i) = -n\pi ie^{in\pi t} \neq 0,$$

$$q(s_n) = (n\pi i)^2\sinh n\pi i = 0.$$

以及 $q'(s) = 2s\sinh s + s^2\cosh s$. 因此

$$q'(n\pi i) = (n\pi i)^2\cosh n\pi i = -n^2\pi^2\cos n\pi = (-1)^{n+1}n^2\pi^2.$$

进而有

$$\operatorname*{Res}_{s=s_n}[e^{st}F(s)] = \frac{p(s_n)}{q'(s_n)} = \frac{-n\pi ie^{in\pi t}}{(-1)^{n+1}n^2\pi^2} = \frac{(-1)^n e^{in\pi t}i}{n\pi}.$$

类似地有，

$$\operatorname*{Res}_{s=s_n}[\,\mathrm{e}^{st}F(s)\,] = \frac{p(\overline{s_n})}{q'(\overline{s_n})} = \frac{\mathrm{e}^{-n\pi it}n\pi\mathrm{i}}{-n^2\pi^2\cos n\pi} = \frac{-(-1)^n\mathrm{e}^{-in\pi t}\mathrm{i}}{n\pi}.$$

（c）最后，我们得到

$$f(t) = \operatorname*{Res}_{s=s_n}[\,\mathrm{e}^{st}F(s)\,] + \sum_{n=1}^{\infty}\left\{\operatorname*{Res}_{s=s_n}[\,\mathrm{e}^{st}F(s)\,] + \operatorname*{Res}_{s=s_n}[\,\mathrm{e}^{st}F(s)\,]\right\}$$

$$= \frac{1}{\pi}\sum_{n=1}^{\infty}\frac{(-1)^n\mathrm{i}}{n}(\mathrm{e}^{in\pi t} - \mathrm{e}^{-in\pi t})\frac{2\mathrm{i}}{2\mathrm{i}}$$

$$= \frac{2}{\pi}\sum_{n=1}^{\infty}\frac{(-1)^{n+1}}{n}\sin n\pi t.$$

附录 A

参考文献

　　下面列出了一部分参考的书目，进一步的文献可以从这里所列出的许多书中找到．

Ahlfors, L. V.: *Complex Analysis* (3d ed.), McGraw-Hill Higher Education, Burr Ridge, IL, 1979.

Antimirov, M. Ya., A. A. Kolyshkin, and R.Vaillancourt: *Complex Variables*, Academic Press, San Diego, 1998.

Asmar, N. H.: *Applied Complex Analysis with Partial Differential Equations*, Prentice-Hall, Inc., Upper Saddle River, NJ, 2002.

Bak, J., and D. J. Newman: *Complex Analysis* (2d ed.), Springer-Verlag, New York, 1997.

Bieberbach, L.: *Conformal Mapping*, American Mathematical Society, Providence, RI, 2000.

Boas, R. P.: *Invitation to Complex Analysis* (2d ed.), The Mathematical Association of America, Washington, DC, 2010.

_____: Yet Another Proof of the Fundamental Theorem of Algebra, *Amer. Math. Monthly*, Vol. 71, No. 2, p. 180, 1964.

Bowman F.: *Introduction to Elliptic Functions, with Applications*, English Universities Press, London, 1953.

Brown, G. H., C. N. Hoyler, and R. A. Bierwirth: *Theory and Application of Radio-Frequency Heating*, D. Van Nostrand Company, Inc., New York, 1947.

Brown, J. W., and R. V. Churchill: *Fourier Series and Boundary Value Problems* (8th ed.), The McGraw-Hill Companies, Inc., New York, 2012.

Carathéodory, C.: *Conformal Representation*, Dover Publications, Inc., Mineola, NY, 1952.

_____: *Theory of Functions of a Complex Variable*, American Mathematical Society, Providence, RI, 1954.

Churchill, R. V.: *Operational Mathematics*, 3d ed., McGraw-Hill Book Company, New York, 1972.

Mathews, J. H., and R. W. Howell: *Complex Analysis for Mathematics and Engineering*, (5th ed.), Jones and Bartlett Publishers, Sudbury, MA, 2006.

Milne-Thomson, L. M., *Theoretical Hydrodynamics* (5th ed.), Dover Publications, Inc., Mineola, NY, 1996.

Mitrinović, D. S.: *Calculus of Residues*, P. Noordhoff, Ltd., Groningen, 1966.

Nahin, P. J.: *An Imaginary Tale: The Story of $\sqrt{-1}$*, Princeton University Press, Princeton, NJ, 1998.

Nehari, Z.: *Conformal Mapping*, Dover Publications, Inc., Mineola, NY, 1975.

Newman, M. H. A.: *Elements of the Topology of Plane Sets of Points* (2d ed.), Dover Publications, Inc., Mineola, NY, 1999.

Oppenheim, A. V., R. W. Schafer, and J. R. Buck: *Discrete-Time Signal Processing* (2d ed.), Prentice-Hall PTR, Paramus, NJ, 1999.

Pennisi, L. L.: *Elements of Complex Variables* (2d ed.), Holt, Rinehart & Winston, Inc., Austin, TX, 1976.

Rubenfeld, L. A.: *A First Course in Applied Complex Variables*, John Wiley & Sons, Inc., New York, 1985.

Saff, E. B., and A. D. Snider: *Fundamentals of Complex Analysis* (3d ed.), Prentice-Hall PTR, Paramus, NJ, 2003.

Shaw, W. T.: *Complex Analysis with Mathematica*, Cambridge University Press, Cambridge, 2006.

Silverman, R. A.: *Complex Analysis with Applications*, Dover Publications, Inc., Mineola, NY, 1984.

Sokolnikoff, I. S.: *Mathematical Theory of Elasticity* (2d ed.), Krieger Publishing Company, Melbourne, FL, 1983.

Springer, G.: *Introduction to Riemann Surfaces* (2d ed.), American Mathematical Society, Providence, RI, 1981.

Streeter, V. L., E. B. Wylie, and K. W. Bedford: *Fluid Mechanics* (9th ed.), McGraw-Hill Higher Education, Burr Ridge, IL, 1997.

Taylor, A. E., and W. R. Mann: *Advanced Calculus* (3d ed.), John Wiley & Sons, Inc., New York, 1983.

Thron, W. J.: *Introduction to the Theory of Functions of a Complex Variable*, John Wiley & Sons, Inc., New York, 1953.

Timoshenko, S. P., and J. N. Goodier: *Theory of Elasticity* (3d ed.), The McGraw-Hill Companies, New York, 1970.

Titchmarsh, E. C.: *Theory of Functions* (2d ed.), Oxford University Press, Inc., New York, 1976.

Volkovyskii, L. I., G. L. Lunts, and I. G. Aramanovich: *A Collection of Problems on Complex Analysis*, Dover Publications, Inc., Mineola, NY, 1992.

Wen, G.-C.: *Conformal Mappings and Boundary Value Problems*, Translations of Mathematical Monographs, Vol. 106, American Mathematical Society, Providence, RI, 1992.

Whittaker, E. T., and G. N. Watson: *A Course of Modern Analysis* (4th ed.), Cambridge University Press, New York, 1996.

Wunsch, A. D.: *Complex Variables with Applications* (3d ed.), Pearson Education, Inc., Boston, 2005.

Conway, J. B.: *Functions of One Complex Variable* (2d ed.), 6th Printing, Springer-Verlag, New York, 1997.

Copson, E. T.: *Theory of Functions of a Complex Variable*, Oxford University Press, London, 1962.

D'Angelo, J. P.: *An Introduction to Complex Analysis and Geometry*, American Mathematical Society, Providence, RI, 2010.

Dettman, J. W.: *Applied Complex Variables*, Dover Publications, Inc., Mineola, NY, 1984.

Evans, G. C.: *The Logarithmic Potential, Discontinuous Dirichlet and Neumann Problems*, American Mathematical Society, Providence, RI, 1927.

Fisher, S. D.: *Complex Variables* (2d ed.), Dover Publications, Inc., Mineola, NY, 1999.

Flanigan, F. J.: *Complex Variables: Harmonic and Analytic Functions*, Dover Publications, Inc., Mineola, NY, 1983.

Fourier, J.: *The Analytical Theory of Heat*, translated by A. Freeman, Dover Publications, Inc., Mineola, NY, 2003.

Hayt, W. H., Jr. and J. A. Buck: *Engineering Electromagnetics* (7th ed.), McGraw-Hill Higher Education, Burr Ridge, IL, 2006.

Henrici, P.: *Applied and Computational Complex Analysis*, Vols. 1, 2, and 3, John Wiley & Sons, Inc., New York, 1988, 1991, and 1993.

Hille, E.: *Analytic Function Theory*, Vols. 1 and 2, (2d ed.), Chelsea Publishing Co., New York, 1973.

Jeffrey, A.: *Complex Analysis and Applications* (2d ed.), CRC Press, Boca Raton, FL, 2005.

Kaplan, W.: *Advanced Calculus* (5th ed.), Addison-Wesley Higher Mathematics, Boston, MA, 2003.

———: *Advanced Mathematics for Engineers*, TechBooks, Marietta, OH, 1992.

Kellogg, O. D.: *Foundations of Potential Theory*, Dover Publications, Inc., Mineola, NY, 1953.

Knopp, K.: *Elements of the Theory of Functions*, translated by F. Bagemihl, Dover Publications, Inc.,

Mineola, NY, 1952.

————: *Problem Book in the Theory of Functions*, Dover Publications, Inc., Mineola, NY, 2000.

Kober, H.: *Dictionary of Conformal Representations*, Dover Publications, Inc., Mineola, NY, 1952.

Krantz, S. G.: *A Guide to Complex Variables* (Guide #1), The Mathematical Association of America, Washington, DC, 2008.

————: *Complex Analysis: The Geometric Viewpoint* (2d ed.,) Carus Mathematical Monograph Series, The Mathematical Association of America, Washington, DC, 2004.

————: *Handbook of Complex Variables*, Birkhauser Boston, Cambridge, MA, 2000.

Krzyż, J. G.: *Problems in Complex Variable Theory*, Elsevier Science, New York, 1972.

Lang, S.: *Complex Analysis* (3d ed.), Springer-Verlag, New York, 1993.

Lebedev, N. N.: *Special Functions and Their Applications* (rev. ed.), translated by R. Silverman, Dover Publications, Inc., Mineola, NY, 1972.

Levinson, N., and R. M. Redheffer: *Complex Variables*, The McGraw-Hill Companies, Inc., New York, 1988.

Love, A. E.: *Treatise on the Mathematical Theory of Elasticity* (4th ed.), Dover Publications, Inc., Mineola, NY, 1944.

Markushevich, A. I.: *Theory of Functions of a Complex Variable* (2d ed.), 3 vols. in one, American Mathematical Society, Providence, RI, 1977.

Marsden, J. E., and M. J. Hoffman: *Basic Complex Analysis* (3d ed.), W. H. Freeman and Company, New York, 1999.

附录 B

区域映射图（见第 8 章）

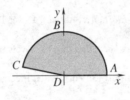 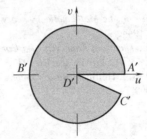

图 1 $w = z^2$

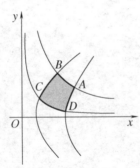 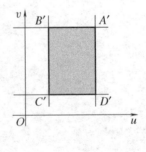

图 2 $w = z^2$

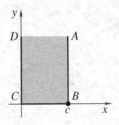 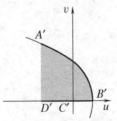

图 3 $w = z^2$

$A'B'$ 落在抛物线 $v^2 = -4c^2 (u - c^2)$

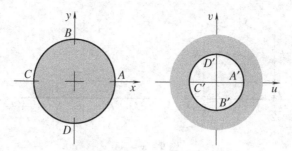

图 4　$w = 1/z$

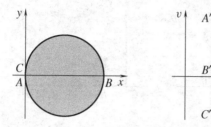

图 5　$w = 1/z$

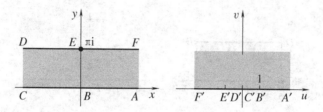

图 6　$w = \exp z$

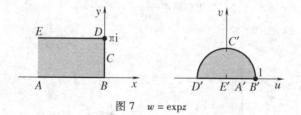

图 7　$w = \exp z$

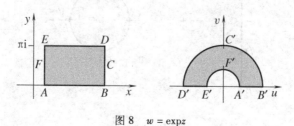

图 8　$w = \exp z$

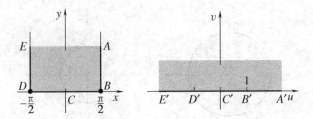

图 9 $w = \sin z$

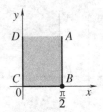 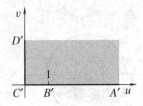

图 10 $w = \sin z$

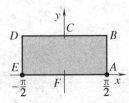 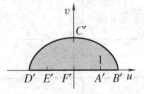

图 11 $w = \sin z$；BCD 在直线 $y = b$（$b > 0$）

$B'C'D'$ 在椭圆 $\dfrac{u^2}{\cos^{\mathrm{h}2} b} + \dfrac{v^2}{\sin^{\mathrm{h}2} b} = 1$

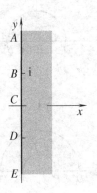 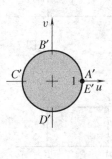

图 12 $w = \dfrac{z-1}{z+1}$

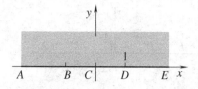
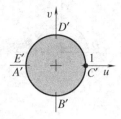

图 13 $w = \dfrac{i - z}{i + z}$

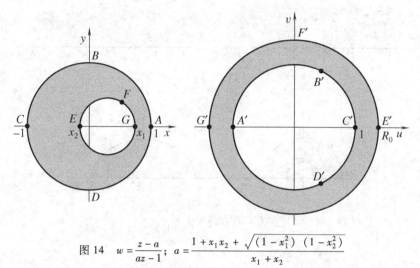

图 14 $w = \dfrac{z - a}{az - 1}$；$a = \dfrac{1 + x_1 x_2 + \sqrt{(1 - x_1^2)(1 - x_2^2)}}{x_1 + x_2}$

$R_0 = \dfrac{1 - x_1 x_2 + \sqrt{(1 - x_1^2)(1 - x_2^2)}}{x_1 - x_2}$ （$a > 1$ 和 $R_0 > 1$ 当 $-1 < x_2 < x_1 < 1$）

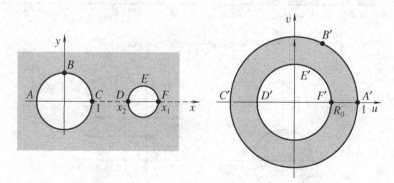

图 15 $w = \dfrac{z - a}{az - 1}$；$a = \dfrac{1 + x_1 x_2 + \sqrt{(x_1^2 - 1)(x_2^2 - 1)}}{x_1 + x_2}$

$R_0 = \dfrac{x_1 x_2 - 1 - \sqrt{(x_1^2 - 1)(x_2^2 - 1)}}{x_1 - x_2}$ （$x_2 < a < x_1$ 和 $0 < R_0 < 1$ 当 $1 < x_2 < x_1$）

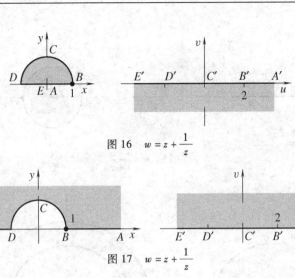

图 16 $\quad w = z + \dfrac{1}{z}$

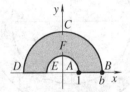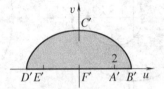

图 17 $\quad w = z + \dfrac{1}{z}$

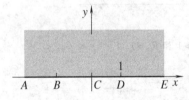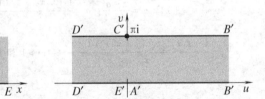

图 18 $\quad w = z + \dfrac{1}{z}$；$B'C'D'$ 在椭圆 $\dfrac{u^2}{(b+1/b)^2} + \dfrac{v^2}{(b-1/b)^2} = 1$

图 19 $\quad w = \mathrm{Log}\,\dfrac{z-1}{z+1}$；$z = -\coth\dfrac{w}{2}$

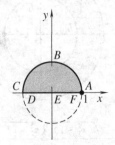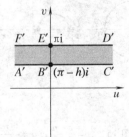

图 20 $\quad w = \mathrm{Log}\,\dfrac{z-1}{z+1}$；

ABC 在圆周 $x^2 + (y + \coth)^2 = \csc^2 h \quad (0 < h < \pi)$

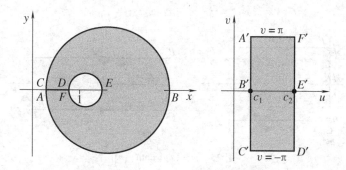

图 21　$w = \mathrm{Log}\,\dfrac{z+1}{z-1}$；圆中心在 $z = \coth c_n$，半径 $\operatorname{csch} c_n$（$n = 1$，2）

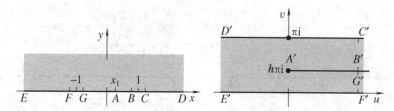

图 22　$w = h\ln\dfrac{h}{1-h} + \ln 2(1-h) + \mathrm{i}\pi - h\mathrm{Log}(z+1) - (1-h)\mathrm{Log}(z-1)$；$x_1 = 2h - 1$

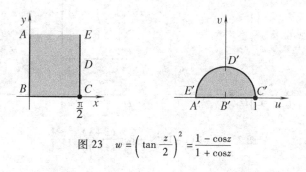

图 23　$w = \left(\tan\dfrac{z}{2}\right)^2 = \dfrac{1 - \cos z}{1 + \cos z}$

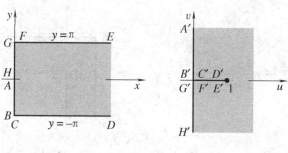

图 24　$w = \coth\dfrac{z}{2} = \dfrac{\mathrm{e}^z + 1}{\mathrm{e}^z - 1}$

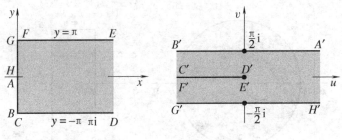

图 25 $w = \mathrm{Log}\left(\coth\dfrac{z}{2}\right)$

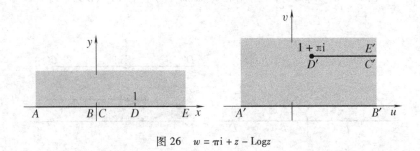

图 26 $w = \pi\mathrm{i} + z - \mathrm{Log}\,z$

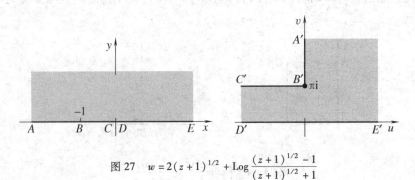

图 27 $w = 2(z+1)^{1/2} + \mathrm{Log}\,\dfrac{(z+1)^{1/2}-1}{(z+1)^{1/2}+1}$

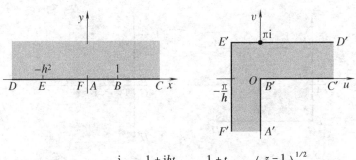

图 28 $w = \dfrac{\mathrm{i}}{h}\mathrm{Log}\,\dfrac{1+\mathrm{i}ht}{1-\mathrm{i}ht} + \mathrm{Log}\,\dfrac{1+t}{1-t}$; $t = \left(\dfrac{z-1}{z+h^2}\right)^{1/2}$

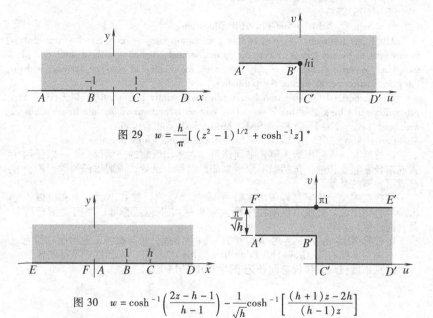

图 29　$w = \dfrac{h}{\pi}\left[\,(z^2 - 1)^{1/2} + \cosh^{-1}z\,\right]$ *

图 30　$w = \cosh^{-1}\left(\dfrac{2z - h - 1}{h - 1}\right) - \dfrac{1}{\sqrt{h}}\cosh^{-1}\left[\dfrac{(h+1)z - 2h}{(h-1)z}\right]$

---

* 见第 133 节练习题 3.

James Ward Brown, Ruel V. Churchill
Complex Variables and Applications
978-0073383170

图书在版编目（CIP）数据

复变函数及其应用：第 9 版/（美）布朗（Brown，J. W.），（美）丘吉尔（Churchill，R. V.）著；张继龙，李升，陈宝琴译. —北京：机械工业出版社，2015.12（2023.1 重印）
书名原文：Complex Variables and applications
国外优秀数学教材系列
ISBN 978-7-111-50506-8

Ⅰ.①复… Ⅱ.①布… ②丘… ③张… ④李… ⑤陈… Ⅲ.①复变函数-高等学校-教材 Ⅳ.①O174.5

中国版本图书馆 CIP 数据核字（2015）第 129147 号

机械工业出版社（北京市百万庄大街 22 号 邮政编码 100037）
策划编辑：汤嘉 责任编辑：汤嘉 王芳 任正一 版式设计：霍永明
责任校对：陈延翔 封面设计：张静 责任印制：刘媛
涿州市般润文化传播有限公司印刷
2023 年 1 月第 1 版·第 6 次印刷
169mm×239mm·30 印张·653 千字
标准书号：ISBN 978-7-111-50506-8
定价：85.00 元

电话服务　　　　　　　　　网络服务
客服电话：010-88361066　　机 工 官 网：www.cmpbook.com
　　　　　010-88379833　　机 工 官 博：weibo.com/cmp1952
　　　　　010-68326294　　金 书 网：www.golden-book.com
封底无防伪标均为盗版　　　机工教育服务网：www.cmpedu.com